普通高等教育“十一五”国家级规划教材（高职高专教育）
PUTONG GAODENG JIAOYU SHIYIWU GUOJIAJI GUIHUA JIAOCAI

REGONG JICHU

热工基础

主　编　陈忠海
副主编　刘明福
编　写　杨秀芹　卢春萍　王雪锦
主　审　赵三元　赵　军

Thermal Engineering Foundation

中国电力出版社
http://jc.cepp.com.cn

内 容 提 要

本书为普通高等教育“十一五”国家级规划教材（高职高专教育）。本书是遵照供热通风与空调工程专业高等专科培养目标与基本要求的精神，根据供热通风与空调专业高等专科《热工基础》课程教学基本要求编写的。本书分工程热力学和传热学两篇。作为教材，本书在内容取舍和结构安排上，既注意到深入浅出，讲清基本概念和基本方法，又注意到联系实际使学生深入理解基本规律的普遍适用性。为便于学生学习使用，每章均附有例题、思考题及习题。

本书可作为高职高专院校燃气工程、建筑设备工程等相近专业教材，也可作为从事通风空调、热能供应及锅炉设备工作的专业技术人员参考用书。

图书在版编目（CIP）数据

热工基础/陈忠海主编．—北京：中国电力出版社，2007

普通高等教育“十一五”国家级规划教材．高职高专教育

ISBN 978-7-5083-6106-2

Ⅰ．热…　Ⅱ．陈…　Ⅲ．热工学-高等学校：技术学校-教材　Ⅳ．TK122

中国版本图书馆 CIP 数据核字(2007)第 157556 号

中国电力出版社出版、发行

（北京市东城区北京站西街 19 号　100005　http://jc.cepp.com.cn）

北京市同江印刷厂印刷

各地新华书店经售

*

2008 年 1 月第一版　2012 年 1 月北京第四次印刷

787 毫米×1092 毫米　16 开本　21 印张　508 千字　3 插页

定价 **33.00** 元

前　言

本书遵照供热通风与空调工程专业高等专科培养目标与基本要求的精神，根据供热通风与空调工程专业高等专科《热工基础》课程教学基本要求编写。

本书分为工程热力学和传热学两篇。编写时特别考虑到高等专科的特点，在内容取舍和结构安排上，既注意到深入浅出，讲清基本概念和基本方法，又注意联系实际使学生深入理解基本规律的普遍实用性，使学生获得解决实际工程问题的能力。

本书作为一本教材，应有一定的系统性和完整性，某些章节的内容虽略超过《课程基本要求》的范围。但教材内容适当扩充些，可以使教师有选择的余地，教师可以按不同专业不同学时数及不同层次的要求进行选择。

为了帮助学生复习以及培养学生独立思考和解决问题的能力，本书每章附有例题、思考题及习题，这些题的代表性、启发性和工程性较强。

本书一律采用国际单位制，并在本书附录中列出各种单位制的换算表。

本书主审河北建筑工程学院赵三元教授和天津大学赵军教授仔细审阅了书稿，提出了许多宝贵意见，对提高书稿质量帮助极大，在此表示衷心感谢。

全书由陈忠海任主编，刘明福任副主编。参加本书的编写工作的有陈忠海（工程热力学：第九章、第十章；传热学：绪论）、刘明福（工程热力学：绪论、第一章、第二章、第五章、第六章）、杨秀芹（工程热力学：第八章；传热学：第四章、第五章）、卢春萍（工程热力学：第三章、第四章、第七章；传热学：第三章）、王雪锦（传热学：第一章、第二章）。

鉴于编者水平有限，难免疏漏与不妥之处，恳请读者批评指正。

编　者

2007 年 9 月

本书主要符号

工程热力学

英文符号	名称
a	修正分子间相互作用力的常数
B	大气压力
b	修正分子本身体积的常数
c	流速；质量比热容
c'	容积比热容
c_p	定压质量比热容
c_V	定容质量比热容
COP	工作性能系数
d	直径；含湿量
E	能量；储存能
E_K	动能
E_p	位能
e	单位质量能量
e_K	单位质量动能
e_P	单位质量位能
F	力
f	截面积
g	质量成分
H	焓
h	单位质量焓
M	分子量；千摩尔质量
Mc	摩尔比热容
m	质量
N	分子数目
n	多变指数；摩尔数
p	压力
Q	热量
q	单位质量热量
R	气体常数
R_0	通用气体常数
r	汽化潜热；容积成分
S	位移；熵
s	单位质量熵（比熵）
T	热力学温度
t	摄氏温度
U	热力学能（内能）
u	比热力学能（单位质量内能）
V	容积
v	比容
W	膨胀功；总功
W_s	轴功
w	单位质量膨胀功
w_s	单位质量轴功
w_t	单位质量技术功
x	干度；摩尔成分
z	压缩因子；高度

希腊文符号	名称
β	临界压力比
ε	热湿比
ε_1	制冷系数
ε_2	供热系数
η_t	循环热效率
κ	比热比（绝热指数）
ρ	密度
ρ_V	绝对湿度
τ	时间
φ	相对湿度

下脚码	名称
a	干空气
C	卡诺

下脚码	名称
c	临界
cv	控制体积
d	露点
f	流动
irr	不可逆
iso	孤立
re	可逆
s	饱和；轴
sur	环境
sys	系统
w	湿

传 热 学

英文符号	名称
A	温度振幅；表面积
a	热扩散率
B	大气压强
C	辐射系数
C_A	组分 A 的质量浓度
c	比热容
d	直径
E	辐射力
f	摩擦系数
G	投射辐射
g	重力加速度
H	焓；高度
I	辐射强度
J	有效辐射
K	传热系数
l	长度
M	质流量；质量
m	质流密度
NTU	传热单元数
P	压强
Q	热流量；换热量
q	热流密度；热流通量
R	热阻
r	半径；汽化潜热
S	距离
T	热力学温度
t	摄氏温度
U	周边长度
u	速度
V	容积
v	速度
w	速度
X	角系数
Z	周期

希腊文符号	名称
α	吸收率;对流换热表面传热系数
β	肋化系数；体积膨胀系数
δ	厚度
Δ	差值
ε	发射率；换热器效能
η	效率
Θ	无量纲过余温度
θ	过余温度
λ	导热系数
μ	分子量；动力黏度
ν	运动黏度
ξ	延迟时间
ρ	密度；质量浓度；反射率
τ	时间；透射率；剪应力
ϕ	换热量；单位时间的辐射能
ω	角速度

下脚码	名称
f	流体
w	壁面
c	临界
e	当量，等效

下脚码　　名称

s　饱和

m　平均

min　最小（Minimum）

max　最大（Maximum）

相似准则名称

$Bi=\frac{\alpha l}{\lambda}$——毕渥（Biot）准则（$\lambda$ 为固体的导热系数）

$Co=\alpha\left[\frac{\lambda^3\rho^2 g}{\mu^2}\right]^{-1/3}$——凝结（Condensation）准则

$Fo=\frac{a\tau}{l^2}$——傅里叶（Fourier）准则

$Ga=\frac{gl^3}{\nu^2}$——伽利略（Galileo）准则

$Gr=\frac{gl^3\beta\Delta t}{\nu^2}$——格拉晓夫（Grashof）准则

$Le=\frac{\alpha}{D}$——刘伊斯（Lewis）准则

相似准则名称

$Nu=\frac{\alpha l}{\lambda}$——努谢尔特（Nusselt）准则（$\lambda$ 为流体的导热系数）

$Pr=\frac{\nu}{a}$——普朗特（Prandtl）准则

$Pe=Re\cdot Pr=\frac{ul}{a}$——贝克利（Peclet）准则

$Ra=Gr\cdot Pr$——瑞利（Rayleigh）准则

$Re=\frac{ul}{\nu}$——雷诺（Reynolds）准则

$Sc=\frac{\nu}{D}$——施米特（Schmidt）准则

$Sh=\frac{\alpha_D l}{D}$——舍伍德（Sherwood）准则

$St=\frac{Nu}{Pe\cdot Pr}=\frac{\alpha}{uc_p\rho}$——斯坦登（Stanton）准则

目　　录

第二篇　传　热　学

第一篇 工程热力学

绪 论

第一节 热能及其利用

从人类学会用火到蒸汽机、内燃机的发明应用，人类文明前进的每一步，都和能源的开发利用息息相关。人类文明前进的过程，是开发利用能源的规模与水平不断提高的过程。从推动生产力提高的作用来看，是能源的开发利用将人类社会飞速推进到了现代文明时代。在当代，能源的开发利用水平仍是衡量一种社会形态、一个国家经济发展、科技水平与民众生活质量的重要标志。科学技术的发展、国民经济的繁荣、国防建设的加强、社会生活质量的提高、人类文明的进步等等，都必须以充足的能量供应为支柱。现在以至将来，社会发展对能源的开发利用势必依赖性更强，需求更大；开发利用能源的规模将越来越大，水平将越来越高，速度将越来越快。

能源是指能为人类生活与生产提供某种形式能量的物质资源。随着能源科学技术的发展，新能源的不断加入，能源种类日益增多，分类方法也种类繁多。世界能源委员会推荐的能源类型分为：固体燃料、液体燃料、气体燃料、水能、电能、太阳能、生物质能、风能、核能、海洋能和地热能。这是按能源的形态特征或转换与应用的层次对它进行的分类。其中，煤炭、石油和天然气是当今世界能源的三大支柱，这些埋藏在地下不能再生的燃料资源统称为化石能源。按能源的形成是否经过加工，又可将能源分为一次能源和二次能源。一次能源包括：化石能源、太阳能、水能、风能、地热能、核能、海洋能、生物质能等。一次能源按其能否循环使用和不断得到补充，又分为非再生能源和可再生能源。二次能源中包括：煤气、焦炭、洁净煤、蒸汽、液化气、酒精、汽油、柴油、重油、电力、激光和沼气等等。在这些种类繁多的能源中，无论从种类数目上，还是从提供的能量数量上来说，绝大多数都是首先经过热能形式而被利用的。例如，石油、煤炭、天然气等燃料的化学能常通过燃烧将其转换为热能；太阳能常通过集热器将其辐射能转换为热能；核能通过裂变反应或聚变反应释放出热能；海洋温差发电利用的也是热能；地热能本身提供的就是热能。因此，热能在能量利用中有着极其重要的意义。

热能利用的方式可分为直接利用与间接利用。直接利用就是不对其能量形式加以转换而直接利用；间接利用就是将热能转换为其他能量形式之后再进行利用。虽然，在生产以及生活中热能的直接利用也极为广泛，但应用最广的能量形式是机械能和电能。绝大多数的机械能和电能由热能转换而来，水能和风能的利用却极为有限。将热能转换为机械能或电能再间接应用是能量生产与利用结构体系的主干线。机械能与电能之间的能量转换，在理论上可以无条件100%地相互转换，而且实现也较为简单；但将热能转换为机械能或电能却是有条件的，较为先进的大型热力发电机组热功转换效率仅为40%左右，而且实现热功转换的设备系统和过程也较为复杂。因此，热能与机械能或电能之间的相互转换是能量生产与利用结构体系的关键。

第二节 研究对象及主要内容

热力学是研究与热现象有关的能量转换规律的科学。将热力学的基本原理应用于不同的领域相应有不同的热力学分支。工程热力学是热力学最先发展的一个分支，是热力学的基本原理在工程上的具体应用。工程热力学的主要研究对象是热能和机械能及其他形式的能量之间相互转换的规律。工程热力学的基本目的是：改进和完善诸如热力发动机、制冷机、热泵、压气机等实现能量传递与转换的热工设备，提高热功转换效率或能量利用效率。在这些热工设备中的能量传递与转换均是通过某种媒介物质的状态变化过程而实现的。这种实现能量传递与转换的媒介物质称为工质。

热力发动机是利用热能获得机械能的设备装置，简称热机。工程上最常见的热力发动机有蒸汽动力装置、燃气轮机装置和内燃机。蒸汽动力装置中是用水蒸气作为工质，燃气轮机装置和内燃机是用燃料燃烧产生的烟气作为工质。蒸汽动力装置的基本工作过程为：水在锅炉内吸收燃料燃烧释放出的热能成为过热蒸汽，然后进入汽轮机膨胀做功，机械能通过汽轮机的轴输出，做功后的乏汽流入凝汽器放热凝结为水，所放出的热能以循环冷却水为媒体最终排给大气环境，凝结水由给水泵加压送入锅炉，如此周而复始，连续不断地将燃料燃烧释放的热能一部分转换为机械能而另一部分排给大气环境。燃气轮机装置的基本工作过程为：空气和燃料分别经压气机与泵加压后送入燃烧室，在燃烧室内燃料燃烧将化学能转换为热能，燃烧释放的热能被产生的烟气吸收形成高温烟气，然后进入燃气轮机膨胀做功，机械能通过燃气轮机的轴输出，做功后的废气排给大气环境，与此同时废气所携带的一部分由燃料燃烧得到的热能也排给了大气环境。如此不断地吸入空气与燃料，排出废气，也同样连续不断地将燃料燃烧释放的热能的一部分转换为机械能，而另一部分排给大气环境。内燃机的基本工作过程为：打开进气阀，吸入燃料和空气后关闭进气阀，对燃料和空气的混合气体进行压缩。压缩终了，燃料和空气的混合气体在气缸中燃烧（点燃或压燃）产生高温高压的烟气，推动活塞膨胀做功。烟气膨胀做功后，排气阀打开，活塞将废气推出气缸排给大气环境。然后再次吸入燃料和空气，重复上述过程，不断地将燃料燃烧释放的热能一部分转换为机械能，而另一部分排给大气环境。

与热力发动机相反，制冷机和热泵是通过氟利昂、氨蒸气等制冷工质的循环过程，消耗机械能来实现由低温物体取热向高温物体放热的热能迁移过程。无论是热力发动机，还是制冷机和热泵，都是通过工质的状态变化来实现预期的能量传递与转换。压气机是另外一类热工设备，是通过消耗机械能来获得预期的高压气体。这些热工设备的具体结构并不是基础学科工程热力学深入研究的内容。但为了寻求提高这些热工设备能量转换经济性的途径与技术措施，工质的状态变化、能量的传递与转换却是工程热力学的主要研究内容。

工程热力学的主要研究内容，归纳起来，包括以下三个方面：

（1）能量转换的基本原理。其主要内容是热力学第一定律与第二定律。热力学第一定律描述了能量传递与转换时的数量守恒关系，指出了热能的同一性；热力学第二定律描述了能量传递与转换时的品质贬值趋势，指出了热能的特殊性。工程热力学是以这两个定律为基础而建立的一门工程技术基础理论。

(2) 工质的热力性质。其主要内容是理想气体、水蒸气、湿空气等常用工质的基本热力性质。工质热力性质的研究是工程热力学的主要研究内容之一，是具体分析计算能量传递与转换过程的前提。研究工质的热力性质主要是研究工质与能量传递及转换有关的各种属性及关系。

(3) 各种热工设备的热力过程。其主要内容有理想气体的热力过程、喷管及扩压管内的流动过程、动力循环及制冷循环等热力过程的分析计算。这些典型热工设备热力过程的分析计算，是工程热力学应用基本定律，结合工质特性和过程特性分析计算具体能量传递与转换过程完善性的方法示例。任何一类热工设备的热力过程可能有很多种，作为一门工程技术基础理论课程不可能一一详述，所侧重介绍的是热力过程的分析计算方法。某类热工设备热力过程的进一步详细研究则属于相应专业课程的研究内容。

第三节　研究方法

热力学有两种不同的研究方法：一种是宏观研究方法；另一种是微观研究方法。应用宏观研究方法的热力学称为宏观热力学（或经典热力学或唯象热力学）。应用微观研究方法的热力学称为微观热力学（或统计热力学）。

宏观研究方法不考虑物质的微观结构和微观运动规律，把物质看作是连续的整体，用宏观物理量描述其状态，以根据大量的观察和实验所总结出的基本定律为依据，进行逻辑演绎和推理，得出描述物质性质的宏观物理量之间的关系式，以及能量传递与转换的结论。宏观研究方法的特点是简单、可靠，而且普遍适用。但这种方法对于一些物理现象和物质属性的本质，说明解释能力较弱。

微观研究方法是从物质的微观结构出发，把物质看作是由大量分子、原子等微观粒子组成，以微观粒子运动遵守量子力学原理为依据，在对物质的微观结构及粒子运动规律作某些假设的基础上，应用统计方法得出微观量的统计平均值，由微观量的统计平均值分析研究热现象的基本规律和物质的宏观物理属性。微观研究方法的特点是可以更深刻地解释一些物理现象和物质属性的本质，但由于所假设的简化模型与实际往往相差较远，其可靠性与适用性较差。

工程热力学是关于热现象的宏观理论，研究方法是以宏观研究方法为主；仅对一些物理现象、物质的性质，引用微观的气体分子运动论和统计热力学的某些观点进行说明和解释，帮助理解宏观现象和物质性质的物理本质。作为应用科学之一的工程热力学普遍采用抽象、概括、简化和理想化的方法，将复杂的实际现象与问题，突出本质，抓住主要矛盾，略去细节，抽出共性，建立合理的物理模型。这种科学合理的抽象，使复杂的实际问题的研究简洁有效，而且可以更深刻地反映问题的本质，是科学研究普遍采用的基本方法。

第一章 基 本 概 念

本章的主要内容是介绍工程热力学的研究对象以及描述这一研究对象的一系列术语和概念。这些内容是工程热力学的重要基础。

第一节 热 力 系

一、热力系、外界、边界

热力学中，研究各种热力设备（如内燃机、汽轮机）的能量转换时，首先要根据研究问题的需要而人为划定一定范围内的物质（如燃气、水蒸气）作为研究对象。这种人为划定的热力学研究对象称为热力系，简称系统。热力系以外的物质称为外界。热力系与外界的分界面称为边界。边界可以是真实存在的实际界面，也可以是实际不存在的假想界面；可以是静止的固定界面，也可以是活动的胀缩界面；还可以是这几种界面的组合。

例如：选择封闭在活塞气缸内的气体为热力系时（如图 1-1 所示），它的边界是真实存在的实际界面，而且可以膨胀或压缩；选择汽轮机内的水蒸气为热力系时（如图 1-2 所示），边界是静止的固定界面，而且在进出口处它的边界是实际不存在的假想界面。

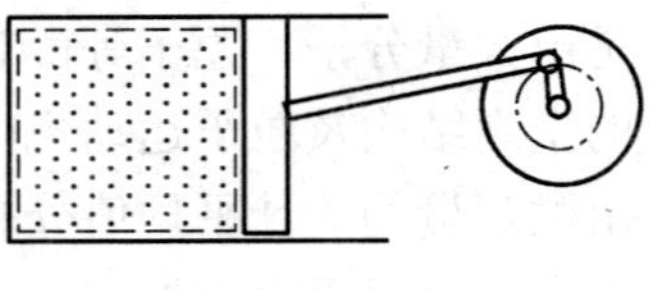

图 1-1　活塞气缸

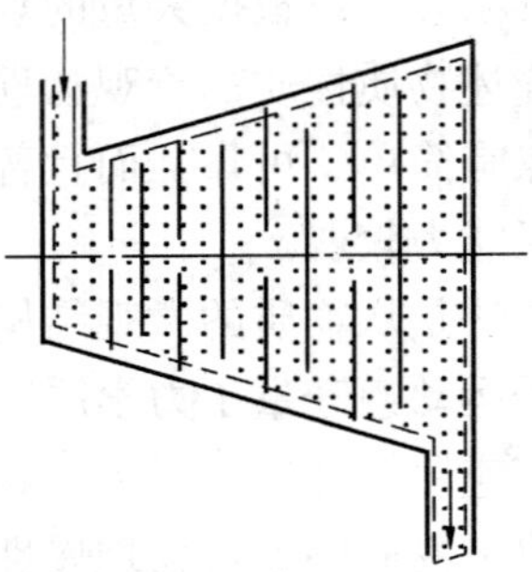

图 1-2　汽轮机

二、热力系与外界的作用

与其他学科的不同之处在于热力学研究的是能量转换。所谓热力系与外界间的作用，不是指作用力的大小、方向等问题，而是指热力系与外界间通过边界的物质交换和能量交换。热力系与外界间的能量交换又分为热量交换和功量交换两类。

外界一般指的是与热力系有相互作用关系的物质，而与没有作用关系的物质无关。

三、热力系的分类

按照系统与外界间的物质交换情况，可将热力系分为两类：闭口系与开口系。与外界无物质交换的系统称为闭口系。闭口系是取一定数量的物质为研究对象，所以又称为控制质量。如图 1-1 所示，取封闭在活塞气缸内的气体为热力系时，系统与外界没有物质交换，所以是闭口系统。与外界之间有物质交换的系统称为开口系。开口系是取一定空间范围内的物质为研究对象，所以又称为控制容积。如图 1-2 所示，取汽轮机内的水蒸气为热力系时，因为有蒸汽不断地流进流出汽轮机，所以它是一个开口系统。闭口系统内部质量保持不变，开口系统内部的质量可以变化，也可以不变。

按照系统与外界的能量交换情况，可将热力系分为多种类型。下面，主要介绍一些常见的系统。与外界无热量交换的系统称为绝热系。绝热系可以是闭口系，也可以是开口系。与外界仅交换热量，且具有无穷大热容量的系统称为热源。对外放热的热源又称高温热源；对外吸热的热源又称冷源或低温热源。与外界既无物质交换，又无能量交换的系统称为孤立系。孤立系与外界没有任何作用关系，它是把有作用关系的物质都取在系统之内而构成的一种特殊系统。

工程热力学主要讨论的系统是由可压缩流体构成，如空气、燃气、水蒸气等，而且将热转换为功的能量转换毫无例外地都是通过体积膨胀而实现的。这种通过体积变化与外界间交换的功量称为体积变化功。这种仅通过体积变化功而实现热能转变为机械能的系统称为简单可压缩系。

以上是按照热力系与外界间的相互作用所作的分类。按照热力系内部物质的状况，也可将热力系分为不同的类型。按照热力系内各部分物质的物理化学状况是否相同可分为均匀系与非均匀系；按照热力系内部物质的组成成分可分为单元系与多元系；按照热力系内部物质的相态可分为单相系与多相系。在以后的内容中，没作特别说明的热力系都可看作是均匀、单元、单相系。

热力系是人为划定的热力学研究对象，其目的是明确研究对象，为进一步研究提供方便。同一个问题，热力系选择得当，进一步研究简单易行；反之，则可能给进一步研究带来很大困难。系统的选取是人为的，但一经选定，系统是闭口系还是开口系、绝热系还是孤立系，就取决于研究对象本身的特性。

第二节 工质的状态及其基本状态参数

一、状态与状态参数

1. 定义

热力系在某一瞬间所呈现的宏观物理状况称作系统的热力学状态，简称状态。由于工程热力学研究的是热功转换，对于作为工质的可压缩流体的状态，主要讨论的是直接或间接与热功转换有关的由物质微观热运动所呈现的宏观物理属性。例如，系统对外膨胀做功的推动力——压力、系统膨胀做功的标志性参数——比容、热量传递的推动力——温度，等等。对于系统的应力、极性等与物质热运动无关的物理属性并不是工程热力学所研究的内容。

热力学中，描述系统所处状态的宏观物理量称为热力状态参数，简称状态参数或参数。常用的状态参数有：比容（v）、压力（p）、温度（T）、热力学能（U）、焓（H）、熵（S）等。

2. 状态参数的分类

状态参数分为强度量和广延量。强度量是一种对于系统内任意一点都具有意义的物理量。压力和温度就是两个工程热力学主要讨论的强度量。强度量是能量交换的推动力。如前所述，压力是系统对外膨胀做功的推动力，温度是热量传递的推动力。所以又称强度量为广义力或势。强度量与系统质量多少无关，不具有可加性。假如一个系统由两部分组成，一部分温度为20℃，另一部分为30℃，不能说系统的整体温度为50℃。与强度量相对应，广延量是一种对于系统整体或某一部分才具有意义的物理量。广延量与系统质量多少有关，具有可加性。体积、热力学能、焓、熵等都是广延量。如整个系统的体积是系统内各部分体积之和，而对于系统内的某一点说有多大的体积是无意义的。广延量是能量传递的标志性参数。体积是体积变化功的标志性参数，熵是热量传递的标志性参数。由于广延量类似于力学中的位移，又称为广义位移。由于广延量与系统的质量有关，而不同的系统，质量往往不同，为了方便，同时也为了使我们的讨论具有代表性，我们常常以系统的单位质量物质为主要讨论对象进行分析讨论。这样就又形成了一种参数——比参数。比参数是广延量与系统质量之比，也即单位质量的广延量。比参数具有强度量的性质。如比容、比热力学能、比焓、比熵等。在符号表达上，广延量用大写字母表达，比参数用相应广延量的小写字母表达。在称呼上，除比容外，习惯常将其余比参数的"比"字忽略，而用符号的大、小写字母来区分广延量和比参数。

3. 状态参数的特性

系统的状态一定时，状态参数都有唯一确定的数值。系统的状态不变，则状态参数也不变。系统的状态发生变化时，状态参数也发生相应变化。也就是说状态参数与状态之间存在有一一对应的关系，状态参数是系统状态的单值函数，这是状态参数的基本特性。不符合这一特性的物理量，就不是状态参数；只有符合这一特性的物理量，才可以作为状态参数。状态参数的这一基本特性表现在数学上，状态参数具有如下积分特征：

（1）热力系由状态1变化为状态2时，状态参数的变化量只取决于初、终状态，而与过程路径无关，即

$$\Delta x=\int_1^2 \mathrm{d}x = x_2 - x_1 \tag{1-1}$$

（2）当系统经历一系列状态变化而恢复到初态时，其状态参数的变化量为零，即

$$\oint \mathrm{d}x = 0 \tag{1-2}$$

以上两式既可以作为状态参数变化量的计算式，也可作为判别状态参数的依据。某物理量，只要满足任何一式，就意味着该物理量符合状态参数的基本特性，可以作为一个状态参数；反之，只要违背任何一式，就意味着该物理量不符合状态参数的基本特性，不能作为一个状态参数。

二、基本状态参数

状态参数中比容、压力、温度是可以由仪表直接测量得到的参数，称作基本状态参数。

1. 比容与密度

单位质量工质所占有的体积称作比容，也称比体积，用符号v表示，单位是m^3/kg。对于均匀系，如工质的体积为V（m^3），质量为m（kg），则它们之间的关系为

$$v=\frac{V}{m} \tag{1-3}$$

单位体积内所含工质的质量称作密度，用符号ρ表示，单位是kg/m^3。即

$$\rho=\frac{m}{V} \tag{1-4}$$

比容 v 与密度 ρ 之间，互为倒数：$v\rho=1$。两者不是独立参数，都是描述工质聚集的疏密程度。习惯上，工程热力学常用比容 v。

2. 压力

单位面积上所承受的垂直作用力称作压力（即压强）。储存于容器内的气体对容器壁面的压力，从微观意义上讲，是大量气体分子撞击容器壁面所产生的宏观作用效果。所以，工质的压力恒为正值。SI 制的压力单位是帕斯卡，简称帕，符号为 Pa，$1Pa=1N/m^2$。

工程上常见的压力单位还有：兆帕（MPa），$1MPa=10^6Pa$；巴（bar），$1bar=10^5Pa$；标准大气压（atm）（又称物理大气压，是根据纬度为 45°的海平面上的常年平均大气压力而定义的一个压力单位），1atm=760 mmHg =101325Pa；工程大气压（at），$1at=1kgf/cm^2=98066.5Pa$。此外，还有根据液体自身重力对底面的压力，当液体的密度一定时仅与高度有关而定义的毫米水柱（mmH_2O）和毫米汞柱（mmHg），$1mmH_2O=9.80665Pa$；1mmHg=133.3224Pa。常用压力单位间的换算关系可见附录表 1-1。

测压仪表种类繁多，但它们的工作原理都是依靠被测工质与仪表所处环境的压差而得出压力数值的。测压仪表指示的压力一般不是被测工质的真实压力，而是工质的真实压力与环境压力的差值。环境压力是指测压仪器所处环境的压力。一般情况下，测压仪表装在大气环境中，此时，当时当地大气压力就是环境压力。大气压力是大气层由于自身重力而形成的大气对地球表面物体的压力。影响大气压力数值的因素有地理位置、海拔高度、湿度、温度等。它是随时间、地点而变化的，一般由气压计测量。但如果测压仪表不是处于大气环境，那么环境压力就要具体分析，而不能把大气压力当作环境压力。

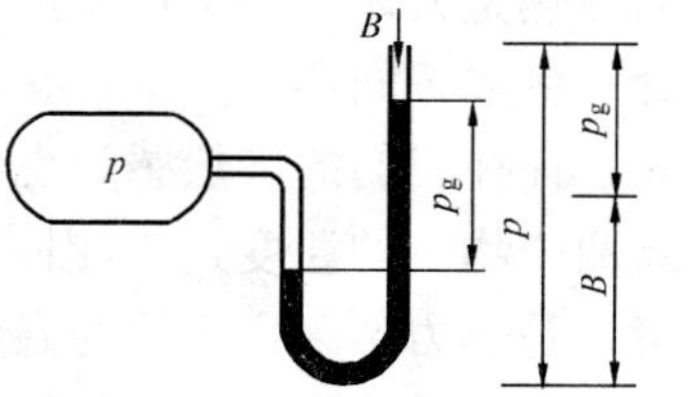

图 1-3 U 形管压力计（$p>B$），绝对压力、表压力、环境压力之间的关系

例如，U 形管压力计，如图 1-3 和图 1-4 所示，U 形管一端与被测工质相接，另一端与大气相通。U 形管内测压液体（水或汞）在两边的液面高度差值指示的是容器内工质的真实压力与当时当地大气压力的差值，而不是工质的真实压力。

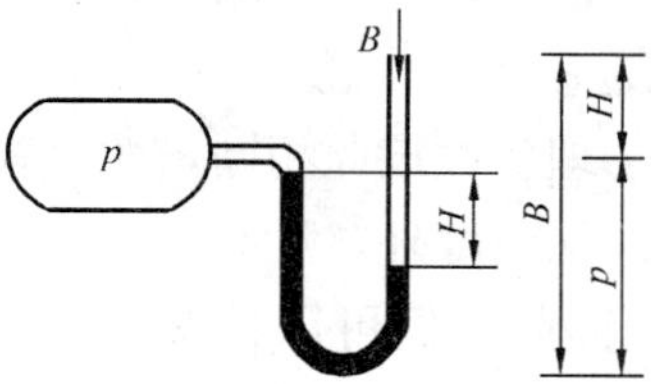

图 1-4 U 形管压力计（$p<B$），绝对压力、真空、环境压力之间的关系

为了便于区分各压力，工质的真实压力称为绝对压力，用符号 p 表示。环境压力用符号 B 表示。压力表指示的压力数值，是绝对压力比环境压力高出的压力数值称为表压力，用符号 p_g 表示。真空计指示的压力数值，是绝对压力低于环境压力的数值称为真空（负压），用符号 H 表示。如图 1-3 和图 1-4 所示，表压力 p_g 和真空 H 都是基于环境压力的相对压力。

一般情况下，绝对压力 p 的求取是由气压计测得当时当地大气压力（当测压仪表装在大气环境中时）B，由压力表或真空计测得工质的表压力 p_g 或真空 H，再用以下绝对压力、表压力、真空度与环境压力之间的关系式计算得出工质的绝对压力。

当 $p>B$ 时 $$p=B+p_g \tag{1-5}$$

当 $p<B$ 时 $$p=B-H \tag{1-6}$$

因为表压力 p_g 和真空 H 不仅与工质的状态有关，还与环境压力 B 有关。即使工质的状态不变，环境压力发生变化时，它们也要变化。因此，它们不是状态的单值函数，不符合状态参数的基本特性，不能作为状态参数。只有绝对压力才是系统所处状态的单值函数，才是系统的状态参数。在后续内容中所讲的压力，未作特别说明的均指绝对压力。

【例 1-1】 某氧气瓶的压力表读数为 1MPa，当时当地大气压力为 760mmHg。过一段时间后，瓶内氧气状态未变，而当时当地大气压力变为 755mmHg。问：此时压力表的读数为多少 Pa？瓶内氧气的绝对压力为多少 Pa？

解 压力表读数为表压力。据题意有：

最初 $p_g'=1\text{MPa}=1\times10^6\text{Pa}$　$p_b'=760\text{mmHg}=101325\text{Pa}$

瓶内氧气的绝对压力为 $p=p_g'+p_b'=1101325\text{Pa}$

最终 $p_b''=755\text{mmHg}=100658.421\text{Pa}$　$p_g''=p-p_b''=1000666.588\text{Pa}$

由于氧气压力不变，环境压力降低导致表压力增高，而且表压力增高的数值就是环境压力降低的压力数值。

3. 温度

将温度定义为物体冷热程度的标志的好处是易于反应温度所描述的是一个什么样的物理属性。但是，温度是物质分子微观热运动所表现出来的一种宏观物理属性，日常生活中所讲的冷热是人体对热量传递速度的一种感觉，不容置疑这种感觉与温度有关，但不是同一个概念。例如，同样气温下，有风和无风时我们的冷热感觉是不同的。对于同样温度的不同物体，往往我们的冷热感觉也不一样。正因如此，我们也不会凭借我们的冷热感觉来简单地判断两个物体的温度是否相同。但问题是温度究竟是什么？我们需要一个科学严谨的温度定义。是热力学第零定律为温度的概念以及温度的测量提供了科学严谨的理论基础。

热力学第零定律又称作热平衡定律。当两个冷热程度不同的物体相互接触时，它们之间将发生热量交换，热物体变冷，冷物体变热，经过足够长的时间后，两个物体将达到相同的冷热程度而不再进行热量交换，两物体间最终达到的这种状况称为热平衡。这种只进行热量交换的相互接触称作热接触。热力学第零定律描述了物体间处于热平衡时的一个重要特性，常表述为：如果两个物体中的每一个都分别与第三个物体处于热平衡，则这两个物体彼此也必处于热平衡。热力学第零定律是一个实验结果的描述，而不是逻辑推理的结论。这一实验结果是热现象的一个特有规律，并不是一切物理现象的普遍规律。例如，磁力现象中，一个 N 极与另外两个 S 极相互吸引，但这两个 S 极并不相互吸引，而是相互排斥。

热力学第零定律表明：处于热平衡的物体必定具有一个宏观物理属性彼此相同，两个物体的这种属性只要在数值上相等，则不需要热接触也处于热平衡。除温度外，没有一个物理量是描述这种属性的。而温度所描述的正是这一宏观物理属性。因此我们可以将温度定义为：温度是一个描述物体间是否处于热平衡的宏观物理量。或者说：温度是热平衡的唯一判据。

热力学第零定律还表明：要判别两个物体的温度是否相同，不必两者直接进行热接触，可以用第三个物体分别与它们热接触就可判断。这就为温度测量提供了理论依据，让测量温度的仪器——温度计，作为这个第三者，就可判断不同物体的温度是否相同。热力学第零定律理论上解决了温度测量的可行性。但实现温度测量，还需解决两个层次的问题：温度测量的手段以及温度数值的确定方法。

温度的测量，都是利用测温介质的某种物理性质与温度之间的关系，通过测量这种物理性质来确定温度。所选择的这种物理性质应具备随温度不同具有显著的变化，而且易于测量的特点。例如水银柱的高度、金属丝的电阻等。各类温度计都是通过这种信号转换手段来实现温度的测量的。

温度的数值表示法称为温标。温标的核心内容是规定基准点和分度方法。规定基准点就是规定某物质的某状态为温度数值确定的基准。一般选择容易复现的状态点为基准点。按照温标制定的依据，可将温标分为经验温标与热力学温标两类。经验温标是依据所选的测温介质的个别属性制定的温标。经验温标的缺点是：除规定的基准点外，不同经验温标对同一温度所给出的温度数值往往各不相同，使温度的量度失去了共同的准绳。例如：制作一支水银温度计时，假定水银柱的高度与温度成单值线性关系。并取水在 1 个标准大气压下的冰点作为 0℃，汽点为 100℃。让水银温度计分别与处于 1 个标准大气压下的冰点和汽点的水处于热平衡，标出此时水银柱的高度分别为 0℃ 和 100℃，然后将水银温度计在这两个刻度之间 100 等分，这样的温标就是一个由水银的个别属性制定的经验摄氏温标。用同样的方法可以制定各种经验温标，由于各种物性随温度变化的属性各不相同，势必使得经验温标除规定的基准点外，不同经验温标对同一温度所给出的温度数值各不相同，而且以任何一种经验温标为标准都没有充足的理由，从而使温度的量度失去了共同的准绳。

热力学温标是依据热力学第二定律制定的温标。由于热力学第二定律是一切物质共同遵循的规律，是物质的共同属性，从而热力学温标与测温物质的个别属性无关，成为度量物体温度的共同标准。

热力学温标是目前国际规定的基本温标。用这种温标确定的温度称为热力学温度，以符号 T 表示，单位为开尔文，简称开，以符号 K 表示。热力学温标规定纯水的汽、液、固三相平衡共存的状态点（三相点）为基准点，并定义其温度为 273.16 K。因此，1K 等于水的三相点热力学温度的 1/273.16。

与热力学温标并用的还有热力学摄氏温标，简称摄氏温标。用这种温标确定的温度称为摄氏温度，以符号 t 表示，单位为摄氏度，以符号℃表示。摄氏温标的定义式为

$$t(℃) = T(\mathrm{K}) - 273.15 \tag{1-7}$$

显然，摄氏温标与热力学温标起点不同，两种温标的温度间隔却一样，即每 1℃ 与每 1K 相等。摄氏温度的 0℃，是纯水在一个标准大气压下的冰点（液、固两相平衡共存状态点的温度）；摄氏温度的 100℃，是纯水在一个标准大气压下的汽点（汽、液两相平衡共存状态点的温度）。摄氏温标属于相对温标，热力学温标属于绝对温标。与摄氏温标和热力学温标相对应，在欧美等国习惯上常采用华氏温标和朗肯温标。纯水在一个标准大气压下的冰点与汽点华氏温度为 32℉ 与 212℉，朗肯温标为 491.67°R 和 671.67°R。四种温标对于各点的温度数值对照如图 1-5 所示。朗肯温度用符号 T_R 表示，华氏温度用符号 t_F 表示，四种温标的换算关系如下

图 1-5 几种温标的对照关系

$$t_F(℉) = T_R(°\mathrm{R}) - 459.67 \tag{1-8}$$

$$t(℃) = \frac{5}{9}[t_F(℉) - 32] \tag{1-9}$$

$$T(\mathrm{K}) = \frac{5}{9}T_R(°\mathrm{R}) \tag{1-10}$$

第三节 平衡状态、状态方程式及参数坐标图

一、平衡状态

进行任何一项研究，在确定研究对象之后，首先需要对研究对象进行简单清晰的描述。这一描述过程实质上是依据研究对象经过合理简化建立研究模型的过程。为了使热力状态的描述简单清晰，热力学提出了“平衡状态”这一概念。

前面讨论温度的概念时，已经介绍了热平衡的概念。当系统内部各部分温度不一致存在温差这个热不平衡势差时，即使与外界没有作用关系，系统的状态也会发生变化。在温差这个热不平衡势差的推动下，温度高的部分要向温度低的部分传递热量，系统具有自发地向热平衡变化的趋势。这种存在热不平衡势差的状态，系统的温度是不确定的，不仅各处的温度不同，而且随时间要发生变化。而各部分温度一致的热平衡状态，系统具有确定的温度。同样，在忽略重力场影响的条件下，当系统内部各部分压力不一致存在压差这个力不平衡势差时，系统的状态也具有自发地向力平衡变化的趋势。存在力不平衡势差的状态，系统的压力是不确定的。处于力平衡状态的系统，具有确定的压力。显然，所有不平衡势都不存在，也即同时满足各类平衡时，系统的热力状态才具有确定的状态参数，描述也最为简单。这种热力状态就是平衡状态。平衡状态可以定义为：与外界没有作用的条件下，系统的宏观性质不随时间而变化的状态。反之，则称作非平衡状态。平衡状态的特点是热力系具有确定的状态参数，而非平衡状态却没有确定的状态参数。这也正是工程热力学主要研究平衡状态的原因。

热力系实现平衡状态所需要满足的充要条件是：系统内部以及与外界之间同时满足各类平衡，或者说各种不平衡势差全部消失。除了前面所述的热平衡与力平衡之外，多相系还应满足相平衡，有化学反应的系统还应满足化学平衡。热力系发生状态变化的原因是存在不平衡势差。不平衡势差全部消失，系统的状态就不会发生变化。因此，平衡状态是一种静止状态。平衡状态与稳定状态的概念不同。平衡状态的实质是不平衡势差全部消失，稳定状态仅要求系统的状态不随时间而变化而对势差并不作要求。所以，平衡状态一定是稳定状态，稳定状态未必是平衡状态。平衡状态与均匀状态的概念也不同，均匀状态要求空间各处的状态均匀一致，所以平衡状态不一定是均匀状态。但对于工程热力学主要研究的单相气态物质，可忽略大气压力对压力分布的影响，平衡状态就成为均匀状态。因此，对于平衡状态，整个系统可用一组统一的并具有确定数值的状态参数来描述。

平衡状态是一种有限范围内的理想状态，它既贴近实际状态又简化了状态的描述，为工程热力学理论体系的建立和进一步分析研究奠定了重要的基础。

二、状态方程式

由状态参数的基本特性可知，热力系统的平衡状态一旦确定，则所有状态参数就都确定了。由于众多的状态参数，各自从不同的角度描述了同一系统的宏观状态，显然状态参数间存在有一定的内在关系，确定系统的平衡状态不需要所有的状态参数。对于简单可压缩系统，只需两个彼此独立的参数，便可确定系统的平衡状态。状态一经确定，其余参数也就确定了，所以其余参数都是所选定的两个彼此独立的参数的函数。基本状态参数 v、p、T 中，选择任意两个作为独立变量，则第三个必定是这两个独立变量的函数。这种函数关系可以写

成显函数也可以写成隐函数，即

$$v = v(p,T), p = p(T,v), T = T(p,v), F(p,v,T) = 0 \tag{1-11}$$

式（1-11）称为状态方程式，表示了简单可压缩系平衡状态下基本状态参数 v、p、T 之间的制约关系。

三、参数坐标图

由两个彼此独立的状态参数为横纵坐标所构成的平面坐标图称为参数坐标图。对于简单可压缩系，两个彼此独立的状态参数就可以确定一个平衡状态，所以参数坐标图上的一点就与简单可压缩系的一个平衡状态之间存在有一一对应的关系，就可以用参数坐标图上的一点来描述一个确定的平衡状态。对于非平衡状态，由于没有确定的状态参数，在坐标图上无法表示。参数坐标图为热力系统平衡状态的描述提供了一个直观清晰简单方便的方法。

常用的参数坐标图有压容图（p-v 图）与温熵图（T-s 图）等。同一个平衡状态在不同参数坐标图上都存在一个唯一的状态点，所以不同参数坐标图上的点也存在一一对应的关系。例如，p-v 图［图 1-6（a）］上，点 1 描述的是由状态参数 p_1、v_1 所确定的平衡状态。该状态一经确定，则对应于该状态下的 T_1、s_1 也就有确定的值，对应于 T-s 图［图 1-6（b）］上，存在一个惟一的点 1。

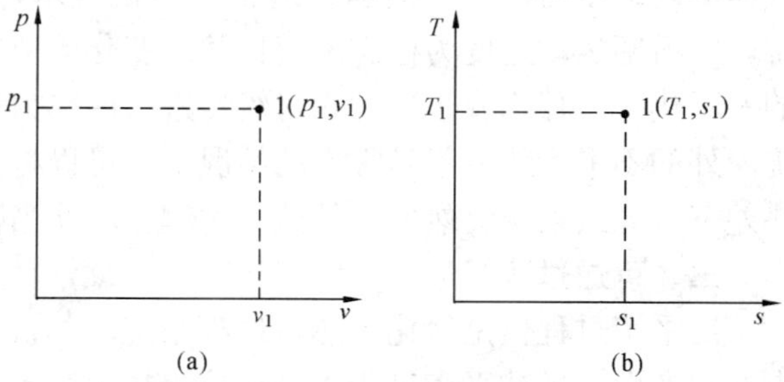

图 1-6　参数坐标图

（a）p-v 图；（b）T-s 图

第四节　热力过程、准平衡过程与可逆过程

一、热力过程

实际热工设备的能量传递与转换都是在不平衡势差的推动下通过工质的状态变化过程实现的。因此，工质的状态变化过程是工程热力学的主要讨论内容。我们将热力系由一个状态向另一个状态变化时所经历的全部状态的总和称为热力过程，简称过程。

热力过程的分析讨论包含两方面的内容：一方面要分析讨论系统的状态变化情况；另一方面要讨论系统与外界的能量交换情况。实际热力过程是在不平衡势差的驱使下进行的，这就意味着系统所经历的中间状态要偏离平衡状态，而使状态变化和能量交换非常复杂。此外，在热力过程中系统与外界间交换功量时，不可避免地存在耗散效应。耗散效应是指通过摩擦、电阻、磁阻等使功变热的效应。对于这些问题不作简化处理，热力过程的分析计算势必非常困难。因此就有了准平衡过程与可逆过程的概念。

二、准平衡过程

平衡状态是不存在一切不平衡势差的宏观静止状态，或称“死态”，系统与外界间不能进行能量的交换。要实现能量的交换就必须破坏系统的平衡，在一定的不平衡势差推动下，让系统的状态发生变化。但此时，系统的状态偏离平衡状态，给热力过程的描述带来问题。为了简化热力过程系统状态的描述，热力学定义：过程中系统所经历的每一个状态都无限地接近平衡状态的热力过程称为准平衡过程（或准静态过程）。否则，称为非平衡过程（或非准静态过程)。准平衡过程可以用确定的状态参数描述，可以在参数坐标图上用一条连续的曲线表示。而非平衡过程却不行。

实现准平衡过程的条件是：推动过程进行的势差为无限小。势差为无限小既可使系统的状态发生变化，又可使系统的状态随时皆无限接近于平衡状态，但过程的进行势必无限缓慢。正是由于准平衡过程无限缓慢的特点导致工程热力学所讨论的热力过程并不考虑时间。

准平衡过程是实际过程进行得足够缓慢的极限过程，可以相当精确地描述大多数实际过程。这是因为非平衡状态具有自发地向平衡状态过渡的趋势，不平衡势不是很大的情况下，从非平衡状态到平衡状态所需时间——“弛豫时间”，远远小于实际过程进行所用时间，也就是说系统状态变化的速度远远小于系统恢复平衡的速度，以至于实际过程与准平衡过程非常接近。例如：在 2000r/min 的活塞式内燃机中，活塞运动的速度一般在 10 m/s 以内，但气体的内部压力波的传播速度通常每秒数百米，气体分子运动甚至达每秒上千米。相对而言，以活塞运动速度为标志的气体状态变化的速度还是很慢。正常运行的热工设备中所进行的实际热力过程都属于这种相对缓慢进行的热力过程，均可按准平衡过程处理。所以，当系统内外的不平衡势差不是很大的情况下，可以将实际过程近似地当做准平衡过程。但在较大势差下，导致系统突然发生的热力过程，不能当做准平衡过程。

三、可逆过程

准平衡过程仅是简化了热力过程系统内部状态的描述，对于系统与外界间的能量交换并未专门考虑。用准平衡过程来分析讨论热力过程的能量交换，问题仍然非常复杂。例如：活塞气缸内的气体对外膨胀做功的热力过程，由于存在摩擦，气体所做的功与外界获得的功数量不同。仅系统与外界交换的功量数量这一问题，用准平衡过程来描述就非常繁杂。为了简化热力过程系统与外界间的能量交换情况的描述，热力学建立了可逆过程的概念。

系统经历一个过程之后，如果能使系统与外界同时恢复到初始状态而不留下任何痕迹，则称这一过程为可逆过程。否则就是不可逆过程。可逆过程的定义仅要求过程结束后，具备系统与外界同时恢复到初始状态的可能性，并不要求必须回到初态。实现可逆过程的充要条件是：推动过程进行的势差为无限小，而且不存在任何耗散效应。对比实现可逆过程与准平衡过程的充要条件可知：可逆过程就是无耗散效应的准平衡过程，可逆过程与准平衡过程的差异就在于有无耗散效应。可逆过程必然是准平衡过程，但准平衡过程却不一定是可逆过程。

实现可逆过程要求推动过程进行的势差为无限小，是因为在诸如温差、压差等有限势差下进行的热力过程一旦发生，就不可能使系统与外界同时恢复到初始状态而不留下任何痕迹。例如，高温物体放热，将热量传递给低温物体的温差传热过程一旦发生，要让高温物体和低温物体同时恢复到原来的状态，就不可能让低温物体放热直接将热量传递给高温物体，只有借助于制冷机从低温物体取热，向高温物体放热，才可能使高温物体和低温物体恢复到原来的状态。但这样做的结果是作为外界的制冷机消耗了功，也就是说给外界留下了痕迹。只有当两个物体的温度相等时，A 物体将热量传递给 B 物体后，而 B 物体也可以直接将热量传递给 A 物体，在两物体同时恢复到原来状态的同时也没有留下任何痕迹。所以，热不平衡势差为无穷小时的热量传递过程才可能是可逆过程。

存在耗散效应是导致热力过程不可逆的另一因素。例如，绝热的活塞气缸内，气体在进行膨胀做功的过程中，由于活塞与气缸之间存在着摩擦，势必有一部分膨胀功通过摩擦而转变为热，使外界获取的功量比气体膨胀所做的功少，要使气体回到初态，外界必须提供更多的功。这样一来，气缸内的气体虽然回到了初态，但外界却发生了变化。只有无摩擦时，外界获取的功量与气体膨胀时所做的功相等，才有可能使气缸内的气体恢复原态的同时，外界也恢复到原态而且不留下任何痕迹，才是可逆的。

可逆过程是由系统与外界的作用效果是否具有复原的可能性来定义的；而准平衡过程是由系统内部状态是否偏离平衡状态来定义的。从而使摩擦等耗散效应成为可逆过程与准平衡过程之间的差异。用可逆过程分析讨论热力过程不仅具有准平衡过程的特点（过程中系统所经历的每一个状态都无限地接近平衡状态，在参数坐标图中可用一条连续曲线来表示），状态描述简单清晰，而且与外界间的能量交换情况也得到了简化。由下面第五节的介绍，将会发现：在可逆过程中，系统与外界间的能量交换也可以用系统的状态参数来计算，而无需考虑系统与外界间的复杂关系。这给热力过程的分析计算带来了极大的方便。

实际过程不可避免地要包含有各种不可逆因素，所以都不是可逆过程。可逆过程是一种由实际过程理想化——不平衡势差与耗散效应为无限小，而得出的理想极限过程，是不可能实现的。尽管可逆过程是不可能实现的理想过程，但是由可逆过程得出的结论，可为实际过程的比较和改进提供标准与极限，可为判别不可能发生的过程提供依据。尽管实际过程都是不可逆过程，但为了研究方便，都是先将复杂的实际过程近似简化为一个理想的可逆过程，经初步分析计算之后，再考虑不可逆因素加以修正。这正体现了工程热力学的基本研究方法。

可逆过程在理论上具有十分重要的意义。在第五章热力学第二定律中将对可逆的实质做进一步讨论。

第五节 功 与 热 量

热力过程中，在不平衡势差的推动下，系统在状态变化的同时，与外界会发生能量的交换。在压力差的推动下，系统与外界之间会进行功量的交换；在温差的推动下，系统与外界之间会进行热量的传递。第四节已经指出可逆过程不仅热力过程状态描述简单清晰，而且与外界间的能量交换也可以用系统的状态参数来计算，而无需考虑系统与外界间的复杂关系。这一点可以通过下面的分析讨论得到验证。

一、可逆过程的体积变化功

工程热力学中，热能转换为机械能是通过工质的体积膨胀实现的。静止的闭口系统在体积变化时通过边界与外界交换的功称为体积变化功，用符号 W 表示，单位为 J 或 kJ。单位物质所作的体积变化功用符号 w 表示，单位为 J/kg 或 kJ/kg。工程热力学规定：系统对外界做功，功量为正；外界对系统做功，功量为负。

如图 1-7 所示，假定气缸中盛有质量为 $m$kg 的工质，经历了一个可逆膨胀做功过程。若活塞在工质压力 p 的推动下向前移动了一微小

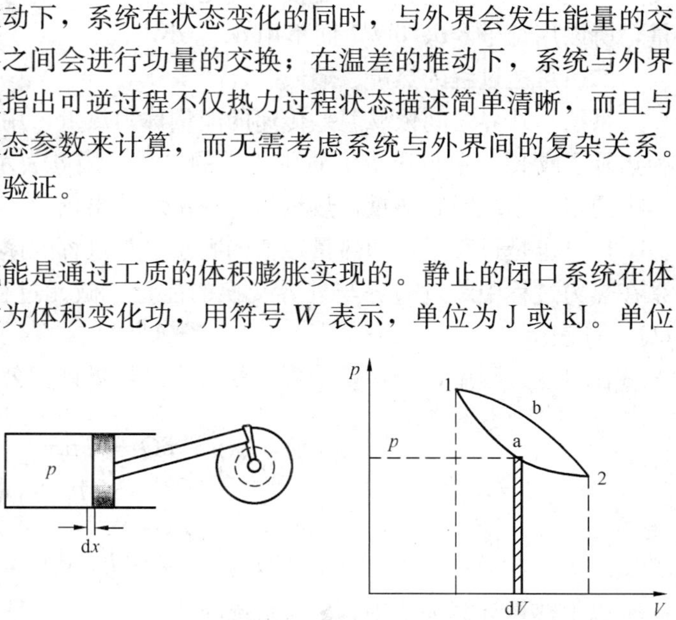

图 1-7 活塞气缸及 p-V 图

距离 dx。活塞面积为 A，则工质作用于活塞上的力为 pA（非平衡过程不能用系统的状态参数确定此力）。于是工质在这一可逆微元过程与外界交换的功（存在耗散效应的准平衡过程，此功仅是工质所做的功）为

$$\delta W = pA\mathrm{d}x = p\mathrm{d}V \tag{1-12}$$

式中：$\mathrm{d}V$ 为活塞移动距离 $\mathrm{d}x$ 时气缸中工质体积的增量，$\mathrm{d}V = A\mathrm{d}x$。在工质由状态 1 可逆膨胀到状态 2 的过程中，工质与外界交换的体积变化功为

$$W = \int_1^2 p\mathrm{d}V \tag{1-13}$$

单位质量工质所交换的体积变化功为

$$\delta w = \frac{\delta W}{m} = p\mathrm{d}v \tag{1-14}$$

$$w = \int_1^2 p\mathrm{d}v \tag{1-15}$$

以上四个体积变化功的计算式的建立并未涉及工质的性质，所以它们适用于任何工质的可逆过程。显然，可逆过程的比容变化功 w 的大小可以在 p-v 图上用过程曲线下面的面积来表示（如图 1-7 所示），因此 p-v 图也称为示功图。具体计算时，除了工质的初、终态以外，还必须知道工质在具体热力过程中压力随比容而变化的函数关系式 p（v），它是描述过程途径特性的函数关系，称为过程方程。

功量是过程量，也即功量数值的大小不仅取决于系统的初、终状态，而且与过程的途径有关。如图 1-7 所示，尽管初态都是 1 状态，终状都是 2 状态，但不同的过程途径 1-a-2 和 1-b-2，所交换的功量（过程线下的面积）不同。而状态参数压力、比容的变化量却仅取决于初、终状态，与过程途径无关，即 $\Delta p = p_2 - p_1$；$\Delta v = v_2 - v_1$。功量是迁移能，是热力系在热力过程中跨过边界与外界交换的能量。一旦它们越过边界，便转化为系统或外界的能量。功量不是状态参数，说系统或外界在某状态下有多少功是毫无意义的。只有当系统状态发生变化时，才可能有功的交换。微元过程中，系统与外界交换的功量不是微增量而是微小量，所以用符号 δw、δW，而不用 $\mathrm{d}w$、$\mathrm{d}W$ 表示。

二、可逆过程的热量、熵

系统与外界之间依靠温差传递的能量称为热量，用符号 Q 表示，单位与功的单位相同，为焦耳 J 或 kJ。单位质量工质所传递的热量，用 q 表示，单位为 J/kg 或 kJ/kg。工程热力学中规定：系统吸收热量，热量为正；系统放出热量，热量为负。

热量也是过程量，即热量数值的大小也与过程的途径有关。热量也是迁移能，也是热力系在热力过程中跨过边界与外界交换的能量。微元过程中，系统与外界交换的热量用符号 δQ、δq 表示。

在可逆过程中，与功量计算式相对应的热量计算公式为

$$\delta q = T\mathrm{d}s \tag{1-16}$$

$$\delta Q = T\mathrm{d}S \tag{1-17}$$

$$q = \int_1^2 T\mathrm{d}s \tag{1-18}$$

$$Q = \int_1^2 T\mathrm{d}S \tag{1-19}$$

以上热量计算公式中，S 为系统的状态参数熵，是一个广延量，单位是 J/K 或 kJ/K。s 为单位物质的熵，是一个比参数，单位为 J/(kg·K)或 kJ/(kg·K)。熵是可逆过程热量传

递的标志性参数。根据熵的变化，可以判断可逆过程系统与外界之间热量交换的方向：若熵增大 $ds>0$，则 $\delta q>0$，系统吸热；若熵减小 $ds<0$，则 $\delta q<0$，系统放热。可逆过程中单位质量工质与外界所交换的热量可以用 T-s 图（温熵图）中过程曲线下的面积来表示（如图 1-8 所示），所以 T-s 图又称为示热图。上述关于热量的计算式仅适用于可逆过程，所以用熵的变化判断热量交换的方向也仅适用于可逆过程。

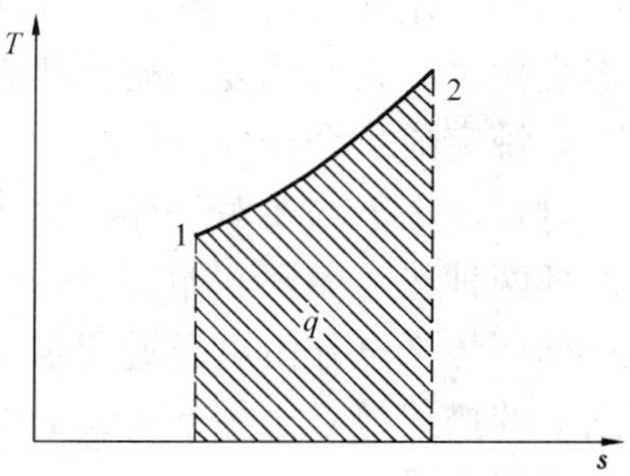

图 1-8 T-s 图

状态参数熵的定义不是像其他参数那样直接定义某状态下的相应物理量，而是由可逆微元过程的增量来给出定义。熵的定义式为，对于可逆过程有

$$dS=\frac{\delta Q}{T} \tag{1-20}$$

熵的这一独特定义方式，最初是由可逆过程的功量与热量的相同性质出发，对照可逆过程的体积变化功的计算式 $\delta W=p\mathrm{d}V$，即：过程量＝推动力×标志性参数的增量，套用在可逆过程的热量计算上而提出的一个标志可逆过程热量交换情况的状态参数。热量 δQ 和功量 δW 都是过程量，热量传递与功量交换都存在一个推动力分别是 T 和 p，对应于 V 是一个可逆体积变化功交换的标志性参数，如果存在一个可逆热量传递的标志性参数的话，就应该有熵的定义式——式（1-20）。在理论上，状态参数熵是热力学第二定律引出的一个状态参数，在第五章中，将进一步的讨论。

功与热量虽然均是过程量、迁移能，但两者之间除了它们的推动力不同、标志性参数不同外，能量形式也有质的差异，功量是宏观有序能，而热量是微观无序能。此外，系统与外界交换体积变化功可实现热与功之间的转换，而系统与外界传递热量仅仅实现的是热能的迁移。

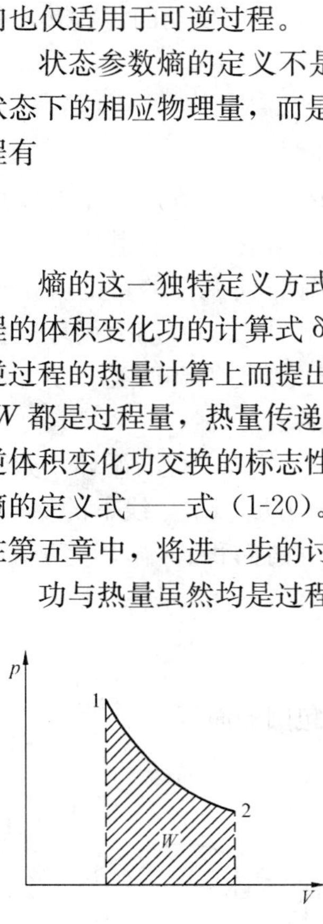

图 1-9 p-V 图

【例 1-2】 一定量的气体由 $p_1=1\text{MPa}$，$V_1=0.3\text{m}^3$ 的初始状态，经可逆膨胀过程到达 $V_2=1.2\text{m}^3$ 的终态。若过程是在满足 pV＝常数的条件下进行的，试求该过程交换的体积变化功 W，并将该功量在 p-V 图上表示出来。

解 据题意有 $pV=p_1V_1$，压力随体积的变化关系为 $p=\dfrac{p_1V_1}{V}$，于是

$$W=\int_{V_1}^{V_2}p\mathrm{d}V=\int_{V_1}^{V_2}\frac{p_1V_1}{V}\mathrm{d}V=p_1V_1\ln\frac{V_2}{V_1}=1\times10^6\times0.3\ln\frac{1.2}{0.3}=415888(\text{J})$$

如图 1-9 所示，该功量在 p-V 图上为过程线下面的面积。显然该功量与过程途径有关。

第六节 热 力 循 环

一、热力循环概述

工程上，实现连续能量转换的装置（如：内燃机、燃气轮机等）所实施的热力过程都可

归结为热力循环过程。热力循环简称循环，是指工质从某一初始状态出发，经历一系列热力状态变化之后，又回复到初始状态的封闭热力过程。

系统完成一个循环过程之后，尽管系统的状态又回复到初始状态，但毕竟是经历了一个热力过程，一般均要对外界产生热能迁移和能量转换的作用效果，同样存在可逆循环与不可逆循环两种热力循环。循环是否可逆，取决于循环过程中是否存在不平衡势差和耗散效应。可逆循环势必全部由可逆过程组成，而不可逆循环势必含有不可逆过程。可逆循环在参数坐标图上的描述势必是一条连续的闭合曲线。

系统完成一个循环后，对外界净做出的功量也即系统沿循环各过程所做功的代数和，称为循环净功，用符号 w_0 表示。

二、正向循环和逆向循环

按照循环作用效果的不同，可将循环分为正向循环和逆向循环两类。

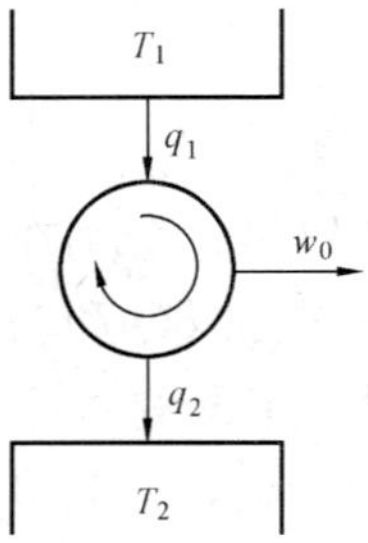

图 1-10 正向循环

正向循环又称动力循环或热机循环。正向循环对外界所产生的作用效果可归结为图1-10所表示的那样：从高温热源取热 q_1，将其中一部分转变为功 w_0，排给低温热源剩余的热 q_2。实施正向循环的目的就是要实现将热转换为功的能量转换，利用热对外界提供动力。动力循环依据所采用的工质不同，又分为气体动力循环与蒸汽动力循环两类。动力循环一般均是将不需花费代价的环境作为低温热源。

可逆正向循环，在参数坐标图中是按顺时针方向进行的循环。如图1-11 所示，正向循环中，膨胀过程 1-2-3 所做的功（1-2-3 线下的面积）要大于压缩过程 3-4-1 所消耗的功（3-4-1 线下的面积）。循环完成后，系统对外界做出的循环净功 w_0 为

$$w_0=\oint\delta w=\int_{1\text{-}2\text{-}3}\delta w+\int_{3\text{-}4\text{-}1}\delta w$$

显然，可逆循环的循环净功 w_0 必然等于 p-v 图上循环曲线所包围的面积。

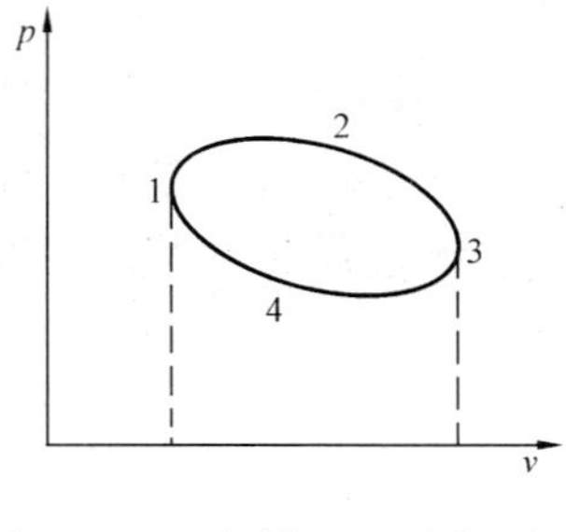

图 1-11 正向循环 p-v 图

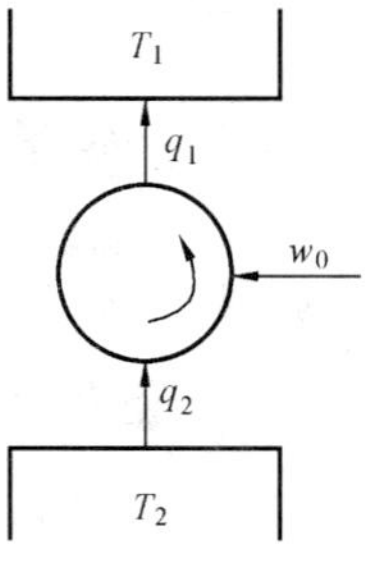

图 1-12 逆向循环

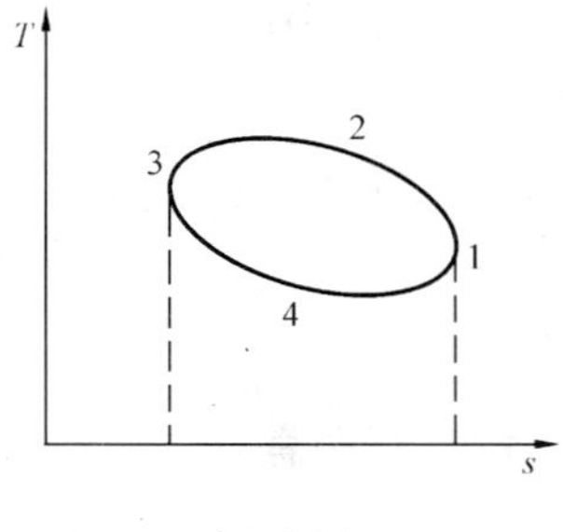

图 1-13 逆向循环 T-s 图

逆向循环对外界所产生的作用效果与正向循环恰好相反。如图1-12所表示的那样，它是消耗外功 w_0，从低温热源取热 q_2，而向高温热源放热 q_1。按照实施循环的目的不同，逆向循环又分为制冷循环与热泵循环。制冷循环的目的在于将热量 q_2 从低温热源取出，以维持低温热源的低温；热泵循环的目的则是向高温热源提供热量 q_1，以维持高温热源的高温。制冷循环与热泵循环不仅目的不同，其工质的实际工作温度大致范围也不一样。制冷循环一般均是将不需花费代价的环境作为高温热源，其工质的实际工作温度范围大致在环境温度以下；而热泵循环一般均是将不需花费代价的环境作为低温热源，其工质的实际工作温度范围

大致在环境温度以上。

可逆的逆向循环，在参数坐标图中是按逆时针方向进行的循环。如图 1-13 所示，逆向循环中，放热过程 1-2-3 所放出的热 q_1（1-2-3 线下的面积）要大于吸热过程 3-4-1 所吸收的热 q_2（3-4-1 线下的面积）。这是由于外界提供的功量 w_0 也转变为热，与吸热过程所吸收的热 q_2 一并在放热过程排给高温热源所导致的必然结果。

三、循环的经济指标

循环的经济指标用工作系数来衡量，是评价循环工作效果的重要依据。其原则性定义是

$$工作系数 = \frac{得到的效益}{付出的代价}$$

动力循环的经济指标用循环热效率 η_t 来衡量。动力循环的效益是循环净功 w_0，付出的代价是从高温热源获取的热量 q_1，所以热效率为

$$\eta_t = \frac{w_0}{q_1} \tag{1-21}$$

循环热效率 η_t 是评价动力循环热功转换效果的重要指标。η_t 越大，表明动力循环在同样循环吸热量 q_1 下，得到的循环净功 w_0 越多，热功转换效果越好。显然，分析讨论动力循环的目的就是要提高循环热效率 η_t。所以，循环热效率 η_t 是各种动力循环的主要分析计算内容。

制冷循环的经济指标用制冷系数 ε_1 来衡量。制冷循环的效益是循环从低温热源取出的热量 q_2，付出的代价是为了取出热量所耗费的功量 w_0。所以制冷系数为

$$\varepsilon_1 = \frac{q_2}{w_0} \tag{1-22}$$

热泵循环的经济指标用供热系数 ε_2 来衡量。热泵循环的效益是向高温热源提供的热量 q_1，付出的代价是为了提供 q_1 所耗费的功量 w_0。所以供热系数为

$$\varepsilon_2 = \frac{q_1}{w_0} \tag{1-23}$$

制冷系数 ε_1 和供热系数 ε_2 是评价制冷循环和热泵循环经济性的重要指标。制冷系数 ε_1 和供热系数 ε_2 越高，表明在耗费同样数量的功量 w_0 下，从低温热源取出的热量 q_2 或向高温热源提供的热量 q_1 越多，制冷和供热的经济性越好。分析讨论各种制冷循环和热泵循环的目的就是要提高制冷系数 ε_1 和供热系数 ε_2。制冷系数 ε_1 和供热系数 ε_2 是各种制冷循环和热泵循环的主要分析计算内容。

小　　结

本章围绕热力系的描述而介绍了一系列术语和概念。这些描述热力系的概念实质上是经合理简化的热力学研究模型，是热力学理论框架得以建立的基础。本章的基本知识点以及要点和难点小结如下：

1. 热力系、边界、外界、系统与外界的作用、闭口系、开口系、绝热系、热源、孤立系、简单可压缩系这些基本术语的定义及含义，是本章的第一组基本知识点，须准确掌

握。

2. 基本状态参数 v、p、T 的定义、单位和相关关系式是本章的第二组基本知识点。相关关系式有：$v\rho=1$；$p>B$ 时，$p=B+p_g$；当 $p<B$ 时，$p=B-H$；$t(℃)=T(K)-273.15$。要注意：只有绝对压力才是状态参数，表压力和真空均不是状态参数。热力学温标和摄氏温标都是常用温标，由于两者的温度间隔一致，仅起点不同，所以当求取温差时使用热力学温标或使用摄氏温标没有差异，但表达或求取某一平衡状态的温度时，两种温标的温度数值不同，不能混用，要注意区别。

3. 平衡状态的定义、条件和意义是本章的第三组基本知识点。平衡状态的实质是各种不平衡势差均不存在，与稳定、均匀不是同一个概念。但平衡状态具有稳定的性质，对于工程热力学主要研究的气态物质，还同时具有均匀的性质。平衡状态的意义就在于，它是一个状态便于描述的理想模型。在平衡状态下，系统具有确定的状态参数，而非平衡状态却没有。可以说这一模型是工程热力学理论的一个支点。

4. 准平衡过程与可逆过程的概念既是本章的一组知识要点又是本章的难点。关于这两类过程的定义、条件和意义均已在正文中介绍，在此不再赘述。从这两个过程的定义来看，准平衡过程着眼于过程中系统的状态，而可逆过程着眼于过程中系统与外界的作用效果。从实现这两个过程的充要条件来看，可逆过程是没有耗散效应的准平衡过程，准平衡过程是可逆过程的必要条件。这两类过程都是实际热力过程的理想模型，准平衡过程的意义是简化了过程中系统状态变化的描述，可逆过程不仅简化了状态变化的描述而且简化了能量交换的描述，为分析计算复杂的实际热力过程提供了一种简单可行方法。可逆过程的意义决非仅仅如此，这方面的认识还有待于在热力学第二定律的学习中进一步探讨。

5. 状态量与过程量是本章的又一组知识要点。状态量是依据状态参数的特性，相对于过程量而对状态参数的又一称谓。状态参数是状态的单值函数这一状态参数的基本特性，在数学上，本章得到了三个表达式：①状态参数是状态的单值函数，而简单可压缩系的状态可由两个彼此独立的状态参数来确定，所以某个状态参数一定是另外两个独立参数的函数，即：$x=f(y,z)$；②在热力过程中，状态参数的变化量只取决于初终状态，而与过程路径无关，即：$\Delta x=\int_1^2 \mathrm{d}x=x_2-x_1$；③当系统完成一个热力循环时，其状态参数的变化量为零，即：$\oint \mathrm{d}x=0$。这些数学关系式既是状态参数变化量的基本计算式，同时也是判别一个物理量是否可以作为状态参数的依据。过程量的基本特性是其数值大小与过程途径有关。功量和热量共同具备这一属性，它们都是过程量，都是迁移能。过程量的含义是指该物理量的大小与过程途径有关。迁移能的含义是指该能量是在热力过程中跨过边界而交换的能量，在过程结束后该能量就变为系统或外界的能量。迁移能是系统能量变化的量度。迁移能是与储存能相对应的一组概念，关于储存能的概念将在下一章中介绍。

6. 功和热量的定义、单位、正负规定、基本性质和计算，以及熵的定义是本章的第四组基本知识点。可逆过程的体积变化功为：$w=\int_1^2 p\mathrm{d}v$，该式是任何工质可逆过程体积变化功的基本计算式，使用时一般首先要由已知条件确定描述过程特性的过程方程，即在具体过程中压力随比容的变化函数关系，将此关于比容的函数代入计算式才可积分计算。可逆过程的热量为：$q=\int_1^2 T\mathrm{d}s$，该式常用于可逆过程的理论分析，实际采用的热量计算方法常常是利用后续内容所介绍的比热容或热力学第一定律来进行计算。熵的定义式为：可逆过程中$\mathrm{d}s=\frac{\delta q}{T}$。熵是可逆过程热量传递的标志性参数。由熵的变化，可以判断可逆过程系统与外界之间热量传递的方向；反之，由可逆过程热量传递的方向也可判断系统熵的变化。

7. 参数坐标图是工程热力学进行分析计算的一个常用工具。本章主要介绍了它的一些基本知识。可归结为：①坐标图上的一点，表示系统的一个平衡状态；②可逆过程可以用坐标图上的一条曲线来表示；③在 p-v 图上，可以用过程曲线下的面积表示可逆过程系统与外界交换的体积变化功；④在 T-s 图上，可以用过程曲线下的面积表示可逆过程系统与外界传递的热量。

8. 热力循环、正向循环、逆向循环、制冷循环、热泵循环以及工作系数的定义和含义是本章的最后一组基本知识点。各类循环在后续内容中将分别进一步讨论。

习　　题

1-1　有人说，孤立系就是与外界既无热量交换又无功量交换的系统，闭口系就是质量恒定的系统。又有人说，孤立系就是与外界无作用关系的系统。这些说法对吗?

1-2　如果安装于容器上的压力表的读数发生了变化，则该容器内气体的绝对压力是否一定也发生了变化?

1-3　假设在太空运行的飞船外侧装了一个测压仪表来测量飞船内气体的压力，这个测压仪表的读数是什么压力?

1-4　若大气压力为 750mmHg，试求下列各压力：

(1) 表压力为 0.6MPa 时的绝对压力；

(2) 真空为 600mmH_2O 时的绝对压力；

(3) 绝对压力为 2at 时的表压力；

(4) 绝对压力为 0.6bar 时的真空计读数。

1-5　用 U 形管压力计测量容器内气体的压力，测压液体为水银，为了防止水银蒸发，在通向环境侧的水银液面上注有高度为 800mm 的水柱，水银柱高度为 500mm，如图1-14所示。若当时当地大气压力为 755mmHg，求容器中气体的绝对压力为多少 MPa?

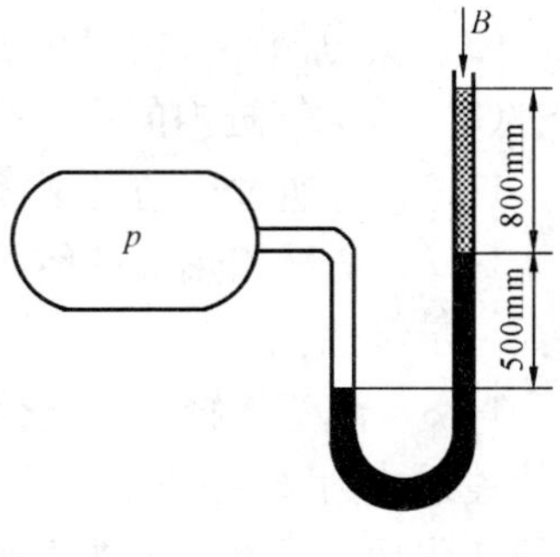

图 1-14　题 1-5 图

1-6　锅炉烟道中的烟气常用斜管式微压计测量，如图 1-15 所示。斜管倾角 $\alpha=30°$，测压液体为 $\rho=1000\mathrm{kg/m^3}$ 的水，斜管中高出瓶中液面的液柱长度 $L=150$mm，当时当地大气压力为 750mmHg。求烟气的绝对压力为多少 Pa?

1-7　如图 1-16 所示，容器被一刚性壁分为两部分，压力表 A 的读数为 6.3bar，表 B 读数为 1.7bar，大气压力为 1.013×10^5Pa。试求：两部分容器内气体的绝对压力以及表 C 的读数。

1-8　为什么说热力学第零定律是建立温度概念和温度测量的理论基础?

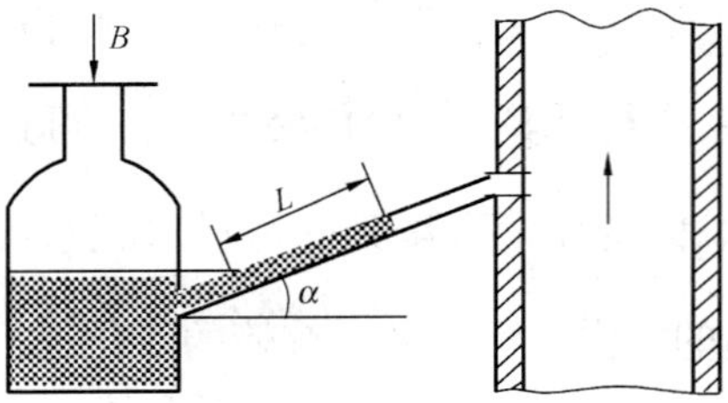

图 1-15 题 1-6 图斜管式微压计

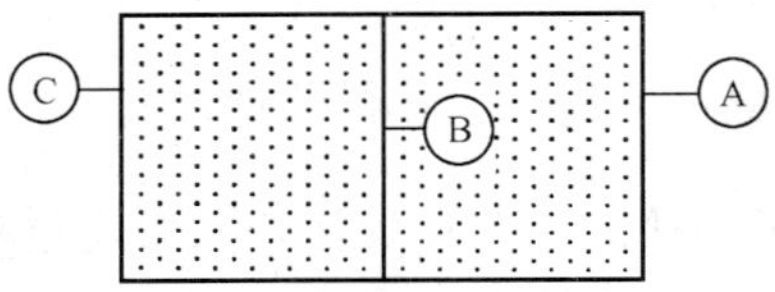

图 1-16 题 1-7 图

1-9 纯水在一个标准大气压下的冰点与沸点华氏温度为 32℉ 与 212℉。华氏温度的 100℉所对应的摄氏温度为多少？摄氏温度的 25℃所对应的热力学温度为多少？热力学温度 300K 所对应的华氏温度为多少？

1-10 朗肯温标在纯水一个标准大气压下的冰点与沸点分别为 491.67°R 和 671.67°R，试推导朗肯温度与热力学温度的换算关系。

1-11 状态参数的基本特性是什么，在数学上有哪些特征？状态参数有哪些类型，各类状态参数具有哪些性质？

1-12 有人说，平衡状态就是不随时间发生变化的状态。这种说法对吗？一根金属棒，一端放在火炉内的火焰中，另一端处于火炉外大气环境中，经过一段时间后，它将达到平衡状态吗？

1-13 系统发生状态变化的原因有哪些？系统与外界没有能量交换和物质交换时，系统的状态会变化吗？

1-14 准平衡过程就是由平衡状态组成的热力过程，任何实际过程都不是准平衡过程。这种说法对吗？为什么大多数实际过程可以当作准平衡过程？

1-15 下列说法对吗？

（1）可逆过程就是系统可以恢复到初始状态的热力过程。

（2）热力循环一定是可逆过程。逆向循环一定是可逆过程。

（3）活塞气缸内的烟气缓慢地绝热膨胀过程可以看作可逆过程。

1-16 可逆过程与准平衡过程有何关系，有何差异？

1-17 功量和热量有何共性，又有何差异？系统膨胀是否一定对外做功？系统熵增大时是否一定吸热？

1-18 活塞气缸内的气体由容积 0.1m^3 可逆膨胀到 0.5m^3，过程中气体的压力与容积之间的关系式为 $p=0.3+4/V$，式中 p 的单位为 MPa，V 的单位为 m^3。求气体缸膨胀所做的体积变化功，并在 p-v 图上表示出该功量。

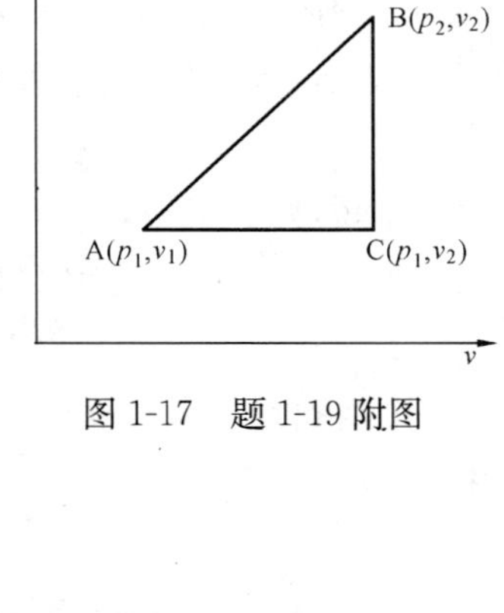

图 1-17 题 1-19 附图

1-19 1kg 气体经历了一个如图 1-17 所示的可逆循环，A 到 B 为直线变化过程，B 到 C 的过程中比容不变，C 到 A 的过程中压力不变。试求该循环的净功量。如果循环按 A-C-B-A 逆向进行，则净功量有何变化？

1-20 正向循环与逆向循环是否均可以在参数坐标图上用一条封闭的曲线表示？它们对外界的作用效果是什么？它们的经济指标是什么？

1-21 某制冷循环从低温热源取热 20kJ，循环耗功为 3kJ。试求该制冷循环的制冷系数。

第二章 热力学第一定律

第一节 热力学第一定律的实质

热力学第一定律的实质是能量守恒与转换定律。能量守恒与转换定律的核心内容就是：自然界中一切物质都具有能量，能量既不可能被创造，也不可能被消灭，而只能从一种形式转变为另一种形式，在转换中，能量的总量恒定不变。量守恒与转换定律是人类对长期实践经验和科学实验的总结，是自然界的一个基本规律。将能量守恒与转换定律应用于热力学所研究的与热能相关的能量传递与转换，得到的就是热力学第一定律。

热力学第一定律有许多种表述方法。历史上，最早的表述为："热可以变为功，功也可以变为热。消失一定量的热时，必产生数量相当的功；消耗一定量的功时，亦必出现相应数量的热"。当初所以这样表述，是因为在热力学第一定律提出之前，对于热的认识还很模糊，热量的单位与功的单位也不统一，导致表述比较繁杂。最早的另外一种表述为："第一类永动机是不可能制造成功的"。所谓第一类永动机是一种不花费能量就可以产生动力的机器。历史上，有人曾幻想要制造这种机器，但由于违反了热力学第一定律能量守恒的原则，结果总是失败。这种表述是从反面说明要得到机械能必须花费热能或其他能量。热力学第一定律可以简单地表述为：在热能与其他形式的能量互相转换时，能的总量保持守恒。

热力学第一定律是热力学的基本定律，是热力过程能量传递与转换分析计算的基本依据。它普遍适用于任何工质、任何过程。用热力学第一定律分析一个发生能量传递与转换的热力过程时，首先需要分析列出参与过程的各种能量，依据热力学第一定律能量守恒的原则，建立能量平衡方程式。对于任何一个具体的热力系所经历的任何热力过程，热力学第一定律能量平衡方程式都可以一般地表示为

进入系统的能量－离开系统的能量＝系统储存能的变化　　(2-1)

式（2-1）是一种以热力系为对象，用方程式的形式对热力学第一定律的表述。它的成立，并不依赖系统某种工质或某个热力过程的个别属性，所依据的仅是热力学第一定律能量守恒的原则。它同样普遍适用于任何工质、任何过程。有一点需要指出，这个能量普遍关系式等号的右侧是系统在热力过程中储存能的变化，而不是系统储存能的绝对值。把握这个特点对于建立具体关系式具有很大的方便。本章将以式（2-1）为依据，分析闭口系统和开口系统在热力过程中的各种交换的能量和储存能的变化，建立具体的热力学第一定律数学表达式，为热力过程的能量数量分析计算提供依据。

热力学第一定律的重要意义，就在于它确定了能量传递与转换的数量关系，肯定了热能与其他能量之间所存在的共同性质，即热也是一种能量，也是一种物质运动的形式。热能的特殊性是热力学第二定律的讨论内容。

第二节 储存能与热力学能

一、概述

第一章介绍功和热量时，已解释了迁移能的概念。迁移能是热力过程中系统与外界之间跨过边界所交换的能量。与迁移能相对的储存能是储存于热力系的能量。迁移能是过程量，储存能则是状态量，而且是广延量，具有可加性。在一个平衡状态下，不存在迁移能，但系统的储存能却具有确切的含义与确定的数值。

热力系的储存能是由内部储存能和外部储存能组成。内部储存能仅取决于系统本身所处的热力状态；外部储存能则与所选的参照坐标系有关。

二、热力学能

内部储存能称为热力学能（又称内能），是指储存于热力系内部的能量。从微观观点来看，热力学能是与系统内工质粒子的微观运动和粒子空间位置有关的能量。热力学能包括：分子热运动所具有的内动能、由于分子间相互作用力而形成的内位能、由于分子结构所决定的化学能以及原子核内部的核能等。

热力学能用 U 表示，单位是 J 或 kJ；单位质量工质的热力学能称为比热力学能，用 u 表示，单位是 J/kg 或 kJ/kg。由于我们所讨论的热力过程不涉及化学变化和原子核反应，化学能与核能保持为常量，而建立能量平衡方程式所需要的是储存能的变化，所以当不涉及化学变化和原子核反应时，热力学能可以看作是内动能与内位能之和。若用 U_k 和 U_p 表示内动能与内位能，则 $U=U_k+U_p$。由物理学可知，内动能是温度的函数，即 $U_k=f(T)$。内位能是工质体积的函数，即 $U_p=f(V)$。所以，热力学能是温度和体积的函数，即

$$U = U_k + U_p = f(T,V) \tag{2-2}$$

对于单位质量工质的热力学能为

$$u = \frac{U}{m} = u_k + u_p = f(T,v) \tag{2-2a}$$

由式（2-2）可知，热力学能是 T 与 v 的函数，而这两个独立的参数一定，简单可压缩系也就有一个确定的状态，所以说热力学能是状态的单值函数，符合状态参数的基本特性，也是一个状态参数。从而，热力学能也可以写成任何其他两个独立参数的函数，如 $u=f(T,p)$、$u=f(p,v)$等。在能量方程中，需要确定的是工质从一个状态变化到另一个状态时热力学能的变化（$\Delta u=u_2-u_1$），而不需要确定某状态下的绝对值。因此，可以人为地选定某状态的热力学能为零，作为计算其他状态热力学能的基准。

三、外部储存能与总储存能

热力系的外部储存能是指需要用参照坐标系决定的参数来表示的能量。它包括热力系由于其宏观运动速度所具有的宏观动能和由于其所处位置的高度而具有的重力位能。热力系的外部储存能属于机械能，而内部储存能的内动能和内位能属于热能，两者的能量形式不同，但都是热力系所具有的能量。热力系的热力学能、宏观动能与宏观位能之和称为系统的总储存能（简称总能），用 E 表示，单位为 J 或 kJ。即

$$E = U + \frac{1}{2}mc_f^2 + mgz \tag{2-3}$$

式中：m 为系统的物质质量；c_f 为系统的运动速度；g 为重力加速度；z 为系统在外部参照坐标系中的高度。

单位质量物质的储存能称为比储存能，用 e 表示，单位为 J/kg 或 kJ/kg。即

$$e = u + \frac{1}{2}c_f{}^2 + gz \tag{2-4}$$

显然，储存能也是一个状态量，我们所关心的储存能的变化就等于热力过程终态储存能与初态储存能之差，即 $\Delta E = E_2 - E_1$ 或 $\Delta e = e_2 - e_1$。

第三节　热力学第一定律解析式

闭口系统与外界间的作用关系仅有热量 Q 和功量 W 的交换。为了与前面对于功量和热量的正负规定一致，取热量 Q 为进入系统的能量，取功量 W 为离开系统的能量。而系统储存能的增量为 ΔE。于是由式（2-1）有如下关系式

$$Q - W = \Delta E \tag{2-5}$$

习惯上，一般都是将具有相对宏观运动的研究对象取为开口系统，相对静止的研究对象取为闭口系统，而不再深入讨论运动闭口系统。例如，水蒸气流经汽轮机时的能量交换，取为开口系统进行研究；而对于封闭在活塞气缸内的工质，尽管有膨胀、压缩，但系统整体是相对静止的，取为闭口系统进行研究。对于封闭于活塞气缸内的工质，经历了一个热力过程之后，宏观动能和重力位能没有变化，储存能的变化就等于热力学能的变化，即 $\Delta E = \Delta U = U_2 - U_1$。于是可得闭口系统的能量方程为

$$Q = \Delta U + W \tag{2-6}$$

该方程是热力学第一定律的一个基本表达式，称为热力学第一定律解析式。该式表明：在闭口系统所经历的热力过程中，吸收的热一部分用来增加系统的热力学能，储存于系统内部，其余部分则是以做功的方式传递给外界。若将式（2-6）改写为

$$Q - \Delta U = W \tag{2-6a}$$

则等号的左侧 $Q - \Delta U$ 为热力过程中消失的热，等号的右侧 W 是热力过程中所产生的功。它表明了简单可压缩系在热力过程中热功转换的基本关系，即：消失的热总是等于所产生的体积变化功。这一关系对于运动闭口系统也同样成立。运动闭口系统的能量方程与静止闭口系统的相比，除储存能的变化不同之外，运动闭口系统的体积变化功，一部分要用于改变系统的宏观动能和重力位能，所以与外界交换的功量不是体积变化功，而是体积变化功与系统本身的宏观动能、重力位能增量之差。对于单位质量工质，闭口系统的能量方程为

$$q = \Delta u + w \tag{2-7}$$

对于微元热力过程，闭口系统的能量方程又可表示为

$$\delta Q = \mathrm{d}U + \delta W \tag{2-8}$$

$$\delta q = \mathrm{d}u + \delta w \tag{2-9}$$

以上四个闭口系统的能量方程式（2-6）、式（2-7）、式（2-8）、式（2-9），适用于闭口系统内，任意工质所进行的任意过程。

如果进行的是可逆过程，还可以用可逆过程体积变化功的计算式 $\delta w = p\mathrm{d}v$ 和 $w = \int_1^2 p\mathrm{d}v$，以及可逆过程热量的计算式 $\delta q = T\mathrm{d}s$ 和 $q = \int_1^2 T\mathrm{d}s$ 对以上方程相应项进行代换，

得出各种不同的热力学第一定律数学表达式。经这样变换所得的关系式的适用条件也就变为仅仅适用于可逆过程，而不适用于不可逆过程。

对于循环过程，由于系统的初终状态为同一状态，不论是可逆循环还是不可逆循环，热力学能的变化为零，即$\oint dU = 0$。所以

$$\oint \delta Q = \oint \delta W \tag{2-10}$$

该式为循环过程的热力学第一定律表达式。它表明闭口系统经历了任何一个循环后，与外界交换的净热量总是等于与外界交换的净功量。

【例 2-1】 某闭口系统完成了一个由四个过程组成的循环。试填充表中空缺的数据。

过　程	Q（kJ）	W（kJ）	ΔU（kJ）
1-2		0	10
2-3	0		−5
3-4	−6	0	
4-1	0		

解 前三个过程Q、ΔU、W三个量已知两个，依据第一定律解析式$Q=\Delta U+W$可直接求取第三个量。第四个过程仅知一个量，需要补充一个方程才能求解，可用循环过程热力学能的变化量为零这一状态参数的特性，也可用循环过程热力学第一定律进行求解。

对于 1-2 过程 $Q_{1\text{-}2}=\Delta U_{1\text{-}2}+W_{1\text{-}2}=10\text{kJ}$

对于 2-3 过程 $W_{2\text{-}3}=Q_{2\text{-}3}-\Delta U_{2\text{-}3}=5\text{kJ}$

对于 3-4 过程 $\Delta U_{3\text{-}4}=Q_{3\text{-}4}-W_{3\text{-}4}=-6\text{kJ}$

由状态参数的特性可知，对于循环过程：$\oint dU = \Delta U_{1\text{-}2}+\Delta U_{2\text{-}3}+\Delta U_{3\text{-}4}+\Delta U_{4\text{-}1}=0$

所以

$$\Delta U_{4\text{-}1}=-(\Delta U_{1\text{-}2}+\Delta U_{2\text{-}3}+\Delta U_{3\text{-}4})=1\text{kJ}$$

$$W_{4\text{-}1}=Q_{4\text{-}1}-\Delta U_{4\text{-}1}=-1\text{kJ}$$

也可由循环净热等于循环净功的关系求取 4-1 过程的功量，然后再计算热力学能的增量。

$$\oint \delta Q = Q_{1\text{-}2}+Q_{2\text{-}3}+Q_{3\text{-}4}+Q_{4\text{-}1}=4\text{kJ}$$

$$\oint \delta W = W_{1\text{-}2}+W_{2\text{-}3}+W_{3\text{-}4}+W_{4\text{-}1}=\oint \delta Q = 4\text{kJ}$$

得

$$W_{4\text{-}1}=\oint \delta Q-(W_{1\text{-}2}+W_{2\text{-}3}+W_{3\text{-}4})=-1\text{kJ}$$

$$\Delta U_{4\text{-}1}=Q_{4\text{-}1}-W_{4\text{-}1}=1\text{kJ}$$

第四节 推动功与焓

一、推动功与流动功

开口系统与闭口系统的根本差异就在于与外界有工质的交换。伴随工质流进、流出开口系统，不仅这些工质本身的热力学能、宏观动能和重力位能要进入、离开系统，而且开口系统与外界之间还要传递推动功。正如给自行车轮胎打气，要将气筒内的气体移动到轮胎内，就必须推动气筒活塞做功。在开口系统的进口处，要将工质由系统外推入系统，外界必须做

功，而这部分功量由工质传递给系统，被开口系统获得。同样，开口系统的出口处，要将工质由系统内推出系统，系统必须对外界做功。这种开口系统与外界之间，因为工质流动而传递的机械功称为推动功。它相当于一假想的活塞为把前方的工质推进或推出系统所做的功。如图 2-1 所示，当压力为 p、比容为 v 的 $m$kg 工质被推入开口系统时，外界所作的推动功为：$pAL=pV=mpv$。对于单位质量工质，推动功等于 pv。推动功是随着工质的流动而向前传递的一种机械能，不是工质本身具有的能量，只有在工质流动过程中才存在。工质不流动时，尽管工质也具有一定的状态参数 p 和 v，但并不存在推动功。推动功并不是由于工质的状态变化而交换的功，是工质流动过程中位置发生变化而传递的功。

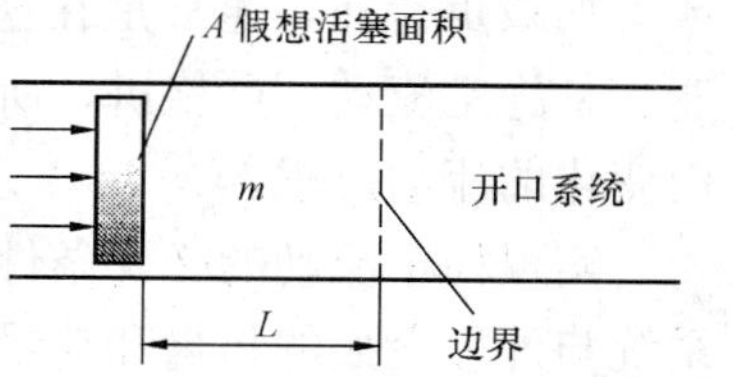

图 2-1 推动功

开口系统在出口处付出的推动功与入口处获得的推动功之差称为流动功，用符号 W_f 表示，即 $W_f=p_2V_2-p_1V_1$。对于单位工质的流动功，用符号 w_f 表示，则 $w_f=p_2v_2-p_1v_1$。显然，流动功是开口系统由于工质流入、流出而净付出的推动功。

二、伴随工质流动而交换的能量及焓

由以上讨论可知，伴随工质流进或流出开口系统而交换的能量包含有四项能量：工质本身的热力学能、宏观动能和重力位能，以及推动功。设 τ 时间内，在开口系统入口（或出口）处，有质量为 m 的工质流入（或流出），则伴随这部分工质进入（或离开）系统的能量为

$$m\left(u+\frac{c_f^2}{2}+gz+pv\right) \tag{2-11}$$

在式（2-11）中，u 和 pv 均为状态参数，仅取决于工质的状态。为了数学上的方便，定义 $U+pV$ 为焓，用符号 H 表示，单位是 J 或 kJ；单位工质的焓称为比焓，用符号 h 表示，单位是 J/kg 或 kJ/kg。即

$$H=U+pV \tag{2-12}$$

$$h=\frac{H}{m}=u+pv \tag{2-13}$$

由以上焓的定义式可知，焓也是状态的单值函数，符合状态参数的特性，所以焓也是一个状态参数。有了焓这个状态参数，伴随工质流动而交换的能量式（2-11）又可表示为

$$m\left(h+\frac{c_f^2}{2}+gz\right) \tag{2-11a}$$

焓是一个组合参数或者说是一个方便参数。在开口系统的热力过程分析计算中，伴随着工质的流动，工质的热力学能总是和推动功一起出现，所以焓是应用频率最高的状态参数之一，而用热力学能的情况却很少。尽管在闭口系统不存在推动功，但焓作状态参数仍然存在，而且在闭口系统的热力过程分析计算中，也有重要应用。

第五节 稳定流动能量方程

一、稳定流动

工程上，热工设备的能量传递与转换，多数都是在工质的流动过程中实现的。例如：换

热器、锅炉、内燃机、汽轮机、压气机等都是如此。工质流经这些热工设备时，所发生的具有能量交换的热力过程，一般都取作开口系统进行分析计算。实际热工设备，除启动、停机或者加减负荷外，通常是在稳定工况下运行。这时，工质的流动状况基本上不随时间而改变，是稳定流动。严格讲，所谓稳定流动是指：开口系统内任意一点工质的状态都不随时间而变化的流动过程。

实现稳定流动的必要条件是：①进、出口截面处工质的状态不随时间而变；②单位时间系统与外界交换的热量和功量都不随时间而变；③各流通截面上工质的质量流量相等，且不随时间而改变。总之，系统与外界的能量交换、物质交换都不随时间而变。这些必要条件同时也是稳定流动开口系统所具有的特点。此外，由于系统内任意一点工质的状态都不随时间而变化，稳定流动开口系统的储存能势必也无变化，即 $\Delta E=0$，而且稳定流动开口系统的边界也是固定的。

对于不稳定流动的开口系统，由于系统内各空间点的状态以及边界都在随时间变化，首先要掌握空间各点状态和边界随时间变化的规律才能进行研究。一般情况下，仅确定储存能的变化就需要对空间和时间进行积分，非常困难。而对稳定流动的研究不仅简单方便，而且又适用于实际设备的正常运行工况，因此，我们仅讨论稳定流动的开口系统。

二、开口系统的稳定流动能量方程

稳定流动开口系统的边界是固定的，与外界的功量交换是通过叶轮机械的轴来实现的，并不是直接交换体积变化功。这种通过叶轮机械的轴而交换的功量称为轴功，用符号 W_s 来表示。单位工质所做的轴功用 w_s 来表示。稳定流动开口系统与外界交换的能量除了轴功和热量之外，还有伴随工质的流入、流出所交换的能量。在考虑了这些所有可能的能量交换的基础之上，我们来建立稳定流动开口系统的能量方程。

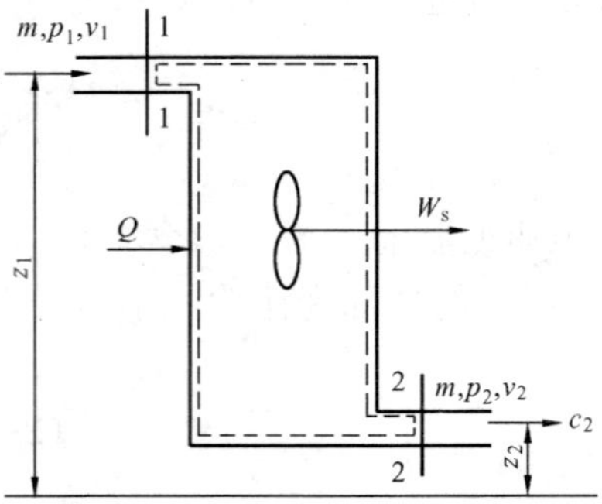

图 2-2 稳定流动开口系统

如图 2-2 所示，取进、出口截面 1-1 与 2-2 以及设备壁面作为系统边界，如图中虚线所示，这显然是一个开口系统。假设在时间 τ 内，系统与外界交换的热量为 Q，交换的轴功为 W_s。由于是稳定流动，跨过 1-1 截面流入系统的工质质量与跨过截面 2-2 流出系统的工质质量相等，统一用 m 表示。于是进入系统的能量为 $Q+m\left(h_1+\frac{c_{f1}^2}{2}+gz_1\right)$，离开系统能量为 $W_s+m\left(h_2+\frac{c_{f2}^2}{2}+gz_2\right)$。而稳定流动开口系统储存能的变化为零，即：$\Delta E=0$。由式(2-1)可得

$$Q=m\left[(h_2-h_1)+\frac{1}{2}(c_{f2}^2-c_{f1}^2)+g(z_2-z_1)\right]+W_s \tag{2-14}$$

或

$$Q=\Delta H+\frac{1}{2}m\Delta c_f^2+mg\Delta z+W_s \tag{2-14a}$$

将式（2-14a）的两侧除以 m，便可得单位质量工质的稳定流动能量方程式

$$q=\Delta h+\frac{1}{2}\Delta c_f^2+g\Delta z+w_s \tag{2-15}$$

对于微元过程，稳定流动能量方程式可分别表示为

$$\delta Q = \mathrm{d}H + \frac{1}{2}m\mathrm{d}c_{\mathrm{f}}^2 + mg\,\mathrm{d}z + \delta W_{\mathrm{s}} \tag{2-16}$$

$$\delta q = \mathrm{d}h + \frac{1}{2}\mathrm{d}c_{\mathrm{f}}^2 + g\mathrm{d}z + \delta w_{\mathrm{s}} \tag{2-17}$$

在式（2-14a）中，等号右侧除焓差外，其余三项都是机械能，都是工程技术上可以直接利用的能量。因此，将这三项能量之和称为技术功，用 W_{t} 表示，即

$$W_{\mathrm{t}} = \frac{1}{2}m\Delta c_{\mathrm{f}}^2 + mg\,\Delta z + W_{\mathrm{s}} \tag{2-18}$$

单位质量工质的技术功用 w_{t} 表示，即

$$w_{\mathrm{t}} = \frac{W_{\mathrm{t}}}{m} = \frac{1}{2}\Delta c_{\mathrm{f}}^2 + g\Delta z + w_{\mathrm{s}} \tag{2-18a}$$

于是式（2-14a）、式（2-15）、式（2-16）、式（2-17）又可改写为

$$Q = \Delta H + W_{\mathrm{t}} \tag{2-14b}$$

$$q = \Delta h + w_{\mathrm{t}} \tag{2-15a}$$

$$\delta Q = \mathrm{d}H + \delta W_{\mathrm{t}} \tag{2-16a}$$

$$\delta q = \mathrm{d}h + \delta w_{\mathrm{t}} \tag{2-17a}$$

上述所有稳定流动能量方程的建立，并未依赖任何工质的特别属性，除了稳定流动之外对过程的性质也未作任何要求，所以它们适用于任何工质、任何性质的稳定流动过程。对于开口系统的稳定流动过程，由于系统内各点的状态都不随时间发生变化，所以整个流动过程的总效果相当于一定质量的工质随着空间位置的变化而发生的一系列状态变化过程，在从进口截面处的状态 1 变化到出口截面处的状态 2 的热力过程中与外界进行了热量和功量的交换。当然，也可以将这一定质量的工质作为闭口系统加以研究，所得的能量方程势必和上述稳定流动能量方程是一致的。

三、稳定流动过程中各种功的关系

在稳定流动能量方程中，包含有流动功 W_{f}、轴功 W_{s} 和技术功 W_{t}。这些功量的含义前面已经介绍，下面通过稳定流动能量方程来讨论它们之间的关系。式（2-14）可改写为

$$Q - \Delta U = \Delta(pV) + \frac{1}{2}m\Delta c_{\mathrm{f}}^2 + mg\,\Delta z + W_{\mathrm{s}} = W_{\mathrm{f}} + W_{\mathrm{t}}$$

该式等号的左侧 $Q-\Delta U$ 为消失的热，对于简单可压缩系，它势必就等于体积变化功，即 $Q-\Delta U=W$。所以

$$W = W_{\mathrm{f}} + W_{\mathrm{t}} \tag{2-19}$$

式（2-19）表明，工质在稳定流动过程中所做的膨胀功，一部分用于维持工质流动的流动功，一部分用于增加工质本身的宏观动能和重力位能，其余部分以轴功的方式与外界进行功量的交换。开口系统与外界直接交换的功量不是体积变化功的全部，而是通过叶轮机械将体积变化功的一部分转变为转轴旋转的机械能才与外界进行功量的交换。对于单位质量的工质，各功量之间的关系为

$$w = w_{\mathrm{f}} + w_{\mathrm{t}} \tag{2-19a}$$

对于微元过程，相应各功量之间的关系为

$$\delta W = \delta W_{\mathrm{f}} + \delta W_{\mathrm{t}} \tag{2-19b}$$

$$\delta w = \delta w_{\mathrm{f}} + \delta w_{\mathrm{t}} \tag{2-19c}$$

对于可逆过程，$\delta w = p\mathrm{d}v$，所以，由式（2-19c）可得

$$\delta w_t = \delta w - \delta w_f = p\mathrm{d}v - \mathrm{d}(pv) = -v\mathrm{d}p \tag{2-20}$$

$$w_t = \int_1^2 -v\mathrm{d}p \tag{2-20a}$$

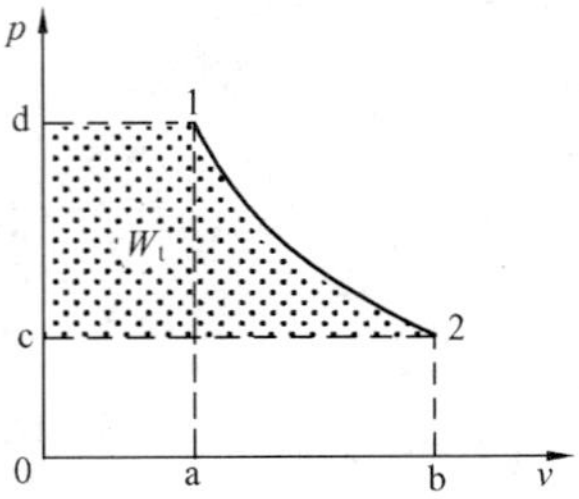

图 2-3 膨胀功、技术功与推动功的图示

式（2-20a）表明：可逆过程的技术功在 p-v 图上可以用过程线以左与纵坐标轴围成的面积表示。如图 2-3 所示，面积 12ba1 为膨胀功 w，面积 12cd1 为技术功 w_t，面积 1a0d1 为推动功 p_1v_1，面积 2b0c2 为推动功 p_2v_2。表示膨胀功 w 与推动功 p_1v_1 的面积之和等于技术功 w_t 与推动功 p_2v_2 的面积之和。显然，表示各功量的面积之间，也同样存在式（2-19a）所表明的各功量之间的关系。

【例 2-2】 每分钟生产压缩空气 10kg 的某活塞式压气机将参数为 $p_1 = 0.1\text{MPa}$、$v_1 = 0.845\text{m}^3/\text{kg}$ 的空气压缩到 $p_2 = 0.8\text{MPa}$、$v_2 = 0.175\text{m}^3/\text{kg}$。压缩过程中，1kg 空气的热力学能增加 146kJ，同时向外放出热量 50kJ。求：

（1）压缩过程中对每千克空气所做的功；

（2）每生产 1kg 压缩空气所需的功；

（3）带动此压气机所需的电动机功率。

解 （1）压缩过程中，活塞气缸的进、排气阀均关闭，此时的活塞气缸是闭口系统，与外界交换的功是体积变化功 w。由第一定律解析式可得

$$w = q - \Delta u = -50 - 146 = -196\text{kJ/kg}$$

（2）生产压缩空气就是向外界提供压缩空气，需要进、排气阀周期性地打开和关闭，吸入空气、压缩后排出。此时的活塞气缸是开口系统，与外界交换的功是轴功。这种流动等效于稳定流动，可以用稳定流动能量方程来分析计算。空气动能、位能的变化忽略不计，轴功就等于技术功。于是

$$w_s = w_t = q - \Delta h = q - \Delta u - \Delta(pv)$$
$$= w - \Delta(pv) = w - (p_2v_2 - p_1v_1) = -251.5\text{kJ/kg}$$

（3）所需电动机功率为：$P = q_m w_s = \dfrac{10}{60} \times 251.5 = 41.9\text{kW}$

第六节 稳定流动能量方程的应用

稳定流动能量方程式是稳定流动开口系统能量传递与转换规律的一般数学表达式。在应用于具体热工设备时，需要把握设备的特点，作适当简化。下面以几种典型的稳定运行的热工设备为例，说明稳定流动能量方程式的应用。

一、换热设备

换热设备是指以某种热量传递方式，实现冷热流体直接热量传递的设备，如锅炉、加热器、冷却器、散热器、蒸发器和凝汽器等都属这类设备。如图 2-4 所示，工质流过这类设备时

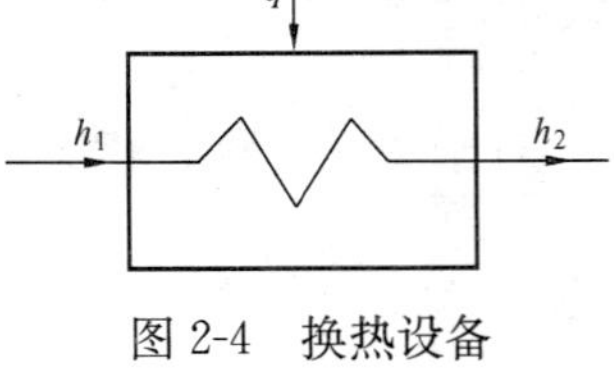

图 2-4 换热设备

的特点是：仅交换热量而无功量交换，即 $w_s=0$。工质宏观动能、重力位能的变化相对于所交换的热量很小，往往可以忽略，即$\frac{1}{2}\Delta c_f^2+g\Delta z\approx 0$。于是，依据稳定流动能量方程式（2-15）可得

$$q=h_2-h_1 \tag{2-21}$$

式（2-21）表明，在换热设备中，工质交换的热量等于其焓的变化。吸收热量时，焓值增高；放热时，焓值降低。

二、叶轮机械

叶轮机械分为两类。一类是各种热力发动机，如燃气轮机、汽轮机等，都是利用工质膨胀，对外输出轴功（如图 2-5 所示）；另一类是各种压缩机械，如压气机、风机、泵等，都是消耗外功，来提高工质的压力（如图 2-6 所示）。两者的作用恰好相反。它们的特点是交换的热量（压缩机械没有采用专门的散热措施时）、工质宏观动能、重力位能的变化相对于所交换的轴功都很小，往往可以忽略，即：$q\approx 0$，$\frac{1}{2}\Delta c_f^2+g\Delta z\approx 0$。于是

$$w_s=h_1-h_2 \tag{2-22}$$

即叶轮机械的轴功等于工质的焓降。对于热力发动机是通过焓值降低对外输出轴功，轴功为正值；而对于压缩机械，与热力发动机恰好相反，是耗费外界的轴功使工质的焓提高，轴功为负值。

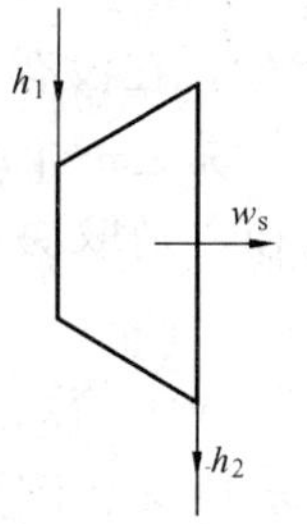

图 2-5　热力发动机

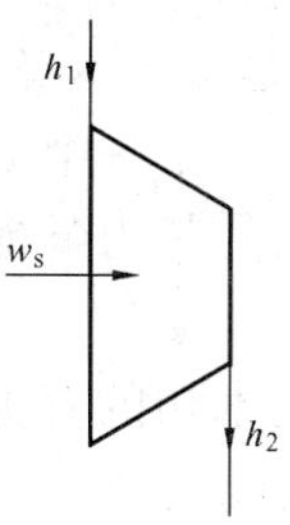

图 2-6　压缩机械

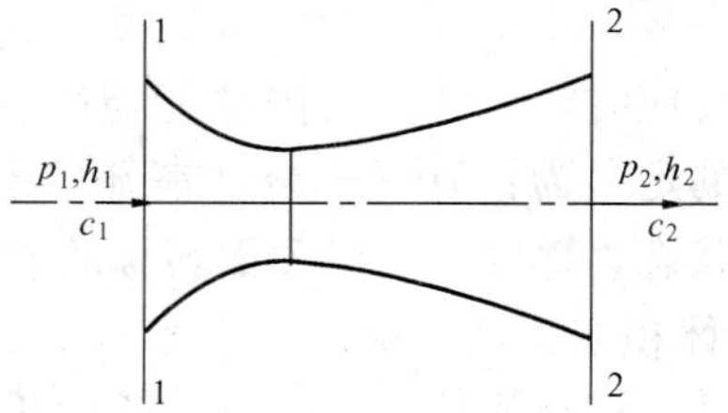

图 2-7　喷管与扩压管

三、喷管与扩压管

喷管与扩压管在工程上具有广泛的应用。喷管是通过流体的膨胀而获得高速流体的一种设备，扩压管是利用流体的动能降低来获得高压流体的一种设备，两者的作用恰好相反。它们的特点是：进出口的流速变化较大，没有轴功的交换，即 $w_s=0$。交换的热量以及重力位能的变化与流体的动能变化相比都很小，可以忽略不计，即 $q\approx 0$，$g\Delta z\approx 0$。于是

$$\frac{1}{2}(c_{f2}^2-c_{f1}^2)=h_1-h_2 \tag{2-23}$$

式（2-25）表明，流体动能的增量总是等于其焓降。在喷管中，流体的动能增加，焓值必然降低。在扩压管中，流体的动能降低，焓值必然增大。

四、绝热节流

流体在管内流经阀门或其他流通截面积突然缩小的流道后，造成工质压力下降的现象称为节流，如图 2-8 所示。节流是典型的不可逆过程。在缩口附近存在涡流，

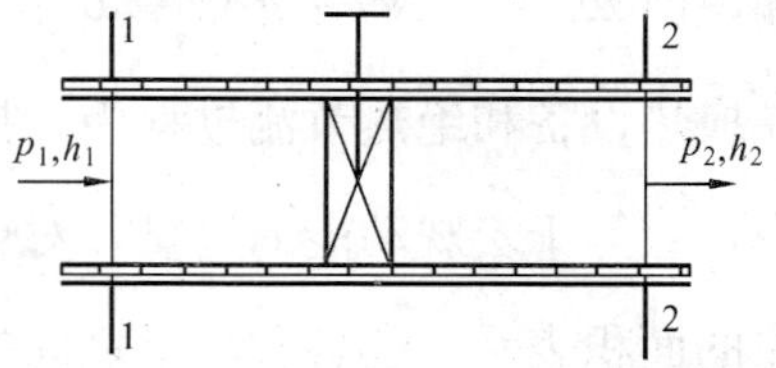

图 2-8　绝热节流

工质处于不稳定的非平衡状态，但在离缩口稍远的上下游 1-1 和 2-2 截面处，流动情况基本稳定，两截面之间的流动可以用稳定流动能量方程式进行分析计算。两个截面上的宏观动能变化和重力位能变化均可以忽略。工质与外界没有轴功和热量的交换。于是，稳定流动能量方程式用于绝热节流时可得

$$h_1 = h_2 \tag{2-24}$$

式（2-24）表明，节流前后工质的焓值相等。

小　　结

本章的核心内容是热力学第一定律的两个能量方程：$q=\Delta u+w$；$q=\Delta h+w_t$。这两个能量方程是分析计算热力过程能量传递与转换的能量数量问题的基本依据。本章主要介绍了与这两个方程相关的一系列概念以及方程的适用条件和应用。本章的基本知识点以及要点和难点小结如下：

1. 热力学第一定律的实质是能量守恒与转换定律。第一定律确定了热力系在热力过程中能量传递与转换的能量数量关系，即：

进入系统的能量－离开系统的能量＝系统储存能的变化

2. 热力学能（内能）与焓是本章介绍的两个状态参数，它们符合状态参数的一切特性。系统整体的热力学能与焓是广延量，用大写字母 U 与 H 表示；单位质量工质的热力学能与焓是比参数，用小写字母 u 与 h 表示。热力学能是工质本身具有的内部能量，在没有化学变化和核反应时，可看作是内动能与内位能之和。焓是一个方便参数，或者说是一个组合参数，焓的定义为：$h=u+pv$。在开口系统中，焓是热力学能与推动功之和，是取决于工质的热力状态，伴随工质流动而转移的能量。

3. 体积变化功、推动功、流动功、轴功、技术功的有关概念是本章的一个难点。①体积变化功（或膨胀功）是通过工质体积变化所完成的功，是简单可压缩系热变功的唯一途径，一般是闭口系与外界交换的功量。对于可逆过程的体积变化功：$w=\int_1^2 p\mathrm{d}v$，可用 p-v 图中过程线下的面积表示。②流动功是开口系付诸于工质迁移所做的功，是进出口推动功之差，即 $w_f=\Delta(pv)=p_2v_2-p_1v_1$。推动功是伴随着工质的流动而向前传递的一种机械能，不是工质本身具有的能量，只有在工质流动过程中才存在。工质不流动时，尽管工质也具有一定的 p 和 v，但并不存在推动功。推动功并不是由于工质的状态变化而交换的功，是工质流动过程中位置发生变化而传递的功。③轴功是开口系统通过轴与外界交换的机械能。开口系统与外界交换的功量都是指轴功。在实际设备中，若无转轴、活塞之类的做功部件则无轴功的交换。④技术功是开口系统的轴功、进出口宏观动能的增量、重力位能的增量三项能量之和，即 $w_t=\frac{1}{2}\Delta c_f^2+g\Delta z+w_s$。技术功是开口系统向外界提供的技术上可资利用的机械能。在换热设备和绝热节流过程中，技术功为零；在叶轮机械中，它等于轴功；在喷管与扩压管中，它等于宏观动能的增量。对于可逆过程的技术功：$w_t=-\int_1^2 v\mathrm{d}p$，可用 p-v 图中过程线以左的面积表示。⑤各种功量之间的关系为：$w=w_f+w_t$。

4. 热力学第一定律的各种数学表达式是本章的要点。应用第一定律解析式与稳定流动

能量方程时要注意：①$q=\Delta u+w$ 适用于闭口系统的任何工质、任何过程；$q=\Delta h+w_t$ 适用于稳定流动开口系统的任何工质、任何过程。而膨胀功与技术功的计算式 $w=\int_1^2 p\mathrm{d}v$ 与 $w_t=\int_1^2 -v\mathrm{d}p$ 仅适用于可逆过程，当它们替换能量方程中的相应项时，所得的方程也要受到相应的约束。②在同一个方程中的各项能量，要对所讨论的对象是单位质量工质还是一定数量的工质、是有限热力过程还是微元热力过程，注意保持一致。③要了解各类热工设备主要交换的能量。如：换热设备主要交换热量、叶轮机械主要交换轴功、喷管与扩压管既不交换轴功，又不交换热量，主要是动能发生变化。

习 题

2-1 判断下列说法是否正确：

（1）对于热力系而言，能量守恒就是进入系统的能量与离开系统的能量相等。

（2）推动功就是 pv，焓就是热力学能与推动功之和。闭口系统不存在推动功，也就不存在焓。

（3）体积变化功就是系统与外界交换的功。只有工质体积变化时，才能与外界交换功量。

（4）伴随工质流进或流出开口系统而交换的能量就是工质本身的储存能，即热力学能、宏观动能和重力位能。

2-2 下列各式是否正确？若有错误，请改正。

$$\delta q=\mathrm{d}U+\mathrm{d}w$$
$$q=\mathrm{d}u+\delta w$$
$$Q=H+W_t$$
$$Q=\Delta U+\Delta pv+W_t$$

2-3 写出单位质量与一定质量工质、微元过程与有限过程的第一定律解析式和稳定流动能量方程，并说明各项的含义。

2-4 说明体积变化功、推动功、流动功、轴功、技术功的差异与关系，是否可以用 p-v 图来表示，又是如何表示的。

2-5 说明下列各式的适用条件。

$$q=\Delta u+\int_1^2 p\mathrm{d}v$$
$$q=\Delta h-\int_1^2 v\mathrm{d}p$$
$$q=\Delta h$$
$$w_s=-\Delta h$$

2-6 如图 2-9 所示，某闭口系统由状态 a 沿 a—c—b 途径变化到状态 b 时，吸热 84kJ，对外做功 32kJ。（1）若系统沿 a—d—b 途径变化时对外做功 10kJ，求此时的吸热量。（2）当系统沿某途径从 b 返回到 a 时，外界对系统做功 20kJ，求此时

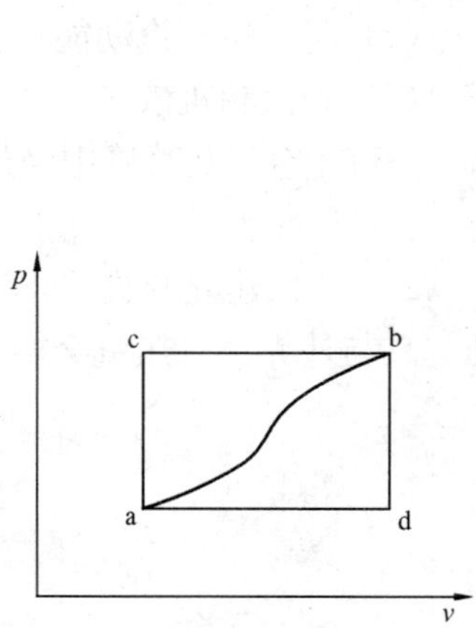

图 2-9 题 2-6 附图

系统与外界交换热量的大小和方向。(3) 若 $U_a=0$、$U_d=42$kJ 时，过程 a—d 和 d—b 中交换的热量又是多少？

2-7 如图 2-10 所示，一个由三个过程组成的可逆循环，12 是绝热过程，23 是定压过程，31 是定容过程。已知 $p_1=0.5$MPa，$v_1=0.025$m^3/kg，$p_2=0.1$MPa，$v_2=0.2$m^3/kg。若 12 过程中工质的热力学能的变化 $\Delta u=-50$kJ/kg，则该循环的净传热量为多少？

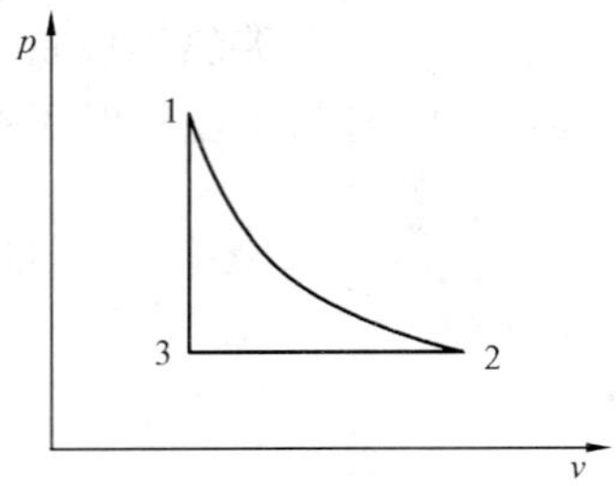

图 2-10 题 2-7 附图

2-8 由生物力学测定可知，一个人在静止时向环境的散热率为 400kJ/h。在一个容纳 2000 人的礼堂里，由于空调系统发生故障，求：(1) 故障后 20min 内，礼堂中空气的热力学能增加量；(2) 假定礼堂和环境无热量交换，将礼堂和所有的人取为热力系，该系统热力学能变化多少？应如何解释礼堂中的空气温度的升高？

2-9 流量为 8000kg/h 的苯在换热器中凝结放热，苯放出的热量被流量为 50000kg/h、入口温度为 12℃ 的冷却水吸收。已知苯的放热量为 710kJ/kg，水的焓可用 $\Delta h=4.19\Delta t$ (kJ/kg)计算。求冷却水的出口温度。

2-10 某蒸汽锅炉中，锅炉给水的焓为 62kJ/kg，产生的蒸汽焓为 2721kJ/kg。已知锅炉的蒸汽产量为 4000kg/h，锅炉效率为 70%，燃煤的发热值为 25120kJ/kg，求锅炉每小时的耗煤量。

2-11 某压气机将参数为 $p_1=0.1$MPa、$t_1=27$℃ 的空气压缩到 $p_2=0.5$MPa、$t_2=150$℃。压缩过程中空气的焓可用 $\Delta h=1.004\Delta t$ (kJ/kg) 计算，压气机消耗的功率为 40kW，假定空气进出口的动能和位能变化均可忽略，而且与外界无热量交换。求每分钟生产的压缩空气量。

2-12 水泵将水由 $p_1=6$kPa，升压至 $p_2=2$MPa，假定水流量为 200t/h，水的密度为 $\rho=1000$kg/m^3，水泵的效率为 88%，问带动此水泵需要多大功率的电动机？

2-13 汽轮机进口水蒸气焓为 3443.25kJ/kg，流速为 70m/s。水蒸气在汽轮机中绝热膨胀做功后，出口焓为 2009kJ/kg，流速为 140m/s。当蒸汽进出口位差忽略不计，蒸汽流量为 400t/h 时，试求：

(1) 汽轮机的输出功率为多少千瓦？

(2) 若忽略蒸汽动能变化，对输出功率有多大影响？

(3) 若汽轮机散热 6.81×10^5kJ/h 时，对输出功率有多大影响？

2-14 空气在喷管中绝热膨胀，进出口焓降低 60kJ/kg，入口流速为 10m/s。求出口流速。

2-15 试建立两股流体汇合成一股流体的合流过程的能量方程。设合流过程为稳定流动，且与外界没有热量交换。

第三章　理想气体及其混合物

在热能动力装置中，能量的传递和转换是靠工质的状态变化来实现的，因此，在研究能量的传递和转换中，除了必须掌握热力学第一定律外，还必须具备工质热力性质方面的知识。气体因为具有最好的热膨胀性，所以是最适宜的工质。研究气体的性质，主要研究 p、v、T 三者的关系式。比热容和热力学能、焓、熵的关系式及计算方法，这些也是本章的主要内容。

第一节　理想气体及其状态方程式

一、理想气体和实际气体

物理学中已经介绍了理想气体的概念。理想气体是实际上并不存在的假想气体。从微观上看，如果气体分子是一些弹性的、不占体积的质点，分子之间没有相互作用力，那么，这样的气体即为理想气体。根据实验研究，高温、低压的气体密度小、比容大，若大到分子本身体积远小于其活动空间，分子间平均距离远到作用力极其微弱的状态时就很接近理想气体，因此，理想气体是气体压力趋近于零（$p\to0$）或比容趋近于无穷大（$v\to\infty$）时的极限状态。一般来说，氩、氖、氦、氢、氧、氮、一氧化碳等临界温度低的单原子或双原子气体，在温度不太低，压力不太高时，均远离液态，热力性质接近于理想气体。因而，工程中常用的氧气、氮气、氢气、一氧化碳等及其混合气体、燃气、烟气等工质，在通常使用的温度、压力下都可作为理想气体处理。

凡不符合上述理想气体两个微观假设条件的，则称为实际气体。如锅炉中产生的水蒸气、制冷装置的工质氟利昂蒸气、氨蒸气等均属于实际气体。这类气体的临界温度较高，蒸汽在通常的工作温度和压力下离液态不远，不能看作理想气体。

大气中含有少量水蒸气、燃气和烟气中含有少量的水蒸气和二氧化碳，因为分子浓度小、分压力甚小，则当这些混合物的温度不太低时，可以视为理想气体。可见理想气体与实际气体没有明显界限，在某种状态下，应视为何种气体，要根据工程计算所允许的误差范围而定。

二、理想气体状态方程式

根据分子运动论，对于理想气体分子运动的物理模型，用统计方法可得出气体压力为

$$p=\frac{2}{3}nBT$$

将上式两边同乘以比容 v，得

$$pv=\frac{2}{3}nvBT=\frac{2}{3}N'BT$$

式中　n——分子浓度，即单位容积内含有气体的分子个数；

v——比容，m^3/kg；

$N'=nv$——1kg 气体内含有的分子数目，对于每种气体具有确定的值。

上式可写为

$$pv = RT \tag{3-1}$$

式中 p——绝对压力，Pa；

T——热力学温度，K；

R——气体常数，与气体种类有关，而与气体状态无关，$R=\frac{2}{3}N'B$，其单位为 N·m/(kg·K)或J/(kg·K)。

式（3-1）表示 1kg 理想气体的状态方程式，反映理想气体在某一平衡状态时 p、v、T 之间的关系，式（3-1）也称为克拉贝龙方程式。使用时，应注意各参数单位的一致性，按国家法定计量单位：p—Pa，T—K，v—m^3/kg，R—J/(kg·K)。

若气体质量为 $m$kg，将式（3-1）两边同乘以 m 得

$$pmv = mRT$$

或

$$pV = mRT\text{（对 }m\text{kg 气体）} \tag{3-2}$$

式中 $V=mv$——质量为 $m$kg 气体所占有的总容积，m^3。

若气体为 1kmol，将式（3-1）两边同乘以千摩尔质量 M（kg/kmol），即

$$pMv = MRT$$

整理得 1kmol 气体表示的状态方程式

$$pV_M = R_0T \quad \text{（对 1kmol 气体）} \tag{3-3}$$

式中 $V_M=Mv$——气体的摩尔容积，$m^3/kmol$；

$R_0=MR$——通用气体常数，J/(kmol·K)，R_0 与气体种类及状态均无关。

若气体为 $n$kmol，对式（3-3）两边同乘以 n 得

$$pV_Mn = nR_0T$$

或

$$pV = nR_0T\text{（对 }n\text{kmol 气体）} \tag{3-4}$$

式中 $V=V_Mn$——$n$kmol 气体所占有的容积，m^3；

n——气体摩尔数，$n=\frac{m}{M}$，kmol。

三、气体常数和通用气体常数

依据阿佛加德罗（Avogadro）定律，在相同压力和温度下，各种气体的摩尔容积相等。因此根据式（3-3）得出：R_0 与气体所处状态无关，也与气体种类无关，所以称为通用气体常数。

实验证明：在标准状态下（$p_0=101.325$kPa，$t_0=0$℃）时，各种气体 1kmol 容积是相等的，都是 22.4m^3，将上述条件代入式（3-3）得出通用气体常数为

$$R_0 = \frac{p_0V_{M0}}{T_0} = \frac{101325\times 22.4}{273.15} \approx 8314\text{J/(kmol·K)}$$

另外，通用气体常数还可以由分子运动论的微观方法导出，在此不再论述。

气体常数

$$R = \frac{R_0}{M} = \frac{8314}{M}\text{(J/kg·K)} \tag{3-5}$$

式中 M——分子量或千摩尔质量，kg/kmol。

几种常见气体的气体常数列于表 3-1。

表 3-1　　几种常见气体的气体常数

物质名称	化学式	分子量	R [J/（kg·K)]	物质名称	化学式	分子量	R [J/（kg·K)]
氢	H_2	2.016	4124.0	氮	N_2	28.013	296.8
氦	He	4.003	2077.0	一氧化碳	CO	28.011	296.8
甲烷	CH_4	16.043	518.2	二氧化碳	CO_2	44.010	188.9
氨	NH_3	17.031	488.2	氧	O_2	32.0	259.8
水蒸气	H_2O	18.015	461.5	空气	—	28.97	287.0

【例 3-1】　求空气在标准状态下的比容和密度。

解　在应用状态方程式时，一定要使各项的单位统一，压力单位采用 Pa（或 kPa），气体常数单位采用 J/(kg·K)或 kJ/(kg·K)。

空气的气体常数 $R=287$J/(kg·K)，由理想气体状态方程式求得在标准状态下空气的比容为

$$v_0=\frac{RT_0}{p_0}=\frac{287\times 273.15}{101325}=0.773\text{m}^3/\text{kg}$$

密度

$$\rho_0=\frac{1}{v_0}=\frac{1}{0.773}=1.293\text{kg/m}^3$$

标准状态下的比容和密度还可以按下式计算

$$Mv_0=22.4\text{m}^3/\text{kmol}$$

$$v_0=\frac{22.4}{M}=\frac{22.4}{28.97}=0.773\text{m}^3/\text{kg}$$

$$\rho_0=\frac{M}{22.4}=\frac{28.97}{22.4}=1.293\text{kg/m}^3$$

第二节　理想气体的比热容

在应用能量方程分析热力过程时，需要进行气体内能和焓的变化以及热量的计算，这些都需要借助于比热容概念。

一、比热容的定义和单位

单位物量的物体，温度升高 1K 所吸收的热量，称为该物体的比热容。以 c 表示，即

$$c=\frac{\delta q}{\mathrm{d}T} \tag{3-6}$$

比热容单位取决于热量单位和物量单位。物量的单位不同，比热容的单位也不同，如果物量的单位采用 kg，则相应的比热容称为质量比热容，表示为 c，单位为kJ/（kg·K)。如果物量的单位采用千摩尔，则相应的比热容称为摩尔比热容，表示为 Mc，单位为 kJ/（kmol·K)。如果物量的单位采用标准状态（$p_0=101.325$kPa，$t_0=0$℃）下的立方米（m^3)，则相应的比热容称为容积比热容，表示为 c'，单位 kJ/(m^3·K)。三者之间的换算关系如下

$$c'=\frac{Mc}{22.4}=c\rho_0 \tag{3-7}$$

式中 M——气体为 1kmol 的质量（数值上等于分子量）；

ρ_0——气体在标准状态下的密度，kg/m^3。

比热容是重要的物性参数，它不仅取决于物质的性质，还与气体的热力过程及所处的状态有关。

二、定容比热容和定压比热容

由于比热容的定义式 $c=\frac{\delta q}{dT}$，δq 是过程量，因此比热容与过程特征有关，在热工计算中常用的是定容比热容和定压比热容。

1. 定容比热容与定压比热容

定容比热容定义：在定容情况下，单位物量的气体，温度升高 1K 所吸收的热量，称为该气体的定容比热容，定义式为

$$c_V=\frac{\delta q_V}{dT} \tag{3-8}$$

定压比热容定义：在定压情况下，单位物量的气体，温度升高 1K 所吸收的热量，称为该气体的定压比热容，定义式为

$$c_p=\frac{\delta q_p}{dT} \tag{3-9}$$

按单位物量的不同，定容比热容可分为质量定容比热容 c_V，摩尔定容比热容 Mc_V，容积定容比热容 c'_V；定压比热容可以分为质量定压比热容 c_p，摩尔定压比热容 Mc_p，容积定压比热容 c'_p。

2. 定压比热容与定容比热容的关系

c_p 和 c_V 可分别写成

$$c_p=\left(\frac{\delta q_p}{dT}\right)_p;c_V=\left(\frac{\delta q_V}{dT}\right)_V$$

对于可逆过程，热力学第一定律表达式可写为

$$\delta q=du+pdv=dh-vdp$$

所以

$$c_p=\left(\frac{\partial q}{\partial T}\right)_p=\left(\frac{\partial h}{\partial T}\right)_p \tag{3-10}$$

$$c_V=\left(\frac{\partial q}{\partial T}\right)_V=\left(\frac{\partial u}{\partial T}\right)_V \tag{3-11}$$

式（3-11）表明，定压比热容是当压力不变时，焓对温度的偏导数；定容比热容是当容积不变时，热力学能对温度的偏导数，因此，上式适用于任何工质。

由于理想气体的热力学能是温度的单值函数，即 $u=f(T)$，故

$$c_V=\frac{du}{dT} \tag{3-12}$$

另外，理想气体的焓也是温度的单值函数，即 $h=f(T)$，故

$$c_p=\frac{dh}{dT} \tag{3-13}$$

将 $h=u+pv$，$pv=RT$ 代入式（3-13）得

$$c_p = \frac{d(u+pv)}{dT} = \frac{d(u+RT)}{dT} = \frac{du}{dT} + R = c_V + R$$

即

$$c_p - c_V = R \tag{3-14a}$$

或

$$c'_p - c'_V = \rho_0 R \tag{3-14b}$$

$$Mc_p - Mc_V = MR = R_0 \tag{3-14c}$$

式（3-14）称为迈耶公式，反映了 c_p 与 c_V 之间的关系。适用于理想气体。

在热力学中，c_p 与 c_V 之比也是一个重要参数，令 $\frac{c_p}{c_V}=\kappa$ 称为比热容比。对于理想气体，κ、c_p、c_V 的关系为

$$c_p = \frac{\kappa R}{\kappa - 1} \tag{3-15}$$

$$c_V = \frac{R}{\kappa - 1} \tag{3-16}$$

对于固体和液体而言，因其热膨胀性很小，可认为 $c_p \approx c_V$。

三、定值比热容，真实比热容，平均比热容

1. 定值比热容

根据气体分子运动学说的比热容理论，理想气体的比热容只取决于气体的分子结构，与气体的状态无关。凡分子中原子数目相同的气体，其摩尔比热容都相等，称为定值比热容。从理论推导可得：

摩尔定容比热容

$$Mc_V = \frac{i}{2} R_0 \tag{3-17}$$

摩尔定压比热容

$$Mc_p = \frac{i+2}{2} R_0 \tag{3-18}$$

式中　i——分子运动的自由度数目。

各种气体的定值摩尔比热容和比热容比列于表 3-2 中。

表 3-2　　理想气体的定值摩尔比热容和比热容比 κ

气体种类	单原子气体	双原子气体	多原子气体
Mc_V	$\frac{3}{2}R_0$	$\frac{5}{2}R_0$	$\frac{7}{2}R_0$
Mc_p	$\frac{5}{2}R_0$	$\frac{7}{2}R_0$	$\frac{9}{2}R_0$
比热容比 $\kappa = \frac{c_p}{c_V}$	1.66	1.4	1.29

实验表明，单原子气体的比热容，理论值与实验值是基本一致的。而对于双原子和多原子气体，理论值与实验值有比较明显的偏差，尤其在高温时偏差更大。偏差原因在于分子运动论的比热容理论没有考虑分子内部原子的振动，所以需要对多原子气体的数值进行修正。参照实验数据，常将多原子气体的自由度由 6 增加到 7。

在工程计算中，如气体温度不太高，或计算精确度要求不高时，可以采用定值比热容。

2. 真实比热容

实验表明，理想气体的比热容是温度的复杂函数，随温度的升高而增大。通常摩尔定压比热容可表达为

$$Mc_p = a_0 + a_1T + a_2T^2 + a_3T^3 \tag{3-19}$$

式中 T——热力学温度，K；

a_0, a_1, a_2, a_3——因气体而异的经验常数值，几种气体的常数值列表于表 3-3 中。

表 3-3 常用气体在理想气体状态下的经验常数值 a_0，a_1，a_2，a_3

气体	分子式	a_0	$a_1\times10^3$	$a_2\times10^6$	$a_3\times10^9$	温度范围（K）	最大误差（%）
空气		28.106	1.9665	4.8023	−1.9661	273～1800	0.72
氢	H_2	29.107	−1.9159	−4.0038	−0.8704	273～1800	1.01
氧	O_2	25.477	15.2022	−5.0618	1.3117	273～1800	1.19
氮	N_2	28.901	−1.5713	8.0805	−28.7256	273～1800	0.59
一氧化碳	CO	28.160	1.6751	5.3717	−2.2219	273～1800	0.89
二氧化碳	CO_2	22.257	59.8084	−35.0100	7.4693	273～1800	0.647
水蒸气	H_2O	32.238	1.9234	10.5549	−3.5952	273～1800	0.53
乙烯	C_2H_2	4.1261	155.0213	−81.5455	16.9755	298～1500	0.30
丙烯	C_3H_6	3.7457	234.0107	−115.1278	21.7353	298～1500	0.44
甲烷	CH_4	19.887	50.2416	12.6860	−11.0113	273～1500	1.33
乙烷	C_2H_6	5.413	178.0872	−69.3749	8.7147	298～1500	0.70
丙烷	C_3H_8	−4.233	306.264	−158.6316	32.1455	298～1500	0.28

对于等容过程，定容摩尔比热容的表达式为

$$Mc_V = (a_0 - R_0) + a_1T + a_2T^2 + a_3T^3 \tag{3-20}$$

为求过程中的热量，则必须依据不同的过程取不同的比热容，并由 T_1 到 T_2 进行积分，得：

等压过程

$$Q_p = \frac{m}{M}\int_{T_1}^{T_2} Mc_p\,\mathrm{d}T = n\int_{T_1}^{T_2}(a_0 + a_1T + a_2T^2 + a_3T^3)\,\mathrm{d}T \tag{3-21}$$

等容过程

$$Q_V = \frac{m}{M}\int_{T_1}^{T_2} Mc_V\,\mathrm{d}T = n\int_{T_1}^{T_2}(a_0 - R_0 + a_1T + a_2T^2 + a_3T^3)\,\mathrm{d}T \tag{3-22}$$

3. 平均比热容

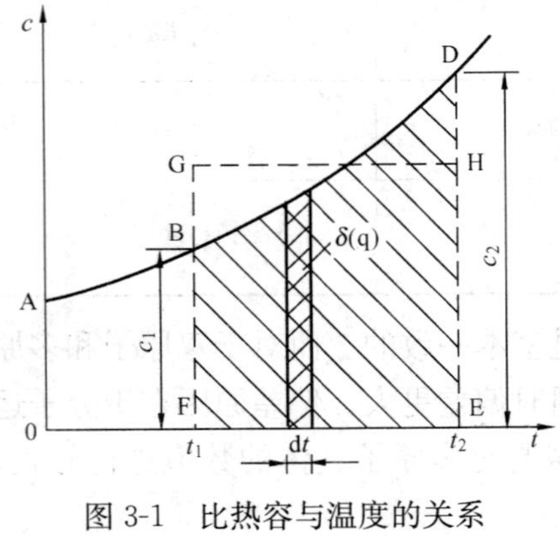

图 3-1 比热容与温度的关系

利用平均比热容表进行热工计算的方法是一种既简单又准确的方法。比热容随温度的变化关系在 c-t 图上表示为一条曲线，如图 3-1 所示，此时的热量计算式为

$$q = \int_{t_1}^{t_2} c\,\mathrm{d}t \tag{3-23}$$

但利用式（3-23）计算热量会比较麻烦。为了简化计算，从图 3-1 中可以看出，气体温度由 t_1 升高至 t_2 所吸收的热量相当于面积 BDEFB。简便的方法是用一块大小相等的矩形面积 GHEFG 代替，即

$$q = \int_{t_1}^{t_2} c\,\mathrm{d}t = \overline{GF}(t_2 - t_1) \tag{3-24}$$

矩形高度$\overline{GF}$即为在 t_1 与 t_2 温度范围内真实比热容的平均值，称为平均比热容，表示为 $c_m|_{t_1}^{t_2}$ ，因此，式(3-24)写成

$$q=\int_{t_1}^{t_2}c\mathrm{d}t=c_m|_{t_1}^{t_2}(t_2-t_1) \tag{3-25}$$

由式（3-25）可知，平均比热容为 $c_m=\dfrac{\int_{t_1}^{t_2}c\mathrm{d}t}{t_2-t_1}$，且 c_m 随 t_1 和 t_2 的变化而不同，要列出 t_1 到 t_2 范围内的平均比热容表将不胜其繁。为解决这个问题，通常取 0℃为下限，求 0℃到任意 t℃的平均比热容。把式（3-25）改写为

$$q=\int_{t_1}^{t_2}c\mathrm{d}t=\int_0^{t_2}c\mathrm{d}t-\int_0^{t_1}c\mathrm{d}t$$

引用平均比热容的概念，上式写为

$$q=c_m|_0^{t_2}(t_2-0)-c_m|_0^{t_1}(t_1-0)=c_m|_0^{t_2}t_2-c_m|_0^{t_1}t_1 \tag{3-26}$$

式中 $c_m|_0^{t_2}$、$c_m|_0^{t_1}$ 分别表示由 0℃到 t_2℃或由 0℃到 t_1℃的平均比热容。表 3-4 列出几种气体的平均定压质量比热容 $c_{pm}|_0^t$ 的值。根据迈耶公式，可求得平均定容质量比热容为

$$c_{Vm}|_0^t=c_{pm}|_0^t-R \tag{3-27}$$

表 3-4　几种气体在理想气体状态下的平均定压质量比热容 c_{pm}[kJ/(kg·K)]

t℃	O_2	N_2	H_2	CO	空气	CO_2	H_2O
0	0.915	1.039	14.195	1.040	1.004	0.815	1.859
100	0.923	1.040	14.353	1.042	1.006	0.866	1.873
200	0.935	1.043	14.421	1.046	1.012	0.910	1.894
300	0.950	1.049	14.446	1.054	1.019	0.949	1.919
400	0.965	1.057	14.477	1.063	1.028	0.983	1.948
500	0.979	1.066	14.509	1.075	1.039	1.013	1.978
600	0.993	1.076	14.542	1.086	1.050	1.040	2.009
700	1.005	1.087	14.587	1.098	1.061	1.064	2.042
800	1.016	1.097	14.641	1.109	1.071	1.085	2.075
900	1.026	1.108	14.706	1.120	1.081	1.104	2.110
1000	1.035	1.118	14.776	1.130	1.091	1.122	2.144
1100	1.043	1.127	14.853	1.140	1.100	1.138	2.177
1200	1.051	1.136	14.934	1.149	1.108	1.153	2.211
1300	1.058	1.145	15.023	1.158	1.117	1.166	2.243
1400	1.065	1.153	15.113	1.166	1.124	1.178	2.274
1500	1.071	1.160	15.202	1.173	1.131	1.189	2.305
1600	1.077	1.167	15.294	1.180	1.138	1.200	2.335
1700	1.083	1.174	15.383	1.187	1.144	1.209	2.363
1800	1.089	1.180	15.472	1.192	1.150	1.218	2.391
1900	1.094	1.186	15.561	1.198	1.156	1.226	2.417
2000	1.099	1.191	15.649	1.203	1.161	1.233	2.442
2100	1.104	1.197	15.736	1.208	1.166	1.241	2.466
2200	1.109	1.201	15.819	1.213	1.171	1.247	2.489
2300	1.114	1.206	15.902	1.218	1.176	1.253	2.512
2400	1.118	1.210	15.983	1.222	1.180	1.259	2.533
2500	1.123	1.214	16.064	1.226	1.182	1.264	2.554
密度 ρ_0 kg/m^3	1.4286	1.2505	0.08999	1.2505	1.2932	1.9648	0.8042

【例 3-2】 烟气在锅炉的烟道中温度从 900℃降低到 200℃，然后从烟囱排出。求每标准立方米烟气所放出的热量（这些热量被锅炉中的水和水蒸气所吸收）。烟气的成分接近空气，而且压力变化很小，可将烟气当作空气进行定压放热计算。比热容取值按以下三种情况：(1) 定值比热容；(2) 真实比热容；(3) 平均比热容。

解 (1) 按比热容为定值进行计算：

将空气看作双原子气体，其定压摩尔比热容为

$$Mc_p = \frac{7}{2}R_0 = \frac{7}{2} \times 8.314 = 29.10\text{kJ/(kmol}\cdot\text{K)}$$

空气的定压容积比热容为

$$c'_p = \frac{Mc_p}{22.4} = \frac{29.10}{22.4} = 1.299\text{kJ/(m}^3\cdot\text{K)}$$

1m^3（标准）烟气放出热量

$$Q_p = c'_p(t_2 - t_1) = 1.299 \times (200 - 900) = -909.3\text{kJ/m}^3\text{(标准)}$$

(2) 按真实比热容进行计算：

查表 3-3

$$Q_p = \frac{1}{22.4}\int_1^2 Mc_p \mathrm{d}T = \frac{1}{22.4}\int_{T_1}^{T_2}(a_0 + a_1 T + a_2 T^2 + a_3 T^3)\mathrm{d}T$$

$$= \frac{1}{22.4}\left(a_0 T + \frac{a_1}{2}T^2 + \frac{a_2}{3}T^3 + \frac{a_3}{4}T^4\right)\Bigg|_{T_1}^{T_2}$$

$$= \frac{1}{22.4}\Big[28.106(473 - 1173) + \frac{1.9665 \times 10^{-3}}{2}(473^2 - 1173^2)$$

$$+ \frac{4.8023 \times 10^{-6}}{3}(473^3 - 1173^3) + \frac{1.9661 \times 10^{-9}}{4}(473^4 - 1173^4)\Big]$$

$$= -996.22\text{kJ/m}^3$$

(3) 按平均比热容计算：

查表 3-4

$$c_{pm}\big|_0^{900} = 1.081\text{kJ/(kg}\cdot\text{K)}$$

$$c_{pm}\big|_0^{200} = 1.012\text{kJ/(kg}\cdot\text{K)}$$

换算成平均定压容积比热容，查得空气在标准状态下的密度 $\rho_0 = 1.2932\text{kg/m}^3$，于是

$$c'_{pm}\big|_0^{900} = c'_{pm}\big|_0^{900}\cdot\rho_0 = 1.081 \times 1.2932 = 1.398\text{kJ/(m}^3\cdot\text{K)}$$

$$c'_{pm}\big|_0^{200} = c_{pm}\big|_0^{200}\cdot\rho_0 = 1.012 \times 1.2932 = 1.309\text{kJ/(m}^3\cdot\text{K)}$$

烟气放出的热量为

$$Q_p = c'_{pm}\big|_0^{200}\cdot t_2 - c'_{pm}\big|_0^{900}\cdot t_1 = 1.309 \times 200 - 1.398 \times 900 = -996.4\text{kJ/m}^3$$

第三节 理想气体的热力学能、焓和熵

一、热力学能和焓

由于理想气体的热力能和焓只是温度的单值函数，所以无论经历什么过程，只要初态温度 t_1 与终态温度 t_2 相同，状态参数热力学能的变化和焓的变化都相等。现在分别选取可逆的等容过程、等压过程分别来计算热力学能、焓的变化。

根据热力学第一定律，对于可逆过程有

$$q = \Delta u + \int_1^2 p\mathrm{d}v \qquad q = \Delta h - \int_1^2 v\mathrm{d}p$$

等容过程

$$\Delta u = q_V = \int_1^2 c_V \mathrm{d}t$$

或

$$\Delta u = \int_1^2 c_V \mathrm{d}t \tag{3-28a}$$

或

$$\Delta u = \int_1^2 c_V \mathrm{d}t = c_V(t_2 - t_1)(c_V\ \text{为定值}) \tag{3-28b}$$

等压过程

$$\Delta h = q_p = \int_1^2 c_p \mathrm{d}t$$

或

$$\Delta h = \int_1^2 c_p \mathrm{d}t \tag{3-29a}$$

或

$$\Delta h = \int_1^2 c_p \mathrm{d}t = c_p(t_2 - t_1)(c_p\ \text{为定值}) \tag{3-29b}$$

虽然 Δu、Δh 分别是由等容过程和等压过程推导出来的，但是，由于状态参数的变化只取决于初、终状态，而与过程无关。因而，式（3-28）、式（3-29）对任何过程都成立。

【例 3-3】　定量工质，经历一个由四个过程组成的循环，试填充下表中所缺的数据，并判断该循环是正循环还是逆循环。

过　程	Q（kJ）	W（kJ）	ΔU（kJ）
1-2	1390	0	
2-3	0		−395
3-4	−1000	0	
4-1	0		

解　根据式 $Q=\Delta U+W$ 计算出

$$\Delta U_{12} = Q_{12} - W_{12} = 1390\text{kJ}$$

$$W_{23} = Q_{23} - \Delta U_{23} = 395\text{kJ}$$

$$\Delta U_{34} = Q_{34} - W_{34} = -1000\text{kJ}$$

对于循环过程有

$$\oint \mathrm{d}U = 0$$

所以

$$\Delta U_{41} = -(\Delta U_{12} + \Delta U_{23} + \Delta U_{34}) = 5\text{kJ}$$

再由式 $Q=\Delta U+W$ 算出

$$W_{41} = -5\text{kJ}$$

因为循环中$\oint \delta W = 390\text{kJ} > 0$，所以该循环是正循环。

二、理想气体熵的变化

根据熵的定义式 $\mathrm{d}s=\dfrac{\delta q_{\text{rev}}}{T}$及 $\delta q=\mathrm{d}u+p\mathrm{d}v=\mathrm{d}h-v\mathrm{d}p$ 得出

$$\mathrm{d}s = \frac{\mathrm{d}u + p\mathrm{d}v}{T} = \frac{\mathrm{d}u}{T} + \frac{p}{T}\mathrm{d}v$$

$$\mathrm{d}s = \frac{\mathrm{d}h - v\mathrm{d}p}{T} = \frac{\mathrm{d}h}{T} - \frac{v}{T}\mathrm{d}p$$

对于理想气体有 $\mathrm{d}u=c_V\mathrm{d}T$，$\mathrm{d}h=c_p\mathrm{d}T$，$pv=RT$，因此，理想气体熵的变化的计算式为

$$\mathrm{d}s = c_V\frac{\mathrm{d}T}{T} + R\frac{\mathrm{d}v}{v} \tag{3-30a}$$

式（3-30a）积分得

$$\Delta s = c_V\ln\frac{T_2}{T_1} + R\ln\frac{v_2}{v_1}\text{（定值比热容）} \tag{3-30b}$$

$$\mathrm{d}s = c_p\frac{\mathrm{d}T}{T} - R\frac{\mathrm{d}p}{p} \tag{3-31a}$$

式（3-31a）积分得

$$\Delta s = c_p\ln\frac{T_2}{T_1} - R\ln\frac{p_2}{p_1}\text{（定值比热容）} \tag{3-31b}$$

如果应用 $pv=RT$ 的微分形式$\dfrac{\mathrm{d}p}{p}+\dfrac{\mathrm{d}v}{v}=\dfrac{\mathrm{d}T}{T}$，$c_p=c_V+R$，对式（3-31）稍作变换后得

$$\mathrm{d}s = c_V\frac{\mathrm{d}p}{p} + c_p\frac{\mathrm{d}v}{v} \tag{3-32a}$$

式（3-32a）积分得

$$\Delta s = c_V\ln\frac{p_2}{p_1} + c_p\ln\frac{v_2}{v_1}\text{（定值比热容）} \tag{3-32b}$$

由于熵是状态参数，工质熵的变化完全取决于它的初、终状态，而与过程无关，因此只要知道初、终状态 p、v、T 三个参数中的任意两个以及气体的比热容，就可根据以上公式求出理想气体熵的变化。

第四节 混合气体的性质

在热力过程中常用的工质大多是几种不同种类气体的混合物。如空气是由氮气、氧气及少量二氧化碳和惰性气体组成，锅炉中燃料燃烧所产生的烟气，主要是由二氧化碳、水蒸气、氮气、二氧化硫等组成。本节主要讨论由理想气体组成的混合气体的性质，而且各组成气体之间不发生化学反应。

一、混合气体的分压力和道尔顿分压定律

如图 3-2 所示，对于温度为 T、压力为 p、摩尔数为 n 的理想混合气体，可写出理想气体状态方程

$$pV = nR_0T \tag{a}$$

混合气体中的第 i 种组成气体单独存在，并且具有与混合气体相同的温度及容积时，它所具有的压力称为分压力，用 p_i 表示。可写出理想气体状态方程

$$p_iV = n_iR_0T$$

将各组成气体的状态方程式相加得

$$V\sum_{i=1}^{n}p_i = \sum_{i=1}^{n}n_iR_0T \tag{b}$$

对于混合气体 $\sum_{i=1}^{n}n_i = n$，比较式（a）、式（b）得

$$p = \sum_{i=1}^{n}p_i \tag{3-33}$$

式中　p——混合气体的总压力；

p_i——第 i 种组成气体的分压力。

式（3-33）表明，理想混合气体的总压力等于各组成气体分压力之总和。1801 年道尔顿用实验证实了该结论，故称为道尔顿分压定律。

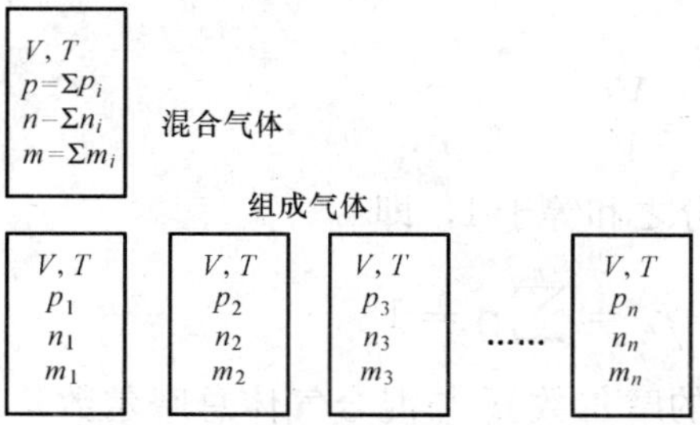

图 3-2　理想气体的分压力

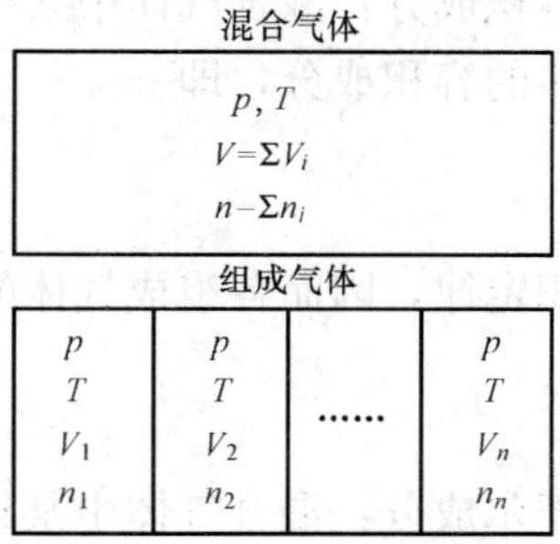

图 3-3　理想气体的分容积

二、混合气体的分容积和阿密盖特分容积定律

如图 3-3 所示，对于温度为 T、压力为 p、摩尔数为 n 的理想混合气体，可写出理想气体状态方程

$$pV = nR_0T \tag{c}$$

混合气体中第 i 种组成气体具有与混合气体相同的温度及压力，它单独存在时所占有的容积称为分容积，用 V_i 表示。可写出理想气体状态方程

$$pV_i = n_iR_0T$$

将各组成气体的状态方程式相加得

$$p\sum_{i=1}^{n}V_i = \sum_{i=1}^{n}n_iR_0T \tag{d}$$

对于混合气体 $\sum_{i=1}^{n}n_i = n$，比较式(c)、式(d) 得

$$\sum_{i=1}^{n}V_i = V \tag{3-34}$$

式中　V——混合气体的总容积；

V_i——第 i 种组成气体的分容积。

式（3-34）表明，理想气体的分容积之和等于混合气体的总容积，这一结论称为阿密盖特分容积定律。

三、混合气体的成分及其换算

混合气体的性质不仅取决于热力学参数如压力、温度等，还取决于混合气体的组成成分。所谓的组成成分是指混合气体中各组成气体的含量与混合气体总量的比值。按物量不同，混合气体的成分有质量成分、容积成分和摩尔成分。

（1）质量成分：混合气体中某组成气体的质量 m_i 与混合气体总质量 m 的比值，称为该组成气体的质量成分，即

$$g_i = \frac{m_i}{m} \tag{3-35}$$

由于混合气体总质量 m 等于各组成气体质量 m_i 的总和，所以各组成气体的质量成分之和等于 1，即

$$g_1 + g_2 + \cdots + g_n = \sum_{i=1}^{n} g_i = 1 \tag{3-36}$$

（2）容积成分：混合气体中某组成气体的分容积 V_i 与混合气体总容积 V 之比值，称为该组成气体的容积成分，即

$$r_i = \frac{V_i}{V} \tag{3-37}$$

根据分容积定律，因而各组成气体的容积成分之和等于 1，即

$$r_1 + r_2 + \cdots + r_n = \sum_{i=1}^{n} r_i = 1 \tag{3-38}$$

（3）摩尔成分：混合气体中某组成气体的摩尔数 n_i 与混合气体总摩尔数 n 之比值，称为该组成气体的摩尔成分，即

$$x_i = \frac{n_i}{n} \tag{3-39}$$

由于混合气体的总摩尔数 n 等于各组成气体的摩尔数 n_i 之和，因而各组成气体摩尔数成分之和等于 1，即

$$x_1 + x_2 + \cdots + x_n = \sum_{i=1}^{n} x_i = 1 \tag{3-40}$$

各组成气体成分之间的换算关系如下：

（1）容积成分与摩尔成分的换算

由于

$$r_i = \frac{V_i}{V} = \frac{n_i V_{mi}}{n V_m}$$

上式中 V_{mi} 与 V_m 分别表示某组成气体与混合气体的摩尔容积。根据阿佛加德罗定律，同温同压下，各种气体的摩尔容积是相等的。即

$$V_{mi} = V_m$$

因此得

$$r_i = \frac{n_i}{n} = x_i \tag{3-41}$$

式（3-41）表示，各组成气体的容积成分与摩尔成分数值相等。

（2）质量成分与容积成分（或摩尔成分）的换算

由于

$$m_i = n_i M_i$$

上式中 M_i、n_i 分别表示某组成气体的摩尔质量与摩尔数。

因此得

$$g_i = \frac{m_i}{m} = \frac{n_i M_i}{nM} = x_i \frac{M_i}{M} = r_i \frac{M_i}{M} \tag{3-42}$$

式（3-42）中 M、n 分别表示混合气体的平均摩尔质量和摩尔数。

四、混合气体的平均摩尔质量和气体常数

由于 $m_i = n_i M_i$，则有

$$m = n_1 M_1 + n_2 M_2 + \cdots + n_n M_n = nM$$

由上式可得出 M，即

$$M = \sum_{i=1}^{n} \frac{n_i}{n} M_i = \sum_{i=1}^{n} x_i M_i = \sum_{i=1}^{n} r_i M_i \tag{3-43}$$

式（3-43）表明，混合气体的平均摩尔质量等于各组成气体的摩尔成分（或容积成分）乘以该组成气体的摩尔质量之总和。

已知混合气体的平均摩尔质量，则可求得混合气体的气体常数

$$R = \frac{R_0}{M} \tag{3-44}$$

五、分压力的确定

分别根据某组成气体的分压力与分容积可写出该组成气体的状态方程式为

$$p_i V = m_i R_i T$$

$$p V_i = m_i R_i T$$

由此得

$$p_i = \frac{V_i}{V} p = r_i p \tag{3-45}$$

式（3-45）说明，某组成气体的分压力，等于混合气体的总压力与该组成气体容积成分的乘积。

【例 3-4】 混合气体中，各组成气体的容积成分为 $r_{CO_2} = 12\%$；$r_{O_2} = 6\%$；$r_{N_2} = 75\%$；$r_{H_2O} = 7\%$。混合气体的总压力 $p = 98.066\text{kPa}$。求混合气体的平均分子量、气体常数及各组成气体的分压力。

解 $M = \sum_{i=1}^{n} r_i M_i = 0.12 \times 44 + 0.06 \times 32 + 0.75 \times 28 + 0.07 \times 18 = 29.46$

$$R = \frac{8314}{29.46} = 282.2\text{J/(kg} \cdot \text{K)}$$

$$p_{CO_2} = r_{CO_2} p = 0.12 \times 98.066 = 11.768\text{kPa}$$

$$p_{O_2} = r_{O_2} p = 0.06 \times 98.066 = 5.884\text{kPa}$$

$$p_{N_2} = r_{N_2} p = 0.75 \times 98.066 = 73.549\text{kPa}$$

$$p_{H_2O} = r_{H_2O} p = 0.07 \times 98.066 = 6.865\text{kPa}$$

小结

本章讨论了理想气体及其混合气体的性质，包括：理想气体状态方程式；理想气体的比热容；理想气体的热力学能、焓、熵的变化的关系式；理想混合气体的性质。在学习本章时应掌握和理解以下几点：

1. 理想气体状态方程式是表示基本状态参数间 p、v、T 的函数关系，应能熟练地掌握和运用，对理想气体的概念也应充分的理解。

2. 气体比热容是气体重要的热力性质之一，在热工计算中可用来计算热量、气体热力学能、焓、熵的变化等。要理解和掌握比热容的定义、迈耶公式及比热容比关系式，能熟练地运用定值比热容和比热容表进行有关热工计算。

3. 理想气体热力学能、焓均是温度的单值函数，要重点掌握热力学能、焓、熵的变化的关系式，特别要理解这些关系式只取决于初、终状态，与过程是否可逆无关。

4. 对于理想混合气体，无论是混合气体还是各组成气体均应符合理想气体的有关规律和关系式。对混合气体的成分、分子量及气体常数等应充分理解并会进行计算。

习题

3-1 某容器内的理想气体经过放气过程，放出一部分气体。若放气前后均为平衡状态，是否可以用下式表示放气前、后的参数间关系：

(1) $\dfrac{p_1v_1}{T_1}=\dfrac{p_2v_2}{T_2}$；

(2) $\dfrac{p_1V_1}{T_1}=\dfrac{p_2V_2}{T_2}$。

3-2 气体常数 R 是否随着气体的种类或气体所处的状态不同而变化？通用气体常数 R_0 又如何呢？

3-3 气体的摩尔容积 V_m 是否与气体的种类有关？是否因所处状态不同而变化？

3-4 什么是平均比热容？平均比热容与真实比热容有什么关系？

3-5 气体的 c_p 与 c_V 均随温度而变化，那么它们的差值（c_p-c_V）是否随温度而变化？而比热容比 $\kappa=\dfrac{c_p}{c_V}$ 又如何呢？

3-6 混合气体的分压力与分容积有何联系？

3-7 当混合气体处于平衡状态时，各组成气体的温度和压力是否相等？

3-8 求 $p=0.5$MPa、$t=170$℃时，N_2 的比容和密度。

3-9 已知 N_2 的 $M=28$，求：(1) N_2 的气体常数；(2) 标准状态下 N_2 的比容和密度；(3) $p=0.1$MPa、$t=500$℃时的摩尔容积 V_m。

3-10 把 CO_2 压送到容积为 3m^3 的储气罐里，起始表压力 $p_{g1}=30$kPa，终了表压力 $p_{g2}=0.3$MPa。温度由 $t_1=45$℃增加到 $t_2=70$℃。试求被压入的 CO_2 的质量。当地大气压力 $B=101.325$kPa。

3-11 当外界为标准状态时，一鼓风机每小时可送 300m^3 的空气，如外界的温度增高到 27℃，大气压力降低至 99.3kPa，而鼓风机每小时的送风量仍为 300m^3，问鼓风机送风的质量改变多少？

3-12 在一直径为 400mm 的活塞上置有质量为 3000kg 的物体，气缸中空气的温度为 18℃，质量为 2.12kg。加热后其容积增大为原来的两倍（$V_2=2V_1$）。大气压力 $B=101$kPa，问：(1) 气缸中空气的终温是多少？(2) 终态的比容是多少？(3) 初态与终态的密度各是多少？

3-13 一容器中盛有 $p=0.5$MPa、$t=30$℃的二氧化碳气体 25kg。容器有一未被发现的漏洞，直至压力降至 0.36MPa 时才发现，这时温度为 20℃。试计算漏掉的二氧化碳质量。

3-14 在煤气表上读得煤气消耗量为 683.7m^3，若在煤气消耗期间煤气表压力的平均值为 431.2Pa，温度平均值为 17℃，当地大气压力为 $B=100.1$kPa，试计算：

(1) 消耗了多少标准 m^3 的煤气？

(2) 若煤气表读值及压力表读值不变，而煤气温度达到 30℃，消耗煤气量是多少标准 m^3？

3-15 锅炉空气预热器在定压下将空气由 $t_1=25$℃加热到 $t_2=250$℃。空气流量在标准状态下 $V_0=3500$m^3/h。求每小时加给空气的热量。(1) 按平均比热容表计算；(2) 按真实比热容经验公式计算；(3) 按定值比热容计算。

3-16 氧气在容积为 0.5m^3 的刚性密闭容器中从 20℃加热到 640℃，设加热前的压力为 608kPa。求加热所需的热量。(1) 按平均比热容表计算；(2) 按真实比热容经验公式计算；(3) 按定值比热容计算。

3-17 如果忽略空气中的稀有气体，则可认为其质量成分为 $g_{O_2}=23.2\%$，$g_{N_2}=76.8\%$，试求空气的平均分子量、气体常数、容积成分及标准状态下的比容和密度。

3-18 已知天然气的容积成分 $r_{CH_4}=97\%$，$r_{C_2H_6}=0.6\%$，$r_{C_3H_8}=0.18\%$，$r_{C_4H_{10}}=0.18\%$，$r_{CO_2}=0.2\%$，$r_{N_2}=1.83\%$。试求：(1) 天然气在标准状态下的密度。(2) 各组成气体在标准状态下的分压力。

第四章　理想气体的热力过程

第一节　研究热力过程的目的和一般方法

在热力设备中，为了实现热能和机械能间的相互转换，或使工质达到预期的热力状态，通常总是通过气态工质的吸热、膨胀、放热、压缩等一些热力过程来实现的。研究热力过程的目的和任务在于揭示工质状态参数的变化规律与能量传递之间的关系，从而计算热力过程中工质状态参数的变化及传递的能量——热量和功量。研究、分析热力过程，通常采用抽象、简化的方法，将复杂的不可逆实际热力过程简化为可逆热力过程来处理，然后，借助于某些经验系数进行修正。对实际过程中状态参数变化的特征也加以抽象、简化，概括为具有简单规律的典型过程，如等压、等容、等温、绝热过程等。

本章主要讨论理想气体的可逆热力过程，对于实际气体如水蒸气、氟利昂等工质的热力过程，分析计算时要借助于图表，有关详细内容在后面章节中介绍。

分析热力过程的内容和步骤，可总结为以下几点：

(1) 根据过程特点确定过程中状态参数的变化规律，得出过程方程式 $p=f(v)$。

(2) 根据过程方程式并结合理想气体状态方程式，确定初、终状态的基本状态参数。

(3) 将过程线表示在 p-v 图和 T-s 图上，以便于用图示方法进行定性分析。

(4) 根据理想气体的特点，确定工质初、终状态的热力学能、焓及熵的变化。

下面列出前面已讨论过的适用于理想气体的 Δu，Δh，Δs 计算式

$$\Delta u = c_V(T_2 - T_1)$$

$$\Delta h = c_p(T_2 - T_1)$$

$$\Delta s = c_V \ln\frac{T_2}{T_1} + R\ln\frac{v_2}{v_1}$$

$$\Delta s = c_p \ln\frac{T_2}{T_1} - R\ln\frac{p_2}{p_1}$$

$$\Delta s = c_V \ln\frac{p_2}{p_1} + c_p\ln\frac{v_2}{v_1}$$

(5) 计算热力过程中传递的热量和功量。

闭口系统能量方程式

$$q = \Delta u + w$$

开口系统能量方程式

$$q = \Delta h + w_t$$

对于可逆热力过程

$$w = \int_1^2 p\mathrm{d}v$$

$$w_t = -\int_1^2 v\mathrm{d}p$$

$$q = \int_1^2 T \mathrm{d}s$$

对于等容过程

$$q = \int_1^2 c_V \mathrm{d}T$$

对于等压过程

$$q = \int_1^2 c_p \mathrm{d}T$$

第二节　气体的典型热力过程

一、等容过程

等容过程是工质在状态变化过程中容积保持不变的热力过程。

1. 过程方程式

按过程特性，v=定值为等容过程方程式。

2. 初、终状态参数关系式

根据 v=定值、$pv=RT$ 得

$$v_1 = v_2 \text{ 及} \frac{p_2}{p_1} = \frac{T_2}{T_1}$$

上式表明在等容过程中气体压力与热力学温度成正比。

3. 过程在 p-v 图及 T-s 图上的表示

在 p-v 图上等容过程线是一条与 v 轴垂直的直线，如图 4-1 所示，1-2 为等容加热过程，1-2′为等容放热过程。

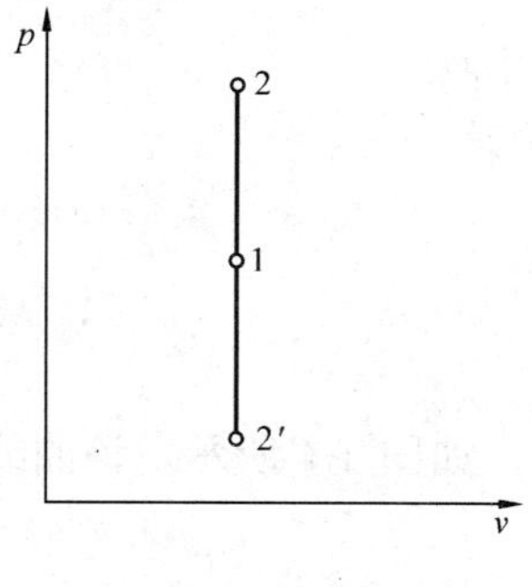

图 4-1　等容过程 p-v 图

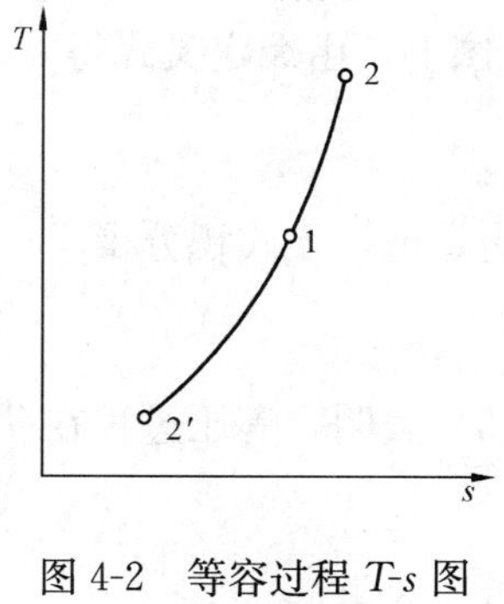

图 4-2　等容过程 T-s 图

在 T-s 图上等容过程线可由熵的定义式求得

$$\mathrm{d}s_V = c_V \frac{\mathrm{d}T}{T}$$

设 c_V 为定值，积分得

$$\Delta s_V = c_V \ln \frac{T_2}{T_1} \tag{4-1}$$

式（4-1）表明，等容过程在 T-s 图上为一条指数曲线，如图 4-2 所示。该曲线斜率为

$$\left(\frac{\partial T}{\partial s}\right)_V = \frac{T}{c_V} > 0$$

上式表明，曲线斜率为正值，且随 T 升高而增大。

4. 过程中传递的能量

膨胀功

$$w=\int_1^2 p\mathrm{d}v=0$$

热量

$$q=\Delta u+w=\Delta u=c_V(T_2-T_1)(c_V\text{ 为定值}) \tag{4-2}$$

式（4-2）说明，等容过程中系统与外界没有膨胀功的传递，过程加入的热量全部用于增加气体的热力学能。过程放出的热量等于气体的热力学能的减少量。

另外，热量也可以利用比热容定义式得

$$q=\int_1^2 c_V\mathrm{d}T=c_V(T_2-T_1)(c_V\text{ 为定值})$$

二、等压过程

等压过程是工质在状态变化过程中压力保持不变的热力过程。

1. 过程方程式

按过程特性，过程方程式为 P=定值。

2. 初、终状态参数关系式

根据 p=定值，$pv=RT$，得

$$p_1=p_2\text{ 及}\frac{v_1}{v_2}=\frac{T_1}{T_2}$$

上式表明，在等压过程中气体的比容与热力学温度成正比。

3. 过程在 p-v 图及 T-s 图上表示

p-v 图上等压过程为一条平行于 v 轴的直线，如图 4-3 所示，1-2 为等压加热（膨胀）过程，1-2′为等压放热（压缩）过程。

在 T-s 图上，由熵定义式得

$$\mathrm{d}s_p=c_p\frac{\mathrm{d}T}{T}$$

设 c_p 为定值，上式积分得

$$\Delta s_p=c_p\ln\frac{T_2}{T_1} \tag{4-3}$$

式（4-3）表明，等压过程在 T-s 图上为一条指数曲线，如图 4-4 所示，该曲线斜率为

$$\left(\frac{\partial T}{\partial S}\right)_p=\frac{T}{c_p}>0$$

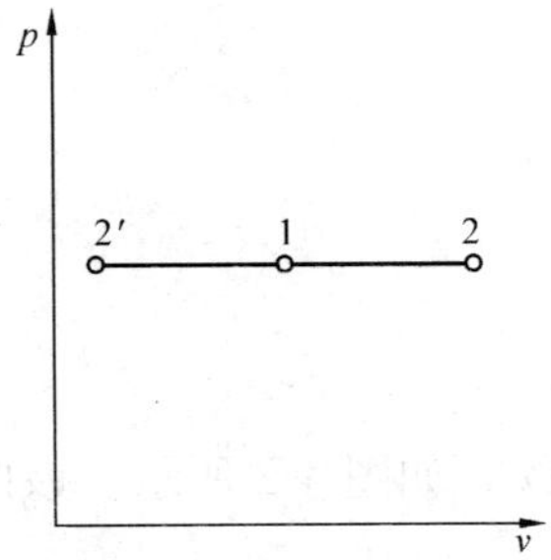

图 4-3 等压过程 p-v 图

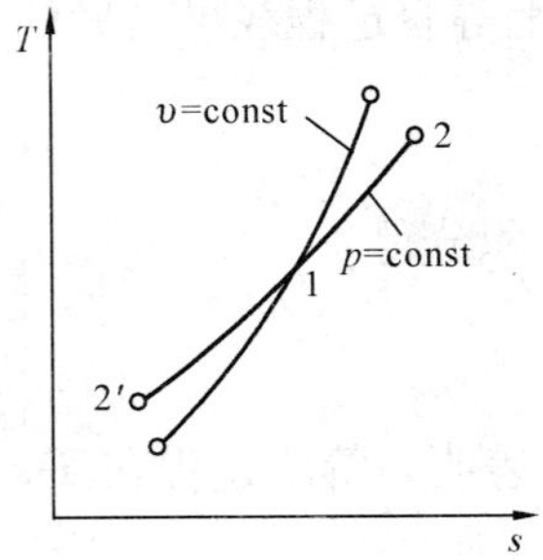

图 4-4 等压过程 T-s 图

式（4-3）、式（4-1）说明，等压过程和等容过程在 T-s 图上均为指数曲线，因为 $c_p > c_V$，故通过同一状态点的等容线斜率大于等压线斜率，即等容线比等压线陡，如图 4-4 所示。1-2 为等压加热过程；1-2′为等压放热过程。

4. 过程中传递的能量

膨胀功

$$w = \int_1^2 p\mathrm{d}v = p(v_2 - v_1) \tag{4-4}$$

对于理想气体

$$w = p(v_2 - v_1) = R(T_2 - T_1)$$

热量

$$q = \Delta u + w = \Delta u + p(v_2 - v_1) = (u_2 + p_2 v_2) - (u_1 + p_1 v_1) = h_2 - h_1 \tag{4-5}$$

式（4-5）说明，等压过程加入或放出的热量，等于气体初、终状态的焓差。由于从热力学第一定律直接导出，故式（4-5）适用于任何工质。

另外，热量也可利用比热容定义式得

$$q = \int_1^2 c_p \mathrm{d}T = c_p(T_2 - T_1)(c_p \text{ 为定值})$$

三、等温过程

等温过程是工质状态变化过程中温度保持不变的热力过程，即 T=定值。

1. 过程方程式

由 T=定值、$pv=RT$ 得

$$pv = \text{定值} \tag{4-6}$$

式（4-6）即为等温过程方程式。

2. 初终状态参数关系式

由过程方程式得

$$p_1 v_1 = p_2 v_2 \text{ 或} \frac{p_1}{p_2} = \frac{v_2}{v_1}$$

上式说明，等温过程中气体的压力与比容成反比。

3. 过程在 p-v 图和 T-s 图上的表示

在 p-v 图上，如图 4-5 所示，定温过程 pv=定值，为一条等轴双曲线，该曲线斜率可由过程方程式取微分得到

$$p\mathrm{d}v + v\mathrm{d}p = 0$$

$$\left(\frac{\partial p}{\partial v}\right)_T = -\frac{p}{v} < 0$$

图 4-5 中 1-2 为等温膨胀过程，1-2′为等温压缩过程。

在 T-s 图上，等温过程为一条与 T 轴垂直的直线，如图 4-6 所示。图中 1-2 为等温吸热过程，1-2′为等温放热过程。

4. 过程中传递的能量

膨胀功

$$w = \int_1^2 p\mathrm{d}v = \int_1^2 pv\frac{\mathrm{d}v}{v} = \int_1^2 RT\frac{\mathrm{d}v}{v} = RT\ln\frac{v_2}{v_1} = RT\ln\frac{p_1}{p_2} \tag{4-7}$$

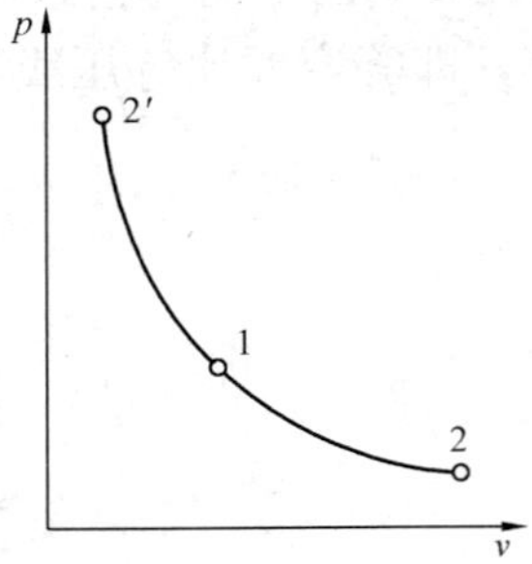

图 4-5　等温过程 p-v 图

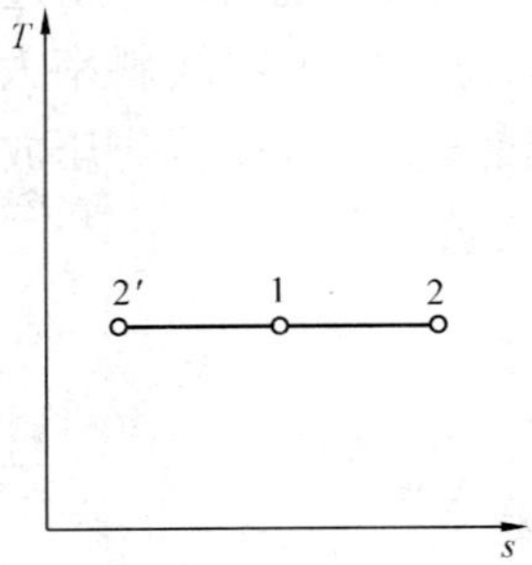

图 4-6　等温过程 T-s 图

热量

依据能量方程式

$$q = \Delta u + w$$

对于理想气体

$$\Delta u = c_V(T_2 - T_1) = 0$$

故

$$q = w = RT\ln\frac{p_1}{p_2} \tag{4-8}$$

可见，理想气体在等温过程中，温度不变，内能也不变。等温膨胀时吸收的热量，全部转变为膨胀功；等温压缩时消耗的压缩功全部转变为热量放出。

四、绝热过程

绝热过程是指系统与外界没有热交换的情况下发生的状态变化过程，即 $\delta q=0$ 及 $q=0$。严格地说，绝热过程实际上并不存在，但为了便于分析计算，当过程进行得很快时，工质与外界热交换量相对极少，就可以近似看作绝热过程，例如，工质在汽轮机和喷管内的膨胀过程，就可近似作为绝热过程来处理。

根据熵的定义式，$ds=\frac{\delta q_{rev}}{T}$，当过程为可逆绝热时，$\delta q_{rev}=0$，则 $ds=0$，即 $s=$定值，因此，可逆绝热过程即为等熵过程。

1. 过程方程式

对于理想气体，根据熵的变化公式（3-32a）得

$$ds = c_V\frac{dp}{p} + c_p\frac{dv}{v}$$

对于可逆过程 $ds=0$，因而有

$$c_V\frac{dp}{p} + c_p\frac{dv}{v} = 0$$

或

$$\frac{dp}{p} + \kappa\frac{dv}{v} = 0$$

当 $\kappa=\frac{c_p}{c_V}$为定值（取定值比热容）时，对上式积分得

$$\ln p + \kappa\ln v = 定值$$

$$\ln pv^{\kappa} = 定值$$

或

$$pv^{\kappa} = 定值 \tag{4-9}$$

式（4-9）即为可逆绝热过程的过程式，式中 $\kappa=\frac{c_p}{c_V}$，κ 称为比热容比或绝热指数。

2. 初、终状态参数关系

由过程方程式 pv^κ＝定值得

$$\frac{p_2}{p_1}=\left(\frac{v_1}{v_2}\right)^\kappa \tag{1}$$

根据理想气体状态方程式

$$\frac{p_1v_1}{T_1}=\frac{p_2v_2}{T_2} \tag{2}$$

对式（1）、式（2），消去 p_1、p_2，得

$$\frac{T_2}{T_1}=\left(\frac{v_1}{v_2}\right)^{\kappa-1} \tag{4-10}$$

对式（1）、式（2），消去 v_1、v_2，得

$$\frac{T_2}{T_1}=\left(\frac{p_2}{p_1}\right)^{\frac{\kappa-1}{\kappa}} \tag{4-11}$$

以上关系式说明，当气体绝热膨胀（$v_2>v_1$）时，p、T 均降低。当气体被绝热压缩（$v_2<v_1$）时，p、T 均增高。

3. 过程在 p-v 图、T-s 图上的表示

在 p-v 图上，根据过程方程式 pv^κ＝定值可知，在 p-v 图上，可逆绝热过程为一条高次双曲线，如图 4-7 所示，1-2 过程为绝热膨胀过程；1-2′为绝热压缩过程。

对式（4-9）微分可得曲线斜率

$$\left(\frac{\partial p}{\partial v}\right)_s=-\kappa\frac{p}{v}<0$$

又知等温线斜率为

$$\left(\frac{\partial p}{\partial v}\right)_T=-\frac{p}{v}<0$$

由于 $\kappa>1$，因此，通过同一状态点的可逆绝热过程曲线斜率的绝对值大于等温线斜率的绝对值，就是说可逆绝热过程线比等温过程线要陡些，如图 4-7 所示。

由于可逆绝热过程为等熵过程，故在 T-s 图上，可逆绝热过程为一条垂直于 s 轴的直线，如图 4-8 所示，1-2 为绝热膨胀过程；1-2′为绝热压缩过程。

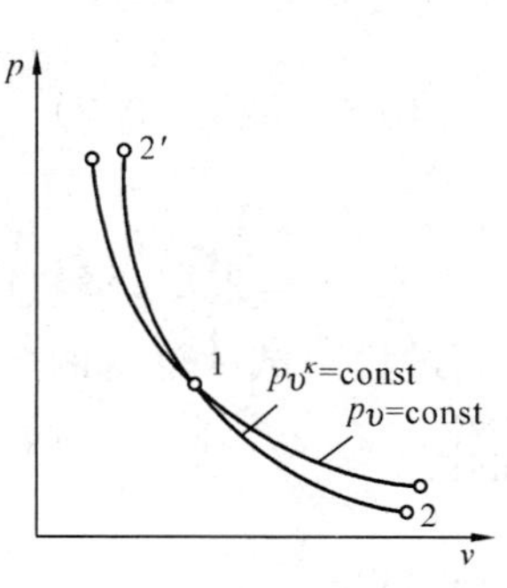

图 4-7　等熵过程 p-v 图

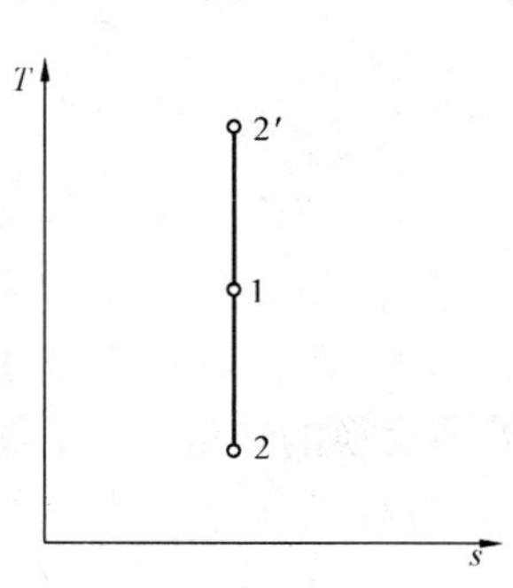

图 4-8　等熵过程 T-s 图

4. 过程中传递的能量

膨胀功

$$w = \int_1^2 p \mathrm{d}v$$

根据 $p_1 v_1^{\kappa} = p v^{\kappa}$，得 $p = \dfrac{p_1 v_1^{\kappa}}{v^{\kappa}}$，代入上式得

$$w = p_1 v_1^{\kappa} \int_1^2 \frac{\mathrm{d}v}{v^{\kappa}} = \frac{1}{\kappa - 1}(p_1 v_1 - p_2 v_2) = \frac{R}{\kappa - 1}(T_1 - T_2) \tag{4-12}$$

根据式（4-10）、式（4-11）得

$$w = \frac{RT_1}{\kappa - 1}\left[1 - \left(\frac{v_1}{v_2}\right)^{\kappa - 1}\right] \tag{4-13}$$

或

$$w = \frac{RT_1}{\kappa - 1}\left[1 - \left(\frac{p_2}{p_1}\right)^{\frac{\kappa - 1}{\kappa}}\right] \tag{4-14}$$

绝热过程的膨胀功还可以直接从热力学第一定律能量方程式导出

$$q = \Delta u + w = 0$$

$$w = u_1 - u_2 = c_V(T_1 - T_2) = \frac{R}{\kappa - 1}(T_1 - T_2)$$

$$= \frac{1}{\kappa - 1}(p_1 v_1 - p_2 v_2) \tag{4-15}$$

上式适用于比热容为定值的理想气体的可逆绝热过程和不可逆绝热过程。

【例 4-1】 在直径为 50cm 的气缸内有温度为 18℃、压力为 0.2MPa 的 0.2m³ 气体。气缸中活塞承受一定重量不变，且活塞缓慢移动没有摩擦。那么当温度上升为 200℃时，活塞上升了多少距离？气体对外做了多少功？

解 取气缸内气体为闭口系统。据题意系统经历了等压过程，故 $\dfrac{V_1}{V_2} = \dfrac{T_1}{T_2}$

$$V_2 = \frac{T_2}{T_1}V_1 = \frac{273 + 200}{273 + 18} \times 0.2 = 0.325\text{m}^3$$

活塞上升距离为

$$\Delta l = l_2 - l_1 = \frac{V_2 - V_1}{\frac{1}{4}\pi d^2} = \frac{0.325 - 0.2}{\frac{1}{4} \times 3.14(50 \times 10^{-2})^2}$$

$$= 0.637\text{m} = 63.7\text{cm}$$

气体对外做功为

$$W = \int_1^2 p \mathrm{d}V = p(V_2 - V_1) = 0.2 \times 10^6 (0.325 - 0.2)$$

$$= 0.25 \times 10^5 \text{J} = 25\text{kJ}$$

【例 4-2】 质量为 4kg 的空气由初状态 $p_1 = 0.4$MPa、$t_1 = 25$℃，经过下列不同过程膨胀到同一终压 $p_2 = 0.1$MPa：（1）等温过程；（2）等熵过程。试计算这两个过程中空气对外做的膨胀功，与外界交换的热量、终态参数和熵的变化。

解 （1）等温过程：

$$T_1 = T_2 = 273 + 25 = 298\text{K}$$

空气的气体常数

$$R = 0.287\text{kJ}/(\text{kg}\cdot\text{K})$$

膨胀功

$$W = mRT\ln\frac{p_1}{p_2} = 4\times 0.287\times 298\ln\frac{0.4}{0.1} = 474.3\text{kJ}$$

热量

$$Q = \Delta U + W = 0 + 474.3 = 474.3\text{kJ}$$

终态温度

$$T_2 = T_1 = 298\text{K}$$

熵变化

$$\Delta S = mR\ln\frac{p_1}{p_2} = 4\times 0.287\ln\frac{0.4}{0.1} = 1.59\text{kJ/K}$$

（2）等熵过程：

膨胀功

$$W = \frac{mRT_1}{\kappa-1}\left[1-\left(\frac{p_2}{p_1}\right)^{\frac{\kappa-1}{\kappa}}\right]$$

$$= \frac{4\times 0.287\times 298}{1.4-1}\left[1-\left(\frac{0.1}{0.4}\right)^{\frac{1.4-1}{1.4}}\right] = 279.7\text{kJ}$$

热量

$$Q = 0$$

终态温度

$$T_2 = T_1\left(\frac{p_2}{p_1}\right)^{\frac{\kappa-1}{\kappa}} = 298\left(\frac{0.1}{0.4}\right)^{\frac{1.4-1}{1.4}} = 200.5\text{K}$$

熵变化

$$\Delta S = 0$$

第三节　多　方　过　程

一、多方过程及过程方程式

凡工质按 $pv^n=$定值而变化的过程称为多方过程，又称多变过程。其中 n 为多方指数，它可以是$-\infty$到$+\infty$之间的任意一数值。但不同的多方过程，其 n 值各不相同。

对于很复杂的实际热力过程，多方指数 n 可能是变化的。如果 n 的变化范围不大，则可用一个不变的平均值近似代替实际变化的 n。如果 n 变化较大，则可将实际热力过程分成几段，每一段近似认为 n 值不变。$pv^n=$定值为多方过程的过程方程式。当 n 为某一特定值时，多方过程便表现为前面所分析的基本热力过程，分析如下：

$n=0$，$p=$定值，为等压过程；

$n=1$，$pv=$定值，为等温过程；

$n=\kappa$，$pv^\kappa=$定值，为可逆绝热过程即等熵过程；

$n=\pm\infty$，$v=$定值，为等容过程。

因此，可以把四个基本热力过程看作多方过程的四个特例。

二、多方过程的分析

由于多方过程的过程方程式的数学形式与等熵过程相同，因此，多方过程中初、终状态参数间的关系以及求膨胀功的公式，在形式上均与等熵过程的公式完全相同，只是以 n 值代替各式中的 κ 值而已。

1. 初、终状态参数间的关系式

$$\frac{p_2}{p_1} = \left(\frac{v_1}{v_2}\right)^n \tag{4-16}$$

$$\frac{T_2}{T_1} = \left(\frac{p_2}{p_1}\right)^{\frac{n-1}{n}} \tag{4-17}$$

$$\frac{T_2}{T_1} = \left(\frac{v_1}{v_2}\right)^{n-1} \tag{4-18}$$

2. 过程中传递的能量

膨胀功

$$w = \frac{1}{n-1}(p_1 v_1 - p_1 v_2) = \frac{R}{n-1}(T_1 - T_2) \tag{4-19}$$

根据式（4-17）、式（4-18）得

$$w = \frac{RT_1}{n-1}\left[1-\left(\frac{p_2}{p_1}\right)^{\frac{n-1}{n}}\right] = \frac{RT_1}{n-1}\left[1-\left(\frac{v_1}{v_2}\right)^{n-1}\right] \tag{4-20}$$

热量：根据 $q=\Delta u+w$ 对于理想气体，有

$$\begin{aligned} q &= c_V(T_2 - T_1) + \frac{R}{n-1}(T_1 - T_2) \\ &= c_V(T_2 - T_1) - \frac{\kappa - 1}{n-1}c_V(T_2 - T_1) \\ &= \frac{n-\kappa}{n-1}c_V(T_2 - T_1) = c_n(T_2 - T_1) \end{aligned} \tag{4-21}$$

式（4-21）中 $c_n=\frac{n-\kappa}{n-1}c_V$ 称为多方比热容。当 $1<n<\kappa$ 时，c_n 为负值。

为了便于参考，将四种基本过程和多方过程公式列于表 4-1 中。

表 4-1　气体主要热力过程的基本公式

过程	等容过程	等压过程	等温过程	等熵过程	多方过程
过程指数	∞	0	1	κ	n
过程方程	v=定值	p=定值	pv=定值	pv^κ=定值	pv^n=定值
p、v、T 关系	$\frac{T_2}{T_1}=\frac{p_2}{p_1}$	$\frac{T_2}{T_1}=\frac{v_2}{v_1}$	$p_1v_1=p_2v_2$	$p_1v_1^\kappa=p_2v_2^\kappa$ $\frac{T_2}{T_1}=\left(\frac{v_1}{v_2}\right)^{\kappa-1}$ $=\left(\frac{p_2}{p_1}\right)^{\frac{\kappa-1}{\kappa}}$	$p_1v_1^n=p_2v_2^n$ $\frac{T_2}{T_1}=\left(\frac{v_1}{v_2}\right)^{n-1}$ $=\left(\frac{p_2}{p_1}\right)^{\frac{n-1}{n}}$

续表

过程	等容过程	等压过程	等温过程	等熵过程	多方过程
Δu、Δh、Δs 计算式	$\Delta u=c_V(T_2-T_1)$ $\Delta h=c_p(T_2-T_1)$ $\Delta s=c_V\ln\frac{T_2}{T_1}$	$\Delta u=c_V(T_2-T_1)$ $\Delta h=c_p(T_2-T_1)$ $\Delta s=c_p\ln\frac{T_2}{T_1}$	$\Delta u=0$ $\Delta h=0$ $\Delta s=R\ln\frac{v_2}{v_1}$ $=R\ln\frac{p_1}{p_2}$	$\Delta u=c_V(T_2-T_1)$ $\Delta h=c_p(T_2-T_1)$ $\Delta s=0$	$\Delta u=c_V(T_2-T_1)$ $\Delta h=c_p(T_2-T_1)$ $\Delta s=c_V\ln\frac{T_2}{T_1}+R\ln\frac{v_2}{v_1}$ $=c_p\ln\frac{T_2}{T_1}-R\ln\frac{p_2}{p_1}$ $=c_p\ln\frac{v_2}{v_1}+c_V\ln\frac{p_2}{p_1}$
膨胀功 $w=\int_1^2 p\mathrm{d}v$	$w=0$	$w=p(v_2-v_1)$ $=R(T_2-T_1)$	$w=RT\ln\frac{v_2}{v_1}$ $=RT\ln\frac{p_1}{p_2}$	$w=-\Delta u$ $=\frac{1}{\kappa-1}(p_1v_1-p_2v_2)$ $=\frac{1}{\kappa-1}R(T_1-T_2)$ $=\frac{RT_1}{\kappa-1}\left[1-\left(\frac{p_2}{p_1}\right)^{\frac{\kappa-1}{\kappa}}\right]$	$w=\frac{1}{n-1}(p_1v_1-p_2v_2)$ $=\frac{1}{n-1}R(T_1-T_2)$ $=\frac{RT_1}{n-1}\left[1-\left(\frac{p_2}{p_1}\right)^{\frac{n-1}{n}}\right]$
热量 $q=\int_1^2 c\mathrm{d}T$ $=\int_1^2 T\mathrm{d}s$	$q=\Delta u$ $=c_V(T_2-T_1)$	$q=\Delta h$ $=c_p(T_2-T_1)$	$q=T\Delta s=W$	$q=0$	$q=\frac{n-\kappa}{n-1}c_V(T_2-T_1)$ $(n\neq1)$
比热容	c_V	c_p	∞	0	$c_n=\frac{n-\kappa}{n-1}c_V$

注　比热容为定值。

三、应用图 *p-v* 和 *T-s* 图分析多方过程

1. 在 *p-v* 图和 *T-s* 图上多方过程线的分布规律

在 *p-v* 图和 *T-s* 图上，从同一状态出发的四种基本热力过程如图 4-9、图 4-10 所示，可以看出过程线的分布是有规律的，*n* 值按顺时针方向逐渐增大，由 $-\infty\to0\to1\to\kappa\to+\infty$。对于任一多方过程，已知多方指数 *n* 值，就能确定其在图上的相对位置。

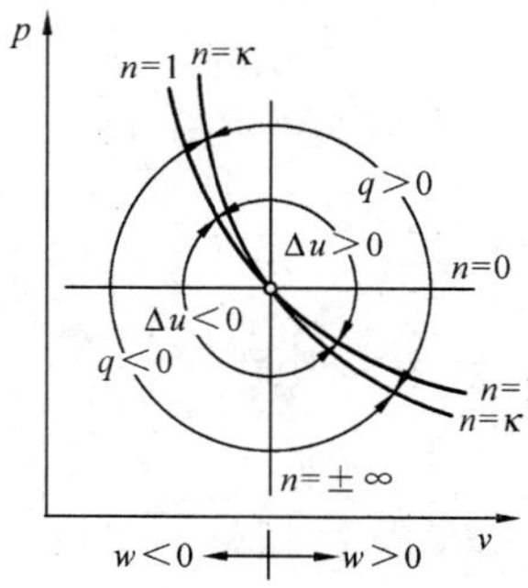

图 4-9　多方过程 *p-v* 图

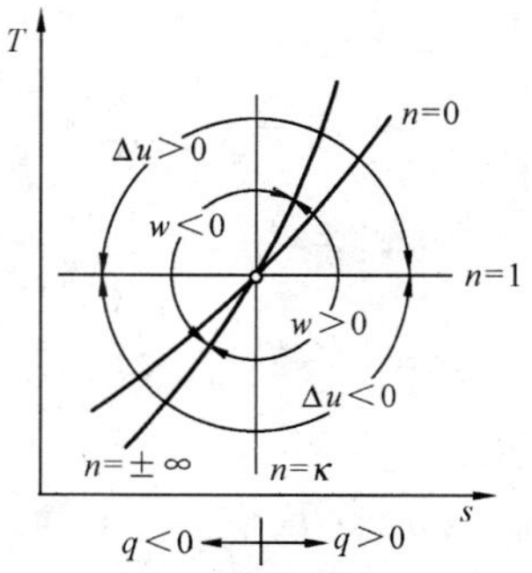

图 4-10　多方过程 *T-s* 图

多方过程线在 *p-v* 图上的斜率公式可由过程方程式微分后得

$$\frac{\mathrm{d}p}{\mathrm{d}v}=-n\frac{p}{v} \tag{4-22}$$

对于过同一状态点的过程线，p、v 值相同，斜率只与 n 有关，n 越大，过程线斜率的绝对值也越大。

在 T-s 图上，多方过程的斜率由 $\delta q_{\mathrm{rev}}=T\mathrm{d}s=c_n\mathrm{d}T$ 得

$$\frac{\mathrm{d}T}{\mathrm{d}s}=\frac{T}{c_n}=\frac{n-1}{c_V(n-\kappa)}T \tag{4-23}$$

同样，过同一状态点的过程线，其斜率也只与 n 有关，例如 $n=1$ 等温时，$c_n=0$，$\left(\frac{\partial T}{\partial s}\right)_T=0$，等温线是水平线；$n=\kappa$ 时，$c_n=\infty$，$\left(\frac{\partial T}{\partial s}\right)_\kappa\rightarrow\infty$，等熵线是垂直于 s 轴的直线。

2. 过程中 q、Δu、w 正负值的判别

多方过程在 p-v 图、T-s 图上的位置确定后，即可判断过程中 q、Δu、w 的正负值。q 的正负值以等熵线为界，如图 4-9、图 4-10 所示，等熵线右侧（T-s 图）或右上区域（p-v 图）的各过程的 $\Delta s>0$，$q>0$，必为加热过程；反之则 $\Delta s<0$，$q<0$，必为放热过程。

Δu 的正负以等温线为界，等温线上侧（T-s 图）或右上区域（p-v 图）的各过程 $\Delta u>0$，工质的热力学能是增大的；反之则 $\Delta u<0$，其热力学能是减小的。

w 的正负是以等容线为界，等容线右侧（p-v 图）或右下区域（T-s 图）的各过程的 $w>0$，工质膨胀对外输出功；反之则 $w<0$，即工质被压缩，消耗外功。

【例 4-3】 空气的容积 $V_1=2\mathrm{m}^3$，由 $p_1=0.2\mathrm{MPa}$、$t_1=40$℃，压缩到 $p_2=1\mathrm{MPa}$、$V_2=0.5\mathrm{m}^3$。求过程的多方指数、压缩功、气体在过程中所放出热量，以及气体熵的变化。设空气的比热容为定值 $c_V=0.7174\mathrm{kJ/(kg\cdot K)}$，空气的气体常数 $R=287\mathrm{J/(kg\cdot K)}$。

解 多方指数

$$n=\frac{\ln(p_2/p_1)}{\ln(V_1/V_2)}=\frac{\ln(1/0.2)}{\ln(2/0.5)}=1.16$$

压缩功

$$\begin{aligned}W&=\frac{1}{n-1}(p_1V_1-p_2V_2)\\&=\frac{1}{1.16-1}(0.2\times10^3\times2-1\times10^3\times0.5)\\&=-625\mathrm{kJ}\end{aligned}$$

终态温度

$$T_2=T_1\left(\frac{V_1}{V_2}\right)^{n-1}=313\left(\frac{2}{0.5}\right)^{1.16-1}=390.7\mathrm{K}$$

质量

$$m=\frac{p_1V_1}{RT_1}=\frac{0.2\times10^6\times2}{287\times313}=4.453\mathrm{kg}$$

热力学能变化

$$\Delta U=mc_V(T_2-T_1)=4.453\times0.7174(390.7-313)=248.2\mathrm{kJ}$$

热量

$$Q=\Delta U+W=248.2+(-625)=-376.8\mathrm{kJ}$$

熵变化

$$\Delta S = m\left(c_V \ln \frac{T_2}{T_1} + R\ln \frac{V_2}{V_1}\right)$$
$$= 4.453\left(0.7174\ln \frac{390.7}{313} + 0.287\ln \frac{0.5}{2}\right)$$
$$= -1.063\text{kJ/K}$$

小　　结

本章首先介绍了分析热力过程的一般方法及步骤，然后对气体的基本热力过程、多方过程进行了分析研究。目的在于了解过程中的能量交换情况及状态参数变化规律，这在工程中有重要的指导作用。

本章主要内容为以下几点：

1. 通过对气体的等容、等压、等温和等熵过程进行热力分析，得出它们的过程方程式、状态参数变化的关系式、功量和热量计算公式及它们在 p-v 图和 T-s 图上的表示。这些都应充分理解并掌握。

2. 气体的多方过程是更一般化的过程，四种基本热力过程是其特例。对于分析以上热力过程所得到的关系式要熟练掌握并会运用。另外应能够将 n 为某值的多方过程定性地表示在 p-v 图和 T-s 图上，并会分析其能量交换情况。

习　　题

4-1　试述分析热力过程的基本依据、内容和步骤。

4-2　如图 4-11 所示，过程 1-2、4-3 为等容过程，过程 2-3、1-4 为等压过程。试证明 $q_{1\text{-}2\text{-}3} > q_{1\text{-}4\text{-}3}$。

4-3　有任意两过程 a-b 与 a-c，且 b、c 两点在同一绝热线上，如图 4-12 所示。试问 $\Delta u_{a\text{-}b}$ 和 $\Delta u_{a\text{-}c}$ 哪个大？若 b、c 两点在同一条等温线上，结果又如何？

4-4　在 p-v 图及 T-s 图上画出空气的 $n=1.2$ 的膨胀过程 1-2 和 $n=1.6$ 的压缩过程 1-3，并判别：(1) 过程 1-2 和 1-3 中功量和热量的正负；(2) 初、终态热力学能的大小。

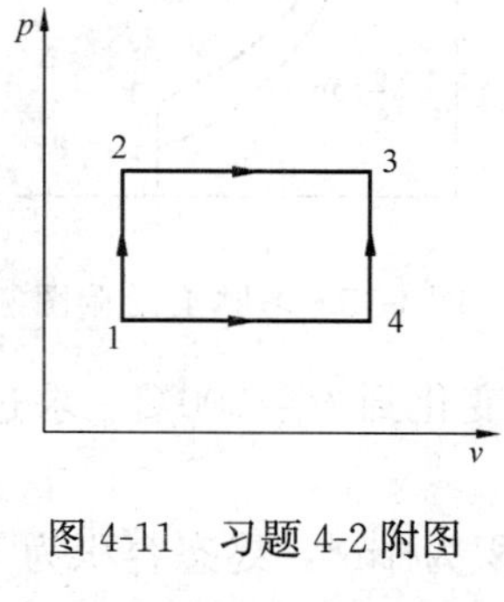

图 4-11　习题 4-2 附图

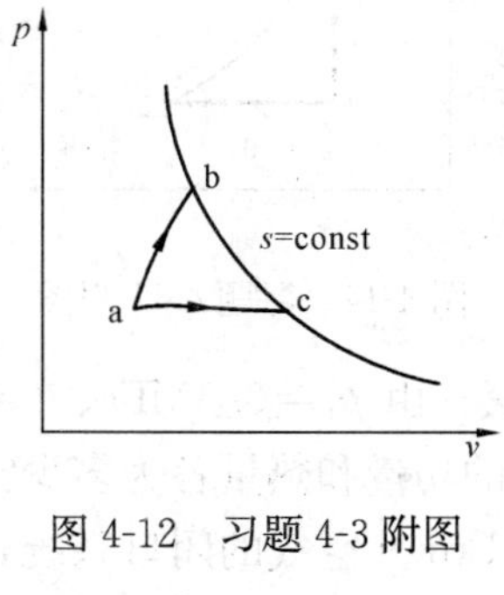

图 4-12　习题 4-3 附图

4-5　容积为 1.5m^3 的刚性容器内充有温度为 300℃、压力为 0.98MPa 的空气，由于向外散热使压力降至 0.49MPa。问放出的热量及空气的终态温度各为多少？

4-6 有 1kg 空气，初始状态为 $p_1=0.5\text{MPa}$、$t_1=150℃$，进行下列过程：

(1) 可逆绝热膨胀到 $p_2=0.1\text{MPa}$；

(2) 不可逆绝热膨胀到 $p_2=0.1\text{MPa}$，$t_2=300℃$；

(3) 可逆定温膨胀到 $p_2=0.1\text{MPa}$；

(4) 可逆多方膨胀到 $p_2=0.1\text{MPa}$，多方指数 $n=2$。

试求出上述各过程中的膨胀功及熵的变化，并将各过程的相对位置画在同一张 p-v 图和 T-s 图上。

4-7 如图 4-13 所示，0.4kg 空气在 $p_1=198\text{kPa}$、$t_1=300℃$时，等温膨胀到 $v_2=1.68\text{m}^3/\text{kg}$，又经等压压缩，最后在等容下加热回到初态。求各状态点的 p、v、T 的值，并求出每一过程中空气热力学能、焓的变化及所做功量。

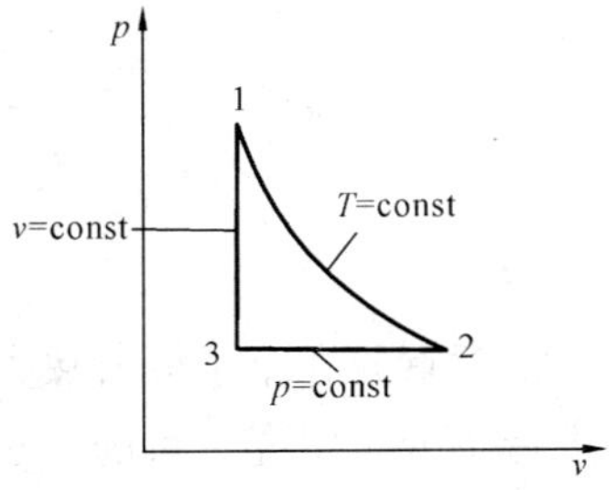

图 4-13 习题 4-7 附图

4-8 1kg 氮气，由初态 $p_1=0.3\text{MPa}$、$t_1=127℃$，分别经过等温和等熵过程，使其容积扩大为原来的 4 倍。试求各过程的终态温度及压力。

4-9 1 标准 m^3 空气从初态温度 300℃进行等熵膨胀，使压力 $p_2=\frac{1}{3}p_1$，求其终态温度及过程中所做的膨胀功各为多少？

4-10 2kg 气体从初态按多方过程膨胀到原有容积的 3 倍，温度从 300℃降至 60℃。若该过程膨胀功为 279kJ、放热为 65kJ。求气体的 c_p 与 c_V 各为多少？

4-11 1kmol 氧气自 $p_1=0.6\text{MPa}$、$t_1=27℃$等压膨胀至 $t_2=200℃$，然后经 $n=1.2$ 的多方压缩过程达到初态容积，即 $V_3=V_1$，如图 4-14 所示。试求各点基本状态参数及各过程中的功量和热量。

4-12 如图 4-15 所示，将空气从初状态 1，$t_1=27℃$，等熵压缩到它开始时容积的$\frac{1}{3}$，然后等温膨胀。经过两个过程后，空气的容积和开始时的容积相等。求 1kg 空气所做的功。

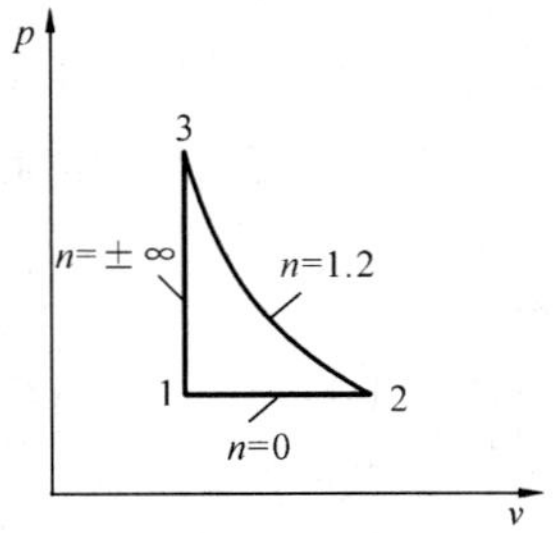

图 4-14 习题 4-11 附图

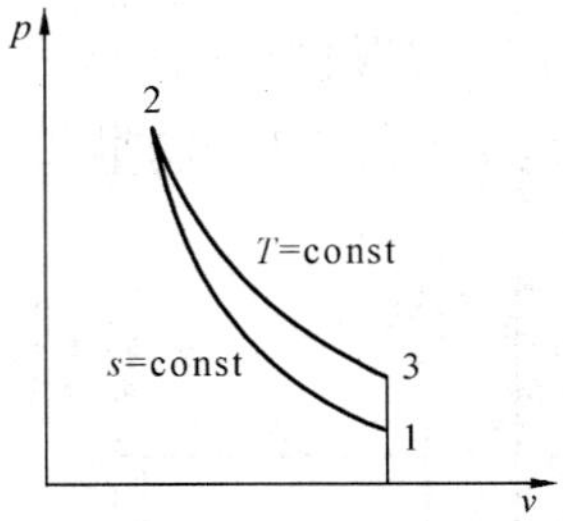

图 4-15 习题 4-12 附图

4-13 2kg 氧气由 $p_1=0.6\text{MPa}$、$t_1=30℃$等压变化到 $t_2=200℃$。求过程中热力学能、焓的变化及交换的功量和热量各为多少？

4-14 具有 1kmol 空气的闭口系统，其初态容积为 1m^3，终态容积为 10m^3，当初态与终态温度均为 100℃时，试计算该闭口系统对外所做的功及熵的变化。该过程为：(1) 可逆等温膨胀；(2) 向真空自由膨胀；(3) 在外压恒为 0.1MPa 的环境中膨胀。

4-15　6kg 空气由初态 $p_1=0.6\text{MPa}$、$t_1=30℃$，经过下列不同过程膨胀到同一终压 $p_2=0.1\text{MPa}$：（1）等温过程；（2）等熵过程；（3）指数为 $n=1.2$ 的多方过程。试比较不同过程中空气对外所做的功，所进行的热量交换和终态温度。

4-16　1kg 空气在可逆多方过程中吸热 40kJ，其容积增大为 $v_2=10v_1$，压力降低为 $p_2=\frac{1}{8}p_1$，设比热容为定值，求过程中热力学能的变化、膨胀功及焓和熵的变化。

第五章　热力学第二定律

第一节　概　　述

一、热力学第二定律的实质与意义

在热力过程中，能量的传递与转换不仅存在能量的数量问题，而且还存在能量的品质问题。能量存在品质问题是指对于同样数量的能量，在使用价值上却存在差异。例如，机械能可以通过摩擦转变为热能，无条件地当热来用，反之却不行，所以说机械能与热能的使用价值不同。再如，高温下储存的热能可以无条件地当低温下储存的热能来用，反之却不行，所以说不同温度下储存的热能，其使用价值也不同。任何一种形式的能量都可以看作是由可用和不可用两部分组成，可用部分越大，能量品质也就越高。机械能是宏观有序能，没有不可用部分，全部是可用能。而热能是微观无序能，总是含有不可用部分。有关能量品质的问题正是热力学第二定律的研究内容。

热力学第一定律是我们研究能量数量问题的基本依据，而热力学第二定律则是我们研究能量品质问题的基本依据。热力学第一定律的实质是能量转换与守恒定律，说的是不同形式的能量，在一定的条件下可以相互转换，但数量保持守恒。它是一个守恒定律。热力学第二定律的实质是能量贬值原理，说的是在能量的传递与转换的过程中，能量的品质只能降低不能增高。它是一个非守恒定律。热力学第一定律的意义在于确定了能量传递与转换的数量关系，指出了热能与其他形式的能量之间所存在的同一性，即肯定了热能也是物质的一种运动形式。热力学第二定律的意义在于确定了能量传递与转换的品质关系，指出了热能的特殊性，即热能在品质上与机械能不等价，并且，提供了能量品质的量度方法。此外，状态参数熵的引出，热力学绝对温标的建立也都是热力学第二定律的重要贡献。

热力学第一定律与热力学第二定律都是建立在无数事实基础上的经验定律。这两个定律揭示了能量传递与转换过程中，在能量数量和能量品质上所共同遵循的基本规律。这两个定律以及它们的应用是热力学的核心内容。

二、本章的主要内容

在孤立系统内，能量的数量保持守恒，但能量的品质却不可避免地要贬值。这就导致了热力过程的进行具有方向性，都是朝着能量品质降低的方向进行，使热力过程具有不可逆的属性。而能量品质的贬值，在不同的热力过程中，有各种各样的表现。这些表现的共同特征是热力过程的不可逆。人类从大量的实践中，首先认识到的是热力过程的不可逆。因此，本章的主要内容，首先是对不可逆进行定性的一般讨论，给出热力学第二定律的语言定性描述。以热力学第二定律的定性描述为基础与依据，第二部分内容是进一步探讨不可逆属性的数学特征及表征参数。这部分内容是以循环为突破口，由循环的具体模型逐步引申到任意过程，得出热力学第二定律的数学表达式。其中包括具有重要理论意义和实用价值的热力学第二定律推论"卡诺定理"，以及具有重要理论价值的"克劳修斯不等式"和热力学第二定律的一般数学表达式"孤立系统熵增原理"。第三部分是有关能量品质的一些基本概念，这些概念有助于对不可逆属性的深入理解。有关能量品质的内容还存在相当大的发展空间，本书不作进一步详细探讨。上述内容是热力学第二定律逐步深入的完整知识体系。热力学第二律决不仅是一个简单的语言表述，一个简单的数学表达式，而是一种分析热力过程的观点与方法，是从能量品质只能降低、不能提高的观点出发，对热力过程的能量传递与转换进行品质分析计算的方法。

三、热力学第二定律分析研究热力过程的特点

用热力学第一定律分析研究热力过程中能量数量问题时，由于能量数量守恒，对于热量传递过程忽略散热损失，系统吸热量就等于外界加给系统的热量；对于功量交换过程忽略摩擦，系统所做的功就等于外界获得的功。因此，关于能量数量问题的讨论，主要关心的是与外界具有作用关系的某一系统。用第二定律分析研究热力过程中能量品质的贬值时，不仅要分析研究某系统的状态变化与能量交换，而且同时要分析研究与该系统有相互作用关系的其他系统的情况，即要同时分析研究有作用关系的所有系统。这就意味着分析研究能量品质贬值的特点是：往往需要选取孤立系统作为研究对象。这是因为孤立系统整体的能量品质变化才是能量品质的贬值，仅由局部的某一子系统的能量品质变化，往往确定不了能量品质的贬值。

第二节 不可逆性与热力学第二定律的表述

一、典型不可逆过程

不可逆过程是指：过程结束后，系统与外界不能同时恢复到原态的热力过程。首先，我们来分析几种典型的不可逆过程。

1. 摩擦过程

摩擦过程是一个典型的不可逆过程。如图 5-1 所示，摩擦过程结束后，它的作用效果是将功源的机械能转变为热能而传递给了热源，而实现这一能量转换的系统又恢复到原态。说摩擦过程是不可逆过程的含义就是指：这个过程一旦发生，无论采用什么样的系统都不可能使热源放出同样数量的热、功源获得同样数量的功，而所采用的系统在过程结束后也同时恢复到原态。这也就意味着由功源、热源和实现能量转换的某系统三者所构成的孤立系可以由摩擦前的①状态变为摩擦后的②状态，但由②状态却不能变为①状态，即孤立系进行的过程具有某种方向性。不可逆并不是指某子系统不可恢复原态，而是指由有作用关系的各子系统所组成的孤立系在经历了不可逆过程后不可恢复原态。

图 5-1 摩擦作用效果

2. 温差传热过程

热量由高温物体直接传向低温物体的温差传热过程也是一个典型的不可逆过程。如图 5-2 所示，温差传热过程结束后，它的作用效果是将高温热源的热能变为低温热源的热能。同样，这个过程一旦发生，无论采用什么样的措施都不可能使孤立系统恢复到原态。逆向循环可以将热量由低温热源传递给高温热源，但逆向循环的实现要消耗外界提供的功量，在高、低温热源恢复到原态时，包括提供功量的功源在内的孤立系统并没有恢复到原态，或者说外

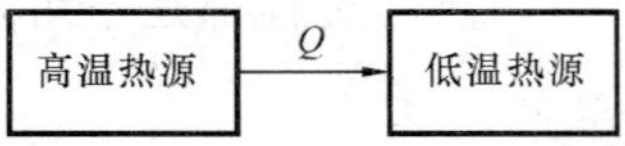

图 5-2 温差传热结果

界付出了代价。

3. 绝热自由膨胀

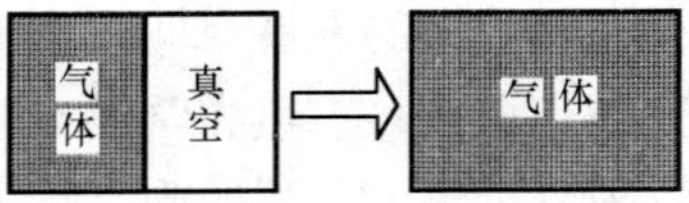

图 5-3 绝热自由膨胀示意图

如图 5-3 所示，隔板将刚性绝热容器分为两部分，一侧盛有气体，另一侧为真空。将隔板抽去后，气体将迅速膨胀占据整个空间。这种与外界没有热量、功量交换的膨胀过程称为绝热自由膨胀，也是一种典型的不可逆过程。绝热自由膨胀对外界没有任何作用，仅是系统的状态发生了变化。同样，说绝热自由膨胀是不可逆过程并不是指该系统不可恢复原态。

此外，混合过程、燃烧过程等等自发进行的过程都是典型的不可逆过程。造成过程不可逆的因素有两类：一类是存在耗散效应，如摩擦、电阻、磁阻等使功变为热的效应；另一类是存在推动过程进行的势差，如温差、压差、浓度差等。尽管不可逆的原因有许多种，但它们都说明：孤立系的热过程具有方向性，由初始①状态可变为终了②状态；但②状态不能变为①状态。这就意味着孤立系的初终状态之间存在着某种差异。

二、热力过程的共同属性——不可逆

一切实际进行的热力过程由于不可避免地包含有一种或多种不可逆因素，所以都是不可逆过程。各种热力过程的不可逆原因表面上是互不相干，但逻辑上存在互为依存的关系，即否定一种过程的不可逆，就可以推演到否定了其他过程的不可逆，肯定一种过程的不可逆，就可以推演到肯定了其他过程的不可逆。因此，不可逆是一切热力过程所遵循的一个共同属性。热力学第二定律的表述就是定性地揭示了这一规律。

由于各种热力过程的不可逆是互为依存的，所以只要说明一种过程的不可逆就意味着揭示了不可逆这个热力过程的共同属性。也正因如此，热力学第二定律的表述有许多种。由于各种表述所揭示的是一个共同的客观规律，因而它们是彼此等效的。

描述一种过程不可逆的简明方式就是说明其逆向过程无其他变化作代价就不可能发生。克劳修斯与开尔文就是用这种方式来揭示热力学第二定律的。热力学第二定律的克劳修斯表述与开尔文表述是提出最早、最具有代表性的热力学第二定律表述。

克劳修斯表述：不可能将热从低温物体传至高温物体而不产生其他影响。

开尔文表述：不可能从单一热源取热，并使之完全转变为功而不产生其他影响。

显然，克劳修斯表述是对温差传热过程不可逆的描述，开尔文表述是对摩擦过程不可逆的描述。描述摩擦过程不可逆的另外一种热力学第二定律表述为："第二类永动机是不可能制造成功的"。第二类永动机是指从单一热源取热并使之完全变为功的热机。它虽然不违反热力学第一定律，在能量转换过程中遵循能量守恒，但却违反了热力学第二定律。如果这种热机可以制造成功，就可以利用大气、海洋等作为单一热源，将大气、海洋中取之不尽的热能连续不断地转变为功，这显然是不可能的。当然，也可以将"一切热力过程都是不可逆的。"作为热力学第二定律的表述。

三、可逆过程与不可逆过程、不可能过程之关系

由前面第一章的介绍已知：可逆过程是过程结束后，系统与外界能够同时恢复到原态的热力过程。推动可逆过程进行的势差为无穷小，而且不存在任何耗散效应。显然，可逆过程是实际过程不可逆因素为无穷小时的一种理想极限过程。从能量品质的角度来讲，可逆过程是一种能量品质保持不变的理想过程。

如图5-4所示，在可逆过程、不可逆过程以及不可能过程所构成的集合之中，由于可逆过程也是不可能发生的热力过程，所以不可逆过程是一个开区间，而不可能过程是一个闭区间。但可逆过程是不可逆过程与不可能过程的分水岭。例如：热量传递过程，高温物体向低温物体的温差传热过程是不可逆过程，而低温物体向高温物体的直接传热过程是不可能发生的过程。温差为无穷小时的等温传热过程，也即可逆传热过程则是两者的分水岭。这就意味着：可逆过程的结论可为改进实际过程提供一种标准或极限，也可为判别不可逆过程与不可能过程提供一种判别依据。在后续内容中，随着讨论的展开，将会对可逆过程的重要意义有进一步具体的认识。

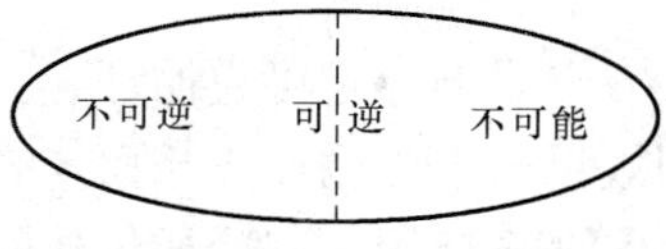

图5-4　可逆、不可逆、不可能过程的关系

第三节　卡诺循环与卡诺定理

卡诺定理是热力学第二定律的一个重要推论，它揭示了两个热源间工作的热机循环的不可逆属性，并且通过卡诺循环给出了热功转换的极限。卡诺定理不仅在热力学第二定律的知识体系中具有重要的理论价值，对工程中热机性能的评价与改进也具有重要的理论指导意义。

一、卡诺循环

1. 卡诺循环

卡诺循环是法国工程师卡诺（Sadi Carnot）提出的一种理想热机循环。它是工作于两个热源间的，由两个可逆等温过程和两个可逆绝热过程所组成的可逆正向循环。如图5-5所示，a-b为等温吸热过程，工质从高温热源吸收热量 q_1；b-c为绝热膨胀过程，工质温度从 T_1 降到 T_2；c-d为等温放热过程，工质向低温热源放出热量 q_2；d-a为绝热压缩过程，工质温度从 T_2 升到 T_1，又回到初始状态。

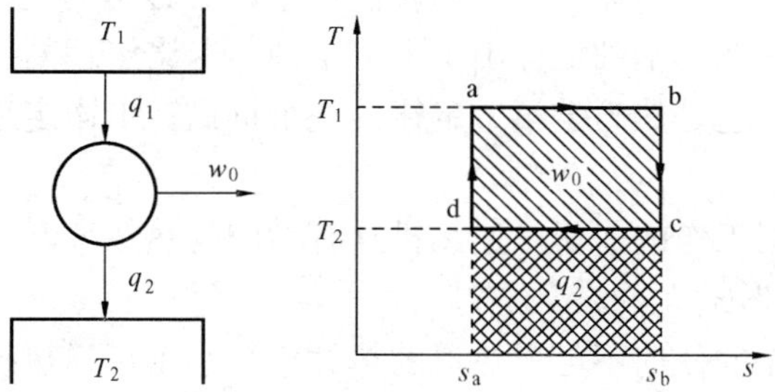

图5-5　卡洛循环作用效果与 T-s 图

由循环过程的热力学第一定律表达式 $\oint \delta q = \oint \delta w$ 可得 $w_0 = q_1 - q_2$。于是循环热效率为

$$\eta_t = \frac{w_0}{q_1} = 1 - \frac{q_2}{q_1} \tag{5-1}$$

而对于卡诺循环 $q_1 = T_1\,(s_b - s_a)$；$q_2 = T_2\,(s_b - s_a)$。所以，卡诺循环的热效率为

$$\eta_{t,C} = 1 - \frac{T_2}{T_1} \tag{5-2}$$

因为卡诺循环的热效率 $\eta_{t,C}$ 的导出过程并没有依赖工质的个别性质，所以它与工质的性质无关，只取决于高温热源的温度 T_1 与低温热源的温度 T_2。因为卡诺循环是可逆循环，热量传递过程是等温传热，所以 T_1 与 T_2 同时又是循环吸热过程与放热过程的温度。显然，提高 T_1，降低 T_2，可以使卡诺循环的热效率提高。

2．逆卡诺循环

卡诺循环是可逆循环，如果使循环逆向进行就成为逆卡诺循环。逆卡诺循环对外界的作用效果与卡诺循环正相反，它是消耗外功 w_0，从低温热源取热 q_2，而向高温热源放热 q_1。逆卡诺循环用于制冷或供热时，其制冷系数 $\varepsilon_{1,C}$ 与供热系数 $\varepsilon_{2,C}$ 分别为

$$\varepsilon_{1,C}=\frac{q_2}{w_0}=\frac{T_2}{T_1-T_2} \tag{5-3}$$

$$\varepsilon_{2,C}=\frac{q_1}{w_0}=\frac{T_1}{T_1-T_2} \tag{5-4}$$

显然，逆卡诺循环用于制冷和供热时，其制冷系数与供热系数也只取决于高温热源的温度 T_1 与低温热源的温度 T_2。由于 $T_1>(T_1-T_2)$，所以逆卡诺循环的供热系数 $\varepsilon_{2,C}$ 总是大于 1。逆卡诺循环的制冷系数 $\varepsilon_{1,C}$ 却可以大于 1、等于 1 或小于 1。

3．概括性卡诺循环

用两个在 T-s 图上平行的可逆热力过程取代卡诺循环的两个可逆绝热过程，而且让这两个过程在循环内部进行回热，也就是说将放热过程放出的热量传递给吸热过程而不与外界交换热量。这样的循环由于从热源获取的热量和对冷源放出的热量不变，所以对外界所产生的作用效果与卡诺循环完全一样，称为概括性卡诺循环。

二、卡诺定理

在热力学第一、第二定律提出之前，卡诺为了提高热机的热功转换效率，对影响热机循环热效率的各种因素进行了深入的分析研究，并在此基础上提出了卡诺定理。卡诺定理的提出尽管先于热力学第二定律，但从逻辑关系来讲它是热力学第二定律的一个推论。卡诺定理包括如下两方面的内容：

定理一：在相同的高温热源和低温热源之间工作的一切可逆热机具有相同的热效率，即 $\eta_t=\eta_{t,C}=1-T_2/T_1$，与工质的性质以及循环的形式无关。

定理二：在相同高温热源和低温热源间工作的任何不可逆热机的热效率都小于可逆热机的热效率，即 $\eta_t<\eta_{t,C}=1-T_2/T_1$。

总之，在温度分别为 T_1 与 T_2 的两个热源间工作的一切热机，其热效率总是：可逆时等于 $1-T_2/T_1$，不可逆时小于 $1-T_2/T_1$，大于 $1-T_2/T_1$ 是不可能的，即

$$\eta_t\leqslant\eta_{t,C}=1-T_2/T_1 \tag{5-5}$$

下面用反证法对定理一进行证明：如图 5-6 所示，假设在温度为 T_1 的高温热源与温度为 T_2 的低温热源间工作的有两个任意的可逆热机 R_1 和 R_2，从高温热源吸取相同数量的热量 Q_1，其热效率分别为 $\eta_{t,R1}$ 和 $\eta_{t,R2}$，并且 $\eta_{t,R1}>\eta_{t,R2}$。根据热效率的定义 $\eta_t=W_0/Q_1$ 可知，$W_{R1}=Q_1\eta_{t,R1}>W_{R2}=Q_1\eta_{t,R2}$，由热力学第一定律 $W_0=Q_1-Q_2$ 可知，$Q_2<Q_2'$。因为 R_1 与 R_2 是可逆热机，所以按逆向循环工作时其交换的能量数量不变，只是能量交换的方向正好相反。我们让热机 R_1 按正向循环工作，让热机 R_2 按逆向循环工作，R_2 逆向循环工作所需的功 W_{R2} 由热机 R_1 输出的功 W_{R1} 中提供，如图 5-7 所示。此时，我们将热机 R_1 与热机 R_2 一起取为一个热力系，该系统完成一个循环后，对外界的作用效果是从低温热源吸收热量 $Q_2'-Q_2$，对外做功 $W_{R1}-W_{R2}=Q_2'-Q_2$，高温热源没有任何变化。这就意味着形成一个单一热源的热机，即第二类永动机。这显然违背了热力学第二定律，因此 $\eta_{t,R1}>\eta_{t,R2}$ 是不可能的。同理，$\eta_{t,R1}<\eta_{t,R2}$ 也是不可能的。于是只有一种可能性，即 $\eta_{t,R1}=\eta_{t,R2}$。由于上述证

明没有限定工质的性质以及循环的形式，所以该结论对工作于两个热源之间的任何可逆热机都适用，与工质的性质以及循环的形式无关。

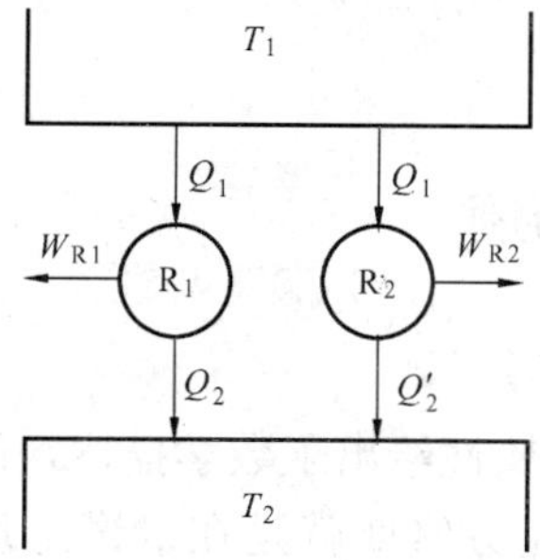

图 5-6 两个可逆盐机均为正向循环的工作示意图

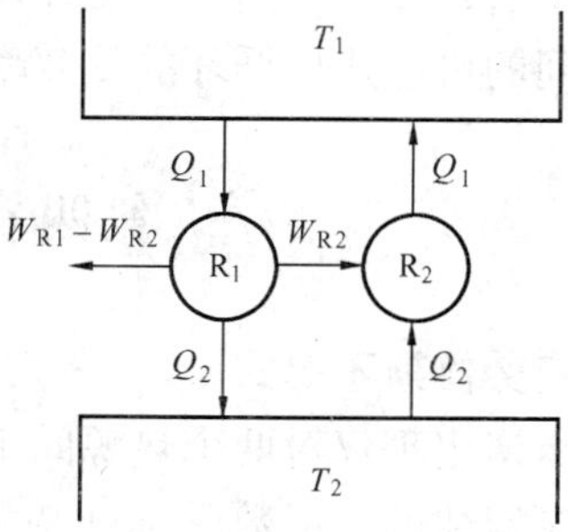

图 5-7 两个可逆热机一为正向循环一为逆向循环的工作示意图

以热力学第二定律为依据，用同样的方法也可以证明定理二。设 R_1 为不可逆热机，R_2 为可逆热机。如果不可逆热机的热效率大于可逆热机的热效率时，让可逆热机逆向工作必然也形成一个单一热源的热机，所以是不可能的。如果不可逆热机的热效率等于可逆热机的热效率时，让可逆热机逆向工作就可以将不可逆热机所产生的作用效果完全复原，不可逆热机就成为可逆热机。因此，工作于两个热源间的不可逆热机的热效率必然小于可逆热机的热效率。

卡诺定理的重要理论意义与实用价值主要在于：

（1）卡诺定理从理论上用热效率的数学关系式描述了两个热源间工作的不可逆热机循环的属性，即 $\eta_t<\eta_{t,C}$；并通过卡诺循环给出了循环热效率的极限值，而且这个极限值仅取决于高温热源和低温热源的温度，即 $\eta_{tmax}=\eta_{t,C}=1-T_2/T_1$。

（2）卡诺定理确定了通过热机循环实现热能转变为机械能的热力学条件与限度。当两个热源的温度相等时，即 $T_1=T_2$ 时，热机循环的热效率 $\eta_t\leqslant\eta_{t,C}=1-T_2/T_1=0$，温度相等的热源等价于单一热源，热效率不大于零就意味着热机不能将热转变为功。这就提示了热机实现热功转换的条件是：必须具有两个或两个以上温度不同的热源。因为 $\eta_t\leqslant\eta_{t,C}=1-T_2/T_1$，而 $T_1\to\infty$ 或 $T_2=0$ K 都是不可能的，所以热机循环的热效率总是小于 1，也即通过热机循环不可能将热能全部转变为机械能。并且，温度为 T_1 的热源所放出的热量 Q_1，可以转变为功的部分最多只能为 $W_{max}=Q_1\eta_{t,C}=Q_1(1-T_2/T_1)$。这就确定了热变功的限度。

（3）卡诺定理指出了影响热机热效率的因素就是热源与冷源的温度以及循环过程的不可逆因素，提高热机热效率的根本途径就在于提高热源的温度，降低冷源的温度，尽可能减少和降低不可逆因素的影响。

【例 5-1】 某热机由温度为 $T_1=2000$K 的热源吸热 1000kJ。向温度为 $T_2=300$K 的冷源放热 100kJ。问该热机是可逆热机、不可逆热机还是不可能热机？

解 $\eta_{t,C}=1-T_2/T_1=85\%<\eta_t=1-q_2/q_1=90\%$

由卡诺定理可知该热机是不可能热机。

用卡诺定理可以判别工作于两个热源间的热机循环是可逆、不可逆还是不可能的。

【例 5-2】 在温度分别为 t_1 与 t_2 热源间工作的某可逆热机，其热效率是 $\eta_t=1-q_2/q_1$，

$\eta_t = 1 - t_2/t_1$ 还是 $\eta_t = 1 - T_2/T_1$？

解　其热效率是 $\eta_t = 1 - q_2/q_1$ 和 $\eta_t = 1 - T_2/T_1$。

热效率公式 $\eta_t = 1 - q_2/q_1$ 是任意热机循环的热效率计算式，而 $\eta_t = 1 - T_2/T_1$ 是工作于两个热源间的可逆热机循环的热效率计算式。

第四节　克劳修斯不等式与熵

一、克劳修斯不等式

尽管卡诺定理仅对两个热源间工作的热机循环的不可逆属性给出了数学描述，但它却给热力学第二定律的一般数学描述奠定了重要的理论基础。克劳修斯就是在卡诺定理的基础上，进一步导出了任意循环不可逆属性的数学描述——克劳修斯不等式。克劳修斯不等式也是热力学第二定律的一个重要推论。

1. 两个热源间循环过程的不可逆属性

根据卡诺定理可知，不论采用什么工质、什么样的循环形式，在温度分别为 T_1 与 T_2 的两个恒温热源间工作的一切热机的热效率都小于或等于卡诺循环的热效率，即

$$\eta_t = \frac{W_0}{Q_1} = 1 - \frac{Q_2}{Q_1} \leqslant 1 - \frac{T_2}{T_1}$$

于是可得

$$\frac{Q_2}{Q_1} \geqslant \frac{T_2}{T_1} \text{或} \frac{Q_1}{T_1} - \frac{Q_2}{T_2} \leqslant 0$$

式中的 Q_1、Q_2 均为绝对值。如果以实现热机循环的工质为热力系，与外界交换的热量取代数值，则因为 Q_2 是系统排给低温热源的热量，应为负值，于是上式应写为

$$\frac{Q_1}{T_1} + \frac{Q_2}{T_2} \leqslant 0 \tag{5-6}$$

工质与热源交换的热量除以相应热源的热力学温度所得的商简称为热温商。对应于卡诺定理，式（5-6）表明热机循环过程中热温商的代数和总是可逆时等于零，不可逆时小于零，而大于零是不可能的。

通过对卡诺定理表达式的数学变换所得到的式（5-6），不仅适用于两个热源间工作的热机循环，对两个热源间的逆向循环也同样适用。用证明卡诺定理的方法同样可以证明：在温度分别为 T_1 与 T_2 的两个恒温热源间工作的逆向循环，向高温热源提供的热量 Q_1 相同时，不同可逆逆向循环的耗功均等于 Q_1（$1 - T_2/T_1$），不可逆逆向循环的耗功必大于可逆逆向循环的耗功，即　$W_0 \geqslant Q_1$（$1 - T_2/T_1$）。于是有

$$\frac{W_0}{Q_1} = 1 - \frac{Q_2}{Q_1} \geqslant 1 - \frac{T_2}{T_1}$$

也即

$$\frac{Q_2}{Q_1} \leqslant \frac{T_2}{T_1} \text{或} \frac{Q_2}{T_2} - \frac{Q_1}{T_1} \leqslant 0$$

循环与热源交换的热量取代数值（Q_1 为负值）后，同样可得式（5-6）。可见式（5-6）是两个热源间任意循环过程不可逆属性的一般数学表达式。式（5-6）说明，在两个热源间的循环过程中，工质与热源交换的热量除以热源的热力学温度所得商也即热温商的代数和总是可逆时等于零，不可逆时小于零，而大于零是不可能的。

2. 三个热源间循环过程的不可逆属性

三个热源间循环过程的不可逆属性是否也存在类同于式（5-6）的一般数学表达式，如果存在的话，那么这种表达式就可以推广到 n 个热源间的循环以至任意循环。这就是下面要讨论的内容。

假设一个系统 X 完成了一个循环过程，在循环过程中与三个热源有热量交换，三个热源的温度分别为 T_1、T_2、T_3，交换的热量分别为 Q_1、Q_2、Q_3，均以循环系统吸热为正，循环对外界做功 W_0。如图 5-8 所示，又假设有三个可逆循环 R_1、R_2、R_3，从温度为 T_0 的热源取热 Q_{10}、Q_{20}、Q_{30}，分别向三个热源供热 Q_1、Q_2、Q_3，获得的功量分别为 W_{R1}、W_{R2}、W_{R3}。循环结束后，系统 X 及 R_1、R_2、R_3 均恢复原态，三个热源 T_1、T_2、T_3 没有变化，仅是从热源 T_0 取热 $Q_{10}+Q_{20}+Q_{30}$，获得功量 $W_0+W_{R1}+W_{R2}+W_{R3}$，由热力学第一定律可知两者必然相等，即

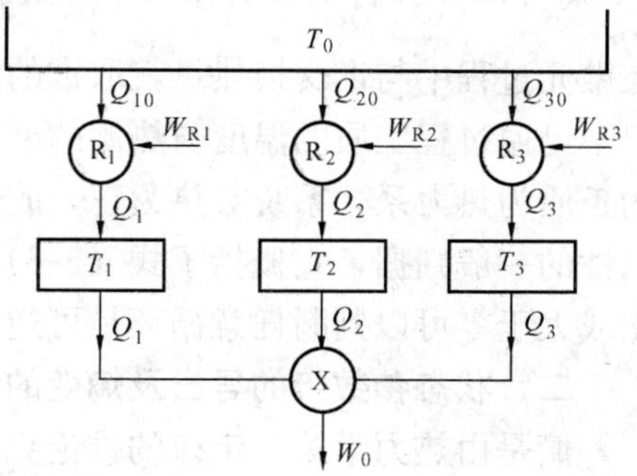

图 5-8　工作于三个热源间的热机循环示意图

$$W_0+W_{R1}+W_{R2}+W_{R3}=Q_{10}+Q_{20}+Q_{30} \tag{a}$$

因为 R_1、R_2、R_3 是两个热源间的可逆循环，由卡诺定理可得

$$\frac{Q_{10}}{Q_1}=\frac{T_0}{T_1}、\frac{Q_{20}}{Q_2}=\frac{T_0}{T_2}、\frac{Q_{30}}{Q_3}=\frac{T_0}{T_3} \tag{b}$$

由式（b）所得 Q_{10}、Q_{20}、Q_{30}，代入式（a），则有

$$W_0+W_{R1}+W_{R2}+W_{R3}=T_0\frac{Q_1}{T_1}+T_0\frac{Q_2}{T_2}+T_0\frac{Q_3}{T_3} \tag{c}$$

此功量是由系统 X 及 R_1、R_2、R_3 联合起来构成一个复合系统，从单一热源 T_0 取热所完成的功。由热力学第二定律可知，由该系统不可能获得功量，也就是说此功量只能小于或等于零。于是可得

$$\frac{Q_1}{T_1}+\frac{Q_2}{T_2}+\frac{Q_3}{T_3}\leqslant 0 \tag{5-7}$$

对于工作于三个热源间的任意循环而言，因为可逆过程所产生的全部作用效果可以在其逆过程中得到消除，所以可逆循环的热温商之和如果小于零时，其反向循环必大于零，而热力学第二定律已判定该热温商之和不可能大于零，因此不等式不适用于可逆循环，只有等式才适用于可逆循环。同样道理，由于不可逆过程所产生的全部作用效果不可能在其逆过程中得到消除，因此等式不适用于不可逆循环，只有不等式才适用于不可逆循环。这就说明，对于三个热源间循环过程的不可逆属性也存在完全类同于两个热源间循环的数学描述。由于不可逆属性的数学描述常用来判别过程是可逆、不可逆还是不可能，所以通常称为判据。

显然，对于工作于 n 个热源间的循环过程，其不可逆属性的数学判据为

$$\sum_1^n \frac{Q_i}{T_i}\leqslant 0 \tag{5-8}$$

对于任意循环过程不可逆属性的数学判据为

$$\oint\frac{\delta Q}{T_r}\leqslant 0 \tag{5-9}$$

该积分式是由克劳修斯首先提出，故$\oint(\delta Q/T_r)$称为克劳修斯积分。对于可逆循环，克劳修斯积分为零，$\oint(\delta Q/T_r)=0$称为克劳修斯等式；对于不可逆循环，克劳修斯积分小于零，$\oint(\delta Q/T_r)<0$称为克劳修斯不等式。要注意：克劳修斯积分中的T是热源的温度值，工质在微元过程中与谁交换热量就取谁的温度，对于可逆过程该温度同时也是工质自身的温度，但不可逆过程工质的温度与热源的温度往往不同。克劳修斯积分中的δQ是以实现循环过程的工质为热力系，系统吸热为正，放热为负，取的是代数值。式（5-9）是循环过程不可逆属性的一般判据，它概括了式（5-6）、式（5-7）以及式（5-8）。用克劳修斯积分等于、小于或大于零可以判断任意循环是可逆、不可逆还是不可能。

二、状态参数熵的导出及熵变的计算

熵是由热力学第二定律的推论克劳修斯等式导出的一个状态参数。在第一章已给出了熵的定义，由于当时还未介绍克劳修斯等式，从而仅仅指出熵也是一个状态参数。由克劳修斯等式可知，任意可逆循环的克劳修斯积分等于零，即$\oint(\delta Q/T_r)=0$。而对于可逆循环过程，克劳修斯积分式中的温度既是热源的温度，又是工质的温度。因此，定义可逆微元过程中$dS=(\delta Q/T)$，则有$\oint dS=0$。显然，这样定义的S，也即熵，符合状态参数的基本性质，是一个由可逆过程定义的状态参数。因此，熵的定义可表述为：在微元可逆过程中，工质与外界交换的热量除以传热时工质的热力学温度，所得的商为工质的熵的变化量。

状态参数熵S是一个广延量，具有可加性，单位是J/K。单位质量工质的熵，也即比熵s的单位是J/(kg·K)。熵既然是状态参数，它就遵循状态参数的一切特性。状态一定，熵就具有确定的值。在热力过程中熵的变化与过程途径无关，仅取决于系统的初终状态。熵与热力学能、焓一样，热力过程的分析计算中需要确定的是熵的变化。

熵变的计算是热力学第二定律分析计算的一个基本技能，通常采用如下三种方法：

（1）利用参数关系式计算。如：只要理想气体热力过程初、终状态的基本参数已知，就可利用第三章中的理想气体的熵增计算式直接计算得到熵增，而无须考虑过程途径是可逆过程还是不可逆过程。

（2）利用工质热力学性质图表确定。如：水蒸气由于参数关系式较复杂，为了简化参数的确定，将水蒸气的参数关系绘制为水蒸气热力学性质表和焓熵图的形式，利用这种图表由已知参数就可确定相应状态下的熵。

（3）利用熵的定义式计算。因熵的变化与过程途径无关，只要初、终态相同，无论系统经历的是可逆过程还是不可逆过程，系统熵的变化都相等。所以常通过一个与实际过程初终态相同的可逆过程，用熵的定义式进行计算。下面讨论几种直接利用熵的定义式计算熵变的特殊系统。

1. 热源的熵变计算

热源是一种与外界仅交换热量，且具有无穷大热容量的系统。它给工质提供热量或接受工质排出的热量，但温度始终保持不变。无论它经历的是可逆等温传热，还是不可逆的温差传热，都可以通过可逆的等温传热过程直接利用熵的定义式计算，即在熵变计算中可一律将热量传递过程假想为：热源与温度同为热源温度 T_r 的工质等温传热，而且在传热过程中工质的温度也恒定不变，传递的热量为实际的传热量 Q。这样就保证了热源的初、终状态与实际过程的初、终状态相同，从而熵变也就相同，可通过这个假想的可逆过程计算熵变。于是，由熵的定义式可得热源的熵变 ΔS_r 为

$$\Delta S_r = \int \frac{\delta Q}{T_r} = \frac{Q}{T_r} \tag{5-10}$$

2. 功源的熵变计算

功源是一种与外界仅交换功量，而且其内部不存在耗散效应的系统。功源可以设想为一个巨型的理想飞轮或弹簧。它的不同状态就在于因功量交换而导致所储存的机械能发生变化，只要储存的机械能相同，它就处于相同的状态。与热源熵变计算的道理相同，在功量交换过程中，无论功源经历的是可逆无耗散效应的功量传递，还是存在耗散效应的不可逆功量传递，都可以通过可逆过程直接利用熵的定义式计算。由熵的定义式可得功源的熵变 ΔS_w 为零，即

$$\Delta S_w = \int \frac{\delta Q}{T_w} = 0 \tag{5-11}$$

3. 液体和固体的熵变计算

对于液体和固体的熵变同样可以通过在给定的初、终态之间任选一可逆过程进行计算。根据熵的定义式 $dS=(\delta Q/T)$，其中 $\delta Q=dU+pdV$。因为液体和固体的体积变化功 pdV 极小，可以忽略。而且 $dU=mcdT$，其中 m 为物质的质量，c 为液体或固体的比热容，一般情况下，液体或固体的定压比热容 c_p 与定容比热容 c_V 没有什么差异，即 $c_p=c_V=c$。于是

$$dS=\frac{mcdT}{T}$$

在有限过程中

$$\Delta S = \int_1^2 \frac{mc\,dT}{T} \tag{5-12}$$

若温度变化范围较小，比热容可看作定值时，则有

$$\Delta S=mc\ln\frac{T_2}{T_1} \tag{5-13}$$

熵变的计算除上述方法之外，对于完成循环过程的工质，可以由状态参数的基本特性直接确定其熵变为零，而无须考虑是热机循环还是逆向循环、是可逆循环还是不可逆循环。

【例 5-3】 如图 5-9 所示，已知某一可逆循环工作于三个热源之间，三个热源的温度分别为 $T_1=2000$K、$T_2=1000$K 和 $T_3=300$K，与前两个热源交换的热量分别为 $Q_1=1000$kJ 和 $Q_2=500$kJ。求：(1) 该循环与第三个热源交换的热量 Q_3 以及其循环净功 W_0。(2) 三个热源的熵变以及包括三个热源和可逆机在内的孤立系统的总熵变。

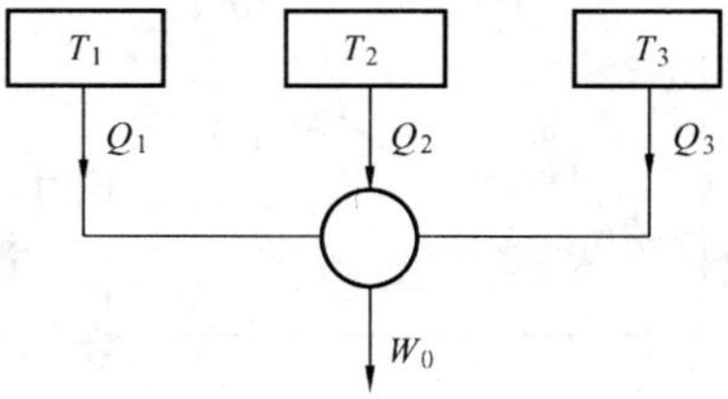

图 5-9　[例 5-3] 附图

解　(1) 由热力学第一定律有

$$Q_1+Q_2+Q_3=W_0$$

由克劳修斯等式有（可逆循环）

$$Q_1/T_1+Q_2/T_2+Q_3/T_3=0$$

于是可得

$$Q_3=-T_3\ (Q_1/T_1+Q_2/T_2)\ =-300\text{kJ}$$

$$W_0=Q_1+Q_2+Q_3=1200\text{kJ}$$

（2）由式（5-9）可得三个热源的熵变分别为

$$\Delta S_1=-\frac{Q_1}{T_1}=-0.5\text{kJ/K};\ \Delta S_2=-\frac{Q_2}{T_2}=-0.5\text{kJ/K};\ \Delta S_3=-\frac{Q_3}{T_3}=1\text{kJ/K}$$

因为完成循环的可逆机的熵变为零，三个热源和可逆机所构成得孤立系统总熵变为

$$\Delta S_{is}=\Delta S_1+\Delta S_2+\Delta S_3=0\text{kJ/K}$$

讨论：所得 Q_3 为负值，表明循环与温度为 T_3 的热源之间的热量传递方向为循环向热源放热。循环净功 W_0 为正值，表明该循环为获得功量的热机循环。Q_1、Q_2、Q_3 的取值是以循环吸热为正，而热源交换热量的正负是以热源吸热为正，故热源的熵变计算式中 Q 前要加负号。该题所得："在可逆过程中孤立系统总熵变为零。"是一个普遍适用的结论，在下一节将进一步讨论。

第五节　孤立系统熵增原理

任意循环过程的不可逆属性可以用克劳修斯不等式来描述，循环过程的克劳修斯积分越接近于零，反映该循环的不可逆性越小，越接近于可逆循环，反之则不可逆性越大。在克劳修斯不等式的基础之上是否可以寻找到一个能够描述任意实际过程不可逆性大小的不等式，回答理所当然是肯定的。热过程既然存在某种方向性，当然就应该存在它的数学描述。本节的内容就是要进一步讨论任意过程不可逆属性的数学描述，也即热力学第二定律的一般数学表达式。

一、ΔS 与 $\int\frac{\delta Q}{T_r}$ 之关系

由熵的定义式可知，可逆过程：$\Delta S=\int\frac{\delta Q}{T_r}$。但对于不可逆过程，$dS$ 与($\delta Q/T_r$）两者之间的关系到目前为止还未讨论过。下面就以克劳修斯不等式为依据来讨论这个问题。

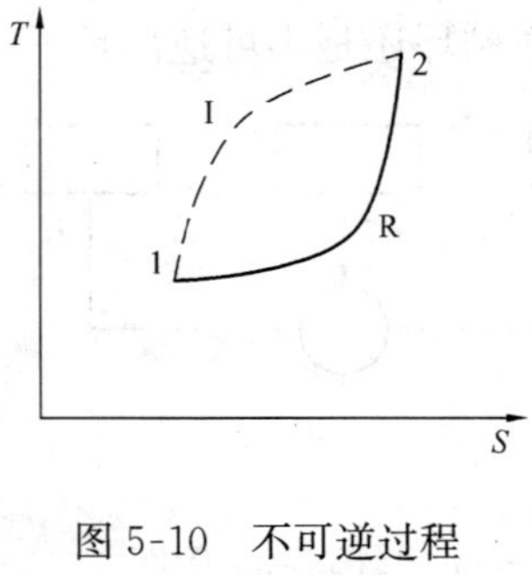

图 5-10　不可逆过程 ΔS 示意图

设一不可逆循环由一可逆过程 R 和一不可逆过程 I 组成，如图 5-10 所示。根据克劳修斯不等式有

$$\oint\frac{\delta Q}{T_r}=\int_{1I2}\frac{\delta Q}{T_r}+\int_{2R1}\frac{\delta Q}{T_r}<0$$

由于 2—R—1 为可逆过程，由熵的定义式可知

$\int_{2R1}\frac{\delta Q}{T_r}=S_1-S_2$。代入上式可得$\int_{1I2}\frac{\delta Q}{T_r}+(S_1-S_2)<0$。即

$$S_2-S_1>\int_{1I2}\frac{\delta Q}{T_r}$$

综合可逆过程和不可逆过程 ΔS 与 $\int\frac{\delta Q}{T_r}$ 之关系，可写成

$$\Delta S=S_2-S_1\geqslant\int\frac{\delta Q}{T_r}\tag{5-14}$$

式中：等号适用于可逆过程，不等号适用于不可逆过程。对于微元过程，式（5-14）又

可写成

$$dS \geqslant \frac{\delta Q}{T_r} \tag{5-15}$$

式（5-15）是克劳修斯不等式的又一数学表达式。它是以闭系循环过程不可逆属性的数学描述为基础，导得的闭系任意过程不可逆属性的数学描述。它表明闭系所进行的热力过程，其熵增必大于热温商，二者差值越大，偏离可逆过程越远，或者说过程的不可逆性越大。极限情况下，即可逆过程中熵增等于热温商，而熵增小于热温商的过程是不可能发生的。对于不可逆绝热过程，无论是绝热膨胀还是绝热压缩，均为熵增过程。

二、熵增原理

无论是卡诺定理还是克劳修斯不等式对于不可逆属性的数学描述都离不开系统之外的参数——热源的温度。这是由于不可逆属性是孤立系统的属性，是孤立系统内各子系统在热力过程中相互作用所产生的作用效果对孤立系统整体而言不能恢复到初始状态的属性。若将有相互作用关系的所有系统都取在一个复合系统之内，也即取孤立系作为研究对象时，不可逆属性也即热过程的方向性的数学描述势必更加简单明确、更具有普遍性。

由于孤立系统与外界没有物质交换，所以它也属于闭口系，克劳修斯不等式式（5-15）对它同样适用。又因为孤立系统和外界没有任何能量交换 $\delta Q=0$，所以由式（5-15）可得

$$dS_{is} \geqslant 0 \tag{5-16}$$

对于孤立系统的有限过程，由式（5-16）积分可得

$$\Delta S_{is} \geqslant 0 \tag{5-16a}$$

式中：S_{is}为孤立系统的熵，等号适用于可逆过程，不等号适用于不可逆过程。该式表明，在孤立系统内，一切实际过程（即不可逆过程）都朝着使系统熵增大的方向进行，在极限情况（可逆过程）下，系统的熵保持不变，而任何使系统熵减小的过程都是不可能发生的。这一规律称为孤立系统熵增原理。

孤立系统熵增原理用孤立系统的状态参数熵作为不可逆属性的表征参数，描述了孤立系统内所进行的热力过程的不可逆属性，使不可逆属性的数学描述更加简洁明确，在高度概括了任何热力过程不可逆属性的同时，为不可逆属性这一规律的应用也提供了极大的方便。孤立系统熵增原理是热力学第二定律的一个基本数学表达式。以熵增原理为依据可以对任何热力过程进行的方向、条件和限度深入探讨。

应用熵增原理时，需要注意熵增原理是以孤立系统为前提，熵增原理中的熵是指孤立系统的总熵，并不是指某一与外界有作用关系的非孤立系统的熵。对于非孤立系统，熵减小的过程不是不可能进行的过程，熵增大的过程也不一定是不可逆过程。如理想气体的可逆等压放热过程就是一个可以实现的熵减小的过程，理想气体的可逆等压吸热过程就是一个可逆的熵增大的过程。单纯由某一非孤立系统的熵变不能判断过程的性质。由于熵是广延量，具有可加性，孤立系统的熵变势必等于其各子系统熵变的代数和。孤立系统熵变的计算方法通常均是分别计算各子系统的熵变，然后求和而得孤立系统的熵变。

三、熵方程

为了数学上的方便，将熵增原理 $dS_{is} \geqslant 0$ 这个不等式变通为一个等式，用 dS_{is} 表示孤立系各子系统熵变的代数和，用 dS_g 来表示孤立系的熵变，孤立系各子系统的熵变之和等于孤立系的熵变，这就形成了孤立系统的熵方程

$$dS_{is}=dS_g \tag{5-17}$$

dS_g 称为熵产，它是由于不可逆所造成的孤立系的熵增。熵产的数值范围总是大于等于零，可逆时等于零，不可逆时大于零，即 $dS_g \geqslant 0$。该式表明：孤立系内，某子系统的熵变可以大于、小于或等于零，但各子系统熵变的代数和总是等于这个大于等于零的数——熵产。将式（5-17）分别应用于闭系和开系就可得到闭系和开系的熵方程。

由于闭口系统与外界没有物质交换，而仅有热量和功量的交换，故闭口系统以及与其交换热量和功量的热源、功源三者所组成的复合系统即为一个孤立系统。如图 5-11 所示，闭口系统经历了一个微元过程后，其熵变为 dS，热源的熵变为 $-\delta Q/T_r$（δQ 的正负是以闭口系统吸热为正，如箭头所示方向，故热源的吸热为 $-\delta Q$），而功源没有熵变。由式（5-17）可得

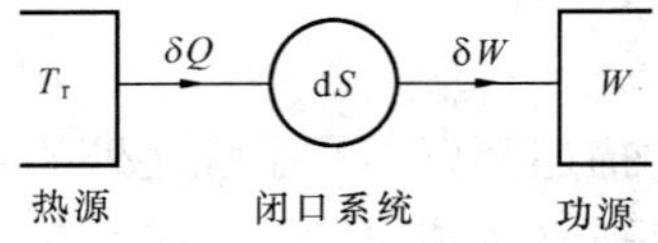

图 5-11　闭口系统熵方程示意图

$$dS_{is}=dS+\left(-\frac{\delta Q}{T_r}\right)=dS_g$$

于是闭口系统的熵变为

$$dS=\frac{\delta Q}{T_r}+dS_g$$

该式表明闭口系统的熵变是由两部分组成：一部分是由于系统与外界之间的热传递所引起的熵变 $\delta Q/T_r$，称之为熵流，用 dS_f 表示；另一部分是由于不可逆因素造成的熵产 dS_g。于是闭口系统的熵变可表示为

$$dS=dS_f+dS_g \tag{5-18}$$

式（5-18）称为闭口系统的熵方程，普遍适用于闭口系统的任何过程。式中：熵流 $dS_f=\delta Q/T_r$，若工质吸热，$dS_f>0$；若工质放热，$dS_f<0$；若是绝热过程，$dS_f=0$。总之，熵流可以大于零、小于零还可以等于零，而熵产只能大于或等于零。闭口系统所经历的热力过程不可逆性越大，熵产越大，熵产是过程不可逆性大小的度量与表征。

由式（5-18）积分可得闭口系统有限热力过程的熵方程

$$\Delta S=\Delta S_f+\Delta S_g \tag{5-19}$$

对于稳定流动的开口系统，也可以得出同样形式的熵方程。如图 5-12 所示，设 τ 时间内有 m 的工质流经稳定流动开口系统，对外做功为 W_s，由温度为 T_r 的热源吸热为 Q，在进出口处与物质源 M_1、M_2 交换工质，工质的比熵为 s_1 和 s_2。由开口系统、热源、功源和两个物质源所构成的孤立系统中，开口系统与功源没有熵变，其余各子系统的熵变分别为

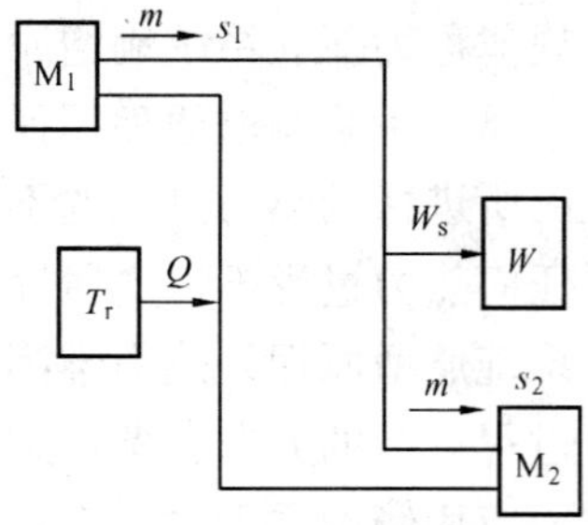

图 5-12　稳流开口系统熵方程示意图

$$\Delta S_{M1}=-ms_1；\ \Delta S_{M2}=ms_2；\ \Delta S_{Tr}=-Q/T_r$$

于是

$$\Delta S_{si}=\Delta S_{M1}+\Delta S_{M2}+\Delta S_{Tr}=-ms_1+ms_2-Q/T_r=\Delta S_g$$

而 $-ms_1+ms_2=S_2-S_1=\Delta S$，$Q/T_r=\Delta S_f$ $\left(\text{不是单一热源时，该项为}\int\frac{\delta Q}{T_r}=\Delta S_f\right)$，经整理可得　$\Delta S=\Delta S_f+\Delta S_g$。该方程与闭口系统的熵方程形式一样，所不同的是开口系统的 ΔS 是指工质由入口到出口的熵变，而不是系统的熵变。对于微元过程，其熵方程同样为 $dS=$

dS_f+dS_g。

【例 5-4】 试用熵增原理分析传热过程的属性。

【分析】 设孤立系内有两个温度分别为 T_1、T_2 的物体 1 和 2。在微元过程中，物体 1 向物体 2 直接传热 δQ。物体 1 的熵变 $dS_1=-\delta Q/T_1$，物体 2 的熵变 $dS_2=\delta Q/T_2$。于是孤立系的熵变为

$$dS_{is}=dS_1+dS_2=-\frac{\delta Q}{T_1}+\frac{\delta Q}{T_2}=\delta Q\,\frac{T_1-T_2}{T_1T_2}$$

由熵增原理可知：当 $T_1>T_2$ 时，$dS_{is}>0$，该传热过程是一个不可逆过程；当 $T_1=T_2$ 时，$dS_{is}=0$，该传热过程是一个可逆过程；当 $T_1<T_2$ 时，$dS_{is}<0$，该传热过程是一个不可能过程。这就说明热量传递的方向总是由高温物体传向低温物体；实现预期热量传递的条件是放热物体的温度要高于吸热物体的温度。

【例 5-5】 试证明在温度分别为 T_1 与 $T_2(T_1>T_2)$ 的两个恒温热源间工作的逆向循环，向高温热源提供的热量 Q_1 相同时，可逆逆向循环的耗功均等于 $Q_1(1-T_2/T_1)$，不可逆逆向循环的耗功必大于可逆逆向循环的耗功。

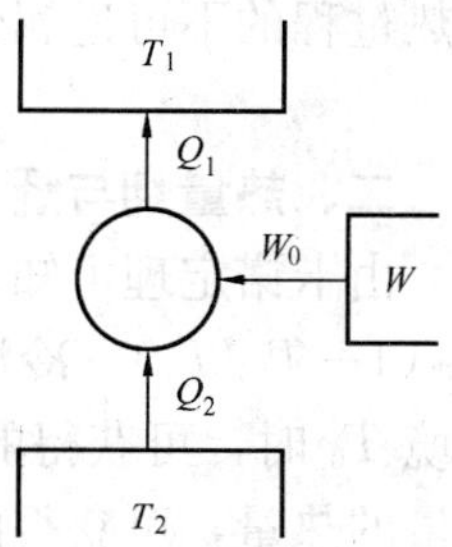

图 5-13 ［例 5-5］附图

【证明】 如图 5-13 所示，由热源 T_1、冷源 T_2、功源 W 以及循环系统所构成的孤立系中，循环系统与功源没有熵变，热源的熵变为 $\Delta S_1=Q_1/T_1$；冷源的熵变为 $\Delta S_2=-Q_2/T_2$。于是该孤立系的熵方程为

$$\Delta S_{is}=\Delta S_1+\Delta S_2=\frac{Q_1}{T_1}-\frac{Q_2}{T_2}=\Delta S_g$$

由热力学第一定律有

$$Q_1-Q_2=W_0$$

由两个方程消去 Q_2 后可得

$$W_{net}=T_2\left[Q_1\left(\frac{1}{T_2}-\frac{1}{T_1}\right)+\Delta S_g\right]=Q_1\left(1-\frac{T_2}{T_1}\right)+T_2\Delta S_g$$

因 $\Delta S_g\geqslant0$，所以可逆循环耗功最小，而且均为 Q_1 $(1-T_2/T_1)$；不可逆循环耗功比可逆循环要大 $T_2\Delta S_g$，不可逆性越大，熵产越大，耗功也就越大。

［例 5-4］是讨论热力过程进行的方向与条件，［例 5-5］是讨论热力过程进行的限度。这类关于热力过程进行的方向、条件和限度的问题，必须以热力学第二定律为依据进行分析探讨，才能得出正确结论。可逆过程熵产为零，体现的是实际不可逆过程的极限，由此可以进一步体会可逆过程的理论价值。

第六节 能量品质的基本概念

一、能量的品质与能量贬值原理

在本章第一节就已经指出能量不仅存在数量的多少，而且还存在品质的高低。热力学第二定律提供的能量品质的量度方法是通过“㶲”（或有效能、可用能、做功能力等）和“𬱖”（或无效能、不可用能等）实现的。在给定的环境条件下，任何一种形式的能量中，理论上最大可能地转变为有用功的那部分能量称为该能量的“㶲”。能量中不可能转变为有用功的

那部分能量称为“炕”。所谓有用功是指可以用来提升重物、驱动机器的功。轴功、循环净功全部是有用功；体积变化功不全是有用功，减去反抗大气压力所做的功以后，剩余部分才是有用功。任何一种形式的能量 E 都可以看作是由㶲 E_x 和炕 A_n 两部分部分组成，即

$$E=E_x+A_n \tag{5-20}$$

在孤立系统的能量传递与转换过程中，能量的数量保持不变，但能量的品质只能降低，不能升高，至多在极限情况下（可逆过程）保持不变。也即㶲和炕的总量不变，但在不可逆过程中，部分㶲会退化为炕而炕却不可能再转化为㶲，从而㶲只会减小不会增大，炕却只能增大不能减小，在极限情况下（可逆过程）㶲和炕均保持不变。这就是能量贬值原理，也正是热过程不可逆的实质含义。显然，孤立系统的㶲和炕与孤立系统的熵一样，也可以用来描述热过程的不可逆属性作为不可逆的判据，也正因如此，熵与㶲和炕之间必定存在某种关系。

二、热量㶲与炕

由卡诺定理可知：温度为 T_1 的热源所放出的热量 Q_1，可以转变为功的部分最多只能为 $Q_1(1-T_2/T_1)$。冷源的温度 T_2 不同，可转变为功的部分也不一样。当冷源为不花代价的环境 T_0 时，可获得的最大功量为 $Q_1(1-T_0/T_1)$。此时，环境温度 T_0 为定值，对于一定数量的热量，可获得的最大功量仅与热源的温度有关。热源传递（吸收或放出）的热量中这部分最大可能转变为功的能量就是热量㶲，剩余的能量为热量炕。热量用 Q 表示，热源的温度用 T 表示，热量㶲用 $E_{x,Q}$ 表示，热量炕用 $A_{n,Q}$ 表示，则有

$$E_{x,Q}=Q\left(1-\frac{T_0}{T}\right)=Q-T_0\frac{Q}{T}=Q-T_0\Delta S \tag{5-21}$$

$$A_{n,Q}=Q-E_{x,Q}=T_0\Delta S \tag{5-22}$$

$$Q=E_{x,Q}+A_{n,Q} \tag{5-23}$$

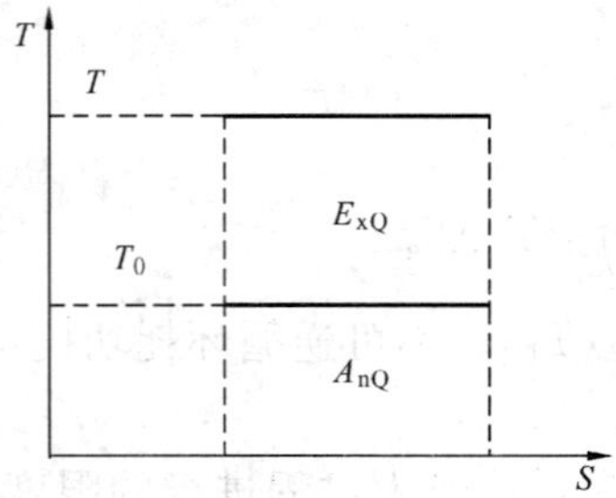

图 5-14 热量㶲与热量炕的 T-S 图

如图 5-14 所示，热量㶲 $E_{x,Q}$ 与热量炕 $A_{n,Q}$ 可用 T-S 图表示。式（5-23）表明，在相同的环境温度下，对于一定数量的热量，系统的温度越高，热量㶲越大，热量的品质也就越高。热量炕与热源的熵变成正比。式（5-22）表明，热源吸热则熵增大，炕也增加；热源放热熵减小，炕也减少。因此，熵是炕的量度。

对于热源在微元过程中所传递的热量 δQ 中，其热量炕 $\delta E_{x,Q}$ 与炕 $\delta A_{n,Q}$ 分别为

$$\delta E_{x,Q}=\delta Q\left(1-\frac{T_0}{T}\right)=\delta Q-T_0\frac{\delta Q}{T}=\delta Q-T_0\mathrm{d}S \tag{5-21a}$$

$$\delta A_{n,Q}=\delta Q-\delta E_{x,Q}=T_0\mathrm{d}S \tag{5-22a}$$

三、㶲损失

在不可逆过程中，孤立系的能量数量守恒，但能量品质却不守恒而要贬值，不可逆因素导致一定数量的㶲退化为炕而形成㶲损失。炕损失又称有效能损失、做功能力损失、可用能损失、不可逆损失等，它既是孤立系统㶲降低的数值 $-\Delta E_{x,is}$，又是炕增加的数值 $\Delta A_{n,is}$，总是等于 $T_0\Delta S_{is}$。若用 I 表示㶲损失，则有

$$I=-\Delta E_{x,is}=\Delta A_{n,is}=T_0\Delta S_{is}=T_0\Delta S_g \tag{5-24}$$

【例 5-6】 孤立系内有两个温度分别为 $T_1=1200K$、$T_2=800K$ 的热源。热源 T_1 向热源 T_2 直接传热 $Q=6000kJ$。环境温度为 $T_0=300K$。试求：该温差传热过程中的㶲损失。

解 由式（5-24），可通过三种方法计算㶲损失。

方法一：热源 T_1 的熵增为 $\Delta S_1=-Q/T_1=-5kJ/K$

热源 T_2 的熵增为 $\Delta S_2=Q/T_2=7.5kJ/K$

孤立系的熵增为 $\Delta S_g=\Delta S_1+\Delta S_2=Q(1/T_2-1/T_1)=2.5kJ/K$

该温差传热的㶲损失为 $I=T_0\Delta S_{is}=750kJ$

方法二：热源 T_1 付出的热量㶲为 $E_{x,Q1}=-Q\ (1-T_0/T_1)\ =-4500kJ$

热源 T_2 获得的热量㶲为 $E_{x,Q2}=Q\ (1-T_0/T_2)\ =3750kJ$

该温差传热的㶲损失为 $I=-\ (E_{x,Q1}+E_{x,Q2})\ =T_0\Delta S_g=750kJ$

方法三：热源 T_1 排出的热量炕为 $A_{n,Q}=-QT_0/T_1=T_0\Delta S_1=-1500kJ$

热源 T_2 获得的热量炕为 $A_{n,Q=}\ QT_0/T_2=T_0\Delta S_2=2250kJ$

该温差传热的㶲损失为 $I=A_{n,Q1}+A_{n,Q2}=T_0Q(1/T_2-1/T_1)$

$=T_0\Delta S_g=750kJ$

讨论：该不可逆温差传热过程的熵产是由于热源 T_2 的熵增大于热源 T_1 的熵减而导致的孤立系统的熵增，这也是不可逆温差传热的必然现象。热源 T_1 的熵减小表明它的炕减少，热源 T_2 的熵增大表明它的炕也增多，一个系统的熵变是其炕变化的量度。孤立系统炕的变化才是㶲损失，而仅由某一子系统的炕变化不能确定㶲损失。三种㶲损失的计算方法均为热力学第二定律能量品质分析计算的基本方法，它们的实质一致无非是出发的角度不同。三种方法的计算结果㶲损失 I 均为图 5-15 所示的阴影部分。

【例 5-7】 如图 5-16 所示，某不可逆热机循环由热源吸热 $Q_1=6000kJ$，向冷源排热 $Q_2=3600kJ$，其余部分转变为功。热源的温度为 $T_1=1200K$，冷源的温度为 $T_2=350K$，环境温度为 $T_0=300K$。求该不可逆热机循环的㶲损失。

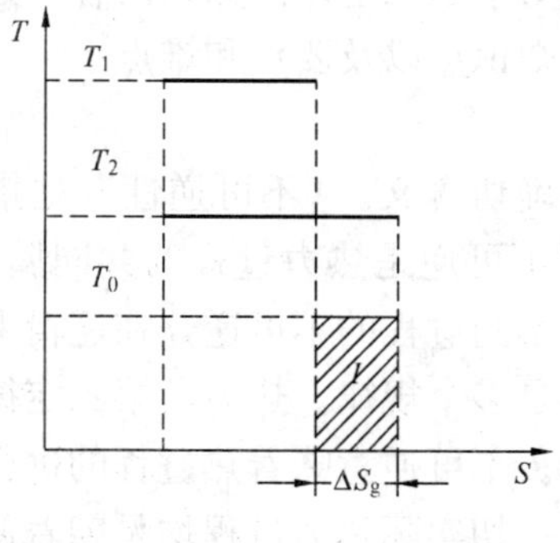

图 5-15 ［例 5-6］附图

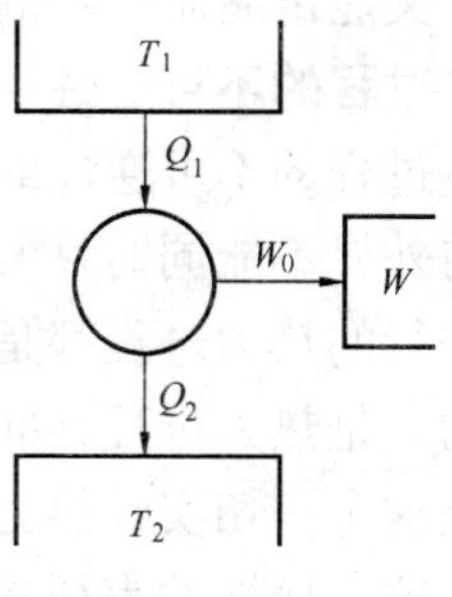

图 5-16 ［例 5-7］附图

解 将温度为 T_1 的热源、温度为 T_2 的冷源、不可逆热机及功源一起看作一个系统，则该系统为一个孤立系统。同样可通过熵、㶲和炕三种方法计算该不可逆循环的㶲损失。

方法一：孤立系内，不可逆热机初终状态为同一状态，其熵变为零；功源没有熵变。

热源 T_1 的熵变为 $\Delta S_1=-Q_1/T_1=-5kJ/K$

冷源 T_2 的熵变为 $\Delta S_2=Q_2/T_2=10.286kJ/K$

孤立系的熵变为 $\Delta S_{is}=\Delta S_1+\Delta S_2=5.286kJ/K$

该不可逆循环的㶲损失为　$I=T_0\Delta S_{is}=1585.7\text{kJ}$

方法二：孤立系内，不可逆热机初终状态为同一状态，其㶲变为零；功源获得的功量为其㶲值增加，即 $W_0=Q_1-Q_2=2400\text{kJ}$。

热源 T_1 付出的热量㶲为　$E_{x,Q1}=-Q_1(1-T_0/T_1)=-4500\text{kJ}$

冷源 T_2 获得的热量㶲为　$E_{x,Q2}=Q_2(1-T_0/T_2)=514.3\text{kJ}$

该不可逆循环的㶲损失为

$$I=-(E_{x,Q1}+E_{x,Q2}+W_0)=T_0(Q_2/T_2-Q_1/T_1)=T_0\Delta S_g=1585.7\text{kJ}$$

方法三：孤立系内，不可逆热机初终状态为同一状态，其炕变为零；功源没有炕变。

热源 T_1 排出的热量炕为　$A_{n,Q1}=-QT_0/T_1=T_0\Delta S_1=-1500\text{kJ}$

热源 T_2 获得的热量炕为　$A_{n,Q2}=Q_2T_0/T_2=T_0\Delta S_2=3085.7\text{kJ}$

该不可逆循环的㶲损失为　$I=A_{n,Q1}+A_{n,Q2}=T_0(Q_2/T_2-Q_1/T_1)=T_0\Delta S_g=1585.7\text{kJ}$

讨论：该不可逆热机循环过程的熵产是由于冷源 T_2 的熵增大于热源 T_1 的熵减而导致的孤立系统的熵增，这也是不可逆循环的必然现象。同样，热源 T_1 的熵减小表明它的㶲减少；热源 T_2 的熵增大表明它的㶲也增多；热机和功源没有熵变表明它们的炕没有变化；一个系统的熵变总是其炕变化的量度，孤立系统的熵增是其㶲损失的量度。所以熵的意义可以解释为炕的量度。

热能总是含有炕，对于热力学能和焓，在定义了热力学能㶲和焓㶲以后，就可以建立闭口系统与开口系统的㶲方程与炕方程。闭口系统与开口系统在热力过程中的㶲损失也可以用环境温度乘以熵产 $T_0\Delta S_g$ 来分析计算，对热力学能㶲和焓㶲不再作进一步的介绍。

小　　结

本章主要讨论了热过程的不可逆性。其主要内容有三个部分，即不可逆的定性描述、数学描述及能量品质的基本概念。这三部分内容均属热力学第二定律的知识内容，是分析计算热力过程有关能量品质问题的基本依据。本章的基本知识点以及要点和难点小结如下：

一、热过程的不可逆性

对于热过程的不可逆性的概念要注意体会掌握其确切含义。“不可逆性”是指过程结束后，系统与外界不能同时恢复到初始状态的性质。“不可逆是热力过程的共同属性”是指：一切实际进行的热力过程都是不可逆过程，而且对于不同过程的不可逆，在逻辑上彼此间是相互依存的，是热力过程共同遵循的一个规律，而不是多个规律。热力学第二定律的表述所揭示的就是这个一切实际热力过程所共同遵循的规律。不可逆意味着热过程的进行具有方向性，而描述这一属性的表征参数就是孤立系统的熵。一切实际热力过程均是朝着使孤立系熵增大的方向进行，其实质就是朝能量贬值的方向变化。而可逆过程是一种没有能量品质损失的理想过程，它为评价和改进实际过程提供了一种标准或极限，也为判别过程的属性提供了一种判别依据。

二、卡诺循环与卡诺定理

卡诺循环、逆卡诺循环、概括性卡诺循环均为两个热源间的可逆循环，不仅要掌握循环过程的组成，更要注意掌握它们的经济指标以及经济指标的数值范围和影响因素。卡诺循环与概括性卡诺循环的循环热效率 $\eta_{t,C}$ 均为 $\eta_{t,C}=1-T_2/T_1$。逆卡诺循环的制冷系数 $\varepsilon_{1,C}$ 与供

热系数 $\varepsilon_{2,C}$ 分别为 $\varepsilon_{1,C}=\frac{q_2}{w_0}=\frac{T_2}{T_1-T_2}$，$\varepsilon_{2,C}=\frac{q_1}{w_0}=\frac{T_1}{T_1-T_2}$。这些指标均仅与热源温度 T_1 和冷源温度 T_2 有关，而与其他因素无关。

卡诺定理是两个热源间热机循环的不可逆属性的数学描述，是第二定律的重要推论。要注意，是在热源和冷源固定的条件下，对其间工作的不同热机循环进行的比较才存在 $\eta_t\leqslant 1-T_2/T_1$。该式是两个热源间的热机循环过程不可逆属性的一个判据，用其热效率等于、小于或大于 $1-T_2/T_1$ 可以判断两个热源间的任意热机循环是可逆、不可逆还是不可能。不仅要掌握卡诺定理的内容，而且要理解掌握卡诺定理的理论意义与实用价值。

三、克劳修斯不等式与熵增原理

克劳修斯不等式 $\oint\frac{\delta Q}{T_r}\leqslant 0$ 是任意循环不可逆属性的数学描述和一般判据，也是热力学第二定律的一个重要推论。用克劳修斯积分等于、小于或大于零可以判断任意循环是可逆、不可逆还是不可能。克劳修斯不等式的另一数学表达式 $dS\geqslant\frac{\delta Q}{T_r}$，是闭系任意过程不可逆属性的数学描述。它表明闭系在不可逆过程中，其熵增必大于热温商；在极限情况下即可逆过程中熵增等于热温商；而熵增小于热温商的过程是不可能发生的。

熵增原理 $dS_{is}\geqslant 0$ 是热力学第二定律的一个基本数学表达式，是本章的知识要点。它表明，在孤立系内，一切实际过程（即不可逆过程）都朝着使系统熵增大的方向进行，在极限情况（可逆过程）下，系统的熵保持不变，而任何使系统熵减小的过程都是不可能发生的。以熵增原理为依据可以对任何热力过程进行的方向、条件和限度深入探讨。应用熵增原理时，需要注意熵增原理是以孤立系统为前提，熵增原理中的熵是指孤立系的总熵。孤立系统熵变的计算方法通常均是分别计算各子系统的熵变，然后求和而得孤立系统的熵变。闭口系统与稳定流动开口系统的熵方程 $dS=dS_f+dS_g$ 中，熵产 dS_g 是由于不可逆所造成的孤立系的熵增；熵流 $dS_f=\delta Q/T_r$，是由于系统与外界之间的热量传递所引起的熵变。熵产的数值范围总是大于等于零，完全取决于过程的属性是可逆还是不可逆。但熵流 dS_f 的数值范围却可以大于零、小于零还可以等于零，完全取决于系统吸热、放热还是绝热。

四、状态参数熵

熵是一个状态参数，符合状态参数的一切特性。系统的熵变与过程途径无关，仅取决于系统的初终状态，所以常通过初终态相同的可逆过程计算不可逆过程的熵变。熵是一个广延量，具有可加性。因此，孤立系统的熵增常通过其各子系统的熵变求和而得。

对于理想气体常由理想气体的参数关系式来确定其熵变；对于水蒸气常由水蒸气的热力学性质图表来确定其熵变；对于其他特殊系统常由熵的定义式或状态参数的特性来确定其熵变。

熵是由可逆过程定义的一个参数。由熵的定义式可知，熵是可逆过程热量传递的标志性参数，根据熵的变化，可以判断可逆过程系统与外界之间热量交换的方向：若熵增大，系统吸热；若熵减小，系统放热。由熵增原理可知孤立系统的熵是其不可逆属性的表征参数，根据孤立系统熵的变化，可以判断热力过程的属性是可逆、不可逆还是不可能。由熵方程可知工质的熵变是由熵流和熵产两部分组成，欲使工质的熵增大可通过吸热或不可逆因素两条途径实现，而欲使熵减小却只能通过对外放热一条途径实现。由能量品质的基本概念可知，熵是炕的量度，㶲损失 $I=T_0\Delta S_g$。

五、能量品质的基本概念

能量品质的基本概念主要内容有如下几点：①任何一种形式的能量都可以看作是由㶲和炕两部分部分组成，即 $E=E_x+A_n$。②能量贬值原理指出了热过程不可逆的实质含义，即在孤立系统中，㶲只会减小不会增大，炕却只能增大不能减小。③热量㶲与热量炕的概念，即 $\delta Q=\delta E_{x,Q}+\delta A_{n,Q}$，$\delta E_{x,Q}=\delta Q\left(1-\dfrac{T_0}{T}\right)$，$\delta A_{n,Q}=\delta Q\dfrac{T_0}{T}=T_0\mathrm{d}S$。④㶲损失的概念和计算方法，即 $I=-\Delta E_{x,is}=\Delta A_{n,is}=T_0\Delta S_{is}=T_0\Delta S_g$。

习　　题

5-1　“功可以全部转变为热，但热不能全部转变为功”能否作为热力学第二定律的表述？理想气体等温膨胀过程中吸热量等于对外所做的功，是否与热力学第二定律相矛盾？试作解释。

5-2　判断下列说法是否正确：

(1) 使系统熵增大的过程一定是不可逆过程；使系统熵减小的过程一定是不可能过程。

(2) 系统经历了一个可逆循环后熵一定保持不变；经历了一个不可逆循环后熵一定增大。

(3) 闭系吸热熵一定增加；放热熵一定减小。反之，熵增大的过程一定是放热过程；熵减小的过程一定是吸热过程。

(4) 可逆绝热过程为定熵过程；定熵过程必为可逆绝热过程。

(5) 不可逆绝热膨胀过程为熵增大的过程；不可逆绝热压缩过程必为熵减小的过程。

(6) 状态参数熵的定义式仅对可逆过程成立，不可逆过程的熵变无法计算。

(7) 某系统从同一初态经可逆与不可逆两条途径到达同一终态，则其熵变以及与外界传递的热量都不一定相同。

(8) 可逆热机循环的热效率一定都相等；不可逆热机循环的热效率一定小于可逆热机循环的热效率。

5-3　填空。

(1) 熵增原理的数学表达式为（　　）。

(2) 卡诺循环热效率只与（　　）和（　　）有关，两个热源间工作的一切热机的热效率总是（　　）。

(3) 提高热机循环热效率的根本途径是（　　　　　　　　　　）。

(4) 克劳修斯积分总是（　　　　　　）。

(5) 熵流 ΔS_f 的数值范围是（　　）；熵产 ΔS_g 的数值范围是（　　）。

(6) 不可逆过程中㶲损失 I 总是等于（　　　　　）。

5-4　在温度为 727℃的热源和温度为 27℃的冷源间工作的 A、B、C 三个热机循环与外界的能量交换情况如下表所示。(1) 试填充表中空缺数据。(2) 试确定各循环是不可逆、可逆还是不可能循环。

循　　环	Q_1（kJ）	Q_2（kJ）	W_0（kJ）	η_t
A	100		85	
B	20	6		
C		10	20	

5-5　在温度为27℃的热源和温度为−13℃的冷源间工作的A、B、C三个热泵循环与外界的能量交换情况如下表所示。(1) 试填充表中空缺数据。(2) 试确定各循环是不可逆、可逆还是不可能循环。

循　　环	q_1（kJ/kg）	q_2（kJ/kg）	w_0（kJ/kg）	ε'
A	200		30	
B	150	130		
C		80	10	

5-6　某制冷设备工作在温度为306K的热源和温度为238K的冷源之间，为了使冷库保持238K，工质从温度为238K的冷库吸取热量1.23kJ/s。求：(1) 制冷设备的最大制冷系数；(2) 制冷设备所需的最小功率。

5-7　用制冷机将5kg温度为273.15K的水制成同温度的冰，求制冷机所需的最小功量是多少？已知环境温度为298K，温度为273.15K时冰的熔解热是335kJ/kg。

5-8　两卡诺热机A、B串联工作。A热机从427℃的热源吸热，向温度为T的热源放热。B热机从温度为T的热源吸收A热机排出的热量，并向27℃的冷源放热。试分别求两热机输出功相等时和两热机热效率相等时，中间热源的温度。

5-9　如图5-9所示，已知A、B、C三个热机循环工作于三个热源之间，三个热源的温度分别为$T_1=1000$K、$T_2=500$K和$T_3=300$K。试填充表中空缺数据。并试确定各循环是不可逆、可逆还是不可能循环。

循　　环	Q_1（kJ）	Q_2（kJ）	Q_3（kJ）	w_0（kJ）
A	500	250	−300	
B	100	300		180
C	200		−100	170

5-10　将100kg温度为90℃的水与60kg温度为10℃的水在绝热容器中混合，求混合前后水的熵增及㶲损失。已知水的比热容为4.187kJ/(kg·K)，环境温度为23℃。

5-11　初态为47℃、200kPa的空气经历一过程达到267℃和800kPa的终态。假定空气是热物性不变的理想气体，计算下列过程中每单位质量工质熵的变化：(1)此过程为准平衡过程；(2)此过程为不可逆过程；(3)此过程为可逆过程。

5-12　初温分别为T_A、T_B($T_A>T_B$)的A、B两种不可压缩流体，它们的质量与比热容乘积相等($C_A=C_B$)。某热机从A流体吸收热量将其中的一部分热转变为功，剩余部分排给B流体，该热机工作到两种流体温度相等时为止。求热机可输出的最大功量，以及在输出的最大功量的条件下两种流体热平衡时的温度。若两种流体直接接触传递热量，直至温度相等，求此时的平衡温度及两种流体的总熵增。

5-13 10kg 空气在喷管中绝热膨胀加速，$p_1=600\text{kPa}$，$t_1=800℃$，$p_2=100\text{kPa}$。若其动能增加 3980kJ，大气温度 $T_0=300\text{K}$，试求有效能损失。

5-14 某理想气体经历了一个压缩过程，耗功 250kJ/kg，而气体热力学能增加 80kJ/kg，熵的变化量为−0.285kJ/(kg·K)。在压缩过程中气体与大气环境存在热量交换。大气环境温度为 293K，试求单位气体的熵产和有效能损失。

5-15 10kg 温度为 0℃的冰，在 20℃的大气环境中融化为 0℃的水。已知冰的熔解热是 335kJ/kg。求冰化为水的熵变、熵流、熵产及㶲损失。

5-16 10kg 温度为 0℃的冰，在 20℃的大气环境中融化为水并升温至 20℃。已知冰的熔解热是 335kJ/kg，水的比热容为 4.187kJ/(kg·K)。求冰化为水并升温至 20℃时的熵变、熵流、熵产及㶲损失。

5-17 某温泉每分钟可提供 2kg 温度为 97℃的热水，大气环境温度为 27℃，水的比热容为 4.187kJ/(kg·K)。若将这部分地热能供给热机时，求每分钟可获得的最大功量。

5-18 绝热容器中，一半空间充满空气，另一半空间完全真空。隔膜被捅破后，空气迅速充满整个容器。大气环境温度为 300K。试计算该自由膨胀过程单位质量空气的熵变及不可逆损失。

5-19 1kg 空气经绝热节流，由状态 $p_1=0.6\text{MPa}$、$t_1=127℃$变化为状态 $p_2=0.1\text{MPa}$。试确定有效能损失(大气环境温度 $T_0=300\text{K}$)。

5-20 两个质量为 m，比热容为定值的相同物体处于同一温度 T_1。用制冷机从其中一物体取热并传递给另一物体，结果一物体温度连续下降，而另一物体温度连续上升。证明：当被冷却的物体温度降低到 T_2($T_2<T_1$)时所需的最小功量为 $W_{\min}=mc\left(\frac{T_1^2}{T_2}+T_2-2T_1\right)$。

第六章 水 蒸 气

第一节 概 述

一、本章的主要内容及意义

水蒸气具有良好的膨胀性能与传热性能，并且资源丰富，易于获得，成本低耗资少，无毒无味，不存在污染环境的问题，是热力工程中应用最广泛的工质。除水蒸气外，工程上常用的蒸气还有氨蒸气、氟利昂蒸气等。各种蒸气的热力学性质尽管各有特点，但具有许多类似之处，其基本概念和分析研究方法是一致的。因此，水蒸气热力学性质的学习掌握对于其他蒸气的热力学性质的了解也是有益的。讨论水蒸气的热力学性质其核心内容就是要讨论水蒸气各参数之间的关系。在通常情况下，水蒸气分子间的距离较小，分子间的作用力及分子本身的体积不能忽略，其热力学性质与理想气体存在较大差异，不能将理想气体的参数关系式用于水蒸气。由于水蒸气的参数关系式较复杂，不便于工程应用，从而将水蒸气的热力学参数关系绘制成了图表。由已知的水蒸气参数求取未知参数通常均是用水蒸气热力学性质图表来查取。本章的主要内容是水蒸气热力性质的基本概念以及水蒸气热力学性质图表的结构与应用。这些内容是水蒸气热力过程分析计算所必需的理论基础。

二、概念及术语

1. 汽化与凝结、蒸发与沸腾

热力工程中要求工质具有良好的流动性，从而主要讨论工质的气态或液态，一般不包括固态，所涉及的相变过程主要是气液两相间的汽化与凝结。由液态变为气态的相变过程称为汽化；由气态变为液态的相变过程称为凝结或液化。汽化有蒸发与沸腾两种方式。蒸发是任何温度下，在液体表面缓慢进行的汽化现象。蒸发是在液体表面一些内动能较大的分子克服表面张力逸出液面变为蒸汽的相变过程。沸腾是在一定温度下，在液体内部剧烈进行的汽化现象。沸腾现象中，在液体内部有大量汽泡产生，沸腾也正是因此而得名。后续内容中的汽化均指沸腾。

2. 饱和状态、饱和温度与饱和压力

水蒸气在密闭容器内，气、液两相平衡共存的状态称为饱和状态。饱和状态宏观上是气、液两相在没有外界作用的条件下，不会发生变化的平衡状态；但微观上是气、液两相之间汽化速度与凝结速度相等，即在同一时间内逸出液面的分子与回到液面的分子数目相等的动态平衡状态。饱和状态下的液体和蒸汽分别称为饱和液体与饱和蒸汽。工质处于饱和状态时的压力和温度分别称为饱和压力与饱和温度。一定的压力对应着确定的饱和温度，或者说，一定的温度对应着确定的饱和压力。饱和状态时，对应于不同的饱和压力存在不同的饱和温度，二者之间不是独立参数，存在一一对应的单值函数关系。饱和压力用 p_s 表示，饱和温度用 T_s 或 t_s 表示，则

$$p_s = F(T_s) \tag{6-1}$$

该式称为饱和蒸汽压方程。饱和压力越高，对应的饱和温度也越高，例如：对于水蒸气，当 p_s=1atm=0.10325MPa 时，t_s=100℃；当 p_s=0.2MPa 时，t_s=120.24℃。

3. 五种状态

热力工程中常见的水蒸气状态有五种：温度低于相应压力下的饱和温度（$t<t_s$）时的水称为未饱和水；温度等于相应压力下的饱和温度（$t=t_s$）时的水称为饱和水；温度等于相应压力下的饱和温度（$t=t_s$）时的水蒸气称为干饱和蒸汽；温度等于相应压力下的饱和温度（$t=t_s$）时饱和水与饱和蒸汽的混合物称为湿蒸汽；温度高于相应压力下的饱和温度（$t>t_s$）时的水蒸气称为过热蒸汽。其中饱和水、干饱和蒸汽、湿蒸汽均属于饱和状态。同样压力下的饱和水、干饱和蒸汽与湿蒸汽，其温度也一样相同，均为该压力下的饱和温度，但其余参数却各不相同。为了便于区别，饱和水的参数符号均在右上角加“′”，如 v'，h'，s'；干饱和蒸汽的参数符号均在右上角加“″”，如 v''，h''，s''；湿蒸汽的参数符号均在右下角加“x”，如 v_x，h_x，s_x。

三、*p*-*T* 图（相图）

水的 p-T 图（相图）如图 6-1 所示。图中有三个单相区：固相区、液相区和气相区；三条曲线：气液两相平衡共存状态点的联线——汽化线（液化线），液固两相平衡共存状态点的联线——溶解线（凝固线）和气固两相平衡共存状态点的联线——升华线（凝华线）。三条曲线相交于三相点，三相点是三相平衡共存状态点的集合，它可以是单相的饱和固体、饱和液体或饱和气体，还可以是固、液、气三相的混合物。三相点除压力与温度之外，其余参数如比容、焓、熵等参数则随固、液、气三相的混合比例不同而异。水蒸气三相点的压力与温度具有确定的数值，与固、液、气三相的混合比例无关，分别为 p_{TP}=611.659Pa，T_{TP}=273.16K 或 t_{TP}=0.01℃。当压力低于三相点的压力 p_{TP}时，液相不可能存在，而只可能是气相或固相。当温度高于三相点的温度 T_{TP}时，固相不可能存在，而只可能是气相或液相。三相点的压力与温度是气液两相平衡共存状态最低的饱和压力与饱和温度。

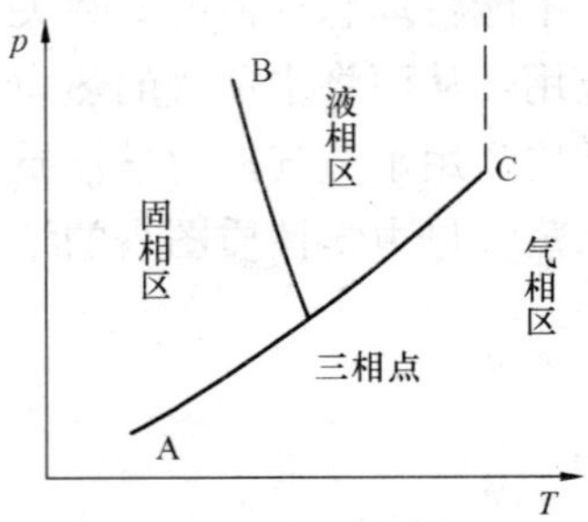

图 6-1　水的相图

第二节　水蒸气的等压发生过程

理论上水蒸气的生产过程可以是多种多样的，但工程上应用的水蒸气，通常是在等压条件下对水加热产生的。下面就以水蒸气的等压发生过程为例，说明水蒸气各种状态之间的关系与基本特性。

一、水蒸气定压发生过程的三个阶段

假设一活塞汽缸内盛有 1kg0℃的水，在一定的压力下，对水加热。水蒸气等压发生过程一般可以分为以下三个阶段：

（1）预热阶段：即由初始状态 0℃的未饱和水加热为相应压力下的饱和水，也即图 6-2 所示的 a-b 阶段。在该阶段，水随着热量的加入，温度逐渐升高，熵值增大，比容也略有增加。当水温升高到相应压力下的饱和温度 t_s 时，水达到饱和状态，成为饱和水。该阶段水吸收的热量称为液体热或预热热，用 q_1 表示。由热力学第一定律可知液体热 q_1 等于该阶段的焓增，即 $q_1=h'-h_a$。

（2）汽化阶段：即由饱和水加热为干饱和蒸汽，也即图 6-2 所示的 b-d 阶段。在该阶段，对饱和水继续加热，水开始汽化（沸腾），饱和蒸汽的比例不断地增大，温度保持饱和温度不变，比容与熵均增大。这时的水蒸气为汽液两相平衡共存的饱和状态，由初始的饱和水、湿蒸汽一直到终了的干饱和蒸汽，也即由图 6-2 中的 b 状态点到 d 状态点的根本不同之处就在于饱和水与饱和蒸汽的比例不同。这些点的压力和温度均一样，但其余参数却各不相同。汽化阶段水蒸气吸收的热量称为汽化潜热，以 r 表示，单位为 J/kg。汽化潜热等于该阶段的焓增，即 $r=h''-h'$。

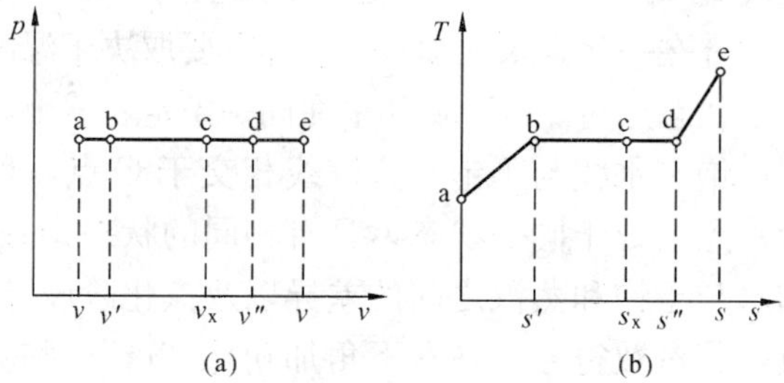

图 6-2 水蒸气等压发生过程

(a) p-v 图；(b) T-s 图

（3）过热阶段：即由干饱和蒸汽加热为过热蒸汽，也即图 6-2 所示的 d-e 阶段。对干饱和蒸汽继续加热，蒸汽的温度、比容与熵均增大，成为温度高于相应压力下饱和温度的过热蒸汽。该阶段水蒸气吸收的热量称为过热热，用 q_{sup} 表示。过热热等于该阶段的焓增，即 $q_{sup}=h_e-h''$。过热蒸汽的温度与同压力下的饱和温度之差称为过热度，用 D 表示，即 $D=t-t_s$。

综上所述，水蒸气的等压发生过程经历了预热、汽化和过热三个阶段，并先后经历未饱和水、饱和水、湿蒸汽、干饱和蒸汽和过热蒸汽五种状态。水蒸气的等压发生过程在 p-v 图上，是一条水平线；在 T-s 图上，是一条三折线。各参数的变化趋势为：比容、焓、熵均单调增大，温度除了在汽化阶段保持不变外，在预热和过热阶段均增大。显然，饱和水与干饱和蒸汽状态点是三个阶段、五种状态的分水岭。对于任何一个状态只要知道它相对于同压下的饱和水与干饱和蒸汽点的关系就可以确定它是什么状态。

二、不同压力下的水蒸气等压发生过程

如果在 p-v 图与 T-s 图上，将不同压力下的饱和水与干饱和蒸汽状态点分别各用一条曲线连接起来，就得到了图 6-3 中 B-C 线以及 D-C 线，分别称为饱和水线（或下界线）与干饱和蒸汽线（或上界线），它们分别表示各压力下的饱和水以及干饱和蒸汽状态。

如图 6-3 所示，不同压力下的水蒸气等压发生过程的特点是随着压力的增加，相应的饱和温度 t_s、饱和水的比容 v'和熵 s'均增大；而干饱和蒸汽的比容 v''和熵 s''均减小；饱和水与干饱和蒸汽状态点逐渐靠近，汽化阶段逐渐缩短，汽化潜热 r 逐渐减小。不同压力下预热阶段的定

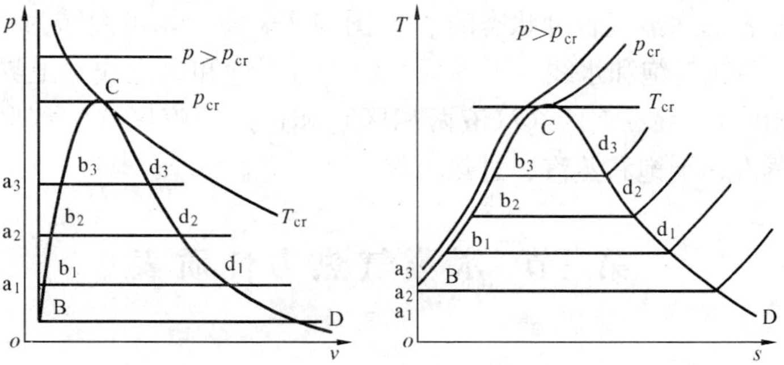

图 6-3 不同压力下的水蒸气等压发生过程

压线 a_1-b_1，a_2-b_2，a_3-b_3 在 T-s 图上间距较小紧贴着饱和水线，未饱和水状态点 a_1、a_2、a_3 几乎重叠在一起。未饱和水的比容主要取决于温度，压力的高低对其影响不大，在 p-v 图上未饱和水状态点 a_1、a_2、a_3 几乎在同一条定容线上，呈现不可压缩流体的基本特性。

饱和水线与干饱和蒸汽线相交于 C 点，称为临界点。此时，饱和水与干饱和蒸汽重合为一点，处于同一状态，具有相同的状态参数，即比容 $v'=v''$，熵 $s'=s''$，等等。这时的饱和水与干饱和蒸汽之间的差异以及汽化阶段已完全消失。临界状态下的各参数均称为临界参数，其参数符号均在右下角加角标"cr"。临界参数是表征物质特性的重要参数。水蒸气的临界参数值为 $p_{cr}=22.064$MPa、$t_{cr}=373.99$℃、$v_{cr}=0.003106\text{m}^3/\text{kg}$、$h_{cr}=2085.9$kJ/kg、$s_{cr}=4.4092$kJ/(kg·K)。临界压力 p_{cr}与临界温度 t_{cr}是汽液两相平衡共存饱和状态下的最高值。在临界压力 p_{cr}下等压加热到临界温度 t_{cr}时，不存在汽液分界面，为一均匀状态；再加热就直接成为过热蒸汽，不存在汽液共存的汽化阶段。当压力大于临界压力（$p>p_{cr}$）时，液、汽两个单相区之间不存在两相平衡共存的相转变区，两相之间也无明确的分界。在等压（$p>p_{cr}$）条件下加热时，也不再存在汽化阶段，液、汽两相的转变为一连续渐变过程，在状态变化过程中水蒸气总是呈现为均匀状态。习惯上，当压力高于临界压力（$p>p_{cr}$）时，是以临界温度 t_{cr}作为液汽两个单相区的分界，当 $t<t_{cr}$时为未饱和水；$t>t_{cr}$时为过热蒸汽。因此，在任何压力下，当温度高于临界温度（$t>t_{cr}$）时，只可能是过热蒸汽。

三、水蒸气的 p-v 图与 T-s 图

如图 6-4 所示，饱和水线 C-B 与干饱和蒸汽线 C-D 以及临界温度 T_{cr}等温线分别将 p-v 图和 T-s 图分为三个区域：C-B 以及 T_{cr}等温线的左方是未饱和水区域；C-B 线与 C-D 线之间为汽液两相共存的湿蒸汽区域；C-D 以及 T_{cr}等温线以右为过热蒸汽区域。

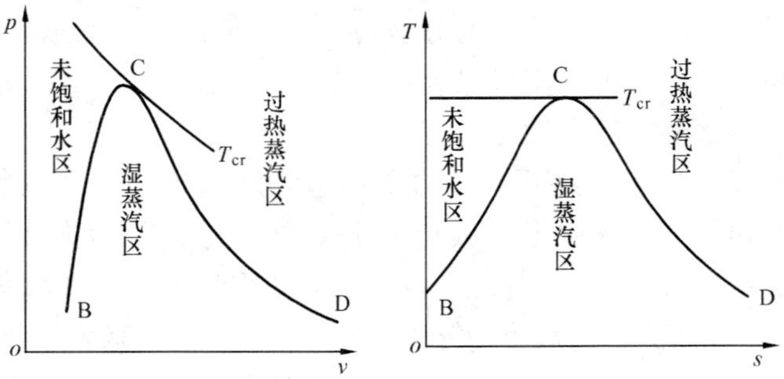

图 6-4 水蒸气的 p-v 图与 T-s 图

综上所述，在表示水蒸气各种状态的 p-v 图与 T-s 图上，可归结为一点两线三区五态。一点是临界点 C；两线是饱和水线（下界线）C-B 与干饱和蒸汽线（上界线）C-D；三区是未饱和水区（液相区）、湿蒸汽区（汽液两相区）和过热蒸汽区（气相区）；五态是未饱和水、饱和水、湿蒸汽、干饱和蒸汽、过热蒸汽五种状态。

第三节 水蒸气热力性质表

一、概述

水蒸气的热力学性质与理想气体有较大差别，尽管其 p、v、T 的关系不满足理想气体状态方程式，水蒸气的热力学能和焓也不像理想气体那样是温度的单值函数，其参数关系式的形式较为复杂，但仍遵循两个彼此独立的状态参数就可以确定一个平衡状态，任何一个状态参数均是另外两个独立参数的函数。尽管目前随着计算机技术的飞速发展以及计算机的日益普及，不仅可以将复杂的水蒸气参数关系式的计算由计算机来完成，并且可以达到非常高的精确度，用计算机完成水蒸气参数的确定也已成为一种目前广泛采用的手段。但习惯上，由已知的水蒸气参数求取未知参数仍普遍用水蒸气热力学性质图表来查取确定，而不是直接用复杂的参数关系式计算确定。

对于水蒸气热力过程的分析计算同样需要确定的是热力学能、焓和熵的变化值，不必确定它们的绝对值。因此，可以人为地规定任意状态为热力学能、焓和熵的计算起点，不过计算起点均是选择易于复现又相对稳定的状态为基准。水蒸气热力学性质图表中热力学能和熵的计算起点是按照国际水蒸气会议的规定，以水的三相点温度(273.16K)和压力(611.659Pa)下饱和水的热力学能 $u'_{TP}=0kJ/kg$，熵 $s'_{TP}=0kJ/(kg\cdot K)$。水蒸气热力学能的计算起点确定之后，根据焓的定义式也就可以确定任何状态下的焓值。例如：已知在三相点下饱和水的比容 $v'_{TP}=0.00100021m^3/kg$、压力 $p'_{TP}=611.659Pa$，根据焓的定义，在三相点下饱和水的焓值为 $h'_{TP}=u'_{TP}+p'_{TP}v'_{TP}=0+611.659\times0.00100021=0.61J/kg\approx0kJ/kg$。

水蒸气热力学性质图表是专门研究物性的科学工作者按照水蒸气的复杂参数关系式编制的。尽管国际水蒸气会议制定了水蒸气热力性质的骨架表及允差，但由于各种水蒸气热力学性质图表所依据的参数关系式不同，其结果仍会略有差异。常用的水蒸气热力学性质图表有水蒸气的焓熵图与水和水蒸气热力性质表。水与水蒸气热力性质表有两种，一种是饱和水与饱和蒸汽的热力性质表；另一种是未饱和水与过热蒸汽的热力性质表。

二、饱和水与饱和蒸汽的热力性质表

为了使用方便，饱和水与干饱和蒸汽的热力性质表又分为以温度为序和以压力为序的两种。如表6-1和表6-2所示，在以温度为序的饱和水与饱和水蒸气表中，列出了不同温度对应的饱和压力 p_s；而在以压力为序的表中则列出了与不同压力对应的饱和温度 t_s。两种表都列出了不同温度或不同压力下饱和水与干饱和蒸汽的比容（v'与v''）、焓（h'与h''）和熵（s'与s''），以及相应的汽化潜热 r。

表6-1　　饱和水与干饱和蒸汽的热力性质表（按温度排列）（摘录）

t	p	v'	v''	h'	h''	r	s'	s''
℃	MPa	m^3/kg	m^3/kg	kJ/kg	kJ/kg	kJ/kg	kJ/(kg·K)	kJ/(kg·K)
0.01	0.006117	0.00100021	206.012	0.00	2500.53	2500.5	0.0000	9.1541
10	0.0012279	0.00100034	106.341	42.00	2518.90	2476.9	0.1510	8.8988
50	0.0123446	0.00101216	12.0365	209.33	2591.19	2381.9	0.7038	8.0745
100	0.101325	0.00104344	1.6736	419.06	2675.71	2256.6	1.3069	7.3545
200	1.55366	0.00115641	0.12732	852.34	2792.47	1940.1	2.3307	6.4312
300	8.58308	0.00140369	0.021669	1344.0	2748.71	1404.7	3.2533	5.7042

表 6-2 饱和水与干饱和蒸气的热力性质表（按压力排列）（摘录）

p	t	v'	v''	h'	h''	r	s'	s''
MPa	℃	m^3/kg	m^3/kg	kJ/kg	kJ/kg	kJ/kg	kJ/(kg·K)	kJ/(kg·K)
0.01	45.7988	0.0010103	14.673	191.76	2583.72	2392.0	0.6490	8.1481
0.10	99.634	0.0010432	1.6943	417.52	2675.14	2257.6	1.3028	7.3589
1.00	179.916	0.0011272	0.19438	762.84	2777.67	2014.8	2.1388	6.5859
10.0	311.037	0.0014522	0.018026	1407.2	2724.46	1317.2	3.3591	5.6139
20.0	365.789	0.0020379	0.005870	1827.2	2413.05	585.9	4.0153	4.9322

表 6-1 和表 6-2 仅仅是排序上存在差异，所确定的内容均是饱和水与干饱和蒸汽的参数。当已知温度时可由表 6-1 确定该温度下饱和水与干饱和蒸汽的参数；当已知压力时可由表 6-2 确定该压力下饱和水与干饱和蒸汽的参数。

水与水蒸气热力性质表中无热力学能 u，需要时可由 $u=h-pv$ 计算。用该式计算热力学能时，应注意表中给出的焓值单位是 kJ/kg，而压力的单位是 MPa，h 与 pv 两项之间需先统一单位再求差值。

水与水蒸气热力性质表无专门的湿蒸汽表。对于湿蒸汽的状态参数，可先由表 6-1 或 6-2 查出相应温度或压力下的饱和水与干饱和蒸汽的参数，然后通过计算得出。由于湿蒸汽是由压力、温度相同的饱和水与饱和蒸汽所组成的混合物。同一压力（或温度）下，不同湿蒸汽状态的根本差异就在于其饱和水与饱和蒸汽的比例不同，湿蒸汽的这一特性是用参数干度或湿度来描述的。1kg 湿蒸汽中含有饱和蒸汽的质量称为干度，用 x 表示；1kg 湿蒸汽中含有饱和水的质量称为湿度，用 y 表示。若用 m' 与 m'' 分别表示湿蒸汽中饱和水与饱和蒸汽的质量，则干度 x 与湿度 y 分别为

$$x=\frac{m''}{m'+m''} \tag{6-2}$$

$$y=\frac{m'}{m'+m''} \tag{6-2a}$$

显然，$x+y=1$，干度 x 与湿度 y 两者之间不是独立参数。而且，$0\leqslant x\leqslant 1$；$0\leqslant y\leqslant 1$。当湿蒸汽为饱和水时，$x=0$，$y=1$；当湿蒸汽为干饱和蒸汽时 $x=1$，$y=0$。湿蒸汽的干度 x 越大，干饱和蒸汽的质量份额越大，越接近干饱和蒸汽状态；反之干度 x 越小，越接近饱和水状态。

对于湿蒸汽由于压力与温度不再是独立参数，不能用压力和温度确定湿蒸汽状态。若已知湿蒸汽的压力（或温度）以及干度 x，则可由相应压力下的饱和水与干饱和蒸汽的参数计算出湿蒸汽的参数。因为 1kg 湿蒸汽是由（$1-x$）kg 饱和水与 $x$kg 干饱和蒸汽混合而成的，因此，1kg 湿蒸汽的各参数就等于（$1-x$）kg 饱和水的相应参数与 $x$kg 干饱和蒸汽的相应参数之和，即

$$v_x=(1-x)v'+xv''=v'+x(v''-v') \tag{6-3}$$

$$h_x=(1-x)h'+xh''=h'+x(h''-h') \tag{6-4}$$

$$s_x=(1-x)s'+xs''=s'+x(s''-s') \tag{6-5}$$

【例 6-1】 确定下列各点的状态（1）$p=0.1\text{MPa}$，$t=110℃$；（2）$p=1\text{MPa}$，$v=0.1\text{m}^3/\text{kg}$；（3）$t=200℃$，$s=2\text{kJ}/(\text{kg}\cdot\text{K})$。

解 （1）由饱和水和饱和蒸汽表查得：$p=0.1\text{MPa}$ 时，$t_s=99.634℃$。

由 $t=110℃>t_s=99.634℃$，可知该状态为过热蒸汽。

（2）由饱和水和饱和蒸汽表查得：$p=1\text{MPa}$ 时，$v'=0.0011272\text{m}^3/\text{kg}$，$v''=0.19438\text{m}^3/\text{kg}$。

由 $v'=0.0011272\text{m}^3/\text{kg}<v=0.1\text{m}^3/\text{kg}<v''=0.19438\text{m}^3/\text{kg}$，可知该状态为湿蒸汽。

（3）由饱和水和饱和蒸汽表查得：$t=200℃$时，$s'=2.3307\text{kJ}/(\text{kg}\cdot\text{K})$。

由 $s=2\text{kJ}/(\text{kg}\cdot\text{K})<s'=2.3307\text{kJ}/(\text{kg}\cdot\text{K})$，可知该状态为未饱和水。

讨论：以同样压力下饱和水与干饱和蒸汽的参数为基准可以判断水蒸气所处的状态。而判断水蒸气所处的状态是查取参数的基础与前提。确定状态之后才能确定用什么表来查取参数。

【例 6-2】 求[例 6-1](2)湿蒸汽状态下的温度 t_s、焓 h、熵 s 及热力学能 u。

解 由饱和水和饱和蒸汽表查得：$p=1\text{MPa}$ 时，$t_s=179.916℃$，$v'=0.0011272\text{m}^3/\text{kg}$，$v''=0.19438\text{m}^3/\text{kg}$，$h'=762.84\text{kJ/kg}$，$h''=2777.67\text{kJ/kg}$，$s'=2.1388\text{kJ}/(\text{kg}\cdot\text{K})$，$s''=6.5859\text{kJ}/(\text{kg}\cdot\text{K})$。该湿蒸汽状态的干度 x 由式(6-3)有

$$x=\frac{v-v'}{v''-v'}=\frac{0.1-0.0011272}{0.19438-0.0011272}=0.5116\text{m}^3/\text{kg}$$

于是由式（6-4）和式（6-5）有

$$h=h'+x(h''-h')=762.84+0.5116(2777.67-762.84)=1793.627\text{kJ/kg}$$

$$s=s'+x(s''-s')=2.1388+0.5116(6.5859-2.1388)=4.414\text{kJ}/(\text{kg}\cdot\text{K})$$

$$u=h-pv=1793.627-1\times10^6\times0.1\times10^{-3}=1893.627\text{kJ/kg}$$

讨论：当湿蒸汽的干度已知时，可直接用式（6-3），式（6-4），式（6-5）计算比容、焓和熵。而该例中所给出的两个独立参数是压力与比容，由于它们也同样确定了一个湿蒸汽的平衡状态，所以其余参数也就确定了。而干度 x 是湿蒸汽的一个状态参数，状态一定它的数值也是确定的。这时需要先用相应已知参数的湿蒸汽参数计算式计算出干度 x，再计算其余参数。

三、未饱和水与过热蒸汽的热力性质表

如表 6-3 所示，未饱和水与过热蒸汽的热力性质表是以温度和压力为确定未饱和水与过热蒸汽状态的两个独立变量而编制出了各状态下的比容、焓和熵。表中的黑线是未饱和水与过热蒸汽状态的分界线，黑线以上为未饱和水，粗黑线以下为过热蒸汽。

水和水蒸气热力性质表无论是“饱和水与饱和蒸汽热力性质表”还是“未饱和水与过热蒸汽热力性质表”毕竟不是连续的函数关系式，编制的状态参数仅仅是一些有限状态点的参数数值，这些状态点之间不是连续的，存在着间隔。若要确定这些间隔中状态点的状态参数，需要通过直线内插法求得。为了减小误差，内插计算的原则是要以表中给出参数数据距离所求状态点最近的两个状态点进行直线内插计算。

表 6-3　　未饱和水与过热蒸汽的热力性质表（摘录）

p	0.1MPa			1MPa		
饱和参数	$t_s=99.634℃$ $v'=0.0010431\mathrm{m^3/kg}$，$v''=1.6943\mathrm{m^3/kg}$， $h'=417.52\mathrm{kJ/kg}$，$h''=2675.14\mathrm{kJ/kg}$， $s'=1.3028\mathrm{kJ/(kg\cdot K)}$，$s''=7.3589\mathrm{kJ/(kg\cdot K)}$			$t_s=179.916℃$ $v'=0.0011272\mathrm{m^3/kg}$，$v''=0.19438\mathrm{m^3/kg}$， $h'=762.84\mathrm{kJ/kg}$，$h''=2777.67\mathrm{kJ/kg}$， $s'=2.1388\mathrm{kJ/(kg\cdot K)}$，$s''=6.5859\mathrm{kJ/(kg\cdot K)}$		
t	v	h	s	v	h	s
℃	$\mathrm{m^3/kg}$	kJ/kg	kJ/(kg·K)	$\mathrm{m^3/kg}$	kJ/kg	kJ/(kg·K)
10	0.0010003	42.10	0.1510	0.0009999	42.98	0.1509
30	0.0010044	125.77	0.4365	0.0010040	126.59	0.4363
50	0.0010121	209.40	0.7037	0.0010117	210.18	0.7033
70	0.0010227	293.07	0.9549	0.0010223	293.80	0.9544
90	0.0010359	376.96	1.1925	0.0010355	377.66	1.1919
110	1.7448	2696.2	7.4146	0.0010511	461.95	1.4179
130	1.8411	2736.3	7.5167	0.0010692	546.87	1.6339
150	1.9364	2776.0	7.6128	0.0010901	632.61	1.8414
170	2.0311	2815.6	7.7041	0.0011140	719.36	2.0418
190	2.1253	2855.0	7.7912	0.20025	2803.0	6.6412
210	2.2191	2894.5	7.8747	0.21143	2851.0	6.7427

【例 6-3】 求 $p=0.1\mathrm{MPa}$、$t=95℃$的水的比容 v、焓 h、熵 s 及热力学能 u。

解　由饱和水和饱和蒸汽表查得：$p=0.1\mathrm{MPa}$ 时，$t_s=99.634℃$。

由 $t=95℃<t_s=99.634℃$，可知该状态为未饱和水。因此应由“未饱和水与过热蒸汽热力性质表”来查取该状态的参数。

在“未饱和水与过热蒸汽热力性质表”中距该状态点最近的两点分别为：$p=0.1\mathrm{MPa}$、$t_1=90℃$时的未饱和水状态点与 $p=0.1\mathrm{MPa}$ 下的饱和水状态点。

由“未饱和水与过热蒸汽热力性质表”查得：$p=0.1\mathrm{MPa}$、$t_1=90℃$ 时，$v_1=0.0010359\mathrm{m^3/kg}$，$h_1=376.96\mathrm{kJ/kg}$，$s_1=1.1925\mathrm{kJ/(kg\cdot K)}$。

查得 $p=0.1\mathrm{MPa}$ 下的饱和水：$t_2=99.634℃$，$v_2=0.0010432\mathrm{m^3/kg}$，$h_2=417.52\mathrm{kJ/kg}$，$s_2=1.3028\mathrm{kJ/(kg\cdot K)}$。

$p=0.1\mathrm{MPa}$、$t=95℃$的未饱和水的比容 v、焓 h、熵 s 用直线内插法计算如下

$$v=v_1+\frac{v_2-v_1}{t_2-t_1}(t-t_1)=0.0010359+\frac{0.0010432-0.0010359}{99.634-90}(95-90)=0.0010397\mathrm{m^3/kg}$$

$$h=h_1+\frac{h_2-h_1}{t_2-t_1}(t-t_1)=376.96+\frac{417.52-376.96}{99.634-90}(95-90)=398.01\mathrm{kJ/kg}$$

$$s=s_1+\frac{s_2-s_1}{t_2-t_1}(t-t_1)=1.1925+\frac{1.3028-1.1925}{99.634-90}(95-90)=1.2497\mathrm{kJ/(kg\cdot K)}$$

该状态下的热力学能 $u=h-pv=398.01-0.1\times10^6\times0.0010397\times10^{-3}=389.114\mathrm{kJ/kg}$。

讨论：该未饱和水状态点接近饱和水状态，若误用在表中一线之隔的未饱和水参数与过热蒸汽参数进行内插计算，则两点由于相隔一个汽化阶段相距较远，势必导致较大误差，与内插计算的原则相背。

利用水和水蒸气热力性质表确定参数的特点是精确度高，但往往需要繁杂的内插计算，尤其对于已知参数不是基本参数时繁杂的内插计算更是不可避免。为了确定参数方便，在水蒸气热力过程的分析计算中，最常用的是水蒸气的焓-熵图。

第四节 水蒸气的 *h-s* 图

水蒸气的焓-熵图（h-s 图）如图 6-5 所示，是专门研究物性的科学工作者按照水蒸气的复杂参数关系式绘制的以焓 h 为纵坐标轴、熵 s 为横坐标轴的线算图。利用 h-s 图无须内插计算，可以很容易地确定水蒸气的状态参数，而且定压过程传递的热量和绝热过程交换的技术功均可由 h-s 图直接确定其焓差而得出具体结论。因此，对水蒸气的热力过程进行分析计算时，用 h-s 图更加直观方便。

水蒸气的 h-s 图如图 6-5 所示，主要由一系列线群组成。除等焓线与等熵线之外，h-s 图上的线群有如下四簇：

（1）等压线群：由可逆过程热力学第一定律 $T\mathrm{d}s=\mathrm{d}h-v\mathrm{d}p$，可得等压线的斜率 $(\partial h/\partial s)_p=T$。于是等压线在湿蒸汽区为斜率恒定的斜直线（温度恒定），在过热蒸汽区为斜率越来越大（温度升高）的曲线。等压线群整体呈放射线型，等压线间的距离随着横坐标熵的增大而越来越大。

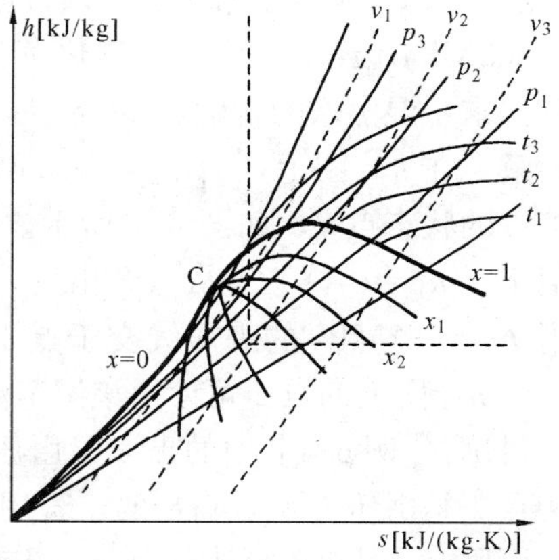

图 6-5 水蒸气的 h-s 图

（2）等温线群：在湿蒸汽区压力一样的点势必温度也一样，也即等压线就是等温线。在过热蒸汽区等温线是渐趋平坦的曲线。等温线在 h-s 图上的变化趋势表明离干饱和蒸汽线越远，水蒸气的焓越接近于成为温度的单值函数，水蒸气越接近于理想气体的性质。

（3）等容线群：等容线是较等压线更陡的曲线，为了便于区别，一般用红线表示。

（4）等干度线群：在湿蒸汽区的等干度线群交于临界点 C。临界压力 p_{cr} 与临界温度 t_{cr} 是汽液两相平衡共存饱和状态下的最高值，但临界焓值 h_{cr} 却不是汽液两相平衡共存饱和状态下的最高值。在 $x=0$ 的饱和水线上所有饱和水状态点的焓都低于临界焓值 h_{cr}，在 h-s 图上饱和水状态点均在临界点的下方；但在 $x=1$ 的干饱和蒸汽线上，有一部分干饱和蒸汽状态点的焓高于临界焓值 h_{cr}，这些点在 h-s 图上要高于临界点。水蒸气的 h-s 图上，在 $x=0$ 的饱和水线与 $x=1$ 的干饱和蒸汽线的下面为湿蒸汽区，在 $x=0$ 的饱和水线的左侧为未饱和水区，在 $x=1$ 的干饱和蒸汽线的右上方为过热蒸汽区。

热力工程中应用的水蒸气多为干度较高的湿蒸汽及过热蒸汽。因此实用的 h-s 图只限于图 6-5 中右上方虚线框出的部分。我们使用的 h-s 图所包括的状态范围均属这部分区域。在 h-s 图的这个区域内，根据水蒸气任意两个彼此独立的状态参数，可以确定一个状态点，进而可以读出该状态下的其余参数。当需要确定饱和水线附近的状态参数时，则需要由水与水蒸气热力性质表查取。

【例 6-4】 某汽轮机水蒸气的入口压力与温度分别为 $p_1=17\text{MPa}$，$t_1=550℃$。经可逆绝

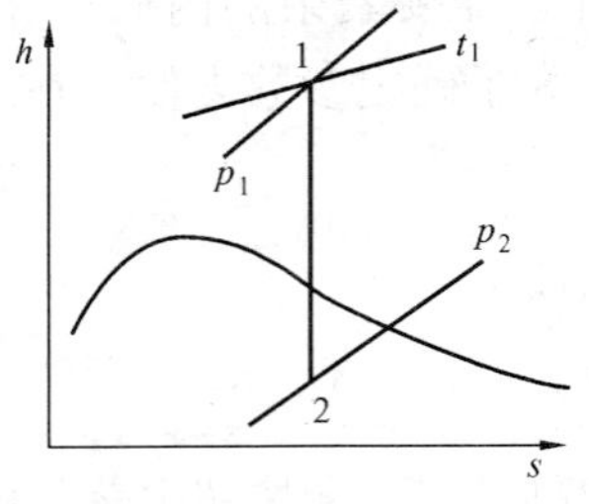

图 6-6 ［例 6-4］图

热膨胀做功后，排汽压力为 $p_2=0.01$MPa。试由 h-s 图求：(1) 水蒸气在汽轮机入口处的比容、焓和熵；(2) 水蒸气在汽轮机出口处的比容和焓；(3) 1kg 水蒸气流过汽轮机所做的轴功。

解 (1) 在 h-s 图上，$p_1=17$MPa 的等压线与 $t_1=550$℃的等温线的交点 1 即水蒸气在汽轮机入口处的状态点。于是可读得 $v_1=0.02\text{m}^3/\text{kg}$，$h_1=3430$kJ/kg，$s_1=6.44$kJ/(kg·K)。

(2) 在 h-s 图上，$s_2=s_1=6.44$kJ/(kg·K)的等熵线与 $p_2=0.01$MPa 的等压线的交点 2 即水蒸气在汽轮机出口处的状态点。于是可读得 $v_2=17\text{m}^3/\text{kg}$，$h_2=2040$kJ/kg。

(3) 由稳定流动能量方程可得 1kg 水蒸气流过汽轮机所做的轴功为 $w_s=h_1-h_2=3430-2040=1390$kJ/kg。

【例 6-5】 工程上常通过绝热节流来测量湿蒸汽的干度。已知某湿蒸汽状态下的压力为 $p_1=0.2$MPa，经节流后变为过热蒸汽，并测得节流后压力降为 $p_2=0.05$MPa，温度 $t_2=90$℃。求：湿蒸汽的干度 x_1。

解 在 h-s 图上，由 $p_2=0.05$MPa，$t_2=90$℃可确定出过热蒸汽的状态点 2，如图 6-7 所示。由于绝热节流前后蒸汽的焓值不变 $h_1=h_2$，于是从点 2 出发，沿等焓线与节流前湿蒸汽压力 $p_1=0.2$MPa 的等压线交于点 1，即为所求的湿蒸汽状态点。由 h-s 图上的点 1 可读得该湿蒸汽状态的干度为 $x_1=0.97$。

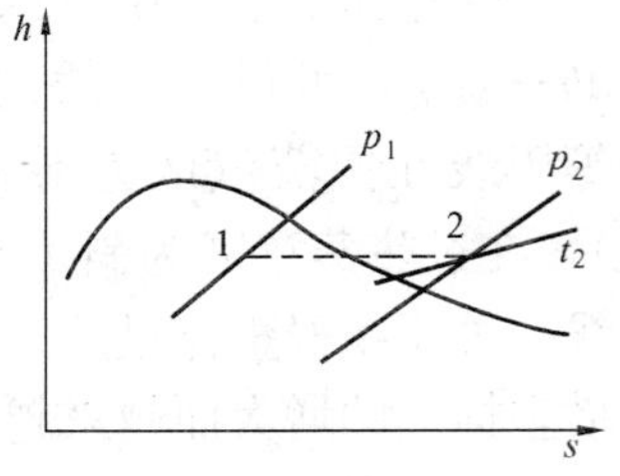

图 6-7 ［例 6-5］图

讨论：［例 6-4］中的点 2 是由压力和熵确定的，［例 6-5］中的点 1 是由压力和焓确定的，若用水蒸气热力性质表则较繁杂，而用 h-s 图却较简洁。用 h-s 图确定参数的要点是正确确定状态点，由于所求的状态点往往是在各种线群的间隔之中，所以需要尽可能精确地估计读出参数数据。一般来讲，用 h-s 图比较方便，但存在一定的误差。过程的目的是为了了解过程中工质状态的变化规律，确定过程中工质与外界的能量交换。

小 结

本章主要介绍了水蒸气热力性质的一些基本概念，以及水蒸气热力性质图表的结构和确定状态参数的方法。这些内容是水蒸气热力过程分析计算所必需的理论基础。本章的基本知识点以及要点和难点小结如下。

1. 反映物质集态变化的 p-T 图（相图）包含有：气、液、固三个单相区；汽化线、溶解线、升华线三条曲线；三相点以及临界点的基本概念。要注意：p-T 图上的三相点和三条曲线上的任一点均不是一个状态，而是一系列三相平衡共存状态点和两相平衡共存状态点的集合。物质的集态变化的要点是：汽化与凝结，汽化的两种方式——蒸发与沸腾，饱和状态，饱和液体与饱和蒸汽，饱和压力与饱和温度等概念。应掌握这些术语的概念及含义。

2. 水蒸气各种状态之间的关系与基本特性在 p-v 图与 T-s 图上，可归结为一点两线三区五态。当压力低于临界压力时，水蒸气的等压发生过程要经历三个阶段、五种状态，在

T-s 图上，是一条三折线。根据水蒸气的等压发生过程各参数的变化特性，对于任何一个状态只要知道它相对于同压下的饱和水与干饱和蒸汽点的关系就可以确定它是五种状态之中的哪一种状态。当压力大于等于临界压力时，不再存在汽化阶段，液、汽两相的转变为一连续渐变过程，并以临界温度作为液汽两个单相区的分界。临界压力 p_{cr} 与临界温度 t_{cr} 是汽液两相平衡共存饱和状态下的最高值。过热蒸汽的过热度与湿蒸汽的干度分别是过热蒸汽与湿蒸汽的特有参数，对于其他状态是毫无意义的。在掌握这些概念与特性的同时，应会用 T-s 图定性表达。

3. 由水蒸气热力性质图表确定水蒸气状态参数的方法是本章的知识要点，要熟练掌握。水蒸气一般不能当作理想气体处理，即一般不能将理想气体的状态方程、迈耶公式以及热力学能、焓和熵的计算式用于水蒸气。由水与水蒸气热力性质表确定水蒸气状态参数，关键是要明确判断水蒸气所处的状态，正确选择相应的表查取参数。对于湿蒸汽则需要由饱和水与干饱和蒸汽的参数，用湿蒸汽的参数计算式计算。由 h-s 图确定水蒸气状态参数，关键是要在 h-s 图上正确确定水蒸气所处的状态点，同时应会用 h-s 图定性表达。

习　　题

6-1　画出水的相图，并简要回答下列问题：

(1) 有无压力为 0.6kPa 的水？

(2) 有无温度为 0.1℃的冰？

(3) 有无温度为－2℃的过热蒸汽？

6-2　在 p-v 图与 T-s 图上，定性标示出水蒸气的一点两线三区五态，并分析水蒸气的等压发生过程各参数的变化特性与诸饱和参数随饱和温度的变化趋势。

6-3　解释下列问题：

(1) 汽化的两种方式有何差异？

(2) 水蒸气的饱和状态有何特点？随着压力的升高，饱和水与干饱和蒸汽的参数以及汽化潜热的变化趋势是什么？

(3) 水蒸气等压发生过程有哪些阶段？对水等容加热或等温加热，可否变成蒸汽？

(4) 有无温度为 380℃的水？有无比容为 0.004m³/kg 的水？

(5) 定压过程 $dh=c_p dT$，对于水蒸气的汽化阶段 $dT=0$，为何 dh 不等于零？

6-4　确定下列各点的状态是五种状态中的哪一种：(1) $p=10$kPa，$t=50$℃；(2) $t=200$℃，$v=0.1$m³/kg；(3) $P=5$kPa，$s=6.5042$kJ/(kg·K)；(4) $t=120$℃，$h=501.3$kJ/kg。

6-5　确定下列各点的参数：

(1) 0.15MPa 下饱和水与干饱和蒸汽的温度、比容、焓和熵；

(2) 压力为 1.5MPa、温度为 170℃时的比容、焓和熵；

(3) 压力为 0.5MPa、干度为 0.9 时的比容、焓和熵；

(4) 压力为 15MPa、焓为 3400kJ/kg 时湿蒸汽的温度、比容以及热力学能。

6-6　已知如图 6-8 所示的水蒸气状态点 1、2、3 处于 $p=5$MPa 的同一条等压线上，$t_3=550$℃、$t_4=32.879$℃。试确定 1、2、3、4、5 各点的 p、t、v、h、s 和 u。

6-7 试求题 6-6 中状态点 3 的过热度。

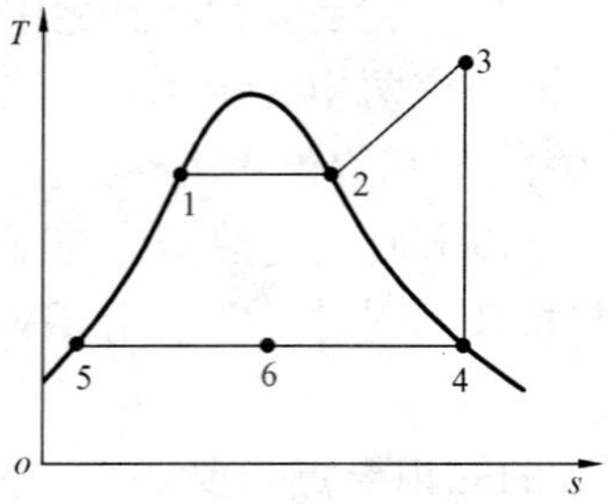

图 6-8 题 6-6 附图

6-8 若在 0.5m^3 的容器内，水蒸气处于图 6-8 中的状态点 6（T-s 图中 4 到 5 的中间点）。求：容器内水蒸气的干度与质量。

6-9 水在锅炉内，从 20℃、6MPa，等压加热到 450℃。求：对每 kg 水的加热量。并将该过程在 h-s 图与 T-s 图上定性表示出来。

6-10 1kg 的水蒸气，由 $p_1=3$MPa、$t_1=450$℃，经可逆绝热膨胀到 $p_2=0.005$MPa。用 h-s 图求：该绝热过程的技术功 w_t 以及终点参数 t_2、h_2、s_2 和 x_2，并将该过程在 h-s 图与 T-s 图上定性表示出来。

第七章　湿　空　气

湿空气是由干空气和水蒸气组成的混合气体。本书以前各章节中提到的空气是指忽略水蒸气的干空气，但是，在某些场合，如烘干装置、采暖通风装置、室内调湿调温及冷却塔等设备中的湿空气，其水蒸气的含量是不可忽略的，因此，有必要对湿空气的热力性质进行研究，并讨论有关湿空气的热工计算。

第一节　湿空气的性质

由于湿空气中水蒸气含量很少，其分压力很低，因此，可以把湿空气看作理想气体的混合气体。本书第三章介绍的理想气体所遵循的规律及理想气体混合物的计算式都可应用。

湿空气总压力为 p，干空气的分压力 p_a，水蒸气分压力 p_V，根据理想气体的道尔顿分压力定律得

$$p=p_a+p_V$$

在通风空调及干燥工程中，一般采用大气作为工质，这时，湿空气的总压力就是当地的大气压力。因此，上式可写为

$$B=p_a+p_V \tag{7-1}$$

下标 a 代表干空气，V 代表水蒸气。

同时，还必须知道，湿空气与一般理想混合气体又不尽相同。由于湿空气中的水蒸气可能部分冷凝，其含量或成分将随之改变，因此湿空气有一些特殊性质。

一、饱和空气和未饱和空气

依据湿空气中水蒸气是否达到饱和状态，将湿空气分为饱和湿空气和未饱和湿空气。湿空气中的水蒸气，由于其分压力不同以及温度不同，或者处于过热状态，或者处于饱和状态，当湿空气由干空气和过热蒸汽组成时，称为未饱和湿空气。如图 7-1 所示，在水蒸气图上，点 a 的状态即为过热蒸汽状态，此时湿空气温度为 t，水蒸气分压力 p_V 低于对应于 t 的饱和压力 p_s。

如果湿空气保持温度不变，向湿空气中加入水蒸气，则水蒸气状态点将沿着定温线 a-b 变化，当分压力增大到 p_s，如图 7-1 所示点 b 时，水蒸气达到饱和状态。这种由干空气和饱和水蒸气组成的湿空气称为饱和湿空气。饱和湿空气吸收水蒸气的能力已达到极限，若再向它加入水蒸气，便会有凝结水滴析出。

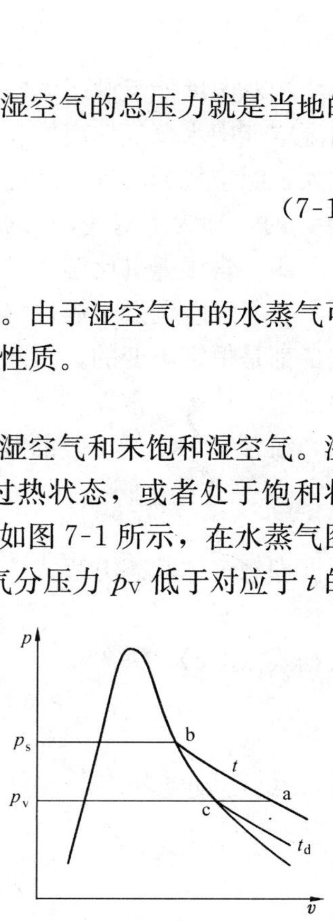

图 7-1　湿空气中水蒸气过程的 p-v 图

二、露点

未饱和湿空气也可以通过另一途径达到饱和。如图 7-1 所

示，如果湿空气内水蒸气分压力 p_V 不变的情况加以冷却，状态点将沿着等 p_V 线与干饱和蒸汽线相交于 c，达到了饱和状态，若继续冷却，将有部分水蒸气冷凝析出，这种现象称为结露。c 点温度即为对应于 p_V 的饱和温度，称为露点，用 t_d 表示。t_d 在工程上是十分有用的参数，例如在冬季采暖季节，房屋建筑外墙的内表面温度必须超过室内空气的露点温度，否则外墙内表面会出现凝结水。

三、绝对湿度和相对湿度

1m³ 湿空气中所含有的水蒸气质量，称为湿空气的绝对湿度，用 ρ_V 表示。按理想气体状态方程式得

$$\rho_V=\frac{m_V}{V}=\frac{p_V}{R_V T} \quad \text{kg/m}^3 \tag{7-2}$$

式中 ρ_V——湿空气的绝对湿度，也是湿空气中水蒸气的密度。

在一定温度下饱和空气的绝对湿度达到最大值，称为饱和绝对湿度，其计算式为

$$\rho_s=\frac{p_s}{R_V T} \quad \text{kg/m}^3 \tag{7-3}$$

湿空气的绝对湿度 ρ_V 与同温度下饱和湿空气的饱和绝对湿度 ρ_s 的比值，称为相对湿度，用 φ 表示

$$\varphi=\frac{\rho_V}{\rho_s}=\frac{p_V}{p_s} \tag{7-4}$$

相对湿度 φ 反映了湿空气中水蒸气含量接近饱和的程度，介于 0～1 之间。φ 越小，表明湿空气中水蒸气偏离饱和状态越远，即湿空气越干燥、吸取水蒸气的能力越强。反之，φ 越大，湿空气越潮湿，则湿空气中水蒸气越接近饱和状态，其吸取水蒸气的能力也越小。当 $\varphi=0$ 时，即为干空气；当 $\varphi=1$ 时，即 $p_V=p_s$，为饱和湿空气。

四、含湿量（比湿度）

在通风空调及干燥过程中，湿空气中的水蒸气含量可能发生变化，而湿空气中的干空气质量都是恒定不变的，因此，为了分析和计算方便，对于湿空气的某些状态参数的计算，如含湿量、焓等，常以 1kg 干空气作为计算基准。

在含有 1kg 干空气的湿空气中，所含有的水蒸气质量称为湿空气的含湿量，用 d 表示

$$d=1000\,\frac{m_V}{m_a} \quad \text{g/kg(a)} \tag{7-5}$$

依据理想气体状态方程式

$$p_a V=m_a R_a T \text{ 及 } p_V V=m_V R_V T$$

根据式（3-5）

$$R_a=\frac{8314}{28.97}=287\text{J/(kg·K)},\ R_V=\frac{8314}{18.02}=461\text{J/(kg·K)}$$

可将式(7-5)写为

$$\begin{aligned} d &= 1000\,\frac{R_a}{R_V}\times\frac{p_V}{p_a}=1000\times\frac{287}{461}\times\frac{p_V}{p_a} \\ &= 622\,\frac{p_V}{p_a}=622\,\frac{p_V}{B-p_V} \quad \text{g/kg(a)} \end{aligned} \tag{7-6}$$

式(7-6)也可写成

$$d=622\frac{\varphi p_s}{B-\varphi p_s}\quad g/kg(a) \tag{7-7}$$

式(7-6)、式(7-7)中，kg(a)表示每kg干空气。

式(7-6)说明，当湿空气总压力B一定时，湿空气的含湿量d只取决于水蒸气的分压力p_V，即$d=f(p_V)$。

五、湿空气的焓

湿空气的比焓是指含有1kg干空气的湿空气的焓值，它等于1kg干空气的焓和$10^{-3}d$kg水蒸气的焓之总和，以h表示，即

$$h=h_a+10^{-3}dh_V \tag{7-8}$$

工程上常取0℃时干空气的焓值为0，取干空气定压比热容为$c_p=1.01$kJ/(kg·K)，则湿空气温度为t的干空气比焓为

$$h_a=c_pt=1.01t\quad kJ/kg(a)$$

对于水蒸气，取0℃时的饱和水的焓为0，则温度为t的比焓可以按经验公式计算为

$$h_V=2501+1.85t\quad kJ/kg(水蒸气)$$

式中：2501为0℃时饱和水蒸气的焓值；1.85为常温低压下水蒸汽的平均定压比热容。

将h_a和h_V的计算式代入式(7-8)得

$$h=1.01t+10^{-3}d(2501+1.85t)\quad kJ/kg(a) \tag{7-9}$$

式中：d的单位为g/kg(a)。

六、湿球温度

1. 绝热饱和温度

对于湿空气的含湿量或相对湿度是无法直接测量的，为此，就需要采用一些间接测量的方法，其中一种方法即为绝热饱和过程方法。如图7-2所示，温度为t的未饱和湿空气稳定地流过一个内部贮有水的长通道，假如通道足够长且绝热，总水量远大于水的蒸发量。空气流与水经过充分的热、质交换之后，达到热、湿平衡状态。此时，水槽中水的温度必定会达到一个不变的数值t_w^*，而出口空气经过绝热加湿后，也达到饱和空气状态，其温度也是t_w^*。t_w^*称为绝热饱和温度，也称热力学湿球温度。

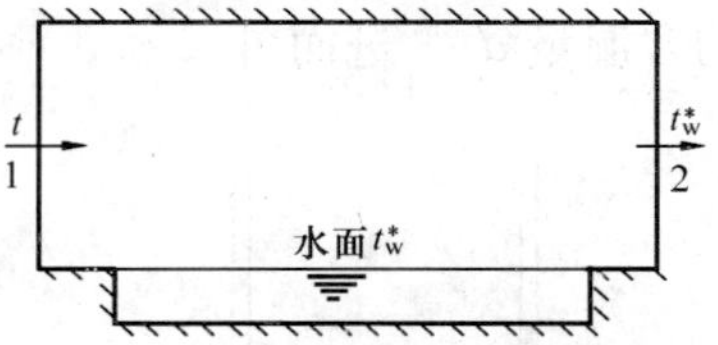

图7-2 空气的绝热饱和

依据质量守恒原理，湿空气在绝热饱和过程中干空气质量是不变的，即

$$\dot m_{a1}=\dot m_{a2}=\dot m_a \tag{a}$$

式中 $\dot m_{a1}$、$\dot m_{a2}$——进、出口湿空气中的干空气质量流量。

对于湿空气中的水蒸气，遵循如下的质量守恒关系

$$\dot m_{V1}+\dot m_f=\dot m_{V2}$$

或

$$d_1\dot m_{a1}+\dot m_f=d_2\dot m_{a2}$$

则

$$\dot m_f=(d_2-d_1)\dot m_a \tag{b}$$

式中 $\dot m_{V1}$、$\dot m_{V2}$——进、出口湿空气中水蒸气的质量流量；

$\dot{m}_f$——补充水的质量流量。

根据能量守恒原理，列出如下关系式

$$H_1+\dot{m}_f h_f=H_2$$

即

$$\dot{m}_{a1}h_1+\dot{m}_f h_f=\dot{m}_{a2}h_2$$

将式(a)、式(b)代入上式得

$$h_1+(d_2-d_1)h_f=h_2 \tag{c}$$

$$d_2=622\frac{p_{s2}}{B-p_{s2}}$$

式中 H_1、H_2——进、出口湿空气的总焓值；

$\dot{m}_f h_f$——补充水焓值；

h_1、h_2——进、出口湿空气的比焓值；

h_f——补充水比焓值，$h_f=c_{pm}t_w^*=4.1868t_w^*$，其中，$c_{pm}=4.1868$kJ/(kg·K)为水的平均比热容；

d_2——绝热饱和空气的含湿量；

p_{s2}——t_w^* 下的水蒸气饱和压力；

d_1——未饱和湿空气(状态 1)的含湿量。

根据式(7-9)，h_1、h_2 的计算式为

$$h_1=1.01t_1+10^{-3}d_1(2501+1.85t_1) \quad \text{kJ/kg(a)}$$

$$h_2=1.01t_w^*+10^{-3}d_2(2501+1.85t_w^*) \quad \text{kJ/kg(a)}$$

对于式(c)，分析可见，在已知 t_1、t_w^*、B 的情况下，就可确定未饱和湿空气(1 状态)的含湿量 d_1，进而可求 φ_1。

2. 湿球温度

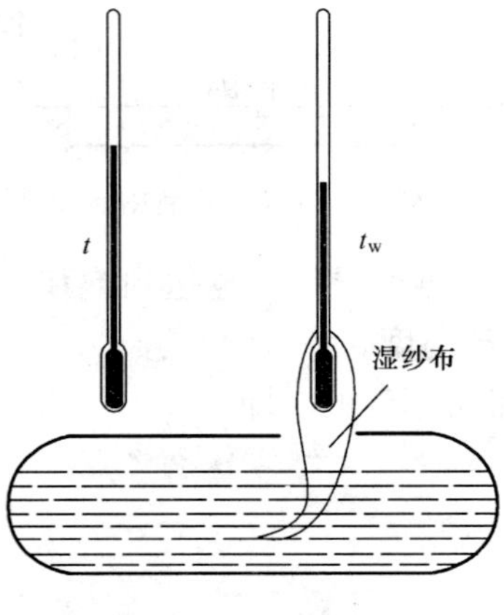

图 7-3 干、湿球温度计

在工程应用中，测量未饱和湿空气的绝热饱和温度 t_w^* 是很难实现的，因此，常用湿球温度计读数 t_w 来代替 t_w^*。干球温度计即普通温度计，其测出的是湿空气的真实温度。湿球温度计的感温包上包裹着浸在水中的湿纱布，如果置于通风良好的湿空气中，当达到热湿平衡时，测得湿纱布的温度，其读数称为湿球温度 t_w，如图 7-3 所示。如果未饱和湿空气接触湿纱布，湿纱布上的水分不断蒸发，吸收汽化潜热，湿球温度下降，形成了湿球与周围空气的温差，因而热量要从空气传向湿纱布，最后当湿球与周围空气之间达到某一温差时，保持稳定。由于湿纱布上的水分不断蒸发，紧贴湿球表面的空气达到饱和，形成很薄的饱和湿空气层。因此，湿球温度可以认为是这一薄层饱和湿空气的温度。

一般认为，在大气温度和压力条件下引起的误差很小，可以近似的用湿球温度 t_w 代替绝热饱和温度 t_w^*。

下面列出湿球加湿过程中的热平衡关系式

$$h_1+c_{pm}t_w(d_2-d_1)\times10^{-3}=h_2 \tag{7-10}$$

式中 h_1、d_1——湿空气的比焓及含湿量；

h_2、d_2、t_w——湿球纱布表面饱和空气层的比焓、含湿量及湿球温度。

由于湿纱布上水分蒸发的数量只有几克(对每 kg 干空气所吸收的水蒸气而言)，而湿球温度计的读数 t_w 又比较低，在乘以 10^{-3}之后，式(7-10)中 $c_{pm}t_w(d_2-d_1)\times10^{-3}$是很小的。在一般的通风空调工程中可以忽略不计，因此，式(7-10)可简化为

$$h_1=h_2 \tag{7-11}$$

由式(7-11)可知，通过湿球的湿空气在加湿过程中，湿空气的焓不变，是一个等焓过程，根据式(7-10)或式(7-11)以及干、湿球温度、大气压力 B，就可以间接确定湿空气的相对湿度 φ。

【例 7-1】 有温度 $t=30$℃、相对湿度 $\varphi=60\%$的湿空气 10000m³，当时的大气压力 $B=0.1$MPa。求露点 t_d、绝对湿度 ρ_V、含湿量 d、湿空气总焓、湿空气的质量 m 及湿空气密度 ρ。

解 (1) 露点：根据水蒸气表，当 $t=30$℃，查得水蒸气的饱和压力 $p_s=4242$Pa，由式(7-4) 得水蒸气分压力为

$$p_V=\varphi p_s=0.6\times4242=2545\text{Pa}$$

查水蒸气表，当 $p_V=2545$Pa 时，露点为

$$t_d=21.5℃$$

(2) 绝对湿度：由理想气体状态方程得水蒸气的绝对湿度为

$$\rho_V=\frac{p_V}{R_VT}=\frac{2545}{461\times303}=0.0182\text{kg/m}^3$$

或查水蒸气表，当 $t=30$℃时可得

$$\rho_s=\frac{1}{v''}=\frac{1}{32.929}=0.03037\text{kg/m}^3$$

代入式 (7-4) 则可得

$$\rho_V=\varphi\rho_s=0.6\times0.03037=0.0182\text{kg/m}^3$$

(3) 含湿量：应用式 (7-6) 可得

$$d=622\,\frac{p_V}{B-p_V}=622\,\frac{2545}{10^5-2545}=16.24\text{g/kg(a)}$$

(4) 湿空气的比焓：由式(7-9)可得

$$\begin{aligned}h&=1.01t+10^{-3}d(2501+1.85t)\\&=1.01\times30+10^{-3}\times16.24(2501+1.85\times30)\\&=71.8\text{kJ/kg(a)}\end{aligned}$$

当 $V=10000$m³ 时，干空气的质量为

$$m_a=\frac{p_aV}{R_aT}=\frac{(10^5-2545)\times10000}{287\times303}=11206\text{kg}$$

因此，可得湿空气的总焓为

$$H=m_ah=11206\times71.8=804590\text{kJ}$$

(5) 湿空气的质量为

$$m=m_a(1+10^{-3}d)=11206(1+0.01624)=11388\text{kg}$$

(6) 湿空气密度 ρ 为

$$\rho=\frac{m}{V}=\frac{m_a+m_V}{V}=\rho_a+\rho_V$$

$$=\frac{p_a}{R_aT}+\frac{p_V}{R_VT}=\frac{B-p_V}{R_aT}+\frac{p_V}{R_VT}$$

$$=\frac{B}{R_aT}-\left(\frac{1}{R_a}-\frac{1}{R_V}\right)\frac{p_V}{T}$$

将 $R_a=287\text{J/kg}\cdot\text{K}$，$R_V=461\text{J/kg}\cdot\text{K}$ 代入上式，得

$$\rho=\frac{B}{287T}-0.001315\frac{p_V}{T}=\frac{10^5}{287\times303}-0.001315\frac{2545}{303}=1.1388\text{kg/m}^3$$

第二节　湿空气的焓湿图

在工程计算中，除应用公式计算外，为了方便计算，仍大量采用线图，最常用的是焓湿图（*h*-*d* 图）。在 *h*-*d* 图上不仅可以表示湿空气的状态，确定其状态参数，而且还可以方便的表示湿空气的状态变化的过程。在焓湿图上，分析计算湿空气的处理过程十分方便，因而，*h*-*d* 图是空调工程计算中非常有用的工具。

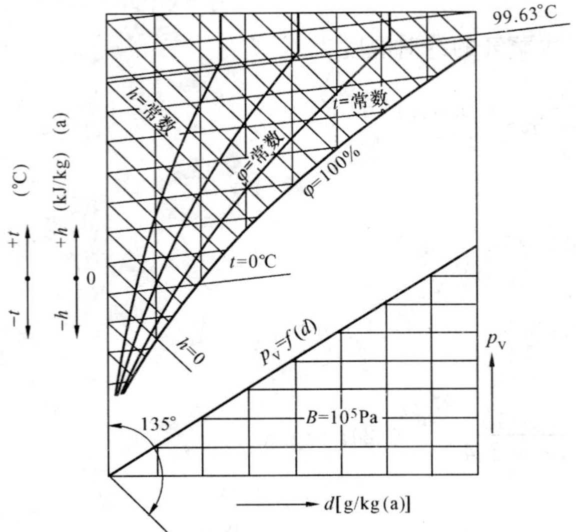

图 7-4　湿空气的 *h*-*d* 图

图 7-4 表示出 *h*-*d* 图的结构，该图是以含 1kg 干空气的湿空气为基准，在一定大气压力下，分别取焓 *h* 与含湿量 *d* 为纵、横坐标，为使曲线簇不过于拥挤，两坐标的夹角为 135°。*h*-*d* 图由下列五种线群组成，下面分别说明之。

1. 等含湿量（*d*）线群

等 *d* 线群是一组平行于纵坐标的直线，纵坐标为 $d=0$ 的等 *d* 线，自左向右 *d* 值逐渐增大。

2. 等焓(*h*)线群

等 *h* 线是一组与纵坐标成 135°的平行直线。在纵坐标轴上标有零点，令其 $h=0$，沿纵坐标轴的零点以上为正值；零点以下焓为负值。自下而上焓值逐渐增大。

3. 等温(干球温度 *t*)线群

由式(7-9)$h=1.01t+10^{-3}d(2501+1.85t)\text{kJ/kg(a)}$，可见，当湿空气的干球温度 $t=$定值时，*h* 与 *d* 呈线性关系。*t* 不同，斜率不同；*t* 越大，斜率也越大。所以，等 *t* 线是一组互不平行的直线。但是，等 *t* 线斜率为 $10^{-3}(2501+1.85t)$，其中 2501 远大于 $1.85t$，所以等 *t* 线之间又近乎于平行，如图 7-4 所示。

4. 等相对湿度(*φ*)线群

等 *φ* 线是一组上凸形的曲线，由式(7-7)可知，*B* 一定时，$\varphi=f(d,\ p_s)$。当 *φ* 为某一定值时，把不同温度下的饱和压力值代入式(7-7)，就可得到相应温度下的 *d* 值。在 *h*-*d* 图

上，可得相应状态点，连接这些点，即得该 φ 值的等 φ 线。取不同的 φ 值，可得一系列等 φ 线。

h-d 图是在一定大气压力 B 下绘制的，水蒸气的分压力最大也不可能超过 B，图 7-4 的 $B=10^5$Pa，则对应于水蒸气饱和温度为 $t_s=99.63$℃，因此，当湿空气温度等于或高于 99.63℃时，$\varphi=\dfrac{p_V}{B}$即 $p_V=B\varphi$，式(7-6)将成为

$$d=622\frac{B\varphi}{B-B\varphi}=622\frac{\varphi}{1-\varphi}$$

这时等 φ 线即为等 d 线，所以在 h-d 图上，等 φ 线超过 B 相应的饱和温度($B=10^5$Pa 时，$t_s=99.63$℃)之后，将变为一条与等 d 线平行的直线。

5. 水蒸气分压力(p_V)线群

按照公式 $d=622\dfrac{p_V}{B-p_V}$，如果大气压力 B 一定，水蒸气分压力只与含湿量有关，即 $p_V=f(d)$，这说明 d 与 p_V 不是相互独立的两个状态参数，因此，可以在 h-d 图上绘出 d 与 p_V 之间的变换线，如图 7-4 所示。也可以将与 d 相对应的 p_V 值标示在横坐标轴上，如附录图所给出的 h-d 图。

6. 热湿比 (ε)

在工程计算中，将湿空气的热力过程中焓的变化与含湿量变化的比值，称为热湿比，用 ε 表示，即

$$\varepsilon=\frac{h_2-h_1}{d_2-d_1}=\frac{\Delta h}{\Delta d}\quad \text{kJ/g} \tag{7-12}$$

在 h-d 图上，ε 为常数的湿空气过程线是直线，ε 就是该过程线的斜率，反映了过程线相对于 d 坐标轴的倾斜角度，因此，ε 又称为角系数。在 h-d 图上，对于各种热力过程，不管其初态及终态如何，只要过程的热湿比 ε 值相同，就都是平行的直线。因此，在某些实用的 h-d 图上，在图的右下方，任取一点为基准点，作出一系列热湿比线，也叫过程的辐射线，如附录 h-d 图所示。如果已知湿空气的初始状态及过程的 ε 值，则在 h-d 图上利用热湿比线来分析湿空气的热力过程是十分方便的。

【例 7-2】 已知湿空气温度 $t=25$℃、相对湿度 $\varphi=69\%$，$B=0.1$MPa。试用 h-d 图确定 d、h、p_V、t_d、t_w。

解 如图 7-5 所示。由 $t=25$℃等温线和 $\varphi=69\%$等相对湿度线相交，得到该状态点，即 a 点。从而查得 $d=13.9$g/kg (a)，$h=60$kJ/kg (a)，$p_V=21.6\times10^2$Pa。

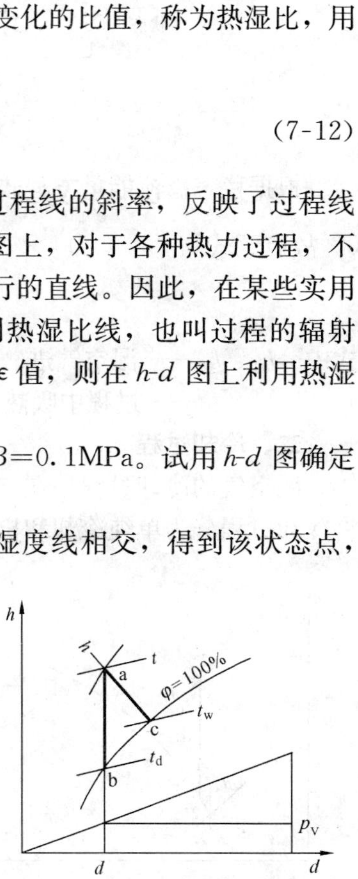

图 7-5 ［例 7-2］附图

露点温度即为 p_V 不变（也即 d 不变）时，湿空气达到饱和湿空气时的温度，故通过 a 点的等 d 线与 $\varphi=1$ 的等 φ 线相交，交点为露点状态，即 b 点，该点温度即露点温度，查得

$$t_d=19℃$$

湿球温度的形成可以近似看作等焓过程。通过点 a 作等

焓线与 $\varphi=1$ 的等 φ 线相交，交点为形成湿球温度的状态，即 c 点，该点温度即湿球温度，查得

$$t_w=20.8℃$$

第三节 湿空气的基本热力过程

湿空气处理过程的目的是使湿空气达到一定的温度及湿度，处理过程可以由一个过程或多个过程组合完成。分析湿空气热力过程的一般方法为：利用稳态稳流能量方程式及质量守恒式，并借助于 h-d 图作工具。本节将介绍几种典型的湿空气的热力过程。

一、加热过程

湿空气的加热过程是在空气加热器中进行的，加热过程的特征是湿空气温度 t 升高、含湿量 d 不变。如图 7-6 所示，1-2 过程为加热过程，状态参数变化为：$t_2>t_1$，$h_2>h_1$，$\varphi_2<\varphi_1$。

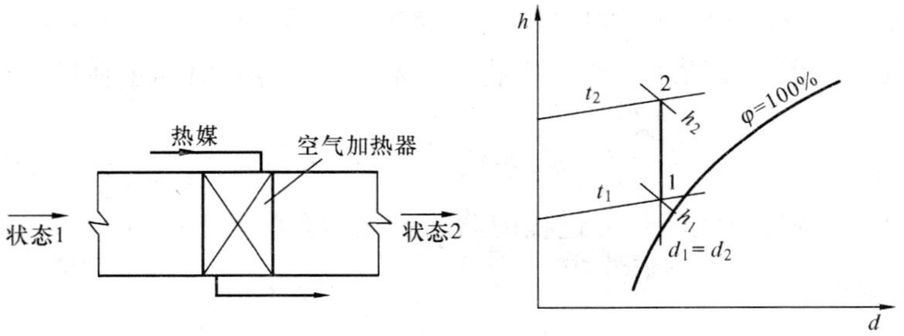

图 7-6 湿空气的加热过程

根据稳态稳流能量方程式 $q=\Delta h+\frac{1}{2}\Delta c^2+g\Delta z+w_s$，忽略动能差、位能差，轴功 $w_s=0$，故有下式

$$q=h_2-h_1 \quad \text{kJ/kg (a)} \tag{7-13}$$

式中 h_1、h_2——湿空气进、出空气加热器的比焓值；

q——过程中吸热量。

二、冷却过程

湿空气的冷却过程是在空气冷却器中进行的，按照冷源温度是否高于湿空气露点温度，将冷却过程分为单纯冷却和析湿冷却过程。

1. 单纯冷却过程

在冷却过程中，当冷源温度高于湿空气露点温度时，湿空气冷却过程中不会有凝结水析出，因而其过程特征为温度 t 下降，含湿量 d 不变，如图 7-7 所示。1-2 过程为单纯冷却过程。单纯冷却过程状态参数变化为：$t_2<t_1$，$h_2<h_1$，$\varphi_1<\varphi_2$。

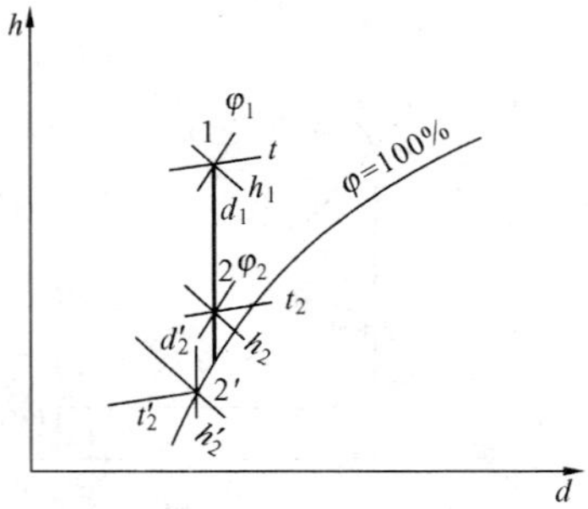

图 7-7 湿空气的冷却过程

根据稳态稳流能量方程式，在冷却过程中，湿空气放出的热量为

$$q=h_2-h_1 (\text{负值}) \quad \text{kJ/kg(a)} \tag{7-14}$$

式中 h_1、h_2——湿空气进、出空气冷却器的比焓值；

q——过程中放热量。

2. 析湿冷却过程

如果冷源温度低于湿空气的露点温度，则直接与冷却器表面接触的部分湿空气中水蒸气将会凝结析出，因而这种冷却过程称为析湿冷却过程，如图 7-7 中 1-2′过程。在析湿冷却过程中，状态参数的变化为 $h'_2<h_1$，$d'_2<d_1$，$t'_2<t_1$，一般情况下，$\varphi'_2>\varphi_1$。根据稳态稳流能量方程式，湿空气在析湿冷却过程中放出的热量为

$$q=h'_2-h_1\text{（负值）}\quad \text{kJ/kg(a)} \tag{7-15}$$

根据质量守恒定律，析出水分为

$$\Delta d=d'_2-d_1\text{（负值）}\quad \text{g/kg(a)} \tag{7-16}$$

三、绝热加湿过程

在绝热条件下，向湿空气中加入水分，增加其含湿量，称为绝热加湿过程，如在喷淋室中通过喷入循环水滴来达到绝热加湿的目的。水滴蒸发所需要的汽化潜热，在外界不对其传热的情况下，将由空气本身来提供，因而加热后湿空气的温度会降低。

根据质量守恒定律，喷入水量应等于湿空气中含湿量的增加，即

$$\Delta d=d_2-d_1\quad \text{g/kg(a)} \tag{7-17}$$

式中 Δd——以湿空气中干空气 1kg 为基准，喷入的水分量；

d_2、d_1——湿空气终、初状态的含湿量。

根据稳态稳流能量方程式，忽略宏观动能、位能的变化，轴功 $w_s=0$，能量平衡方程式为

$$h_1+10^{-3}(d_2-d_1)h_f=h_2$$

式中 h_1、h_2——初、终状态的比焓；

d_2-d_1——初、终状态的含湿量之差，即对单位质量干空气加入的水分；

h_f——水的比焓。

由于 10^{-3}（d_2-d_1）h_f 远小于 h_1 或 h_2，所以常可以忽略不计。因而有

$$h_1=h_2 \tag{7-18}$$

式（7-18）说明，绝热加湿过程近似为等焓过程，如图 7-8 中 1-2 过程。由图分析，绝热加湿过程的状态变化为：$d_2>d_1$，$\varphi_2>\varphi_1$，$t_2<t_1$。

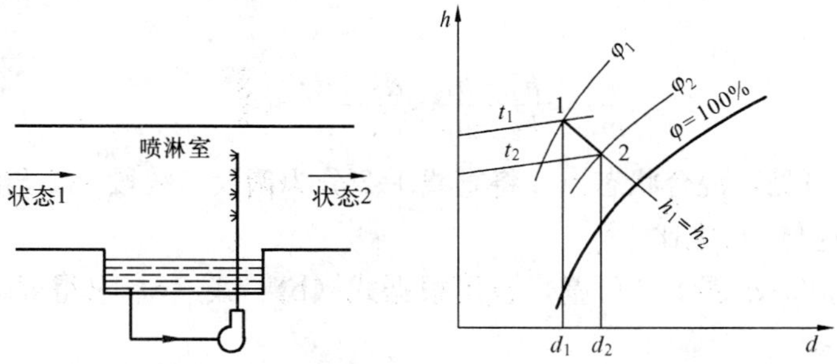

图 7-8 湿空气的绝热加湿过程

四、绝热混合过程

几股不同状态的湿空气绝热混合，以得到温度和湿度符合要求的湿空气，是空调工程中常采用的方法。混合后的湿空气状态取决于混合前各股空气的状态及流量比，如图 7-9 所示。两股湿空气为状态 1 和状态 2，绝热混合后为状态 3。

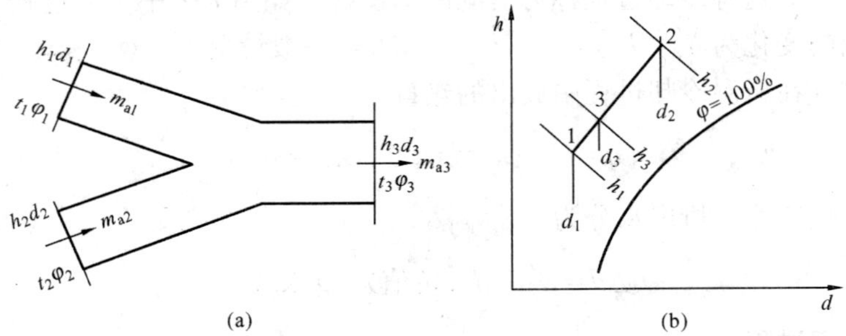

图 7-9 湿空气的混合过程

据干空气质量守恒，有

$$m_{a1}+m_{a2}=m_{a3} \tag{a}$$

据湿空气中水蒸气的质量守恒，有

$$m_{a1}d_1+m_{a2}d_2=m_{a3}d_3 \tag{b}$$

在绝热混合过程中，依据稳态稳流能量方程式

$$Q=\Delta H+\frac{1}{2}m\Delta c^2+mg\Delta z+W_s$$

其中 $Q=0$，$W_s=0$，忽略动能、位能的变化，则有

$$m_{a1}h_1+m_{a2}h_2=m_{a3}h_3 \tag{c}$$

联立式（a）、式（b）、式（c），得

$$\frac{m_{a2}}{m_{a1}}=\frac{h_3-h_1}{h_2-h_3}=\frac{d_3-d_1}{d_2-d_3} \tag{7-19}$$

由式（7-19）得

$$\frac{h_3-h_1}{d_3-d_1}=\frac{h_2-h_3}{d_2-d_3} \tag{d}$$

从上式可知$\frac{h_3-h_1}{d_3-d_1}$是直线 1-3 的斜率，$\frac{h_2-h_3}{d_2-d_3}$是直线 3-2 的斜率，两条直线斜率相等且过同一状态点 3，则表明 3 状态点必然落在 1-2 连线上。如图 7-9 所示。式（7-19）还可写为

$$\frac{m_{a2}}{m_{a1}}=\frac{h_3-h_1}{h_2-h_3}=\frac{d_3-d_1}{d_2-d_3}=\frac{\overline{31}}{\overline{23}} \tag{7-20}$$

从式（7-20）可见，混合状态点 3 将直线 1-2 分为两段，线段 1-3 与线段 3-2 的长度比等于干空气质量 m_{a2} 与 m_{a1} 之比。

决定状态点 3 在 h-d 图上的位置，也可根据式（b）、式（c）求得 d_3、h_3，状态点 3 必然落在 1-2 连线上。

【例 7-3】 将压力为 10^5Pa、$t_1=25$℃、$\varphi_1=60\%$的空气，在加热器中加热到 $t_2=50$℃，

然后送入干燥箱用以烘干物体。空气从干燥箱出来时温度 $t_3=40℃$。在这样过程中每蒸发1kg水分需供入多少干空气，加热器中应加入多少热量？

解 应用 h-d 图(图7-10)，根据 t_1 和 φ_1 在图上确定状态点1，并查得

$$h_1=56\text{kJ/kg(a)},\ d_1=0.012\text{kg/kg(a)}$$

加热过程含湿量不变，即 $d_1=d_2$。根据 d_2 和 t_2 确定状态2，查得参数为

$$h_2=82\text{kJ/kg(a)}$$

空气在干燥箱内经历的是绝热加湿过程即近似等焓过程，即 $h_3=h_2$。按 h_3 和 t_3 查状态3参数为

$$d_3=0.016\text{kg/kg(a)}$$

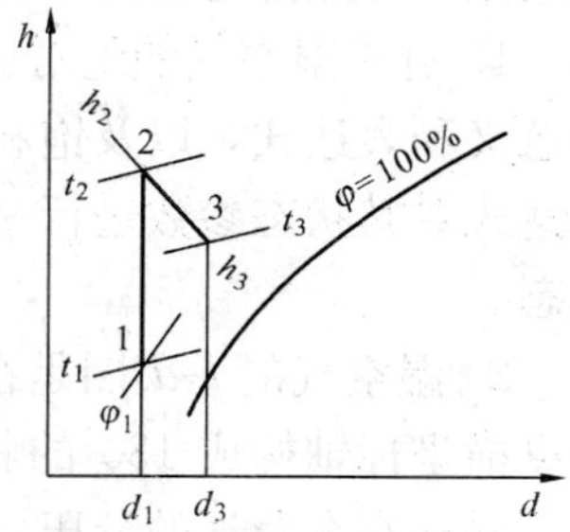

图7-10 ［例7-3］附图

依据上述参数值，可得1kg干空气吸收的水分 Δd 和吸收的热量 q 为

$$\Delta d=d_3-d_1=0.016-0.012=0.004\text{kg/kg(a)}$$

$$q=h_2-h_1=82-56=26\text{kJ/kg(a)}$$

蒸发1kg水分需要的干空气为

$$m_a=\frac{1}{\Delta d}=\frac{1}{0.004}=250\text{kg(a)}$$

蒸发1kg水分加热器加入的热量为

$$Q=m_aq=250\times26=6.5\times10^3\text{kJ}$$

【例7-4】 若温度 $t_1=31℃$、相对湿度 $\varphi_1=80\%$ 的湿空气600kg，与温度 $t_2=22℃$、相对湿度 $\varphi_2=60\%$ 的湿空气150kg绝热混合，求混合后的状态参数。设 $B=0.1\text{MPa}$。

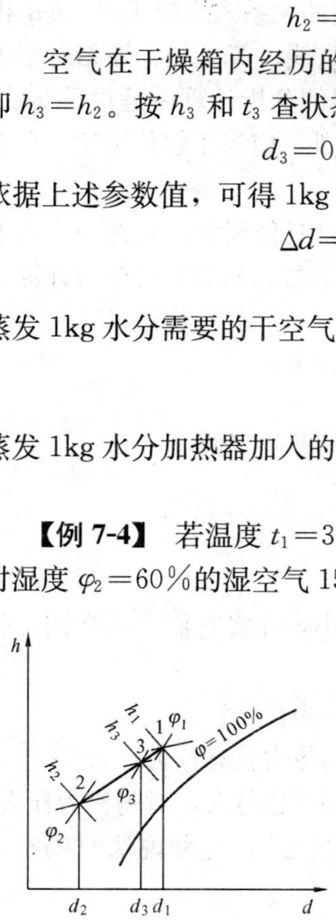

图7-11 ［例7-4］附图

解 在 h-d 图(图7-11)上，根据 t_1、φ_1 及 t_2、φ_2 分别确定状态点1和点2，可得

$$h_1=90\text{kJ/kg(a)}\qquad d_1=23\text{g/kg(a)}$$

$$h_2=47\text{kJ/kg(a)}\qquad d_2=9.8\text{g/kg(a)}$$

分别求两股湿空气中干空气的质量为

$$m_{a1}=\frac{m_1}{1+10^{-3}d_1}=\frac{600}{1+0.023}=586.5\text{kg}$$

$$m_{a2}=\frac{m_2}{1+10^{-3}d_2}=\frac{150}{1+0.0098}=148.5\text{kg}$$

按 $\frac{\overline{13}}{\overline{32}}=\frac{m_{a2}}{m_{a1}}=\frac{148.5}{586.5}=\frac{1}{3.95}\approx\frac{1}{4}$ 进行计算，可将1-2直线的长度分为5等分，在距离点1的第一个等分处，即为状态点3。从点3可相应得出混合状态点的其他参数值，即

$$h_3=81.3\text{kJ/kg(a)},\ d_3=20.3\text{g/kg(a)},\ t_3=29.1℃,$$
$$\varphi_3=80\%,\ t_w=26.3℃,\ t_d=25.3℃$$

小 结

湿空气是由干空气和水蒸气组成的。在一般情况下干空气作为一个整体对待，是当作理

想气体处理的。另外，由于湿空气中的水蒸气分压力很低、含量很少，可视为理想气体，这样湿空气就是理想混合气体。本章主要介绍了湿空气的性质、湿空气 h-d 图的构成和应用，以及湿空气热力过程的分析计算。在学习中要求掌握以下内容：

1. 对于湿空气的绝对湿度、相对湿度、露点温度、湿球温度、含湿量和焓等状态参数的意义和表达式，以及饱和湿空气和未饱和湿空气的概念等要充分理解并掌握，要会用这些表达式对其状态参数进行一般计算。应当明确必须具有三个独立的参数才能确定湿空气的状态。

2. 湿空气的 h-d 图是在一定大气压力下，根据其状态参数间的关系式绘制成的。h-d 图的纵横坐标轴构成 135°的斜角坐标系，图上有等焓线、等含湿量线、等温线、等相对湿度线，并标有水蒸气的分压力及角系数辐射线。该图在湿空气过程的分析计算中是很重要的，必须了解其结构，并会利用 h-d 图来确定湿空气的状态参数。另外，应当了解热湿比（角系数）的含义及用途。

3. 空气的加热或冷却、绝热加湿、绝热混合等典型的过程要充分理解，会在 h-d 图上把这些过程表示出来，并会利用 h-d 图查出这些过程的初、终态参数，从而进行分析计算。

习 题

7-1 解释下列现象：

（1）冬天人在室外呼出的气是白色的；

（2）夏天自来水管外表面上的水珠。

7-2 绝对湿度的大小能否说明湿空气的干燥或潮湿程度。

7-3 试比较湿空气的干球温度、湿球温度及露点温度的大小，并将它们表示在同一张 h-d 图上。

7-4 在相同压力和温度下，湿空气和干空气的密度哪个大？为什么？

7-5 湿球温度计所测得的湿球温度是否完全取决于湿空气的热力状态？为什么？

7-6 何谓湿空气的含湿量？湿空气的含湿量越大，其相对湿度也越大，对吗？为什么？

7-7 “有两个相互独立的状态参数就可以确定湿空气的状态”，这种说法对吗？为什么？

7-8 利用湿空气的 h-d 图，确定表中空白处的状态参数值。设 B=0.1MPa。

	温度 t(℃)	相对湿度 φ(%)	焓 h[kJ/kg(a)]	含湿量 d[g/kg(a)]	湿球温度 t_w(℃)	露点温度 t_d(℃)	水蒸气分压力 p_V(×10^2Pa)
1	30				30		
2			56	10			
3	−10	75					
4			73.5			20	
5		70					13

7-9 若室内温度 t=21℃、相对湿度 φ=70%，房间容积为 V=60m^3，且 B=0.1MPa。试求房间内空气的总质量和总焓值各为多少？

7-10 题 7-9 中若室内空气被冷却至 $t_2=7$℃，求析出的水分和放出的热量。

7-11 有压力为 0.1MPa、温度为 27℃ 的湿空气 13.45m^3，其中干空气质量为 15.18kg。试计算：(1) 湿空气中水蒸气质量；(2) 湿空气的含湿量；(3) 水蒸气的分压力；(4) 将用公式计算的结果与从 h-d 图上查得的结果相对照。

7-12 房间内空气温度为 20℃，其外墙内表面温度为 15℃。为避免墙内表面结露，房间内空气的最大允许相对湿度是多少？此时空气的含湿量是多少？设 $B=0.1$MPa。

7-13 容积为 2m^3 的湿空气，在温度为 30℃时含有水蒸气 42g。试求其相对湿度。设 $B=0.1$MPa。

7-14 温度 $t_1=20$℃、相对湿度 $\varphi_1=50\%$的空气先在加热器中被加热到温度 $t_2=50$℃，又进入干燥室干燥物料。从干燥室出来时空气温度 $t_3=30$℃。试计算在干燥室中每吸收 1kg 水分所需要的湿空气量和在加热器中的加热量。设 $B=0.1$MPa。

7-15 湿空气压力 $B=0.1$MPa、温度 $t_1=35$℃、相对湿度 $\varphi_1=70\%$，在冷却器中被冷却为 $t_2=25$℃的饱和湿空气。若湿空气中干空气流量为 $\dot{m}_a=100$kg/min，求每分钟空气排出的水分及放出的热量。

7-16 湿空气压力 $B=0.1$MPa、温度 $t=21$℃、露点温度 $t_d=10$℃。求：(1) 该空气的相对湿度、绝对湿度及含湿量；(2) 将该湿空气加热到 $t_2=30$℃，再求其相对湿度和绝对湿度；(3) 将湿空气冷却到饱和湿空气，其相对湿度和绝对湿度又为多少？

7-17 湿空气的湿球温度 $t_w=14$℃、露点温度 $t_d=8$℃、总压力 $B=0.1$MPa。求该湿空气的干球温度、相对湿度、含湿量及焓值各为多少？

7-18 某空调系统每小时需要 $t_c=21$℃、$\varphi_c=60\%$的湿空气 12000m^3。若新空气 $t_1=5$℃，$\varphi_1=80\%$；循环空气 $t_2=25$℃，$\varphi_2=70\%$。将新空气加热后，与循环空气混合送入空调系统。试求：(1) 需将新空气加热到多少度？(2) 新空气与循环空气进行绝热混合，它们的质量各为多少 kg？

7-19 压力 $B=0.1$MPa 的湿空气进入喷淋室进行绝热加湿。若初态 $t_1=35$℃、$\varphi_1=30\%$，离开喷淋室时 $t_2=24$℃。求：(1) 处理后空气的相对湿度 φ_2；(2) 每 kg 干空气组成的湿空气在喷淋室中吸收了多少水分？

7-20 要求房间空气的状态保持为 $t_2=20$℃，$\varphi_2=50\%$。设房间内有工作人员 10 人在轻度劳动，每人每小时散热量为 530kJ/h，散湿量为 80g/h。经计算围护结构与设备进入房间的热量为 4700kJ/h，散湿量为 1.2g/h。实际送入房间的空气温度 $t_1=12$℃。试确定送风点的状态参数，求每小时送入室内的湿空气质量。当时大气压力 $B=0.1$MPa。

第八章　气体和蒸汽的流动

气体和水蒸气在喷管及扩压管内的绝热流动过程不仅广泛地应用于汽轮机、燃气轮机等动力设备中，也应用于通风、空调及燃气等工程中的引射器及燃烧器等热力设备中。

由于气体流动过程中状态参数的变化与气流速度的变化有关，而气流速度的变化又联系到气体的能量转换。因此，流动过程是涉及气体状态参数变化、气流速度变化及能量转换的热力过程。这种过程遵循一定的规律，研究这些规律是本章的主要内容。

另一方面，气体在管道内的流动与管道截面积的变化及系统的外部条件有关，它们为气体流动创造条件并对气流产生制约。因此，研究管道截面变化及外界条件也是本章不可缺少的内容。

第一节　稳定流动的基本方程

稳定流动是指开口系统内每一点的热力参数与运动参数都不随时间而变化的流动过程，但在系统的不同点上，参数值可以不同。为了简化起见，可认为管道内垂直于轴向的任一截面上的各种参数值都均匀一致，流体参数只沿管道轴向或流动方向发生变化。这种只沿轴向或流动方向上流体参数有变化的稳定流动称为一维稳定流动。在许多工程设备的正常运转过程中，流体流动情况接近一维稳定流动。本章只讨论一维稳定流动。

一、连续性方程

根据质量守恒定律可知，在稳定流动过程中，流道内各截面处的质量流量都相等，并不随时间而变化，即为定值。若以$\dot{m}$表示质量流量，以A表示截面面积，以c表示该截面上的流速，以v表示该截面上的比容，则

$$\left.\begin{aligned}&\dot{m}_1=\dot{m}_2=\cdots\cdots=\dot{m}=\text{常数}\\&\frac{A_1c_1}{v_1}=\frac{A_2c_2}{v_2}=\cdots\cdots=\frac{Ac}{v}=\text{常数}\\&\dot{m}=\frac{Ac}{v}\end{aligned}\right\}\tag{8-1}$$

对微元稳定流动过程，式（8-1）可表示为

$$\mathrm{d}\left(\frac{Ac}{v}\right)=0\text{ 或}\frac{\mathrm{d}A}{A}+\frac{\mathrm{d}c}{c}-\frac{\mathrm{d}v}{v}=0\tag{8-2}$$

式（8-1）及式（8-2）是连续性方程的数学表达式，该方程表示流速、截面积和比容间的相互制约关系，是从质量守恒这一普遍规律推导出来的，因而适用于任何工质的可逆或不可逆的稳定流动过程。

二、稳定流动能量方程

工质在管道中稳定流动要进行热能和动能之间的转换，因此必须满足热力学第一定律，

即必然符合稳定流动能量方程

即
$$q=\Delta h+\frac{1}{2}\Delta c^2+g\Delta z+w_s$$

在管道流动中，与外界无轴功交换，位能变化很小，且管道短，工质很快流过，与外界的热量交换也很小，有 $W_s=0$、$g\Delta z\approx 0$、$q\approx 0$，

故
$$\Delta h+\frac{1}{2}\Delta c^2=0\ 或\ \frac{1}{2}(c_2^2-c_1^2)=h_1-h_2 \tag{8-3}$$

上式表示，在不作轴功的绝热稳定流动过程中，工质动能的增加等于其焓降。

对于微元绝热稳定流动过程，式（8-3）可表示为

$$\mathrm{d}\left(\frac{c^2}{2}\right)=-\mathrm{d}h \tag{8-4}$$

式（8-3）和式（8-4）称为绝热稳定流动能量方程。适用于一切不作轴功的绝热稳定流动，且对任何工质的可逆或不可逆过程都成立。

三、绝热过程方程

当气体在管道内进行可逆绝热流动时，其状态参数变化符合理想气体等熵过程方程。即

$$pv^{\kappa}=常数 \tag{8-5}$$

对于微元定熵过程，则可微分上式而得

$$\frac{\mathrm{d}p}{p}+\kappa\frac{\mathrm{d}v}{v}=0 \tag{8-6}$$

式（8-5）及式（8-6）表示绝热过程状态参数变化规律，是从理想气体取定比热时，进行可逆绝热过程推导出来的，因此只适用于理想气体的比热比 κ 为常数的可逆绝热过程。对变比热的等熵过程，κ 应取过程范围内的平均值。对于水蒸气在可逆绝热过程中状态参数的变化，可通过水蒸气的 h-s 图或水蒸气表查得。

以上三个基本方程是分析研究气体或蒸汽流动过程的理论基础，是对喷管或扩压管中的流动进行分析计算的主要依据。

第二节 管内流动的基本特性

一、声速与马赫数

研究气体在管道内的流动时，特别是对可压缩性气体来说，声速具有特别重要的意义。从物理学中知道，声速是微小扰动在流体中的传播速度。当可压缩流体中有一微小的压力变化时，压力波就是以声速向四面传播的。由于压力波的传播速度极快，发生状态变化的流体来不及与周围流体进行热交换，故可认为是绝热的。其次，由于扰动极小，压力波在流体内传播时，流体状态变化也极小，内部摩擦可以忽略不计，故可以认为是可逆的。因此，压力波的传播过程可以当作等熵过程处理。

若气体的状态为：压力 p、比容 v 或密度 ρ，以 a 表示声速，从物理学中可知，在等熵

流动过程中，可压缩性流体声速的计算式为

$$a=\sqrt{\left(\frac{\partial p}{\partial \rho}\right)_s}=\sqrt{-v^2\left(\frac{\partial p}{\partial v}\right)_s} \tag{8-7}$$

式（8-7）中下角码 s 表示等熵过程。

利用理想气体等熵过程方程式（8-6）可得$\left(\frac{\partial p}{\partial v}\right)_s=-\kappa\frac{p}{v}$，将其代入式（8-7），有

$$a=\sqrt{\kappa pv}=\sqrt{\kappa RT} \tag{8-8}$$

式（8-8）只适用于理想气体的声速计算。显然声速与流体性质及其热力状态有关。在不同流体中，声速不同；在同一种流体中，声速又随其状态不同而变化。为此，将某状态（如 p、v、T 时）下的声速称为当地声速。

在研究流体流动特性时，常以当地声速作为流体速度的比较标准，将流体速度 c 与当地声速 a 的比值，称为马赫（Mach）数，用符号 M 表示，有

$$M=\frac{c}{a} \tag{8-9}$$

根据马赫数 M 的大小，将流动分为三种情况：

$M<1$　$c<a$ 为亚声速流动；

$M>1$　$c>a$ 为超声速流动；

$M=1$　$c=a$ 为声速流动或临界流动。

以上是三种不同的流动，其特性是有区别的，在后面的分析讨论中将看到这些。

二、流速变化和压力变化的关系

根据热力学第一定律能量方程，对于绝热可逆过程应有

$$\delta q=\mathrm{d}h-v\mathrm{d}p=0$$

根据式（8-4）有

$$\mathrm{d}\frac{c^2}{2}=-\mathrm{d}h$$

比较上两式，可得

$$c\mathrm{d}c=-v\mathrm{d}p \tag{8-10}$$

上式适用于等熵流动过程。式（8-10）说明，在管道内作等熵流动时，$\mathrm{d}c$ 与 $\mathrm{d}p$ 的符号相反。气流速度增加（$\mathrm{d}c>0$），必导致气体的压力下降（$\mathrm{d}p<0$），这就是喷管中的流动特性。气流速度下降（$\mathrm{d}c<0$），则将导致气体压力的升高（$\mathrm{d}p>0$），这就是扩压管中的流动特性。

三、管道截面变化的规律

将式（8-10）左右两边各乘以 $1/c^2$，并将等号右边的分子分母各乘以 κp，于是

$$\frac{\mathrm{d}c}{c}=-\frac{\kappa pv}{\kappa c^2}\frac{\mathrm{d}p}{p}$$

利用声速表达式 $a=\sqrt{\kappa pv}$ 及马赫数 $M=c/a$ 的关系，上式可写成

$$\frac{dc}{c}=-\frac{1}{\kappa M^2}\frac{dp}{p}$$

再应用连续性方程式（8-2）及可逆绝热过程方程式（8-6）

$$\frac{dv}{v}=\frac{dc}{c}+\frac{dA}{A}\text{ 及 }\frac{dp}{p}=-\kappa\frac{dv}{v}$$

代入上式，经整理可得

$$\frac{dA}{A}=(M^2-1)\frac{dc}{c} \tag{8-11}$$

式（8-11）指出了管道截面变化与气流速度变化的关系，讨论如下：

喷管的目的是使流体降压增速（$dp<0$，$dc>0$）。当进入喷管的气流速度是 $M<1$ 的亚声速气流时，因为 $dc>0$，从式（8-11）可知，等号右边为负值，必须使喷管的截面缩小（$dA<0$），才能满足方程的要求。这就是说沿气流方向喷管面积必须逐渐缩小，这种喷管称为渐缩喷管。

当进入喷管的气流是 $M>1$ 的超声速气流时，则式（8-11）等号右边为正值，必须使 $dA>0$ 才能满足方程的要求。这表明沿气流方向喷管截面应逐渐扩大，这种喷管称为渐扩喷管。

如需要将 $M<1$ 的亚声速气流增大到成为 $M>1$ 的超声速气流，则喷管截面积应先由 $dA<0$ 然后转为 $dA>0$，即喷管截面积由逐渐缩小而转为逐渐扩大，这种喷管称为渐缩渐扩喷管，或简称缩放喷管，也称拉伐尔（Laval）喷管。

在渐缩渐扩喷管中，收缩部分在亚声速范围内工作，而扩张部分在超声速范围内工作。收缩与扩张之间的最小截面处称为喉部，此处的 $M=1$ 而 $dA=0$。该截面称为临界截面，具有最小截面积 A_{min}，相应的各种参数都是临界值，如临界压力 p_c，临界温度 T_c，临界比容 v_c 等。由于临界截面处的 $M=1$，流速为临界流速 v_c 等，也是当地声速 $a_c=\sqrt{\kappa RT_c}$，显然，$c_c=a_c$。

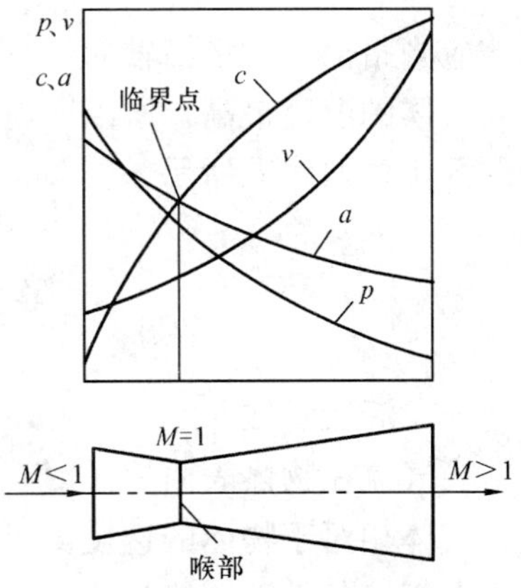

图 8-1　喷管中各参数沿轴向变化的示意图

扩压管的目的是使气流减速增压（$dc<0$，$dp>0$）。当进入扩压管的气流是 $M>1$ 的超声速气流时，因为在扩压管中 $dc<0$，所以式（8-11）等号右边为负值，必须使 $dA<0$，才能满足方程的要求。这表明沿气流方向，扩压管的截面积应逐渐缩小，这种扩压管称为渐缩扩压管。

当进入扩压管的气流速度是 $M<1$ 的亚声速气流时，式（8-11）等号右边为正值，必须使 $dA>0$ 才能满足方程的要求。这表明沿气流方向扩压管的截面积应逐渐扩大，这种扩压管称为渐扩扩压管。

如气流速度在扩压管中由 $M>1$ 的超声速一直降低到 $M<1$ 的亚声速，则扩压管的截面积应由 $dA<0$ 经喉部而变化到 $dA>0$，这种扩压管称为渐缩渐扩扩压管。

有关喷管和扩压管的截面积变化与流速的关系见表 8-1。

如将气体在渐缩渐扩喷管中作充分膨胀，则沿喷管轴向流速 c、压力 p、比容 v 及当地声速 a 的变化如图 8-1 所示。从图中可以看出，在喉部临界点处，临界流速 c_c 与当地声速 a_c 相等，此时马赫数 $M=1$。在喉管渐缩段 $M<1$，在渐扩段 $M>1$。

表 8-1　　喷管和扩压管的截面积与流速的变化关系

管道形状＼流动状态 管道种类	$M<1$	$M>1$	缩放形喷管 $M<1$ 转 $M>1$ 缩放形扩压管 $M>1$ 转 $M<1$
喷管 $dc>0$ $dp<0$	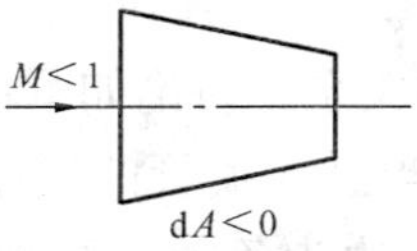	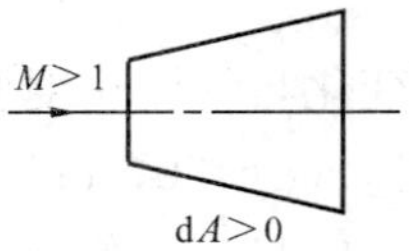	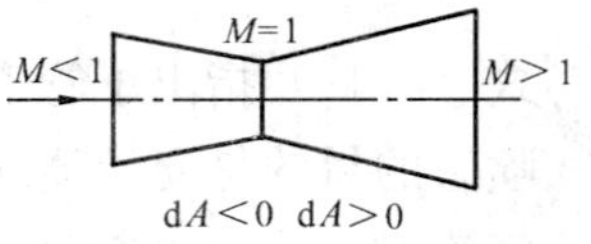
扩压管 $dp>0$ $dc<0$	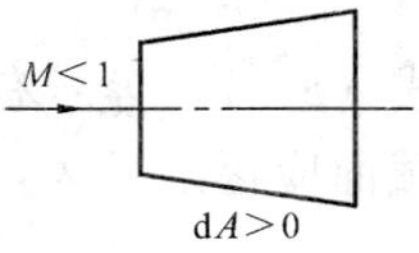	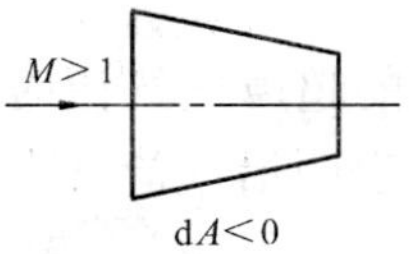	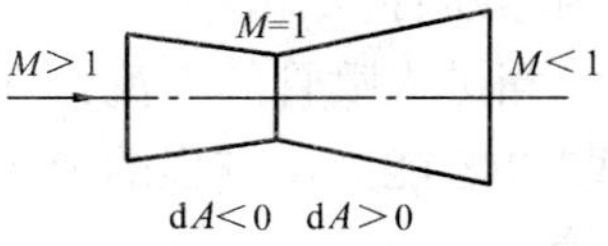

应当指出，由于沿轴向气流的温度不断下降，喷管中的当地声速 a 不是一个常数。在进口处气体的温度最高，所以当地声速也最大；在出口处，温度最低，所以当地声速也最小，如图 8-1 中曲线 a 所示。

第三节　滞止参数与临界参数

一、滞止参数

当气流在物体表面掠过时，如图 8-2 所示，由于摩擦、撞击等使气体在物体表面上受阻，气体相对于物体的速度降低为零。这种现象称为滞止现象。将具有一定初始速度的气流，在等熵条件下，使其速度降为零，即达到了等熵滞止状态。该过程就是等熵滞止过程，如图 8-3 上过程 1-0 所示，0 点为等熵滞止状态。该状态的气流速度为零，相应的状态参数称为等熵滞止参数，或简称滞止参数，记作 p_0、T_0、v_0、h_0 等。

图 8-2　绝热滞止示意图

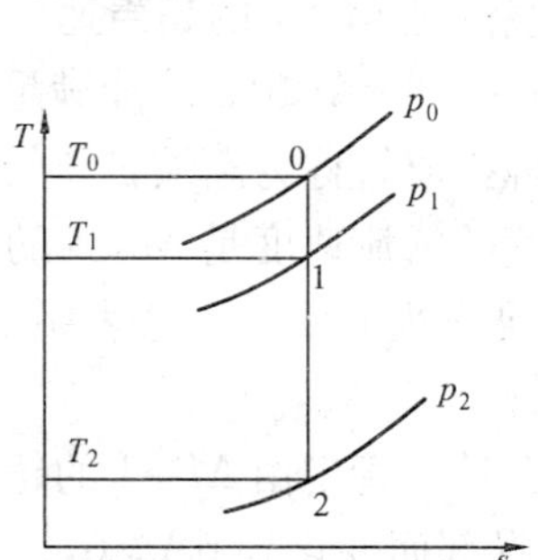

图 8-3　等熵滞止过程

等熵滞止过程实际上为一等熵压缩过程，相当于具有一定速度的气流通过扩压管增压减速为零的过程，或者是具有一定速度的气流，被一绝热的固体壁面所阻止，那么紧贴壁面处气体状态即为滞止状态。

引入滞止状态及滞止参数后，简化了流动过程的初始条件，使任何初速不为零的流动都可看作是从滞止状态（即初速度为零的状态）开始流动的一部分。显然在同一流动过程中各截面的滞止参数均相等，如图 8-3 中，截面 1 或截面 2 等，它们的滞止状态均为 0 点，滞止参数也都相等。如气流的进口参数为 p_1、T_1、v_1、h_1，即进口气流速度为 c_1，而相应的等熵滞止参数为 p_0、T_0、v_0、h_0。根据绝热稳定流动能量方程式（8-3），对于等熵滞止过程1-0 有

$$\frac{1}{2}(c_1^2 - c_0^2) = h_0 - h_1$$

但滞止状态速度为零，$c_0=0$

故
$$h_0 = h_1 + \frac{1}{2}c_1^2 \tag{8-12}$$

上式表明滞止焓 h_0 为流动过程初态焓与动能之和。该式可以写成更普遍的形式

$$h_0 = h + \frac{1}{2}c^2 \tag{8-13}$$

对于理想气体，若定压比热 c_p 为定值，将 $h_0=c_pT_0$，$h_1=c_pT_1$ 代入式（8-12），则可得滞止温度 T_0 为

$$T_0 = T_1 + \frac{c_1^2}{2c_p} \tag{8-14}$$

利用等熵过程方程式 $p_1v_1^\kappa=p_0v_0^\kappa$ 及 $\frac{T_1}{T_0}=\left(\frac{p_1}{p_0}\right)^{\frac{\kappa-1}{\kappa}}$ 求出滞止压力与滞止比容，有

$$p_0 = p_1\left(\frac{T_0}{T_1}\right)^{\frac{\kappa}{\kappa-1}} \tag{8-15}$$

$$v_0 = v_1\left(\frac{T_1}{T_0}\right)^{\frac{1}{\kappa-1}} \text{或 } v_0 = \frac{RT_0}{p_0} \tag{8-16}$$

对于水蒸气，其滞止参数可用 h-s 图确定。见图8-4，1-0 为等熵滞止过程。根据 p_1、t_1 首先确定初态点 1，并查出 h_1。然后利用式（8-12）求出滞止焓 $h_0=h_1+\frac{1}{2}c_1^2$。在 h-s 图上由 h_0 等焓线与通过点 1 的等熵线相交于 0 点，即滞止状态，从而可查出 p_0、T_0 等其余滞止参数。

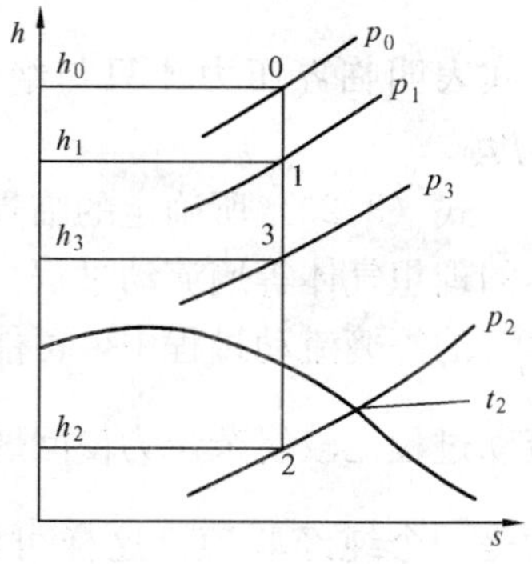

图 8-4　水蒸气的等熵滞止过程

当初始速度 c_1 不太大时，动能$\frac{1}{2}c_1^2$ 与初态焓 h_1 相比是微不足道的，可忽略不计。有 $c_1\approx0$，这样从式（8-12）可知 $h_0=h_1$。初始状态即为滞止状态，初态参数也就是滞止参数。这样并不会产生较大误差，在工程上是允许的。

二、临界参数

由管道截面变化规律可知，无论是喷管还是扩压管，在最小截面处正是气流从亚声速变化为超声速，或者从超声速变化为亚声速的转折点，流速恰好等于当地声速，该最小截面称之为临界截面。临界截面的参数叫做临界参数。

临界流速 c_c 是渐缩喷管可能达到的最大出口速度，也是缩放性喷管喉部的速度。

若用临界焓 h_c 代替绝热稳定流动能量方程式（8-3）中的出口焓 h_2，就可得到临界流速的计算式

$$c_c=\sqrt{2(h_0-h_c)} \tag{8-17}$$

对于理想气体，上式成为

$$c_c=\sqrt{2c_p(T_0-T_c)}=\sqrt{2\frac{\kappa}{\kappa-1}RT_0\left[1-\left(\frac{p_c}{p_0}\right)^{\frac{\kappa-1}{\kappa}}\right]} \tag{8-18}$$

此处流速又等于当地声速，即 $c_c=a_c=\sqrt{\kappa p_c v_c}=\sqrt{\kappa RT_c}$ （8-19）

由以上三式可见必须知道 p_c，才能求出相应的 T_c，而求得临界流速 c_c。对于水蒸气也只有知道 p_c，才能在 h-s 图上确定状态点 c 而查得 h_c，求得临界流速 c_c。下面将讨论如何求得临界压力 p_c。

根据式（8-18）与式（8-19），有

$$2\frac{\kappa}{\kappa-1}RT_0\left[1-\left(\frac{p_c}{p_0}\right)^{\frac{\kappa-1}{\kappa}}\right]=\kappa RT_c$$

将 $T_c=T_0\left(\frac{p_c}{p_0}\right)^{\frac{\kappa-1}{\kappa}}$ 代入上式并整理化简后有

$$\frac{2}{\kappa-1}\left[1-\left(\frac{p_c}{p_0}\right)^{\frac{\kappa-1}{\kappa}}\right]=\left(\frac{p_c}{p_0}\right)^{\frac{\kappa-1}{\kappa}}$$

这样

$$\left(\frac{p_c}{p_0}\right)^{\frac{\kappa-1}{\kappa}}=\frac{2}{\kappa+1}$$

令

$$\beta=\frac{p_c}{p_0}\text{，称为临界压力比}$$

故

$$\beta=\frac{p_c}{p_0}=\left(\frac{2}{\kappa+1}\right)^{\frac{\kappa}{\kappa-1}} \tag{8-20}$$

上式表明临界压力比只与绝热指数 κ 有关，这样可根据 κ 值求得 β 值，从而临界压力 $p_c=\beta p_0$。

式（8-20）所确定的临界压力比是从理想气体等熵过程推导出来的，因此适用于定比热的理想气体等熵流动过程。水蒸气一般不符合理想气体等熵过程方程式（8-5）并且在水蒸气的等熵流动过程中，可能从过热蒸汽变为饱和蒸汽或湿蒸汽，这些都使得水蒸气的等熵流动过程比较复杂。为使问题简化，假定水蒸气也符合 $pv^{\kappa}=$常数的关系式，但此时 $\kappa\neq\frac{c_p}{c_v}$，而是一个纯经验值。这样可将该经验值 κ 代入式（8-20）从而求得水蒸气的临界压力比 β 值。

水蒸气的经验值 κ 和理想气体的比热比 κ，以及将它们代入式（8-20）而计算出的 β 值，

均列于表 8-2 中。可以看出各类工质的β大约为 0.5 左右，这说明当工质从滞止压力降为一半压力左右时，其流速从零加速到临界流速或当地声速。另外还要指出，水蒸气在等熵流动过程中，可能从过热蒸汽变为饱和蒸汽或湿蒸汽，而这三种不同的蒸汽状态有不同的κ值和β值。在工程上一般规定以水蒸气的进口状态为准，选择相应的κ值和β值。

表 8-2　气体的 κ 值和 β 值

气体种类	κ	β	气体种类	κ	β
单原子气体	1.67	0.487	过热蒸汽	1.3	0.546
双原子气体	1.4	0.528	饱和蒸汽	1.135	0.577
多原子气体	1.3	0.546	湿蒸汽	$1.035+0.1x$	

在设计或选择喷管时，临界压力比β是很重要的，它提供了确定喷管外形的依据。在工程上往往是已知工质的进口参数和喷管出口的环境压力（简称背压，用p_b表示），要求确定喷管的类型。这样假若工质在喷管中能够完全膨胀，则出口截面的压力应当等于背压，即$p_2=p_b$，那么工质在流动中的焓降就全部用于动能的提高；假如工质在喷管中不能完全膨胀，则出口截面的压力将大于背压，有$p_2>p_b$，那么从p_2到p_b这段压力降将在喷管出口外面的膨胀过程中完成，就使得工质在这段膨胀过程的焓降不能用来提高动能而损失了。因此，为使工质在喷管中获得完全膨胀，合适的喷管类型应作如下选择：

当$\dfrac{p_b}{p_0}\geqslant\beta$，即$p_b\geqslant p_c$时，应选渐缩喷管；

当$\dfrac{p_b}{p_0}<\beta$，即$p_b<p_c$时，应选缩放喷管。

对于给定的渐缩喷管，则可借助临界压力比β来判断工质在其中是否获得完全膨胀。

若$\dfrac{p_b}{p_0}\geqslant\beta$，即$p_b\geqslant p_c$时，渐缩喷管出口截面压力$p_2=p_b$，工质在其中得到了完全膨胀，这时喷管出口流速不大于临界流速（或当地声速），有$c_2\leqslant c_c$，或$c_2\leqslant a_2$。

若$\dfrac{p_b}{p_0}<\beta$，即$p_b<p_c$时，由于渐缩喷管最多能将出口压力膨胀到临界压力，所以其出口截面压力$p_2=p_c$，且$p_2>p_b$。显然工质在其中没有得到完全膨胀，从p_c到p_b这段膨胀过程将在喷管外进行，而喷管出口流速只能等于临界流速，有$c_2=c_c$，或$c_2=a_2$，不可能获得超声速。

临界压力比知道后，就可以计算临界流速，将式（8-20）代入式（8-18）可得到

$$c_c=\sqrt{2\frac{\kappa}{\kappa+1}p_0v_0}=\sqrt{2\frac{\kappa}{\kappa+1}RT_0}\tag{8-21}$$

上式是从理想气体性质推导出来的，故只适用于理想气体等熵流动中临界流速的计算。显然该临界流速也是渐缩喷管中所能达到的最大出口流速。

水蒸气的临界流速计算，可根据表 8-2 中所列临界压力比β值，求出相应的临界压力$p_c=\beta p_0$。这样在h-s图上p_c等压线与通过进口状态点 1 的等熵线相交于点 c，即为临界状态，参看图 8-4。从而可查出其余临界参数h_c、v_c等。最后由式(8-17)求出其临界流速。

【例 8-1】　若压力$p_1=0.5$MPa、温度$t_1=50$℃的空气以初速度$c_1=80$m/s 进入喷管进行等熵流动，然后喷入大气，已知大气压力$B=0.1$MPa，试确定应选择何种喷管。

解　首先求出滞止参数

$$T_0 = T_1 + \frac{c_1^2}{2c_p} = (50 + 273) + \frac{80^2}{2 \times \frac{7}{2} \times 287} = 326.2\text{K}$$

$$p_0 = p_1 \left(\frac{T_0}{T_1}\right)^{\frac{\kappa}{\kappa-1}} = 0.5 \times \left(\frac{326.2}{323}\right)^{\frac{1.4}{1.4-1}} = 0.518\text{MPa}$$

空气为双原子气体，从表 8-2 查得 $\beta=0.528$

故　$$p_c = \beta p_0 = 0.528 \times 0.518 = 0.2735\text{MPa}$$

但　$$p_b = B = 0.1\text{MPa}$$

那么由于 $p_c > p_b$，应选用缩放形喷管。

【例 8-2】　压力 $p_1=0.5$MPa 的饱和蒸汽，在渐缩喷管中等熵膨胀后，射入压力 $p_b=0.2$MPa 的介质中。若忽略初速度，试求蒸汽在喷管出口截面的状态参数及出口流速。

解　由于 $c_1 \approx 0$，则 $p_0=p_1=0.5$MPa，从表 8-2 查得饱和蒸汽 $\beta=0.577$

故　$$p_c = \beta p_0 = 0.577 \times 0.5 = 0.2885\text{MPa}$$

由于 $p_c > p_b$ 所以蒸汽在渐缩喷管中不能得到完全膨胀，有

$$p_2 = p_c = 0.2885\text{MPa}$$

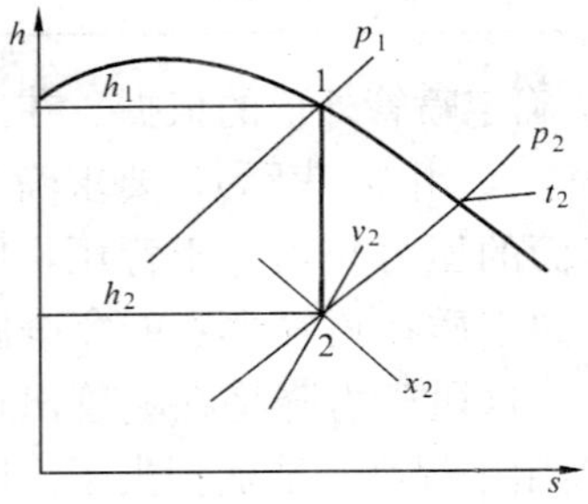

图 8-5　[例 8-2] 附图

在 h-s 图上可查出初终态各参数，如图 8-5 所示，有

$$h_0 = h_1 = 2749\text{kJ/kg} \qquad t_0 = t_1 = 152℃$$

$$h_2 = h_c = 2656\text{kJ/kg} \qquad t_2 = t_c = 132℃$$

$$v_2 = v_c = 0.60\text{m}^3/\text{kg} \qquad x_2 = x_c = 0.965$$

这样出口流速为

$$c_2 = \sqrt{2(h_0 - h_c)} = \sqrt{2(2749 - 2656) \times 10^3} = 431.3\text{m/s}$$

第四节　喷管流动的计算

喷管的计算一般分为设计计算和校核计算两种。设计计算通常已知工质的初状态（喷管入口截面的状态）和背压（喷管出口的环境压力），以及流经喷管的工质的质量流量，要求选择喷管的形状并计算喷管的尺寸，校核计算通常已知喷管的形状和尺寸，要求在不同的工作条件下，确定通过喷管的质量流量和喷管的出口速度。

一、设计计算

选择喷管的形状，首先要判断工质流动速度所处的区域（亚声速、超声速、或是从亚声速到超声速）。为此必须依照已知的条件，计算流体的速度。

1. 流速计算

从绝热稳定流动能量方程式（8-3）有

$$\frac{1}{2}(c_2^2 - c_1^2) = h_1 - h_2$$

式中　c_1、c_2——喷管进、出口截面上工质的流速；

h_1、h_2——喷管进、出口截面上工质的焓。

通常 c_1 比 c_2 小很多，c_1 可以忽略不计。

所以可得到出口流速的计算公式

$$c_2=\sqrt{2(h_1-h_2)}=1.414\sqrt{h_1-h_2} \tag{8-22}$$

式（8-22）对任何工质的可逆与不可逆过程均适用。对于理想气体且比热容为定值时，应用其关系式 $h_1=c_pT_1$ 和 $h_2=c_pT_2$，可使式（8-22）成为

$$c_2=1.414\sqrt{c_p(T_1-T_2)} \tag{8-23}$$

如果工质是水蒸气，可从水蒸气热力性质的图表查到 h_1、h_2，然后按式（8-22）算得喷管的出口速度。

2. 流速与状态参数的关系

除了通过已知的 p_1、v_1 和 p_2，取得 h_1、h_2（或 T_1，T_2）而算得喷管出口速度 c_2 外，还必须建立起 p_1、v_1 和 p_2 与喷管出口速度 c_2 之间的直接关系。如果工质是理想气体，比热容为定值，过程是可逆的，那么式（8-22）可作如下推导

$$c_2=\sqrt{2(h_1-h_2)}=\sqrt{2c_p(T_1-T_2)}=\sqrt{2\frac{\kappa R}{\kappa-1}(T_1-T_2)}$$

$$=\sqrt{2\frac{\kappa}{\kappa-1}RT_1\left(1-\frac{T_2}{T_1}\right)}=\sqrt{2\frac{\kappa}{\kappa-1}RT_1\left[1-\left(\frac{p_2}{p_1}\right)^{\frac{\kappa-1}{\kappa}}\right]}$$

$$=\sqrt{2\frac{\kappa}{\kappa-1}p_1v_1\left[1-\left(\frac{p_2}{p_1}\right)^{\frac{\kappa-1}{\kappa}}\right]}$$

$$c_2=\sqrt{2\frac{\kappa}{\kappa-1}RT_1\left[1-\left(\frac{p_2}{p_1}\right)^{\frac{\kappa-1}{\kappa}}\right]}=\sqrt{2\frac{\kappa}{\kappa-1}p_1v_1\left[1-\left(\frac{p_2}{p_1}\right)^{\frac{\kappa-1}{\kappa}}\right]} \tag{8-24}$$

式（8-24）中，p_1、v_1、T_1 是喷管入口截面上的工质参数，p_2 是喷管出口截面上的压力。从式（8-24）可看出，喷管出口工质的流速 c_2 的大小，决定于气体的比热比 κ，进口状态参数 p_1、v_1、T_1 及等熵膨胀过程中的压力比 $\frac{p_2}{p_1}$。当初态一定时，工质出口流速依 $\frac{p_2}{p_1}$ 而变化，其变化趋势如图 8-6 所示。当 $\frac{p_2}{p_1}=1$ 时，即喷管的出口压力等于入口压力，若 $c_1=0$，则 $c_2=0$，出口流速为零，气体不会流动；当 $\frac{p_2}{p_1}$ 逐渐减小时，c_2 逐渐增加；当出口截面上的压力为零时，出口流速将趋于最大值。

$$c_{2\max}=\sqrt{\frac{2\kappa}{\kappa-1}p_1v_1}=\sqrt{\frac{2\kappa}{\kappa-1}RT_1}$$

这一速度实际上不可能达到，因为当 $p\to0$ 时，$v\to\infty$，除非喷管出口截面积为无穷大，否则不可能达到。

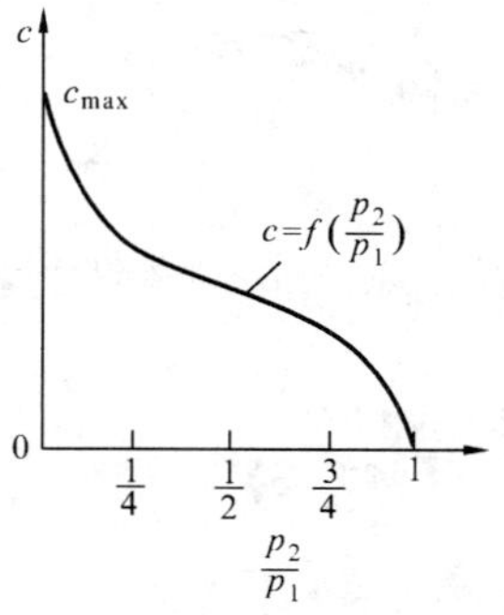

图 8-6　喷管出口流速与 $\frac{p_2}{p_1}$ 的变化关系

3. 临界流速

$$c_c = \sqrt{2\frac{\kappa}{\kappa+1}p_1 v_1} = \sqrt{2\frac{\kappa}{\kappa+1}RT_1} \tag{8-25}$$

上式表明，工质一旦确定（即 κ 值已知）临界速度只取决于初状态。对于理想气体则只取决于初温度。

4. 喷管形状的选择

在喷管设计计算中，已知流经喷管工质的初参数 p_1、T_1 和背压力 p_b 以及质量流量 $\dot{m}$。确定了工质，即可查到临界压力比 β，并按照临界压力比的定义可以算得临界压力 p_c。从上节内容可知：当 $p_c \leqslant p_b$ 时，应选取渐缩喷管；当 $p_c > p_b$ 时，应选取缩放喷管。

5. 喷管尺寸的计算

对于渐缩喷管，只需计算喷管的出口截面积。即

$$A_2 = \frac{\dot{m} v_2}{c_2} \tag{8-26}$$

式中　$\dot{m}$——气流的质量流量，是已知的；

v_2——喷管出口截面上气流的比容，理想气体可以从 $p_1 v_1^{\kappa} = p_2 v_2^{\kappa}$ 求到，对变比热容的理想气体可以查表求平均的 κ 值，对水蒸气可查相应的图表；

c_2——喷管出口截面上的气流速度，可以从式 $c_2 = \sqrt{2\ (h_1 - h_2)} = 1.414\sqrt{h_1 - h_2}$ 计算求得。

对于缩放喷管，需要计算 A_{min}、A_2 和渐扩部分的长度 L。A_{min}、A_2 按下面关系计算

$$A_{min} = \frac{\dot{m} v_c}{c_c} \qquad A_2 = \frac{\dot{m} v_2}{c_2}$$

式中　A_{min}——喷管的最小截面积（喉部截面积）；

v_c、c_c——喷管最小截面上的临界比容和临界速度；

v_2、c_2——喷管出口截面上的比容和速度，它们的计算方法与上述的相同。

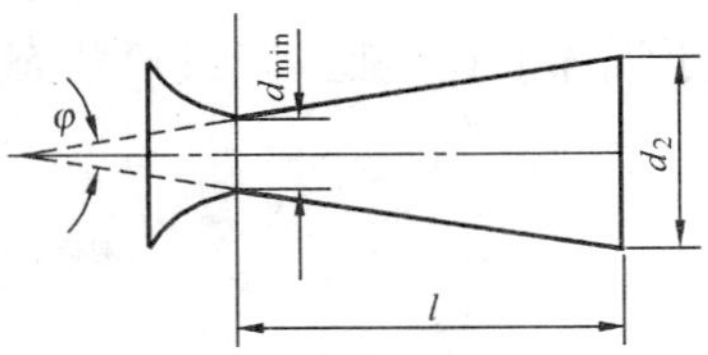

图 8-7　喷管尺寸计算

长度 L 无一定的标准，依经验而定。如选得太短，则气流扩张过快，易引起扰动而增加内部摩擦损失；如选得过长，则气流与管壁之间摩擦损失增加，也是不利的。通常取顶锥角 φ（参看图 8-7）在 $10° \sim 12°$之间，效果比较好。故得

$$L = \frac{d_2 - d_{min}}{2\tan\frac{\varphi}{2}} \tag{8-27}$$

【例 8-3】　进行喷管的设计计算。已知喷管入口工质状态 $p_1 = 500\text{kPa}$，$T_1 = 427℃$，质量流量 $\dot{m} = 1.2\text{kg/s}$。工质是空气，$\beta = 0.528$，$c_p = 1.0045\text{kJ/(kg·K)}$，初速度可以忽略不计。试分别在 $p_b = 300\text{kPa}$ 和 $p_b = 100\text{kPa}$ 情况下，选择喷管的形状和计算喷管的截面积。

解　(1) $p_b = 300\text{kPa}$。

首先要确定气流的速度范围以便选择喷管的形状，为此必须计算临界压力 p_c，即

$$p_c = \beta p_1 = 0.528 \times 500 = 264\text{kPa}$$

可见 $p_b > p_c$，所以充分膨胀到 p_b 也未能达到当地声速。因此气流属于亚声速流动，为使气流得到理想加速，必须采用渐缩喷管且 $p_2 = p_b$。渐缩喷管只需计算出口截面积。为此要计算出口截面的参数

$$v_2 = v_1\left(\frac{p_1}{p_2}\right)^{1/\kappa} = \frac{RT_1}{p_1}\left(\frac{p_1}{p_2}\right)^{1/\kappa} = \frac{287\times700}{500\times10^3}\left(\frac{500}{300}\right)^{1/1.4}$$
$$= 0.579\text{m}^3/\text{kg}$$

$$T_2 = \frac{p_2 v_2}{R} = \frac{300\times10^3\times0.579}{287} = 605\text{K}$$

$$c_2 = 1.414\sqrt{c_p(T_1 - T_2)} = 1.414\times\sqrt{1004.5\times(700-605)}$$
$$= 436.8\text{m/s}$$

依照式（8-26），可得

$$A_2 = \frac{\dot{m}\,v_2}{c_2} = \frac{1.2\times0.579}{436.8} = 15.9\text{cm}^2$$

（2）$p_b = 100\text{kPa}$。

此时 $p_b < p_c$，充分膨胀到 p_b（即 $p_2 = p_b$），气流可以由亚声速经声速到达超声速。因此，应选用缩放喷管。

缩放喷管必须计算最小截面积和出口截面积。为此计算临界截面的参数

$$v_c = \frac{RT_1}{p_1}\left(\frac{p_1}{p_c}\right)^{1/\kappa} = \frac{287\times700}{500\times10^3}\left(\frac{500}{264}\right)^{1/1.4} = 0.634\text{m}^3/\text{kg}$$

$$T_c = \frac{p_c v_c}{R} = \frac{264\times10^3\times0.634}{287} = 583\text{K}$$

$$c_c = 1.414\sqrt{c_p(T_1 - T_c)} = 1.414\times\sqrt{1004.5\times(700-583)}$$
$$= 484.7\text{m/s}$$

那么最小截面积为

$$A_{min} = \frac{\dot{m}\,v_c}{c_c} = \frac{1.2\times0.634}{484.7} = 15.7\text{cm}^2$$

计算出口截面参数

$$v_2 = \frac{RT_1}{p_1}\left(\frac{p_1}{p_2}\right)^{1/\kappa} = \frac{287\times700}{500\times10^3}\left(\frac{500}{100}\right)^{1/1.4} = 1.268\text{m}^3/\text{kg}$$

$$T_2 = T_1\left(\frac{p_2}{p_1}\right)^{\frac{\kappa-1}{\kappa}} = 700\times\left(\frac{100}{500}\right)^{\frac{1.4-1}{1.4}} = 442\text{K}$$

$$c_2 = 1.414\sqrt{c_p(T_1 - T_2)} = 1.414\times\sqrt{1004.5\times(700-442)}$$
$$= 719\text{m/s}$$

由上述参数可得出口截面积 A_2，即

$$A_2 = \frac{\dot{m}\,v_2}{c_2} = \frac{1.2\times1.268}{719} = 21.2\text{cm}^2$$

【例 8-4】 压力 $p_1=1\text{MPa}$、$T_1=300℃$的空气经缩放喷管流入大气。如空气质量流量 $\dot{m}=4\text{kg/s}$，大气压力 $B=0.1\text{MPa}$，且忽略初始速度。求：(1) 空气出口流速和喷管出口截面积；(2) 空气在喉部的流速和喉部的截面积；(3) 若将喷管沿喉部将渐放部分切去，其他条件不变，出口流速和流量将如何变化？(4) 若喷管截面为圆形，缩放喷管渐放部分的长度是多少？

解 (1) 出口流速和出口截面积计算。

由于

$$p_2=B=0.1\text{MPa}$$

有

$$T_2=T_1\left(\frac{p_2}{p_1}\right)^{\frac{\kappa-1}{\kappa}}=(300+273)\times\left(\frac{0.1}{1}\right)^{\frac{1.4-1}{1.4}}=297\text{K}$$

$$v_2=\frac{RT_2}{p_2}=\frac{287\times 297}{0.1\times 10^6}=0.852\text{m}^3/\text{kg}$$

$$c_2=1.414\sqrt{c_p(T_1-T_2)}=1.414\times\sqrt{1004.5\times(573-297)}$$
$$=744.6\text{m/s}$$

$$A_2=\frac{\dot{m}\,v_2}{c_2}=\frac{4\times 0.852}{744.6}=45.8\text{cm}^2$$

(2) 喉部流速和喉部截面积计算。

由于

$$p_c=\beta p_1=0.528\times 1=0.528\text{MPa}$$

$$v_c=v_2\left(\frac{p_2}{p_c}\right)^{1/\kappa}=0.852\times\left(\frac{0.1}{0.528}\right)^{1/1.4}=0.260\text{m}^3/\text{kg}$$

故

$$c_c=\sqrt{2\frac{\kappa}{\kappa+1}RT_1}=\sqrt{2\times\frac{1.4}{1.4+1}\times 287\times 573}=438\text{m/s}$$

$$A_c=\frac{\dot{m}\,v_c}{c_c}=\frac{4\times 0.260}{438}=23.7\text{cm}^2$$

(3) 若将渐放部分切去，则成为一渐缩喷管，这样

$$p'_2=p_c=0.528\text{MPa}$$

$$c'_2=c_c=438\text{m/s}$$

出口流速比原来减小，而变为临界流速(或当地声速)，同时由于进口参数不变，喉部截面不变，其流量也不变，仍为$\dot{m}'=\dot{m}=4\text{kg/s}$。

(4) 若喷管截面为圆形，缩放喷管渐放部分的长度计算。

由

$$A_c=23.7\text{cm}^2 \quad A_2=45.8\text{cm}^2 \text{ 得}$$

$$d_c=\sqrt{\frac{4A_c}{\pi}}=\sqrt{\frac{4\times 23.7}{3.14}}=5.495\text{cm}$$

$$d_2=\sqrt{\frac{4A_2}{\pi}}=\sqrt{\frac{4\times 45.8}{3.14}}=7.638\text{cm}$$

取渐放部分顶锥角为 $\varphi=10°$，将以上数据代入式(8-27)，可求出渐放部分长度为

$$L=\frac{d_2-d_c}{2\tan\frac{\varphi}{2}}=\frac{d_2-d_c}{2\times\tan 5°}=12.2\text{cm}$$

二、校核计算

校核计算的任务是，对工作在非设计工况的已有喷管进行质量流量和出口速度的计算。

质量流量的计算，依照式(8-26)有

$$\dot{m}=\frac{Ac}{v}$$

式中，A、c、v 可以是任意一个截面的数值。通常选取最小截面上的这些数值，对缩放喷管也可选取出口截面上的这些数值。喷管截面 A 是已知的，c 可以按 $c=1.414\sqrt{h_1-h}$计算，v 可以按 $p_1v_1^\kappa=pv^\kappa$ 计算或查表取得。

为了揭示喷管中质量流量随初、终状态变化的关系，把质量流量公式作进一步推导。将式(8-24)及$\frac{1}{v_2}=\frac{1}{v_1}\left(\frac{p_2}{p_1}\right)^{\frac{1}{\kappa}}$的关系式代入质量流量公式，可得

$$\dot{m}=\frac{A_2c_2}{v_2}=A_2\sqrt{\frac{2\kappa}{\kappa-1}p_1v_1\left[1-\left(\frac{p_2}{p_1}\right)^{\frac{\kappa-1}{\kappa}}\right]}\frac{1}{v_1}\left(\frac{p_2}{p_1}\right)^{\frac{1}{\kappa}}$$

整理后得

$$\dot{m}=A_2\sqrt{\frac{2\kappa}{\kappa-1}\frac{p_1}{v_1}\left[\left(\frac{p_2}{p_1}\right)^{\frac{2}{\kappa}}-\left(\frac{p_2}{p_1}\right)^{\frac{\kappa+1}{\kappa}}\right]}\tag{8-28}$$

上式表明，当初参数 p_1、v_1 以及喷管出口截面积 A_2 保持恒定时，质量流量仅依 p_2/p_1 而变化。当 $p_2/p_1=1$ 时，$\dot{m}=0$；当 $p_2/p_1=0$ 时，$\dot{m}=0$。可见 p_2/p_1 从 1 变化到零过程中，$\dot{m}$ 有一个极大值。这个极大值可以从$\frac{\partial\dot{m}}{\partial\left(\frac{p_2}{p_1}\right)}=0$ 求得。发现当$\frac{p_2}{p_1}=\left(\frac{2}{\kappa+1}\right)^{\frac{\kappa}{\kappa-1}}=\beta$时，质量流量 $\dot{m}$ 达到最大值。如图 8-8 所示，从 $p_2/p_1=1$ 变化到临界压力比 β，质量流量变化以实线表示；从 β 变化到 $p_2/p_1=0$，质量流量变化以虚线表示，用以表明这个质量流量变化实际上是不存在的，这一段曲线是由式(8-26)计算而得到的。事实上当 $p_2/p_1=\beta$ 之后继续降低时，流量$\dot{m}$ 将保持不变且为$\dot{m}_{\max}$。如图 8-8 中的水平实线所示。这是因为在喷管的最小截面上，只要压力降至临界压力 p_c，则其比容为临界比容 v_c，流速为临界速度 c_c，即当地的声速 a_c。此后不管气流在渐扩部分中如何继续膨胀，p_2/p_1 如何继续下降，都不能影响喷管最小截面上的参数，所以喷管中流量为$\dot{m}_{\max}=\frac{A_{\min}c_c}{v_c}$且不再随 p_2/p_1 的下降而变化。这里的叙述限于喷管中的流动是可逆过程，即喷管的截面形状能充分满足过程的需要且不存在任何能量的不可逆损失。

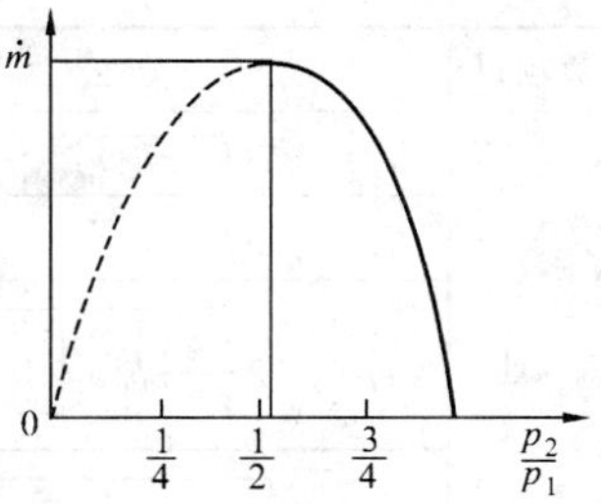

图 8-8　喷管中质量流量与 p_2/p_1 的变化关系

只要喷管的背压力 $p_b<p_c$，喷管中气流的流量就可以达到最大值$\dot{m}_{\max}$，其关系式为

$$\dot{m}_{\max}=A_{\min}\sqrt{\frac{2\kappa}{\kappa+1}\left(\frac{2}{\kappa+1}\right)^{\frac{2}{\kappa-1}}\frac{p_1}{v_1}}\tag{8-29}$$

如果 $p_b>p_c$，$\dot{m}$ 按式(8-28)计算，此时 $p_2=p_b$，A_2 实际上是渐缩喷管的出口截面积。

喷管出口速度 c_2 按下式计算

$$c_2 = \frac{\dot{m}v_2}{A_2} \tag{8-30}$$

式中，$\dot{m}$ 已由计算求得，A_2 为已知的，v_2 可由初、终状态及过程关系求得。

【例 8-5】 已有一渐缩喷管，其出口截面积为 20cm^2，让此喷管工作在 $p_1=2.5\text{MPa}$、$T_1=500℃$、背压力 $p_b=1.0\text{MPa}$ 的情况下，以空气为工质，$\beta=0.528$，$\kappa=1.4$，$c_p=1.0045\text{kJ/(kg·K)}$。喷管的入口速度可以忽略不计，试求该喷管的出口截面速度和质量流量。

解 首先确定喷管出口截面的压力 p_2。从已知条件可得

$$p_c=\beta p_1=2.5\times0.528=1.32\text{MPa}$$

由此可见 $p_c>p_b$。空气在渐缩喷管中膨胀降压，至多只能降到临界压力 p_c，所以 $p_2=p_c$ 而不可能膨胀到 p_b，即 $p_2=1.32\text{MPa}$。

计算喷管出口截面的其他参数

$$v_2=\frac{RT_1}{p_1}\left(\frac{p_1}{p_2}\right)^{\frac{1}{\kappa}}=\frac{287\times773}{25\times10^5}\left(\frac{25}{13.2}\right)^{\frac{1}{1.4}}=0.14\text{m}^3/\text{kg}$$

$$T_2=T_1\left(\frac{p_2}{p_1}\right)^{\frac{\kappa-1}{\kappa}}=(500+273)\times\left(\frac{13.2}{25}\right)^{\frac{1.4-1}{1.4}}=644\text{K}$$

$$c_2=1.414\sqrt{c_p(T_1-T_2)}=1.414\times\sqrt{1004.5\times(773-644)}=509\text{m/s}$$

依照式(8-26)可得

$$\dot{m}=\frac{A_2c_2}{v_2}=\frac{0.002\times509}{0.14}=7.27\text{kg/s}$$

根据以上讨论，可将喷管主要计算公式汇总如下表，以方便学习和应用。

计算项目	公　　式	单　位	适　用　范　围
流　速	$c_2=\sqrt{2(h_0-h_2)}$	m/s	任意工质，绝热流动，$c_1>0$
	$c_2=\sqrt{2(h_1-h_2)}$	m/s	任意工质，绝热流动，$c_1=0$
	$c_2=\sqrt{2\frac{\kappa}{\kappa-1}p_0v_0\left[1-\left(\frac{p_2}{p_0}\right)^{\frac{\kappa-1}{\kappa}}\right]}$	m/s	理想气体，等熵流动 $c_1>0$
	$c_2=\sqrt{2\frac{\kappa}{\kappa-1}p_1v_1\left[1-\left(\frac{p_2}{p_1}\right)^{\frac{\kappa-1}{\kappa}}\right]}$	m/s	理想气体，等熵流动，$c_1=0$
临界压力比	$\beta=\frac{p_c}{p_0}=\left(\frac{2}{\kappa+1}\right)^{\frac{\kappa}{\kappa-1}}$		理想气体，等熵流动，$c_1>0$；κ 采用经验数据，可用于水蒸气
	$\beta=\frac{p_c}{p_1}=\left(\frac{2}{\kappa+1}\right)^{\frac{\kappa}{\kappa-1}}$		理想气体，等熵流动，$c_1=0$；κ 采用经验数据，可用于水蒸气
临界流速	$c_c=\sqrt{2(h_0-h_c)}$	m/s	任意工质，绝热流动，$c_1>0$
	$c_c=\sqrt{2(h_1-h_c)}$	m/s	任意工质，绝热流动，$c_1=0$
	$c_c=\sqrt{2\frac{\kappa}{\kappa+1}p_0v_0}=\sqrt{2\frac{\kappa}{\kappa+1}RT_0}$	m/s	理想气体，等熵流动 $c_1>0$
	$c_c=\sqrt{2\frac{\kappa}{\kappa+1}p_1v_1}=\sqrt{2\frac{\kappa}{\kappa+1}RT_1}$	m/s	理想气体，等熵流动，$c_1=0$

续表

计算项目	公式	单位	适用范围
质量流量	$\dot{m}=\dfrac{A_2c_2}{v_2}$	kg/s	任意工质，稳定流动
	$\dot{m}=A_2\sqrt{\dfrac{2\kappa}{\kappa-1}\dfrac{p_0}{v_0}\left[\left(\dfrac{p_2}{p_0}\right)^{\frac{2}{\kappa}}-\left(\dfrac{p_2}{p_0}\right)^{\frac{\kappa+1}{\kappa}}\right]}$	kg/s	理想气体，等熵流动，$c_1>0$
	$\dot{m}=A_2\sqrt{\dfrac{2\kappa}{\kappa-1}\dfrac{p_1}{v_1}\left[\left(\dfrac{p_2}{p_1}\right)^{\frac{2}{\kappa}}-\left(\dfrac{p_2}{p_1}\right)^{\frac{\kappa+1}{\kappa}}\right]}$	kg/s	理想气体，等熵流动，$c_1=0$
最大质量流量	$\dot{m}_{\max}=\dfrac{A_{\min}c_c}{v_c}$	kg/s	任意工质，稳定流动
	$\dot{m}_{\max}=A_{\min}\sqrt{\dfrac{2\kappa}{\kappa+1}\left(\dfrac{2}{\kappa+1}\right)^{\frac{2}{\kappa-1}}\dfrac{p_0}{v_0}}$	kg/s	理想气体，等熵流动，$c_1>0$
	$\dot{m}_{\max}=A_{\min}\sqrt{\dfrac{2\kappa}{\kappa+1}\left(\dfrac{2}{\kappa+1}\right)^{\frac{2}{\kappa-1}}\dfrac{p_1}{v_1}}$	kg/s	理想气体，等熵流动，$c_1=0$

三、喷管效率

1. 不可逆绝热流动概况

实际上气体在喷管中流动时，总是存在摩擦，必有一部分动能为克服摩擦而损耗。这样在相同初态和相同压力降的条件下，实际流动过程的出口流速将小于等熵流动过程的出口速度。同时由于流动过程进行得很快，工质来不及向外界散热，使这部分摩擦热又被工质本身吸收。因而实际的流动过程是不可逆绝热过程，而不是等熵过程。

不可逆绝热过程如图 8-9 所示，气体在喷管中从相同的初态 1 开始，在相同压力降的条件下，理想流动为等熵过程，由垂线 1-2 表示；而不可逆绝热过程中，由于 $\Delta s>0$，有 $s_2'>s_2$，其终态点必然在点 2 的右边。这样实际不可逆绝热过程由连结点 1 和点 2′的虚线来示意。由于 $s_2'>s_2$，故 $h_2'>h_2$。

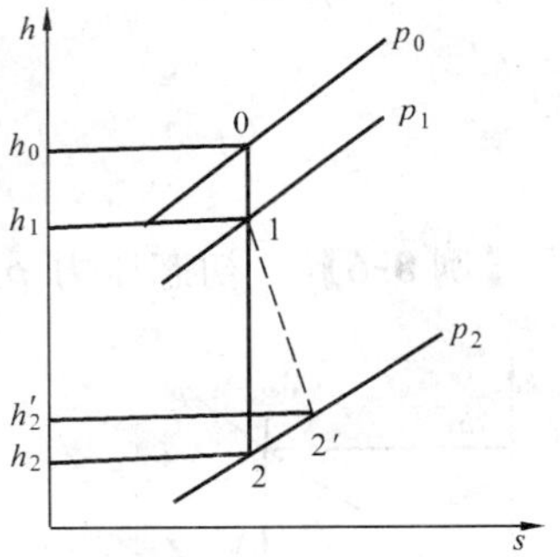

图 8-9　不可逆绝热流动

对于理想气体，由于　$h=f(T)$、$v=\dfrac{RT}{p}$

有　$$T_2'>T_2,\ v_2'>v_2$$

又由于 $c_2=\sqrt{2\ (h_1-h_2)}$ 适用于任何可逆和不可逆过程，可得到 $c_2'<c_2$

对于水蒸气，可从其 h-s 图上分析，也可得到

$$t_2'>t_2,\ v_2'>v_2$$

从而也有 $c_2'<c_2$。

根据 $A_2=\dfrac{\dot{m}v_2}{c_2}$，在相同流量时，由于 $v_2'>v_2$，$c_2'<c_2$，应有 $A_2'>A_2$。

实际不可逆绝热流动与等熵流动相比较，出口流速降低了；出口温度、出口比容及出口焓均增大；在质量流量相同时，所需要的出口截面积也增大了。

2. 喷管速度系数

实际流动的出口速度 c_2' 与相同初态、相同压力降时的等熵流动出口流速 c_2 之比，称为喷管速度系数，用符号 φ 表示，有

$$\varphi=\frac{c'_2}{c_2} \tag{8-31}$$

喷管速度系数 φ 值取决于喷管的类型、材料、表面情况及工质性质等。通常用实验的方法测定。一般 $\varphi=0.93\sim0.98$，显然渐缩喷管的 φ 值较缩放喷管的 φ 值要大一些。

由于

$$c_2=\sqrt{2(h_1-h_2)}$$

$$c_2'=\sqrt{2(h_1-h_2')}=\varphi c_2$$

有

$$\sqrt{2(h_1-h_2')}=\varphi\sqrt{2(h_1-h_2)}$$

或

$$h_2'=h_1-\varphi^2(h_1-h_2) \tag{8-32}$$

式中 h_2' ——喷管中实际流动的出口焓值，若已知 φ 值，可根据等熵流动过程的参数值 h_1 及 h_2 求出。

对于理想气体，从式（8-32）可得到

$$T'_2=T_1-\varphi^2(T_1-T_2)$$

及

$$v'_2=\frac{RT'_2}{p}$$

对于水蒸气用 h-s 图确定其参数。可用 h_2' 等焓线与 p_2 等压线相交，其交点即实际流动的出口状态点 $2'$，可查出相应的状态参数 v_2'、T_2' 等，然后进行相应的计算。

3. 喷管效率

喷管出口的实际动能与相同初态、相同压力降的等熵流动出口动能之比，称为喷管效率，用符号 η_n 表示，有

$$\eta_n=\frac{\frac{1}{2}c_2'^2}{\frac{1}{2}c_2^2}=\frac{h_1-h'_2}{h_1-h_2}=\varphi^2 \tag{8-33}$$

【例 8-6】 初态压力 $p_1=2$MPa、温度 $T_1=300$℃的水蒸气在喷管中绝热膨胀到 $p_b=0.1$MPa。若流量 $\dot{m}=5.34$kg/s，忽略初速。求：(1) 应选择何种喷管，并求其出口流速及喷管截面积；(2) 若喷管效率 $\eta_n=0.9$，其余条件不变，其出口流速及喷管截面积又为多少？

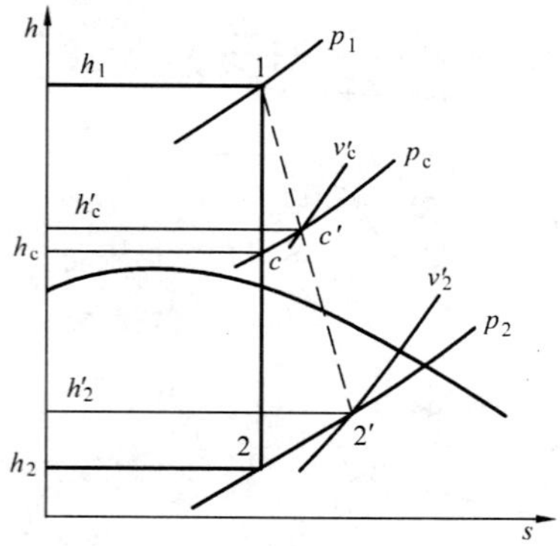

图 8-10 ［例 8-6］附图

解 查水蒸气 h-s 图知水蒸气初态为过热蒸汽，取 $\beta=0.546$。

(1) 因为 $p_c=\beta p_1=0.546\times2=1.092\text{MPa}>p_b$，故应选择缩放喷管。

查 h-s 图，如图 8-10 所示，各点参数如下

$$h_1=3022\text{kJ/kg}\quad h_c=2882\text{kJ/kg}\quad h_2=2466\text{kJ/kg}$$

$$v_c=0.198\text{m}^3/\text{kg}\quad v_2=1.48\text{m}^3/\text{kg}$$

出口流速及截面积计算如下

$$c_2=\sqrt{2(h_1-h_2)}=\sqrt{2(3022-2466)\times10^3}=1054.5\text{m/s}$$

$$c_c=\sqrt{2(h_1-h_c)}=\sqrt{2(3022-2882)\times10^3}=529.2\text{m/s}$$

$$A_2=\frac{\dot{m}v_2}{c_2}=\frac{5.34\times1.48}{1054.5}=74.95\times10^{-4}\text{m}^2=74.95\text{cm}^2$$

$$A_c=\frac{\dot{m}v_c}{c_c}=\frac{5.34\times0.198}{529.2}=19.98\times10^{-4}\text{m}^2=19.98\text{cm}^2$$

（2）若 $\eta_n=0.9$，则参数如下

$$h_2'=h_1-\eta_n(h_1-h_2)=3022-0.9(3022-2466)=2521.6\text{kJ/kg}$$

$$h_c'=h_1-\eta_n(h_1-h_c)=3022-0.9(3022-2882)=2896\text{kJ/kg}$$

见图 8-10，根据 p_2 等压线与 $h_2'=2521.6\text{kJ/kg}$ 等焓线交点，可确定实际流动的出口状态点 $2'$，同理根据 p_c 与 h_c' 可确定实际流动的临界状态点 c'。连接点 1-c'-$2'$ 的虚线为实际流动过程 1-$2'$ 的示意。从 h-s 图可查得

$$v_2'=0.20\text{m}^3/\text{kg}\quad v_c'=1.55\text{m}^3/\text{kg}$$

故

$$c_2'=\varphi c_2=\sqrt{\eta_n}c_2=\sqrt{0.9}\times1054.5=1000.4\text{m/s}$$

$$c_c'=\varphi c_c=\sqrt{\eta_n}c_c=\sqrt{0.9}\times529.2=502.0\text{m/s}$$

$$A_2'=\frac{\dot{m}v_2'}{c_2'}=\frac{5.34\times0.20}{1000.4}=82.74\times10^{-4}\text{m}^2=82.74\text{cm}^2$$

$$A_c'=\frac{\dot{m}v_c'}{c_c'}=\frac{5.34\times1.55}{502}=21.27\times10^{-4}\text{m}^2=21.27\text{cm}^2$$

从上述计算结果可见，当初态相同，压力降相同时，实际流动的出口流速降低了；而喷管的喉部与出口截面均增大了。

第五节 绝热节流

管道中的流体，经过通道截面突然缩小的阀门、狭缝及孔口等部分后发生压力降低的现象，称为节流。由于流道突然变窄后，又很快恢复了原流道截面，该过程十分短暂，来不及与外界交换热量，因而又称为绝热节流。

一、绝热节流基本方程

图 8-11 所示为管道中装有一带小孔的隔板而产生节流的情况。由于孔口附近的局部阻力，使流体产生强烈扰动，其热力状态极不平衡，因而不能用宏观的热力学方法进行研究。考虑到距离孔口较远的截面 1-1 与截面 2-2 处热力状态可视为平衡态，这样可以用这两个截面分别作为节流前和节流后的状态加以分析。

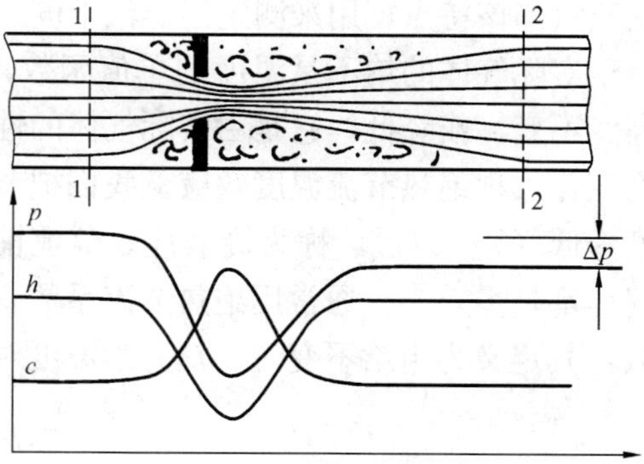

图 8-11 绝热节流过程

设截面 1-1 与截面 2-2 处的状态参数分别为 p_1、v_1、T_1、h_1，流速为 c_1；与 p_2、v_2、T_2、h_2，流速为 c_2。由于节流中工质与外界没有热量、功量交换，且位能变化可以忽略不计。故可直接

用绝热稳定流动能量方程式（8-3），即

$$\frac{1}{2}(c_2^2-c_1^2)=h_1-h_2 \text{ 或 } h_1+\frac{1}{2}c_1^2=h_2+\frac{1}{2}c_2^2$$

在一般情况下，流速 c_1 与 c_2 相差很小，可视为

$$\frac{1}{2}c_1^2\approx\frac{1}{2}c_2^2$$

故

$$h_1=h_2 \tag{8-34}$$

上式为绝热节流基本方程。它表示节流前后工质的焓相等。值得注意，节流过程并不是等焓过程。在孔口附近，流道突然变窄，使流动受阻，工质流速必然提高，即动能增大，而工质的焓必然下降，以维持 $h+\frac{1}{2}c^2=$常数。然而，由于孔口附近的局部阻力，必须有一部分动能克服局部阻力而转变为热。这些热量来不及散出，又被工质本身吸收，使工质的焓又相应提高。这样节流前后，截面 1-1 与 2-2 处的焓是相等的，而孔口处工质的焓降低，如图8-11所示。

二、节流过程分析

由于孔口附近的热力状态极不平衡，且由于流动在孔口处受阻使压力降低，显然节流是个典型的不可逆过程。不可逆过程不能在坐标图上表示。但是考虑到节流前后的状态是平衡态，这样在状态参数坐标图上，节流过程常常用连接节流前后两个状态点的虚线来示意。如在水蒸气 h-s 图上，根据节流基本方程 $h_1=h_2$，可用一条水平虚线来示意其节流过程。

对于理想气体，由于 $h=f(T)$，从节流基本方程有

$$T_1=T_2$$

又由于 $v=\frac{RT}{p}$、且 $p_2<p_1$，有

$$v_2>v_1$$

所以理想气体节流后，焓不变、温度不变、压力降低、比容增大，又由于是不可逆绝热过程，显然节流后熵也增大了。

对于水蒸气，可从其 h-s 图上分析其参数变化情况。在一般条件下，水蒸气节流后，焓不变、温度降低、压力降低、比容增大、熵也增大。如果是湿蒸汽节流，那么除靠近临界点的饱和蒸汽线下方的一部分区域外，节流后其干度均有所增加，甚至可以变为饱和蒸汽或过热蒸汽。该特点可用来测定湿蒸汽干度。

实际气体的焓不是温度的单值函数，尽管节流前后焓不变，但温度有三种可能，即升高、不变、或降低，它是由实际气体的性质及节流前所处状态所决定的。绝热节流引起的温度变化，称绝热节流温度效应。我们把节流后温度升高（$T_2>T_1$），称为热效应；节流后温度降低（$T_2<T_1$），称为冷效应；节流前后的温度不变，$T_2=T_1$，称为零效应，所有理想气体都是零效应。通常用绝热节流系数 μ_J 来表示节流的温度效应，μ_J 又称为焦尔-汤姆逊系数，其定义为当焓不变时，热力学温度对压力的偏导数，即

$$\mu_J=\left(\frac{\partial T}{\partial p}\right)_h \tag{8-35}$$

绝热节流系数 μ_J 是物质的重要物性参数它反映了与理想气体偏差的大小。它可通过焦尔-汤姆逊实验测定。其实验过程为：任意选定一种实际气体，使其通过装有多孔塞的管道

（见图 8-12）。令高压端的压力和温度稳定在 p_1 和 T_1，而在低压端，调节调压阀开度，通过改变流量得到不同的压力 p_{2a}，p_{2b}，p_{2c}，…，并相应地得到 T_{2a}，T_{2b}，T_{2c}，…。然后将这些点画在 T-p 图上，得到点 1、点 2a、点 2b、点 2c…，如图 8-13 的 T-p 图所示。因为 $h_1=h_{2a}=h_{2c}=\cdots$，所以通过这些点画出的一条曲线是等焓线。改变初始压力和温度进行类似实验，即可以得到一系列不同焓值的曲线，如图 T-p 图中 1、2、3、4 等线所示。图中等焓线上任一点的斜率 $\left(\frac{\partial T}{\partial p}\right)_h$ 即为 μ_J。

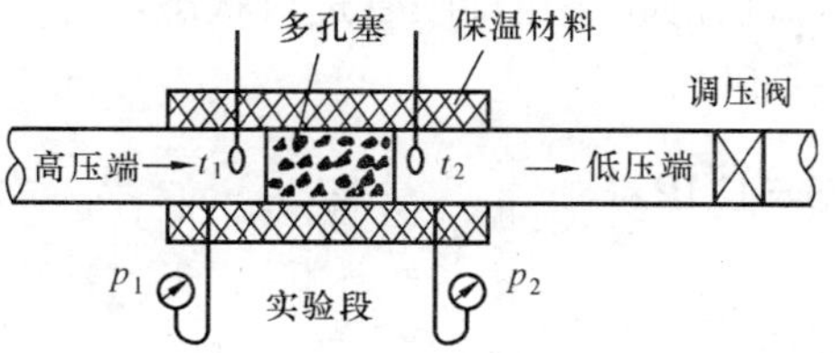

图 8-12　焦尔-汤姆逊绝热节流试验装置

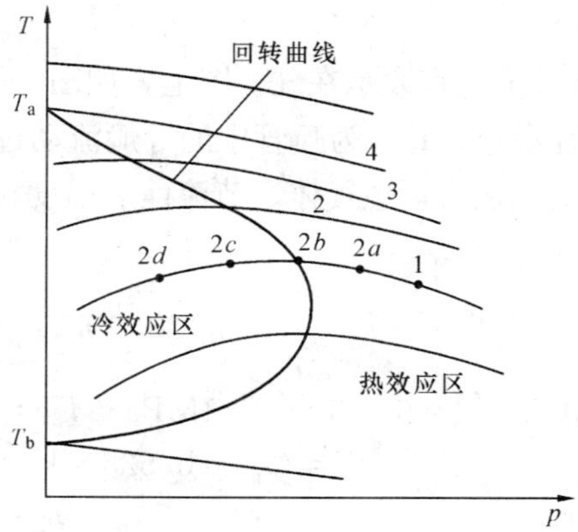

图 8-13　绝热节流过程的 T-p 图

分析式（8-35）可见，由于绝热节流前后的压力总是降低的，即 $dp<0$，是一个负值，所以当 $\mu_J<0$ 时，则 $dT>0$，表示产生热效应；当 $\mu_J>0$ 时，则 $dT<0$，表示产生冷效应；当 $\mu_J=0$ 时，则 $dT=0$，表示产生零效应。$\mu_J=0$ 的各点为相应等焓线的最高温度点，称为回转点，这些点上的温度称为回转温度，连接所有回转点的曲线称为回转曲线。在回转曲线之内所有等焓曲线上的点，其 $\mu_J>0$，节流产生冷效应，故称为冷效应区；在回转曲线之外所有等焓线上的点，其 $\mu_J<0$，节流产生热效应，故称为热效应区。

由于绝热节流简单易行，它在工程上有广泛用途。各种阀门就是利用节流过程来调节压力和控制流量的。节流装置还可以用来测定湿饱和蒸汽的干度和测量气体和蒸汽的流量。节流也是获得低温的常用方法，特别是用于空气分离或其他气体液化工程中。

【例 8-7】　为了确定湿饱和蒸汽的干度，将压力为 $p_1=1$MPa 干度未知的湿饱和蒸汽引入节流式干度计，经绝热节流后变为过热蒸汽（状态点 2），已测得压力 $p_2=0.3$MPa，$t_2=140$℃，见图 8-14。求湿饱和蒸汽的状态点 1 的干度 x_1 及该过程的平均绝热节流系数 μ_J。

解　由于绝热节流前后焓不变，$h_1=h_2$。由已知条件 p_2、T_2 可在 h-s 图上得出状态点 2。从点 2 作一水平虚直线与 p_1 相交，得到交点 1。点 1 就是湿饱和蒸汽的初始状态点，从 h-s 图可查得其干度 $x_1=0.98$。

从点 1 可查得 $t_1=180$℃，因此绝热节流过程 1-2 的平均绝热节流系数为

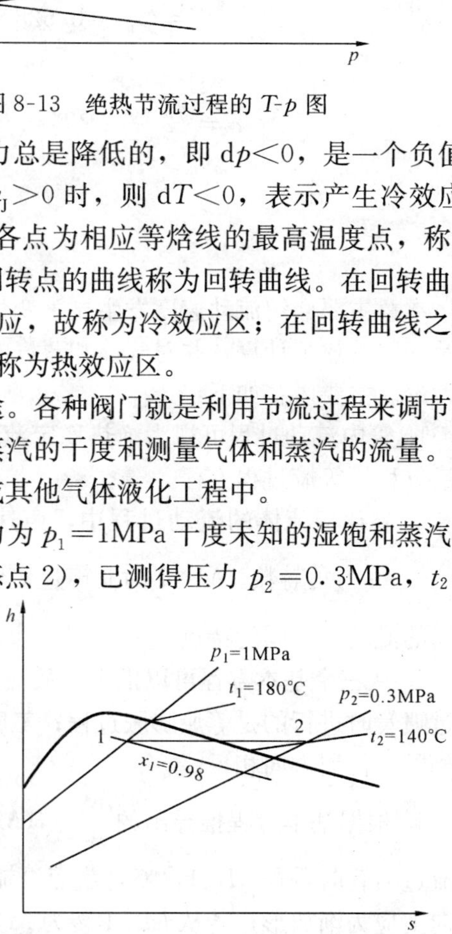

图 8-14　［例 8-7］在 h-s 图上示意

$$\mu_J=\left(\frac{\Delta T}{\Delta p}\right)_h=\frac{T_2-T_1}{p_2-p_1}=\frac{140-180}{0.3-1.0}=57.14\text{K/MPa}$$

计算结果表示平均绝热节流系数 $\mu_J>0$，属于冷效应，节流后的温度应降低，从 180℃降低到 140℃。

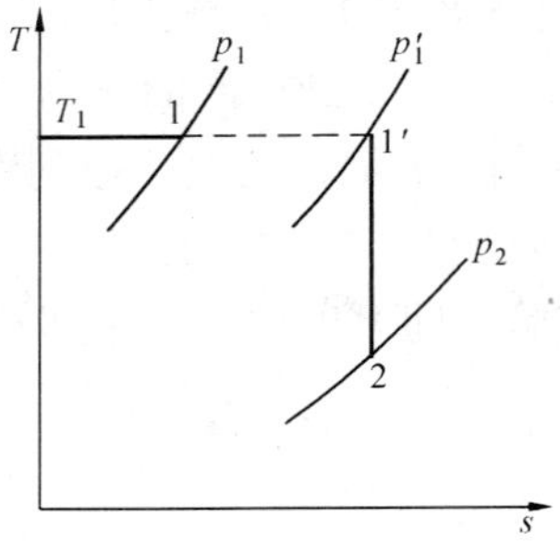

图 8-15　[例 8-8] 附图

【例 8-8】　压力 $p_1=2.5$MPa、$t_1=27$℃的空气先经阀门绝热节流，使其容积增至原来的 2.5 倍，又经渐缩喷管流入压力 $p_b=0.2$MPa 的介质中。试求：(1) 将过程定性地表示在 T-s 图上；(2) 喷管进口的压力和温度；(3) 喷管出口压力和出口流速。

解　(1)全过程表示在 T-s 图上，如图 8-15 所示。1-1′为绝热节流过程示意；1′-2 为喷管中的等熵流动过程。

(2) 空气视为理想气体，节流前后温度相等。节流后的状态也即喷管进口状态，有

$$T_1'=T_1=27+273=300\text{K}$$

$$p_1'=\frac{v_1}{v_1'}p_1=\frac{1}{2.5}\times 2.5=1\text{MPa}$$

(3) 由于 $c_1'=0$，有 $p_1'=1$MPa　$T_1'=300$K

有
$$p_c=\beta p_1'=0.528\times 1=0.528\text{MPa}>p_b=0.2\text{MPa}$$

故
$$p_2=p_c=0.528\text{MPa}$$

$$c_2=\sqrt{2\frac{\kappa}{\kappa+1}RT_1'}=\sqrt{2\times\frac{1.4}{1.4+1}\times 287\times 300}=317\text{m/s}$$

小　　结

本章主要介绍流动速度发生显著变化的过程，即气体和蒸汽在喷管中进行等熵流动的规律及一般的热工计算，并对气体和蒸汽的绝热节流过程的特点及状态参数变化情况进行了简单讨论。主要内容如下：

1. 管内流动过程可视为绝热稳定流动，符合三个基本方程——连续性方程、稳定流动能量方程、等熵过程方程。

2. 在研究流体的流动过程中，声速有重要意义。流体的流速 c 与当地声速 a 之比值 $M=\frac{c}{a}$，称为马赫数。$M<1$ 为亚声速流动、$M>1$ 为超声速流动、$M=1$ 为临界流动。这些不同的流动有不同的特点。

3. 从三个基本方程可以推出工质流过喷管和扩压管时，其状态参数的变化规律。工质流过喷管时进行的是等熵膨胀过程；工质流过扩压管时进行的是等熵压缩过程。两者作用原理相同，作用方向相反。

4. 根据基本方程推导出的 $\frac{dA}{A}=(M^2-1)\frac{dc}{c}$ 是判断喷管截面积变化规律的依据。当工质流过喷管时，若 $M<1$，喷管截面沿流动方向上应为渐缩形；若 $M>1$，喷管截面沿流动方向上应为渐放形；若从 $M<1$ 转为 $M>1$，即从亚声速流动加速为超声速流动，应为渐缩形与渐放形的组合，即为缩放形喷管。在渐缩部分与渐放部分的交接处，是缩放形喷管的最

小截面处，又称为喉部。喉部的参数称为临界参数，喉部是亚声速流动向超声速流动转变的转折点，有 $c_c=a_c$。

5. 引入等熵滞止参数是为了简化流动的初始条件。等熵滞止过程是通过等熵压缩将流速降为零的过程，该过程符合绝热稳定流动能量方程式（8-13）。对于理想气体，可用式（8-13）及理想气体关系式来确定等熵滞止参数；水蒸气的等熵滞止参数是求出 h_0 后、通过 h-s 图确定等熵滞止状态，从而查得其余等熵滞止参数的。

6. 临界压力比 $\beta=\dfrac{p_c}{p_0}=\left(\dfrac{2}{\kappa+1}\right)^{\frac{\kappa}{\kappa-1}}$。该式对理想气体等熵流动过程成立。对于水蒸气当 κ 值取一定经验值时，该式也适用。临界压力比 β 是仅与工质性质有关。若已知 β 值，则临界压力 $p_c=\beta p_1$ 即可得到。

7. 喷管计算应当遵循下列原则：

（1）渐缩喷管：

当背压 $p_b \geqslant p_c$ 时，喷管出口压力 $p_2=p_b$，出口流速 $c_2=a_2$，流量 $\dot{m} \leqslant \dot{m}_{max}$；

当背压 $p_b < p_c$ 时，工质在渐缩喷管中是不能完全膨胀的，有 $p_2=p_c$、$c_2=a_2$、$\dot{m}=\dot{m}_{max}$。

（2）渐放喷管：

在设计工况时，可得到完全膨胀，有 $p_2=p_b<p_c$、$c_2>a_2$，$\dot{m}=\dot{m}_{max}$。

以上原则对于选择和设计喷管也适用。当 $p_b \geqslant p_c$ 时，应当选用渐缩喷管；当 $p_b<p_c$ 时，应当选用缩放喷管。

8. 对于理想气体和水蒸气在喷管中流动时的临界流速和出口流速、质量流量或喷管截面积（包括喉部和出口截面积）的计算要熟练掌握。

9. 了解不可逆绝热流动过程的特点及参数变化规律，并会在 T-s 图和 h-s 图上示意。对喷管速度系数 φ 和喷管效率 η_n 的概念应当理解并会应用。

10. 绝热节流过程的基本方程为 $h_1=h_2$，说明节流前后工质焓相等。但是节流过程不是个等焓过程，$dh\neq 0$。应当了解气体和蒸汽节流前后的参数变化情况，会用上述基本方程对气体和蒸汽的节流过程进行一般的计算。

习 题

8-1 压力为0.1MPa、温度为27℃的空气，分别以100m/s、500m/s、1000m/s的速度流动，当空气被等熵滞止，空气的滞止压力、滞止温度各为多少？

8-2 空气压力 $p_1=2$MPa、温度 $t_1=87$℃，流经渐缩喷管后进入 $p_b=1.5$MPa 的介质中。若空气质量流量为 $\dot{m}=0.5$kg/s，且忽略初速。试求喷管出口压力、温度、流速及出口截面各为多少？

8-3 上题中喷管的出口背压 $p_b=0.5$MPa，其他条件同上，再求出口压力、温度、流速及出口截面各为多少？

8-4 水蒸气压力为0.1MPa、温度为150℃，分别以100m/s、500m/s、1000m/s的速度流动，当水蒸气被等熵滞止，求水蒸气的滞止压力、滞止温度和滞止焓各为多少？

8-5 空气的 $p_1=1\text{MPa}$、$t_1=120℃$，经喷管流入背压 $p_b=0.1\text{MPa}$ 的介质中。若空气流量为$\dot{m}=1.5\text{kg/s}$，并忽略初速。试求：(1) 喷管的类型；(2) 出口压力和出口流速；(3) 喷管的截面积。

8-6 质量流量$\dot{m}=1\text{kg/s}$的空气在喷管内作等熵流动，在截面 1-1 处测得参数值 $p_1=0.3\text{MPa}$、$t_1=200℃$、$c_1=20\text{m/s}$。在截面 2-2 处测得参数值 $p_2=0.2\text{MPa}$。求 2-2 截面处的喷管截面积。

8-7 压力 $p_1=1.8\text{MPa}$、温度 $t_1=50℃$的氧气，以 $c_1=80\text{m/s}$ 的速度流入渐缩喷管。已知喷管出口截面积 $A_2=1.2\text{cm}^2$，喷管外背压 $p_b=1.2\text{MPa}$。求喷管的出口流速及质量流量。

8-8 空气流经一断面为 0.1m^2 的截面管道，在截面 1-1 处测得 $c_1=100\text{m/s}$、$p_1=0.15\text{MPa}$、$t_1=100℃$；在截面 2-2 处，测得 $c_1=171.4\text{m/s}$、$p_2=0.14\text{MPa}$。若流动无摩擦损失，求：(1) 质量流量；(2) 截面 2-2 处的空气温度；(3) 截面 1-1 与截面 2-2 之间的传热量。

8-9 二氧化碳以流量$\dot{m}=1\text{kg/s}$流经缩放喷管。若初态 $p_1=0.5\text{MPa}$、$t_1=25℃$、$c_1=50\text{m/s}$，出口外背压 $p_b=0.1\text{MPa}$。试求：(1) 临界流速和出口流速；(2) 临界截面积和出口截面积；(3) 若该喷管的速度系数 $\varphi=0.94$，其流量不变，求其出口流速、临界截面和出口截面积。

8-10 过热蒸汽 $p_1=2\text{MPa}$、$t_1=300℃$，经拉伐尔喷管流入背压 $p_b=0.1\text{MPa}$ 的介质中。若该喷管的喉部截面 $A_c=20\text{cm}^2$，且忽略初速。求临界流速、出口流速及质量流量和出口截面积。

8-11 空气 $p_1=0.8\text{MPa}$、$t_1=20℃$，经渐缩喷管进行不可逆绝热流动。若喷管出口截面 $A_2=1\text{cm}^2$、出口外背压 $p_b=0.1\text{MPa}$、喷管效率 $\eta_n=0.95$。求喷管出口流速及质量流量。

8-12 空气通过一喷管，进口压力 $p_1=0.5\text{MPa}$，温度 $T_1=600\text{K}$，质量流量$\dot{m}=1.5\text{kg/s}$。如该喷管的出口处压力为 $p_2=0.1\text{MPa}$，问应采用什么形式的喷管？如不考虑进口流速影响，求等熵膨胀过程中喷管出口气流速度及出口截面积。如为不可逆绝热流动，喷管效率 $\eta_n=0.95$，则喷管气体出口速度及出口截面各为多少？

8-13 某燃气 $p_1=1\text{MPa}$、$T_1=1000\text{K}$，流经渐缩渐扩喷管。已知喷管出口截面上的压力 $p_2=0.1\text{MPa}$，进口流速 $c_1=200\text{m/s}$，喷管效率 $\eta_n=0.95$，燃气的质量流量$\dot{m}=50\text{kg/s}$，燃气的比热比 $\kappa=1.36$，定压质量比热 $c_p=1\text{kJ/(kg·K)}$。求喷管的喉部截面积及出口截面积。

8-14 $p_1=3\text{MPa}$、$t_1=400℃$的过热蒸汽经绝热节流后，压力降为 $p_1'=1.6\text{MPa}$，然后经过喷管流入 $p_b=1\text{MPa}$ 的介质中。已知喷管出口截面 $A_2=200\text{mm}^2$。求：(1) 选用何种喷管；(2) 喷管出口流速及质量流量；(3) 将以上全过程定性地表示在水蒸气的 h-s 图上。

8-15 已知进入蒸汽引射器喷管的压力是 $p_1=0.5\text{MPa}$ 的干饱和蒸汽，喷管出口压力 $p_2=0.006\text{MPa}$，蒸汽质量流量$\dot{m}=280\text{kg/h}$，喷管的效率 $\eta_n=0.9$。求喷管喉部直径及出口直径。

8-16 为了确定湿蒸汽的干度而将湿蒸汽引入节流式干度计中，蒸汽在其中被绝热节

流后压力 $p_2=0.1$MPa，温度 $t_2=130$℃。已知蒸汽在节流前的压力。求湿蒸汽最初时的干度 x_1 及该过程的平均绝热节流系数 μ_J。

8-17　空气 $p_1=0.45$MPa、$t_1=50$℃，经绝热节流过程使其容积增加为原来的 2 倍。求：(1) 节流后空气的压力；(2) 节流过程空气的熵增（设环境温度 $t_0=27$℃）。

第九章　蒸 汽 动 力 循 环

蒸汽动力循环是指采用蒸汽作工质的动力循环。工业上最早使用的动力机就是用水蒸气做工质的蒸汽动力装置。近年来，以其他一些蒸气，例如氨、氟利昂等作工质的动力设备相继出现，无论以水蒸气为工质的，还是以其他蒸气为工质的动力装置，它们的原理是完全相同的。本章将以水蒸气动力循环为对象进行动力循环热工原理和循环热效率等问题的讨论。采用的分析方法同样适用于以其他蒸气作工质的动力循环。

第一节　朗 肯 循 环

一、工质为水蒸气的卡诺循环

热力学第二定律已证明，在相同的界限温度间，卡诺循环的热效率最高。蒸汽动力的理想循环自然会想到卡诺循环。在采用气体作工质的循环中，因等温加热和放热难于实现，而且气体的等温线和绝热线在 p-v 图上的斜率相差不多，以致卡诺循环所做的功并不大，故在实际上难于采用。要实现工质的等温加热和等温放热，对水蒸气而言，是比较容易的。由于水的汽化和蒸汽的凝结，当压力不变时，温度也不变，因而实际上也就有了等温加热和放热的可能，更因这时等温过程亦即等压过程，在 p-v 图上其与绝热线之间的斜率相差较大，故所做的功也较大。所以，以水蒸气为工质时原则上可以采用卡诺循环，如图 9-1 中循环 6-7-8-5-6 所示。然而，在实际的蒸汽动力装置中是不采用卡诺循环的，其主要原因是：首先，在压缩机中绝热压缩过程 8-5 难于实现，因状态 8 是湿蒸汽状态，压缩过程中压缩机工作不稳定，同时状态 8 的比容积比水的比容积大得多，需用比水泵大得多的压缩机；其次，循环局限于饱和区，上限温度受制于临界温度，故即便实现卡诺循环，其热效率也不高；再次，膨胀末期，湿蒸汽干度过小，即含水分甚多，不利于动力机安全。实际蒸汽动力循环均以朗肯循环为基础。

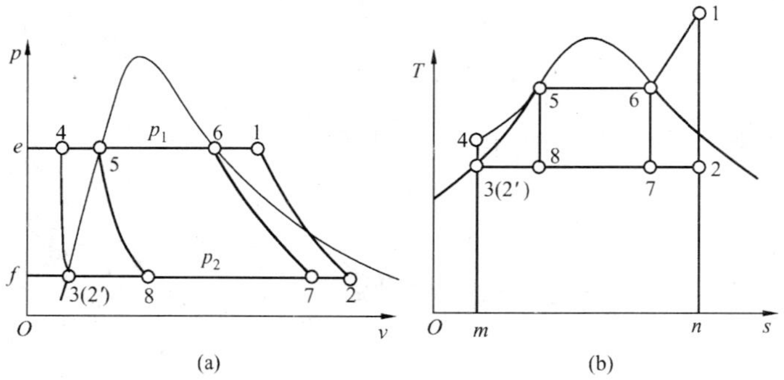

图 9-1　水蒸气的动力循环

(a) p-v 图；(b) T-s 图

二、朗肯循环及其热效率

简单蒸汽动力装置流程示意于图 9-2，包括锅炉（B）、汽轮机（T）、凝汽器（C）、水泵（P）等四部分主要设备，其理想循环——朗肯循环的 p-v 图、T-s 图见图 9-1，朗肯循环的理论工作过程包括两个等压过程和两个等熵过程，这些图中所示的工质状态点都一一对应。循环所经历的各过程如下：

4-5-6-1 过程：水在锅炉 B 中等压吸热，汽化成饱和蒸汽；饱和蒸汽在蒸汽过热器 S 中等压吸热成过热蒸汽。

1-2 过程：高温高压的过热水蒸气在汽轮机 T 内作等熵膨胀过程。

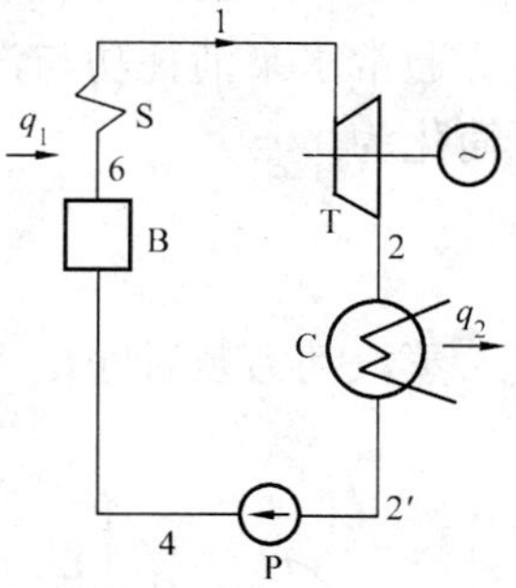

图 9-2　简单蒸汽动力装置流程示意图

2-3 过程：从汽轮机排出的做过功的乏汽在凝汽器 C 内等压冷凝，向冷却水放热，这是等压过程同时也是等温过程。凝汽器内的压力通常很低，现代蒸汽电厂凝汽器内压力约为 4～5kPa。2-3 为湿蒸汽在凝汽器内的等压（也等温）冷却凝结放热过程。

3-4 过程：凝结水在给水泵 P 内的绝热压缩过程，压力升高后的水再次进入锅炉 B 完成循环。3-4 为凝结水在水泵中的等熵压缩过程。

朗肯循环与水蒸气的卡诺循环主要不同之处在于乏汽在凝汽器中完全液化到 3 点，而不是止于 8 点（图 9-1）。此外，采用了过热蒸汽，蒸汽在过热区的加热是等压加热但并不是等温加热（图 9-1 中过程 6-1）。完全凝结使循环中多一段水的加热过程 4-5，减小了循环平均温差，对热效率是不利的。但是对简化设备却是有利的，因为压缩水比压缩比容积为 v_8 的湿蒸汽方便得多。采用过热蒸汽则增大了循环的平均温差，并使乏汽的干度也提高，这些都是有利的。朗肯循环已成为现代复杂蒸汽动力装置的基本循环，研究朗肯循环也是研究复杂循环的基础。

下面分析朗肯循环的热效率。各点状态参数由已知条件查水及水蒸气热力性质图得到。我们的任务是讨论循环的热工性能，即计算循环中工质吸热量、放热量、对外做出的功及从外界得到的功。对于蒸汽动力装置，在其正常工况下，工质处于稳定流动过程。

每千克过热蒸汽在汽轮机内可逆绝热膨胀（等熵膨胀）做出的轴功为

$$w_{s,t}=h_1-h_2$$

乏汽在凝汽器中向冷却水放出的热量为

$$q_2=h_2-h_3$$

凝结水流经水泵，水泵消耗的功为

$$w_{s,p}=h_4-h_3$$

由于水的压缩性很小，压缩过程中水的容积变化可以忽略，水泵中的升压 $\Delta p=p_4-p_3=p_1-p_2$，因此，可以用下式近似计算水泵耗功量

$$w_{s,p}=v\Delta p$$

未饱和水从热源吸热量为

$$q_1=h_1-h_4$$

循环净功为

$$w_{net}=w_{s,t}-w_{s,p}=(h_1-h_2)-(h_4-h_3)$$

循环净热量为

$$q_{net}=q_1-q_2=(h_1-h_4)-(h_2-h_3)=(h_1-h_2)-(h_4-h_3)$$

所以循环热效率为

$$\eta_t = \frac{w_{net}}{q_1} = \frac{q_1 - q_2}{q_1} = \frac{w_{s,t} - w_{s,p}}{q_1} = \frac{(h_1 - h_2) - (h_4 - h_3)}{h_1 - h_4} \tag{9-1}$$

式中　h_1——汽轮机入口新蒸汽的焓；

h_2——汽轮机出口乏汽的焓；

h_3、h_4——压力为 p_2 的凝结水和压力为 p_1 的未饱和水的焓。

通常水泵消耗功与汽轮机做功量相比甚小，可忽略不计，因此 $h_3 = h_4$，这样，式(9-1)可简化为

$$\eta_t = \frac{h_1 - h_2}{h_1 - h_4} \tag{9-2}$$

蒸汽动力装置输出 1kW·h（3600kJ）功量所消耗的蒸汽量，定义为汽耗率，用 d 表示

$$d = \frac{3600}{w_{net}} \quad \text{kg/(kW·h)} \tag{9-3}$$

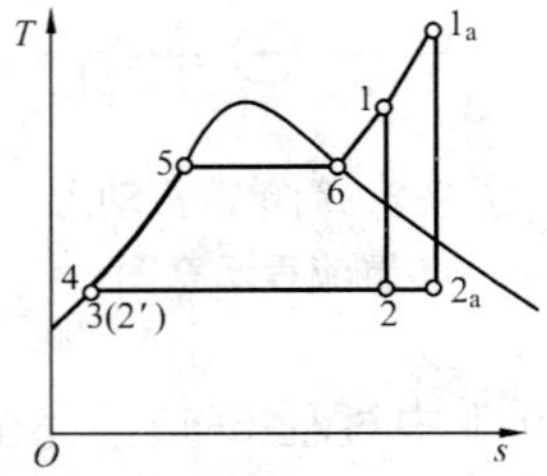

图 9-3　初温 t_1 对 η_t 的影响

三、蒸汽参数对热效率的影响

1. 初温 t_1 对热效率的影响

如图 9-3 所示。在相同的初压及背压下，提高新蒸汽（汽轮机入口蒸汽）的温度可使热效率增大。这是因为，初温从 t_1 提高到 t_{1a}，增加了循环的高温加热段，使循环温差增大，所以热效率提高。

另外，提高蒸汽初温还可以使循环功量增大，因此，汽耗率降低，对整个装置经济性明显有利。提高初温 t_1 还可使终态 2 的干度 x_2 增大，这对汽轮机安全工作有利。

同时，也应看到，由于初温的提高，汽轮机出口乏汽的比容变大，设备尺寸变大。另外，锅炉过热器与汽轮机的高压端要使用耐高温金属材料，必使设备费用提高。目前受金属材料耐热性能的限制，一般初温取 600℃以下。

2. 初压 p_1 对热效率的影响

在相同的初温和背压下，提高初压也可使热效率增大。由图 9-4 可见，当初压提高时，循环的平均温差增大，所以循环的热效率提高。

提高初压，使热效率提高的同时，也会产生了一些新问题，如果初压力提高，汽轮机出口乏汽干度就迅速降低，这意味着乏汽中所含的水分增加，这将引起汽轮机内部效率降低。此外，水分超过某一限度时，将引起汽轮机最后几级叶片的侵蚀，会引起汽轮机的危险振动并危及汽轮机的安全运行，故乏汽干度不宜太低，一般工程要求不低于 85%～88%。

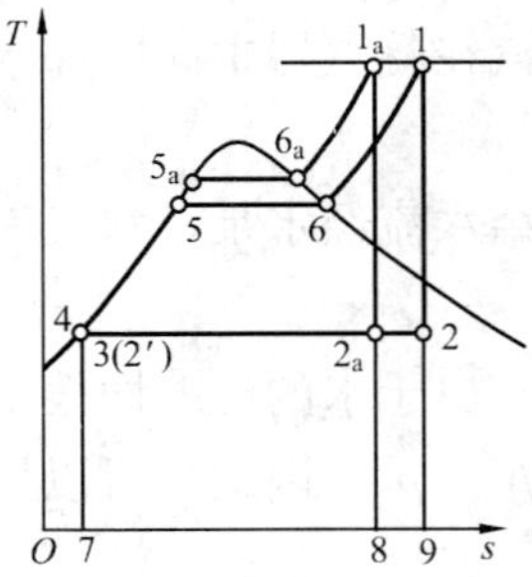

图 9-4　初压 p_1 对 η_t 的影响

3. 背压 p_2 对热效率的影响

在相同的 p_1、t_1 下降低背压 p_2 也能使热效率提高，这是由于循环温差加大的缘故。从图 9-5 可见，背压较低的循环净功 12_a3_a561 比背压较高的循环净功 123561 大出相当于面积 22_a3_a32 的数值。但是，背压 p_2 的选择取决于凝汽器冷源的温度。目前我国大型蒸汽动力装

置的设计中采用 p_2 为 0.003～0.004MPa，其对应的饱和温度在 28℃左右，它比凝汽器中冷却水温度略高，因此，降低 p_2 已没有多大潜力。

对于同一蒸汽动力装置，由于冬、夏季节气温的变化，t_2 也会随之变化，即 p_2 也会有改变，η_t 也会改变。因此，冬季运行时，热效率要比夏季运行时高，北方的机组应比南方有更高热效率。

此外，降低 p_2 若不提高 t_1，亦会引起乏汽干度 x_2 降低，其后果与单独提高 p_1 类似。

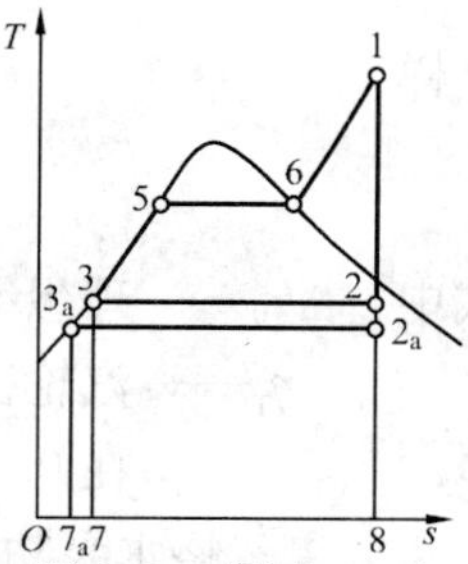

图 9-5　背压 p_2 对 η_t 的影响

综上所述，将蒸汽参数的影响归纳如下：

(1) 提高蒸汽初参数 p_1、t_1，可以提高循环热效率，因而，现代蒸汽动力循环朝着高参数方向发展。表 9-1 为目前我国采用的配套机组蒸汽参数的概况。

表 9-1　国产蒸汽动力发电机组初参数概况

	低参数	中参数	高参数	超高参数	亚临界参数
初压（MPa）	1.3	3.5	9.0	13.5	16.5
初温（℃）	340	435	535	550，535	550，535
发电功率（MW）	1.5～3	6～25	50～100	125，200	200，300，600

提高初参数的机组，需要采用耐高压、耐高温的金属材料，因此，提高初参数受到一定的限制。

(2) 降低乏汽压力可以提高循环热效率，但乏汽压力是受环境温度制约的。目前火力发电厂一般在 0.004MPa～0.006MPa 的乏汽压力下运行。

四、有摩阻的实际循环

以上讨论的朗肯循环是在不考虑各种实际能量损失情况下的理想可逆循环。实际上，蒸汽动力装置中的全部过程都是不可逆过程，尤其是蒸汽经过汽轮机的绝热膨胀与理想可逆过程的差别较为显著。对于实际循环的分析，有两类方法：一类是以能量平衡为前提的热力学第一定律的分析方法，称为热效率法。这种方法是传统的方法，迄今为止仍然是各动力循环经济性的最主要的分析方法。另一类方法是热力学第二定律的分析方法，有熵分析法和㶲分析法。下面应用热效率法来讨论仅考虑到汽轮机中有摩阻损耗的实际循环。

如果考虑到汽轮机中的不可逆损失，则理想循环中的可逆绝热过程 1-2 将以不可逆绝热过程 $1\text{-}2_{act}$ 代替。可见，在循环中 q_1 不变，而 q_2 增大。如图 9-6 (a) 所示，q_2 的增大部分为面积 $822_{act}78$。

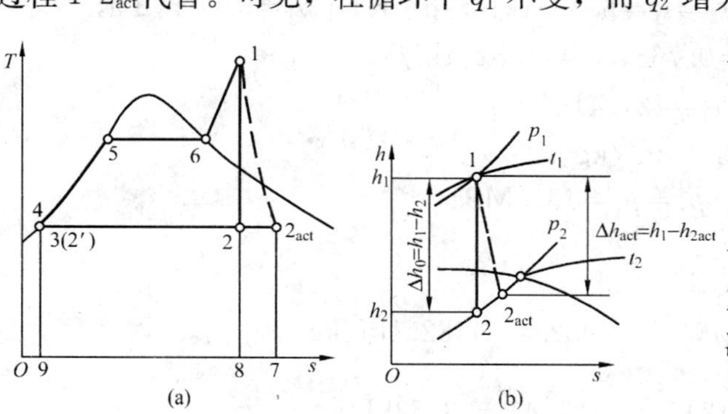

图 9-6　汽轮机中的不可逆过程

蒸汽经过汽轮机时实际输出轴功为

$$w_{s,act}=h_1-h_{2act}=(h_1-h_2)-(h_{2act}-h_2)$$

从上式可见，汽轮机实际输出轴功与汽轮机理想输出轴功相比，少做功量为 $(h_{2act}-h_2)$，而 $(h_{2act}-h_2)$ 等于在凝汽器中多排出的热量，见图 9-6 (b)。

汽轮机内蒸汽实际做功 $w_{s,act}$ 与理论功 w_s 的比值叫做汽轮机的相对内效率，

简称汽轮机效率，以 η_T 表示，即

$$\eta_T = \frac{w_{s,act}}{w_s} = \frac{h_1 - h_{2act}}{h_1 - h_2} \tag{9-4}$$

这样

$$h_{2act} = h_2 + (1-\eta_T)(h_1 - h_2) = h_2 + (1-\eta_T)h_0 \tag{9-5}$$

$$\Delta h_0 = h_1 - h_2$$

式中 Δh_0——理想绝热焓降。

η_T——汽轮机相对内效率，由生产厂据大量试验结果提供，近代大功率汽轮机的 η_T 在 0.85～0.92 之间。

如果忽略水泵功，实际工作循环输出的循环净功 $w_{net,act}$ 为

$$w_{net,act} \approx w_{s,act} = h_1 - h_{2act}$$

对于整个动力装置来说，评价整个动力装置的指标是动力装置效率，它是蒸汽在实际循环中所做的循环净功与循环中热源所供给的热量的比值，以 η_i 表示，即

$$\eta_i = \frac{w_{net,act}}{q_1} = \frac{h_1 - h_{2act}}{h_1 - h_{2'}} = \frac{\eta_T(h_1 - h_2)}{h_1 - h_{2'}} = \eta_T\eta_t \tag{9-6}$$

式中 η_T——汽轮机相对内效率；

η_t——理想循环的热效率。

如果再考虑轴承等处的机械损失，则汽轮机输出的有效功，即轴功为

$$w_s = \eta_m w_{s,act}$$

式中 η_m——机械效率。

据式（9-4）有

$$w_s = \eta_m \eta_T w_t = \eta_m \eta_T (h_1 - h_2) \tag{9-7}$$

上式是忽略水泵功时循环输出净功的表达式。式中 $w_{s,t} = h_1 - h_2$ 是汽轮机理想输出轴功。

【例 9-1】 在朗肯循环中，蒸汽进入汽轮机的初压力 p_1 为 13.5MPa，初温度 t_1 为 550℃，乏汽压力为 0.004MPa，求循环净功、加热量、热效率、汽耗率及汽轮机出口干度。

解 将循环表示在 T-s 图上，如图 9-7 所示。

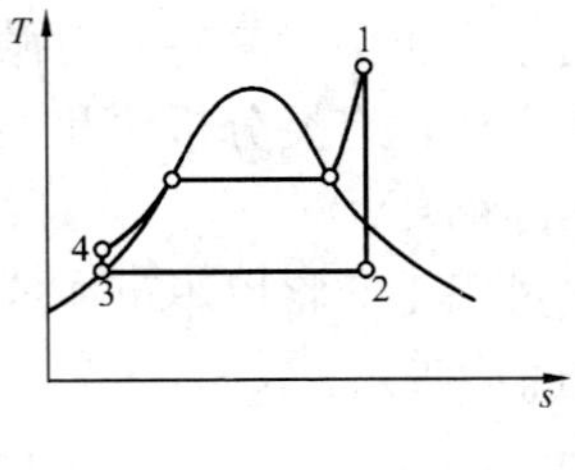

图 9-7 ［例 9-1］附图

由已知条件查水及水蒸气热力性质图、表，得到各状态点参数：

1 点：$p_1 = 13.5$MPa，$t_1 = 550$℃，

得 $h_1 = 3464.5$kJ/kg，$s_1 = 6.5851$kJ/(kg·K)；

2 点：$s_2 = s_1 = 6.5851$kJ/(kg·K)，$p_2 = 0.004$MPa，

得 $x_2 = 0.765$，$h_2 = 1982.4$kJ/kg；

3 点：$h_3 = 121.41$kJ/kg

$s_3 = 0.4224$kJ/(kg·K)；$v_3 = 0.001004\text{m}^3$/kg

4 点：$s_4 = s_3 = 0.4224$kJ/(kg·K)，$p_4 = p_1 = 13.5$MPa

得 $h_4 = 134.93$kJ/kg。

汽轮机做功

$$w_{s,t} = h_1 - h_2 = 3464.5 - 1982.4 = 1482.1\text{kJ/kg}$$

水泵消耗的功

$$w_{s,p} = h_4 - h_3 = 134.93 - 121.41 = 13.52\text{kJ/kg}$$

或者

$$w_{s,p}=v\Delta p=0.001004\times(13.5-0.004)\times10^3=13.55\text{kJ/kg}$$

从 $w_{s,t}$ 及 $w_{s,p}$ 的计算结果可以看出，水泵消耗功占汽轮机做功的0.9%，在一般估算中，可以忽略泵功。

当忽略泵功时，循环净功为

$$w_{net}=w_{s,t}=1482.1\text{kJ/kg}$$

工质吸热量

$$q_1=h_1-h_4\approx h_1-h_3=3464.5-121.41=3343.09\text{kJ/kg}$$

朗肯循环热效率

$$\eta_t=\frac{w_{s,t}}{q_1}=\frac{1482.1}{3343.09}=0.443$$

汽耗率

$$d=\frac{3600}{w_{s,t}}=2.429\text{kg/(kW}\cdot\text{h)}$$

汽轮机出口干度

$$x_2=0.765$$

【例 9-2】 我国生产的300MW汽轮发电机组，其新蒸汽压力和温度分别为 $p_1=17\text{MPa}$、$t_1=550℃$，汽轮机排汽压力 $p_2=5\text{kPa}$。若按朗肯循环运行，求：(1) 汽轮机所产生的功 $w_{s,t}$；(2) 水泵功 $w_{s,p}$；(3) 循环热效率 η_t 和理论耗汽率 d。

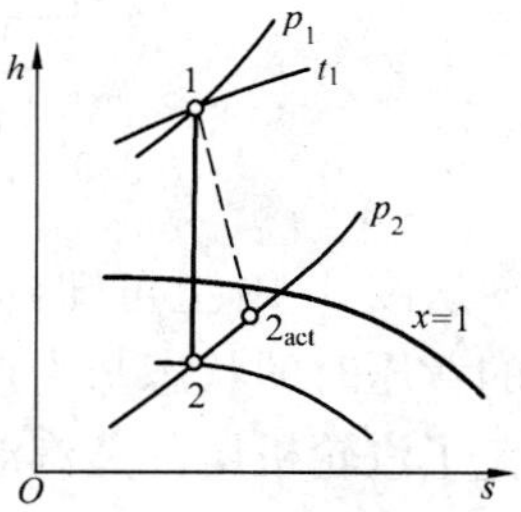

图 9-8　[例 9-2] 附图

解　根据 $p_1=17\text{MPa}$、$t_1=550℃$，在 h-s 图上（如图 9-8 所示）定出新蒸汽状态点 1，得 $h_1=3426\text{kJ/kg}$。理想情况下蒸汽在汽轮机中作可逆绝热膨胀，过程 1-2 为等熵过程。在 h-s 图上从点 1 作等熵线与 $p_2=5\text{kPa}$ 的等压线相交，得状态点 2，$h_2=1963.5\text{kJ/kg}$。查饱和水和饱和水蒸气表得

$$p_2=5\text{kPa 时}$$
$$v'=0.0010053\text{m}^3/\text{kg}$$
$$h'=137.72\text{kJ/kg}$$

于是求得

$$w_{s,t}=h_1-h_2=3426-1963.5=1448\text{kJ/kg}$$

$$w_{s,p}=h_4-h_3\approx(p_4-p_3)v_{2'}=(p_1-p_2)v_{2'}$$
$$=(17\times10^6-5\times10^3)\times0.0010053=17.06\times10^3\text{J/kg}$$

$$h_4=h_3+w_{s,p}=h_{2'}+w_{s,p}=137.72+17.06=154.78\text{kJ/kg}$$

$$q_1=h_1-h_4=3426-154.78=3271.22\text{kJ/kg}$$

$$\eta_t=\frac{w_{net}}{q_1}=\frac{h_1-h_2-w_{s,p}}{q_1}=\frac{3426-1963.5-17.06}{3271.22}=0.4419$$

若略去水泵功，则

$$\eta_t=\frac{w_{net}}{q_1}=\frac{h_1-h_2}{h_1-h_{2'}}=\frac{3426-1963.5}{3426-137.72}=0.4448$$

$$d=\frac{1}{h_1-h_2}=\frac{1}{(3426-1963.5)\times10^3}=6.84\times10^{-7}\text{kg/J}$$

第二节 再 热 循 环

如上节所分析，为了提高热效率，可以提高汽轮机入口蒸汽的温度和压力。但是提高蒸汽初压力会出现汽轮机排汽干度下降，而提高初温又要求设备的材料具有很高的耐热性，为了解决这一矛盾，常采用蒸汽中间再过热的方法，即将汽轮机高压端中膨胀到一定压力的蒸汽重新引入锅炉的中间加热器（称为再热器）R 中加热升温，然后再送入汽轮机使之继续膨胀做功，这种循环称为中间再热循环或简称再热循环，其设备简图如图 9-9 所示，图 9-10 为再热循环的 T-s 图。

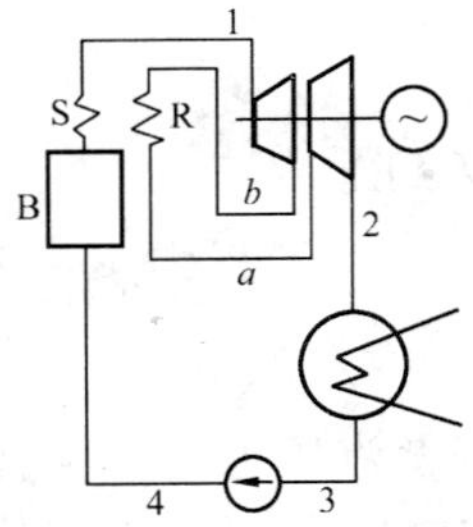

图 9-9 再热循环设备简图

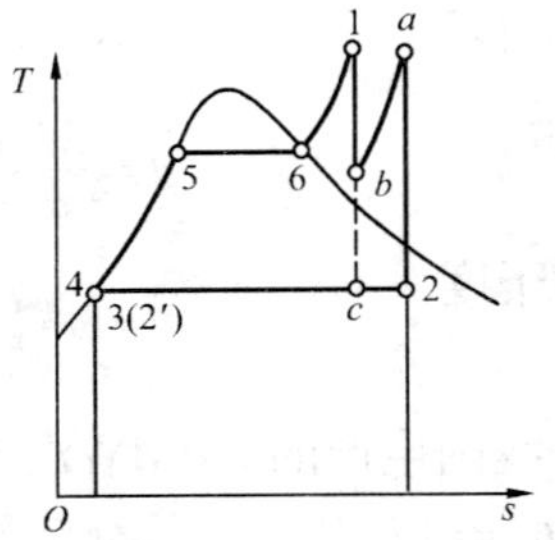

图 9-10 再热循环的 T-s 图

从图 9-10 上可知，如果不用再热，则膨胀到背压 p_2 时的状态为 c；而再热后膨胀到相同的背压时的状态却为点 2，可见，经中间再过热的蒸汽其乏汽干度明显地提高了，这样就避免了汽轮机尾部蒸汽湿度太大造成的危害。

下面讨论再热对循环热效率的影响。

忽略水泵功，再热循环所做的功为

$$w_{net} = (h_1 - h_b) + (h_a - h_2)$$

循环加热量为

$$q_1 = (h_1 - h_{2'}) + (h_a - h_b)$$

再热循环热效率为

$$\eta_t = \frac{w_{net}}{q_1} = \frac{(h_1 - h_b) + (h_a - h_2)}{(h_1 - h_{2'}) + (h_a - h_b)} \tag{9-8}$$

由式（9-8）中很难直接分析比较再热循环的热效率与朗肯循环的热效率，但由 T-s 图（图 9-10）上可见，再热部分实际上相当于在原来朗肯循环的基础上附加了一个新的循环 b-a-2-c-b。只要再热过程 b-a 的平均吸热温度高于原来朗肯循环的平均吸热温度，再热循环热效率就高于原来循环的热效率。通常最有利的中间压力为(20%～30%)p_1。

通常一次再热可使循环热效率提高 2%～3.5%。在采用再热循环后，因为每千克蒸汽所做的功增加了，故耗汽率可降低，通过设备的水和水蒸气的质量减少，可减轻水泵和凝汽器的负荷。另一方面，因管道、阀门及换热面增多，增加了投资费用，且给管理运行带来不便，因此，实际循环很少采用二次以上再热措施。

【例 9-3】 蒸汽参数与［例9-1］相同，即 p_1=13.5MPa，t_1=550℃，p_2=0.004MPa。

当蒸汽在汽轮机中膨胀至 3MPa 时再热到 t_1，形成一次再热循环。求该循环的净功、吸热量、热效率、汽耗率及汽轮机出口干度。

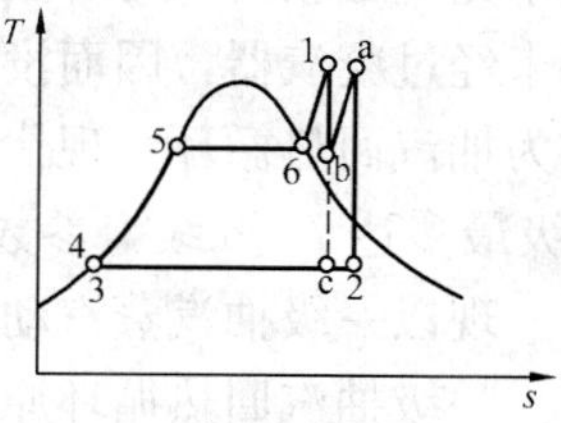

图 9-11 ［例 9-3］附图

解 如图 9-11 所示，将一次再热循环表示在 T-s 图上。

由已知条件查表，得到各点状态参数值：

1 点：$p_1=13.5\text{MPa}$，$t_1=550℃$，$h_1=3464.5\text{kJ/kg}$，$s_1=6.5851\text{kJ/(kg}\cdot\text{K)}$

b 点：$p_b=3\text{MPa}$，$s_b=s_1=6.5851\text{kJ/(kg}\cdot\text{K)}$，$h_b=3027.6\text{kJ/kg}$

a 点：$p_a=p_b=3\text{MPa}$，$t_a=t_1=550℃$，$h_a=3568.5\text{kJ/kg}$，$s_a=7.3752\text{kJ/(kg}\cdot\text{K)}$

2 点：$p_2=0.004\text{MPa}$，$s_2=s_a=7.3752\text{kJ/(kg}\cdot\text{K)}$，$x_2=0.8635$，$h_2=2222.0\text{kJ/kg}$

3(4)点：$h_3\approx h_4=121.41\text{kJ/kg}$

忽略泵功时循环净功为

$$w_{net}=(h_1-h_b)+(h_a-h_2)=(3464.5-3027.6)+(3568.5-2222)$$
$$=1783.4\text{kJ/kg}$$

循环吸热量为

$$q_1=(h_1-h_3)+(h_a-h_b)=(3464.5-121.41)+(3568.5-3027.6)$$
$$=3883.99\text{kJ/kg}$$

循环效率为

$$\eta_t=\frac{w_{net}}{q_1}=\frac{1783.4}{3883.99}=0.459$$

汽耗率

$$d=\frac{3600}{w_{net}}=2.019\text{kg/(kW}\cdot\text{h)}$$

汽轮机出口干度

$$x=0.8635$$

将本例的计算结果与［例 9-1］作比较。可见，采用再热循环，当中间压力合适时，可使汽轮机出口干度提高，同时提高了热效率，降低了汽耗率，因而提高了整个装置的经济性。

第三节 回 热 循 环

朗肯循环热效率不高的主要原因是水的加热及水蒸气的过热过程（图 9-1 中 3-4-5-1 过程）的平均吸热温度不高，尤其是经水泵加压后未饱和水温度很低，致使热效率低下，传热不可逆损失极大。回热循环是利用蒸汽回热对水进行加热，消除朗肯循环中水在较低温度下吸热的不利影响，以提高热效率。

一、回热循环

回热循环是蒸汽动力循环中普遍采用的循环，它能有效地提高动力循环的热效率。目前工程上实际采用的蒸汽回热循环是分级抽汽回热循环，回热方式是从汽轮机的适当部位抽出尚未完全膨胀的压力、温度相对较高的少量蒸汽，去回热器中加热低温冷凝水。这部分抽汽并未经过凝汽器，因而没有向冷源放热，但是加热了冷凝水，达到了回热的目的，这种循环称为抽汽回热循环。现代大中型蒸汽动力装置毫无例外地采用回热循环，抽汽的级数从 2、3 级最多达 7、8 级，参数越高、容量越大的机组，回热级数越多。

现以一级抽汽蒸汽动力循环为例进行讨论，其计算原则同样适用于多级回热循环。

一级抽汽回热循环原理图如图 9-12 所示，理论循环的 T-s 图如图 9-13。1kg 状态 1 新蒸汽进入汽轮机，绝热膨胀到状态 0_1(p_{01}，t_{01})时，抽出部分蒸汽 $\alpha_1$kg 引入回热器。其余 $(1-\alpha_1)$kg蒸汽在汽轮机内继续膨胀做功到状态 2，然后进入凝汽器，被冷却凝结成冷凝水 (2′)，再经给水泵加压到 p_{01} 进入回热器。在回热器中被 $\alpha_1$kg 的抽汽加热成状态 $0_1'$ 的饱和水，然后经水泵加压再进入锅炉加热、汽化、过热成新蒸汽，完成循环。

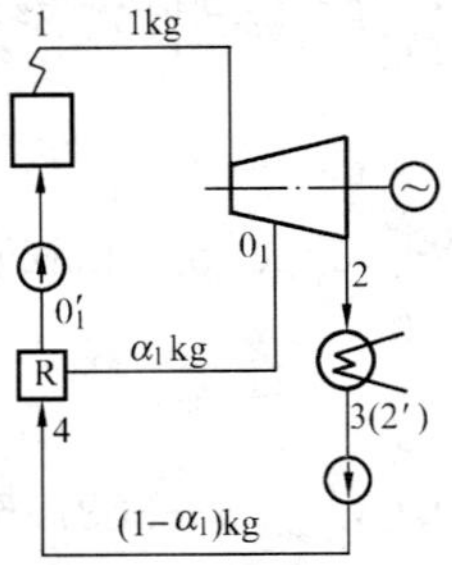

图 9-12　抽汽回热循环流程图

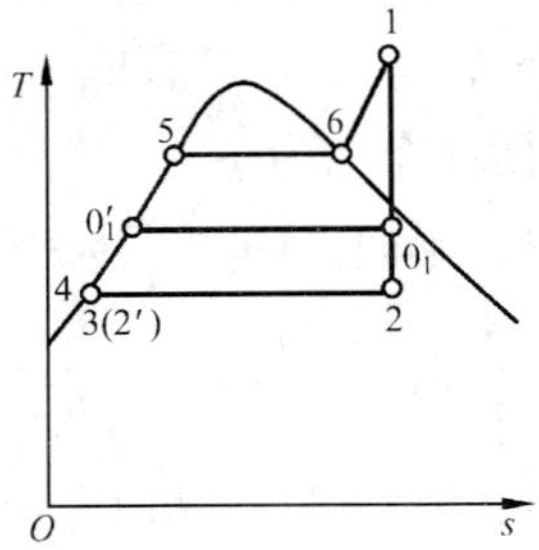

图 9-13　一级抽汽回热循环的 T-s 图

应该指出的是，由于回热循环中，工质经历不同过程时有质量的变化，因此 T-s 图上的面积不能直接代表热量，它只表征状态与过程的特点。尽管如此，T-s 图对分析回热循环仍是十分有用的工具。

二、回热循环计算

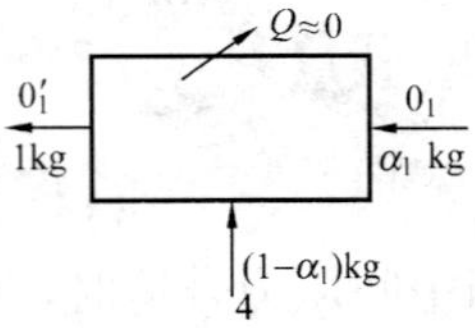

图 9-14　混合式回热器示意图

回热循环的计算，首先要进行抽汽量 α_1 计算，应以恰好将凝结水加热到抽汽压力下的饱和温度为原则，即如图 9-13 或图9-14所示，状态 $0_1'$ 为 p_{01} 下的饱和水状态。抽汽量 α_1 是根据质量守恒与能量守恒的原则确定的。

图 9-14 是混合式回热器的示意图，其能量平衡方程为

$$(1-\alpha_1)(h_{0_1'}-h_4)=\alpha_1(h_{0_1}-h_{0_1'})$$

若忽略水泵功，则 $h_4=h_{2'}$，可得

$$\alpha_1=\frac{h_{0_1'}-h_{2'}}{h_{0_1}-h_{2'}} \tag{9-9}$$

循环净功为

$$w_{net}=(h_1-h_{0_1})+(1-\alpha_1)(h_{0_1}-h_2)=(1-\alpha_1)(h_1-h_2)+\alpha_1(h_1-h_{0_1})$$

从热源吸入的热量为

$$q_1=h_1-h_{0_1'}$$

循环热效率

$$\eta_{t,R}=\frac{w_{net}}{q_1}=\frac{(h_1-h_{0_1})+(1-\alpha_1)(h_{0_1}-h_2)}{h_1-h_{0_1'}} \tag{9-10}$$

由式(9-9)可以得出

$$h_{0_1'}=h_{2'}+\alpha_1(h_{0_1}-h_{2'})$$

将之代入式(9-10)，整理后可得

$$\eta_{t,R}=\frac{(1-\alpha_1)(h_1-h_2)+\alpha_1(h_1-h_{0_1})}{(1-\alpha_1)(h_1-h_{2'})+\alpha_1(h_1-h_{0_1})}>\frac{(1-\alpha_1)(h_1-h_2)}{(1-\alpha_1)(h_1-h_{2'})}=\frac{h_1-h_2}{h_1-h_{2'}}$$

由上式可见，回热循环的热效率一定大于单纯朗肯循环的热效率。

一级抽汽回热循环与朗肯循环 1-2-2′-5-6-1 的不同之处在于，水在锅炉中的吸热过程由 2′-5-6-1 改变为 $0_1'$-5-6-1，故工质的平均吸热温度提高，平均放热温度不变，故循环热效率提高。另外，由上面分析知道，水的起始加热温度自 2′提高到 $0_1'$ ，而且 $\alpha_1$kg 的蒸汽在做了一部分功后不再向外热源放热，向外热源放热的只是$(1-\alpha_1)$kg 蒸汽。因此，循环中工质自热源吸热量 q_1、向冷源放热量 q_2 及循环净功 w_{net}都比原朗肯循环的对应量小。

采用抽汽回热，由于增加了回热器、管道、阀门及水泵等设备，使系统更加复杂，而且增加了投资。但是，回热循环能显著提高热效率，同时还有以下优点：

(1)由于工质吸热量减少，锅炉热负荷减低，因而可减少受热面，节省金属材料；

(2)由于汽耗率增大，使汽轮机高压端的蒸汽流量增加，而低压端因抽汽而流量减小，这样有利于汽轮机设计中解决第一级叶片太短和最末级叶片太长的矛盾，提高单机效率；

(3)由于进入凝汽器的乏汽量减少，可减少凝汽器的换热面积，节省铜材。

综上所述，采用回热循环利大于弊，经济上是有利的，设备上更趋于合理，故现代大中型蒸汽动力装置都采用回热循环。当然抽汽级数过多会使系统过于复杂，因而很少超过 8 级。在采用大型机组的现代蒸汽电厂中，广泛采用一次再热与多级抽汽回热的循环。

【例 9-4】 二级抽汽回热蒸汽动力循环，采用混合式回热加热器。蒸汽参数与［例 9-1］相同，即蒸汽参数 $p_1=13.5$MPa，$t_1=550$℃，乏汽压力 $p_2=0.004$MPa；抽汽压力分别为 3MPa 及 0.3MPa。求循环净功、吸热量、热效率及汽耗率。

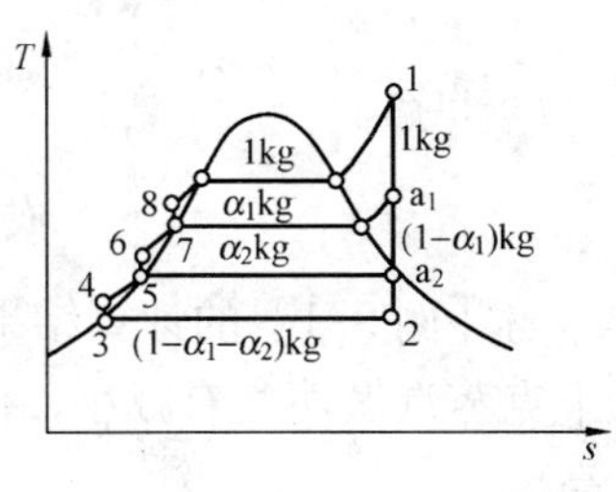

图 9-15 ［例 9-4]附图

解 图 9-15 所示为该循环的 T-s 图。由已知条件查表，得到各状态点参数如下：

1 点：$p_1=13.5$MPa，$t_1=550$℃，得 $h_1=3464.5$kJ/kg，$s_1=6.5851$kJ/(kg・K)

a_1 点：$s_{a1}=s_1=6.5851$kJ/(kg・K)，$p_{a1}=3$MPa，$h_{a1}=3027.6$kJ/kg(过热蒸汽)

a_2 点：$s_{a2}=s_1=6.5851$kJ/(kg・K)，$p_{a2}=0.3$MPa，$x_{a2}=0.9233$，$h_{a2}=2559.5$kJ/kg(湿饱和蒸汽)

2 点：$s_2=s_1=6.5851$kJ/(kg・K)，$p_2=0.004$MPa，$x_2=0.765$，$h_2=1982.4$kJ/kg

3(4)点：$h_4\approx h_3=h_2'=121.41$kJ/kg(忽略泵功)

5(6)点：$h_6\approx h_5=h_{a2}'=561.4$kJ/kg(忽略泵功)

7(8)点：$h_8\approx h_7=h_{a1}'=1008.4$kJ/kg(忽略泵功)

一级回热加热器的热平衡式为

$$\alpha_1h_{a1}+(1-\alpha_1)h_6=h_7$$

忽略泵功，得

$$\alpha_1 h_{a1} + (1-\alpha_1)h'_{a2} = h'_{a1}$$

$$\alpha_1 = \frac{h'_{a1} - h'_{a2}}{h_{a1} - h'_{a2}} = \frac{1008.4 - 561.4}{3027.6 - 561.4} = 0.1813$$

同理，二级回热加热器的热平衡式为

$$\alpha_2 h_{a2} + (1-\alpha_1-\alpha_2)h_4 = (1-\alpha_1)h_5$$

即

$$\alpha_2 h_{a2} + (1-\alpha_1-\alpha_2)h'_2 = (1-\alpha_1)h'_{a2}$$

则

$$\alpha_2 = \frac{(1-\alpha_1)(h'_{a2} - h'_2)}{h_{a2} - h'_2} = \frac{(1-0.1813)(561.4-121.41)}{2559.5-121.41} = 0.1477$$

循环吸热量

$$q_1 = h_1 - h_8 = h_1 - h'_{a1} = 3464.5 - 1008.4 = 2456.1\text{kJ/kg}$$

循环净功

$$\begin{aligned} w_{net} &= h_1 - h_{a1} + (1-\alpha_1)(h_{a1} - h_{a2}) + (1-\alpha_1-\alpha_2)(h_{a2} - h_2) \\ &= 3464.5 - 3027.6 + (1-0.1813)(3027.6-2559.5) \\ &\quad + (1-0.1813-0.1477)(2559.5-1982.4) \\ &= 1207.3\text{kJ/kg} \end{aligned}$$

循环热效率

$$\eta_{t,R} = \frac{w_{net}}{q_1} = \frac{1207.3}{2456.1} = 49.2\%$$

汽耗率

$$d = \frac{3600}{w_{net}} = \frac{3600}{1207.3} = 2.9819\text{kg/(kW·h)}$$

与［例 9-1］的计算结果相比较可知，采用抽汽回热后实际耗汽率增大，进入汽轮机的每千克蒸汽做功略有减小，但是工质自外热源吸热量减少，平均吸热温度提高，故而热效率提高。

第四节 热电联产循环

在现代蒸汽动力装置中，尽管采用了高参数蒸汽和回热、再热等措施，循环热效率仍很少超过 50%，燃料中大约有一半的能量在凝汽器中白白的放给环境。大量热量排入自然环境会加剧城市“热岛效应”，并对电厂下游水系造成热污染，这种热污染在大型电厂群及核电厂附近特别明显。热电联产循环是提高热量利用率的一种有效措施，目前已受到工业界和环保界的推崇。

如图 9-1 所示，通过凝汽器冷却水带走的热能虽然数量很大，但因温度低（乏汽压力常为 3～4kPa，其对应饱和温度仅为 24.11～28.95℃）不能利用来转化为机械能，所以普通的火力发电厂都将这些热量作为“废热”丢弃。另一方面，在生产和生活中常常需要压力较低的蒸汽作为热源，用于印染、造纸等企业的生产用汽和宾馆、居住区的生活用热。为了充分利用热源，将二者综合考虑，使蒸汽在电厂中膨胀做功到某一压力，将乏汽的热量供给生活或工业之用，这种同时供热和供电的动力循环称为热电循环，实施热电循环的发电厂称为热电厂。

热电联产循环大致分为两种类型，一种最简单方式是采用背压式汽轮机，如图 9-16、图 9-17 所示；另一种是采用调节抽汽式汽轮机，其热电循环如图 9-18 所示。

一、背压式热电循环

图 9-16 表示热电循环 1-2_a-3_a-5-6-1 的 T-s 图，图 9-17 则是热电循环的设备示意图，其中 A 为热用户，这时汽轮机的背压（即汽轮机设计排汽压力）通常大于 0.1MPa，这种汽轮机叫做背压式汽轮机，它与凝汽式动力循环原理几乎相同，只是因用户要求，背压高于 0.1MPa，同时排汽不通过凝汽器向环境放热，而是直接供给热用户。

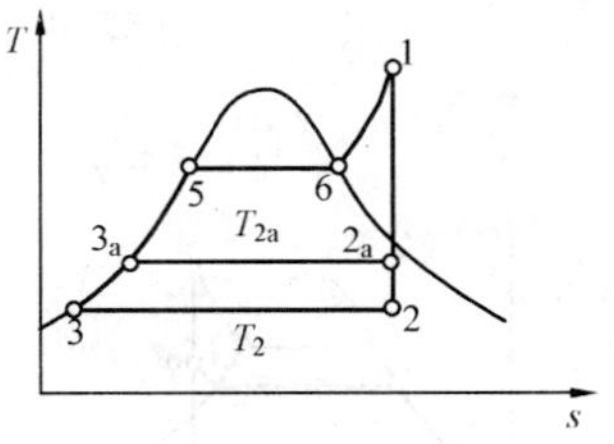

图 9-16 背压式热电循环 T-s 图

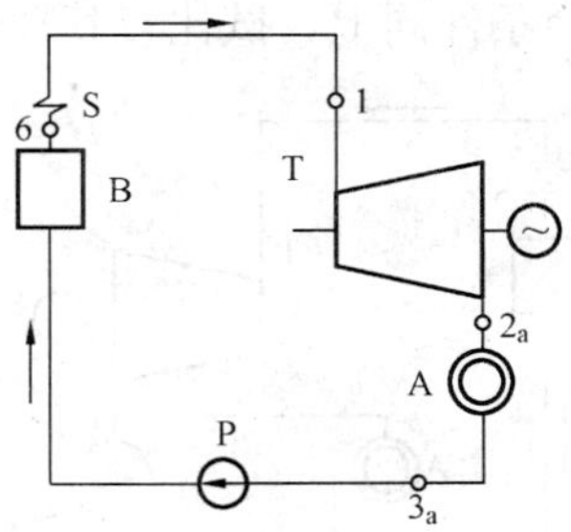

图 9-17 背压式热电循环流程示意图

通过图 9-17 看出，由于提高了汽轮机的排汽压力，蒸汽用于做功的热能相应减少，所以背压式热电循环 1-2a-3a-5-6-1 的热效率较单纯供电凝汽式朗肯循环 1-2-3-5-6-1 低，这从热能转变成机械能的角度来看是不利的。但因为热电循环除了输出机械功 w_{net} 外，同时提供了可利用的热量 q_2，所以从总的经济效果看，热电循环比简单的朗肯循环优越得多。为了全面评价热电厂的经济性，除了热效率外同时需考虑热量利用系数 ξ。热量利用系数 ξ 定义为

$$\xi=\frac{\text{已利用的能量}}{\text{工质从热源所吸收的热量}}$$

对于背压式热电循环，在理想情况下，热量利用系数 ξ 为

$$\xi=\frac{w_{net}+q_2}{q_1}=1$$

实际上，由于各种损失和热电负荷之间的不协调，ξ 值一般在 70%左右。背压式热电循环的热量利用系数高，而且不需要凝汽器，使设备简化。但其电能生产随热用户对热量需求的变动而变动，且其热效率也较低。为避免这一缺点，热电厂多应用调节抽汽式汽轮机组。

二、调节抽汽式热电循环

调节抽汽式热电循环就是利用汽轮机中间抽汽来供热，其循环流程见图 9-18 所示。调节抽汽式汽轮机可设一个或几个抽汽点，被抽出部分送给有不同温度、压力要求的热用户，其余蒸汽继续在汽轮机内膨胀做功，乏汽进入凝汽器。这种装置的主要优点是热用户负荷的变动对电能生产量的变动影响较小。

从图 9-18 可以看出，送给热用户的那部分蒸汽实质是进行了一个背压式热电循环，热量利用系数 $\xi=1$；通过凝汽器的那部分蒸汽则进行了朗肯循环。所以，从热量利用系数看，背压式热电循环最高，调节抽汽式热电循环次之，朗肯循环最低。

热电循环中热效率 η_t 仍是一个重要指标，因为机械能（电能）和热能是有实质差别的。η_t 中未考虑低温热能的利用，而 ξ 中又未能区分电能和热能间的差异，二者各有侧重又各有其片面性，因此应当用循环效率 η_t 和热量利用系数 ξ 结合起来评价一个热电循环，才是比较合理的。

【例 9-5】 某厂的自备热电站功率为 1.2×10^4 kW，使用背压式汽轮机。如果 $p_1=3.5$MPa，$t_1=435$℃，$p_2=0.8$MPa，排汽全部用于供热，锅炉热效率为 $\eta_B=85\%$，煤的发热值 $Q_L=2\times10^4$ kJ/kg。试求：(1) 该热电站循环热效率及耗煤量；(2) 如果热电分开，电能由 $p_2=7$kPa 的朗肯循环装置生产，热能（0.8MPa，230℃的蒸汽）由单独锅炉供给，且锅炉热效率为 85%，其余条件同上，试比较其耗煤量。

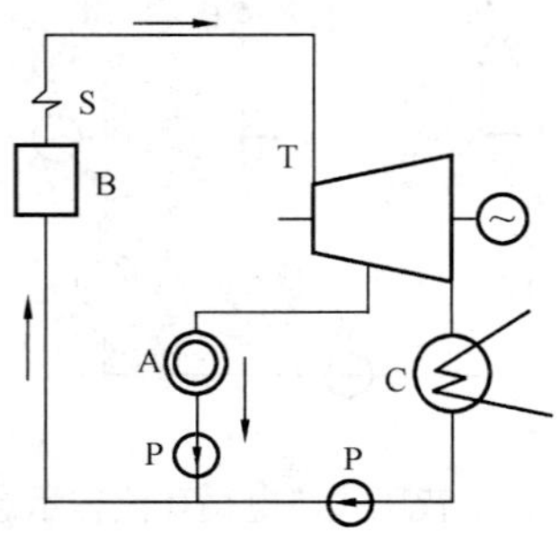

图 9-18 调节抽汽式热电循环流程示意图

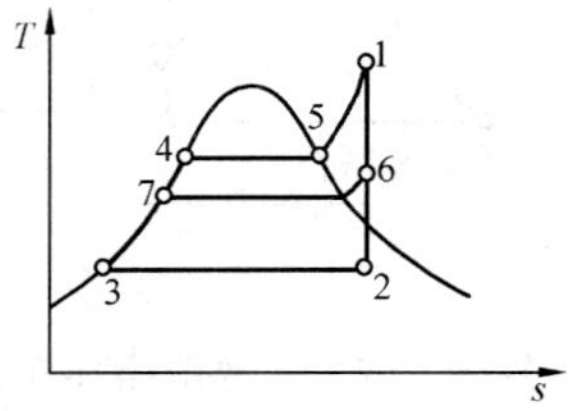

图 9-19 ［例 9-5］附图

解 如图 9-19 所示。循环 1-6-7-4-5-1 为背压式热电循环；循环 1-2-3-4-5-1 为凝汽式朗肯循环。用水蒸气的 h-s 图或表查得各状态点参数如下

$$h_1=3298\text{kJ/kg},\ h_6=2910\text{kJ/kg},\ h_2=2174\text{kJ/kg}$$

$$h_3=h_2'=163.4\text{kJ/kg},\ h_7=h_6'=720.9\text{kJ/kg}$$

(1) 背压式热电循环

$$w_{net}=h_1-h_6=3298-2910=388\text{kJ/kg}$$

$$q_1=h_1-h_7=3298-720.9=2577.1\text{kJ/kg}$$

向热用户供热

$$q_2=q_1-w_{net}=h_6-h_7=2910-720.9=2189.1\text{kJ/kg}$$

循环所用蒸汽量

$$m=\frac{W_s}{w_{net}}=\frac{1.2\times10^4}{388}=30.93\text{kg/s}$$

循环热效率

$$\eta_t=\frac{w_{net}}{q_1}=\frac{388}{2577.1}=15.1\%$$

耗煤量

$$m_f=\frac{Q_1}{\eta_B Q_L}=\frac{mq_1}{\eta_B Q_L}=\frac{30.93\times2577.1}{0.85\times2\times10^4}=4.689\text{kg/s}=16.88\text{t/h}$$

(2) 热、电分开供应。

朗肯循环净功

$$w_{net}=h_1-h_2=3298-2174=1124\text{kJ/kg}$$

吸热量

$$q_1=h_1-h_3=3298-163.4=3134.6\text{kJ/kg}$$

蒸汽量

$$m=\frac{W_s}{w_{net}}=\frac{1.2\times10^4}{1124}=10.68\text{kg/s}$$

耗煤量

$$m_{f1}=\frac{Q_1}{\eta_B Q_L}=\frac{mq_1}{\eta_B Q_L}=\frac{10.68\times3134.6}{0.85\times2\times10^4}=1.97\text{kg/s}$$

单独供热锅炉的供热、供汽量均同热电循环，故耗煤量为

$$m_{f2}=\frac{30.93\times2189.1}{0.85\times2\times10^4}=3.98\text{kg/s}$$

故总耗煤量

$$m_f'=m_{f1}+m_{f2}=1.97+3.98=5.95\text{kg/s}=21.42\text{t/h}$$

与热电循环相比耗煤增加了

$$\frac{21.42-16.88}{16.88}=26.95\%$$

小　　结

分析热力循环的目的是在热力学基本定律的基础上分析循环的能量转换的经济性，寻求提高经济性的方向及途径。对于基本蒸汽动力循环——朗肯循环以及再热循环、回热循环、热电联产循环，本章主要讨论各理论循环的工作原理，对各循环进行了能量转换及其经济性的分析，寻求影响循环热效率的主要因素及提高循环经济性的可能措施。在学习中要求掌握以下内容：

1. 对于朗肯循环，重点掌握循环的组成及在 T-s 图上的表示，会对朗肯循环进行吸热量、循环净功及热效率等热力计算。还应当理解并掌握提高循环热效率的基本途径——提高汽轮机入口蒸汽的压力、温度；降低汽轮机出口蒸汽的压力。

2. 对于再热循环、回热循环及热电联产循环，应当了解各循环的组成及在 T-s 图上的表示，对各循环热效率及循环经济性能够进行定性分析。

习　　题

9-1　简单蒸汽动力装置由哪几个主要设备组成？画出工作原理图。在 p-v 图、T-s 图上如何表示？

9-2　卡诺循环效率比同温限下其他循环效率高，为什么蒸汽动力循环不采用卡诺循环？

9-3 蒸汽动力循环热效率不高的原因是凝汽器放热损失大，能否取消凝汽器而用压缩机将乏汽升压送回锅炉？

9-4 干饱和蒸汽朗肯循环（图 9-1 中循环 6-7-3-4-5-6）与同样初压力下的过热蒸汽朗肯循环（图 9-1 中循环 1-2-3-4-5-6-1）相比较，前者更接近卡诺循环，但热效率却比后者低，如何解释此结果？

9-5 提高朗肯循环热效率的基本途径是什么？

9-6 蒸汽中间再过热的主要作用是什么？能否总能通过再热提高循环热效率？什么条件下中间再过热才能对提高热效率有好处？

9-7 抽汽回热循环，由于抽出蒸汽，减少了做功，为什么还能提高循环热效率？

9-8 热量利用系数 ξ 说明了全部热量的利用程度，为什么又说它不能完善地衡量循环的经济性？

9-9 冬天冷却水温度较低，可以降低冷凝压力，即 $p_2=0.004$MPa，夏天冷却水温高，冷凝压力升为 $p_2=0.007$MPa，试计算，当汽轮机进汽压力 $p_1=3.5$MPa，进汽温度 $t_1=440$℃时，上述两种情况的热效率及汽耗率（忽略泵功）。

9-10 一简单蒸汽动力装置循环（即朗肯循环），蒸汽的初压 $p_1=3$MPa，终压 $p_2=6$kPa，初温见表 9-2。试求在各种不同初温时循环的热效率 η_t、耗汽率 d 及蒸汽的终干度 x_2，并将所求得的各值填入下表内，以比较所求得的结果。

表 9-2

t_1（℃）	300	500
η_t		
d（kg/J）		
x_2		

9-11 一简单蒸汽动力装置循环，蒸汽初温 $t_1=500$℃，终压 $p_2=0.006$MPa，初压见表 9-3。试求在各种不同初压时循环的热效率 η_t、耗汽率 d 及蒸汽的终干度 x_2，并将所求得的各值填入下表内，以比较所求得的结果。

表 9-3

p_1（MPa）	3.0	15.0
η_t		
d（kg/J）		
x_2		

9-12 设有两个蒸汽再热动力装置循环，蒸汽的初参数都为 $p_1=12.0$MPa、$t_1=450$℃，终压都为 $p_2=0.004$MPa。第一个再热循环再热时压力为 2.4MPa，另一个再热时压力为 0.5MPa，两个循环再热后蒸汽的温度都为 450℃。试确定这两个再热循环的热效率和终湿度，将所得的热效率、终湿度与朗肯循环作比较，以说明再热时压力的选择对循环的热效率和终湿度的影响。

注：湿度是指 1kg 湿蒸汽中所含饱和水的质量，即（$1-x$）。

9-13 具有两次抽汽加热给水的蒸汽动力装置回热循环，其装置示意如图 9-20 所示。已知第一次抽汽压力 $p_{01}=0.3$MPa，第二次抽汽压力 $p_{02}=0.12$MPa，蒸汽初温 $t_1=450$℃，

初压 $p_1=3.0\text{MPa}$。凝汽器中压力 $p_2=0.005\text{MPa}$。试求：(1) 抽汽量 α_1、α_2；(2) 循环热效率；(3) 汽耗率 d；(4) 平均吸热温度。与朗肯循环热效率 η_t、汽耗率 d 和平均吸热温度作比较，并说明汽耗率为什么反而增大？

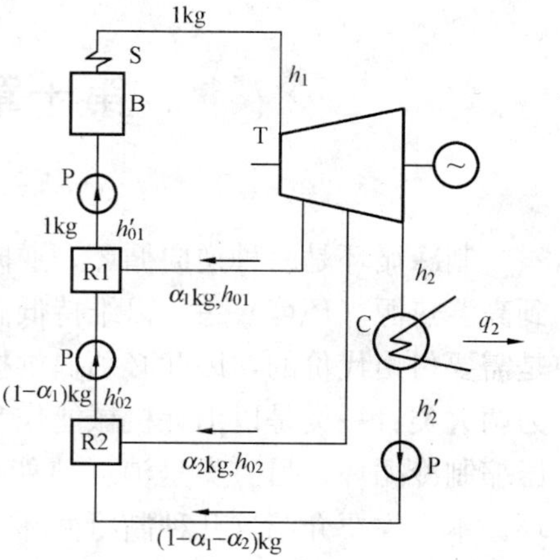

图 9-20 习题 9-13 附图

9-14 某发电厂采用的蒸汽动力装置，蒸汽以 $p_1=9.0\text{MPa}$、$t_1=480℃$ 的初态进入汽轮机。汽轮机的 $\eta_T=0.88$，凝汽器的压力与冷却水的温度有关。设夏天凝汽器保持 35℃。假定按朗肯循环工作，求汽轮机的理想汽耗率 d_0 与实际汽耗率 d。若冬天冷却水水温降低，使凝汽器的温度保持 15℃，试比较冬、夏两季因凝汽器温度不同所导致的以下各项的差别：(1) 汽轮机做功；(2) 加热量；(3) 热效率（略去水泵功）。

9-15 某简单朗肯循环，蒸汽的初压 $p_1=6\text{MPa}$、初温 $t_1=600℃$，凝汽器内维持压力 10kPa，蒸汽质量流量为 80kg/s。假定锅炉内传热过程是在 1400K 的热源和水之间进行，凝汽器内冷却水的平均温度为 25℃。试求：(1) 水泵功；(2) 锅炉内烟气对水的加热率；(3) 汽轮机做功；(4) 凝汽器内乏汽的放热率；(5) 循环热效率。已知 $T_0=290.15\text{K}$。

9-16 题 9-15 中的循环改成再热循环，从高压汽轮机排出的蒸汽压力为 0.5MPa，加热到 500℃后再进入低压汽轮机。若所有其他条件均不变，假定循环内锅炉加热量（即上题中锅炉内的加热量）也不变，试求：(1) 低压汽轮机末端蒸汽的干度；(2) 锅炉及再热器内单位质量工质的总加热量；(3) 高压汽轮机和低压汽轮机产生的总功率；(4) 循环热效率。

9-17 题 9-15 中的循环改成一级抽汽回热循环，抽汽压力为 0.5MPa。若其他条件均不变，试求：(1) 两台水泵的总耗功；(2) 锅炉内水的质量流量；(3) 汽轮机做功；(4) 凝汽器内的放热量；(5) 循环热效率。

9-18 某热电厂（或称热电站）以背压式汽轮机的乏汽供热，其新汽参数为 3MPa、400℃，背压为 0.12MPa。乏汽被送入用户热系统作加热蒸汽用，放出热量后凝结为同一压力下的饱和水，再经水泵返回锅炉。设用户热系统中热量消费为 $1.06\times10^{10}\text{kJ/h}$，问理论上此背压式汽轮机的电功率输出为多少 kW？

第十章　制　冷　循　环

制冷循环是一种逆向循环，逆向循环的目的在于把低温热源（如冷库）的热量不断转移到高温热源（环境）去，以维持低温热源（如冷库）的低温状况。根据热力学第二定律，这是需要付出代价的，因此必须提供机械能或热能。按照逆循环消耗的能量形式不同，一般分为两大类：一类是以消耗机械能作为代价的压缩式制冷循环，包括空气压缩制冷循环和蒸汽压缩制冷循环。另一类是消耗热能作为代价的，包括蒸汽喷射式制冷循环和吸收式制冷循环。本章主要介绍这几种制冷循环，并对热泵供热循环进行简单的说明。

如前所述，制冷循环的经济性指标是制冷系数，也可以用工作性能系数（COP）表示，二者的实质是相同的，都是获得的利益与付出的代价之比值。在大气环境温度 T_0 与温度为 T_c 的低温热源（如冷库）之间的逆向循环的制冷系数以逆向卡诺循环为最大

$$\varepsilon_c = \mathrm{COP} = \frac{q_c}{q_0 - q_c} = \frac{T_c}{T_0 - T_c}$$

该式表明：在一定环境温度下，冷库温度越低，制冷系数就越小。因此，为取得良好的经济效益，没有必要把冷库的温度定得超乎需要的低，这也是一切实际制冷循环所遵循的原则。

第一节　空气压缩制冷循环

空气压缩制冷循环。由于空气不易实现等温加热和等温放热，故不能按逆向卡诺循环运行。在空气压缩制冷循环中，用两个等压过程来代替逆向卡诺循环的两个等温过程，故可视为逆向布雷顿循环，如图 10-1、图 10-2 所示。从冷库出来的空气状态 1（p_1、T_1），$T_1=T_c$（T_c 为冷库温度），进入压气机后进行可逆绝热压缩过程，升温升压到状态 2(T_2、p_2)，$T_2>T_0$（T_0 为环境温度），然后进入冷却器，实现可逆的等压放热过程，达到状态 3（p_3、T_3），$p_3=p_2$、$T_3=T_0$；然后进入膨胀机绝热膨胀到状态 4（p_4、T_4），$p_4=p_1$、$T_4<T_c$；最后进入冷库，实现可逆的等压吸热过程，回到状态 1，完成一个理想的循环。

循环中从冷库吸热量为

$$q_c = h_1 - h_4$$

q_c 就是循环中单位工质的制冷量。

循环中由空气排向高温热源的热量为　$q_0 = h_2 - h_3$

在 T-s 图上 q_c 和 q_0 可分别用面积 $411'4'4$ 和面积 $234'1'2$ 表示，两者之差即为循环净热量 q_{net}，数值上等于净功量 w_{net}

$$\begin{aligned} q_{net} &= q_0 - q_c = (h_2 - h_3) - (h_1 - h_4) \\ &= (h_2 - h_1) - (h_3 - h_4) \\ &= w_c - w_T = w_{net} \end{aligned}$$

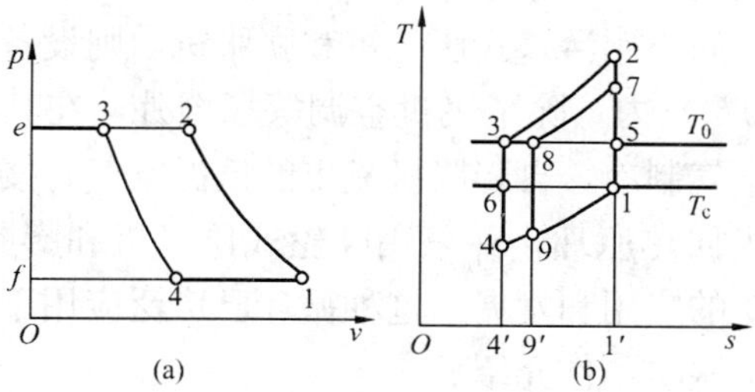

图 10-1 空气压缩制冷循环状态参数图

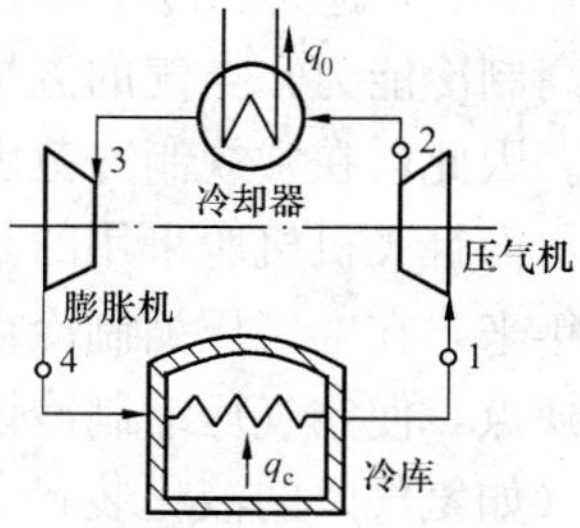

图 10-2 空气压缩制冷循环装置流程图

其中 w_C 和 w_T 分别是压气机所消耗的功和膨胀机输出的功。

循环的制冷系数为

$$\varepsilon=\frac{q_c}{w_{net}}=\frac{h_1-h_4}{(h_2-h_3)-(h_1-h_4)} \tag{10-1}$$

如果视空气的比热容为定值，则由式（10-1）得

$$\varepsilon=\frac{c_p(T_1-T_4)}{c_p(T_2-T_3)-c_p(T_1-T_4)}=\frac{T_1-T_4}{(T_2-T_3)-(T_1-T_4)}=\frac{1}{\dfrac{T_2-T_3}{T_1-T_4}-1}$$

过程 1-2 和 3-4 都是等熵过程，因而有

$$\frac{T_2}{T_1}=\left(\frac{p_2}{p_1}\right)^{\frac{\kappa-1}{\kappa}},\frac{T_3}{T_4}=\left(\frac{p_3}{p_4}\right)^{\frac{\kappa-1}{\kappa}}$$

而过程 2-3 与 4-1 为等压过程，则

$$p_2=p_3;p_1=p_4$$

$$\frac{T_2}{T_1}=\frac{T_3}{T_4}=\frac{T_2-T_3}{T_1-T_4}$$

于是制冷系数为

$$\varepsilon=\frac{1}{\dfrac{T_3}{T_4}-1}=\frac{T_4}{T_3-T_4}=\frac{T_1}{T_2-T_1}=\frac{1}{\left(\dfrac{p_2}{p_1}\right)^{\frac{\kappa-1}{\kappa}}-1}=\frac{1}{\pi^{\frac{\kappa-1}{\kappa}}-1} \tag{10-2}$$

式中：$\pi=p_2/p_1$，称为循环增压比。

式（10-2）表明制冷系数 ε 与循环增压比 π 有关：π 越小，ε 越大。但 π 越小，循环中单位工质的制冷量 q_c 也小，如图 10-1（b）中循环 1-7-8-9-1 的增压比较循环 1-2-3-4-1 的小，其制冷量（面积 199′1′1）小于循环 1-2-3-4-1的制冷量（面积 144′1′1），因此增压比不能太小。

在同样的冷库温度和环境温度条件下，逆向卡诺循环 1-5-3-6-1 的制冷系数为

$$\varepsilon_c=\frac{T_1}{T_3-T_1}$$

与式（10-2）相比较，因为 $T_3<T_2$，所以 $\varepsilon_c>\varepsilon$，即同温限下卡诺循环的制冷系数大。

空气压缩制冷循环中单位工质的制冷量为

$$q_c=c_p(T_1-T_4)$$

上式中，因空气的比热容 c_p 较小，（T_1-T_4）又不宜太大。因为，（T_1-T_4）增大，增压比 π 就要大，增压比 π 越大制冷系数 ε 就要减小，故空气压缩制冷循环中单位工质的制冷量很小。为了提高制冷能力，空气的流量就要很大，如应用活塞式压气机和膨胀机，则设备很庞大，不经济。因此，在常规制冷范围（$t_c>-50$℃）内，除了飞机空调等场合外，在其他方面很少应用，而且飞机机舱采用的是开式压缩空气制冷，自膨胀机流出的低温空气直接吹入机舱。但近年来，在空气压缩制冷设备中应用了回热原理，并采用叶轮式压气机和膨胀机，克服了上述缺点，使空气压缩制冷设备有了广泛的应用和发展，这种循环已广泛应用于空气和其他气体（如氦气）的液化装置。限于篇幅，这里不作介绍。

【例 10-1】 对于空气压缩制冷装置，假定空气进入压气机时的状态为 $p_1=0.1$MPa、$t_1=-20$℃，在压气机内等熵压缩到 $p_2=0.5$MPa，然后进入冷却器。离开冷却器时空气的温度 $t_3=20$℃。若 $t_c=-20$℃、$t_0=20$℃，空气视为定比热容的理想气体，$\kappa=1.4$，试求：(1) 每千克空气的制冷量 q_c；(2) 制冷系数 ε。

解 (1) 每千克空气的制冷量 q_c。

据题意

$$T_1=T_c=253.15\text{K}, T_3=T_0=293.15\text{K}$$

$$\pi=\frac{p_2}{p_1}=\frac{0.5}{0.1}=5$$

且由

$$\frac{T_2}{T_1}=\left(\frac{p_2}{p_1}\right)^{\frac{\kappa-1}{\kappa}}=\frac{T_3}{T_4}$$

故

$$T_2=T_1\pi^{\frac{\kappa-1}{\kappa}}=253.15\times5^{\frac{1.4-1}{1.4}}=401.13\text{K}$$

$$T_4=T_3\pi^{-\frac{\kappa-1}{\kappa}}=293.15\times5^{-\frac{1.4-1}{1.4}}=185.01\text{K}$$

压气机耗功为

$$w_c=h_2-h_1=c_p(T_2-T_1)=1.005\times(401.13-253.15)=148.72\text{kJ/kg}$$

膨胀机做出的功为

$$w_T=h_3-h_4=c_p(T_3-T_4)=1.005\times(293.15-185.01)=108.68\text{kJ/kg}$$

空气在冷却器中的放热量为

$$q_0=h_2-h_3=c_p(T_2-T_3)=1.005\times(401.13-293.15)=108.52\text{kJ/kg}$$

每千克空气在冷库中的吸热量即为每千克空气的制冷量为

$$q_c=h_1-h_4=c_p(T_1-T_4)=1.005\times(253.15-185.01)=68.48\text{kJ/kg}$$

循环的净功为

$$w_{net}=w_c-w_T=148.72-108.68=40.04\text{kJ/kg}$$

循环的净热量为

$$q_{net}=q_0-q_c=108.52-68.48=40.04\text{kJ/kg}$$

(2) 循环的制冷系数 ε 为

$$\varepsilon=\frac{q_c}{w_{net}}=\frac{68.48}{40.04}=1.71$$

第二节 蒸气压缩制冷循环

上节已讨论过，由于空气的热力性质以及空气压缩制冷循环本身所决定的，空气压缩制冷循环有两个根本缺点：其一是不能实现等温吸热、等温放热过程，使循环远离逆向卡诺循环而降低了制冷系数；其二是由于空气的定压比热容较小，单位质量工质的制冷量也较小。如果采用低沸点物质作工质，利用该工质在湿蒸气区等压吸热或放热过程即等温吸热或放热过程的特性，因而原则上可以实现逆卡诺循环 7-3-4-6-7（如图 10-3 所示），就可以克服压缩空气制冷循环的上述缺点。

一、实际压缩式制冷循环

对于图 10-3 中的理想逆卡诺循环 7-3-4-6-7。状态点 7 工质干度小，且为两相态的湿蒸气区，这对压气机（压缩机）的运行极为不利。为了克服这种不利状况，也为增加制冷量，实际压缩式制冷循环为 1-2-3-4-5-1。此外，为了简化设备，提高装置运行的可靠性，常采用节流阀取代膨胀机。实际压缩式蒸气制冷装置流程如图 10-4 所示。

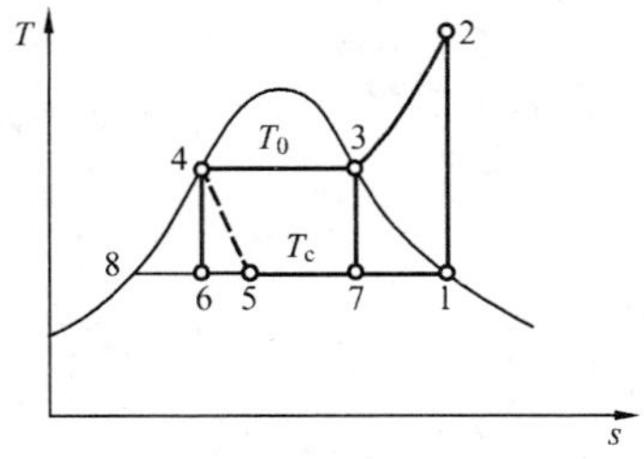

图 10-3 蒸气压缩制冷循环的 T-s 图

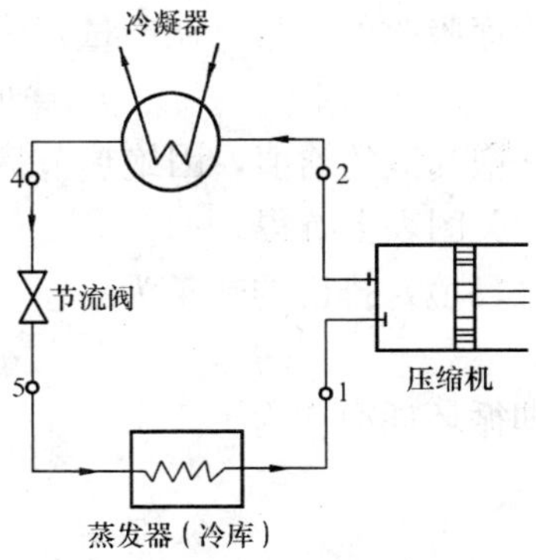

图 10-4 蒸气压缩制冷装置流程图

蒸气压缩制冷装置主要由压气机（压缩机）、冷凝器、节流阀、蒸发器组成。循环流程为：由蒸发器出来的制冷剂的干饱和蒸气被吸入压缩机，绝热压缩后成为过热蒸气（过程 1-2）。而后送入冷凝器，在等压下冷却（过程 2-3）和等压等温下凝结成饱和液体（过程 3-4）。饱和液体继而通过节流阀经绝热节流降压降温后变为低干度的湿蒸气。绝热节流是不可逆过程，节流前后焓值相等，在图 10-3 中用虚线 4-5 表示。湿蒸气被引入冷库蒸发器中，在等压等温下吸热气化成为干饱和蒸气（过程 5-1），从而完成一个循环。

二、制冷剂的压焓图（lg$p$-h 图）

对蒸气压缩制冷循环进行热力计算时，除可应用制冷剂的热力性质表和 T-s 图外，使用最方便的是压焓图即 lg$p$-h 图。

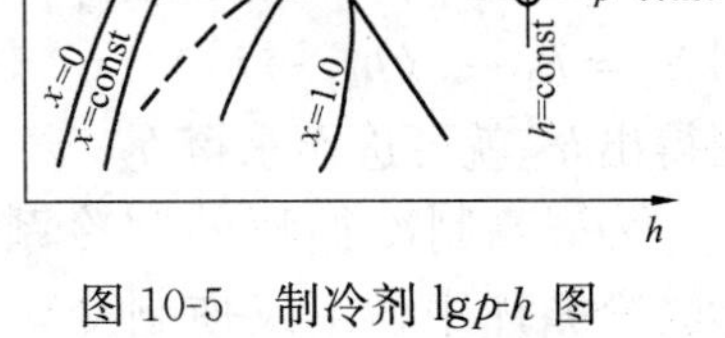

图 10-5 制冷剂 lg$p$-h 图

压焓图的结构如图 10-5 所示，以制冷剂的焓作横坐标，以其压力为纵坐标。为了缩小图面，压力采用对数分格（需要注意，从图上读取的仍是压力值）。在 lg$p$-h 图上，共有六种状态参数线簇，即等焓（h）、等压力

(p)、等温度 (t)、等比容 (v)、等熵 (s)、等干度 (x) 线。与水蒸气的焓熵图相类似，在 $\lg p$-h 图上绘有上界线 ($x=1$)、下界线 ($x=0$) 与临界状态点 c。$\lg p$-h 图面划分为三个区域：下界线 ($x=0$) 以左是未饱和液体区，下界线 ($x=0$) 与上界线 ($x=1$) 之间是湿蒸气区，上界线 ($x=1$) 右侧是过热蒸气区。

各种制冷剂均可绘制出 $\lg p$-h 图。本书附录中提供了氨及氟利昂的压焓图。

三、制冷循环的能量分析及制冷系数

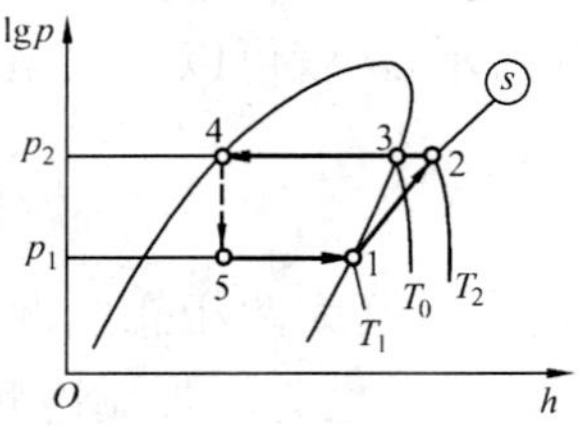

图 10-6 lg p-h 图

将蒸气压缩式制冷循环表示在 $\lg p$-h 图上，如图 10-6 所示。根据状态 1 的 p_1 或 t_1 及 x_1 可在图上确定状态点 1；由通过 1 的等熵线与压力为 p_2 的等压线的交点可定出状态点 2；压力为 p_2 的等压线与 $x=0$ 线的交点即为状态点 4；通过点 4 作垂线与压力为 p_1 的等压线的交点即为状态点 5。

实际蒸气压缩制冷循环的制冷系数分析如下

$$\varepsilon_1 = \frac{q_c}{w_{net}}$$

从 $\lg p$-h 图上可以很方便地获得下列数据：

单位工质自冷库吸收的热量（制冷量）为

$$q_c = h_1 - h_5 = h_1 - h_4$$

式中 h_4——饱和液的焓值，因绝热节流后工质的焓值不变，所以 $h_5 = h_4$，h_4 的值可从有关图表上查得。

工质向外界（环境）排出的热量为

$$q_0 = h_2 - h_4$$

压缩机耗功即循环耗净功为

$$w_c = w_{net} = h_2 - h_1$$

制冷系数

$$\varepsilon = \frac{q_c}{w_{net}} = \frac{h_1 - h_4}{h_2 - h_1} \tag{10-3}$$

实际上，蒸气压缩制冷循环由于有传热温差与摩阻的存在，制冷剂的冷凝温度高于环境温度，蒸发温度低于冷库温度，而且压缩过程也是不可逆的绝热压缩。当考虑上述情况时，循环的 T-s 图和 $\lg p$-h 图如图 10-7 所示。图中状态 2 为实际压缩状态，除状态 2 外，其他状态的确定方法如上所述。状态 2 的确定与压缩机的绝热效率 $\eta_{C,s}$ 有关，对于压缩机常采用 $\eta_{C,s}$ 来衡量其工作优劣，定义为：在压缩前气体状态相同、压缩后气体的压力也相同的情况下，可逆绝热压缩时压气机所需的功量 $w_{C,s}$ 与不可逆绝热压缩时所需的功 w_c 之比，即

$$\eta_{C,s} = \frac{h_{2s} - h_1}{h_2 - h_1}$$

即 $h_2 = h_1 + (h_{2s} - h_1)/\eta_{C,s}$，由 $\lg p$-h 图得出 h_{2s} 就可进而求得 h_2。

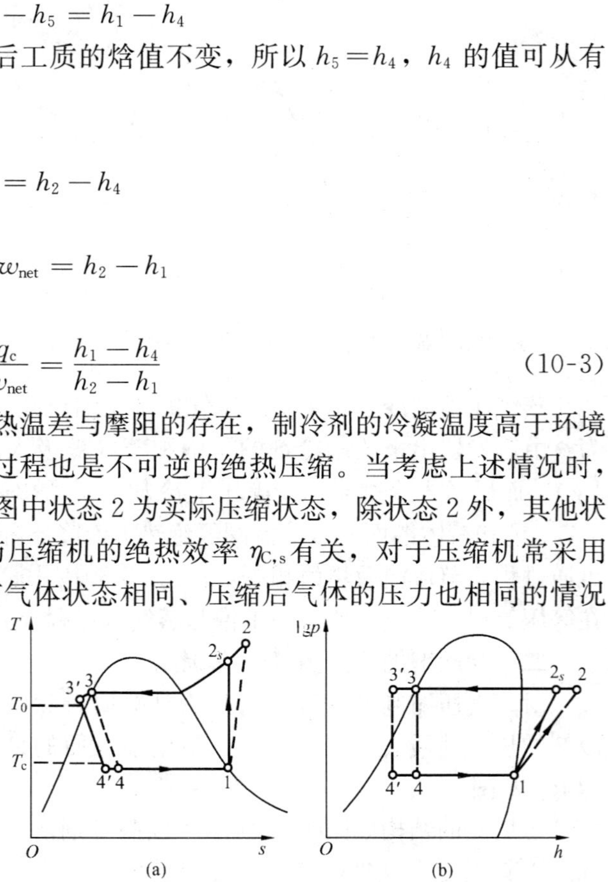

图 10-7 考虑不可逆因素的实际制冷循环的图示

(a) T-s 图；(b) $\lg p$-h 图

为提高制冷循环的制冷系数，在实际制冷循环中，不仅使制冷剂蒸气通过

冷凝器变为饱和液体，而且使饱和液体进一步冷却，达到温度更低的过冷液体。图 10-7 中的过程 3-3′，即为过冷过程。由图可见，制冷量由 h_1-h_4 增加到 h_1-h_4'，但循环净功仍为 h_2-h_1，所以装置的制冷系数 ε 提高。

【例 10-2】 某制冷机以氨（NH_3）为制冷剂，理想制冷循环如图 10-6 中循环 1-2-3-4-5-1 所示。若蒸发器中的蒸发温度 $t_1=-10$℃，冷凝器中的冷凝温度 $t_4=t_3=38$℃，冷负荷为 100×10^4kJ/h，求：(1) 压缩机功率；(2) 制冷剂流量；(3) 循环的制冷系数；(4) 冷凝器热负荷。

解 先在 lg$p$-h 图上确定各状态点的参数为

$$p_1 = 0.29\text{MPa}, h_1 = 1450\text{kJ/kg}$$
$$p_2 = 1.5\text{MPa}, h_2 = 1690\text{kJ/kg}$$
$$h_4 = 370\text{kJ/kg}; h_5 = h_4 = 370\text{kJ/kg}$$

(1) 制冷剂流量。

1kg 制冷剂的制冷量为

$$q_c = h_1 - h_5 = 1450 - 370 = 1080\text{kJ/kg}$$

制冷剂流量为

$$\dot{m} = \frac{Q_c}{q_c} = \frac{100\times10^4}{1080} = 925.93\text{kg/h}$$

(2) 压缩机功率。

1kg 制冷剂所消耗功量为

$$w_c = w_{net} = h_2 - h_1 = 1690 - 1450 = 240\text{kJ/kg}$$

压缩机功率为

$$P_c = \frac{\dot{m}w_c}{3600} = \frac{925.93\times240}{3600} = 61.73\text{kW}$$

(3) 制冷系数为

$$\varepsilon = \frac{q_c}{w_{net}} = \frac{q_c}{w_c} = \frac{1080}{240} = 4.5$$

(4) 冷凝器热负荷为

$$Q_0 = \dot{m}(h_2 - h_4) = 925.93\times(1690 - 370) = 122.2\times10^4\text{kJ/h}$$

四、制冷剂的热力学性质

蒸气压缩制冷循环具有单位工质制冷量大，制冷系数与相同温度范围内的逆向卡诺循环是比较接近的，因此得到了广泛应用。由于实际制冷装置的运行和性能与制冷工质的性质密切相关，因此在设计制冷装置时必须选用适合于工作条件的制冷剂。

从热力学的角度看，制冷剂应具有如下的热力性质：

(1) 在制冷循环的工作温度下汽化潜热值要大，这样单位质量制冷剂的制冷能力就大。

(2) 对应于制冷循环的工作温度（蒸发温度、冷凝温度），要有适宜的饱和压力。蒸发压力不应过低，以稍高于大气压力为最宜，以免空气漏入系统。冷凝压力则不宜过高，以降低冷凝系统材料的耐压性及系统密封性的要求。

(3) 临界温度应远高于环境温度，使循环不在临界点附近运行，而运行于具有较大汽化潜热的范围之内，以便冷凝过程的等温排热量更多。

（4）制冷剂在 T-s 图上的上、下界限线要陡些，以便使冷凝过程更加接近等温放热过程。下界限线陡些表明液态 c_p 小，这样可减少绝热节流引起的制冷能力下降。

（5）制冷剂的沸点与凝固点要低，这样在冷库温度下易于蒸发，而在低温时避免出现凝固而堵塞管路。

（6）饱和蒸汽的比容积要小，制冷剂的传热特性要好，以减少装置的体积。

此外，还要求制冷剂溶油性好，化学性质稳定，与金属材料及压缩机中的密封材料等有良好的相容性，安全无毒，价格低廉等。

目前还没有一种制冷剂能够完全满足上述要求。常用的制冷剂有空气、水（H_2O）、氨（NH_3）、氟利昂、二氧化碳（CO_2）、二氧化硫（SO_2）等，其中氨（NH_3）、氟利昂应用较多。氨是一种良好的制冷剂，对应于制冷温度范围有合适的饱和压力，汽化潜热大，制冷能力较强，价格低廉，对环境破坏小，但有较大的毒性，对铜有腐蚀性，有气味，应用场合受到一定限制。氟利昂类制冷剂汽化时吸热能力适中，性能稳定，能够满足不同温度范围对制冷剂的要求，由于其优异的使用性能和安全性能，应用尤为广泛，例如 CFC12（R12）、CFC11（R11）和 HCFC22（R22）等曾分别作为家用冰箱、汽车空调和热泵型空调的主要制冷剂。

但是，必须指出，最近的研究认为，一方面，CFC 和 HCFC 类物质进入大气后能逐渐穿越大气对流层而进入同温层，在紫外线的照射下，CFC 和 HCFC 类物质中的氯游离成氯离子 Cl^- 与臭氧发生连锁反应，使臭氧浓度急剧减小。另一方面，氟利昂中含有较多的氟原子，分子的稳定性加强，使氟利昂在大气中存在的时间延长，这样地球上空大量积聚 CFC 和 HCFC 类物质加剧温室效应。因此，虽然 CFC 和 HCFC 类物质有优异的热力性能，但是必须限制进而禁止使用。我国政府已于 1992 年 8 月起正式成为保护臭氧层的“蒙特利尔协定书”的缔约国，我国将在 2010 年前禁止使用与生产 CFC 类物质。因此，加速开发 CFC 和 HCFC 的替代物是放在科技工作者面前的紧迫任务。有关研究和试验表明，HCFC134a 很有希望成为 CFC12 的替代物，它是一种含氢的氟代烃物质，可降低对臭氧层的影响，缓解大气污染。

第三节　吸收式制冷循环与气流引射压气式制冷循环

空气压缩制冷循环和蒸气压缩制冷循环都以消耗机械能作为补偿手段来实现制冷的目的。本节介绍的吸收式制冷循环和气流引射压气式制冷循环则是以消耗热能或较高压力的蒸汽来实现制冷。下面分别介绍两制冷循环。

一、吸收式制冷循环

吸收式制冷采用溶液作为工质，例如氨水溶液或溴化锂溶液。它的工作原理是：利用制冷剂（溶质）在溶剂（吸收剂）中不同温度下具有不同溶解度的特性，使制冷剂在较低的温度和压力下被吸收剂吸收，同时又使它在较高的温度和压力下从溶剂中蒸发，完成循环，实现制冷的目的。例如氨吸收制冷所用的工质为氨水溶液，其中氨易挥发、汽化潜热大，用作制冷剂；水挥发性小，用作吸收剂，下面以氨-水吸收式制冷循环为例进行说明。吸收式制冷循环的流程及相应的设备示意图参见图 10-8。

吸收式制冷系统中冷凝器、节流阀以及蒸发器与蒸气压缩制冷循环是相同的。从冷凝器

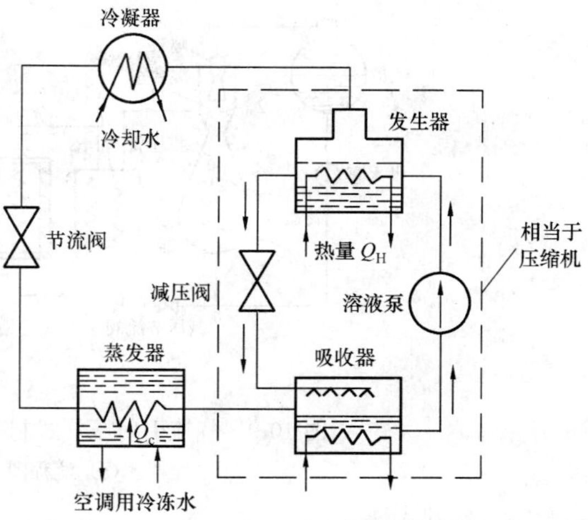

图 10-8 吸收式制冷流程图

流出的液体氨经节流减压阀降压降温后，进入蒸发器，在蒸发器中吸取冷库热量而蒸发，成为低压氨蒸气，送入吸收器。在吸收器中稀氨水在喷淋过程中吸收从蒸发器引来的低压氨蒸气而成为浓氨水。浓氨水由溶液泵加压送入蒸汽发生器并被加热，产生较高温度和较高压力的氨蒸气，氨蒸气送入冷凝器。而发生器中剩余的稀氨水则经减压阀后流入吸收器，吸收由蒸发器引来的氨蒸气而成为浓氨水，这样就完成了制冷循环。从其工作过程可见，吸收器、溶液泵和蒸汽发生器的作用相当于蒸气压缩制冷循环中的压缩机。

吸收式制冷装置的特点，首先是循环耗功很小，因为循环中升压是通过溶液泵压缩液体完成的；其次是加热浓溶液的外热源的温度不需很高，因此可利用余热甚至太阳能、地热能等资源。

循环的性能系数是以热能利用系数来表示其性能好坏的，表达式为

$$\mathrm{COP}=\frac{\text{利益}}{\text{代价}}=\frac{Q_C}{Q_H+W_P} \tag{10-4}$$

式中：Q_C 是蒸发器中制冷工质汽化时吸收的热量（制冷量）；Q_H 是蒸汽发生器中外热源对溶液的加热量；W_P 是溶液泵消耗的功。由于溶液泵消耗的功量相对很小，在计算时常被忽略。

吸收式制冷装置的优点是设备简单，造价低廉，可以利用温度较低的余热资源，如低压水蒸气、地热水、烟气、内燃机排气等。吸收式制冷装置的缺点是热能利用系数较小；在制冷量相同的情况下，吸收制冷装置的体积比蒸气压缩制冷装置大，也需要更多的维护工作量，并且只适用于冷负荷稳定的场合。

二、气流引射式制冷

气流引射压气式制冷装置的主要特点是用引射器代替压缩机来实现对制冷用蒸气的压缩，以消耗蒸汽的热能来实现制冷的设备。它主要由锅炉、引射器、冷凝器、节流阀、蒸发器和供水泵组成。图 10-9（a）给出制冷装置的示意图。锅炉中产生的蒸汽（1 状态）在引射器中喷管内绝热膨胀增速到 2 状态，在喷管出口的混合室内形成低压力区，于是将制冷工质的蒸汽吸入。2 状态与 1_R 状态的两路蒸汽混合（2_m 状态）后进入扩压管，经扩压管减速增压到 3 状态。此后，蒸汽进入冷凝器，凝结成液态水（4 状态）。由冷凝器出来的凝结水一部分由水泵升压（5 状态）进入锅炉，完成工作蒸汽循环，如图 10-9（b）中 1-2-2_m-3-4-5-6-1。由冷凝器出来的其余部分凝结水流经减压节流阀降压、降温（5_R 状态）后进入蒸发器，吸热汽化变为低温低压的蒸汽（1_R 状态），完成逆向循环 1_R-2_m-3-4-5_R-1_R。

循环经济性指标可用热能利用系数 ξ 来度量，即

$$\xi=\frac{\text{利益}}{\text{代价}}=\frac{Q_2}{Q_1} \tag{10-5}$$

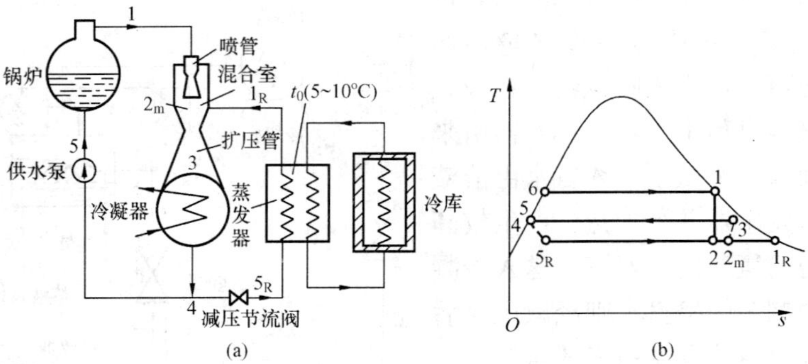

图 10-9 气流引射压气式制冷循环装置的流程图及 T-s 图

（a）流程图；（b）T-s 图

式中：Q_2 是装置的制冷能力；Q_1 是工作蒸汽从热源吸收的热量。

式（10-5）适用于忽略水泵耗功的条件。

气流引射压气式制冷装置的优点是：除水泵消耗少量电力或机械功外，不需要动力机和压缩机，而是直接消耗热能实现制冷；引射器构造简单、体积很小，在有蒸汽供应的场合有其采用的价值。其缺点是：热能利用系数低；最低制冷温度为 5℃，故仅适用于空调、冷藏，不能用作冷冻。

除上述两种制冷方式外，目前吸附式制冷也日益受到重视。吸附式制冷是一种利用多孔固体表面吸附现象的制冷系统。这种系统具有不耗电、无运动部件、无噪声、无污染，安全可靠，并可以利用工业余热、地热、太阳能作为热源，但在提高单位时间的制冷量、提高循环的经济性等方面还有待进一步研究。

第四节 热 泵 循 环

以供热为目的的逆循环装置称为热泵，热泵与制冷装置的原理是相同的，只是它们工作目的不同，工作的温度范围不同而已。如图 10-10 所示，工作流程如下：在蒸发器中制冷剂蒸发吸收自然水源或环境大气的热能，经压缩机压缩后送入冷凝器，在冷凝器放出的热量供给采暖房间；制冷剂经冷凝器凝结为饱和液体，经节流阀降压降温后送入蒸发器，在蒸发器中吸热，蒸发为干饱和蒸汽，从而完成一个循环。可见，热泵循环是以向采暖房间提供热量 q_1 为目的的，循环的工作范围在供暖房间温度 T_1（即高温热源温度为 T_1）和大气温度 T_0（即低温热源为 T_0）之间。

热泵循环的经济性指标，即是供热系数 ε_2，为

$$\varepsilon_2 = \frac{\text{利益}}{\text{代价}} = \frac{q_1}{w_{net}} \tag{10-6}$$

式中 q_1——热泵的供热量；

w_{net}——热泵消耗的功量。

由于 $q_1 = q_2 + w_{net}$，制冷系数 $\varepsilon_1 = \dfrac{q_2}{w_{net}}$，则有

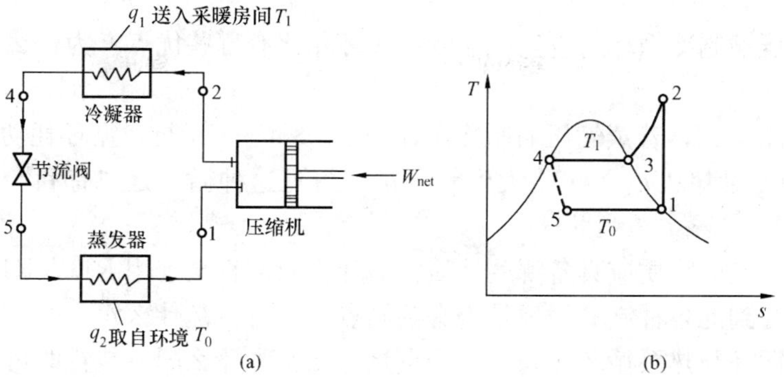

图 10-10　热泵示意图

(a) 工作原理图；(b) T-s 图

$$\varepsilon_2=\frac{q_1}{w_{net}}=\frac{q_2+w_{net}}{w_{net}}=\frac{q_2}{w_{net}}+1=\varepsilon_1+1$$

上式说明，制冷系数越高，供热系数也越高。

综上所述，热泵循环是将所消耗功量 w_{net}（或电能）与取自大气的热量 q_2 一起送给采暖房间，而对于其他供暖装置，如电加热器等，至多只能将电能全部转化为热能，可见热泵是一种比较合理的供暖装置。目前已有可轮流用作制冷和供暖的热泵装置，夏季作为制冷机用于空调，冬季作为热泵用来供暖。

小　　结

本章主要介绍了常用的几种制冷循环的工作原理，对各循环的经济性进行了比较分析，对空气压缩制冷循环和蒸气压缩制冷循环进行了热力计算，对热泵循环作了简单介绍。主要内容如下：

1. 空气压缩制冷循环是由两个等压过程和两个绝热过程组成。由于以空气作为制冷剂，不易实现等温吸热和放热，使循环远偏离逆卡诺循环，所以其制冷系数较低。在学习中重点掌握制冷循环的原理、组成及在 p-v 图、T-s 图上的表示。对制冷循环会进行一般的热力计算。

2. 蒸气压缩制冷循环是由四个过程组成，即等熵压缩、等压放热、绝热节流及等压等温吸热。由于蒸气具有在湿蒸气区等压即等温的特性，理论上是可以实现逆卡诺循环，所以制冷系数较高，应用很广。要求重点掌握：制冷循环的组成；在 p-v 图、T-s 图、lgp-h 图上的表示；对制冷剂的热力性质的要求等。对制冷循环会在 lgp-h 图进行一般的热力计算。

3. 吸收式制冷循环与气流引射压气式制冷循环都是以消耗热能为代价获得制冷量的。要求了解两种制冷循环的工作原理、优缺点等。

4. 对热泵循环的特点，尤其是与制冷循环相比较的异同之处，予以理解。

习　　题

10-1　蒸气压缩制冷循环采用节流阀来代替膨胀机，空气压缩制冷循环是否也可以采用这种方法？为什么？

10-2　蒸气压缩制冷循环与空气压缩制冷循环相比有哪些优点？为什么有些时候还要用空气压缩制冷循环？

10-3　参看图 10-3，若蒸气压缩制冷循环按 1-2-3-4-8-1 运行，循环耗功量没有变化，仍为 h_2-h_1，而制冷量却从 h_1-h_5 增大到 h_1-h_8，可见这种循环是“有利”的。这种考虑错误何在？

10-4　作制冷剂的物质应具备哪些性质？为什么限产直至禁用 R11、R12 这类工质？

10-5　本章提到的各种制冷循环是否有共同点？若有，是什么？

10-6　制冷循环与热泵循环之间的异同点是什么？为什么同一装置既可作制冷机又可作热泵？

10-7　一制冷机工作在 245K 和 300K 之间，若其吸热为 10kW，制冷系数是同温限间逆向卡诺循环的 75%，试计算：(1) 散热量；(2) 循环消耗净功量；(3) 循环制冷量。

10-8　一逆向卡诺制冷循环，其性能系数为 4，问高温热源温度与低温热源温度之比是多少？若输入功率为 6kW，试问制冷量为多少？如果将此系统改作热泵循环，高、低温热源温度及输入功率维持不变，试求循环的性能系数及能提供的热量。

10-9　空气压缩制冷循环的运行温度为 $T_c=290\text{K}$、$T_0=300\text{K}$，如果循环增压比分别为 3 和 6，试分别计算它们的循环性能系数和每千克工质的制冷量。假定空气为理想气体，比热容 $c_p=1.005\text{kJ/(kg·K)}$，$\kappa=1.4$。

10-10　若题 10-9 中压气机的绝热效率 $\eta_{C,s}=0.82$，膨胀机的相对内效率 $\eta_T=0.85$，试分别计算每千克工质的制冷量、循环净功及循环性能系数。

10-11　蒸气压缩制冷循环，采用氟利昂-12 作为工质，压缩机进口状态为干饱和蒸气，蒸发温度为−20℃，冷凝器出口为饱和液体，冷凝温度为 40℃，制冷工质等熵压缩终了时焓值为 376kJ/kg，制冷剂质量流量为 100kg/h。求：制冷系数；每小时的制冷量；所需的理论功率。

10-12　某蒸气压缩制冷装置采用氨 (NH_3) 为制冷剂，参看图 10-3 和图 10-4。从蒸发器中出来的氨气的状态为 $t_1=-15℃$、$x_1=0.95$，进入压气机升温升压后进入冷凝器，在冷凝器中冷凝成饱和液氨，温度 $t_4=25℃$。从点 4 经节流阀降压、降温后成为干度较小的湿蒸气状态 5，再进入蒸发器汽化吸热。试求：(1) 蒸发器管子中氨的压力 p_1 及冷凝器管子中氨的压力 p_2；(2) q_c、w_{net} 和制冷系数 ε，并在 T-s 图上表示 q_c；(3) 氨的流量 (条件：设该装置每小时的制冷量 $Q_c=4.2\times10^4$ kJ)。

10-13　若题 10-12 中的制冷剂改为 HCFC134a (即 R134a)，求：(1) 蒸发压力 p_1 和冷凝压力 p_2；(2) q_c、w_{net} 和 ε；(3) R134a 的流量。

10-14　某热泵装置用氨为工质，设蒸发器中氨的温度为−10℃，进入压气机时蒸气的干度 $x_1=0.95$，冷凝器中饱和氨的温度为 35℃。(1) 求工质在蒸发器中吸收的热量 q_2、在冷凝器中散向室内大气的热量 q_1 和循环供暖系数 ε_2；(2) 设该装置每小时向室内大气的供热量 $Q_1=8\times10^4$ kJ，求用以带动该热泵的最小功率是多少？若改用电炉供热，则电炉功率应是多少？两者比较，可得出什么样的结论？

10-15　某热泵型空调用 R134a 为工质，设蒸发器中 R134a 的温度为−10℃，进压缩机时蒸气的干度 $x_1=0.98$，冷凝器中饱和液的温度为 35℃。求热泵耗功和循环供暖系数。

10-16 热泵利用井水作为热源，将20℃的空气$8\times10^4 m^3/h$加热到30℃，使用氟利昂－12为制冷剂，已知蒸发温度为5℃，冷凝温度为35℃，空气的定压容积比热容c'_p＝1.256kJ/m³·K，井水温度降低7℃，试求理论上必需的井水量、压缩机功率和压缩机的气缸容积。

第二篇　传　热　学

绪　论

世界上的物体，不论是固体、液体或气体，由于自然或人为的原因，普遍地存在温度差。热力学第二定律指出，作为能量之一的热，总是自发地从高温处传向低温处。热传递过程属于一种普遍的自然现象。传热学是研究热传递规律的一门科学。

传热学应用领域十分广泛，在动力、化工、制冷、建筑、新能源、宇航等工程中，涉及到能量转换和传递时，热传递理论知识和测试技术具有特殊的重要地位。因此，传热学逐步地形成为一门单独的学科。学习和掌握了热传递过程的理论知识和实验技能，就能更有效地来解决工程实际问题。

能源动力工业是“传热学”起家的地方。例如：现代化大型火力发电厂，为了提高能源利用水平，必须不断强化炉内各传热表面与燃气、烟气间的换热，另外在核电站核反应堆中，则要强化燃料棒元件与冷却剂之间的换热。在需要隔热的地方必须尽量减少热损失。

无论强电和弱电，元器件的有效冷却和设备的更新换代（提高质量并大幅度缩小体积）都与强化传热有关。例如：大型发电机的转子、定子绕组和定子铁心的冷却就是典型的对流换热问题。近百年来单机容量从几万千瓦扩大到百万千瓦，很大程度上是靠冷却技术的不断改进得以实现的，从空冷、氢冷发展到水冷，冷却技术的进步显著提高了电磁负荷强度和材料的利用率。世界各国都在大力发展各种相变需热材料，以实现电能的大规模储存，并在需要的时候将其释放出来。

人类征服太空和宇宙空间的不懈努力以及所取得的巨大成果，是当今世界上各领域高技术、新材料研究最集中的体现，其中传热学所起的作用功不可没。航天飞机在地球轨道上将反复地经受因太阳直接辐照产生的高温和进入地球阴影时面对接近 0K 的宇宙空间导致的低温，变化范围达到 55～157℃，同时还要经受高真空环境；在以 7.5km/s 的速度从 120km 高度重返地球大气层时，飞行器表面的热流密度大约达 105W/m^2，机翼前缘和头锥帽上的温度高达 1650℃，除此之外还必须能够经受太阳紫外线、高能粒子和微陨石可能的撞击。在这样严酷的情况下要能够保证飞行安全，内部的人员、设备不受任何干扰，必须采取特殊有效的热防护措施—陶瓷防热瓦。

工业加热和物料干燥领域，红外辐射技术大有作为，红外辐射还具有不干扰、不破坏原有温度分布的突出优点，因而在资源勘查、农作物估产、环境监测、火灾防护、医疗诊断，甚至刑事案件的侦破和军事侦察、跟踪等许多高技术领域当中扮演着重要的角色。

多孔介质中的传热传质是当今传热学科很活跃的一个前沿领域。所谓多孔介质是以自然形态存在的一类特殊材料，如土壤的团粒结构，很多建筑材料，如混凝土、砖、砂石等，生物材料，像人和动物的组织、脏器和皮肤等。它们一般是由固体骨架或固体颗粒堆积组成的多相体系，其中的质量、动量和热量的传递规律是揭开很多大自然秘密的关键因素。

生物传热学是近年才发展起来的新兴传热学科分支，虽然远未达到完善的程度，却已经显示出强大的生命力和令人鼓舞的应用前景。它是由生物学、临床医学和传热学多个学科领域交叉形成的一门新学科，其目的在于通过把传热学的基本原理和研究方法、手段引入到生物和医学工程领域中，探讨物质和能量在生物体内的传输规律，以便为诸多至今未解开的生物医学难题寻求有效的解决方案，比如人体器官、组织及皮肤癌变的热诊断与高温治疗，激光和超低温外科手术，人体器官移植与冷冻贮存，胚胎的低温保存，烧伤、烫伤和冻伤的临床治疗及康复等。

以化石燃料（煤炭、石油和天然气）为主构成的常规能源终将耗尽，而且已经为期不远。以太阳能、地热能、海洋能（包括海洋温差和波浪能）以及效率更高的发电方式，如氢燃料电池、磁流体发电乃至可控核聚变为代表的新能源总要逐步走向前台，成为人类的主要消费能源。这些新型能源的获得、转换和使用都要以传热学的基本原理为指导。可以预计，这些新型能源技术的逐步完善一定会极大地推动传热学科的进一步发展。比如太阳能热利用就必须妥善地解决低能量密度情况下热能的有效采集和转换，以及因昼夜更替、气候变化带来的贮能问题。再比如地球上蕴藏海洋温差能极大，但是可利用的温差仅 15～25℃，要在这样小的温差下充分利用这个巨大的能源，非得有换热效率极高的热交换设备不可。

环境与发展是当今全世界各国普遍关注的两大问题。为了快速发展经济，不合理地甚至掠夺式地开发自然资源，以及在工业化初期对各种污染物处理不当或者未加处理就任意排放的现象十分普遍，造成的后果是极其严重的。各种污染物几乎都是在燃烧、雾化、冷凝或凝结、凝聚、蒸发、升华等与传热有密切关系的过程中形成的。所以，控制并最大限度地减少这些污染物离不开对传热学原理的正确掌握和运用。

在建筑环境领域，建筑的节能、采光和通风均与传热关系密切。特别是空调制冷和集中供热领域，属于传热学唱主角的行业。例如，冷源和热源设备的选择、配套和合理利用；建筑环境与设备产品的开发、设计和实验研究；各种功能热设备管道的保温材料及建筑围护结构材料等的研制及其热物理性质的测试、热损失的分析计算；各类换热器的设计、选择；建筑物的热计算和环境保护等。

第一节 传热学的研究对象

传热学是研究热传递规律的一门科学。

在开始学习传热学之前，很有必要明确传热学在研究领域与研究目标上与工程热力学的联系与区别。传热学和工程热力学都是以热现象的客观规律作为研究对象。工程热力学着重研究不同形式能量之间相互转换的规律，事实上，经典热力学只研究在系统的初、终状态之间各参数发生了什么变化，认为系统与外界之间的热量交换是在无限小温差下发生的一系列无限缓慢的平衡态过程。然而任何实际的热量传递过程都必须在有温差（或者说有温度梯度）的条件下才能发生。在传热学中不仅探求热传递过程的物理本质，还对有关热流密度（即单位时间所传递的热量）的规律进行理论分析和实验研究。

传热学常用的研究方法是在许可的范围内，对热传递现象进行科学的简化，并作一些必要的假定，以求得合理的剖析和足够精确的计算。要想在实际工作中作出恰当地简化和假定，必须对各种传热现象详细观察、深刻理解。在处理工程传热问题时，不仅需要熟悉热传递机理、有关定律和分析计算的方法，而且也需要具备坚实的数学、物理、工程热力学和流体力学等基础知识。

第二节 热量传递的基本方式

如果在不同物体或物体的不同部分之间发生热量传递，则必然是由于它们之间存在温度差。犹如导电现象中电位差是产生电流的动力一样，温度差可认为是产生热流的动力。热传递有三种基本方式，即热传导、热对流和热辐射。实际的工程应用中所遇到的热传递现象，常常是由几种基本方式共同作用的结果。例如房屋墙壁在冬季的散热，可分为三段，首先热由室内空气以对流换热和辐射方式传给墙内表面；再由墙内表面以固体导热方式传递到墙外表面；最后由墙外表面以空气对流换热和墙与物体间辐射方式把热传给室外环境。本节将对这三种基本传热方式作扼要解释，并给出他们的最基本的表达式，使读者对传热学的全貌和学习目的有一梗概认识。

一、热传导

热传导简称导热，是物体各部分无相对位移或不同物体直接接触时依靠分子、原子及自由电子等微观粒子热运动而进行的热量传递现象，导热是物体的属性，导热过程可以在固体、液体及气体中发生。但在引力场下，单纯的导热一般只发生在密实的固体中，因为，在有温差时，液体和气体中难以维持单纯的导热。

1822 年，法国数理学家傅里叶（Joseph Fourier）总结固体导热的实践经验，提出了平壁中的导热量计算公式

$$Q=\frac{\lambda}{\delta}\Delta tA \qquad \text{W} \tag{0-1}$$

或热流通量

$$q=\frac{\lambda}{\delta}\Delta t \qquad \text{W/m}^2 \tag{0-2}$$

式中 A——垂直于导热方向的壁面积，m^2；

δ——平壁厚度，m；

Δt——壁两侧表面的温差，$\Delta t=t_{w1}-t_{w2}$，℃；

λ——导热系数，也称热导率，其意义是指具有单位温度差的单位厚度物体，在它的单位面积上每单位时间的导热量，它的国际单位是 W/(m·℃)，它表示材料导热能力大小。

热流通量计算式和直流电路的欧姆定律 $I=\dfrac{U}{R}$ 相类似，即

$$\text{热流通量}=\frac{\Delta t}{R_t} \qquad \text{W/m}^2$$

热流通量 q 相当于电流 I；温差 Δt 相当于电压 U，可称为温压；热阻 R_t 相当于电阻 R。改写式（0-2），得

$$q=\frac{\Delta t}{\delta/\lambda} \qquad \text{W/m}^2 \tag{0-3}$$

平壁单位面积的导热热阻为 δ/λ，$m^2\cdot℃/W$。对于 Am^2 面积的平壁，则热阻为 $\delta/(\lambda A)$，℃/W。不同情况下的导热过程，导热热阻表达是各不相同的。本教材将对典型情况下导热的宏观规律及其计算方法分章讨论。

二、热对流

依靠流体的运动，把热量从一处传递到另一处的现象，称为热对流，它是热传递的另一种基本方式。所以热对流与流体的流动有关。若热对流过程中单位时间通过单位面积有质量 $m$kg/($m^2\cdot s$) 的流体由温度 t_1 的地方流到 t_2 处，则此热对流传递的热量为

$$q = mc_p(t_2 - t_1) \quad W/m^2 \tag{0-4}$$

因为有温度差，热对流必然同时伴随热传导。工程上遇到的实际传热问题，都是流体与固体壁直接接触时的换热，称为对流换热。与热对流不同的是，对流换热过程既有热对流作用，又有导热作用，因而已经不再是基本传热方式。对流换热的计算，目前依然沿用 1701 年牛顿（Isaac Newton）的冷却定律公式

$$q = \alpha(t_w - t_f) \quad W/m^2 \tag{0-5}$$

式中　t_w——固体壁面表面温度，℃；

t_f——流体温度，℃；

α——对流换热表面传热系数，也称换热系数，其意义是指单位面积上，当流体与壁之间为单位温差，在单位时间内所能传递的热量，W/($m^2\cdot$℃)或 J/($m^2\cdot s\cdot$℃)；α 的大小反映了对流换热过程的强弱，附录列出了一些典型条件下 α 的范围，可供参考。

式（0-5）称为牛顿冷却公式。利用热阻的概念，改写式（0-5）得

$$q = \frac{\Delta t}{1/\alpha} = \frac{\Delta t}{R_h} \quad W/m^2 \tag{0-6}$$

式中：$R_h = 1/\alpha$ 为单位面积上的对流换热热阻，$m^2\cdot$℃/W，则 A 面积的对流换热热阻为 $1/(\alpha A)$，℃/W。

三、热辐射

导热或对流都是以冷、热物体的直接接触来传递热量的，热辐射则不同，它依靠物体表面对外发射可见和不可见的射线（电磁波，或者说光子）传递热量。热辐射是唯一一种非接触的传热方式。物体表面每单位时间单位面积对外辐射的热量称为辐射力，用 E 表示，它的常用单位是 J/($m^2\cdot s$) 或 W/m^2，其大小与物体表面性质及温度有关。对于绝对黑体（一种理想的热辐射表面），理论和实验证实，它的辐射力 E_b 与表面热力学温度的 4 次方成比例，即斯蒂芬—玻尔茨曼定律

$$E_b = \sigma_b T^4 \quad W/m^2 \tag{0-7}$$

式中　E_b——绝对黑体辐射力，W/m^2；

σ_b——绝对黑体辐射常数，$\sigma_b = 5.67\times10^{-8}$ W/（$m^2\cdot K^4$）；

T——热力学温度，K。

一切实际物体的辐射力都低于同温度下绝对黑体的辐射力，等于

$$E = \varepsilon\sigma_b T^4 \quad W/m^2 \tag{0-8}$$

式中：ε 为实际物体表面的发射率，又称黑度，其值处于 0～1 之间。

物体间靠热辐射进行的热量传递称为辐射换热，它的特点是，在热辐射过程中伴随着能

量形式的转换（物体内能→电磁波能→物体内能）；不需要冷热物体直接接触；不论温度高低，物体都在不停地相互发射电磁波能，相互辐射能量，高温物体辐射给低温物体的能量大于低温物体向高温物体辐射的能量，总的结果是热由高温传到低温。本书的辐射换热部分将论述热辐射的宏观规律及若干典型条件下的辐射换热计算方法。

第三节　传热过程及传热系数

在工程中经常遇到两流体间的换热。热量从壁一侧的流体通过壁传递给另一侧的流体，称为传热过程。在初步了解前述换热方式后，即可导出传热过程的基本计算式。设有一大平壁，面积为 $A\mathrm{m}^2$，两侧分别为温度 t_{f1} 的热流体和 t_{f2} 的冷流体，两侧换热系数分别为 α_1 及 α_2，两侧壁面温度则分别为 t_{w1} 和 t_{w2}，壁材料的导热系数为 λ，厚度为 δ，如图 0-1 所示。若传热工况不随时间变化，即各处温度及传热量不随时间改变，传热过程处于稳态。又设壁的长和宽均远大于它的厚度，可认为热流方向与壁面垂直。若将该平壁在传热过程中的各处温度描绘在同一 $t \sim x$ 坐标图上，图中的曲线所示，即该传热过程的温度分布。整个传热过程分三段分别用下列三式表达：

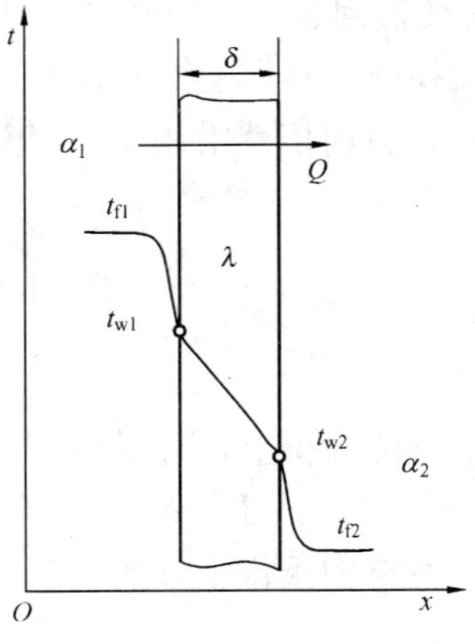

图 0-1　两流体间的传热过程

热量由热流体以对流换热传给壁左侧，对单位时间和单位面积有

$$q_1 = \alpha_1 (t_{f1} - t_{w1})$$

热量以导热方式通过壁，则

$$q_2 = \frac{\lambda}{\delta} (t_{w1} - t_{w2})$$

热量由壁右侧以对流换热传给冷流体，即

$$q_3 = \alpha_2 (t_{w2} - t_{f2})$$

在稳态情况下，以上三式的热流通量 q 相等，整理后得

$$q = \frac{1}{\dfrac{1}{\alpha_1} + \dfrac{\delta}{\lambda} + \dfrac{1}{\alpha_2}} (t_{f1} - t_{f2}) = K(t_{f1} - t_{f2}) \qquad \mathrm{W/m^2} \tag{0-9}$$

对 $A\mathrm{m}^2$ 的平壁，传热量为

$$Q = K(t_{f1} - t_{f2})A \qquad \mathrm{W} \tag{0-10}$$

$$K = \frac{1}{\dfrac{1}{\alpha_1} + \dfrac{\delta}{\lambda} + \dfrac{1}{\alpha_2}} \qquad \mathrm{W/(m^2 \cdot ℃)} \tag{0-11}$$

式中：K 为传热系数，它表明单位时间、单位壁面积上，冷热流体间每单位温度差可传递的热量，K 的国际单位是 $\mathrm{W/(m^2 \cdot ℃)}$ 或 $\mathrm{J/(m^2 \cdot s \cdot ℃)}$，故 K 能反映传热过程的强弱。按热阻形式改写得

$$q = \frac{t_{f1} - t_{f2}}{1/K} = \frac{\Delta t}{R_k} \tag{0-12}$$

R_k 为平壁单位面积传热热阻，即

$$R_k=\frac{1}{K}=\frac{1}{\alpha_1}+\frac{\delta}{\lambda}+\frac{1}{\alpha_2}\qquad m^2\cdot ℃/W \tag{0-13}$$

可见传热过程的热阻等于热流体、冷流体与壁面的对流换热热阻及壁的导热热阻之和，相当于串联电阻的计算方法，掌握这一点对于分析和计算传热过程十分方便。由传热热阻的组成不难认识，传热阻力的大小与流体的性质、流动情况、壁的材料以及形状等许多因素有关，所以它的数值变化范围很大。例如，一砖厚(240mm)的房屋外墙的 K 约为 2W/(m^2・℃)，而在蒸汽热水器中，K 值可达 5000W/(m^2・℃)。对于换热器，K 值越大，说明传热越好。但对建筑物围护结构和热力管道的保温层等，它们的作用是减少热损失，当然 K 值越小越好。附录 14 列有 K 值的概略范围，可供参考。

综上所述，学习传热学的目的概括起来就是：认识传热规律；计算各种情况下的传热量或传热过程中的温度分布；学习增强或减弱热量传递过程的方法以及对传热现象进行实验研究的方法。

【例 0-1】 混凝土板厚 δ=100mm，导热系数 λ= 1.54 W/(m・℃)，两侧空气温度分别为 t_{f1}=5℃和 t_{f2}=30℃，换热系数 α_1= 25 W/(m^2・℃)，α_2= 8 W/(m^2・℃)，求单位面积上传热过程的各项热阻、传热热阻、传热系数及热流通量。

解 单位面积各项热阻

$$R_{h1}=\frac{1}{\alpha_1}=\frac{1}{25}=0.04\quad m^2\cdot ℃/W$$

$$R_\lambda=\frac{\delta}{\lambda}=\frac{0.1}{1.54}=0.065\quad m^2\cdot ℃/W$$

$$R_{h2}=\frac{1}{\alpha_2}=\frac{1}{8}=0.125\quad m^2\cdot ℃/W$$

∴传热热阻（单位面积）

$$R_k=R_{h1}+R_\lambda+R_{h2}=0.04+0.065+0.125=0.23\quad m^2\cdot ℃/W$$

传热系数

$$K=\frac{1}{R_k}=\frac{1}{0.23}=4.35\quad W/(m^2\cdot ℃)$$

热流通量

$$q=K\Delta t=4.35(30-5)=109\quad W/m^2$$

小 结

绪论概述了传热学应用的实例及其广泛性。介绍了传热学的主要内容，即导热、对流换热、热辐射、传热等部分最基本的计算式。学习绪论的基本要求是：

1. 掌握一些基本概念，如导热、热对流、对流换热、热辐射、传热过程、热阻等。
2. 熟练掌握各传热基本方式计算公式的意义及各物理量的单位。
3. 结合本专业特点初步了解学习传热学的目的。

习　　题

0-1　热量传递有哪三种基本方式？它们传递热量的机理如何？今有一热平板在空气中冷却，试问这一热量传递过程包含哪些传递方式？

0-2　“热对流”和“对流换热”是否属于同一现象？试以实例说明。对流换热是否为基本传热方式？

0-3　试指出导热系数 λ、对流换热表面传热系数 α 及传热过程的传热系数 K 的区别。

0-4　夏季在维持 20℃的室内，穿单衣感到舒服，而冬季在保持同样温度的室内却必须穿绒衣，试从传热的观点分析其原因？冬季挂上窗帘布后顿觉暖和，原因又何在？

0-5　热对流传递的能量还应包括两处流体的动能差和位能差，但对一般工程问题，这两项都可略去，为什么？

0-6　利用同一冰箱储存相同的物质，试问结霜的冰箱能耗大还是未结霜的冰箱能耗大？为什么？

0-7　冬天在阳光下晒的被子，晚上盖起来很暖和，而且经过拍打后，效果更为明显，为什么？

0-8　面积为 $12m^2$ 的壁的总导热热阻与它单位面积上的热阻之比为多少？

0-9　求房屋外墙的散热量 q 以及它的内外表面温度 t_{w1} 和 t_{w2}。已知：$\delta=360mm$，室外温度 $t_{f2}=-10℃$，室内温度 $t_{f1}=18℃$，墙 $\lambda=0.61W/(m\cdot℃)$，内壁表面传热系数 $\alpha_1=8.7W/(m^2\cdot℃)$，外壁 $\alpha_1=24.5W/(m^2\cdot℃)$。

0-10　一大平板，高 3m、宽 2m、厚 0.02m，导热系数 λ 为 $45W/(m\cdot℃)$，两侧表面温度分别为 $t_{w1}=150℃$ 及 $t_{w2}=285℃$，试求该板的热阻、单位面积热阻、热流密度及热流量。

0-11　建筑物大玻璃窗的尺寸为 $1m\times1.2m$，厚度 $\delta=4mm$。如果其内、外表面温度分别为 $t_{w1}=20℃$ 及 $t_{w2}=5℃$，玻璃的导热系数为 $0.76W/(m\cdot℃)$，试求通过玻璃的散热损失。

第一章　导热基本原理及稳态导热

导热是指物体各部分无相对位移或不同物体直接接触时依靠分子、原子及自由电子等微观粒子热运动而进行的热量传递现象。导热的实质是由构成物质的微观粒子的随机热运动导致的热扩散过程。导热机理必然与微观粒子的运动密切相关。气体导热依靠气体分子不规则热运动（分子扩散），气体分子间的距离比较大，分子的平均自由行程很长，因此气体是所有物质中导热系数最小的一类。固体导热依靠两种相互独立的作用。纯金属导热主要依靠自由电子的迁移。纯金属的导热系数和电导率的排列顺序完全相同。合金（在金属中掺入其他成分构成）晶格完整性受到破坏，干扰了自由电子运动而使其导热系数一般均比纯金属低。非金属（介电体）导热主要依靠原子或分子在其平衡位置附近的晶格振动。与气体和固体相比，迄今为止液体导热机理仍不很清楚，一般认为液体的导热机理与介电体类似，即主要依靠晶格振动弹性波的传递作用。

虽然导热机理必然涉及物质微观结构，但是导热理论主要是从宏观角度出发研究导热规律。在实际工程中，除稀薄气体外，大多数介质均可认为是连续介质。

在建筑环境与设备工程领域，存在大量导热现象。本章将从温度场的基本概念出发，引出导热基本定律，推导导热微分方程，并讨论相应的定解条件。此外，还要集中分析求解平壁、圆筒壁和肋壁三种最典型的一维稳态导热过程，并对二维稳态导热过程作简要介绍。

第一节　导热基本概念和基本定律

一、基本概念

1. 温度场

某一时刻所有各点温度的总和称为温度场。温度是标量，温度场是标量场，可表示为空间坐标和时间的函数，即

$$t = f(x,y,z,\tau) \tag{1-1}$$

式中　t——温度；

x，y，z——直角坐标系的空间坐标；

τ——时间。

式（1-1）表示物体的温度在 x、y、z 三个方向和时间上都发生变化的三维非稳态温度场。若各点温度不随时间发生变化，即$\frac{\partial t}{\partial \tau}=0$，则称为稳态温度场，$t = f(x,y,z)$ 。在稳态温度场中，若温度只在一个坐标方向上变化，则称其为一维稳态温度场，即

$$t = f(x) \tag{1-2}$$

2. 等温面与等温线

同一时刻，温度场中所有温度相同的点连接所构成的面叫作等温面。不同的等温面与同一平面相交，则在此平面上构成一簇曲线，称为等温线。同一时刻等温线不会相交，这是一

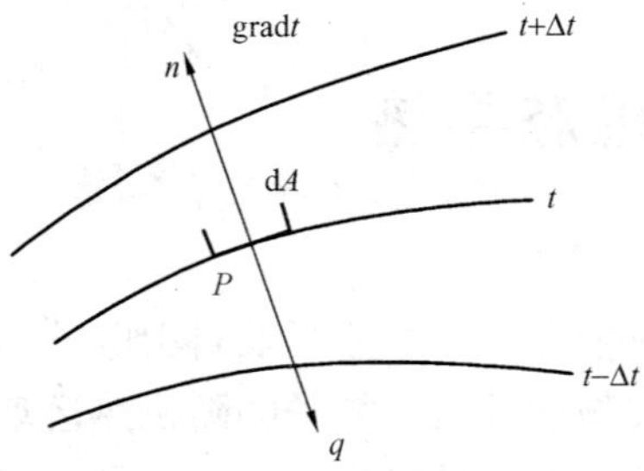

图 1-1　等温线与温度梯度

切等参数线所共有的性质，否则同一时刻同一地点就会出现一个以上的不同温度值。所以等温线或是物体中完全封闭的曲面（线），或者终止于物体的边界面上。图 1-1 表示不同的等温面与同一平面相交而成的等温线。可见除了函数式外，还可以用等温面（线）描述温度场。

3. 温度梯度

热力学第二定律告诉我们：温差是自发传热的动力。等温面上不存在温差，不可能有热量传递。热量传递只能发生在不同的等温面之间。自等温面上某点 A 出发到达另一等温面上任意一点 P，因为沿不同方向距离不同，所以温度变化率也不同，温度变化率最大的方向是等温面上 A 点的法线方向。某点 A 的温度梯度是一个矢量，其大小为该点的最大温度变化率，方向为该点法线方向，正方向是温度增加的方向，在直角坐标系中表示为

$$\mathrm{grad}t = \frac{\partial t}{\partial n}n = \frac{\partial t}{\partial x}i + \frac{\partial t}{\partial y}j + \frac{\partial t}{\partial z}k \tag{1-3}$$

式中　n——法线方向单位矢量；

i、j、k——三个坐标轴方向的单位矢量。

4. 热流矢量

热流通量是单位时间单位面积上所传递的热量，不同方向的热流通量大小不同。温度场中某点 A 的热流矢量的大小为该点的最大热流通量，方向为该点取得最大热流通量的方向，正方向是温度降低的方向。在直角坐标系中表示为

$$q = q_x i + q_y j + q_z k \tag{1-4}$$

式中　i、j、k——三个坐标轴方向的单位矢量。

二、傅里叶定律

傅里叶（Joseph Fourier）根据大量实验研究结果，用导热系数 λ 将热流矢量与温度梯度联系起来，即

$$q = -\ \mathrm{grad}t = -\lambda \frac{\partial t}{\partial n}n \qquad \mathrm{W/m^2} \tag{1-5}$$

上式就是 1822 年由傅里叶提出的导热基本定律，称为傅里叶定律。可见，某点热流矢量与温度梯度位于该点等温面的同一法线上，但方向相反。热流矢量与温度梯度成正比，方向为温度梯度的反方向，即温度降低的方向，见图 1-2。

其中，导热系数，也称热导率，是物质的一个重要热物性参数，由傅里叶定律可得导热系数的定义式

$$\lambda = \frac{q}{-\ \mathrm{grad}t} \tag{1-6}$$

导热系数的数值就是物体中单位温度降度单位时间通过垂直于热流矢量的单位面积上的导热量。导热系数的数值表示物质导热能力的大小。一般地，气体的导热系数最小，液体稍大，固体最大。各类固体中又以金属的导热系数为

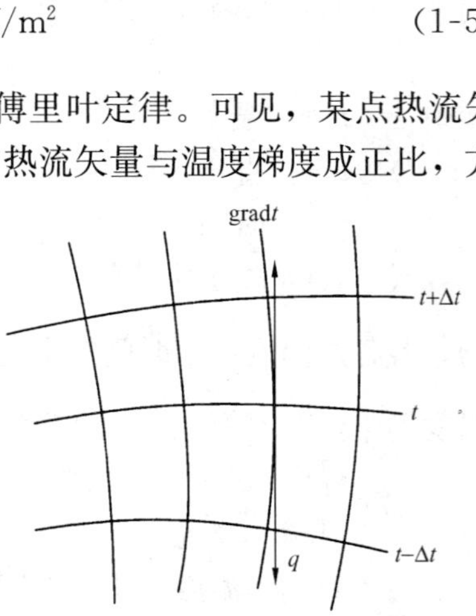

图 1-2　热流矢量和温度梯度

最大。

根据傅里叶定律和式（1-3）、式（1-4），可得热流矢量沿三个坐标轴的分量为

$$q_x = -\lambda \frac{\partial t}{\partial x}$$

$$q_y = -\lambda \frac{\partial t}{\partial y} \qquad (1\text{-}7)$$

$$q_z = -\lambda \frac{\partial t}{\partial z}$$

应该指出，式（1-5）和式（1-6）的隐含前提条件是导热系数各向同性，即导热系数在各个不同方向具有相同的值。所以，傅里叶定律只适用于各向同性材料，对于各向异性材料，上述温度梯度和热流通量共线且反向的特性将发生重大变化。本教材讨论的导热问题均只针对各向同性物质，当然这并不意味着导热系数一定是常量，它完全可以是空间坐标的函数。

傅里叶定律明确揭示了热流矢量与温度梯度的内在联系，是研究各种导热问题的基础。要确定热流矢量，必然要求确定温度梯度，即要确定温度场。

三、导热系数

导热系数是物质的重要热物性参数，表示该物质导热能力的大小。根据傅里叶定律的数学表达式，有

$$\lambda = \frac{q}{-\,\mathrm{grad}t}$$

上式说明，导热系数的数值等于物体中单位温度降度单位时间通过单位面积的导热量，绝大多数材料的导热系数值都是根据上式通过实验测得的。各种材料的导热系数数值差别很大，为了使读者对不同类型材料的导热系数数值的量级有所了解，在表 1-1 中列出了一些典型材料在常温下的导热系数数值。

表 1-1　　几种典型材料在 20℃ 时的导热系数数值

材料名称	λ [W/(m·℃)]	材料名称	λ [W/(m·℃)]
金属（固体）：		松木（平行木纹）	0.35
纯银	427	冰（0℃）	2.22
纯铜	398	液体：	
黄铜（70%Cu，30%Zn）	109	水（0℃）	0.551
纯铝	236	水银（汞）	7.90
铝合金（87%Al，13%Si）	162	变压器油	0.124
纯铁	81.1	柴油	0.128
碳钢（约 0.5%C）	49.8	润滑油	0.146
非金属（固体）：		气体：（大气压力）	
石英晶体（0℃，平行于轴）	19.4	空气	0.0257
石英玻璃（0℃）	1.13	氮气	0.0256
大理石	2.70	氢气	0.177
玻璃	0.65～0.71	水蒸气（0℃）	0.183
松木（垂直木纹）	0.15		

从表 1-1 可以看出，物质的导热系数在数值上具有下述特点：

（1）对于同一种物质来说，固态的导热系数值最大，气态的导热系数值最小，例如同样

是在0℃温度下，冰的导热系数为2.22 W/(m·℃)，水的导热系数为0.551 W/(m·℃)，水蒸气的导热系数为0.183W/(m·℃)。

(2) 一般金属的导热系数大于非金属的导热系数(相差1～2个数量级)，这是由于金属的导热机理与非金属有很大区别。金属的导热主要靠自由电子的运动和分子或晶格(晶体)的振动，并且自由电子起主导作用；而非金属的导热主要依赖分子或晶格的振动。

(3) 导电性能好的金属，其导热性能也好，这是由于金属的导热和导电都主要依靠自由电子的运动。如表1-1中的银，是最好的导电体，也是最好的导热体。

(4) 纯金属的导热系数大于它的合金。例如，纯铜在20℃温度下的导热系数为398 W/(m·℃)，而黄铜的导热系数只有109 W/(m·℃)，其他金属也如此。这主要是由于合金中的杂质(或其他金属)破坏了晶格的结构，并且阻碍自由电子运动。

(5) 对于各向异性物体，导热系数的数值与方向有关。例如松木，顺木纹方向的导热系数数值为0.35 W/(m·℃)，而垂直于木纹方向的导热系数只有0.15 W/(m·℃)，这是由于一般木材顺纹方向的质地密实，而垂直于木纹方向的质地较为疏松的缘故。

(6) 对于同一种物质而言，晶体的导热系数要大于非定形态物体的导热系数。例如，石英晶体(各向异性物体)在平行于轴的方向上的导热系数为19.4 W/(m·℃)，而石英玻璃(非定形态石英)的导热系数要比石英晶体小一个数量级，约为1.13 W/(m·℃)。

导热系数的影响因素较多，主要取决于物质的种类、物质结构与物理状态，温度、密度、湿度等因素对导热系数也有较大的影响。由于导热是在非均匀的温度场中进行的，所以温度对导热系数的影响尤为重要。一般地说，所有物质的导热系数都是温度的函数，在工业上和日常生活中常见的温度范围内，绝大多数材料的导热系数可以近似地认为随温度线性变化，表示为

$$\lambda = \lambda_0[1 + bt] \tag{1-8}$$

式中：λ_0为按上式计算的材料在0℃下的导热系数值，并非材料在0℃下的导热系数真实值；b为由实验确定的常数，其数值与物质的种类有关。

各种物质的导热系数随温度的变化规律大不相同，下面分别对固体、液体及气体导热系数的特点加以说明。

1. 固体的导热系数

由于导热机理上的区别，各类固体导热系数的数值范围相差很大，随温度的变化规律也不相同。

在低温下，纯金属具有非常高的导热系数，例如，在10K的温度下，纯铜的导热系数可达12000 W/(m·℃)，在15K的温度下，纯铝的导热系数可达7000 W/(m·℃)。纯金属的导热系数随温度的升高而减小，而一般合金的导热系数随温度的升高而增大。

一般非金属的导热系数随温度的升高而增大。

绝大多数建筑材料和绝热材料都具有多孔或纤维结构(如砖、混凝土、石棉、炉渣等)，不是均匀介质，所以将傅里叶定律应用于这些物体的导热计算是有条件的，只有当孔隙的大小与物体的总体几何尺寸相比非常小时，才可以近似地把这些物体看作是均匀介质。多孔材料的导热系数是指它的表观导热系数，或称作折算导热系数，它相当于和多孔材料物体具有相同的形状、尺寸和边界温度，且通过的导热热流量也相同的某种均质物体的导热系数。

一般多孔材料的孔隙中都充满空气，由于空气的导热系数要比多孔材料中固体的导热系

数小得多，所以多孔材料的导热系数都较小。之所以多孔材料的导热系数随温度的升高而增大，主要原因是由于孔隙中气体的导热系数随温度的升高而增大，此外随着温度的升高，孔隙内壁面间的辐射传热加强，使综合的表观导热系数增大。

多孔材料的导热系数与密度有关。一般密度越小，多孔材料的空隙率就越大，导热系数就越小。如石棉的密度从800kg/m³ 减小到400kg/m³ 时，导热系数从0.248 W/(m·℃) 减小到0.105 W/(m·℃)。但是，当密度小到一定程度后，由于孔隙较大，孔隙中的空气出现宏观流动，孔隙间的辐射也有所增强，反而使多孔材料的表观导热系数增大。

多孔材料的导热系数受湿度的影响较大。湿材料的导热系数比干材料和水的导热系数都大。例如干砖的导热系数为0.35 W/(m·℃)，水的导热系数为0.60 W/(m·℃)，而湿砖的导热系数为1.0 W/(m·℃)。这一方面是由于水分的渗入，替代了多孔材料孔隙中的空气，水的导热系数要比空气大很多；另一方面，由于多孔介质中毛细力的作用，高温区的水分向低温区迁移，由此而产生热量传递，使湿材料的表观导热系数增大。

根据国家标准规定，当温度不高于350℃时，导热系数小于0.12 W/(m·℃)的材料称为保温材料(或绝热材料)，如膨胀塑料、膨胀珍珠岩、矿渣绵等。常温下空气的导热系数为0.0257 W/(m·℃)，是很好的保温材料。

2. 液体的导热系数

液体的导热系数数值在0.07～0.7 W/(m·℃)范围内。大多数液体的导热系数随温度的升高而减小，而水、甘油等强缔合液体的导热系数随温度的升高而增大。

3. 气体的导热系数

气体导热系数的数值在0.006～0.6 W/(m·℃)范围内。在一般的温度和压力范围内，气体的导热可认为是由于分子的热运动及相互碰撞产生的热量传递，因此气体的导热系数随着温度的升高而增大。在气体中，氢和氦的导热系数比其他气体要大4～9倍，这是由于氢和氦的分子质量很小，其分子平均运动速度较大的缘故。

理想气体的导热系数随压力的变化很小，在2.66×10^3～2×10^9Pa的压力范围内几乎不变。但水蒸气等实际气体的导热系数与理想气体有很大的区别，受压力的影响较大。

混合气体的导热系数不等于各组元的导热系数之和，一般需要通过实验方法测定。

第二节　导热微分方程及定解条件

研究导热问题的主要目的之一是求出物体内的温度随空间位置和时间的分布，即温度场。所以，我们要在傅里叶定律的基础上，应用能量守恒定律（热力学第一定律），建立描述导热物体内部温度分布规律的通用表达式，即导热微分方程。

一、导热微分方程

假定导热物体为各向同性的连续介质，导热系数λ、比热c、密度ρ均为已知，物体内具有内热源，单位体积发热功率为q_V（W/m³），从外界吸收热量为正，对外界放出热量为负。基于上述假定，在某一时刻，在直角坐标系下，从导热物体中任取一个微元体$dV=dxdydz$，参见图1-3。根据能量守恒定律，对微元体进行热平衡分析

［导入与导出微元体的净热量］+［微元体中内热源的发热量］=［微元体内能的增量］

　　Ⅰ　　　　+　　　　Ⅱ　　　　=　　　　Ⅲ

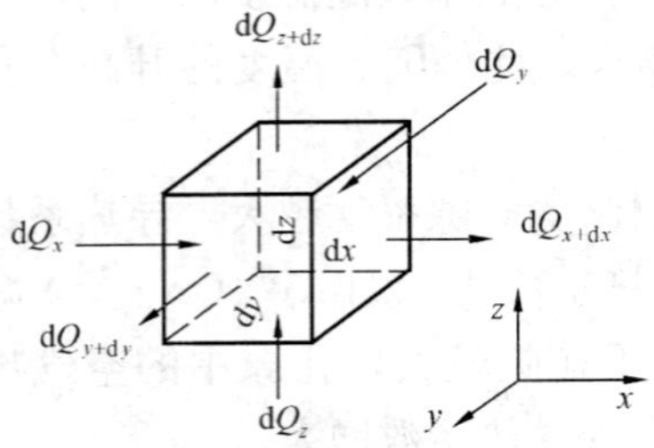

图 1-3　微元体导热分析

根据傅里叶定律，在 $\mathrm{d}\tau$ 时间内，从微元体的左侧、后侧、下侧表面导入的热量分别为

$$\mathrm{d}Q_x = -\lambda\frac{\partial t}{\partial x}\mathrm{d}y\mathrm{d}z\mathrm{d}\tau \tag{1}$$

$$\mathrm{d}Q_y = -\lambda\frac{\partial t}{\partial y}\mathrm{d}x\mathrm{d}z\mathrm{d}\tau \tag{2}$$

$$\mathrm{d}Q_z = -\lambda\frac{\partial t}{\partial z}\mathrm{d}x\mathrm{d}y\mathrm{d}\tau \tag{3}$$

同理，从微元体的右侧、前侧、上侧表面导出的热量分别为

$$\mathrm{d}Q_{x+\mathrm{d}x} = \mathrm{d}Q_x + \frac{\partial(\mathrm{d}Q_x)}{\partial x}\mathrm{d}x = \mathrm{d}Q_x + \frac{\partial}{\partial x}\left(-\lambda\frac{\partial t}{\partial x}\mathrm{d}y\mathrm{d}z\mathrm{d}\tau\right)\mathrm{d}x \tag{4}$$

$$\mathrm{d}Q_{y+\mathrm{d}y} = \mathrm{d}Q_y + \frac{\partial(\mathrm{d}Q_y)}{\partial y}\mathrm{d}y = \mathrm{d}Q_y + \frac{\partial}{\partial y}\left(-\lambda\frac{\partial t}{\partial y}\mathrm{d}x\mathrm{d}z\mathrm{d}\tau\right)\mathrm{d}y \tag{5}$$

$$\mathrm{d}Q_{z+\mathrm{d}z} = \mathrm{d}Q_z + \frac{\partial(\mathrm{d}Q_z)}{\partial z}\mathrm{d}z = \mathrm{d}Q_z + \frac{\partial}{\partial z}\left(-\lambda\frac{\partial t}{\partial z}\mathrm{d}x\mathrm{d}y\mathrm{d}\tau\right)\mathrm{d}z \tag{6}$$

将 x、y 和 z 三个方向导入与导出微元体的净热量进行代数相加可得

$$\mathrm{I} = \left[\frac{\partial}{\partial x}\left(\lambda\frac{\partial t}{\partial x}\right)+\frac{\partial}{\partial y}\left(\lambda\frac{\partial t}{\partial y}\right)+\frac{\partial}{\partial z}\left(\lambda\frac{\partial t}{\partial z}\right)\right]\mathrm{d}x\mathrm{d}y\mathrm{d}z\mathrm{d}\tau \tag{7}$$

在 $\mathrm{d}\tau$ 时间内，内热源的发热量为

$$\mathrm{II} = q_V\mathrm{d}x\mathrm{d}y\mathrm{d}z\mathrm{d}\tau \tag{8}$$

在 $\mathrm{d}\tau$ 时间内，微元体内能的增量为

$$\mathrm{III} = \rho c\frac{\partial t}{\partial \tau}\mathrm{d}x\mathrm{d}y\mathrm{d}z\mathrm{d}\tau \tag{9}$$

将上述各项分别代入热平衡分析式，经整理后可以得到

$$\rho c\frac{\partial t}{\partial \tau} = \frac{\partial}{\partial x}\left(\lambda\frac{\partial t}{\partial x}\right)+\frac{\partial}{\partial y}\left(\lambda\frac{\partial t}{\partial y}\right)+\frac{\partial}{\partial z}\left(\lambda\frac{\partial t}{\partial z}\right)+q_V \tag{1-9}$$

方程（1-9）就是直角坐标下的导热微分方程，它借助于能量守恒定律和傅里叶定律把物体中各点的温度联系起来，表达了物体的温度随时间变化的关系，是导热过程的能量方程，$\rho c\frac{\partial t}{\partial \tau}$ 是非稳态项，$\frac{\partial}{\partial x}\left(\lambda\frac{\partial t}{\partial x}\right)+\frac{\partial}{\partial y}\left(\lambda\frac{\partial t}{\partial y}\right)+\frac{\partial}{\partial z}\left(\lambda\frac{\partial t}{\partial z}\right)$ 是导热项，q_V 是内热源项。

若物性参数 λ、ρ 和 c 均为常数时，上式可以简化为

$$\frac{\partial t}{\partial \tau} = \frac{\lambda}{\rho c}\left(\frac{\partial^2 t}{\partial x^2}+\frac{\partial^2 t}{\partial y^2}+\frac{\partial^2 t}{\partial z^2}\right)+\frac{q_V}{\rho c} \tag{1-10}$$

或写作

$$\frac{\partial t}{\partial \tau} = a\nabla^2 t + \frac{q_V}{\rho c}$$

式中：$\nabla^2 t$ 是温度 t 的拉普拉斯算符；$a = \frac{\lambda}{\rho c}$ 称为热扩散率（也称为导温系数），单位是

m^2/s。它表征物体在加热或冷却过程中温度趋于一致的能力。在同等条件下，热扩散率越大，物体各处温度差别越小。热扩散率在非稳态导热中具有重要意义。

当热物性参数为常数且无内热源时，导热微分方程可简化为

$$\frac{\partial t}{\partial \tau} = a\nabla^2 t \tag{1-11}$$

对于稳态温度场，非稳态项为零，$\frac{\partial t}{\partial \tau} = 0$，导热微分方程可简化为

$$a\nabla^2 t + \frac{q_V}{\rho c} = 0 \tag{1-12}$$

对于无内热源的稳态温度场，非稳态项为零，$\frac{\partial t}{\partial \tau} = 0$，内热源项 q_V 为零，导热微分方程可简化为

$$\nabla^2 t = 0 \tag{1-13}$$

以上讨论的是直角坐标系下的导热微分方程，若导热过程发生在圆柱、圆筒或球体中，则采用柱坐标系或球坐标系更方便。在柱坐标系或球坐标系下应用能量守恒原则或通过坐标变换可得柱坐标系或球坐标系下的导热微分方程，见图 1-4。

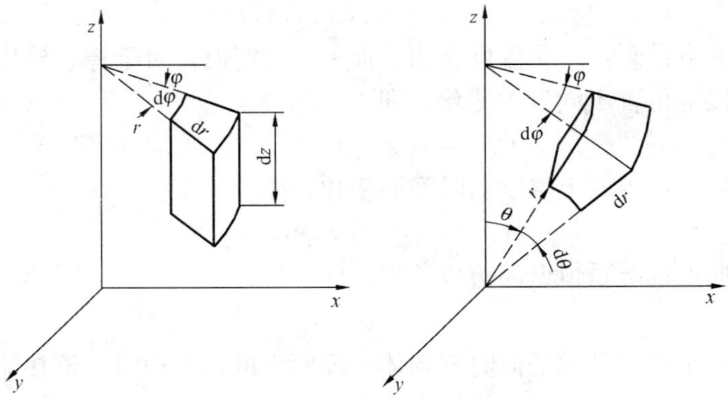

图 1-4　圆柱和圆球坐标系

柱坐标系下的导热微分方程

$$\rho c\frac{\partial t}{\partial \tau} = \frac{1}{r}\frac{\partial}{\partial r}\left(\lambda r\frac{\partial t}{\partial r}\right) + \frac{1}{r^2}\frac{\partial}{\partial \varphi}\left(\lambda\frac{\partial t}{\partial \varphi}\right) + \frac{\partial}{\partial z}\left(\lambda\frac{\partial t}{\partial z}\right) + q_V \tag{1-14}$$

球坐标系下的导热微分方程

$$\rho c\frac{\partial t}{\partial \tau} = \frac{1}{r^2}\frac{\partial}{\partial r}\left(\lambda r^2\frac{\partial t}{\partial r}\right) + \frac{1}{r^2\sin^2\theta}\frac{\partial}{\partial \varphi}\left(\lambda\frac{\partial t}{\partial \varphi}\right) + \frac{1}{r^2\sin\theta}\frac{\partial}{\partial \theta}\left(\lambda\sin\theta\frac{\partial t}{\partial \theta}\right) + q_V \tag{1-15}$$

二、定解条件

导热微分方程的通解必定包含待定的积分常数，若要唯一确定这些待定的积分常数，还必须附加若干补充限定条件，在数学上称为定解条件，又称为单值性条件。依靠这些定解条件，我们才能从众多不同导热过程中区分出某一特定的导热过程。所以，任何一个具体导热过程的完整数学模型（数学描述）应该包括导热微分方程及其定解条件。

一般地，导热问题的定解条件包括以下四项内容：

1. 几何条件

几何条件说明参与导热过程的物体的几何形状和大小。对工程传热问题进行合理简化和

抽象，几何条件将发挥重要作用。

2. 物理条件

物理条件说明参与导热过程的物体的物理特征。例如，给定各项物性参数，说明它们是否随温度变化，是否存在内热源，是否均匀分布等情况。

3. 时间条件

时间条件说明导热过程在时间上的特征。稳态导热过程与时间无关，因而不存在单值性的时间条件。而非稳态导热过程必须给定导热过程开始时刻物体内的温度场，所以时间条件又被称为初始条件。在三维直角坐标系中，初始条件一般可表示为

$$t\,|_{\tau=0} = f(x,y,z) \tag{1-16}$$

在很多情况下，导热过程开始时物体各部分具有完全一致的温度，则初始条件可简化为

$$t\,|_{\tau=0} = t_0 = \text{const}$$

4. 边界条件

边界条件说明导热物体在其边界面上与外部环境之间在传热方面的相互联系。常见的边界条件有三种，分别采用不同的表达方式。

（1）第一类边界条件是已知任何时刻物体边界面上的温度值，即

$$t\,|_{\text{s}} = t_{\text{w}} = f(x,y,z,\tau) \tag{1-17}$$

式中下标 s 表示边界面，t_{w} 是温度在边界面 s 的给定值。对于稳态导热过程，t_{w} 不随时间发生变化，但可以随位置不同发生变化，即

$$t\,|_{\text{s}} = t_{\text{w}} = f(x,y,z)$$

对于非稳态导热过程，边界面上温度随时间而变化，则有

$$t\,|_{\text{s}} = t_{\text{w}} = f(x,y,z,\tau)$$

一种简单而常见的典型情况是恒壁温边界条件。即

$$t_{\text{w}} = \text{const}$$

（2）第二类边界条件是已知任何时刻物体边界面上的热流通量。该热流通量可以是空间位置和时间的函数，第二类边界条件可以表示为

$$q\,|_{\text{s}} = q_{\text{w}} = f(x,y,z,\tau) \tag{1-18}$$

因为傅里叶定律给出了热流通量矢量与温度梯度之间的关系，所以第二类边界条件等于已知任何时刻物体边界面法向的温度变化率的值，第二类边界条件还可表示为

$$-\left.\frac{\partial t}{\partial n}\right|_{\text{s}} = \frac{q_{\text{w}}}{\lambda} = f(x,y,z,\tau) \tag{1-19}$$

式中：n 代表边界面某处的外法线方向。

一种简单而常见的典型情况是恒热流边界条件，即

$$-\left.\frac{\partial t}{\partial n}\right|_{\text{s}} = \frac{q_{\text{w}}}{\lambda} = f(x,y,z,\tau) = \text{const} \tag{1-20}$$

若边界处热流通量等于零，则称为绝热边界条件，此时第二类边界条件简化为

$$-\left.\frac{\partial t}{\partial n}\right|_{\text{s}} = 0 \tag{1-21}$$

由此可见，第二类边界条件实质上就是给定边界面上的温度梯度，无论它等于变量、常数或是零。

（3）第三类边界条件是已知边界面周围流体温度 t_{f} 和边界面与流体之间的对流换热系数 α。根据牛顿冷却定律，物体边界面与流体间的对流换热量可以写作

$$q = \alpha(t|_s - t_f) \tag{1-22}$$

于是，第二类边界条件可以表示为

$$-\lambda \frac{\partial t}{\partial n}\bigg|_s = \alpha(t|_s - t_f) \tag{1-23}$$

对于稳态导热过程，t_f 和 α 不随时间而变化；对于非稳态导热过程，t_f 和 α 可以随时间而变化，这时还要给出它们和时间的具体函数关系。在确定某一边界面的边界条件时，应根据物理现象本身在边界面的特点给定，不能对同一界面同时给出两种边界条件。

【例 1-1】　一厚度为 δ 的无限大平壁，其导热系数 λ 为常数，平壁内具有均匀的内热源 q_V W/m³。平壁 $x=0$ 一侧是绝热的，$x=\delta$ 一侧与温度为 t_f 的流体直接接触进行对流换热，对流换热系数 α 是已知。试写出这一稳态导热过程的完整数学描述。

解　具有均匀内热源的无限大平壁，其稳态导热的微分方程式为

$$\frac{\partial^2 t}{\partial x^2} + \frac{q_V}{\lambda} = 0 \tag{1}$$

对于稳态导热问题，不存在单值性的初始条件。边界条件在 $x=0$ 的一侧，给定的是第二类边界条件

$$\frac{\partial t}{\partial x}\bigg|_{x=0} = 0 \tag{2}$$

在 $x=\delta$ 的一侧，给定的是第三类边界条件

$$-\lambda \frac{\partial t}{\partial x}\bigg|_{x=\delta} = \alpha(t|_{x=\delta} - t_f) \tag{3}$$

以上三式即该导热过程的完整数学描述。

第三节　一维稳态导热

一、通过平壁的导热

1. 单层平壁

一个由均匀材料构成的平壁，高度和宽度远大于厚度（高度和宽度大于厚度 10 倍以上时），厚度为 δ，两侧面分别维持均匀一致的温度 t_{w1} 和 t_{w2}。设平壁材料的导热系数 λ 在此温度范围内可以视为常数，平壁内无任何形式的内热源。在上述条件下，该问题可以作为一维稳态导热来处理。如图 1-5 所示，它的导热微分方程和相应边界条件可以表述为

$$\frac{\partial^2 t}{\partial x^2} = 0 \tag{1-24}$$

$$t|_{x=0} = t_{w1} \tag{1-25}$$

$$t|_{x=\delta} = t_{w2} \tag{1-26}$$

对式（1-24）积分两次，可得出平壁内的温度分布通解

$$t = c_1 x + c_2 \tag{1-27}$$

由第一类边界条件表达式（1-25）和式（1-26）容易得出两个积分常数。于是平壁中温度分布的最终解为

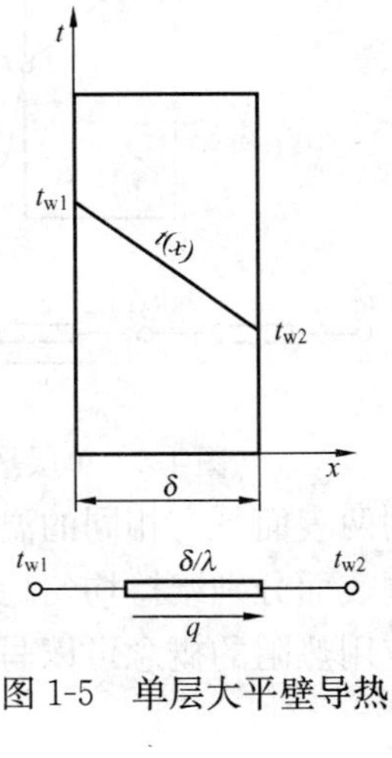

图 1-5　单层大平壁导热

$$t = t_{w1} - \frac{t_{w1} - t_{w2}}{\delta}x \tag{1-28}$$

将该温度分布代入傅里叶定律，即得到通过单层平壁的热流通量

$$q = -\lambda\frac{dt}{dx} = \lambda\frac{t_{w1} - t_{w2}}{\delta} \qquad W/m^2 \tag{1-29}$$

图 1-5 还给出了平壁导热过程的模拟热路图。请读者考虑平壁中的等温面应该是什么形状?

实际工程材料的导热系数几乎不可能在较宽的温度范围内固定不变，当温度范围不太大时，导热系数一般可以看作是随温度线性变化的量，即 $\lambda = \lambda_0(1 + bt)$ 。当其他条件不变，仍然可以应用直接积分的方法，两次积分得到通解，再代入边界条件求待定系数，从而确定温度分布为

$$\left(t + \frac{1}{b}\right)^2 = \left(t_{w1} + \frac{1}{b}\right)^2 - \left[\frac{2}{b} + (t_{w1} + t_{w2})\right]\frac{t_{w1} - t_{w2}}{\delta}x$$

进而确定热流通量，但这种方法较为繁琐。若根据傅里叶定律应用分离变量求解，则较为简捷，即

$$q = -\lambda\frac{dt}{dx} \Rightarrow q = -\lambda_0(1 + bt)\frac{dt}{dx}$$

$$\Rightarrow \int_0^{\delta} q dx = \int_{t_{w1}}^{t_{w2}} -\lambda_0(1 + bt)dt \Rightarrow qx\Big|_0^{\delta} = -\lambda_0\left(t + \frac{1}{2}bt^2\right)\Big|_{t_{w1}}^{t_{w2}}$$

可得热流通量

$$q = \frac{t_{w1} - t_{w2}}{\delta}\lambda_0\left[1 + \frac{1}{2}b(t_{w1} + t_{w2})\right] = \frac{t_{w1} - t_{w2}}{\delta}\bar{\lambda} = \frac{t_{w1} - t_{w2}}{\dfrac{\delta}{\bar{\lambda}}} \tag{1-30}$$

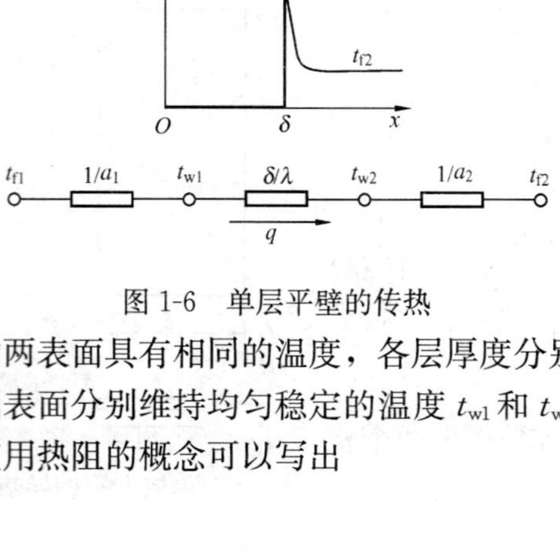

图 1-6 单层平壁的传热

式中：$\bar{\lambda}$ 为以平壁的平均温度 $t = \frac{1}{2}(t_{w1} + t_{w2})$ 计算的导热系数。应当指出，对于一维稳态导热，均可应用傅里叶定律分离变量求解。

若给定第三类边界条件，如图 1-6，应用热阻的概念可以写出

$$q = \frac{t_{f1} - t_{f2}}{\dfrac{1}{\alpha_1} + \dfrac{\delta}{\lambda} + \dfrac{1}{\alpha_2}} \tag{1-31}$$

2. 多层平壁

工程中经常出现由导热系数不相同的几种材料组成的多层平壁，如图 1-7。在第一类边界条件下的三层平壁，各层之间紧密结合，即彼此接触的两表面具有相同的温度，各层厚度分别为 δ_1、δ_2 和 δ_3，导热系数分别为 λ_1、λ_2 和 λ_3，两侧表面分别维持均匀稳定的温度 t_{w1} 和 t_{w4}，在稳态情况下，通过各层的热流通量是相等的，应用热阻的概念可以写出

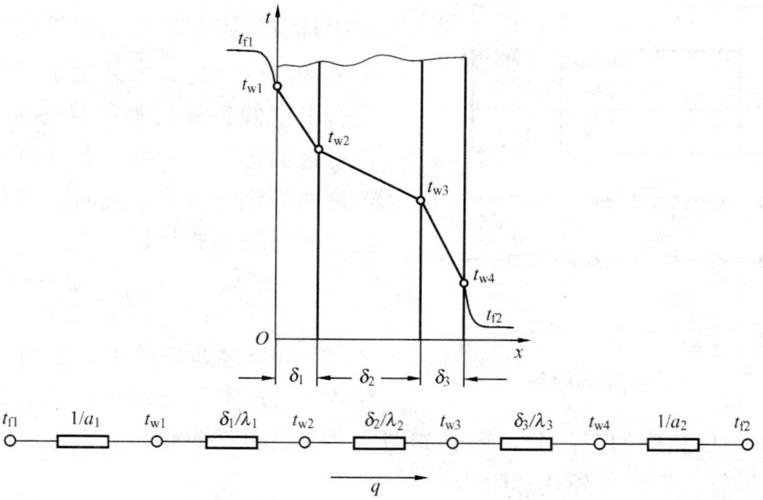

图 1-7　多层平壁的传热

$$q=\frac{t_{w1}-t_{w2}}{\delta_1/\lambda_1}=\frac{t_{w2}-t_{w3}}{\delta_2/\lambda_2}=\frac{t_{w3}-t_{w4}}{\delta_3/\lambda_3}$$

$$q=\frac{t_{w1}-t_{w4}}{\delta_1/\lambda_1+\delta_2/\lambda_2+\delta_3/\lambda_3} \tag{1-32}$$

由此可以推广到 n 层平壁，即

$$q=\frac{t_{w1}-t_{w,n+1}}{\sum_{i=1}^{n}\frac{\delta_i}{\lambda_i}} \tag{1-33}$$

若给定第三类边界条件，如图 1-7，应用热阻的概念可以写出

$$q=\frac{t_{f1}-t_{f,n+1}}{\frac{1}{\alpha_1}+\sum_{i=1}^{n}\frac{\delta_i}{\lambda_i}+\frac{1}{\alpha_2}} \tag{1-34}$$

$$Q=\frac{t_{f1}-t_{f,n+1}}{\frac{1}{\alpha_1 A}+\sum_{i=1}^{n}\frac{\delta_i}{\lambda_i A}+\frac{1}{\alpha_2 A}} \tag{1-35}$$

3. 复合平壁

等效热阻的概念不仅可以用于多层平壁，还可以用于更为复杂的复合平壁。复合平壁是指无论宽度或厚度方向都是由不同材料组成的复杂结构平壁，如图 1-8 所示的空斗墙、空斗填充墙、空心板、夹心板等。

例如，对于图 1-8 所示的复合平壁，不但具有在导热时表现为热阻串联的多层结构

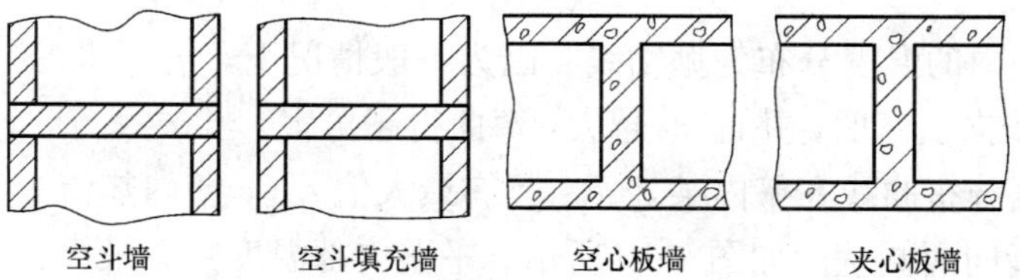

图 1-8　复合平壁

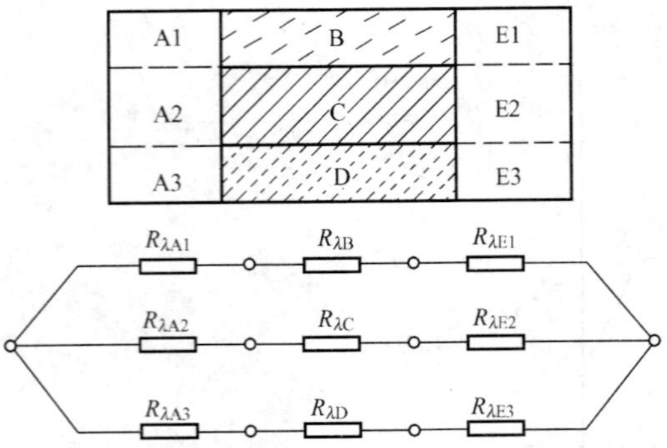

图 1-9 复合平壁的导热

(A、B、C、D、E 五种材料)，而且还在同一层中具有热阻并联的相邻结构。严格讲，复合平壁的温度场是二维甚至是三维的。但当组成复合平壁的各种材料的导热系数相差不大时，仍可近似地当作一维问题处理，并不失为一种合理而简化的方法。此时，通过复合平壁的导热量仍可按下式计算

$$Q = \frac{\Delta t}{\Sigma R} \tag{1-36}$$

式 (1-36) 之所以简单，是由于其复杂成分都包含在 ΣR 中了。设想将 A、E 两种材料分别划分为与 B、C、D 相应的三部分，形成如图 1-9 所示的三个并联的多层平壁。应用热阻串并联关系，可得复合平壁总导热热阻为

$$\Sigma R = \frac{1}{\dfrac{1}{R_{A1}+R_B+R_{E1}}+\dfrac{1}{R_{A2}+R_C+R_{E2}}+\dfrac{1}{R_{A3}+R_D+R_{E3}}}$$

【例 1-2】 假设平壁两侧表面分别保持均匀恒定的温度 t_{w1}、t_{w2}，但平壁内具有均匀分布的内热源，强度为 q_V，平壁材料的导热系数 λ 为常数，试分析平壁内的温度分布规律及温度极值点的位置。

解 平壁一维稳态导热微分方程式为

$$\frac{d^2t}{dx^2}+\frac{q_V}{\lambda}=0$$

边界条件为第一类边界条件

$$x=0, t=t_{w1}$$
$$x=\delta, t=t_{w2}$$

对微分方程式进行积分，得

$$\frac{dt}{dx}=-\frac{q_V}{\lambda}x+C_1$$

$$t=-\frac{q_V}{2\lambda}x^2+C_1x+C_2$$

将边界条件代入上式，可求得积分常数

$$C_2=t_{w1}$$

$$C_1=-\frac{t_{w1}-t_{w2}}{\delta}+\frac{q_V\delta}{2\lambda}$$

于是，壁内的温度分布为

$$t=-\frac{q_V}{2\lambda}x^2-\left(\frac{t_{w1}-t_{w2}}{\delta}+\frac{q_V\delta}{2\lambda}\right)x+t_{w1}$$

由此可见，壁内的温度分布为抛物线。因为一般情况下，$q_V>0$，所以温度分布曲线向上弯曲，并且 q_V 越大，弯曲得越厉害，当 q_V 大于一定数值后，温度分布曲线在壁内某处 x_{max} 具有最大值 t_{max}，壁内热流的方向从 x_{max} 处指向两侧壁面如图 1-10 所示。平壁内部温度具有最大值的位置可由下式求出

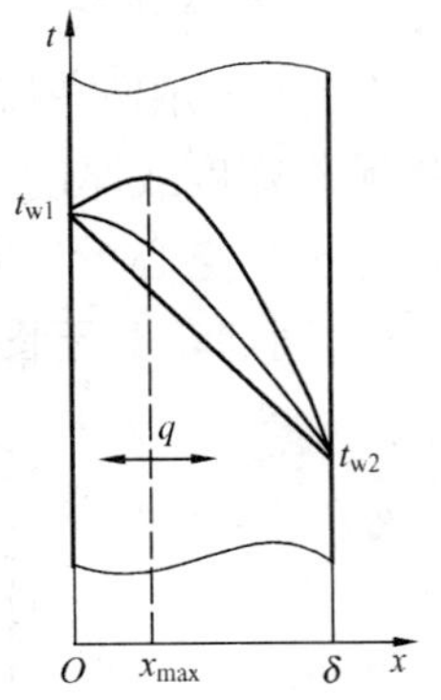

图 1-10 具有均匀内源的平壁的稳态导热

$$\left.\frac{\mathrm{d}t}{\mathrm{d}x}\right|_{x=x_{\max}}=0$$

可以得到

$$x_{\max}=\frac{\delta}{2}-\frac{1}{q_V}\frac{\lambda(t_{w1}-t_{w2})}{\delta}$$

由上式不难得出，当 $t_{w1}>t_{w2}$ 时，如果 $q_V<\frac{2\lambda(t_{w1}-t_{w2})}{\delta^2}$，则 $x_{\max}<0$，这显然是不符合实际的，$x_{\max}$ 的位置不可能在平壁的外面，在这种情况下，应该是 $x_{\max}=0$，即 $t_{\max}=t_{w1}$。

当 $t_{w1}=t_{w2}$ 时，$x_{\max}=\frac{\delta}{2}$，即温度最大值的位置在平壁中心处。

通过平壁的热流通量可以根据傅里叶定律求出

$$q=-\lambda\frac{\mathrm{d}t}{\mathrm{d}x}=\frac{\lambda(t_{w1}-t_{w2})}{\delta}-\left(\frac{\delta}{2}-x\right)q_V$$

由上式可以看出，有内热源时单层平壁稳态导热的热流通量不再像无内热源那样等于常数，而是 x 的函数，并且热流的方向不一定指向一个方向，这取决于壁面温差 $t_{w1}-t_{w2}$ 的大小以及内热源强度 q_V 的大小。

【例 1-3】 一个双层玻璃窗，高 2m，宽 1m，玻璃厚 0.3mm，玻璃的导热系数为 $\lambda=1.05$W/(m·℃)，双层玻璃间的空气夹层厚度为 5mm，夹层中的空气完全静止，空气的导热系数为 $\lambda=0.025$W/(m·℃)。如果测得冬季室内外玻璃表面温度分别为 15℃和 5℃，试求玻璃窗的散热损失，并比较玻璃与空气夹层的导热热阻。

解 这是一个三层平壁的稳态导热问题，即

$$Q=\frac{t_{w1}-t_{w4}}{\frac{\delta_1}{A\lambda_1}+\frac{\delta_2}{A\lambda_2}+\frac{\delta_3}{A\lambda_3}}=\frac{t_{w1}-t_{w4}}{R_{\lambda1}+R_{\lambda2}+R_{\lambda3}}$$

$$=\frac{(15-5)}{\frac{0.003}{2\times0.75}+\frac{0.005}{2\times0.025}+\frac{0.003}{2\times0.75}}$$

$$=\frac{10}{0.003+0.1+0.003}=94.3\text{W}$$

可见，单层玻璃的导热热阻为 0.003℃/W，空气夹层的导热热阻为 0.1℃/W，是玻璃的 33.3 倍。如果采用单层玻璃窗，则散热损失为

$$Q'=\frac{10}{0.003}=3333.3\text{W}$$

是双层玻璃窗散热损失的 35 倍，可见采用双层玻璃窗可以大大减少散热损失，节约能源。

请读者思考：为了进一步减小双层玻璃窗的散热损失，是否可以加大空气夹层的厚度？

二、通过圆筒壁的导热

工业上和实验室里都大量存在圆柱体稳态导热问题。如果其中的温度梯度仅出现在径向一个方向上，那么此类问题在相应的圆柱坐标系中也可以按照一维导热来对待，这类径向导热问题的典型例子有：输送冷、热流体的各种圆管道及其外部保温材料，换热器中的换热管，球罐型压力容器，核燃料元件及其外包壳等。

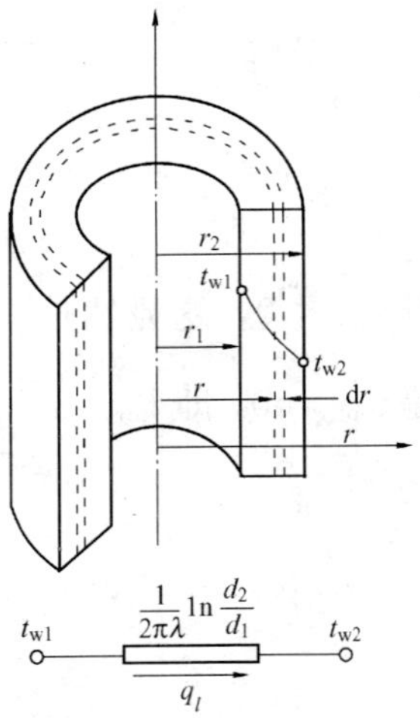

图 1-11　单层圆筒壁导热

1. 单层圆筒壁

一个由均匀材料构成的圆筒壁，长度 l 远大于壁厚度，圆筒壁内、外两侧面分别维持均匀一致的温度 t_{w1} 和 t_{w2}，假设 $t_{w1}>t_{w2}$，内、外径分别为 r_1、r_2，设圆筒壁材料的导热系数 λ 在此温度范围内可以视为常数，圆筒壁内无任何形式的内热源。在上述条件下，该问题可以作为一维稳态导热来处理。如图 1-11 所示，它的导热微分方程和相应边界条件可以表述为

$$\frac{dt}{dr}\left(r\frac{dt}{dr}\right)=0 \tag{1-37}$$

$$t\,|_{r=r_1}=t_{w1} \tag{1-38}$$

$$t\,|_{r=r_2}=t_{w2} \tag{1-39}$$

对式（1-37）积分两次，可得出圆筒壁内的温度分布通解

$$t=c_1\ln r+c_2 \tag{1-40}$$

由第一类边界条件表达式（1-38）和式（1-39）容易得出两个积分常数。于是圆筒壁中温度分布的最终解为

$$t=t_{w1}-(t_{w1}-t_{w2})\frac{\ln\dfrac{r}{r_1}}{\ln\dfrac{r_2}{r_1}}$$

或采用直径的表达式

$$t=t_{w1}-(t_{w1}-t_{w2})\frac{\ln\dfrac{d}{d_1}}{\ln\dfrac{d_2}{d_1}} \tag{1-41}$$

仍然根据傅里叶定律得出径向传导的热流量

$$Q=-\lambda\frac{dt}{dr}2\pi rl=-\lambda\left(-\frac{t_{w1}-t_{w2}}{\ln r_2/r_1}\frac{1}{r}\right)2\pi rl=2\pi\lambda l\frac{t_{w1}-t_{w2}}{\ln r_2/r_1}$$

可以看出，圆柱体内的温度梯度沿径向是变化的，这和平壁不同。但热流量仍然是一个常数，因为导热面积在径向上也是变量。应用热阻的概念可以写出

$$Q=\frac{t_{w1}-t_{w2}}{\dfrac{1}{2\pi\lambda l}\ln\dfrac{d_2}{d_1}} \tag{1-42}$$

式中：$\dfrac{1}{2\pi\lambda l}\ln\dfrac{d_2}{d_1}$ 为长度为 l 的圆筒壁的导热热阻，其单位为℃/W。工程上常常采用单位长度圆筒壁得到热阻形式 $\dfrac{1}{2\pi\lambda}\ln\dfrac{d_2}{d_1}$，其单位为 m·℃/W，相应的单位长度圆筒壁热流量为

$$q_l=\frac{Q}{l}=\frac{t_{w1}-t_{w2}}{\dfrac{1}{2\pi\lambda}\ln\dfrac{d_2}{d_1}} \tag{1-43}$$

q_l 的单位是 W/m，图 1-12 给出了单位长度圆筒壁传热

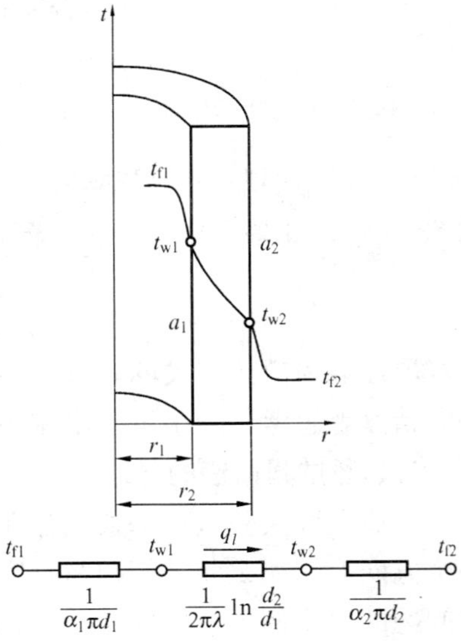

图 1-12　单层圆筒壁传热

过程的模拟热路图。

若给定第三类边界条件，应用热阻的概念可以写出

$$q_l=\frac{t_{f1}-t_{f2}}{\frac{1}{\pi d_1\alpha_1}+\frac{1}{2\pi\lambda}\ln\frac{d_2}{d_1}+\frac{1}{\pi d_2\alpha_2}} \tag{1-44}$$

2. 多层圆筒壁

对于满足一维条件，且层间热接触良好的多层圆筒壁，仍采用串联热阻网络分析方法，可以直接写出热流量表达式

$$q_l=\frac{Q}{l}=\frac{t_{w1}-t_{w,n+1}}{\sum_{i=1}^{n}\frac{1}{2\pi\lambda_i}\ln\frac{d_{i+1}}{d_i}} \tag{1-45}$$

若给定第三类边界条件，则

$$q_l=\frac{t_{f1}-t_{f2}}{\frac{1}{\pi d_1\alpha_1}+\sum_{i=1}^{n}\frac{1}{2\pi\lambda_i}\ln\frac{d_{i+1}}{d_i}+\frac{1}{\pi d_2\alpha_2}} \tag{1-46}$$

与式（1-45）相比，只是增加了两项对流换热热阻而已。

【例 1-4】　热电厂中有一直径为 0.2m 的过热蒸汽管道，钢管壁厚为 0.8mm，钢材的导热系数为 $\lambda_1=45$W/（m·℃），管外包有厚度为 $\delta=0.12$m 的保温层，保温材料的导热系数为 $\lambda_2=0.1$W/（m·℃），管内壁面温度为 $t_{w1}=300$℃，保温层外壁面温度为 $t_{w3}=50$℃。试求单位管长的散热损失。

解　这是一个通过二层圆筒壁的稳态导热问题。根据式（1-45）得

$$q_l=\frac{t_{w1}-t_{w3}}{\frac{1}{2\pi\lambda_1}\ln\frac{d_2}{d_1}+\frac{1}{2\pi\lambda_2}\ln\frac{d_3}{d_2}}$$

$$=\frac{300-50}{\frac{1}{2\pi\times 45}\ln\frac{0.2+2\times 0.008}{0.2}+\frac{1}{2\pi\times 0.1}\ln\frac{0.216+2\times 0.12}{0.216}}$$

$$=\frac{250}{0.272\times 10^{-3}+1.189}=210.3\text{W/m}$$

从以上计算过程可以看出，钢管壁的导热热阻与保温层的导热热阻相比非常小，可以忽略。

如果题中给出的是第三类边界条件，即管内蒸汽温度为 $t_{f1}=300$℃，换热系数为 $\alpha_1=150$W/(m^2·℃)，周围空气温度为 $t_{f2}=20$℃，表面传热系数为 $\alpha_2=10$W/(m^2·℃)，请读者试计算单位管长的散热损失及钢管内壁面和保温层外壁面温度，并比较各热阻的大小。

3. 临界绝缘直径

我国国家标准规定，凡平均温度不高于 350℃，导热系数不大于 0.12 W/(m·℃)的材料称为保温材料。岩棉制品、膨胀珍珠岩、矿渣棉、泡沫塑料、膨胀蛭石，微孔硅酸钙制品等都属于这类材料，这些材料照例都是多孔体或纤维性材料。为了减少管道的散热损失，采用在管道外侧覆盖隔热保温层或称热绝缘层的办法。但是，覆盖保温层是不是在任何情况下都能减少热损失？怎样正确地选择保温材料？这些问题的解决需要进一步分析覆盖保温层后管道总热阻的变化。

多层圆筒壁第三类边界条件下热流量公式，热流体通过管道壁和保温层传热给冷流体传热过程的热阻为

$$R_l=\frac{1}{\pi d_1\alpha_1}+\frac{1}{2\pi\lambda_1}\ln\frac{d_2}{d_1}+\frac{1}{2\pi\lambda_{ins}}\ln\frac{d_x}{d_2}+\frac{1}{\pi d_x\alpha_2} \tag{1-47}$$

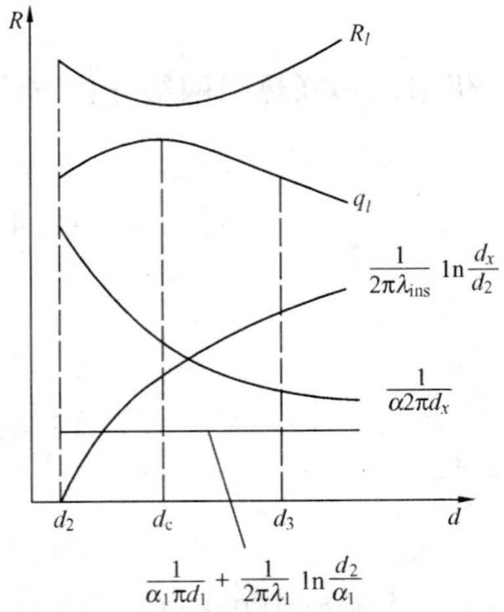

图 1-13　临界热绝缘直径

式中：d_1 和 d_2 分别为管道的内径和外径，λ_1 是管道材料的导热系数，d_x 是保温层的外径，λ_{ins}是保温层材料的导热系数；α_1 和 α_2 分别是热冷流体与壁面之间的对流换热系数，在辐射换热不容忽略的情况下，该表面换热系数也包括辐射的因素。因为我们是针对某一管道进行分析，所以管道的内、外直径和材料都是已知的，即表达式（1-47）中前两项热阻值已确定。而且在选定了保温层材料之后，后两项热阻的数值随保温层外径 d_x 而变化。保温层加厚，d_x 增大，保温层导热热阻 $\frac{1}{2\pi\lambda_{ins}}\ln\frac{d_x}{d_2}$ 随之增大，而保温层外侧的对流换热热阻 $\frac{1}{\pi d_x\alpha_2}$ 随之减小，图 1-13 表示出了总热阻 R_l 和构成 R_l 的各项热阻随保温层外径 d_x 的变化。不难看到，总热阻随着 d_x 的增大，先是逐渐减小，然后是逐渐增大，具有一极小值。对应于这一变化，由图 1-13 可知，通过管道壁和保温层传热过程的传热量 q_l 随着 d_x 的增大，先是逐渐增大，然后是逐渐减小，具有一极大值。对总热阻表达式求导，并令其等于零

$$\frac{dR_l}{dd_x}=\frac{1}{\pi d_x}\left(\frac{1}{2\lambda_{ins}}-\frac{1}{\alpha_2 d_x}\right)=0$$

$$d_x=d_c=\frac{2\lambda_{ins}}{\alpha_2} \tag{1-48}$$

临界绝缘直径就是对应于总热阻 R_l 取得极小值的保温层外径，记作 d_c。

因此在管道外侧覆盖保温层时，必须注意，如果管道外径 d_2 小于临界热绝缘直径 d_c，如图 1-13 所示，保温层外径 d_x 在 d_2 和 d_3 范围内，管道的传热量 q_l 反而比没有保温层时更大，直到保温层直径大于 d_3 时，才开始起到保温层减少热损失的作用，这显然使保温材料无谓的浪费。由此可见，只有当管道外径 d_2 大于临界热绝缘直径 d_c 时，覆盖保温层才肯定有效地起到减少热损失的作用。从式（1-48）可以看出，临界热绝缘直径与保温层材料的导热系数 λ_{ins} 有关，故可以选用不同的保温层材料以改变 d_c 的数值。在供热通风工程中，一般说来需要覆盖保温层的管道直径大多数是大于 d_c 的，只有在管道直径较小，而保温材料的导热系数较大时，才要注意临界热绝缘直径的问题，从而避免材料的浪费和能量的损失。

三、肋片的导热

工程中常常要求增强传热过程，所谓增强传热，是指从分析影响传热的各种因素出发，采取某些技术措施提高换热设备单位传热面积的传热量，使设备趋于紧凑、重量轻、节省金属材料以及降低动力消耗等。增强传热的积极措施是设法提高传热系数，而传热系数是由传热过程中各项热阻决定的，因此，为了增强传热，必须首先分析传热过程的热阻。任何改变传热途径中起支配作用的那部分热阻都会对总的传热效果带来明显的影响。对于一个传热过

程，如果固体壁两侧与流体之间的对流换热系数相差比较悬殊，则在对流换热系数较小的那一侧，对流换热热阻就比较大，所以常常在对流换热系数较小的一侧，采用肋壁的形式，用增大表面积的办法来弥补对流换热系数较低的缺陷，以降低对流换热的热阻；如果固体壁两侧与流体之间的对流换热系数都很小，也可以在两侧都采用肋壁以增强传热的效果。如锅炉中的省煤器、暖气散热器、空气加热（或冷却）器、汽车的散热水箱、摩托车发动机气缸头部的散热片、大功率电子元器件的散热装置等。肋壁分为直肋和环形肋，如图 1-14 所示。直肋和环形肋又都可分为等截面的和变截面的。可以直接铸造、轧制或切削制作，也可以缠绕金属薄片并加工而制成。

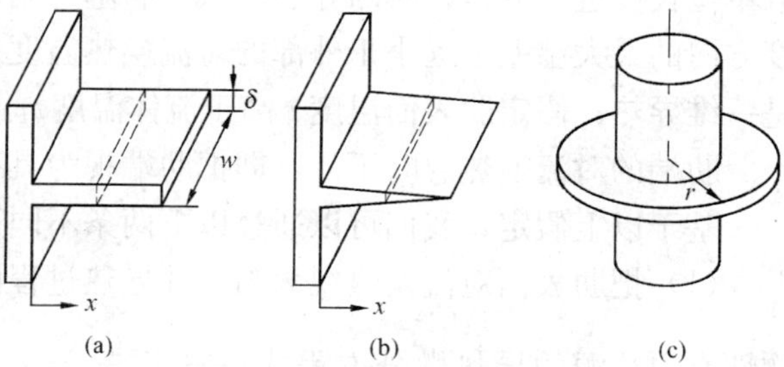

图 1-14　肋的基本形式
（a）等截面直肋；（b）变截面直肋；（c）环形肋

肋片导热和传热规律是工程上非常重要的一类问题。肋片分析的主要任务除了确定肋片沿高度方向的温度分布和肋片的散热量之外，还要讨论整个肋壁上肋片的数量、肋片间距以及肋片表面的位置与流体运动的方向间的关系等问题。

本节主要通过分析等截面直肋的导热，来说明肋片导热的分析方法。对于其他形式肋片的导热只作简单的介绍。

1. 等截面直肋的导热

从平直基面上伸出而且截面不变的肋称为等截面直肋，其中典型的一种是图 1-15 所示的矩形直肋。设肋片的高度为 l，宽为 L，厚为 δ；肋片的横截面积为 A_L（$A_L=L\times\delta$）；肋片的周边长度为 $U=2(L+\delta)$。已知肋片金属材料的导热系数 λ 为常数。肋与基面的相交处即肋基温度为 t_0，周围介质的温度为 t_f，肋片与周围介质之间的对流换热系数为 α。若不考虑肋片宽度 L 方向的温度变化，肋片的温度分布是二维稳态温度场。分析肋片的热量传递过程可知：在沿肋片高度方向（x 方向）上，热量以导热方式从肋基导入，随后热量除了以导热方式继续沿 x 方向传递之外，同时在肋片厚度方向（y 方向）上，还通过对流换热从肋片表面向周围介质散热。由于肋片金属材料导热系数的数值比较大，肋片的高度 l 比肋片的厚度 δ 大得多，所以近似地认为肋片内沿厚度方向的温度变化很小，而仅沿肋片的高度方向发生明显的变化。综上所述，给出以下假设条件：

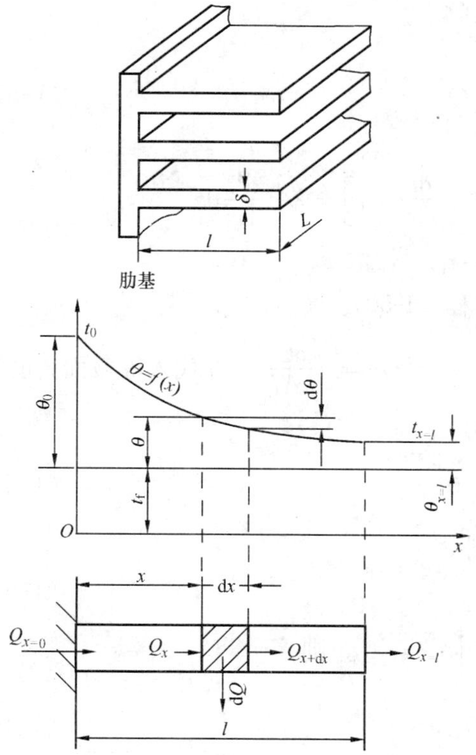

图 1-15　等截面直肋的导热

稳态，没有内热源；垂直纸面方向无限长，

取单位长度进行分析；肋的导热系数、肋基与流体温度以及对流换热系数均为常数；肋在厚度方向的最大温差远远小于外部的对流换热温度差，即沿肋片厚度方向不存在导热，即假定是一维导热；假定肋表面温度 t 高于流体温度 t_f。

肋端的对流换热忽略不计，即把肋端视为具有绝热边界条件。

基于以上假定，我们可以通过以下两条不同途径建立等截面直肋导热微分方程：

(1) 把肋表面对流换热视为与肋片导热过程同时存在的“假想”负内热源，利用一维常物性有内热源的导热微分方程式$\left(\dfrac{d^2t}{dx^2}+\dfrac{q_V}{\lambda}=0\right)$写出此问题的数学描述。需要注意的是，必须把该虚拟内热源折算成单位体积的热功率。参见图 1-15，在肋高为 x 处取一 dx 微元段，此微元段肋片的温度为 t 该段的对流换热量为

$$\alpha(t-t_f)U dx$$

所以微元段内热源强度（为负值）应为

$$q_V=-\frac{\alpha(t-t_f)U dx}{A_L dx} \tag{1-49}$$

代入一维常物性有内热源的导热微分方程式，可得等截面直肋导热微分方程

$$\frac{d^2t}{dx^2}-\frac{\alpha U}{\lambda A_L}(t-t_f)=0 \tag{1-50}$$

(2) 根据能量守恒推导它的导热微分方程式。

针对肋高为 x 处取得 dx 微元段，应用能量守恒定律，由左侧导入的热量，一部分从右侧导出，另一部分以对流换热的方式传递到周围环境中去，即

$$Q_x=Q_{x+dx}+Q_c$$

或

$$Q_x-Q_{x+dx}=Q_c \tag{1-51}$$

其中

$$Q_x-Q_{x+dx}=-\lambda A\frac{dt}{dx}-\left[\lambda A\frac{d}{dx}\left(t+\frac{dt}{dx}dx\right)\right]=\lambda A\frac{d^2t}{dx^2}dx$$

$$Q_c=\alpha U dx(t-t_f)$$

代入式 (1-51)，同样可得出等截面直肋导热微分方程 (1-50)。

引入以周围介质温度为基准的过余温度 $\theta=t-t_f$，令 $m=\sqrt{\dfrac{\alpha U}{\lambda A_L}}$，并代入等截面直肋导热微分方程 (1-50)，整理后可以得到

$$\frac{d^2\theta}{dx^2}-m^2\theta=0 \tag{1-52}$$

在 $x=0$ 处的边界条件是已知肋基的温度 t_0，则

$$\theta_0=t_0-t_f \tag{1-53}$$

在 $x=l$ 处，先假定肋端处的边界条件是绝热的，$\left.\dfrac{dt}{dx}\right|_{x=l}=0$，则

$$\left.\frac{d\theta}{dx}\right|_{x=l}=0 \tag{1-54}$$

以上三式就是满足假设条件时等截面直肋的完整数学描述。

式（1-52）是一个二阶线性常微分方程，方程的通解为

$$\theta = c_1 e^{(mx)} + c_2 e^{(-mx)} \tag{1-55}$$

c_1 和 c_2 可由两个边界条件确定

$$c_1 = \theta_0 \frac{e^{(-ml)}}{e^{(ml)} + e^{(-ml)}}$$

$$c_2 = \theta_0 \frac{e^{(ml)}}{e^{(ml)} + e^{(-ml)}}$$

将 c_1 和 c_2 代入式（1-55），可得满足假设条件时等截面直肋的温度分布表达式

$$\theta = \theta_0 \frac{e^{[m(l-x)]} + e^{[-m(l-x)]}}{e^{(ml)} + e^{(-ml)}}$$

或写作

$$\theta = \theta_0 \frac{\text{ch}[m(l-x)]}{\text{ch}(ml)} \tag{1-56}$$

可见散热肋片（肋表面温度 t 高于流体温度 t_f）内温度分布与肋高度呈双曲余弦函数关系逐渐降低，如图 1-15 所示曲线 $\theta = f(x)$。当肋高 l 趋近于无穷大时，则温度分布表达式为

$$\theta = \lim_{l\to\infty} \theta_0 \frac{\text{ch}[m(l-x)]}{\text{ch}(ml)} = \theta_0 e^{-mx} \tag{1-57}$$

将 $x=l$ 代入式（1-56），可以得到肋端的过余温度

$$\theta_l = \theta_0 \frac{1}{\text{ch}(ml)} \tag{1-58}$$

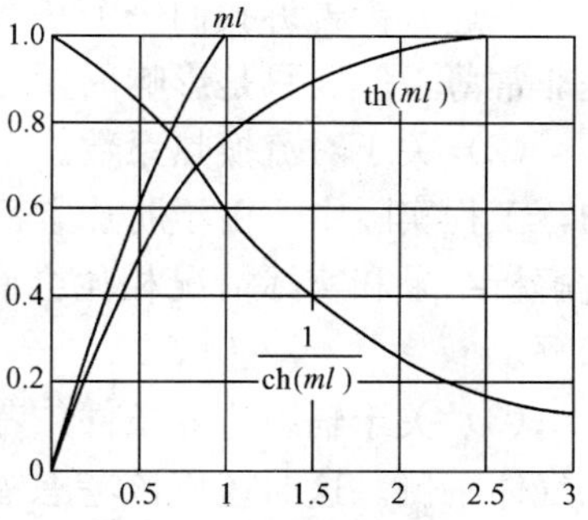

图 1-16　双曲线函数的数值

当肋高 l 趋近于无穷大时，则肋端的过余温度为

$$\theta_l = \lim_{l\to\infty} \theta_0 \frac{1}{\text{ch}(ml)} = 0 \tag{1-59}$$

解出肋的温度分布之后，求肋片散热量有两条不同的途径：直接计算整个肋表面的对流散热量。由于沿肋片高度方向肋表面温度不断降低，对流换热温差越来越小，所以必须沿肋高 l 积分才能算出总的散热量，这一途径比较繁琐；另一途径是根据能量守恒，在稳态条件下肋表面的全部散热量都来自肋基，所以，只要对肋基应用傅里叶定律就可以求出该肋表面的散热量 Q 为

$$Q = -\lambda A_L \left.\frac{d\theta}{dx}\right|_{x=0} = \sqrt{\alpha U \lambda A_L}\,\theta_0\,\text{th}(ml) \tag{1-60}$$

当肋高 l 趋近于无穷大时，则肋表面的散热量 Q 为

$$Q = \lim_{l\to\infty} \sqrt{\alpha U \lambda A_L}\,\theta_0\,\text{th}(ml) = \sqrt{\alpha U \lambda A_L}\,\theta_0 \tag{1-61}$$

应该明确，以上结论是在忽略肋端对流换热的条件下得到的。严格讲，肋端对流换热是存在的，如果以第三类边界条件代替式（1-54），积分计算将得到精确解，肋片温度分布将会是一个形式复杂的结果，但工程实践证明，这种精确计算并不必要，因为肋端绝热的假定

条件得到的近似解对于一般工程问题已经足够精确。但需要说明的是，在计算肋片散热量时，如果采用一种简单的修正方法，则可得到几乎与精确解完全相同的结果。这种修正方法是将肋片的高度重新定义为 $l+\frac{\delta}{2}$，再以这一高度去计算肋片的散热量，其实质是仍然认为肋端绝热，而将肋端面积折算到肋的侧表面上。

下面再对几个有关问题作一些必要的说明和讨论。

(1) 关于肋的一维导热条件。上述分析是近似的认为肋片的导热是一维的，也就是说，对任意给定的 x 位置，肋片厚度 δ 方向上都具有均匀一致的温度。大多数工程应用中的实际肋片总有一定的厚度，即存在一定导热热阻，即在肋片厚度方向上肯定存在一定的温度梯度，所以，肋片内部不可能是严格的一维温度场。但是相对于一定精确度而言，仍然可以近似地按一维温度场处理。下面通过对流换热热阻与导热热阻的比较，分析一下。当肋片导热系数很大，而且肋表面的对流换热系数很小时，则一半厚度上的温度差 $t-t_w$ 很小，而肋表面的对流换热温度差 t_w-t_f 相对很大，所以可以认为肋片厚度 δ 方向上都具有均匀一致的温度，温度差主要集中在肋表面的对流换热中，近似按照一维导热处理。对于实际工程中的肋片，当 $Bi=\frac{\alpha\delta}{\lambda}\leqslant 0.1$（$Bi$ 称为毕渥数）时，就认为满足一维条件。

上述分析告诉我们一个基本的道理，肋是否可以当作一维问题处理，不能仅仅看它是不是非常薄，厚度只是影响因素之一，最终要看毕渥数 Bi 条件。

(2) 关于对流换热系数。上述分析是在认为肋片的对流换热系数为常数的情况下得出来的，工程实际中，由于肋片紧密排列，很难保证沿肋高的对流换热系数 α 等于常数，所以上述解析结果和实际情况相比会有一些差别。若想得到准确结果，一般可以采用数值方法来求解。

(3) 关于辐射边界条件。考虑到气态介质的对流换热系数相对较低，所以一般都把肋加在气体一侧。这时还应该考虑辐射换热的因素，用复合换热系数代替对流换热系数。显然，在考虑了辐射分量之后，想保持沿肋高复合换热系数等于常数就更困难。在大量工程实际应用中，当发生自然对流或者高温肋壁传热的情况时，辐射热量所占的份额大致与对流相当，温度高时甚至会超过对流部分。特别是在流体是烟气的情况下，由于烟气本身就参与辐射换热，辐射的作用就更不容忽视了。这种强烈非线性的边界条件会给计算工作增加不小的难度。

2. 肋壁传热

(1) 肋效率。对等截面直肋，我们已经得到沿肋高的温度分布和计算散热量的解析式。但是对于变截面肋，上述解析式的求解难度大大增加，即使可得，形式也十分复杂，用于工程计算很不方便。实际上，一般的工程设计和计算最关心的是肋的散热量。为此引入一个称为肋片效率的量：肋片的实际散热量 Q 与假定整个肋都处在肋基温度时的理想散热量 Q_0 的比值，即

$$\eta_f=\frac{Q}{Q_0}=\frac{\alpha Ul(t_m-t_f)}{\alpha Ul(t_0-t_f)}=\frac{\theta_m}{\theta_0} \tag{1-62}$$

式中：t_m 为肋片表面平均温度；θ_m 表示过余温度在整个肋片表面上的积分平均值

$$\theta_m=\frac{1}{l}\int_0^l\theta\mathrm{d}x=\frac{1}{l}\int_0^l\theta_0\frac{\mathrm{ch}[m(l-x)]}{\mathrm{ch}(ml)}\mathrm{d}x=\frac{\theta_0}{ml}\mathrm{th}(ml)$$

代入式（1-62），可得

$$\eta_{\mathrm{f}}=\frac{\mathrm{th}(ml)}{ml} \tag{1-63}$$

一般说 $\eta_{\mathrm{f}}\leqslant 1$，“$\eta_{\mathrm{f}}=1$”的情况只发生在整个肋片都处于肋基温度时，此时 $t_{\mathrm{m}}=t_0$（$\theta_{\mathrm{m}}=\theta_0$），这相当于肋片材料的导热系数趋于无穷大时（肋片导热热阻趋于零）时的理想情况。

对于各种常用的变截面直肋及环形肋，其复杂的肋效率计算式可绘成曲线，以方便工程计算使用，如图 1-17 和图 1-18。

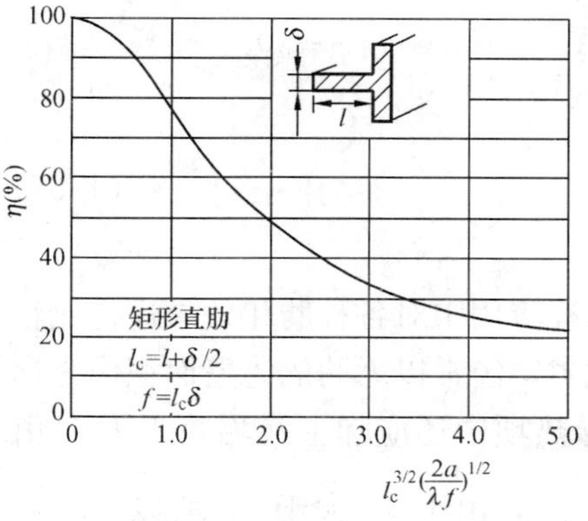

图 1-17　等截面直肋的肋片效率

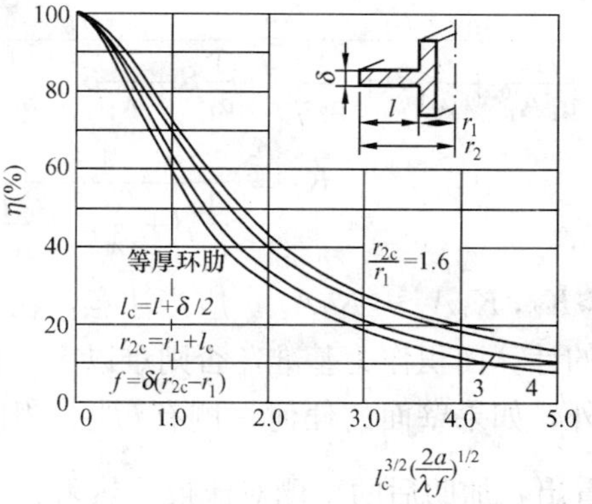

图 1-18　等厚度环肋的肋片效率

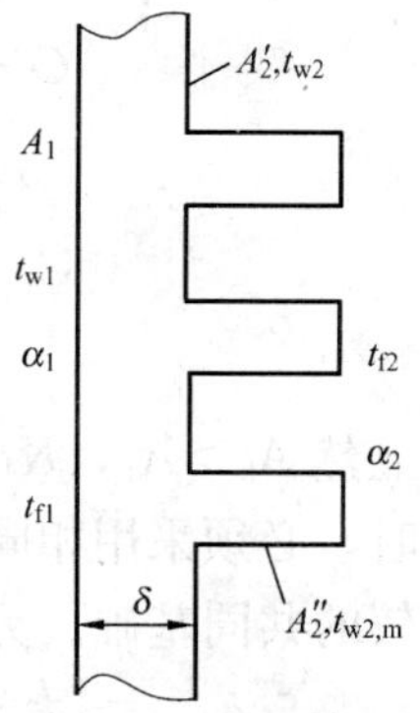

图 1-19　肋壁传热

（2）肋壁总效率。以上讨论的是单一肋片，工程上有实用价值的不是单一肋片，而是由众多单一肋片按一定间距排列而成的肋壁。如图 1-19 所示的一段肋壁，设肋片和壁面是同一种材料，导热系数 λ，壁厚 δ，光壁表面积为 A_1，肋壁表面积为 A_2（等于肋间壁表面积 A_2' 与肋片表面积 A_2'' 之和）；光壁侧与温度为 t_{f1} 的流体 1 之间的对流换热系数为 α_1，肋壁侧与温度为 t_{f2} 的流体 2 之间的对流换热系数为 α_2；光壁面温度为 t_{w1}，肋基壁面温度为 t_{w2}，肋片 A_2'' 的平均温度为 $t_{\mathrm{w2,m}}$。设 $t_{\mathrm{f1}}>t_{\mathrm{f2}}$，则在稳态传热情况下，通过肋壁的传热量可写成：

光壁换热　$$Q=\alpha_1 A_1(t_{\mathrm{f1}}-t_{\mathrm{w1}})$$

肋的导热　$$Q=\frac{\lambda}{\delta}A_1(t_{\mathrm{w1}}-t_{\mathrm{w2}})$$

肋壁换热　$$Q=\alpha_2 A_2'(t_{\mathrm{w2}}-t_{\mathrm{f2}})+\alpha_2 A_2''(t_{\mathrm{w2,m}}-t_{\mathrm{f2}})$$

按照肋片效率的定义　$$\eta_{\mathrm{f}}=\frac{t_{\mathrm{w2,m}}-t_{\mathrm{f2}}}{t_{\mathrm{w2}}-t_{\mathrm{f2}}}$$

综上，可得

$$Q=\alpha_2 A_2'(t_{\mathrm{w2}}-t_{\mathrm{f2}})+\alpha_2 A_2''\eta_{\mathrm{f}}(t_{\mathrm{w2}}-t_{\mathrm{f2}})=\alpha_2 A_2\eta(t_{\mathrm{w2}}-t_{\mathrm{f2}})$$

式中　η——肋壁的总效率

$$\eta=(A_2'+A_2''\eta_{\mathrm{f}})/A_2 \tag{1-64}$$

综上，还可得到以两侧流体温差表示的肋壁传热公式

$$Q=\frac{t_{\mathrm{f1}}-t_{\mathrm{f2}}}{\frac{1}{\alpha_1 A_1}+\frac{\delta}{\lambda A_1}+\frac{1}{\alpha_2 A_2\eta}}=\frac{t_{\mathrm{f1}}-t_{\mathrm{f2}}}{\frac{1}{\alpha_1}+\frac{\delta}{\lambda}+\frac{A_1}{\alpha_2 A_2\eta}}A_1=K_1A_1(t_{\mathrm{f1}}-t_{\mathrm{f2}}) \tag{1-65}$$

式中 K_1——以光壁面积为基准所得传热系数

$$K_1=\frac{1}{\frac{1}{\alpha_1}+\frac{\delta}{\lambda}+\frac{1}{\alpha_2\beta\eta}} \tag{1-66}$$

$$\beta=\frac{A_2}{A_1}$$

式中 β——肋化系数，β值大于1，并且总可以满足$\beta\eta$仍大于1。

类似的，我们还可以得到以肋壁面积为基准所得传热系数K_2

$$Q=\frac{t_{f1}-t_{f2}}{\frac{A_2}{\alpha_1 A_1}+\frac{\delta A_2}{\lambda A_1}+\frac{1}{\alpha_2\eta}}=\frac{t_{f1}-t_{f2}}{\frac{1}{\alpha_1}\beta+\frac{\delta}{\lambda_1}\beta+\frac{1}{\alpha_2\eta}}A_2=K_2A_2(t_{f1}-t_{f2})$$

$$K_2=\frac{1}{\frac{1}{\alpha_1}\beta+\frac{\delta}{\lambda}\beta+\frac{1}{\alpha_2\eta}} \tag{1-67}$$

显然$A_2>A_1$，$K_1>K_2$，$K_1A_1=K_2A_2$。应当注意，在工程应用中对各种肋化效果进行比较时，必须采用相同的计算面积作为基准，否则难以区分优劣。经常以无肋的光壁面积作为比较的共同基础。另外，如果壁面的任何一侧有污垢，则导热项中还应加上污垢热阻R_f。由公式（1-66）可以看出，加肋后肋壁侧对流换热热阻为$\frac{1}{\alpha_2\beta\eta}$，由于$\beta\eta$大于1，所以$\frac{1}{\alpha_2\beta\eta}<\frac{1}{\alpha_2}$，但光壁与肋壁相比其热阻降低的程度与$\frac{1}{\eta\beta}$有关，而$\frac{1}{\eta\beta}$则与肋片的高度、间距、厚度、形状、材料及制造工艺等因素有关，下面考虑三个方面的因素：

（1）若减小肋间距，则肋的数量增多，肋表面积相应增大，肋化系数β增大，有利于热阻减小；另外，适当减小肋间距还可以增强肋间流体的扰动，使肋壁侧对流换热系数α_2提高。但减小肋间距一般不应使其小于热边界层厚度的两倍，以免肋间流体的温度升高，从而导致传热温差降低。同样的道理，为了避免肋面上边界层发展过厚而影响换热效果，顺流动方向肋片不应过长，所以，有些肋壁采用不连续的断续肋，如柱形、齿形等，以破坏边界层发展，增强肋壁换热，同时有利于缩小肋间距，提高肋化系数β值。

（2）对于肋高的影响，必须同时考虑β与η两项因素的影响及其关系。在前面肋壁导热讨论中已指出，肋高增加将引起η_f下降，但增加肋高却可以使肋表面积增大，肋化系数β增大。因而，在其他条件一定的情况下，应针对具体传热情况，综合考虑上述因素，合理确定肋高，使$\frac{1}{\alpha_2\beta\eta}$项达到一最佳值，从而获得最佳的传热系数。

（3）要有效地增大某个传热过程的热流量，必须设法降低主导热阻，即改善对流换热系数相对较小一侧流体（通常都是气体）的换热状况。这可以通过以下两条途径之一来实现：① 提高对流换热系数（有很多方法）。比如加大流速，但通常要为此付出一定的代价。因为一般来说，流速提高时阻力增加的幅度会大大超过对流换热系数提高的幅度，导致风机或者泵的动力消耗猛增，增加运行费用。所以，实际工程应用中一般要经过两方面的权衡，选择一个适宜的流速。② 扩展对流换热系数相对较小一侧的表面积。一般不会明显增加运行费用，只需要增加一些设备的初投资。肋壁正是达到这个目的的主要手段，加肋导致总传热系数改善的幅度是非常显著的。工程计算表明，当壁两侧的对流换热系数相差3～5倍时，如制冷系统中的冷凝器，可以采用低肋化系数的螺纹管；当壁两侧的对流换热系数相差10倍以上时，如蒸汽—空气加热器，则可选用高肋化系数的肋片管。当壁两侧的对流换热系数都很低时，如气体换热器，则可以在两侧表面均肋化，板翅式换热器就是一例。

第四节　二维稳态导热问题

以上的所有讨论仅限于热流量在（或者允许近似看作只在）一个坐标方向上的导热问题，即一维稳态导热。这类问题的基本特征是温度只在一个坐标方向上变化，或者某个坐标方向上的温度变化率大大超过其他坐标方向，“无限大”、“无限长”等理想化几何概念所要表达的物理意义就在于此。然而工程上的很多实际稳态导热问题在几何尺寸或者边界条件不满足一维温度场的要求，这时物体内的温度场就是二维或者三维的，例如具有均匀边界参数的小平壁、短圆柱、不规则截面形状的长柱体、短厚肋，以及地下埋设管道、房屋墙角等的传热。

求解多维导热问题的方法一般有以下几种。

1. 分析解法

首先针对具体导热问题建立导热微分方程，然后采用经典的数学方法求解（常用的有分离变量法，其优点是能够准确求出物体内部感兴趣的任何位置的温度值，因而也被称为精确解）。例如对于无内热源，常物性介质中的二维导热过程，其导热微分方程为

$$\frac{\partial^2 t}{\partial x^2}+\frac{\partial^2 t}{\partial y^2}=0$$

对于简单几何形状物体，给定线性边界条件下，上述导热微分方程可以得到分析解，有关方法可参阅文献。但对于比较复杂几何形状的物体和相应的边界条件，分析解法将无能为力。

2. 近似分析解法

仍是求解导热微分方程，在求解域中整体上满足系统的能量平衡关系，但对于任意位置只是仅此的满足。最典型的近似分析解法有积分法、摄动法等。

3. 数值解法

一旦遇到导热物体的几何形状不规则，边界条件复杂或非线性，有非均匀内热源或物性参数是温度函数等情况，不仅精确解无能为力，就连近似分析解也很难采用。在这种情况下，数值解法的优越性将充分体现出来。数值解法是通过求解一组按一定方式建立起来的代数方程组，得到有限个离散点上的温度近似值，并以这些温度值近似代替实际物体内连续温度分布。近年，随着计算机应用的迅速普及和数值计算技术的不断进步，数值解法已经成为求解各种复杂导热问题不可缺少的重要手段。常用的数值解法有有限差分法、有限元法和边界元法。使用最广，又比较容易学的是有限差分法。

4. 电模拟与图解方法

凡绝热或等温边界，流体温度与换热系数恒定，且没有内热源的二维稳态导热问题，都可以根据电场和温度场之间的类比关系运用模拟方法求得温度场的近似解。这种方法所遵循的基本原则是等温线与热流线永远保持正交。虽然因为近年来计算机的广泛使用，这种方法已经被渐渐淡忘了，但此方法形象地揭示了温度场的特性和实质，对初学者加深理解基本概念具有很好的启发作用。实际上，导热形状因子的概念就是源于这种方法。

为了便于工程设计计算，对于有些二维，甚至于三维的稳态的导热问题，针对已知两个恒定温度边界之间的导热热流量，可以采用一种简便的计算公式。在这种公式中，将有关涉及物体几何形状和尺寸的因素归纳在一起，称为形状因子。这样，对于导热系数为常数的情况，导热的热流量可以按下面的公式计算，即

$$Q = S\lambda(t_1 - t_2) \tag{1-68}$$

式中：t_1 和 t_2 分别为导热物体两个边界的温度；S 就是形状因子，其单位是 m。

为了说明形状因子的概念，先以一维稳态导热为例。对于一维无限大平壁，

$$Q = \frac{t_{w1} - t_{w2}}{\dfrac{\delta}{A\lambda}} = \frac{\lambda A}{\delta}(t_{w1} - t_{w2})$$

形状因子很容易写出

$$S = \frac{A}{\delta} \tag{1}$$

再以一维稳态圆筒壁导热为例。对于一维圆筒壁，

$$Q = \frac{t_{w1} - t_{w2}}{\dfrac{1}{2\pi\lambda l}\ln\dfrac{d_2}{d_1}} = \lambda(t_{w1} - t_{w2})\frac{2\pi l}{\ln\dfrac{d_2}{d_1}}$$

形状因子为

$$S = \frac{2\pi l}{\ln\dfrac{d_2}{d_1}} \tag{2}$$

可以看出，计算两个恒定温度边界的物体导热热流量，不同形状和尺寸物体的差异就归纳表现在形状因子上。

表 1-2 综合给出了有关不同形状和尺寸物体的形状因子。

表 1-2　　几种导热过程的形状因子

导热过程	示意图	形状因子	使用条件
等温表面半无限大物体中的水平埋管	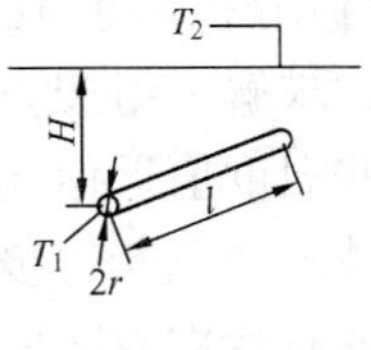	$S = \dfrac{2\pi l}{\mathrm{ch}^{-1}\left(\dfrac{H}{r}\right)}$	$l \geqslant r, H \leqslant 3r$
		$S = \dfrac{2\pi l}{\ln\left(\dfrac{2H}{r}\right)}$	$l \geqslant r, H > 3r$
		$S = \dfrac{2\pi l}{\ln\left(\dfrac{l}{r}\right)\left[1 - \dfrac{\ln\left(\dfrac{l}{2H}\right)}{\ln\left(\dfrac{l}{r}\right)}\right]}$	$l \gg H, H \gg r$
等温表面半无限大物体中的圆球	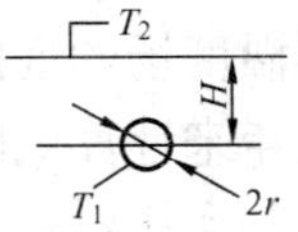	$S = \dfrac{4\pi r}{1 - \dfrac{r}{2H}}$	$H>r$

续表

导热过程	示 意 图	形 状 因 子	使 用 条 件
等温表面半无限大物体中的等间距等管径的排管	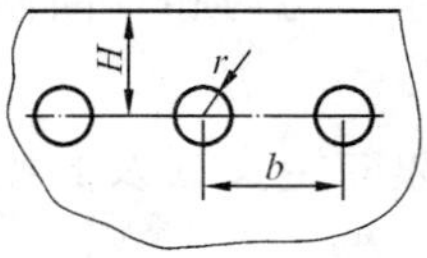	$S=\dfrac{2\pi l}{\ln\left(\dfrac{b}{\pi r}\mathrm{sh}\dfrac{2\pi H}{b}\right)}$	$H>2r$，$l\gg b$ 对于每一根管子
无限大物体中的两等温圆管之间的导热	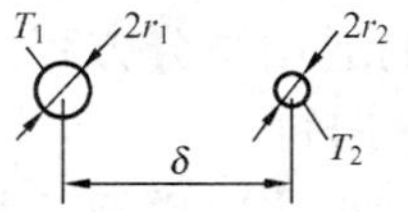	$S=\dfrac{2\pi l}{\mathrm{ch}^{-1}\dfrac{\delta^2-r_1^2-r_2^2}{2r_1r_2}}$	$l\gg r_1$，r_2 $l\gg\delta$
圆管外包方形隔热层	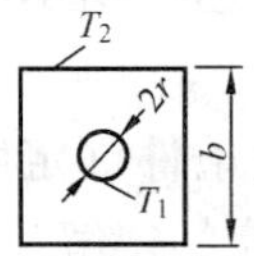	$S=\dfrac{2\pi l}{\ln\left(1.08\dfrac{b}{2r}\right)}$	$l\gg r$ $b>2r$
通过两垂直平壁相交构成的棱柱的导热	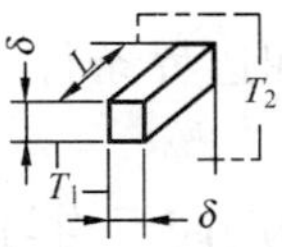	$S=0.54L$	内部尺寸都大于$\frac{1}{5}\delta$
通过三面相互垂直的平壁相交构成的顶角的导热	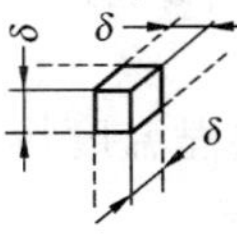	$S=0.15\delta$	内部尺寸都大于$\frac{1}{5}\delta$

小　　结

本章首先简要地阐述了各类物质的导热机理，接着介绍了温度场、等温面（线）、温度梯度和热流密度矢量等几个基本概念，进而提出反映导热基本规律的傅里叶定律。导出了反映物体内温度场的微分表达式，即导热微分方程式，并简述了求解导热微分方程的单值性条件（定解条件）。在建立完整数学描述的基础上，对一维（或可以简化为一维的）稳态导热问题写出导热微分方程和定解条件，进一步应用分析法求解。对于二维导热问题作了简单介绍。

学习本章的基本要求是：理解温度梯度及热流矢量的概念；理解导热问题的数学描述及变导热系数问题的处理方法；理解单值性条件并能针对不同边界条件写出完整的数学描述。掌握无内热源一维稳态导热问题温度场和导热量及其导热热阻的计算和分析，并了解变导热系数问题的工程处理方法。理解加肋的目的，能应用公式或线图计算和分析肋片问题，理解临界热绝缘直径的意义及其应用。简单了解二维导热问题，掌握形状因子的概念。

本章的要点是：

1. 联系导热定义，掌握各类物质的导热机理。

2. 温度场、等温面（线）、温度梯度和热流密度矢量是涉及各种传热现象的基本概念，应予充分理解。

3. 傅里叶定律是导热现象的基本定律，它适用于连续均匀和各向同性材料的稳态和非稳态导热过程。

4. 导热系数反映了物质的导热能力。掌握导热系数的定义式及其物理意义。联系导热机理，掌握导热系数的简单排序。

5. 假定所研究的物体是连续均匀和各向同性的，有关各项热物性参数是已知的，根据傅里叶定律和能量守恒与转化定律建立起导热温度场的通用微分方程式，即导热微分方程式，它对连续均匀和各向同性介质中任何导热现象都是正确的。

6. 导热微分方程式是用数学的形式表示任何导热过程普遍遵循的共性。它借助于能量守恒定律和傅里叶定律把物体中各点的温度联系起来，表达了物体的温度随时间变化的关系，是导热过程的能量方程。

7. 对于一个特定的导热过程，总有它的个性，单值性条件（定解条件）就是说明一个具体导热过程个性的诸条件的总称。导热微分方程式和相应的定解条件，提供了导热过程的共性和个性，它们构成特定导热过程的完整数学描述。

8. 单值性条件包括几何条件、物理条件、时间条件和边界条件四个方面。边界条件有三种类型。

9. 热扩散率表征非稳态导热过程中物体内部各处温度趋向于均匀一致的能力。

10. 在第一类和第三类边界条件下，对常物性条件下无内热源一维平壁、圆筒壁、球壁进行温度场和导热量及其导热热阻的计算和分析。

11. 了解当导热系数是温度的函数时，平壁稳态导热过程温度场的变化，会用平均温度确定导热系数来处理变导热系数时平壁导热量的计算。

12. 管道临界热绝缘直径问题就是分析保温层热阻和保温层外侧对流换热热阻，以及两项热阻的总和随着保温层厚度变化的规律，以便合理地选择保温材料敷设保温层，实现减少热损失的目的。

13. 肋壁是工程中常用的强化传热措施之一。本章仅限于讨论肋片本身的导热过程，目的在于确定肋片的温度分布和通过肋片的散热量。肋片的导热过程严格地讲是二维稳态导热，考虑到工程上常见的肋片厚度较薄，把它简化为一维问题是合理的。会应用公式或图线计算肋片的温度分布和肋片效率。

14. 理解热阻的物理意义，明确它是学习传热学的一个有力工具。能够运用它对平壁、圆筒壁、复合壁导热过程的导热量进行计算。

15. 理解形状因子的物理意义，了解重要二维稳态导热过程热流量计算。

习　　题

1-1　厚度为50mm的大平壁稳态导热时的温度分布是 $t=a+bx^2$ ，式中 $a=200$，$b=-2000$，材料的导热系数为45W/(m·℃)。试求：(1) 大平壁两表面处的热流通量；(2) 该平壁是否存在内热源？若存在的话，强度是多大？

1-2　某一瞬间，厚300mm的大平壁内具有温度分布 $t=a+bx+cx^2$，其中 $a=200$，b

$=-200$，$c=30$。壁面材料的导热系数为 1W/(m·℃)。求：(1) 平壁两侧面单位面积传入、传出的热量；(2) 冷表面与 60℃的流体对流换热时的对流换热系数 α。

1-3　用同种材料制作的无限长空心圆柱体和球壳具有相同的内、外半径 r_1、r_2，温度分别等于 t_1、t_2。如果单位长度圆柱体的散热量与球体相同，试比较它们在内径、外径和内外径中间三处温度梯度的相对大小。

1-4　无限长的梯形物体没有内热源，两侧面绝热，在一维稳态导热过程中温度沿轴向的变化函数为 $t=200(1-x-x^2)$。若梯形截面面积为 $A(x)=0.8-x$，轴向导热的热流通量为 $4500W/m^2$，试求材料的导热系数。

1-5　一半径为 R 的实心球，初始温度均匀并等于 t_0，突然将其放入温度恒定并等于 t_f 的液体中冷却。已知球体的物性参数 λ、ρ 和 c，球壁表面的对流换热系数为 α，试写出球体冷却过程的完整数学描述。

1-6　从宇宙飞船伸出一根细长散热棒，以辐射换热将热量散发到外部空间去，已知棒的发射率（黑度）为 ε，导热系数为 λ，棒的长度为 l，横截面面积为 f，截面周长为 U，棒根部温度为 T_0。外部空间为绝对零度的黑体，试写出描写棒温度分布的导热微分方程和相应的单值性条件。

1-7　为什么多层平壁中温度分布曲线不是一条连续的直线而是一条折线？

1-8　导热系数为常数的无内热源的平壁稳态导热过程，若平壁两侧都给定第二类边界条件，问能否唯一地确定平壁中的温度分布？为什么？

1-9　导热系数为常数的无内热源的平壁稳态导热过程，试问：(1) 若平壁两侧给定第一类边界条件 t_{w1} 和 t_{w2}，为什么这一导热过程的温度分布与平壁的材料无关？(2) 相同的平壁厚度，不同的平壁材料，仍给定第一类边界条件，热流通量是否相同。

1-10　如果圆筒壁外表面温度较内表面温度高，这时壁内温度分布曲线的情形如何？

1-11　已知球壁导热系数 λ 为常数，内、外表面分别保持 t_{w1} 和 t_{w2}，试推导空心球壁导热量计算公式和球壁的导热热阻。若已知边界条件改为第三类边界条件，即已知 t_{f1}、α_1 和 t_{f2}、α_2，试推导通过空心球壁传热量的计算公式和球壁的传热热阻。

1-12　某建筑物的混凝土屋顶面积为 $20m^2$，厚为 140mm，外表面温度为 -15℃。已知混凝土的导热系数为 1.28W/(m·℃)，若通过屋顶的散热量为 5.5×10^3W，试计算屋顶内表面温度。

1-13　某教室的墙壁由一层厚度为 240mm 的砖层和一层厚度为 20mm 的灰泥构成。现在拟安装空调设备，并在内表面加贴一层硬泡沫塑料，使导入室内的热量比原来减少 80%。已知砖的导热系数 $\lambda=0.7$W/(m·℃)，灰泥的 $\lambda=0.58$W/(m·℃)，硬泡沫塑料的 $\lambda=0.06$W/(m·℃)，试求加贴硬泡沫塑料层的厚度。

1-14　平壁表面温度 $t_{w1}=450$℃，采用石棉作为保温层材料，$\lambda=0.094+0.000125t$，保温层外表面温度为 $t_{w2}=50$℃，若要求热损失不超过 $340W/m^2$，问保温层的厚度应为多少？

1-15　某板式换热器用钢板制成，钢板厚度 $\delta=3$mm，$\lambda=40$W/(m·℃)。已知板两侧气体的平均温度分别为 250℃和 60℃，对流换热系数分别为 $\alpha_1=75W/(m^2\cdot℃)$ 和 $\alpha_2=50W/(m^2\cdot℃)$，试求传热系数和传热量。(1) 在结构强度许可条件下，将钢板减薄为 $\delta=2$mm；(2) 改用 $\delta=3$mm 的铜板，铜的导热系数为 320W/(m·℃)；(3) 强化气体的对流换热，使 α_2 上升为 $70W/(m^2\cdot℃)$。问三种方案传热增强了各多少？哪一种方案最为有效？

1-16 分体式空调机组通过内径为8mm，壁厚1.5mm的紫铜管将室外机的低温介质送至室内的蒸发器。紫铜管的导热系数为$\lambda=389$W/(m·℃)，为降低输送过程中的冷量损失，用厚度为10mm的玻璃纤维布包覆紫铜管，其导热系数为$\lambda=0.058$W/(m·℃)。管内制冷工质的温度为-10℃，环境温度$t_f=35$℃，纤维布外表面的对流换热系数$\alpha=5$W/(m^2·℃)。就给定紫铜管及外包隔热材料的尺寸和各项导热环境参数计算管路的冷量损失，并试分析其保温效果。

1-17 一直径为0.35m，厚度为3mm不锈钢的储存液态氮的球形容器，容器为包有厚度为30mm、导热系数为0.03的保温材料。在压力为1×10^5Pa时，液氮的温度为77.4K，汽化潜热为199.6kJ/kg。若室温为25℃，试计算1h液氮的蒸发量。

1-18 测定储气罐空气温度的水银温度计测温套管用钢制成，厚度$\delta=1.5$mm，长度$l=120$mm，钢的导热系数$\lambda=48.5$W/(m·℃)，温度计示出套管端部的温度为84℃，套管的另一端与储气罐连接处的温度为40℃。已知套管和罐中空气之间的对流换热系数为20W/(m^2·℃)，试求由于套管导热所引起的测温误差。若改用不锈钢套管，厚度$\delta=0.8$mm，长度$l=160$mm，套管与储气罐连接处予以保温使其温度为60℃，试求测量误差为多少？

1-19 一肋片厚度为3mm，长度为16mm，试计算等截面直肋的肋片效率。(1) 铝材料肋片，其导热系数为140W/(m·℃)，对流换热系数$\alpha=80$W/(m^2·℃)；(2) 钢材料肋片，其导热系数为40W/(m·℃)，对流换热系数$\alpha=125$W/(m^2·℃)。

1-20 肋片几何形状相同，工作在相同的温度环境下，要求肋片的散热量高，重量轻，现有三种材料，铜、铝合金和黄铜，可供选择，请依次对这三种材料做出评价并说明理由。

第二章　非稳态导热

在自然界和工程应用中，除了稳态或可以近似按稳态（即准稳态）处理的导热问题以外，还存在大量温度随时间变化的非稳态导热。例如自然界一年四季和一天当中室外空气温度和太阳辐射循环往复地周期性变化，导致建筑物的围护结构和室内温度发生相应变化，因此必须对建筑物的冷热负荷采用科学的计算方法；供暖设备间歇供暖时引起墙内温度及建筑物的冷热负荷随时间的变化；热力发动机在启动、暖机、变工况和停机过程中各部件都会由于温度不均匀而经受不同程度的热应力，为保证设备安全运行必须严格控制升温或降温的速率，而且在对机械零部件进行加热、冷却或热处理时，必须控制过程进行的时间，以便获得预期的处理效果并降低能耗。

按照非稳态导热过程进行的特点，可以分为瞬态导热和周期性导热两大类。在瞬态导热过程中，物体的温度随时间不断升高（加热过程）和降低（冷却过程），在经历相当长时间后，物体的温度逐渐趋近于周围介质的温度，最终达到热平衡，进入稳态导热过程。本章将重点介绍瞬态导热，周期性导热只做简要了解。

本章将主要介绍一维非稳态导热的求解结果、求解非稳态导热问题的集总参数法，以及特殊的一维非稳态导热问题的图算方法。

第一节　概　　述

一、非稳态导热的基本概念

按照物体内温度随时间变化的特点，可以把非稳态导热过程分为两大类：瞬态导热过程和周期性导热过程。所谓瞬态导热过程就是指物体内任意位置的温度随时间连续升高（加热过程）或下降（冷却过程），物体的温度逐渐趋近于周围介质的温度，最终达到热平衡。这类非稳态过程一般是由于边界条件突然发生阶跃变化（内热源瞬间发生及停止，或者内热源功率随时间改变）等情况引起。而周期性导热过程大多是由于边界条件的周期性变化导致物体内的温度也呈现周期性的反复升降。分析两大类非稳态导热问题的主要目的不外乎两个：① 确定物体内某位置达到预定温度所需要的时间，以及在这个时间段中需要热源提供的热量。② 确定某时刻物体内温度场的分布状态以及温度场变化的速率。前者一般是为拟定加热或冷却工艺条件提供必要的计算依据，而后者常是为了了解物体内的温度分布状况或校核热应力的数值，从而为制定热力设备的运行规程提供依据。

首先分析瞬态导热过程，以供暖房间外墙为例来分析墙内温度场的变化。假定在供暖设备开始供热前墙内温度场是稳态的，其温度分布为图 2-1（a），室内空气温度为 t'_{f1}，墙内表面温度 t'_{w1}，墙外表面温度 t'_{w2}，室外空气温度为 t_{f2}。当供暖设备开始供热，室内空气温度很快地上升到 t''_{f1} 并保持稳定。由于室内空气温度的升高，室内空气与墙内表面之间的对流换热热流密度增大，墙壁温度也随之升高。最靠近左侧的一部分壁面的温度也相应有了不同程度的升高。而在靠近右侧的壁面，此时尚未“感觉”到左侧流体温度突然改变带来的影响，其温度仍维持原来的数值。参见图 2-1（b），开始时 t'_{w1} 升高的幅度较大，依次地 t_a、t_b、t_c 和 t'_{w2} 升高的幅度较小（短时间内，t'_{w2} 几乎不发生变化）。随着非稳态过程进行时间的推移，壁面左侧部分的温度继续升高，同时左侧流体温度突变（常称为“温度扰动”）影响所及的深度不断向右侧延伸，到某时刻整个平壁都“感觉”到了左侧突然受到流体加热所带来的影响，只是平壁内不同地点温度上升的幅度差异很大。t_{f2} 是室外空气温度，假定在此过程中保持不变。关于热流密度的变化，一开始由于墙内表面温度不断升高，室内空气与墙内表面之间的对流换热热流密度 q_1 就不断地减小；而墙外表面与室外空气之间的对流换热热流密度 q_2 却因墙外表面温度随时间不断升高将逐渐地增大，参见图 2-1（c）。与此同时，通过墙内各层的热流密度 q_a、q_b 和 q_c 也将随时间发生变化，并且彼此各不相等。经历相当长一段时间后，墙内温度分布趋于稳定，建立起新的稳态温度分布，即图 2-1（a）中的 $t''_{f1}-t''_{w1}-t''_{w2}-t_{f2}$。实际上，在室内尚未开始供热之前，墙内和室内外空气温度是稳态的，q_1 与 q_2 相等，而且等于通过墙的热量 q'；直到建立新的稳态温度分布之后，q_1 和 q_2 又重新相等，但它等于新的稳态情况下通过墙的传热量 q''。在两个稳态之间的变化过程中，热流密度 q_1 和 q_2 是不相等的，其差值就是图 2-1（c）中的阴影面积，为墙本身的温度升高提供了能量来源。由此可见，瞬态导热必定伴随着物体的加热和冷却过程。

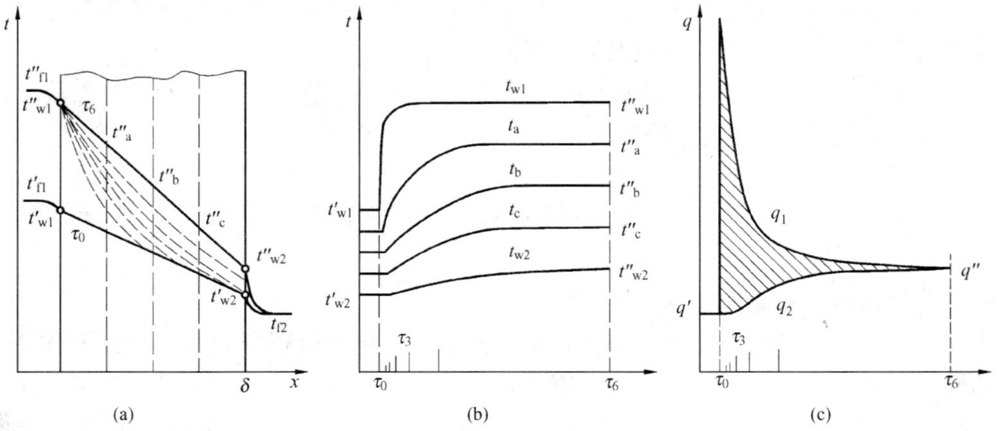

图 2-1　瞬态导热的基本概念

从上述定性分析中可以归纳出瞬态导热过程热量传递的如下基本特征：

（1）壁内距温度扰动侧一定距离的地方，要在瞬态过程启动之后一定时间才开始出现温度变化，而在此以前，该地点似乎尚未“察觉”到左侧已经发生的温度突变。这种现象叫做热量传递的“滞后效应”。

（2）在整个瞬态加热过程中，平壁内任何位置都经历了温度升高，即内能的蓄存过程。在壁内任意 x 处取 dx 微元段，并假设温度扰动来自左侧。该微元段吸收了左侧传导过来的热量，温度升高，即蓄存了内能。同时它与右侧相邻壁是在这种一边导热、一边蓄热（同时发生）的过程中进行的。不难理解，正是因为始终伴随有热量的蓄存，所以同一时刻通过平壁内任何两个与热流方向垂直截面的热流密度都不相等。

（3）瞬态导热过程可以依次分为具有不同特点的三个阶段，即不规则情况阶段、正常情况阶段、建立新的稳态阶段。第一个阶段是过程开始的一段时间，其特点是温度变化从边界面逐渐深入到物体内部，而物体内各处温度随时间的变化率是不一样的，温度分布受初始温度分布的影响很大，因而称为不规则情况阶段。随着时间的推移，初始温度分布的影响逐渐消失，进入第二个阶段，此时物体内各处温度随时间的变化率有一定的规律，称为正常情况阶段。第三个阶段是建立新的稳态阶段，理论上需要经过无限长的时间才能达到，事实上经过一段长时间后，物体各处的温度就可以近似的认为已达到新的稳态。

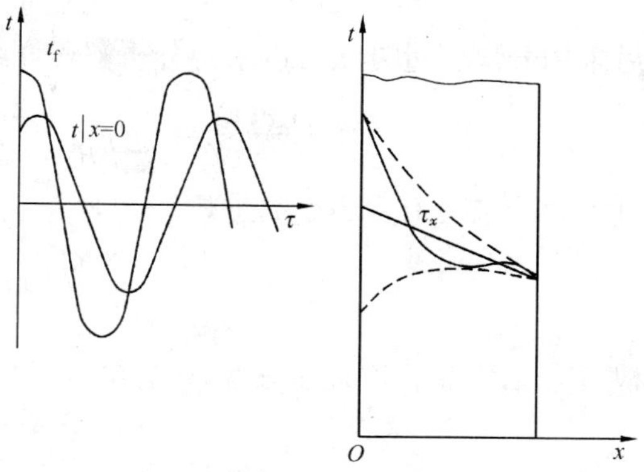

图 2-2　周期性导热的基本概念

非稳态导热的另一种类型是周期性导热。例如，夏季室外空气温度以一天 24h 为周期进行周而复始的变化，相应地室外墙面温度 $t|_{x=0}$ 也以 24h 为周期进行变化，但是它比室外空气温度变化滞后一个相位，如图 2-2 所示。这时尽管空调房间室内温度维持稳定，墙内各处的温度受室外温度周期性变化的影响，也会以同样的周期进行变化，如图 2-2 所示，图中两条虚线分别表示墙内各处温度变化最高值与最低值，图中斜线分别表示墙内各处温度周期性波动的平均值。若将某一时刻 τ_x 墙内各处温度连接起来，就得到 τ_x 时刻墙内的温度分布。上述分析表明，在周期性导热问题中，一方面物体内各处温度按一定的振幅随时间周期性波动；另一方面，同一时刻物体内的温度分布也是周期性波动的，如图 2-2 所示。这就是周期性非稳态导热的特点。

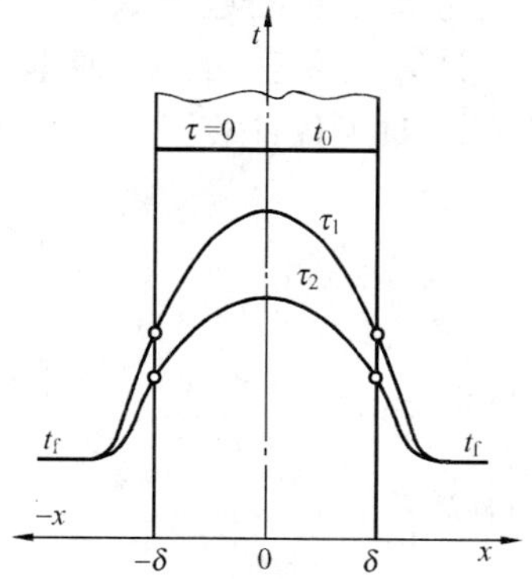

图 2-3　第三类边界条件下的瞬态导热

二、第三类边界条件下无限大平壁瞬态导热的分析解

本节将给出在第三类边界条件下的无限大平壁冷却时的分析解结论，并加以讨论。

如图 2-3 所示，一厚度为 2δ 的无限大平壁，材料的热导率 λ、热扩散率 a 为常数，无内热源，初始温度与两侧的流体相同均为 t_0。突然将两侧流体温度降低为 t_f，并保持不变，假设平壁表面与流体间对流换热的表面传热系数 α 为常数。考虑到温度场的对称性，选取坐标系如图，x 坐标原点位于平壁中心，因此仅需讨论半个平壁的导热问题。

很显然，这是一个一维的非稳态导热问题，其导热微分方程式为

$$\frac{\partial t}{\partial \tau}=a\frac{\partial^2 t}{\partial x^2}\qquad \tau>0,\ 0<x<\delta \tag{1}$$

相应初始条件为

$$\tau=0,\ t=t_0\qquad 0\leqslant x\leqslant\delta \tag{2}$$

边界条件为

$$\left.\frac{\partial t}{\partial \tau}\right|_{x=0}=0\qquad \tau>0 \tag{3}$$

$$-\lambda\left.\frac{\partial t}{\partial x}\right|_{x=\delta}=\alpha\left(t|_{x=\delta}-t_f\right)\qquad \tau>0 \tag{4}$$

引用新变量 $\theta(x,\tau)=t(x,\tau)-t_f$，称为过余温度，并以此改写上述微分方程和单值性条件，然后采用分离变量方法可以求得分析解，详细求解过程略，这里只给出求解结果

$$\frac{\theta(x,\tau)}{\theta_0}=\sum_{n=1}^{\infty}\frac{2\sin\beta_n}{\beta_n+\sin\beta_n\cos\beta_n}\cos\left(\beta_n\frac{x}{\delta}\right)e^{-\beta_n^2\frac{a\tau}{\delta^2}} \tag{2-1}$$

可见，解的函数形式为无穷级数，式中 β_1、β_2、…、β_n 是超越方程

$$\tan\beta=\frac{Bi}{\beta} \tag{2-2}$$

的根，有无穷多个，而且均为 Bi 的单值函数；Bi 是毕渥准则，是一个无量纲参数，$Bi=\frac{\alpha\delta}{\lambda}=\frac{\frac{\delta}{\lambda}}{\frac{1}{\alpha}}$，可见毕渥准则的物理意义是物体导热热阻与对流换热热阻的比值，在给定 Bi 准则条件下，超越方程的无穷多个根也就确定了；式中$\frac{a\tau}{\delta^2}$是一个无量纲参数，用符号 $Fo=\frac{a\tau}{\delta^2}$表示，称为傅里叶准则，它是非稳态导热过程时间进程的无量纲形式。

由此可以看出，无量纲过余温度 $\frac{\theta(x,\tau)}{\theta_0}$ 是三个无量纲参数 Bi、Fo、$X=\frac{x}{\delta}$的函数。

1. 傅里叶准则 Fo 对温度分布的影响——正常情况阶段

无论 Bi 取任何值，超越方程式（2-2）的根 β_1、β_2、…、β_n 都是正的递增数列，所以从函数形式可以看出，式（2-1）是一个快速收敛的无穷级数。计算结果表明，当傅里叶准则 $Fo\geqslant0.2$ 时，取级数的第一项来近似整个级数产生的误差很小，对工程计算已足够精确。因此，当 $Fo\geqslant0.2$ 时，可取

$$\frac{\theta(x,\tau)}{\theta_0}=\frac{2\sin\beta_1}{\beta_1+\sin\beta_1\cos\beta_1}\cos\left(\beta_1\frac{x}{\delta}\right)e^{-\beta_1^2\cdot Fo} \tag{2-3}$$

因为 $Fo=\frac{a\tau}{\delta^2}$，所以将式（2-3）左、右两边取对数，可得

$$\ln\theta=-m\tau+\ln\left[\theta_0\frac{2\sin\beta_1}{\beta_1+\sin\beta_1\cos\beta_1}\cos\left(\beta_1\frac{x}{\delta}\right)\right]$$

式中 $m=\beta_1^2\frac{a}{\delta^2}$，因为 β_1 为超越方程式（2-2）的第一个根，只与 Bi 有关，即只取决于第三类边界条件、平壁的物性与几何尺寸，所以当平壁及其边界条件给定之后，m 为一常数，与时间 τ、地点 $\frac{x}{\delta}$ 无关。而式右边的第二项只与 Bi、$\frac{x}{\delta}$ 有关，与时间 τ 无关，简写成 $K\left(Bi,\frac{x}{\delta}\right)$，于是上式可改写为

$$\ln\theta=-m\tau+K\left(Bi,\frac{x}{\delta}\right) \tag{2-4}$$

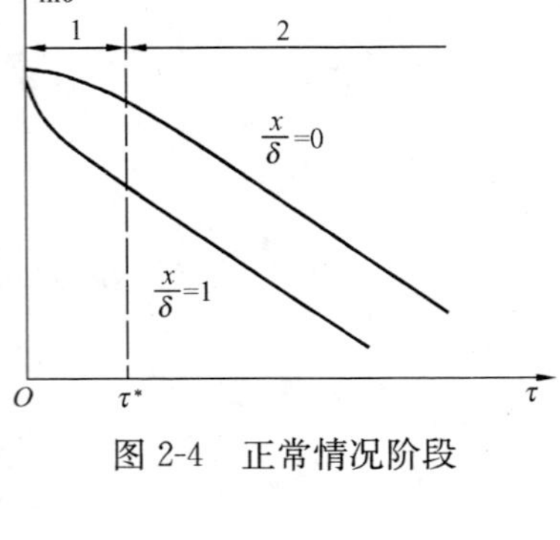

图 2-4 正常情况阶段

上式说明，当 $Fo\geqslant0.2$，即 $\tau\geqslant\tau^*=0.2\frac{\delta^2}{a}$时，平壁内所有各点过余温度的对数都随时间线性变化，并且变化曲线的斜率都相等，如图 2-4 所示，这一温度变化阶段称为非稳态导热的正常情况阶段，在此之前的非稳态

导热阶段称为不规则情况阶段。在正常情况阶段，初始温度分布的影响已消失，各点的温度都按式（2-3）的规律变化，这是非稳态导热正规状况阶段的特点之一。

将式（2-4）两边对时间求导，可得

$$\frac{1}{\theta}\frac{\partial\theta}{\partial\tau}=-m=-\beta_1^2\frac{a}{\delta^2} \tag{2-5}$$

由上式可见，m 的物理意义是过余温度对时间的相对变化率，单位是 s^{-1}，称为冷却率（或加热率）。当 $Fo\geqslant 0.2$，物体的非稳态导热进入正规状况阶段后，所有各点的冷却率或加热率 m 都相同，且不随时间而变化，m 的数值取决于物体的物性参数、几何形状与尺寸大小以及表面传热系数，这是非稳态导热正规状况阶段的特点之二。

如果用 θ_m 表示平壁中心$\left(X=\frac{x}{\delta}=0\right)$的过余温度，则由式（2-3）可得

$$\frac{\theta_m}{\theta_0}=\frac{2\sin\beta_1}{\beta_1+\sin\beta_1\cos\beta_1}e^{-\beta_1^2\cdot Fo}=f(Bi,Fo) \tag{2-6}$$

由式（2-3）、式（2-6）之比可得

$$\frac{\theta}{\theta_m}=\frac{\theta/\theta_0}{\theta_m/\theta_0}=\cos\left(\beta_1\frac{x}{\delta}\right)=f\left(Bi,\frac{x}{\delta}\right) \tag{2-7}$$

从上式可见，当 $Fo\geqslant 0.2$，非稳态导热进入正规状况阶段以后，虽然 θ、θ_m 都随时间而变化，但它们的比值与时间无关，只取决于毕渥准则 Bi 与几何位置$\frac{x}{\delta}$，这是正常情况阶段的另一重要特点。

认识正常情况阶段的温度变化规律对工程计算具有重要的实际意义，因为工程技术中的非稳态导热过程绝大部分时间都处于正常情况阶段。有关文献已证明，当 $Fo\geqslant 0.2$ 时，其他形状物体的非稳态导热也进入正常情况阶段，表现出上述特点，具有式（2-4）、式（2-5）所表示的温度变化规律，只是 m 与 $K\left(Bi, \frac{x}{\delta}\right)$的数值不同而已。

2. 毕渥准则 Bi 对温度分布的影响——集总参数法

前面已指出，毕渥准则 Bi 的物理意义为物体内部的导热热阻 δ/λ 与边界处的对流换热热阻 $1/\alpha$ 之比，所以 Bi 的大小对平壁内的温度分布有很大影响。

平壁非稳态导热第三类边界条件表达式为

$$-\lambda\frac{\partial\theta}{\partial x}\bigg|_{x=\pm\delta}=\alpha\theta\,|_{x=\pm\delta}$$

上式可改写成 $-\frac{\partial\theta}{\partial x}\bigg|_{x=\pm\delta}=\frac{\theta\,|_{x=\pm\delta}}{\lambda/\alpha}=\frac{\theta\,|_{x=\pm\delta}}{\delta/Bi}$

参见图 2-5，从几何意义来说，上式表示在整个非稳态导热过程中平壁内过余温度分布曲线在边界处的切线都通过点（$\pm\lambda/\alpha$，0），即（$\pm\delta/Bi$，0），该点称为第三类边界条件的定向点，与平壁边界面的距离为 $\lambda/\alpha=\delta/Bi$，如图 2-5 中 0′点所示。

当 $Bi\to\infty$时，对流换热热阻趋于零，平壁表面与流体之间的温差趋于零，这意味着非稳态导热一开始平壁的表面温度就立即变为流体温度 t_f，平壁内部的温度变化完全取决于平壁的

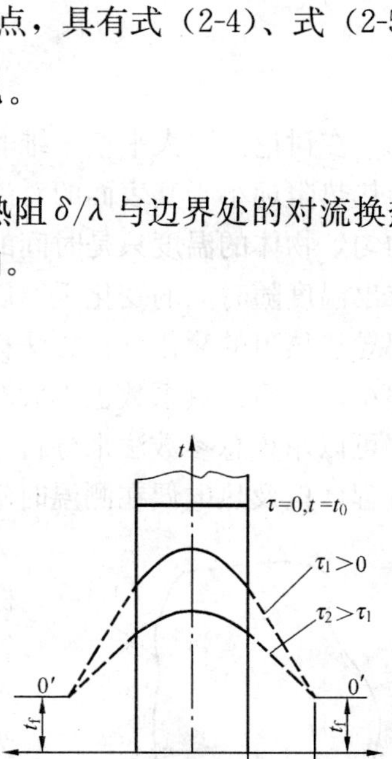

图 2-5　第三类边界条件及定向点

导热热阻。由于 t_f 在第三类边界条件中已给定，所以这种情况相当于给定了壁面温度，即给定了第一类边界条件，这种情况下的定向点位于平壁表面上，平壁内的温度分布如图 2-6（a）所示。$Bi\to\infty$是一种极限情况，实际上只要 $Bi>100$，就可以近似地按这种情况处理。

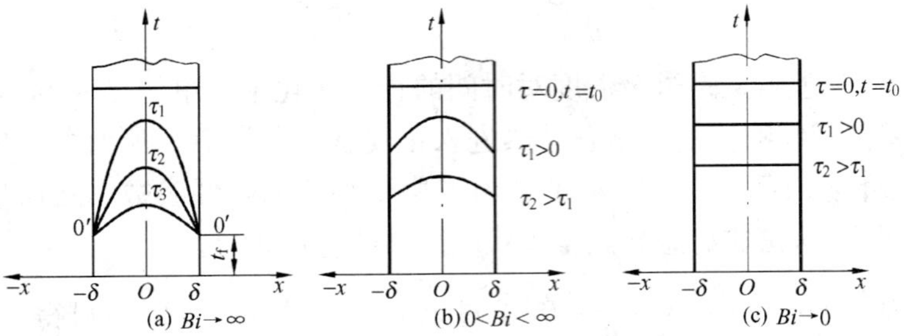

图 2-6 Bi 准则对无限大平壁温度分布的影响

当 $Bi\to 0$ 时，平壁的导热热阻趋于零，平壁内部各点的温度在任一时刻都趋于均匀一致，只随时间而变化，变化的快慢完全取决于平壁表面的对流换热强度。在这种情况下，$\frac{\lambda}{\alpha}=\frac{\delta}{Bi}\to\infty$，定向点在离平壁表面无穷远处，平壁内的温度分布如图 2-6（b）所示。$Bi\to 0$ 同样是一种极限情况，工程上只要 $Bi<0.1$，就可以近似地按这种情况处理，这种情况下的非稳态导热可以采用后面介绍的集总参数法来计算。

当 $0<Bi<\infty$时，平壁内的温度分布如图 2-6（c）所示。在这种情况下，平壁的温度变化既取决于平壁内部的导热热阻，也取决于平壁外部的对流换热热阻。

第二节 集 总 参 数 法

在讨论无限大平壁一维非稳态导热问题的分析解时曾指出，当 $Bi\leqslant 0.1$ 时，物体内部的导热热阻远小于其表面的对流换热热阻，可以忽略，物体内部各点的温度在任一时刻都趋于均匀，物体的温度只是时间的函数，与坐标无关。对于这种情况下的非稳态导热问题，只需求出温度随时间的变化规律以及在温度变化过程中物体放出或吸收的热量。这种忽略物体内部导热热阻的简化分析方法称为集总参数法。实际上，如果物体的导热系数很大，几何尺寸很小，表面传热系数也不大时，物体内部的导热热阻一般都远小于其表面的对流换热热阻，都可以用集总参数法来分析。例如，小金属块在加热炉中的加热或在空气、水和油中的冷却过程，以及热电偶在测温时端部接点的升温或降温过程等。

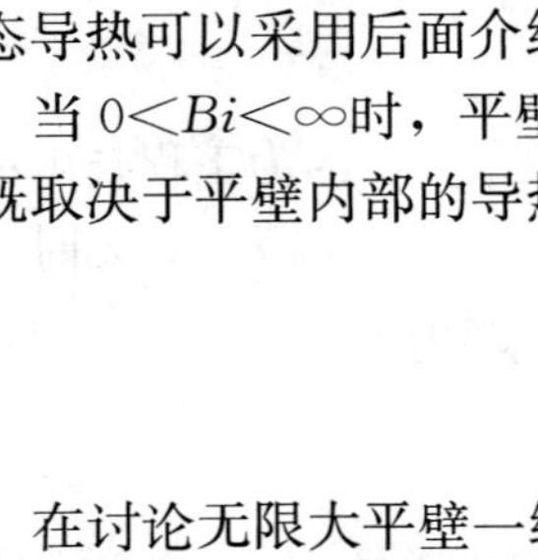

图 2-7 集总参数法分析

集总参数法实质上就是直接运用能量守恒定律导出物体在非稳态导热过程中温度随时间的变化规律，说明如下：

一个任意形状的物体，如图 2-7 所示，体积为 V，表面积为 A，密度 ρ、比热容 c 及热导率 λ 为常数，无内热源，初始温度为 t_0。突然将该物体放入温度恒定为 t_f 的流体之中，且 $t_0>t_f$，物体表面和流体之间对流换热的表面传热系数 α 为常数，需要确定该物体在冷却过程中温度随时间的变化规律以及放出的热量。这显然是一个多维的非稳态导热问题。

假设该问题满足 $Bi<0.1$ 的条件，根据能量守恒，单位时间物体内能的变化量应该等于物体表面与流体之间的对流换热量，即

$$\rho cV\frac{\mathrm{d}t}{\mathrm{d}\tau}=-\alpha A(t-t_{\mathrm{f}}) \tag{a}$$

引进过余温度 $\theta=t-t_{\mathrm{f}}$,上式可改写为

$$\rho cV\frac{\mathrm{d}\theta}{\mathrm{d}\tau}=-\alpha A\theta \tag{b}$$

初始条件为

$$\tau=0,\quad \theta=\theta_0=t_0-t_{\mathrm{f}}$$

通过分离变量，式（b）可改写为

$$\frac{\mathrm{d}\theta}{\theta}=-\frac{\alpha A}{\rho cV}\mathrm{d}\tau$$

将上式积分得

$$\int_{\theta_0}^{\theta}\frac{\mathrm{d}\theta}{\theta}=-\int_0^{\tau}\frac{\alpha A}{\rho cV}\mathrm{d}\tau$$

可得

$$\ln\frac{\theta}{\theta_0}=-\frac{\alpha A}{\rho cV}\tau$$

即

$$\frac{\theta}{\theta_0}=\mathrm{e}^{-\frac{\alpha A}{\rho cV}\tau}=\exp\left(-\frac{\alpha A}{\rho cV}\tau\right) \tag{2-8}$$

$$\frac{\alpha A}{\rho cV}=\frac{\alpha(V/A)}{\lambda}\cdot\frac{\lambda}{\rho c}\frac{\tau}{(V/A)^2}$$

令 $V/A=L$，L 具有长度的量纲，称为物体的定型尺寸，于是

$$\frac{\alpha A}{\rho cV}\tau=\frac{\alpha L}{\lambda}\cdot\frac{\lambda}{\rho c}\frac{\tau}{L^2}=\frac{\alpha L}{\lambda}\cdot\frac{a\tau}{L^2}=Bi\cdot Fo$$

将上式代入式(2-8)，得

$$\frac{\theta}{\theta_0}=\mathrm{e}^{-Bi\cdot Fo}=\exp(-Bi\cdot Fo) \tag{2-9}$$

很容易计算出，对于厚度为 2δ 的无限大平壁，$l=\delta$；对于半径为 R 的圆柱，$L=\frac{1}{2}R$；对于半径为 R 的圆球，$L=\frac{1}{3}R$。前面介绍的分析解及后面将要介绍的诺谟图中，厚度为 2δ 的无限大平壁的定型尺寸为 δ，$Bi=\frac{\alpha\delta}{\lambda}$、$Fo=\frac{a\tau}{\delta^2}$，与集总参数法分析结果中的 Bi、Fo 相同，但圆柱和圆球的定型尺寸都为半径 R，即 $Bi=\frac{\alpha R}{\lambda}$、$Fo=\frac{a\tau}{R^2}$。

由式（2-9）可以看出，当 $Bi<0.1$ 时，物体的过余温度 θ 按指数函数规律下降，一开始温差大，下降迅速，随着温差的减小，下降的速度越来越缓慢。同时也可以看出，式中指数部分中的 $\frac{\rho cV}{\alpha A}$ 具有时间的量纲，令 $\tau_{\mathrm{c}}=\frac{\rho cV}{\alpha A}$，$\tau_{\mathrm{c}}$ 称为时间常数，单位是 s。时间常数反映物体对周围环境温度变化响应的快慢，时间常数越小，物体的温度变化越快，越迅速地接近周围流体的温度。

由式 $\tau_c=\dfrac{\rho cV}{\alpha A}$ 可见，影响时间常数大小的主要因素是物体的热容量 ρcV 和物体表面的对流换热条件 αA。物体的热容量越小，表面的对流换热越强，物体的时间常数越小。这一参数对于测温元件（例如热电偶）是非常重要的，时间常数越小表示测温元件越能迅速地反映流体的温度变化。

物体温度随时间的变化规律确定之后，计算 $0\sim\tau$ 时间内物体和周围环境之间交换的热量

$$Q_\tau=\rho cV(t_0-t)=\rho cV(\theta_0-\theta)=\rho cV\theta_0\left(1-\frac{\theta}{\theta_0}\right)$$
$$=\rho cV\theta_0(1-e^{-Bi\cdot Fo})$$

令 $Q_0=\rho cV\theta_0$，表示物体温度从 t_0 变化到周围流体温度 t_f 所放出或吸收的总热量，上式可改写成无量纲形式

$$\frac{Q_\tau}{Q_0}=1-e^{-Bi\cdot Fo} \tag{2-10}$$

式（2-8）、式（2-9）、式（2-10）既适用于物体被加热的情况，也适用于物体被冷却的情况。

【例 2-1】 将一个初始温度为 20℃、直径为 100mm 的钢球投入 1000℃的加热炉中加热，表面传热系数为 $\alpha=50\text{W/(m}^2\cdot\text{K)}$。已知钢球的密度为 $\rho=7790\text{kg/m}^3$，比热容为 $c=470\text{J/(kg}\cdot℃)$，导热系数 λ 为 43.2W/(m·K)。试求钢球中心温度达到 800℃所需要的时间。

解 首先判断能否用集总参数法求解：

毕渥准则为

$$Bi=\frac{\alpha(R/3)}{\lambda}=\frac{50\times(0.05/3)}{43.2}=0.019<0.1$$

可以用集总参数法求解。

$$\frac{\theta}{\theta_0}=\frac{t-t_f}{t_0-t_f}=e^{-Bi\cdot Fo}$$

将已知条件代入上式，得

$$\frac{800-1000}{20-1000}=e^{-0.019Fo}$$

可解得 $Fo=83.6$，即

$$\frac{a\tau}{(R/3)^2}=83.6$$

由此可得

$$\tau=\frac{83.6(R/3)^2}{\dfrac{\lambda}{\rho c}}=\frac{83.6\times(0.05/3)^2}{\dfrac{43.2}{7790\times470}}=1968\text{s}\approx32.8\text{min}$$

所以，钢球中心温度达到 800℃需要 32.8min。

第三节 一维非稳态导热的图算法

如上所述，当 $Fo\geqslant0.2$ 时，可以用公式（2-3）近似计算平壁的过余温度分布。为工程

计算方便，该公式已被绘制成线算图，如图 2-8、图 2-9 所示，称为诺谟图。

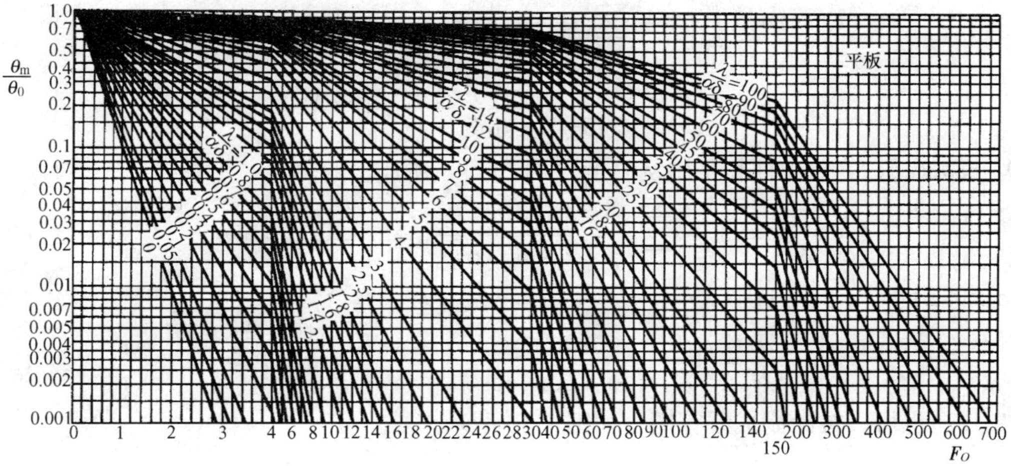

图 2-8　厚度为 2δ 的无限大平壁的中心温度 $\theta_m/\theta_0 = f(Bi, Fo)$

一、无限大平壁的加热和冷却

图 2-8 中的参变量以及图 2-9 中的横坐标都是 $\frac{1}{Bi}$，计算时，可先根据已知条件算出 $\frac{1}{Bi}$ 和 Fo 的数值，由图 2-8 查出平壁中心无量纲过余温度 θ_m/θ_0，由 $\theta_0 = t_0 - t_f$ 算出 θ_m。平壁中其他位置 x 处的温度可由图 2-9 查出 θ/θ_m，再算出 x 处在 τ 时刻的过余温度 $\theta = t - t_f$，进而确定温度 t。

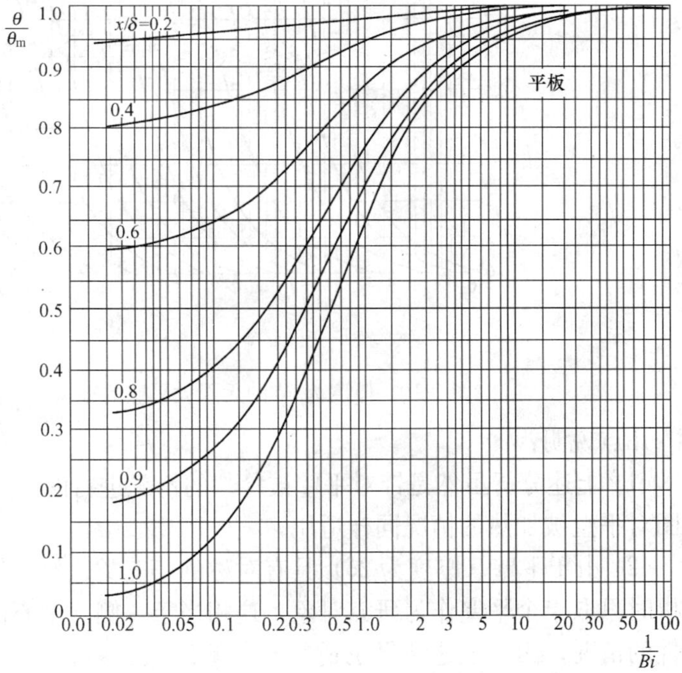

图 2-9　厚度为 2δ 的无限大平壁任意位置的温度 $\theta/\theta_m = f(Bi, x/\delta)$

任意时刻 τ 的温度分布确定之后，无限大平壁在 $0 \sim \tau$ 时间内与周围流体之间对流换热量可求。在平壁内 x 处平行于壁面取一厚度为 dx 的微元薄层，在 $0 \sim \tau$ 时间内，单位面积微元薄层放出的热量等于其热力学能的变化，即

$$dQ = \rho c (t_0 - t) dx = \rho c (\theta_0 - \theta) dx$$

于是，在 $0 \sim \tau$ 时间内，单位面积平壁所放出的热量为

$$Q = \rho c \int_{-\delta}^{\delta} (\theta_0 - \theta) dx = 2\rho c \theta_0 \int_0^{\delta} \left(1 - \frac{\theta}{\theta_0}\right) dx$$

将式（2-1）代入上式，得

$$Q = 2\rho c\theta_0\int_0^\delta\left[1-\sum_{n=1}^{\infty}\frac{2\sin\beta_n}{\beta_n+\sin\beta_n\cos\beta_n}\cos\left(\beta_n\frac{x}{\delta}\right)e^{-\beta_n^2\cdot Fo}\right]dx$$

$$=2\rho c\theta_0\delta\left(1-\sum_{n=1}^{\infty}\frac{2\sin^2\beta_n}{\beta_n^2+\beta_n\sin\beta_n\cos\beta_n}e^{-\beta_n^2\cdot Fo}\right)$$

令 $Q_0=2\rho c\theta_0\delta$，为单位面积平壁从温度 t_0 冷却到 t_f 所放出的热量，于是得

$$\frac{Q}{Q_0}=1-\sum_{n=1}^{\infty}\frac{2\sin^2\beta_n}{\beta_n^2+\beta_n\sin\beta_n\cos\beta_n}e^{-\beta_n^2\cdot Fo}=f(Bi,Fo) \tag{2-11}$$

当 $Fo\geqslant0.2$ 时，上式可近似为

$$\frac{Q_\tau}{Q_0}=1-\frac{2\sin^2\beta_1}{\beta_1^2+\beta_1\sin\beta_1\cos\beta_1}e^{-\beta_1^2\cdot Fo}=f(Bi,Fo) \tag{2-12}$$

式（2-12）也可以被绘制成线算图，如图 2-10 所示。

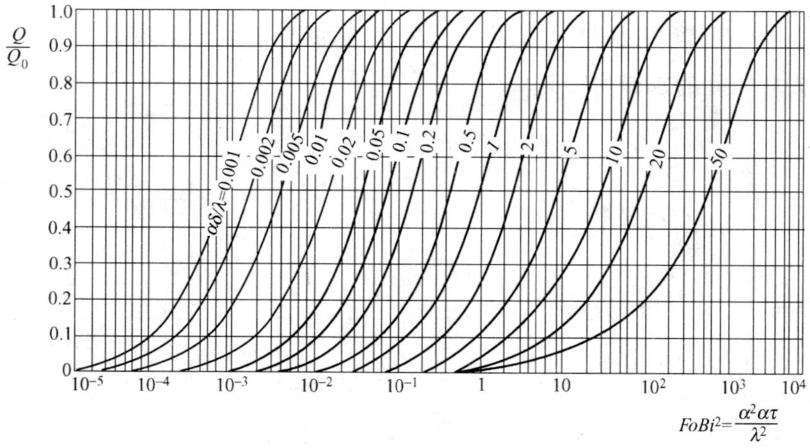

图 2-10　厚度为 2δ 的无限大平壁的 $\Phi/\Phi_0=f(Bi,Fo)$ 线算图

几点说明：

（1）上述分析虽然是针对平壁被冷却的情况进行的，但很容易证明，其分析结果包括线算图对平壁被加热的情况同样适用；

（2）由于平壁（厚度为 2δ）具有对称的第三类边界条件，温度场也必然是对称的，所以分析时只取半个平壁作为研究对象，这相当于一侧（中心面）绝热、另一侧具有第三类边界条件的情况，因此上述结果也适用于一侧绝热、另一侧具有第三类边界条件且厚度为 δ 的平壁；

（3）线算图只适用于 $Fo\geqslant0.2$ 的情况，对于 $Fo\geqslant0.2$ 的情况，温度分布须用式（2-1）进行计算，换热量须用式（2-11）计算。

二、无限长圆柱体的加热和冷却

与无限大平壁相类似，对于温度仅沿半径方向变化的圆柱体（如可近似按无限长圆柱处理的长圆柱或两端绝热的圆柱体）在第三类边界条件下的一维非稳态导热问题，可以在柱坐标系下进行分析，也可以求得温度分布的分析解，解的形式和无限大平壁的分析解类似，是快速收敛的无穷级数，并且是 Bi、Fo 和 r/R 的函数，即可以表示为

$$\frac{\theta}{\theta_0}=f\left(Bi,\ Fo,\ \frac{r}{R}\right) \tag{2-13}$$

注意，式中 $Bi=\frac{\alpha R}{\lambda}$、$Fo=\frac{a\tau}{R^2}$，$R$ 为圆柱或球体的半径，θ_0 为圆柱的初始过余温度。

分析结果表明，当 $Fo\geqslant 0.2$ 时，无限长圆柱的非稳态导热过程也都进入正规状况阶段，分析解可以近似地取无穷级数的第一项，近似结果也可以被绘制成线算图。无限长圆柱体的一维非稳态导热诺模图可参考有关文献。

小　　结

温度场随时间变化的导热过程称为非稳态导热。非稳态导热可以分为瞬态和周期性。

瞬态导热过程必定伴随着物体的加热和冷却过程。瞬态导热过程中，温度场的变化可以分为三个阶段：不规则情况阶段、正常情况阶段、建立新的稳态阶段。本章以第三类边界条件下无限大平壁瞬态导热为例，对瞬态导热的分析解进行了讨论，引出了傅里叶准则 Fo 和毕渥准则 Bi，并重点讨论了集总参数法原理和应用。另外还介绍了一维无内热源问题图算方法。

学习本章的基本要求是：理解非稳态导热过程的特点和相关准则的物理意义；理解无限大平壁在第三类边界条件下非稳态导热分析解的结论及其应用；能用集总参数法、一维无内热源的计算线图法计算非稳态导热过程。

本章的要点是：

1. 对流换热边界条件下，无限大平壁的加热和冷却过程均可用分离变量法求解得到温度场的分析解。为了工程计算方便，这些分析解都可以以无量纲温度 $\frac{\theta(x,\tau)}{\theta_0}$、无量纲坐标 $\frac{x}{\delta}$、Bi 和 Fo 准则的函数关系绘制成计算线图。

2. 当 $Fo\geqslant 0.2$ 时，瞬态温度场的变化进入正常情况阶段，物体中各点的冷却率（或加热率）均是常数，它仅仅取决于物体的热物性参数、物体的形状和尺寸以及物体表面的边界条件。当 $Fo\geqslant 0.2$ 时，分析解结论式（2-1）可以用级数的第一项来描述，已经足够准确。

3. 当 $Bi<0.1$ 时，物体内各处的温度近似地认为均匀一致，可以应用集总参数法进行分析。

习　　题

2-1　什么是非稳态导热的正规状况阶段？有什么特点？

2-2　请写出傅里叶数 Fo 及毕渥数 Bi 的表达式并说明它们的物理意义。

2-3　试以第三类边界条件下无限大平板的非稳态导热为例，说明傅里叶数 Fo 及毕渥数 Bi 对平板内温度分布的影响。

2-4　何谓非稳态导热的集总参数法？其使用条件是什么？

2-5　应用集总参数方法的条件是什么？应怎样选择定型尺寸？

2-6　用不锈钢做底板的家用电熨斗初始时处于室温 t_f，当开关接通后，电热器在底板

内以 q_V W/m^3 的强度发热。不锈钢的热物性参数 ρ、c 和 λ 均为已知，不锈钢的体积为 V，暴露于空气中的表面面积为 A，该表面与空气之间的对流换热系数为 α，试用集总参数法分析电熨斗底板温度变化 $T(\tau)$ 。

2-7 一热电偶的热结点直径为 0.15mm，材料的比热容为 420J/(kg·℃)，密度为 8400kg/m^3，热电偶与流体之间的对流换热系数为 58W/(m^2·℃)和 126W/(m^2·℃)，计算热电偶在这两种情况下的时间常数。

2-8 一温度计的水银泡呈圆柱形，长为 16mm，直径为 3mm。已知水银的比热容为 138J/(kg·℃)，密度为 13540kg/m^3，水银泡与流体之间的对流换热系数为 12W/(m^2·℃)，计算该温度计的时间常数。

2-9 热电偶的热结点近似认为是直径 0.5m 的球形，热电偶材料的 ρ=8930kg/m^3，c=400J/(kg·℃)。热电偶初始温度为 25℃，突然将其放入 120℃的气流中，热电偶表面与气流间的对流换热系数 α=95W/(m^2·℃)，试求热电偶的过余温度达到初始过余温度的 1% 时所需的时间。这时热电偶的指示温度为多少?

2-10 一钢板厚度为 3mm，面积为 1m×1m，初始温度均匀为 300℃，放置于 20℃的空气中冷却。已知钢板的导热系数 λ=48.5W/(m·℃)，热扩散率 a=12.7×10^{-6}m^2/s，板与空气之间的对流换热系数 α=39W/（m^2·℃），问需多长时间钢板才能降低至 50℃?

2-11 一不锈钢板厚度为 0.15m，初始温度为 20℃，放置在温度为 1200℃的炉内加热，已知不锈钢的热扩散率为 3.95×10^{-6}m^2/s，钢板在炉内的换热系数为 250W/(m^2·℃)，试确定钢板加热到 800℃时需要多少时间?

2-12 将初始温度为 80℃，直径为 20mm 的紫铜棒，突然横置于气温为 20℃，流速为 12m/s的风道中，5min 后紫铜棒表面温度降为 34℃。已知紫铜的密度 ρ=8954kg/m^3，c=383.1J/(kg·℃)，λ=386W/(m·℃)，试求紫铜棒与气体之间的对流换热系数。

2-13 有两块同样材料的平壁 A 和 B，已知 A 的厚度为 B 的两倍，两平壁从同一高温炉中取出置于冷流体中淬火，流体与平壁表面的对流换热系数近似认为是无限大。已知 B 平壁中心点的过余温度下降到初始过余温度的一半需要 12min，问平壁 A 达到同样的温度需要多少时间?

第三章 对 流 换 热

第一节 对流换热过程简介

流动的流体和固体壁面直接接触，当两者的温度不同时，相互间所发生的热传递过程，称为对流换热过程。例如，金属工件在恒温介质中被加热和冷却，散热器外壁传热给周围的空气等，都属于对流换热过程。对流换热是内涵复杂的物理现象，其传热过程已不是基本的传热方式，它是靠导热和热对流两种作用来完成热量传递的，一切支配这两种作用的因素和规律，如流动的起因、流动状态、流体物性、物相变化、换热面的几何形状及尺寸等都会影响换热过程。牛顿的冷却公式 $q=\alpha(t_w-t_f)$ 中对流换热系数 α，只是从数值上反映了不同条件下对流换热强弱的综合过程量，计算对流换热量求 q 就变成根据各种具体情况计算对流换热系数 α 的问题。本章的主要内容就是探讨计算 α 的原理和方法等。

对流换热与流体的流动有密切的关系，因此影响流体流动的因素必然会影响对流换热。不同条件的各种类型的对流换热，它们都有各自的特点。影响对流换热的因素大致可归纳为五个方面：

1. 流体流动的起因和流动状态

按照流体流动产生的原因，不外乎有两种情况，一是受迫流动，即流体在鼓风机、泵等外力推动下引起流体流动；二是自然对流，即流体因各部分温度不同而引起密度差异所产生的流动。受迫流动和自然对流具有不同的换热规律，一般来说，受迫对流流速较自然对流高，因而对流换热系数也高。例如空气自然对流换热系数约为 5～25W/(m^2·℃)，而在受迫对流情况下，α 可达 10～100W/(m^2·℃)。鉴于受迫流动和自然对流各有不同的规律，计算对流换热方法也有所不同。

流体的流动状态分为层流和紊流，由于两种流态机理不同，热传递的规律因而也不同。紊流时，热对流传递作用得到强化，换热较好。因此在分析计算对流换热问题时，还必须考虑流态的因素。

2. 流体的种类和物理性质

不同种类的流体，它们的物理性质不同，对换热过程的影响也不会相同，例如在温度和速度完全相同的水和空气中，物体被加热或冷却的快慢相差很大。

影响对流换热强弱的物性参数主要有：导热系数 λ、比热容 c_p、密度 ρ、动力黏度 μ 等。导热系数越大，流体内部和流体与壁面之间的导热热阻越小，换热就越强。比热容 c_p 和密度 ρ 大的流体，单位体积流体携带更多的热量，在热对流中传递热量的能力也高。此外，流体的动力黏度 μ 和密度 ρ 通过 Re 数会反映出流体流态是层流还是紊流，进而影响换热系数 α。

3. 流体的相变

流体在换热过程中有可能发生相变，如液体吸热而沸腾、蒸汽放热而凝结。流体在换热过程中发生相变，不仅在物性上发生了很大变化且流动和换热具有一些新的规律。一般来说，对于同一种流体，有相变换热的强度要大于无相变换热。

4. 换热表面几何尺寸、形状

换热表面的大小、形状不同，都会影响流体在换热面附近的流动情况。在解决对流换热问题时，应针对换热壁面的几何因素具体分析，例如：有流体在平板上流动换热、有流体在管内流动换热、有流体在管外横向掠过时的换热等。分析计算时，可采用对换热有影响的特征尺寸作为依据，这个尺寸称为定型尺寸，例如，外掠平板，则以板长作为定型尺寸；管内流动则以管径为定型尺寸。

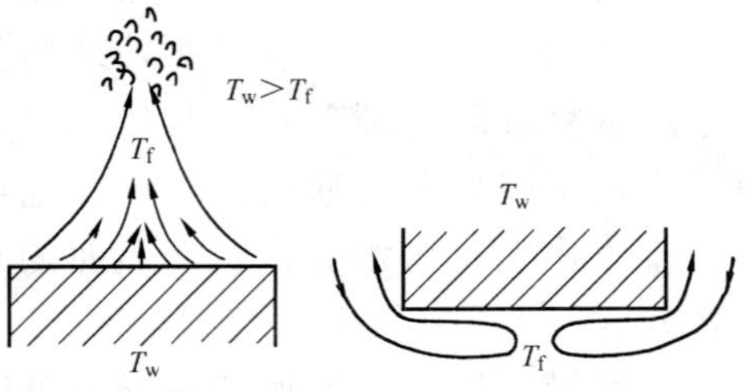

图 3-1 换热面相对位置的影响

5. 换热表面与流体的相对位置

换热面与流体流动的相对位置，例如对于自然对流换热，换热面横放、竖放、斜放、向上或向下等，都会影响对流换热。如图 3-1 所示，换热面朝上，气流旺盛。换热面朝下，气流较弱，两种情况的换热强度是不同的。

由上面分析，可以定性了解一些主要因素对对流换热过程的影响，可以得出对流换热系数 α 与众多影响因素的一般意义的函数关系式

$$\alpha = f(u,\ t_w, t_f,\ \lambda,\ c_p, \rho, \beta, l,\ \varphi) \tag{3-1}$$

式中 u——流体速度；

t_w——壁温；

t_f——流体温度；

l——定型尺寸；

β——容积膨胀系数，对于理想流体，$\beta=\dfrac{1}{T}$，对于液体和蒸汽，可以查附录物性表；

φ——几何形状因素或流体与换热面的相对位置的影响。

研究对流换热的目的之一是通过各种方法寻求不同条件下式(3-1)的具体函数关系，为此应先建立对流换热过程的数学描述式。

第二节 描写对流换热过程的微分方程式

由于对流换热过程牵涉到热量、动量和质量的传递，所以需要一组微分方程式来描述。

一、对流换热微分方程式

如图 3-2 所示，流体靠近壁面时的速度场与温度场。黏性流体在壁面上流动，由于黏性作用，在靠近壁面处有较大的速度梯度。在贴壁处即 $y=0$ 处，速度 $u=0$，热量只以导热方式通过这一极薄的贴壁流体层。依据傅里叶定律可得出在贴壁处任一点的热流通量 q，表达式为

$$q=-\lambda\left(\frac{\partial t}{\partial y}\right)_{w,x} \tag{a}$$

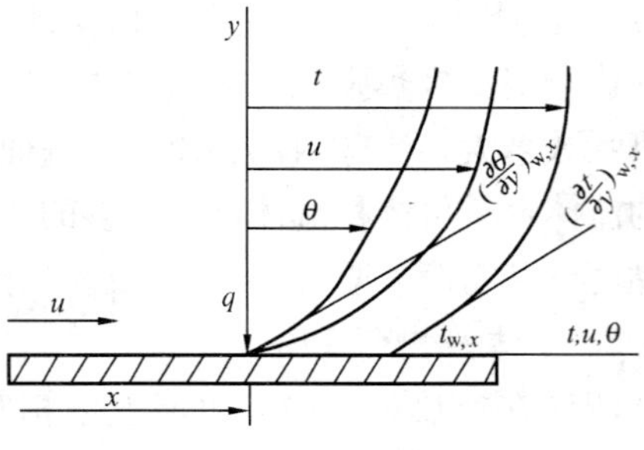

图 3-2 对流换热过程

式中 $\left(\frac{\partial t}{\partial y}\right)_{w,x}$——$x$ 点贴壁处（$y=0$）流体的温度梯度；

λ——流体的导热系数。

另一方面，q 为对流换热量，按牛顿冷却公式，则为

$$q = \alpha_x(t_w - t_f) \tag{b}$$

式中 α_x——壁面 x 处的局部换热系数；

$(t_w - t_f)_x$——壁面 x 处壁温与流体温度的差值。

式（a）、式（b）表达的是同一热量，故

$$\alpha_x = -\frac{\lambda}{(t_w - t_f)_x}\left(\frac{\partial t}{\partial y}\right)_{w,x} \tag{3-2a}$$

为方便问题的分析，可用过余温度 θ，即流场中任一处的流体温度与壁面温度的差值，$\theta=t-t_w$，改写上式为

$$\alpha_x = -\frac{\lambda}{\Delta\theta_x}\left(\frac{\partial \theta}{\partial y}\right)_{w,x} \tag{3-2b}$$

式中：$\Delta\theta_x = (\theta_w - \theta_f)_x$，其中 $\theta_w = 0$，$\theta_f = t_f - t_w$。

式（3-2a）和式（3-2b）描述了对流换热系数与流体温度场的关系，称为对流换热微分方程式。由式（3-2）可知，要计算任一点的局部换热系数 α_x，必须要知道紧贴壁面的流体在该点的温度梯度 $\left(\frac{\partial t}{\partial y}\right)_{w,x}$ 或 $\left(\frac{\partial \theta}{\partial y}\right)_{w,x}$，因此，要掌握紧贴壁面流体的温度分布。由于流体的温度分布和流体速度密切相关，所以，要表达温度场就有赖于建立连续性微分程式、动量微分方程式和能量微分方程式。

二、连续性微分程式和动量微分方程式

连续性微分程式可由质量守恒定律推导，动量微分方程式可由动量守恒定律推导。在此，直接写出推导结果，其详细推导过程可参阅参考文献。

连续性微分程式

$$\frac{\partial u}{\partial x} + \frac{\partial v}{\partial y} = 0 \tag{3-3}$$

适用条件：二维常物性、不可压缩流体的稳态流动。

动量微分方程式

$$\rho\left(\frac{\partial u}{\partial \tau} + u\frac{\partial u}{\partial x} + v\frac{\partial u}{\partial y}\right) = X - \frac{\partial p}{\partial x} + \mu\left(\frac{\partial^2 u}{\partial x^2} + \frac{\partial^2 u}{\partial y^2}\right) \tag{3-4a}$$

$$\rho\left(\frac{\partial v}{\partial \tau} + u\frac{\partial v}{\partial x} + v\frac{\partial v}{\partial y}\right) = Y - \frac{\partial p}{\partial y} + \mu\left(\frac{\partial^2 v}{\partial x^2} + \frac{\partial^2 v}{\partial y^2}\right) \tag{3-4b}$$

（1）　（2）（3）　（4）

适用条件：不可压缩黏性流体的层流运动，但如果速度值、压力值均用紊流瞬时值代入，则式(3-4)也可用于紊流计算。

式(3-4)共四项，分别以(1)(2)(3)(4)标示，其中(1)为惯性力项，即质量与加速度之积；(2)为体积力；(3)为压强梯度；(4)为黏滞力。

动量微分方程式描述流体速度场，又称纳维—斯托克斯(Navier—Stokes)方程，简称N. S方程。对于受迫流动，一般可忽略重力场的作用。

三、能量微分方程式

能量微分方程式描述流体温度场，由微元体能量守恒分析建立。从流场中（x，y）位置取出边长 dx、dy、dz 为 1 的微元体，如图 3-3 所示。如果忽略热辐射作用、耗散热损失和不考虑内热源，则列出微元体的能量平衡式

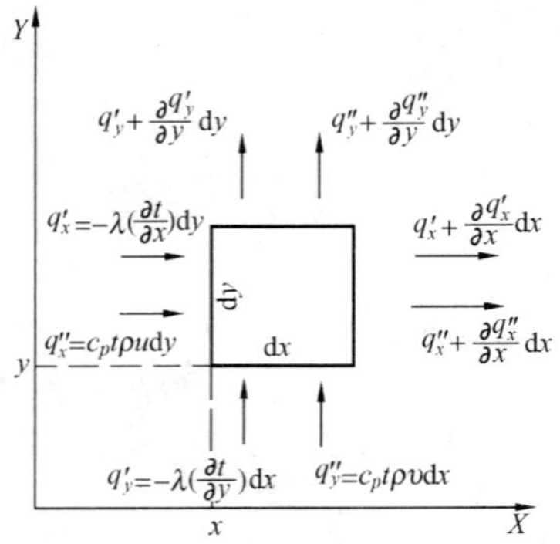

图 3-3 能量微分方程的推导

导热传入的净热量＋热对流传递带入的净能量 ＝微元体中储存能的增量 (c)

如图 3-3 所示的微元体，设 q' 为导热量，q'' 为热对流传递的能量，则

$$x\text{ 方向导入的净热量}=q'_x-\left(q'_x+\frac{\partial q'_x}{\partial x}dx\right)=\lambda\frac{\partial^2 t}{\partial x^2}dxdy$$

$$\text{同理，}y\text{ 方向导入的净热量}=\lambda\frac{\partial^2 t}{\partial y^2}dxdy$$

$$x\text{ 方向热对流传递的净能量}=q''_x-\left(q''_x+\frac{\partial q''_x}{\partial x}dx\right)=-\rho c_p\frac{\partial(tu)}{\partial x}dxdy$$

$$\text{同理，}y\text{ 方向热对流传递的净能量}=-\rho c_p\frac{\partial(tv)}{\partial y}dxdy$$

$$\text{微元体中储存能的增量}=\rho c_p\frac{\partial t}{\partial \tau}dxdy$$

将以上各项的能量式代入式（c）得

$$\lambda\frac{\partial^2 t}{\partial x^2}+\lambda\frac{\partial^2 t}{\partial y^2}-\rho c_p\frac{\partial(tu)}{\partial x}-\rho c_p\frac{\partial(tv)}{\partial y}=\rho c_p\frac{\partial t}{\partial \tau}$$

应用连续性方程式（3-3），上式简化整理为

$$\rho c_p\left(\frac{\partial t}{\partial \tau}+u\frac{\partial t}{\partial x}+v\frac{\partial t}{\partial y}\right)=\lambda\left(\frac{\partial^2 t}{\partial x^2}+\frac{\partial^2 t}{\partial y^2}\right) \tag{3-5}$$

上述式(3-3)～式(3-5)四个方程中包含了 4 个未知量，即 u、v、p、t，求解这些方程就可得到速度场和温度场，从而由式(3-2)可获得对流换热系数 α。但是该方程组复杂，尤其是 N-S 方程的复杂性和非线性的特点，使得用数学解法求解上述方程式非常困难，直到 1904 年德国科学家普朗特提出了边界层的概念，并用它来简化上述方程组后，其数学分析解才成为可能。

第三节 边界层的概念

半个世纪以前，德国科学家普朗特，在观察了黏性流体流过物体表面情形的基础上，提出了著名的边界层概念，即：当黏性流体流过壁面时，在壁面上存在一层流体薄层，在此薄层内存在速度梯度，而在薄层以外区域无速度梯度。现以流体掠过平板为例来说明边界层的特点。边界层概念的提出为对流换热问题、传质问题的数学分析解提供了理论基础。

一、速度边界层

1. 速度边界层的形成、发展及特征

如图 3-4 所示，流体稳定地沿平板受迫流动，在远离壁面（即 y 值较大）处，流体速度仍保持为来流速度 u_∞。接近壁面区域因受流体黏性的影响，速度逐渐下降，贴近壁面（即 $y=0$）处，速度下降为 0。在壁面附近，速度有强烈变化的流体薄层，称为速度边界层。通常把从速度为零的壁面到速度达到来流速度 u_∞ 的 99%处的距离，定义为速度边界层的厚度 δ。由图 3-4 可知，流体沿平板流动时速度边界层的厚度 δ 随着 x 的增加而增大。

速度边界层的形成是流体中黏性力作用的结果，根据牛顿黏性定律，流体的黏滞应力与垂直运动方向的速度梯度成正比，速度梯度大表明黏滞应力也大，即

$$\tau=\mu\frac{\partial u}{\partial y} \tag{3-6}$$

式中 τ——黏滞应力，N/m^2；

μ——动力黏度，$N\cdot s/m^2$。

对于工业中常见的流体，如空气、燃气、水等，虽然它们的黏度较低，但因速度梯度大，边界层内仍会有较大的黏滞应力，这是边界层的特征之一。

速度边界层的形成和发展过程最典型的是流体外掠平板时的情形，如图 3-4 所示。设流体以速度 u_∞ 流进平板前缘，此时边界层厚度为 0，流进平板后，壁面黏滞应力的影响将逐渐向流体内部传递，边界层的厚度也逐渐加厚，而边界层的流动状态在某一距离 x_c 以前会一直保持层流，在层流状态下，流体质点运动轨迹相互平行，呈一层一层的有秩序的滑动，称为层流边界层。图中绘出了层流边界层的速度分布示意图，它呈抛物线型。随着流体向下游流动，层流边界层增厚，边界层内速度梯度将变小，这样，壁面黏滞力对边界层边缘部分的影响就会减弱，而惯性力的影响就会相对增强，进而促使层流边界层的边缘开始逐渐变得不稳定起来，自距板前缘 x_c 起，层流即朝紊流过渡，紊流区开始形成。对于紊流流动主要靠宏观涡旋流在随机扩散过程中传递动量，要比层流传递动量的能力大，因而，壁面黏滞力向流体内部的传递距离会更远些，故从紊流开始出现起，边界层明显增厚，这段边界层称为过渡流。再向下游，边界层内的流体最终发展为旺盛的紊流。在紊流区域，流体在垂直于流体方向上出现紊乱的不规则的混杂现象，故称为紊流边界层。紊流边界层的速度分布呈幂函数线型。

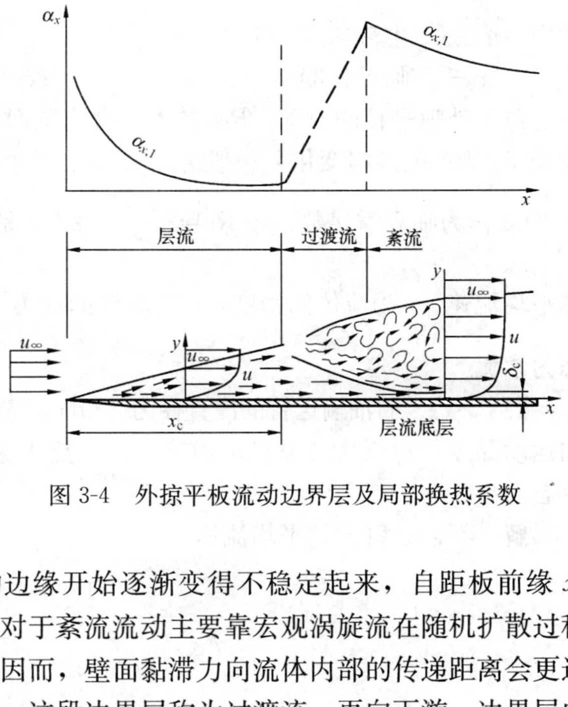

图 3-4 外掠平板流动边界层及局部换热系数

需要重点指出的，即使是紊流边界层，在它的紧靠壁处，黏滞力仍然占绝对的优势，使贴附于壁面上有一层极薄的层流底层，流体流动属于层流特征。无论是层流区还是层流底层，流体的层与层之间动量和热量的传递几乎完全靠分子的扩散运动，即导热。

综合上述分析，速度边界层有以下几个重要的特征：

（1）边界层厚度与平壁的定型尺寸 L 相比是极小的。

（2）边界层内存在较大的速度梯度。

(3) 边界层沿流体流动方向逐渐增厚。

(4) 流场可以划分为边界层区和主流区（边界层以外的区域，u 在 y 方向不再发生变化，称为主流区，速度为主流速度 u_{∞}），只有在边界层内才显示流体黏性的影响。

2. 雷诺数 Re 和临界雷诺数 Re_c

从板前缘开始，在某一段距离 x_c 内，边界层保持层流，超过这段距离后流体开始转变为紊流，x_c 称为临界距离。x_c 由临界雷诺数 Re_c 来确定。雷诺数 Re 是个无量纲的数，被定义为

$$Re=\frac{\rho uL}{\mu}=\frac{uL}{\nu}$$

式中 L——定型尺寸；

ρ、μ、ν、u——流体的密度、动力黏度、运动黏度和速度。

临界雷诺数 Re_c 则表示为

$$Re_c=\frac{\rho u_{\infty}x_c}{\mu}=\frac{u_{\infty}x_c}{\nu}$$

式中 u_{∞}——主流速度；

x_c——临界长度。

对于外掠平板的流动，Re_c 的大小会因壁面情况和是否有扰动源而有所不同，在 $3.2\times10^5\sim3\times10^6$ 范围内变化，一般情况取 $Re_c=5\times10^5$。对于流体在管内流动，工程上常取 $Re_c=2200$ 作为临界雷诺数，当 $Re=\frac{\rho u_m D}{\mu}<2200$ 是表明管内流体的流态为层流，u_m 为管内流体平均流速，ρ 为流体的密度，μ 为流体的动力黏度。若 $Re=\frac{\rho u_m D}{\mu}>2200$ 时管内流体的流态为紊流。

【例 3-1】 石油输送管的内直径为 200mm，流量为 1500kg/min，石油密度为 900kg/m^3，石油运动黏度，冷天为 1.092×10^{-4} m^2/s，热天为 0.355×10^{-4} m^2/s。试判断石油在管内的流态。

解 石油在管内的平均流速

$$u_m=\frac{\frac{1500}{60}}{900\times\pi\times\frac{0.2^2}{4}}=0.884\text{m/s}$$

冷天 $$Re_c=\frac{u_m D}{\nu}=\frac{0.884\times0.2}{1.092\times10^{-4}}=1619<2200\text{（层流）}$$

热天 $$Re_c=\frac{u_m D}{\nu}=\frac{0.884\times0.2}{0.355\times10^{-4}}=4980>2200\text{（紊流）}$$

3. 速度边界层厚度的计算式

根据玻尔豪森（E. Pohlhausen）的理论分析，对于外掠平板的速度边界层的层流区域，边界层厚度 δ 为

$$\delta=5xRe_x^{-\frac{1}{2}} \tag{3-7}$$

由上式可知，$x=0$ 时，边界层厚度为 0，随着 x 增大，边界层厚度增大。

对于紊流边界层，如果在平板前缘一开始就形成紊流边界层（一般由于 Re_x 很大或上游扰动很大），则在距前缘 x 处的边界层厚度，按卡门（Von Ka′rma′n）等人的分析应为

$$\delta=0.381xRe_x^{-\frac{1}{5}} \tag{3-8}$$

如果从平板前缘开始，边界层先为层流，当 Re_x 达到 5×10^5 点后变为紊流，在这种情况下的紊流边界层厚度按下式计算

$$\delta=x(0.381Re_x^{-\frac{1}{5}}-10256Re_x^{-1}) \tag{3-9}$$

上式范围为 $5\times10^5<Re_x<10^7$。

二、热边界层

类似于流动边界层，当流体流过与其温度不相同的壁面时，在壁面附近将形成一温度急剧变化的流体薄层，称为温度边界层或热边界层。如图 3-5 所示流体沿平板受迫地作层流流动。设平板温度为 t_w，来流温度为 t_f，且 $t_w<t_f$。很容易理解流体在流过平板时，必然被与它接触的壁面所冷却，形成如图中表示出的热边界层内流体温度分布，它呈抛物线型。热边界层厚度采用与速度边界层相类似的定义方法，即把流体过余温度$(t-t_w)$等于主流过余温度(t_f-t_w)99%的那个地点的离壁距离，规定为热边界层的厚度，以 δ_t 表示。δ_t 随着的 x 延伸而增大，而且沿平板整个截面上流体的温度均随着垂直距离 y 而不同，温度的显著变化发生在热流边界层内，热边界层以外的流体仍保持来流温度 t_f 不变。近壁流体中温度梯度的存在，说明流体与壁面之间具有热量传递，同时说明热阻主要存在于热边界层内。

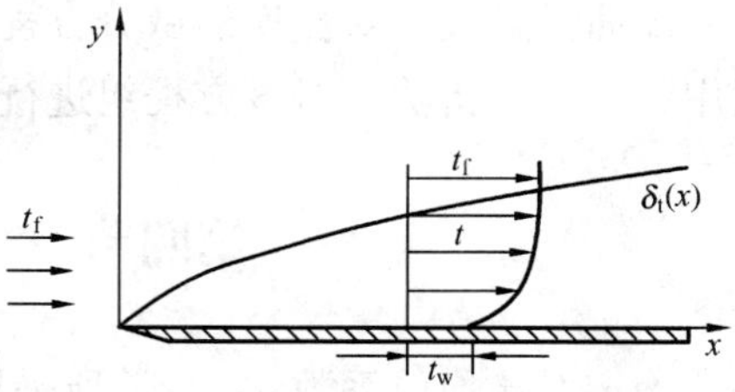

图 3-5　热边界层

三、速度边界层与热边界层的关系

一般情况下，热边界层厚度 δ_t 不一定等于速度边界层厚度 δ。在两种边界层同时形成于平板前缘和假定$\frac{\delta_t}{\delta}<1$ 的条件下，曾经对热边界层进行过分析，玻尔豪森提出下述关系式

$$\frac{\delta_t}{\delta}=0.977Pr^{-\frac{1}{3}}\approx Pr^{-\frac{1}{3}} \tag{3-10}$$

式中：Pr 为普朗特尔数，如同雷诺数一样，也是一个无量纲的数。$Pr=\frac{\nu}{a}$，运动黏度 ν 是反映流体中分子动量扩散能力的参数，热扩散率 a 是反映流体中分子热量扩散能力的参数，所以 Pr 数反映流体中动量和热量扩散的相对程度，是反映流体物性的参数。

不同的流体有不同的 Pr 数，严格的说，式(3-10)只适用于 $Pr>1$ 的流体。但对于空气，$Pr\approx0.7$，$\frac{\delta_t}{\delta}\approx1.1$，误差不大，可近似适用。对于液态金属，由于 $Pr\ll1$，δ_t 将远大于 δ，式(3-10)就不适用了。

【例 3-2】 空气在 20℃和一个大气压下，以速度 $u=10\text{m/s}$ 沿平板流动，试计算离前缘 0.3m 处的速度边界层厚度 δ 和热边界层厚度 δ_t。

解　由附录 5 查得该状态下空气的

$$\nu=15.11\times10^{-6}\text{m}^2/\text{s}；Pr=0.713$$

因而

$$Re_x=\frac{ux}{\nu}=\frac{10\times 0.3}{15.11\times 10^{-6}}=1.985\times 10^5$$

由于 $Re_x<Re_c$，边界层为层流。按式（3-7）得

$$\delta=5xRe_x^{-\frac{1}{2}}=5\times 0.3(1.985\times 10^5)^{-\frac{1}{2}}=3.367\times 10^{-3}\text{m}$$

由式(3-10)得

$$\frac{\delta_t}{\delta}=0.977Pr^{-\frac{1}{3}}=0.977(0.713)^{-\frac{1}{3}}=1.094$$

最后得

$$\delta_t=1.094\delta=1.094\times 3.367\times 10^{-3}=3.683\times 10^{-3}\text{m}$$

前面已述及，对流换热微分方程组数学分析求解的难度非常大，需要根据边界层特性，运用数量级分析法，对该方程组进行合理简化，得到边界层换热微分方程，以资求解。

第四节 对流换热系数 α 的确定方法

确定对流换热系数 α，目前所采用的方法有下列三种，但它们的应用范围，各有一定的限制，所以不能依靠一种方法去求解各种类型的对流换热问题。

一、相似理论指导下的实验法

对于数学解法，只能求解几何形状简单的问题，无法解决紊流对流换热的问题，因此研究对流换热主要还是靠实验手段。由于对流换热的影响因素很多而且有些因素互相制约，如改变温度，物性也随之改变，因此要想分别研究每个因素对换热的影响，将会使实验工作极难进行或十分繁重。因此，在如何通过实验寻找换热现象的规律以及推广应用实验结果等方面，用相似理论指导下的实验方法得到了普遍的应用。

相似理论弥补了以上实验研究的缺陷。根据相似理论，与换热过程有关的物理量（对换热有影响的因素）可组成为若干个无量纲的物理量组合，称为相似准则（如 Re 数、Pr 数等）。然后以相似准则作为整体变量来研究它们之间的关系，并且综合为实验准则关联式，利用这些准则方程式，就可以求得待定的物理量，例如换热过程的对流换热系数 α。因为相似准则的数目比原来的物理量少，故用它来进行实验，可以大大减少实验次数，而且将实验结果整理成准则关联式后，还可以应用到符合相似条件的各种对流换热中，扩大了实验结果的应用范围。有关相似理论及实验准则关联式的获得，将在后面作进一步的详细阐明。

二、边界层对流换热微分方程组的数学解法

在前面已提到，如果用数学分析法直接对对流换热微分方程组求解，实际上是无法进行的，提出边界层概念后，将对流换热微分方程组进行了简化，简化为边界层对流换热微分方程组，这样才可以用数学分析法解决对流换热问题。目前求解方法有下面三种，在此作简明介绍：

（1）精确解法：利用边界层对流换热微分方程组及其定解条件，作一些合理的假定，将边界层的偏微分方程组转变为常微分方程组，然后求解此常微分方程组。

（2）近似解：首先假定边界层内的速度分布和温度分布，然后解边界层的动量和能量积分方程式。由于假定的速度分布和温度分布只能近似反映实际情况，故所得结果较之精确解

其误差可能更大些。

(3) 数值解法：数值解法一般是把微分方程式变为差分方程式，然后求解有限个节点上的流速和温度值。随着大容量高速电子计算机的出现，数值解法可以解决更复杂的对流换热问题。

数学解法必须由实验结果来检验。根据实验结果，又可对数学解法进行修正，使之与实际更符合。因此，数学解法和实验法是相辅相成的。

三、热量和动量（质量）传递间的比拟法

比拟法也是分析对流换热过程的手段之一。在紊流换热过程中，由于目前对紊流中能量交换机理了解得不够，所以往往不易直接写出描述温度分布的数学表达式。通过分析研究，一致认为流体具有垂直于流动方向的混杂运动时，动量和热量传递的物理结构是类似的。比拟法就是利用动量和热量传递的类似规律，求解换热系数 α 的。

对于确定换热系数 α 的方法，本书重点讨论相似理论指导下的实验法。

第五节 相似理论基础及实验准则关联式的获得

由于对流换热过程的复杂性，实验研究仍然是求解对流换热问题的一个重要而可靠的手段。相似理论是指导实验的理论，通过建立实验模型，布置实验，并将测得的大量实验数据，经过整理，可以得到各物理现象相似的实验准则关联式。本节介绍相似理论及实验准则关联式的获得。

一、物理现象相似的概念

“相似”概念来源于几何学，也适用于物理现象。物理现象相似必须满足三个相似条件，下面分别阐明。

(1) 同类现象：物理相似现象必须是同一类现象。所谓同类物理现象，是指那些服从同一自然规律，性质相同的物理过程，它们可用相同形式和相同内容的微分方程式来描述。例如描述自然对流换热过程的微分方程是不同于受迫对流换热的微分方程，它们不属于同类对流换热现象。只有同类现象才可谈相似问题。

(2) 在空间各对应点上，同名物理量成同一比例(也就是各物理量场相似)，这是物理现象相似的第二个条件。

以一简单例子来说明。例如，如图 3-6 所示，流体在管内稳态流动时的速度场相似，也就是管内对应各点的速度成一定比例。点 $1'$ 与点 $1''$、点 $2'$ 与点 $2''$、点 $3'$ 与 $3''$ 点，它们分别在对应截面的 1/4、1/2、3/4 的半径处，彼此为对应点。构成空间各对应点，必然满足下列关系式

$$\frac{r'_1}{r''_1}=\frac{r'_2}{r''_2}=\frac{r'_3}{r''_3}=\cdots\cdots=\frac{r'}{r''}=C_l$$

式中：C_l 为几何相似倍数。如果速度场相似，这些对应点上的速度之比保持一定的比例，即

$$\frac{u'_1}{u''_1}=\frac{u'_2}{u''_2}=\cdots\cdots=\frac{u'}{u''}=C_u$$

式中：C_u 为速度相似倍数。

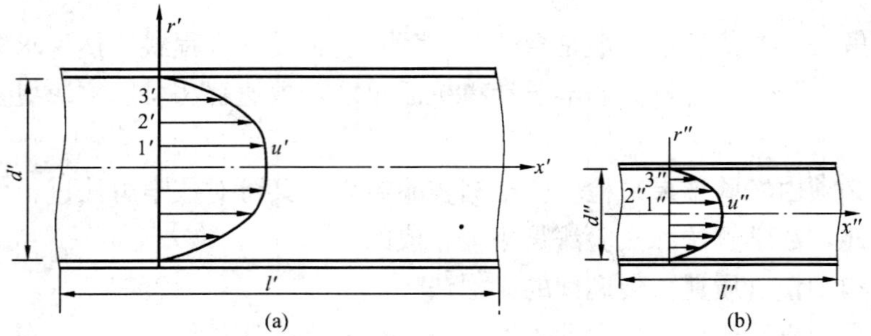

图 3-6　管内速度场相似

再以外掠平板对流换热边界层温度场相似现象为例。设温度沿 x、y 方向变化，凡坐标满足下列关系的点就是空间对应点，如图 3-7 所示。

$$\frac{x'_1}{x''_1}=\frac{x'_2}{x''_2}=\frac{x'_3}{x''_3}=\cdots\cdots=\frac{x'}{x''}=C_l$$

$$\frac{y'_1}{y''_1}=\frac{y'_2}{y''_2}=\frac{y'_3}{y''_3}=\cdots\cdots=\frac{y'}{y''}=C_l$$

所谓温度场相似，是指对应点上过余温度 θ' 与 θ'' 成比例，即

$$\frac{\theta'_1}{\theta''_1}=\frac{\theta'_2}{\theta''_2}=\frac{\theta'_3}{\theta''_3}=\cdots\cdots=\frac{\theta'}{\theta''}=C_\theta$$

式中：过余温度 $\theta'=t'-t'_{\mathrm{w}}$；$\theta''=t''-t''_{\mathrm{w}}$；$C_\theta$ 为温度相似倍数。

但是，如果温度场是随时间变化的非稳态温度场，则还必须考虑温度随时间变化的相似，即必须是在时间对应瞬间，空间对应点上过余温度成比例，才能认为两者温度场相似。图 3-8 是空间两个对应点上 θ 随时间的变化规律（亦可用相应的函数关系表达），对应瞬间即

$$\frac{\tau'_1}{\tau''_1}=\frac{\tau'_2}{\tau''_2}=\frac{\tau'_3}{\tau''_3}=\cdots\cdots=\frac{\tau'}{\tau''}=C_\tau$$

式中：C_τ 为时间相似倍数，在对应的时间发生了相似的变化。

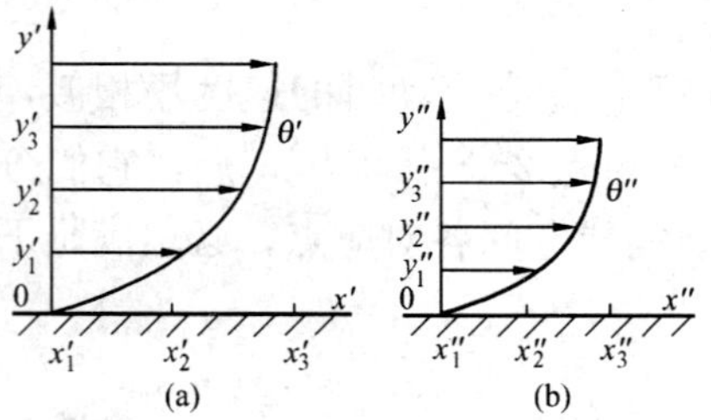

图 3-7　壁面边界层温度场相似

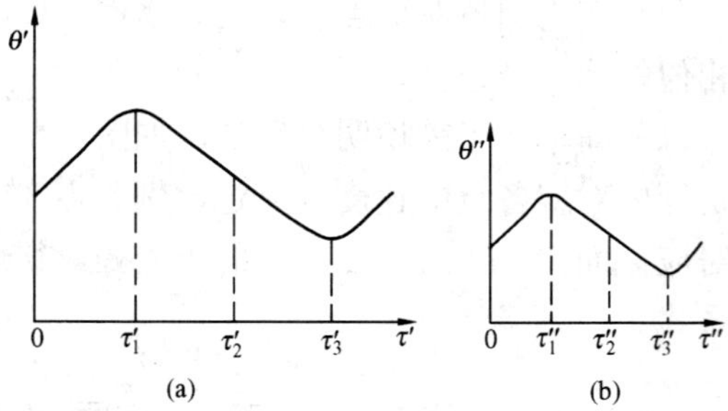

图 3-8　温度变化相似

通过上面例子，可以理解物理量相似的概念，即在空间各对应点，同名物理量成同一比例。影响对流换热的因素很多，包括温度 t、速度 u、导热系数 λ、几何尺寸 l 等等，而每个量都有在对流换热系统中的分布状况，因此，如果两对流换热现象相似，它们的温度场、速度场、黏度场、导热系数场、壁面几何因素……都应分别相似，即

$$\frac{\tau'}{\tau''} = C_\tau$$

$$\frac{x'}{x''} = \frac{y'}{y''} = \frac{z'}{z''} = C_l$$

$$\frac{\theta'}{\theta''} = C_\theta$$

$$\frac{u'}{u''} = C_u$$

$$\frac{\lambda'}{\lambda''} = C_\lambda$$

$$\frac{\nu'}{\nu''} = C_\nu$$

…………

…………

(3) 各物理量的相似倍数不是随意选择的，要受描写对流换热现象的微分方程所制约，这是物理现象相似的第三个条件。

二、相似原理

1. 相似性质

如前所述，两物理现象相似，各物理量场分别相似，据此可导出相似现象的一个重要性质：彼此相似的现象，它们的同名相似准则必定相等。

2. 相似分析

下面对稳态无相变对流换热过程分析，利用相似原理从微分方程中直接导出各相似准则，即从单相流体对流换热微分方程式(3-2)、式(3-3)、式(3-4)、式(3-5)等导出相似准则。

从对流换热过程微分方程式(3-2)导出 Nu。设 a、b 两对流换热现象相似，由式(3-2)可分别写出

现象 a $$\alpha'\Delta\theta' = -\lambda'\left(\frac{\partial\theta'}{\partial y'}\right)_{\mathrm{W}} \tag{1}$$

现象 b $$\alpha''\Delta\theta' = -\lambda''\left(\frac{\partial\theta'}{\partial y'}\right)_{\mathrm{W}} \tag{2}$$

a、b 相似，它们各物理量场应分别相似，即

$$\frac{\alpha'}{\alpha''} = C_\alpha;\ \frac{\theta'}{\theta''} = C_\theta;\ \frac{y'}{y''} = C_l;\ \frac{\lambda'}{\lambda''} = C_\lambda \tag{3}$$

即 $$\alpha' = C_\alpha\alpha'';\ \theta' = C_\theta\theta'';\ y' = C_l y'';\ \lambda' = C_\lambda\lambda'' \tag{4}$$

把式(4)代入式(1)，整理后得

$$\frac{C_\alpha C_l}{C_\lambda}\alpha''\Delta\theta'' = -\lambda''\left(\frac{\partial\theta''}{\partial y''}\right)_{\mathrm{W}} \tag{5}$$

比较式(2)和式(5)，必然为

$$\frac{C_\alpha C_l}{C_\lambda} = 1 \tag{6}$$

式(6)表示两对流换热过程相似时，相似倍数的制约关系，即式(6)的关系必须等于 1。再将式(3)代入式(6)得

$$\frac{\alpha' y'}{\lambda'} = \frac{\alpha'' y''}{\lambda''} \tag{7}$$

因为，系统的几何量可以用换热面的定型尺寸表示，即$\frac{y'}{y''}=\frac{l'}{l''}=C_l$，故上式改写为

$$\frac{\alpha' l'}{\lambda'}=\frac{\alpha'' l''}{\lambda''}$$

即

$$Nu'=Nu'' \tag{8}$$

式(8)表明 a、b 两对流换热过程相似，必然 $Nu=\frac{\alpha l}{\lambda}$数保持相等。

以上导出准则的方法称为相似分析。同理，从动量微分方程式(3-4)导出 Re，得出结论：两现象流体运动相似，Re 数相等；从能量微分方程式(3-5)导出贝克利准则(Pe)，$Pe=\frac{ul}{a}$，其中 a 为导温系数。由于 $Pe=\frac{\nu}{a}\frac{ul}{\nu}=Pr\cdot Re$，$Pr=\frac{\nu}{a}$，即普朗特准则，所以得出结论：两换热现象相似，普朗特准则必定相等。如果流体运动是因温度差而引起的浮升力产生的，即自然对流换热，也可以从动量微分方程式中导出反映浮升力影响的格拉晓夫准则(Gr)。格拉晓夫准则表征浮升力与黏滞力的相对大小，$Gr=\frac{\beta g\Delta t l^3}{\nu^2}$，得出结论：自然对流换热现象相似，格拉晓夫准则必定相等。

以上几个准则(Re、Gr、Pr、Nu)是研究对流换热问题常用的几个准则，详细推导过程见参考文献。相似准则都是从微分方程式导出的，都具有一定的物理意义，在前面的分析中，对它们已有一定认识，现作一些补充说明。

雷诺准则，$Re=\frac{ul}{\nu}$，从动量微分方程的惯性力项和黏滞力项相似倍数之比得出，它的大小表征了流体流动时惯性力与黏滞力的相对大小。Re 数增大说明惯性力作用的扩大。

格拉晓夫准则，$Gr=\frac{\beta g\Delta t l^3}{\nu^2}$，从自然对流动量微分方程式浮升力项与黏滞力项相似倍数之比导出，表征浮升力与黏滞力的相对大小，流体自然对流状态是浮升力与黏滞力相互矛盾的结果。Gr 增长，表明浮升力作用的增长。

普朗特准则，$Pr=\frac{\nu}{a}\left(\text{其中 } a=\frac{\lambda}{\rho c}\right)$，包含了流体的重要物性，又称物性准则。

努谢尔特准则，$Nu=\frac{\alpha l}{\lambda}$，若在式(3-2)两边同乘以 l，略去角码 x，并引入无量纲过余温度 $\Theta=\frac{t-t_w}{t_f-t_w}$，经整理得

$$\frac{\alpha l}{\lambda}=\left[\frac{\partial\left(\frac{t-t_w}{t_f-t_w}\right)}{\partial(y/l)}\right]_w=\left(\frac{\partial\Theta}{\partial Y}\right)_w$$

故 Nu 表征壁面法向无量纲过余温度梯度的大小。而梯度的大小，能反映出对流换热的强弱。

三、相似准则关联式的获得方法——实验数据整理方法

由于描述现象的微分方程时表达了各物理量之间的函数关系，那么由这些量组成的准则应存在函数关系。下面列出各类对流换热问题的准则关联式的组成。

对无相变受迫稳态流动换热，且当不忽略自然对流时，准则关联式为

$$Nu = f(Re, Pr, Gr) \tag{3-11}$$

若自然对流的影响可以忽略不计，则从式(3-11)中去掉 Gr，故受迫稳流换热准则关联式为

$$Nu = f(Re, Pr) \tag{3-12}$$

对于空气 Pr 可作为常数，故空气受迫紊流换热时的准则关联式为

$$Nu = f(Re) \tag{3-13}$$

对于自然对流换热，则可从式(3-11)中去掉 Re，则自然对流换热准则关联式为

$$Nu = f(Pr, Gr) \tag{3-14}$$

在准则关联式中，Nu 是个待定准则，它包含了待求的换热系数。其他准则为已知，故 Re、Pr、Gr 等又统称为已定准则。各准则中的物理性质和几何量，均按定性温度和定型尺寸确定，定性温度和定型尺寸的选择方法不同，准则的数值必定不同。

1. 定性温度

定性温度是指决定相似准则中物性参数的温度。根据相似准则理论来整理实验数据时，如何选择定性温度是一个非常重要的问题。目前，采用较多的有流体的平均温度 t_f 和热边界层的平均温度 $t_m = \frac{1}{2}(t_f + t_w)$，$t_w$ 为壁温。在选用经验准则关联式计算换热系数 α 时，必须注意与整理该公式时所用的定性温度一致。

对于选择管道流体的平均温度，可以取管道进、出口断面的平均温度 t'_f 及 t''_f 的算术平均值，即

$$t_f = \frac{(t'_f + t''_f)}{2} \tag{3-15}$$

这种温度平均法只适用于全管长温度变化不大的情况。当温度变化很大时，求流体的平均温度应采用下式

$$t_f = t_w \pm \Delta t_m \tag{3-16}$$

式中 Δt_m——沿管道长度方向 t_f 和 t_w 的对数平均温度差，Δt_m 为

$$\Delta t_m = \frac{(t_w - t'_f) - (t_w - t''_f)}{\ln \frac{t_w - t'_f}{t_w - t''_f}} = \frac{\Delta t' - \Delta t''}{\ln \frac{\Delta t'}{\Delta t''}} \tag{3-17}$$

式中“$-$”号用于 $t_w > t_f$；“$+$”号用于 $t_w < t_f$。如果 $\Delta t'$ 与 $\Delta t''$ 之比小于 2，则可用式(3-15)代替式(3-16)，误差小于 4%。

2. 定型尺寸

定型尺寸是指包含在相似准则中的几何尺度，如 $Nu = \frac{\alpha L}{\lambda}$，$Re = \frac{uL}{\nu}\left(\text{或 } Re = \frac{uD}{\nu}\right)$，$Gr = \frac{\beta g \Delta t L^3}{\nu^2}$ 中 L 即是。在计算相似准则时，应该选取对对流换热有显著影响的某一几何尺度作为定型尺度，例如，管内流动取管内直径 D，沿平板流动时取板长 L。

3. 相似准则关联式的获得

相似理论从原则上阐明了实验结果应整理为相似准则间的关联式，但具体准则函数形式则通过实验数据整理而得。准则函数通常习惯整理为幂函数形式如下

$$Nu = CRe^n$$

$$Nu = CRe^nPr^m$$

$$Nu = C(Gr \cdot Pr)^n$$

式中：C、n、m 等都是由实验数据确定的。

这种实用关联式的形式有一个突出的优点，即幂函数在十进位的坐标图上是一条曲线，而在纵、横坐标都是对数的双对数坐标图上会得到一条直线，以 $Nu=CRe^n$ 为例，它在 lgNu 和 lgRe 的坐标图上呈直线，如图 3-9 所示，即

$$\lg Nu=\lg C+n\lg Re \tag{3-18}$$

n 的数值是直线的斜率，lg$C$ 是在纵坐标的截距，即

$$n=\tan\varphi=\frac{l_2}{l_1} \tag{3-19}$$

$$C=\frac{Nu}{Re^n} \tag{3-20}$$

式中的 Nu 及 Re 值是关联线上任一点的坐标，而不是实验点的数据。在有大量实验数据点的情况下，可靠的方法是使用计算机由最小二乘法确定 C、n。

图 3-10 描绘出以 lg($Nu \cdot Pr^{-0.4}$)为纵坐标、以 lgRe 为横坐标的管内紊流换热实验数据点及所得的准则关联式的代表线。

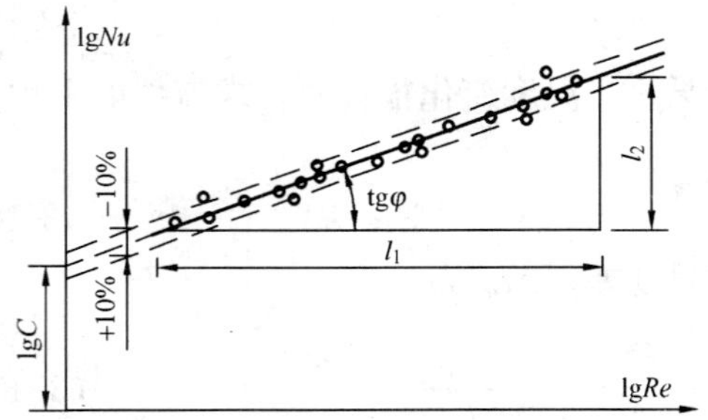

图 3-9 $Nu=CRe^n$ 的图示

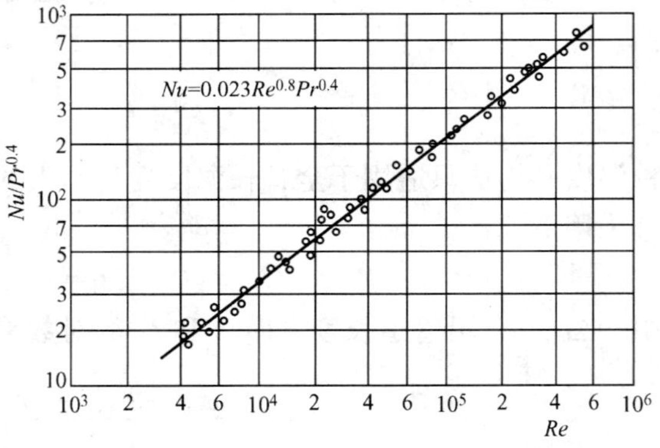

图 3-10 管内紊流换热实验点和准则关联式

【例 3-3】 空气横向流过单管的换热过程，单管外径为 12mm，曾在 $5\times10^3<Re<20\times10^3$ 范围内进行试验，试验数据综合所得的几组准则数值列于下表。试确定该现象中相似准则之间的具体函数关系。

$Re\cdot10^{-3}$	5.45	6.87	8.04	9.55	11.60	15.10	20.20	20.40
Nu	39.9	45.1	50.6	56.4	62.5	74.5	86.1	87.9

解 因为流体为空气，它的 $Pr\approx0.72$，可认为是定值。故准则方程式有下列形式

$$Nu = f(Re) = CRe^n$$

把试验所得的相似准则的值点绘在双对数坐标图上，与直线十分符合，故的确能满足指数关系，见图 3-11。由图得指数 $n=\dfrac{a}{b}=0.60$。关于 C 值的确定，也可采用下法，即按直线

上任意点的对应值由式 $C=\frac{Nu}{Re^{0.60}}$ 求出。考虑到计算结果的精确性，通常对三个点重复计算，然后取其平均值。如取上表中 1、5、8 组的准则数，则得

$$C_1=\frac{Nu_1}{Re_1^{0.60}}=\frac{39.9}{(5450)^{0.60}}=0.2286$$

$$C_5=\frac{Nu_5}{Re_5^{0.60}}=\frac{62.5}{(11600)^{0.60}}=0.2276$$

$$C_8=\frac{Nu_8}{Re_8^{0.60}}=\frac{87.9}{(20400)^{0.60}}=0.2281$$

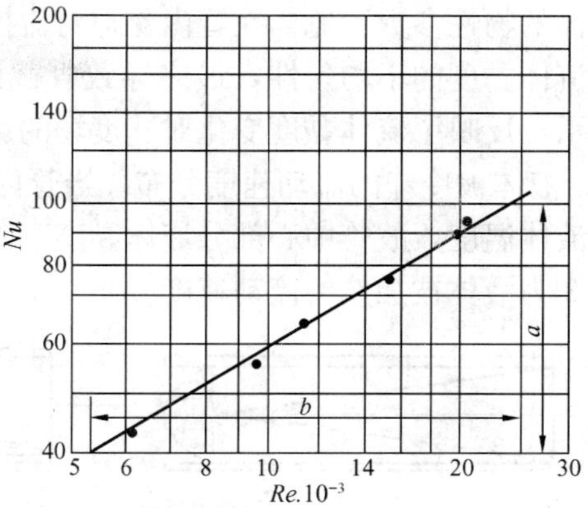

图 3-11　确定指数的对数坐标图

而

$$C=\frac{1}{3}(C_1+C_5+C_8)=\frac{1}{3}(0.2286+0.2276+0.2281)=0.2281$$

最后得到空气横向流过单管换热的准则关联式

$$Nu=0.2281Re^{0.60}$$

第六节　单相流体对流换热实验准则关联式

一、流体管道内受迫流动换热

1. 流动和换热特征

(1) 入口效应对换热的影响。在边界层分析中指出，流体在管内流动，从管口开始，其流动边界层须经历一段距离，管断面流速分布和流动状态才能达到定型，这段距离通常称进口段。之后，流动达到充分发展，称为流动充分发展段。在流动充分发展段，流体径向(r)速度分量 v 为 0，且管轴向(x)速度 u 不再随 x 变化。类似地，热边界层同流动边界层具有相似的发展情况。热边界层沿管流方向不断增厚，达到某个截面充满整个管道，即边界层厚度 $\delta_t=R$，这段为热进口段。在热进口段之后的区段为热充分发展段。实验表明，在充分发展段一个综合性的无量纲温度 $\frac{t_w-t}{t_w-t_f}$ 随管长保持不变。

流动进口段与热进口段的长度不一定相等，取决于 Pr，当 $Pr>1$ 时，流动进口段比热进口段短；当 $Pr<1$ 时，情形正相反。

图 3-12 定性地绘出管内局部换热系数 α_x 随 x 的变化(以 $Pr=1$ 为例标绘的，即流动达到充分发展段时，换热也进入热充分发展段)。在进口处边界层最薄，α_x 具有最高值。随后，由于边界层厚度增加，α_x 逐渐降低。在层流情况下，α_x 趋于不变的距离较长。在紊流情况下，当边界层转变为紊流后，α_x 迅速回升，并迅速趋于不变值。图 3-12 还表明，在进口段，无论是层流还是紊流，由于边界层较薄，对流换热系数要比热充分发展段高，这种现象称为入口效应。鉴于进口段 α_x 的变化，管内平均换热系数的计算要注意管的长度。

(2) 流体物性对换热的影响。在流体与壁面对流换热过程中，流体温度的变化必然改变

流体的物性参数。流体在管内受迫对流换热时，管截面上流体温度分布是不均匀的，必然引起流体黏度的不均匀性，最终导致管截面上流体速度分布畸形，从而影响换热。如图 3-13 所示，反映了流体黏度变化对速度场的影响。图 3-13 中，曲线 1 为等温流动速度分布，曲线 2 为液体被冷却的流动速度分布。当管内液体被冷却时，因壁面附近液体温度低于管中心部分液体温度，故管中心部分液体黏度下降，流速加快。而管壁附近的流体流速相对减小。曲线 3 为液体被加热的流动速度分布，不难分析出液体被加热形成如图曲线 3 的速度分布。

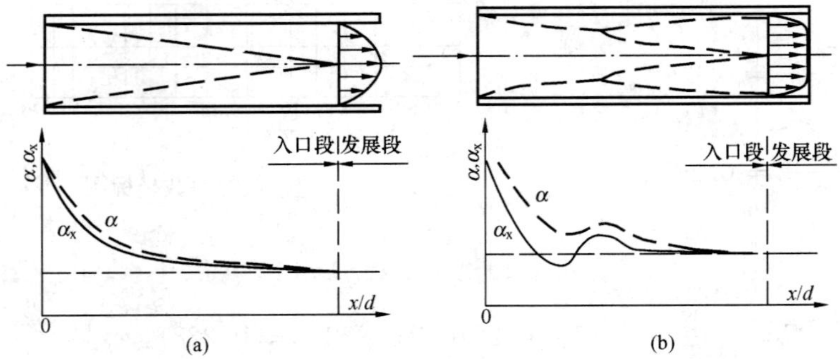

图 3-12　管内流动局部换热系数及平均换热系数的变化

(a)层流；(b)紊流

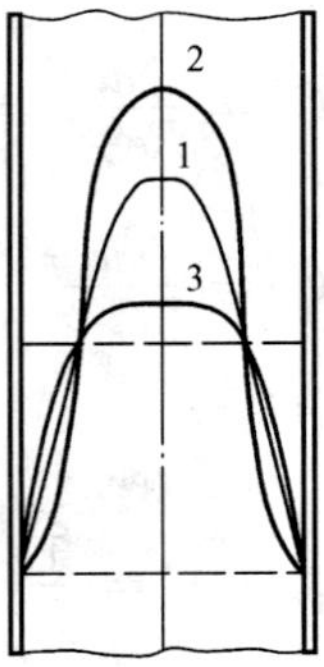

图 3-13　黏度变化对速度场的影响

1—等温流；2—冷却液体或加热气体；3—加热液体或冷却气体

由于流体黏性的不均匀引起速度分布的畸形，速度分布通过温度分布影响换热强度。通常在准则关联式中引入修正系数$\left(\frac{\mu_f}{\mu_w}\right)^n$、$\left(\frac{T_f}{T_w}\right)^n$或$\left(\frac{Pr_f}{Pr_w}\right)^n$，其中，$n$ 为指数；μ_f 为 t_f(流体平均温度)时的流体动力黏度；μ_w 为 t_w(壁面温度)时的流体动力黏度；Pr_f 为 t_f 下的物性准则数；Pr_w 为 t_w 下的物性准则数。

(3) 非圆形截面管道。对于椭圆、矩形流道等，定型尺寸采用当量直径 d_e，即

$$d_e = \frac{4f}{U} \tag{3-21}$$

式中　f——管道截面面积，m^2；

　　　U——管道截面的润湿周长，m。

对边长为 a 的正方形管道

$$d_e=\frac{4a^2}{4a}=a$$

对边长为 a 和 b 的长方形管道

$$d_e = \frac{4ab}{2(a+b)} = \frac{2ab}{a+b}$$

对内管外径为 d_1、外管内径为 d_2 的同心圆的环形管道

$$d_e = \frac{\pi(d_2^2-d_1^2)}{\pi(d_2+d_1)} = d_2 - d_1$$

(4) 螺旋形管。对于螺旋形管，如螺旋板式换热器，流体通道呈螺旋形。在弯曲的通道

中流动产生离心力，将在流场中形成二次环流，有利于换热，而且管的弯曲半径越小，二次环流影响越大。故引入修正系数 ε_R：

气体 $$\varepsilon_R = 1 + 1.77\frac{d}{R}$$

液体 $$\varepsilon_R = 1 + 10.3\left(\frac{d}{R}\right)^3$$

式中 R——螺旋管曲率半径，m；

d——管直径，m。

2. 实用准则关联式

管内流体流动对流换热，按流体的流态，分为旺盛紊流（$Re_f \geqslant 10^4$）、过渡流（$2200 < Re_f < 10^4$）和层流（$Re_f \leqslant 2200$），根据各种流态分别介绍实用准则关联式，见表 3-1。

表 3-1　不同流态下管内流动对流换热的准则关联式

流态	实用准则关联式	适用范围
旺盛紊流	$Nu_f = 0.023Re_f^{0.8}Pr_f^n$ (3-22) 加热流体时 $n=0.4$ 冷却流体时 $n=0.3$	空气 $t_f - t_w < 50$℃ 液体 $t_f - t_w < 20$℃ $L/d \geqslant 10$ $Re_f > 10^4$ $Pr_f = 0.7 \sim 160$ 定性温度 t_f 定型尺寸为管内径 d
旺盛紊流	$Nu_f = 0.027Re_f^{0.8}Pr_f^{1/3}\left(\frac{\mu_f}{\mu_w}\right)^{0.14}$ (3-23) 不均匀物性场的修正要求严格时采用下表 （ ｜加热｜冷却） 液体：$\left(\frac{\mu_f}{\mu_w}\right)^n$ ｜ $n=0.11$ ｜ $n=0.25$ 气体：$\left(\frac{T_f}{T_w}\right)^n$ ｜ $n=0.55$ ｜ $n=0$	$L/d > 10$ $Re_f > 10^4$ $Pr_f = 0.7 \sim 16700$ 用于大温差 $(t_f - t_w) > 50$℃
层流	常壁温时 $Nu_f = 1.86(Re_f Pr_f)^{1/3}\left(\frac{d}{L}\right)^{1/3}\left(\frac{\mu_f}{\mu_w}\right)^{0.14}$ (3-24)	$Re_f \leqslant 2300$ $0.48 < Pr_f < 16700$ $0.0044 < \left(\frac{\mu_f}{\mu_w}\right) < 9.75$
层流	$Nu_f = 4.36$　$(q=\text{const})$ (3-25a) $Nu_f = 3.66$　$(t_w=\text{const})$ (3-25b)	$\left[\left(Re \cdot Pr \cdot \frac{d}{L}\right)^{1/8}\left(\frac{\mu_f}{\mu_w}\right)^{0.14}\right] \leqslant 2$
过渡流	对于气体 $Nu_f = 0.0214(Re_f^{0.8} - 100)Pr_f^{0.4}\left[1 + \left(\frac{d}{L}\right)^{2/3}\right]\left(\frac{T_f}{T_w}\right)^{0.45}$ (3-26a)	$2300 < Re_f < 10^4$ $0.6 < Pr_f < 1.5$ $0.5 < \left(\frac{T_f}{T_w}\right) < 1.5$
过渡流	对于液体 $Nu_f = 0.012(Re_f^{0.87} - 280)Pr_f^{0.4}\left[1 + \left(\frac{d}{L}\right)^{2/3}\right]\left(\frac{Pr_f}{Pr_w}\right)^{0.11}$ (3-26b)	$2300 < Re_f < 10^4$ $1.5 < Pr_f < 500$ $0.05 < \left(\frac{Pr_f}{Pr_w}\right) < 20$

上式中，凡下注脚为 f 的准则及物性参数，定性温度为全管长流体的平均温度 t_f；下脚为 w 的物性参数，定性温度为固体壁面的温度 t_w。在式中，如果壁温未知，则须采用试算法进行，先假定 t_w，再进行校核。

【例 3-4】 温度为 $t_f=30℃$、压力 $p=9.8\times10^4$Pa 的空气，以流速 $u=10$m/s 在管内径为 $d=40$mm 的圆管中流动，管内表面温度为 70℃并维持恒定，求空气与管内表面间的换热系数。

解　由于温差 $t_w-t_f=70-30=40<50℃$，为小温差，故采用式（3-22），由于流体被加热故取 $n=0.4$。于是 $Nu_f=0.023Re_f^{0.8}Pr_f^{0.4}$

按定性温度 $t_f=30℃$，由附录 5 查得

$$\lambda=0.0267\text{W}/(\text{m}\cdot℃)；\nu=16.0\times10^{-6}\text{m}^2/\text{s}；Pr=0.701$$

则

$$Re_f=\frac{ud}{\nu}=\frac{10\times0.04}{16.0\times10^{-6}}=2.5\times10^4>10^4(\text{紊流})$$

于是

$$Nu_f=0.023\times(2.5\times10^4)^{0.8}\times(0.701)^{0.4}=65.82$$

所以

$$\alpha=Nu_f\frac{\lambda}{d}=65.82\times\frac{0.0267}{0.04}=43.93\text{W}/(\text{m}^2\cdot℃)$$

二、流体沿平板流动的换热

流体沿平板流动时边界层的形成和发展已在前面作过介绍。现就边界层为层流和紊流的两种换热情况，介绍几个常用准则关联式，见表 3-2。

表 3-2　　不同流态下沿平板流动对流换热的准则关联式

流态	实用准则关联式	适用范围
层流	$Nu_{m,x}=\frac{\alpha_x x}{\lambda}=0.332Re_{m,x}^{0.5}Pr_m^{1/3}$　(3-27a) $Nu_{m,L}=\frac{\alpha L}{\lambda}=0.664Re_{m,L}^{0.5}Pr_m^{1/3}$　(3-27b)	$0.5<Pr_m<50$ $Re_m<5\times10^5$ 定性温度　$t_m=\frac{1}{2}(t_f+t_w)$ 式（3-27a）适用于流动距离为 x。式（3-27b）为全板长，定型尺寸 L
紊流	（1）从 $x=0$ 开始就形成紊流流态 $Nu_{m,x}=0.0296Re_{m,x}^{0.8}Pr_m^{1/3}$　(3-28a) $Nu_{m,L}=0.037Re_{m,L}^{0.8}Pr_m^{1/3}$　(3-28b)	$0.6<Pr_m<60$ $Re_m>5\times10^5$ 定性温度　$t_m=\frac{1}{2}(t_f+t_w)$ 式（3-28a）适用于流动距离为 x。式（3-28b）为全板长，定型尺寸 L
	（2）$x=0$ 处开始，平板前缘为层流，后过渡到紊流 $Nu_m=0.037(Re_m^{4/5}-C)Pr_m^{1/3}$　(3-29)	当 $Re_c=10^5$ 时，$C=4300$ 当 $Re_c=3\times10^5$ 时，$C=14200$ 当 $Re_c=5\times10^5$ 时，$C=23500$ 定性温度　$t_m=\frac{1}{2}(t_f+t_w)$ 定型尺寸 L

【例 3-5】 飞机的机翼可忽略它的曲度而当作一块矩形平板看待。设飞机在 1000m 的高空以 240km/h 的速度飞行。周围空气被认为是静止的。大气压为 0.899×10^5N/m²，温度为 8.5℃。若机翼表皮的平均温度 $t_w=31.5℃$，翼弦 $L=1.5$m，并设机翼上边界层转换点的临

界雷诺数 $Re_c=5\times10^5$。试求整个机翼的平均换热系数和从机翼上散走的热流密度。

解　定性温度 $t_m=\frac{1}{2}(t_f+t_w)=\frac{1}{2}(8.5+31.5)=20$℃，由附录 5 查得

$$Pr_m=0.713;\ \lambda_m=0.0257\text{W}/(\text{m}\cdot℃);\ \mu_m=1.82\times10^{-5}\text{N}\cdot\text{s}/\text{m}^2$$

因 $\nu_m=\frac{\mu_m}{\rho_m}$，而 ρ 与压力有关，故 ν_m 应由高空的 ρ_m 值确定。由理想气体状态方程式，得

$$\rho_m=\frac{p}{RT_m}=\frac{89900}{287(273+20)}=1.069\text{kg/m}^3$$

则

$$\nu_m=\frac{\mu_m}{\rho_m}=\frac{1.82\times10^{-5}}{1.069}=1.703\times10^{-5}\text{m}^2/\text{s}$$

而飞行速度

$$u=\frac{240\times10^3}{3600}=66.7\text{m/s}$$

整个机翼的平均换热系数可按式（3-29）计算；因 $Re_c=5\times10^5$，故

$$Nu_m=0.037(Re_m^{4/5}-23500)Pr_m^{1/3}$$

$$\alpha=0.037\frac{\lambda m}{L}\left[\left(\frac{uL}{\nu_m}\right)^{4/5}-23500\right]Pr_m^{1/3}$$

$$=0.037\frac{0.0257}{1.5}\left[\left(\frac{66.7\times1.5}{1.703\times10^{-5}}\right)^{4/5}-23500\right]\times0.713^{1/3}$$

$$=135.3\text{W}/(\text{m}^2\cdot℃)$$

热流密度则为

$$q=\alpha(t_w-t_f)=135.3(31.5-8.5)=3112\text{W/m}^2$$

三、流体横向外掠圆管时的换热

1. 横掠单管对流换热

（1）流动和换热特征。横掠单管流动边界层的特征如图 3-14 所示。流体横掠单管时，近壁处流体压力沿程发生变化。大约在管的前半周，壁面附近的流体压力递减，即 $\frac{dp}{dx}<0$，相应主流速度 u_∞ 沿程逐渐增加；而在管的后半周压力沿程递增，即 $\frac{dp}{dx}>0$，相应主流速度 u_∞ 沿程逐渐减少。在 $\frac{dp}{dx}>0$ 的区域内，在靠近壁面处，由于流体黏滞力使动能有额外损耗，在点 3 以前，动能尚未耗尽，近壁处流体向前流动，点 3 以后，比如点 4，近壁处流体的动能已全部耗尽，以致在前后压差的作用下，出现流体的倒流现象。在贴壁处的流体速度梯度为 0，即 $\left(\frac{\partial u}{\partial y}\right)_w=0$，如图 3-14 中的点 3，称为分离点。自分离点起，边界层中出现倒流现象，形成涡旋、涡束。分离点的位置取决于边界层中流体动能，或者说取决于象征惯性力和

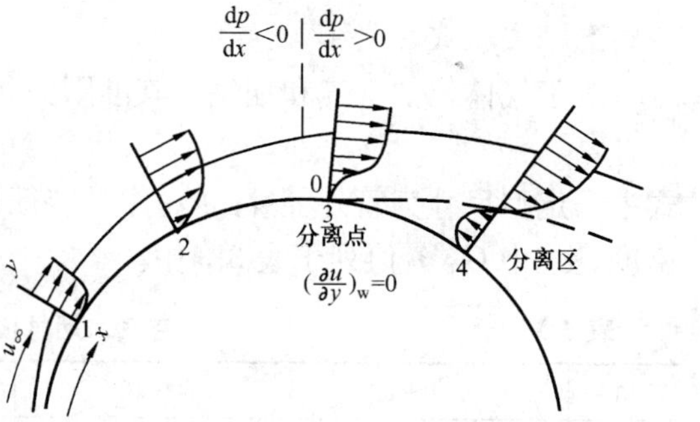

图 3-14　外掠圆管流动边界层

黏性力之比的 Re 数大小。一般对于圆管，当 $Re\leqslant 1.5\times 10^5$，边界层保持层流，分离点发生在 $\varphi=80°\sim 85°$处。当 $Re\geqslant 1.5\times 10^5$ 时，边界层在分离点前已转变为紊流，分离点将推迟到 $\varphi\approx 140°$。当 $Re<10$ 时，就不会出现分离现象。φ 值如图 3-15 所示。

(2) 换热特征及准则关联式。流体边界层流动状况，决定了换热的特征。流体横向外掠圆管的换热现象曾进行过许多分析和实验工作，齐德特（Giedt）对 Re 数较大的范围进行研究，其结果如图 3-15 所示。

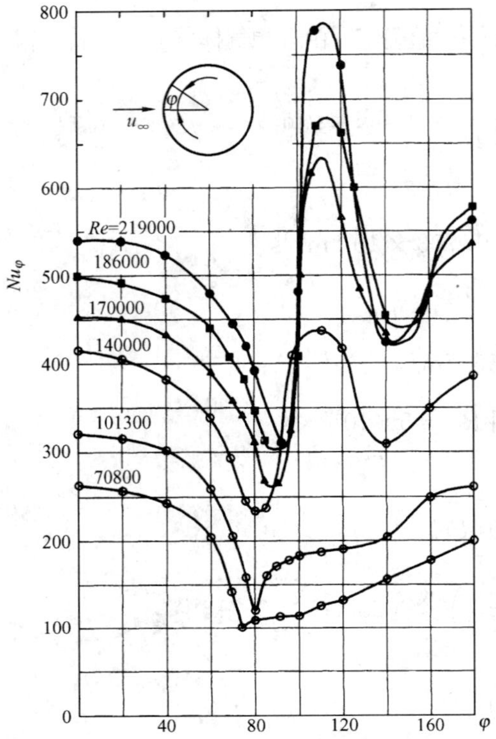

图 3-15 外掠圆管局部换热系数的变化

图 3-15 指出，Re 数较小时，由于层流边界层的不断增厚，Nu_φ 数从 $\varphi=0$ 开始有规律地下降。当 Re 数渐增但小于 10^5 时，约 $\varphi=80°$处层流的分离点 Nu_φ 最低。Re 数一旦进入 1.5×10^5 范围，部分边界层由层流变为紊流，在转变的过渡点，Nu_φ 出现第一个最低值。随着紊流的发展，Nu_φ 急升，达到旺盛紊流时 Nu_φ 有最大值，而且该值随 Re 的增加而增加，待紊流稳定后，随紊流边界层厚度增加，Nu_φ 又开始下降，接着在 140°左右处（紊流的分离点）达到第二个最低值。过分离点后，因涡流尾迹的关系，Nu_φ 又再次回升。

上面分析有助于了解沿管周的局部换热系数 α_x，在工程计算中，一般只需求整个管周的平均换热系数，故下面主要介绍计算平均换热系数的一些准则关联式。

对于气体，如空气和烟气，其准则关联式为

$$Nu_f=CRe_f^n \tag{3-30}$$

式中：定型尺寸为管外径 d；Re_f 中的特征速度为通道最窄处的流速；定性温度用流体平均温度。式中 C、n 值列于表 3-3 中。

表 3-3 空气、烟气横掠单圆管的 C、n 值

Re	0.4～4	4～40	40～4000	4000～40000	40000～250000
C	0.891	0.821	0.615	0.174	0.0239
n	0.330	0.385	0.466	0.618	0.805

对于液体，准则关联式为

$$Nu_f=1.115CPr^{1/3}Re_f^n \tag{3-31}$$

2. 紊流横掠管束时换热

流体受迫横掠管束（管外流体从垂直管轴方向冲刷管束）的对流换热，在各类管式换热器和锅炉等换热设备中最常见。换热设备的管束排列方式很多，其中以图 3-16 的顺排和叉排最为普遍。影响流体与管束壁面间换热系数的主要因素是流速和管束本身所引起的紊流度，因此，管束的几何条件，即管径、管距、排数和排列方式等与换热系数有密切的关系。一般来说，叉排流体的扰动性好，只要管间距设计合理，换热比顺排要大。

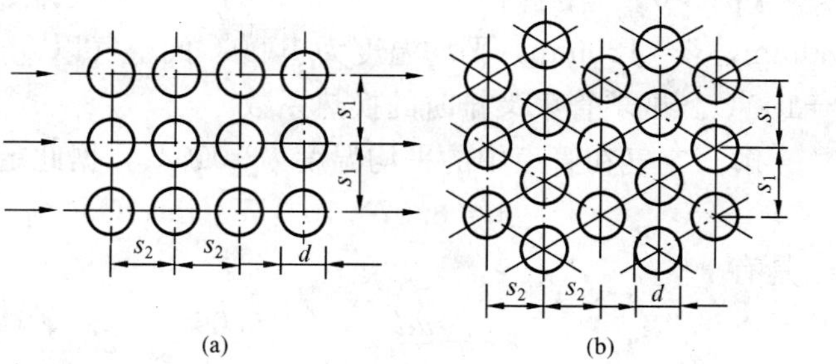

图 3-16　顺排与叉排管束

(a) 顺排；(b) 叉排

本节推荐的横掠管束的准则关联式，以$\left(\frac{Pr_f}{Pr_w}\right)^{0.25}$来修正流体物性对换热的影响，一些文献建议，不管流体或气体，都可用$\left(\frac{Pr_f}{Pr_w}\right)^{0.25}$作修正。横掠管束的准则关联式为

$$Nu = CRe^nPr^m\left(\frac{Pr_f}{Pr_w}\right)^{0.25}\left(\frac{s_1}{s_2}\right)^p\varepsilon_z \tag{3-32}$$

式中　$\frac{s_1}{s_2}$——相对管间距；

ε_z——管排数影响的校正系数。

式（3-32）具体形式列于表 3-4，各式定性温度用流体在管束中的平均温度。定型尺寸为管外径；Re 中的速度用流道截面最窄处的流速（即管束中的最大流速）。

表 3-4　管束平均换热系数准则关联式

排列方式	适用范围 $0.7<Pr<500$		准则关联式	对空气或烟气的简化式 ($Pr=0.7$)
顺排	$Re=10^3\sim2\times10^5$，$\frac{s_1}{s_2}<0.7$		$Nu_f=0.27Re_f^{0.63}Pr_f^{0.36}\left(\frac{Pr_f}{Pr_w}\right)^{0.25}$	$Nu_f=0.24Re_f^{0.63}$
	$Re=2\times10^5\sim2\times10^6$		$Nu_f=0.021Re_f^{0.84}Pr_f^{0.36}\left(\frac{Pr_f}{Pr_w}\right)^{0.25}$	$Nu_f=0.018Re_f^{0.84}$
叉排	$Re=10^3\sim2\times10^5$	$\frac{s_1}{s_2}\leqslant2$	$Nu_f=0.35Re_f^{0.6}Pr_f^{0.36}\left(\frac{Pr_f}{Pr_w}\right)^{0.25}\left(\frac{s_1}{s_2}\right)^{0.2}$	$Nu_f=0.31Re_f^{0.6}\left(\frac{s_1}{s_2}\right)^{0.2}$
		$\frac{s_1}{s_2}>2$	$Nu_f=0.40Re_f^{0.6}Pr_f^{0.36}\left(\frac{Pr_f}{Pr_w}\right)^{0.25}$	$Nu_f=0.35Re_f^{0.6}$
	$Re=2\times10^5\sim2\times10^6$		$Nu_f=0.022Re_f^{0.84}Pr_f^{0.36}\left(\frac{Pr_f}{Pr_w}\right)^{0.25}$	$Nu_f=0.019Re_f^{0.84}$

上表适用于管排数 $N\geqslant20$，对于 $N<20$ 管束，应采用管排数校正系数（见表 3-5）进行修正，它适用于 $Re>10^3$ 情况。

表 3-5　管排数校正系数 ε_z 表

管排数	1	2	3	4	5	6	8	12	16	20
顺　排	0.69	0.80	0.86	0.90	0.93	0.95	0.96	0.98	0.99	1.0
叉　排	0.62	0.76	0.84	0.88	0.92	0.95	0.96	0.98	0.99	1.0

【例 3-6】 用管径为 $d=60$mm 的管子组成排数为 20 排或 5 排的管束，管间距 $s_1=80$mm，$s_2=120$mm，平均温度为 1000℃的空气以 6m/s 的最大速度横掠管束，管壁温度 $t_w=100$℃。试求管束叉排时的换热系数。

解 空气在管中的平均温度为 1000℃，据此定性温度查附录 5 得

$$\lambda_f=8.07\times10^{-2}\text{W/(m·℃)},\ \nu_f=177.1\times10^{-6}\text{m}^2/\text{s}$$

于是有

$$Re_f=\frac{ud}{\nu_f}=\frac{6\times0.06}{177.1\times10^{-6}}=2032.75;\ \frac{s_1}{s_2}=\frac{80}{120}=0.667$$

当管束为叉排时，据$\frac{s_1}{s_2}$及 Re_f 值选用表 3-4 中公式计算

$$Nu_f=0.31Re_f^{0.6}\left(\frac{s_1}{s_2}\right)^{0.2}=0.31\times2032.75^{0.6}\times0.667^{0.2}=27.61$$

当管排数为 20 排时，查表 3-5 的 $\varepsilon_z=1$

$$\alpha_{20}=Nu_f\frac{\lambda}{d}=27.61\times\frac{8.07\times10^{-2}}{0.06}=37.14\text{W/(m}^2\text{·℃)}$$

当管排数为 5 排时，查表 3-5 得 $\varepsilon_z=0.92$，于是有

$$\alpha_5=\alpha_{20}\varepsilon_z=37.14\times0.92=34.17\text{W/(m}^2\text{·℃)}$$

第七节 自然对流换热及实验准则关联式

自然对流由于流体内部冷、热不均匀，必会造成不均匀的密度场，产生大小不同的浮升力，这样就引起流体的运动，此时，流体与固体壁面之间的换热过程，称为自然对流换热。自然对流换热可分为大空间自然对流换热和有限空间的自然对流换热，本节重点讨论大空间自然对流换热。

1. 流动和换热特征

对于大空间自然对流换热，流体处在很大的空间，如室内供暖散热器外壁面与空气的换热、建筑物墙内外表面与空气的换热等。因为空间很大，自然对流不受其他表面的影响，这种换热称为无限大空间自然对流换热。现以冷流体沿竖平壁自然对流换热为例来分析其流动和换热特征。

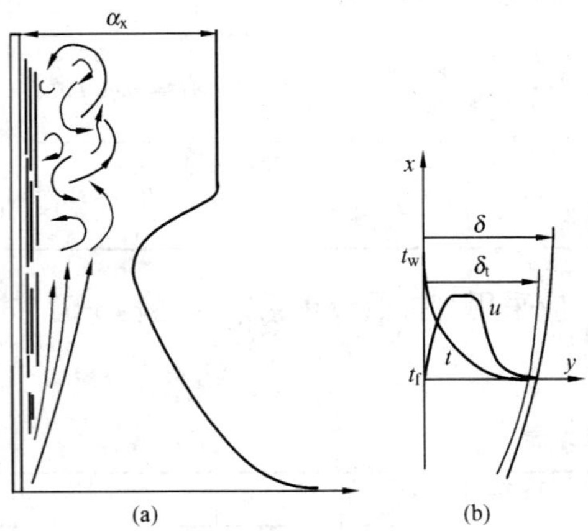

图 3-17 自然对流热边界层及局部换热系数的变化

如图 3-17（a）所示，热竖壁放于静止流体中，流体受浮升力沿壁面上升，边界层开始为层流，达到某一距离时，逐渐转变为紊流。层流到紊流的转变点取决于 t_w 和 t_f 之差及流体的物性，由 Gr 数和 Pr 数之积来判断。一般认为对常壁温条件，当 $Gr\cdot Pr>10^9$ 时流态为紊流。边界层的速度分布如图 3-17（b）所示，在 $y=0$ 和 $y\geqslant\delta$ 处，u 均为 0（δ 为流动边界层厚度），边界层速度分布，出现两头小中间大的形式。对于层流边界层大约在$\delta/3$处流速最大。温度分布为：

在 $y=0$ 处，$t=t_w$；在 $y \geqslant \delta_t$（热边界层的厚度）处，$t=t_f$，δ_t 不一定等于 δ，二者关系取决于 Pr 数。

对应于边界层的流态，可以定性分析它的换热特征。在层流边界层处，随着厚度的增加，局部换热系数 α_x 逐渐下降。当边界层由层流向紊流转变时 α_x 趋于增大，当达到旺盛紊流时，α_x 才达到一稳定值，而与竖壁的高度无关。

2. 实验准则关联式

本节重点讨论常壁温下对流换热的实验关联式。对于常热流边界条件的有关知识可参阅参考书。常壁温 $t_w=\text{const}$ 时，一般计算式整理为

$$Nu=C(Gr \cdot Pr)^n \tag{3-33}$$

式中 $Gr=\dfrac{\beta g \Delta t L^3}{\nu^2}$——格拉晓夫准则；

β——体积膨胀系数，1/℃；

ν——运动黏度，m^2/s；

L——定型尺寸，m；

g——重力加速度，m/s^2；

C，n——由实验确定的常数值。

几种典型形状表面及位置情况下准则关联式的有关值列于表 3-6 中。

表 3-6 几种典型形状与位置的准则关联式的 C、n 值

表面形状和位置	流动情况示意	流态	C	n	定型尺寸	适用范围
竖平壁及竖圆柱	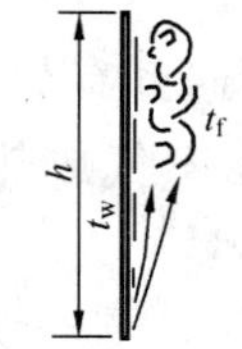	层流 紊流	0.59 0.1	1/4 1/3	高度 h	$GrPr$： $10^4 \sim 10^9$ $10^9 \sim 10^{13}$
横置圆柱	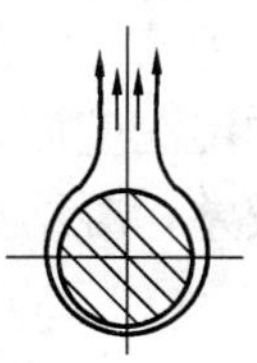	层流 紊流	0.53 0.13	1/4 1/3	外径 d	$GrPr$： $10^4 \sim 10^9$ $10^9 \sim 10^{12}$
水平板热面朝上或冷面朝下	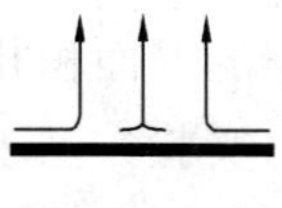	层流 紊流	0.54 0.15	1/4 1/3	矩形取两个边长的平均值； 非规则平板取面积与周长的比值； 圆盘取 $0.9d$	$GrPr$： $2\times10^4 \sim 8\times10^6$ $8\times10^6 \sim 10^{11}$
水平板热面朝下或冷面朝上	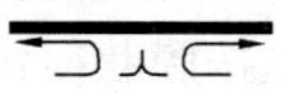	层流	0.58	1/5	同上	$GrPr$： $10^5 \sim 10^{11}$

表中各式定性温度为 $t_m=\dfrac{t_w+t_f}{2}$，Gr 数中 $\Delta t=t_w-t_f$，t_w——壁面温度，t_f——远离壁面的流体温度。计算中，对于垂直圆筒，只有 $\dfrac{d}{h} \geqslant \dfrac{35}{Gr_h^{1/4}}$ 时，才能按垂直平壁处理，误差小于 5%。

【例 3-7】 有一方形壁竖放置在 $t_f=15℃$ 的大气环境中。壁温 $t_w=65℃$，每边长 $a=0.3m$。试求竖壁的自然对流换热量。

解 按题意定性温度 $t_m=\frac{t_w+t_f}{2}=\frac{65+15}{2}=40℃$，据附录 5 空气的物性参数为

$$\rho=1.128kg/m^3；\lambda=0.0276W/(m \cdot ℃)；\nu=16.96\times10^{-6}m^2/s；$$

$$\beta=\frac{1}{T_m}=\frac{1}{273+40}=3.2\times10^{-3}K^{-1}；Pr=0.699；h=a=0.3m$$

其中板高 $h=a$，则有

$$(GrPr)_m=\frac{\beta g\ (t_w-t_f)\ h^3}{\nu^2}\cdot Pr=\frac{3.2\times10^{-3}\times9.81\times\ (65-15)\ \times0.3^3}{(16.96\times10^{-6})^2}\times0.699$$

$$=1.02986\times10^8<10^9$$

查表 3-6 可得 $Nu_m=0.59(GrPr)_m^{1/4}=0.59\times(1.02986\times10^8)^{1/4}=59.44$

$$\alpha=Nu_m\frac{\lambda}{h}=59.44\times\frac{0.0276}{0.3}=5.47W/(m^2\cdot ℃)$$

换热面积

$$A=a^2=0.3^2=0.09m^2$$

竖壁换热量

$$Q=\alpha(t_w-t_f)A=5.47\times(65-15)\times0.09=24.62W$$

第八节 流体有相变时的换热

前面我们讨论的都是无相变的换热，但在实际设备中还会经常遇到有相变的对流换热，例如锅炉汽锅中水被加热沸腾为高压水蒸气，制冷机组冷凝器中氨蒸气放热凝结为氨液体等。本节重点讨论凝结换热并介绍其计算公式。

一、凝结换热现象

当蒸汽与低于其饱和温度的壁面相接触时，就会在壁面上凝结为液体，放出凝结热。凝结有膜状凝结和珠状凝结两种形式。膜状凝结时凝结液体能很好的湿润壁面，凝结液体就在壁面上形成连续的液膜。珠状凝结是因为凝结液湿润壁面的能力较差，凝结液在壁面上聚集成一个个小液珠。

膜状凝结时，蒸汽与壁面隔着一层液膜；珠状凝结时，可以认为换热是在蒸汽与液珠表面和蒸汽与裸露的壁面之间进行的。由于液珠的表面积比其所占据的壁面积相比大很多，而且裸露的壁上没有液膜形成的热阻，所以珠状凝结换热系数很高。实验数据表明，珠状凝结的换热系数可达 23000～426000W/(m² · ℃)，约为膜状凝结时的 10～15 倍。通过人工方法可以促成珠状凝结，但很难保持长久，所以在设计换热设备时往往按膜状凝结计算。

二、膜状凝结换热的分析计算

如图 3-18 所示，竖壁上膜状凝结的液膜流态为层流和紊流。上段，液膜较薄，流态为层流；下段因液膜增厚，流速增大，层流逐步经历过渡区而转变为紊流态。图 3-18 示意出局部对流换热系数 α_x 的变化。

对于层流时的膜状凝结，1916 年努谢尔特根据液膜运动及导热机理，导出了层流膜状凝结的换热计算公式，并与实验结果基本吻合。

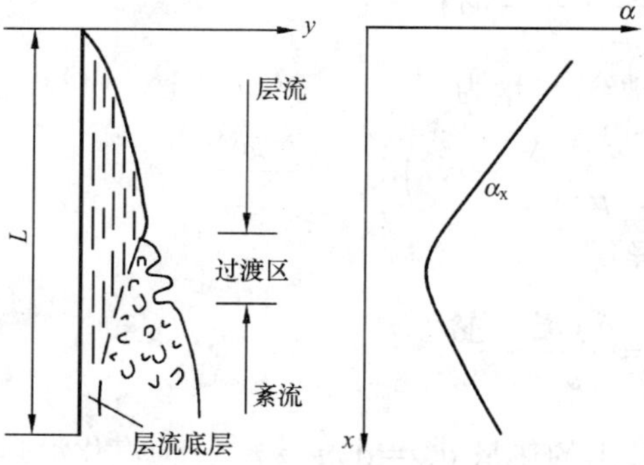

图 3-18 液膜流动情况
及局部换热系数 α_x

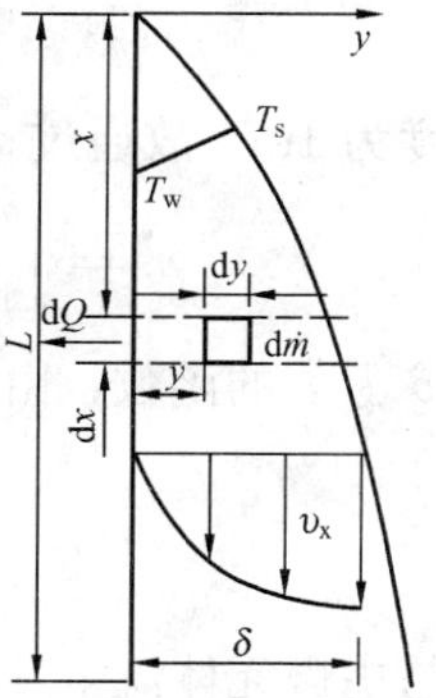

图 3-19 竖壁上的
层流液膜

图 3-19 所示蒸气的冷凝液膜以层流方式沿竖壁向下流动，作用在液膜质点上的仅为重力和黏性摩阻力，惯性力和 y 向的黏性摩阻力较小而忽略。

设壁温为 T_w，蒸汽的饱和温度为 T_s。在距壁顶端 x 处取一微元控制体（设竖壁为单位宽度），该控制体所受的重力为

$$\rho g \mathrm{d}y \mathrm{d}x \tag{1}$$

所受黏滞力，为控制体的 y 和 $y+\mathrm{d}y$ 面上的黏滞阻力之差，即

y 面上的黏滞阻力

$$\tau_y=\mu\frac{\mathrm{d}v_x}{\mathrm{d}y}$$

$y+\mathrm{d}y$ 面上的黏滞阻力

$$\tau_{y+\mathrm{d}y}=\tau_y+\frac{\mathrm{d}\tau_y}{\mathrm{d}y}\mathrm{d}y=\mu\frac{\mathrm{d}v_x}{\mathrm{d}y}+\mu\frac{\mathrm{d}^2v_x}{\mathrm{d}y^2}\mathrm{d}y$$

控制体受到黏滞力

$$(\tau_y-\tau_{y+\mathrm{d}y})\ \mathrm{d}x=-\mu\frac{\mathrm{d}^2v_x}{\mathrm{d}y^2}\mathrm{d}y\mathrm{d}x \tag{2}$$

重力与黏滞阻力相平衡即式（1）等于式（2）得

$$\frac{\mathrm{d}^2v_x}{\mathrm{d}y^2}=-\frac{\rho g}{\mu}$$

对上式积分得任意截面 x 处的速度

$$v_x=-\frac{\rho g y^2}{2\mu}+C_1y+C_2$$

边界条件 $y=0$ 处 $v_x=0$

$$y=\delta\ 处，\frac{\mathrm{d}v_x}{\mathrm{d}y}=0$$

确定积分常数

$$C_1=\frac{\rho g\delta}{\mu}\quad C_2=0$$

则液膜内的速度分布为

$$v_x=-\frac{\rho g}{\mu}\left(\frac{y^2}{2}-y\delta\right) \tag{a}$$

因为竖壁宽度为 1m，故通过 x 处截面上的凝液流量为

$$\dot{m}=\int_0^{\delta}\rho v_x \mathrm{d}y=\int_0^{\delta}-\frac{\rho^2 g}{\mu}\left(\frac{y^2}{2}-y\delta\right)\mathrm{d}y=\frac{\rho^2 g\delta^3}{3\mu}$$

因为液膜厚 δ 为 x 的函数，由上式对 x 求导得

$$\frac{\mathrm{d}\dot{m}}{\mathrm{d}x}=\frac{\rho^2 g\delta^2}{\mu}\cdot\frac{\mathrm{d}\delta}{\mathrm{d}x} \tag{b}$$

另一方面，考虑微元体流量 $\mathrm{d}\dot{m}$ 凝结后，放出的热量 $\mathrm{d}Q=\mathrm{d}\dot{m}\cdot r$（$r$ 为汽化潜热）根据 $\mathrm{d}x$ 段壁面上的热平衡关系式，即

$\mathrm{d}\dot{m}$ 凝结放出的热量＝通过液膜层传导至壁面的热量

$$\mathrm{d}Q=\mathrm{d}\dot{m}\cdot r=\frac{\lambda}{\delta}\cdot l\cdot \mathrm{d}x\ (T_s-T_w) \tag{c}$$

由上式得

$$\frac{\mathrm{d}\dot{m}}{\mathrm{d}x}=\frac{\lambda\ (T_s-T_w)}{r\delta} \tag{d}$$

式（b）和式（d）相等，并由顶端至 x 截面积分，可得出膜厚 δ 与 x 的关系式

$$\delta=\left[\frac{4\mu\lambda x\ (T_s-T_w)}{r\rho^2 g}\right]^{1/4} \tag{3-34}$$

利用式（c）和牛顿换热公式 $\mathrm{d}Q=\alpha_x\mathrm{d}x\ (T_s-T_w)$，得沿竖壁的局部换热系数

$$\alpha_x=\frac{\lambda}{\delta}$$

再将式（3-34）的 δ 代入，则局部换热准则 Nu_{mx} 数为

$$Nu_{mx}=\frac{\alpha_x x}{\lambda}=\frac{x}{\delta}=\left[\frac{r\rho^2 g x^3}{4\mu\lambda\ (T_s-T_w)}\right]^{1/4} \tag{3-35}$$

如竖壁高为 L，则平均换热系数为

$$\alpha=\frac{\int_0^L\alpha_x\mathrm{d}x}{L}$$

故最后可得层流液膜的平均换热准则 Nu_m 数为

$$Nu_m=\frac{\alpha L}{\lambda}=0.943\left[\frac{r\rho^2 gL^3}{\mu\lambda\ (T_s-T_w)}\right]^{1/4} \tag{3-36}$$

式中 r——定性温度为 T_s 的汽化潜热；

ρ，λ，μ——定性温度为液膜平均温度 $T_m=\frac{1}{2}\ (T_w+T_s)$ 的物性参数。

式（3-36）是在竖壁上液膜为层流时，膜状凝结换热的平均换热系数的理论解。式(3-36)适用于任何单一物质的蒸汽凝结换热。

通过对理论解和实验解作对照，发现理论解是偏低的。故实际应用中把式（3-36）的系数由 0.943 修改为 1.13，即

$$Nu_m=\frac{\alpha L}{\lambda}=1.13\left[\frac{r\rho^2 gL^3}{\mu\lambda\ (T_s-T_w)}\right]^{1/4} \tag{3-37}$$

对于在竖壁上液膜是层流还是紊流，仍可由雷诺数 Re 判别，即

$$Re=\frac{d_e \upsilon}{\nu}=\frac{D_H \rho \upsilon}{\mu}=\frac{4f\rho\upsilon}{U\mu} \tag{3-38}$$

式中：当量直径 $d_e=\frac{4f}{U}$；f、U、υ 为液膜在 x 截面上的截面积、湿周和平均流速。由于 x 截面上的液膜流量 $\dot{m}=f\rho\upsilon$；而单位宽度的竖壁中，$U=1$，故

$$Re=\frac{4\dot{m}}{\mu}$$

当 $Re \geqslant 1800$ 时，竖壁上的液膜出现紊流。对于竖壁上液膜为紊流时，平均换热系数的计算可参考文献。

对于冷凝器中的管外冷凝的横管，通过分析运算，可得横管（直径为 D）的平均 Nu_m 数为

$$Nu_m = 0.725\left[\frac{r\rho^2 gD^3}{\mu\lambda(T_s-T_w)}\right]^{1/4} \tag{3-39}$$

对于 N 根横管垂直排列，排管的平均 Nu_m 数为

$$Nu_m = 0.725\left[\frac{r\rho^2 gD^3}{N\mu\lambda(T_s-T_w)}\right]^{1/4} \tag{3-40}$$

【例 3-8】 外径 30mm，壁温 40℃的横管，压力为 1.99×10^4Pa 的饱和水蒸气在管外凝结换热。求平均换热系数 α。

解 由附录 3 查得水蒸气的饱和温度为 60℃，潜热 $r=2358$kJ/kg。液膜的平均温度 $T_m=\frac{1}{2}(T_w+T_f)=\frac{1}{2}(40+60)=50$℃。由附录 6 查得 50℃时饱和水的物性参数

$$\rho=988.1\text{kg/m}^3;\mu=549.4\times10^{-6}\text{N}\cdot\text{s/m}^2;\lambda=64.8\times10^{-2}\text{W/(m}\cdot\text{K)}$$

由式（3-39）得

$$\begin{aligned}Nu_m &= 0.725\left[\frac{r\rho^2 gD^3}{\mu\lambda(T_s-T_w)}\right]^{1/4}\\ &=0.725\left[\frac{2358\times10^3\times988.1^2\times9.81\times0.03^3}{549.4\times10^{-6}\times64.8\times10^{-2}\times(60-40)}\right]^{1/4}\\ &=392\end{aligned}$$

$$\alpha=Nu_m\frac{\lambda}{D}=392\times\frac{64.8\times10^{-2}}{0.03}=8469\text{W/(m}^2\cdot\text{K)}$$

三、影响凝结换热的因素

蒸汽速度和流动方向，以及不凝气体的含量，是影响凝结换热的较为显著的因素。

1. 蒸汽速度和流向的影响

蒸汽具有一定流速时，会在汽液交接面上产生摩阻力。当蒸汽向上流动时，摩阻力使流速降低，液膜增厚，α 下降。当蒸汽流动方向和液膜流动方向一致时，蒸汽则加速，易成紊流，液膜减薄，α 增大。由实验得出如下结论：蒸汽流速 $\upsilon_f<10$m/s 时影响不大，而 $\upsilon_f=40\sim50$m/s 时，换热系数会提高 30%左右。式（3-36）计算 Nu_m 数，没考虑蒸汽速度的影响，只适用于蒸汽速度较低的情况，对于水蒸气 $\upsilon_f<10$m/s。

2. 蒸汽中含有不凝气体的影响

蒸汽中含有不凝结气体，会使换热强度大为减弱，例如含有不凝气体1%，换热系数为纯净蒸汽的1/3。原因是，一方面因为含有不凝气体，降低了汽液界面的蒸汽分压力，使得蒸汽饱和温度 T_s 降低，使得冷凝温度差 $\Delta T=T_s-T_w$ 降低，使凝结换热系数降低；另一方面，蒸汽在抵达液膜表面凝结前，需要通过扩散的方式才能穿过不凝气体，增加了传热阻力。

另外，影响膜状凝结换热因素还有蒸汽过热度、蒸汽含油量、表面粗糙度等因素。

小　　结

本章讲授的中心内容：

1. 对流换热机理；描写对流换热过程的微分方程组；边界层的概念；对流换热系数 α 的确定方法；相似理论基础及实验关联式的获得。

2. 管内受迫对流、外掠平板、圆管及管束、自然对流等单相流体的换热问题。

3. 凝结换热的机理、影响因素及其计算方法。

学习本章的基本要求及要点：

一、了解对流换热机理及其影响因素；理解牛顿冷却公式的应用及对流换热微分方程组的结构、各项意义及各方程组间的关系；掌握边界层的概念、几种典型情况边界层的形成和发展；理解对流换热系数 α 的确定方法，尤其是要充分理解相似理论的基本原理及其在对流换热实验中的指导作用；掌握几个常用的对流换热相似准则及它们间的函数关系。要点有：

1. 影响对流换热的因素包括有：流体的流态，流体运动的原因，流体的种类和物性，流体流过的固体壁面的形状、尺寸及相对位置。

2. 对流换热现象是很复杂的，描写对流换热现象是一组微分方程。用数学分析直接对对流换热微分方程组求解不可能，于是，对流换热研究分为两种途径：一是用普朗特提出的边界层概念，在该基础上进行数量级分析，简化为边界层微分方程，进行理论求解。另一途径是在相似理论指导下进行实验研究。

3. 通过物理现象相似的三个条件的分析，提出了相似定理：①彼此相似的现象，它们的同名相似准则必定相等；②描写现象的微分方程组有准则函数关系的解；③凡同类现象，单值性条件相似，同名已定准则值相等，现象必定相似。这些理论为实验求解指明了方向。

通过物理现象的实验研究，测量众多的物理量，组成若干相应的相似准则，再把相似准则组成相应的关联式。准则关联式中的常数 C、n、m 由实验确定，它表征了同一类换热现象的规律，从而可适用于该同类现象的分析和计算。

二、每类换热问题都应注意理解流动及换热的机理；掌握流态的判别及准则关联式的选用方法，特别注意关联式的使用条件和应用范围。要点是：

1. 管内受迫流动换热，从入口段和充分发展段的分析中，简述了局部换热系数的变化规律和特点。推荐了不同流态下的准则关联式。计算时，应首先计算 Re 值，判别流态，选择关联式及校正系数。

2. 流体沿平板流动的换热，推荐了不同流态下的准则关联式。

3. 流体绕流单圆管的换热，首先分析了绕流单圆管压强的变化引起流动边界层的变化，对应边界层的变化叙述换热的特点，介绍准则关联式；然后介绍横掠管束换热，管束中流体的流动与管子排列方式、管间距、管排数密切相关。

4. 自然对流换热，分为无限空间和有限空间的自然对流换热。重点讨论无限空间自然对流换热，其中分析流动和换热特征，采用 $GrPr$ 判断其流态，并根据壁面形状及位置选择准则关联式。

对流换热涉及的影响因素很多，关联式也很多，不需要我们去背诵，只要能正确选用即可。

三、掌握凝结换热的努谢尔特（Nusselt）理论解。要点是：

凝结换热分为膜状凝结和珠状凝结。工业设备中是以层流膜状凝结为主。主要阐明努谢尔特层流膜状凝结换热系数的理论解的推导过程及影响凝结换热的因素。

习　　题

3-1　何谓速度边界层和热边界层?

3-2　说明层流和紊流的物理意义。

3-3　说明 Re 数和 Pr 数的含义和重要性。

3-4　$Pr=1$ 时，$\delta_t=\delta$，试作解释。

3-5　何谓受迫流动和自由流动，说出它们的特点。

3-6　流体有相变和无相变的对流换热，为什么不同?

3-7　阐明换热系数的机理和它与换热系数 α 的关系。

3-8　为什么需要具有四个微分方程式的方程组来描述不可压缩流体受迫沿平板流动时的稳态换热现象?

3-9　层流边界层和紊流边界层中的热量传递有何不同?

3-10　何谓相似性质和相似条件? 举例说明之。

3-11　何谓相似准则、已定相似准则和待定相似准则?

3-12　何谓定性温度和定型尺寸?

3-13　说明相似准则间函数关系的确定方法。

3-14　流体在管内受迫流动换热时，流动的状态是如何影响换热的?

3-15　何谓入口效应? 试说明其对换热影响的机理。

3-16　管内受迫流动换热可分为哪几个区域? 如何划分的?

3-17　阐述图 3-13 和图 3-14 的含义。

3-18　管束的顺排和叉排是如何影响换热的?

3-19　试述流体自由流动换热的机理。

3-20　试述珠状凝结和膜状凝结的形成和特点。

3-21　流体流过平板，流态从层流向紊流转变的临界雷诺数为 $Re_c=5\times10^5$，试计算 25℃的空气和水，达到临界雷诺数（Re_c）时所需要的平板长度（取 $u_f=10\text{m/s}$）。

3-22　两根管子，a 管内径 16mm，b 管内径 30mm，当同一种流体流过时，a 管内流量是 b 管的两倍。已知两管温度场完全相同，问管内流态是否相似? 若不相似，在流量上采取什么措施才能相似?

3-23　通过实验已测出空气在长圆管内稳态受迫流动换热的各项数据，如下表所示，试计算各试验点 Re 数及 Nu 数。实验点 1、2、3、4 的现象是否相似? 并将实验点标绘在 $\lg Nu$ 及 $\lg Re$ 图上确定 $Nu=CRe^n$ 中的 C 及 n 值。

实验点	定性温度 t_f(℃)	流速 u_f(m/s)	换热系数 α[W/(m^2·℃)]	管内径 d(mm)
1	20	3.01	15	50
2	30	8.00	31.8	50
3	40	17.00	57.5	50
4	50	35.90	106	50

3-24 流量为 0.8kg/s 的水，在直径为 25mm 的管内从 35℃加热到 40℃，管壁温度为 90℃，试问需要多长的管子才能完成这样的加热?

3-25 水以 0.8m/s 的速度流经直径为 50mm、长 3m 的直圆管，如果管子进口水温为 40℃，出口为 60℃，管壁温度为 70℃，试求平均对流换热系数。

3-26 如果习题 3-25 中的条件都保持不变，但管道被弯曲成曲率半径 $R=300$mm 的螺管，试求其换热系数。

3-27 热水在水平管道中流动，管子的直径 $d=30$mm，长 $l=1.5$m，管壁温度 $t_w=20$℃；热水温度 $t_f=60$℃，流速 $u=0.3$m/s。试求平均对流换热系数。

3-28 水流过长度 $L=5$m 的直管时，从 $t'_f=25.3$℃被加热到 $t''_f=34.6$℃，管内径 $d=20$mm，水在管内流速为 2m/s，求换热系数。

3-29 空气在管内径 $d=20$mm 的管内流动，流速 $u_f=5$m/s，$t_f=20$℃，壁温 $t_w=100$℃，管长与内径比 $L/d=50$，试求换热系数。

3-30 一台壳管式蒸汽换热器，水在管内流速 $u_f=0.85$m/s，进出口平均温度 $t_f=90$℃，管壁温度 $t_w=115$℃，管长 $l=1.5$m，管内径 $d=17$mm，试求换热系数。

3-31 水以 2.5m/s 的速度在内径为 20mm、长为 3m 的管内流动，进口处水温为 20℃，管壁温度保持 40℃。试确定出口处的水温。

3-32 空气在管内按 $u_f=5$m/s 的流速流动，管的直径 $d=60$mm，长 $l=2.1$m，如果空气的平均温度 $t_f=100$℃，试求换热系数。

3-33 通过 40mm×60mm 的长方形截面的管道内的空气，压力为 0.1MPa，流速为 12m/s（$Re=2.94\times10^4$），空气温度为 60℃，壁温 40℃并保持常值。求空气传给每米管道壁的热量。

3-34 空气温度 $t_f=30$℃，流速 $u_f=5$m/s，试求处在空气横流中的直径 $d=20$mm 的管面上的换热系数。

3-35 直径 $d=20$mm 的管，处在 $t_f=20$℃、$t_w=40$℃和 $u_f=0.5$m/s 的水的横流中，试求管面的换热系数。

3-36 试求由 8 排管子所组成的顺排管束的换热系数。设管的外径 $d=40$mm；$s_1/d=1.5$；$s_2/d=2.0$，空气的平均温度 $t_f=300$℃，空气通过最窄截面处的平均流速 $u=10$m/s；$t_w=500$℃。

3-37 1.013bar、30℃的空气以 40m/s 的速度横向掠过直径为 0.5mm 的金属丝，金属丝内通过电流，使其表面温度保持 50℃，试计算单位长度金属丝散失的热量。

3-38 在一锅炉中烟气横掠 4 排管组成的顺排管束。已知管外径 $d=60$mm，$s_1/d=s_2/d=2$，烟气平均温度 $t_f=600$℃，管壁温度 $t_w=120$℃，烟气通道最窄处的平均流速 $u=8$m/s，试求管束的平均换热系数。

3-39 一空气加热器，管束为 6 排（每排 20 根）。每根管长 1.2m，外直径 $d=25$mm。管子排列方式为叉排，$s_1=50$mm；$s_2=37.5$mm。管壁温度 $t_w=120$℃，空气进、出口平均温度为20℃，流经管束最窄截面处的流速为1.5m/s，试求流经空气加热器的空气每小时所获得的热量。

3-40　直径为2.5cm，温度为150℃的热圆柱，置于气压为0.1013MPa、温度为30℃的大气中，大气中的风速为30m/s。试求每米圆柱的散热量。

3-41　有一不锈钢管横置于室内，管壁温度为80℃，管外径为3cm，管长为15m，在室内和空气进行自然对流换热，室内气压为0.1013MPa，气温为20℃，试求该管自然对流散失于室内的热量。

3-42　设置在室内的直径为7.5cm的水平管道，表面温度为240℃，室内空气温度是20℃，压力是0.1013MPa，求每米管道的自然对流热损失是多少？

3-43　水平蒸汽管外包保温材料。保温材料的表面温度为90℃，外直径为100mm；远离蒸汽管的空气温度为10℃，试计算：

(a) 每米管长散失的热量；

(b) 改用优质保温材料，其外表面温度为50℃时每米管长散失的热量。

3-44　室温为10℃的大房间中有一个直径为10cm的烟筒，其竖直部分高1.5m，水平部分长15m，求烟筒的平均壁温为110℃时每小时的对流散热量。

3-45　高50cm、宽40cm的薄平板垂直地被放置于10℃的空气中，平板两边壁温恒定为90℃，求平板的换热量。

3-46　一块宽30cm、高1.2m的竖板，壁温保持为70℃，暴露在0.1013MPa的饱和蒸汽内，试计算每小时内的换热量及总的蒸汽凝结量。

第四章 辐 射 换 热

在供热供燃气与空调工程中存在着大量热辐射和辐射换热问题，如辐射采暖、辐射干燥、利用辐射原理测量温度、炉内辐射换热的分析和计算等。本章将先介绍热辐射的基本概念，了解热辐射的基本规律。在此基础上进一步分析辐射换热的计算和气体辐射等问题。

第一节 热辐射的基本概念

一、热辐射的本质和特点

发射辐射能是各类物质的固有特性。物质是由分子、原子、电子等基本粒子组成，当原子内部的电子受激和振动时，产生交替变化的电场和磁场，发出电磁波向空间传播，这就是辐射。由于激发的方法不同，所产生的电磁波波长就不相同，它们投射到物体上产生的效应也不同。如果由于自身温度或热运动的原因而激发产生的电磁波传播，就称热辐射。热辐射的电磁波是物体内部微观粒子的热运动状态改变时激发出来的。只要物体的温度高于"绝对零度"，物体总是不断地把热能变为辐射能，向外发出热辐射。同时，物体亦不断地吸收周围物体投射到它上面的热辐射，并把吸收的辐射能重新转变成热能。辐射换热就是指物体之间相互辐射和吸收的总效果。各类电磁波的波长可从几万分之一微米（μm）到数千米，它们的名称和分类如图 4-1 所示。

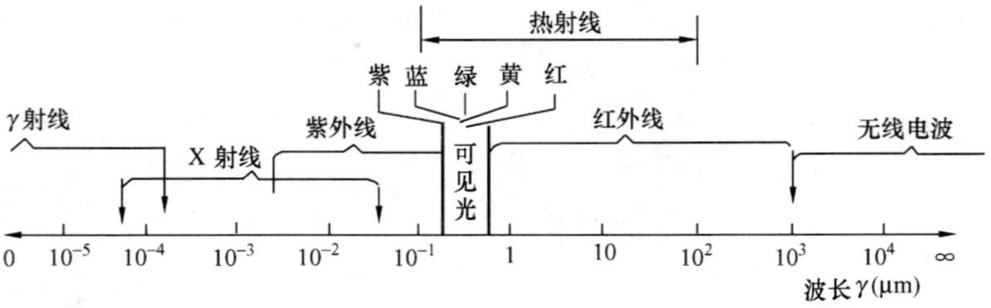

图 4-1 电磁波谱

凡波长 $\lambda=0.38\sim0.76\mu$m 范围的电磁波属可见光线，波长 $\lambda<0.38\mu$m 的电磁波是紫外线、伦琴射线等，$\lambda=0.76\sim1000\mu$m 之间的电磁波称为红外线，$\lambda>1000\mu$m 的电磁波是无线电波。通常把波长 $\lambda=0.1\sim100\mu$m 的电磁波称为热射线，其中包括可见光线、部分紫外线和红外线，它们投射到物体上能产生热效应。当然，波长与各种效应是不能截然划分的。工程上辐射体的温度一般在 2000K 以下，热辐射主要是红外辐射，可见光的能量所占比例很少，通常可以略去不计。电磁波在介质中的传播速度等于光速，即

$$c=\lambda\nu \tag{4-1}$$

式中 c——介质中的光速；

λ——波长；

ν——频率。

热射线的本质决定了热辐射过程有如下三个特点：

（1）辐射换热与导热、对流换热不同，它不是依靠物质的接触传递热量，而是依靠电磁波传递热量。如阳光能够穿越辽阔的低温太空向地面辐射，而导热和对流换热都必须由冷、热物体直接接触或通过中间介质相接触才能进行。

（2）辐射换热过程伴随着能量形式的两次转化，即物体的部分内能转化为电磁波能发射出去，当该电磁波达另一物体表面而被吸收时，电磁波能又转化为内能。

（3）一切物体只要其温度 $T>0$K，都会不断地向外界发射热射线。当物体间有温差时，高温物体辐射给低温物体的能量大于低温物体辐射给高温物体的能量，因此总的结果是高温物体把能量传给低温物体。即使各个物体的温度相同，辐射换热仍在不断进行，只是每一物体辐射出去的能量，等于吸收的能量，从而处于辐射动态平衡。

辐射的本质及其传播过程除用电磁波理论说明之外，对有些现象还需进一步用量子理论来解释，如金属在光照射下能发射电子的光电效应，这就是辐射的本质既具有波动性又具有粒子性。后者表明辐射是离散的量子化能量束，即光子传播能量的过程。光子的能量 e 与频率 ν 的关系可用普朗克公式表示

$$e = h\nu \tag{4-2}$$

式中 h——普朗克常数，$h=6.63\times10^{-34}$J·s。

二、吸收、反射和透射

当外界的热射线投射到物体上时，遵循着可见光的规律，其中部分被物体吸收，部分被反射，其余则透过物体，如图 4-2 所示。设投射到物体上全波长范围的总能量为 G，被吸收 G_α、反射 G_ρ、透射 G_τ，根据能量守恒可有 $G_\alpha+G_\rho+G_\tau=G$

若等式两端同除以 G，得

$$\alpha+\rho+\tau=1 \tag{4-3}$$

式中：$\alpha=\frac{G_\alpha}{G}$，称物体的吸收率，它表示投射的总能量中被吸收的能量所占份额；$\rho=\frac{G_\rho}{G}$，称为反射率，表示投射的总能量中被反射的能量所占份额；$\tau=\frac{G_\tau}{G}$称为透过率，表示投射的总能量中透过的能量所占份额。

反射现象有两种极端情况，如果从某方向投射的热射线其反射角等于入射角，这种反射称镜反射，如图 4-3 所示；当反射能均匀分布在各个方向时称漫反射，如图 4-4 所示。对大部分非金属材料，由于表面较粗糙，故接近于漫反射。对光滑的金属表面、玻璃、塑料等会产生镜反射或部分镜反射现象。

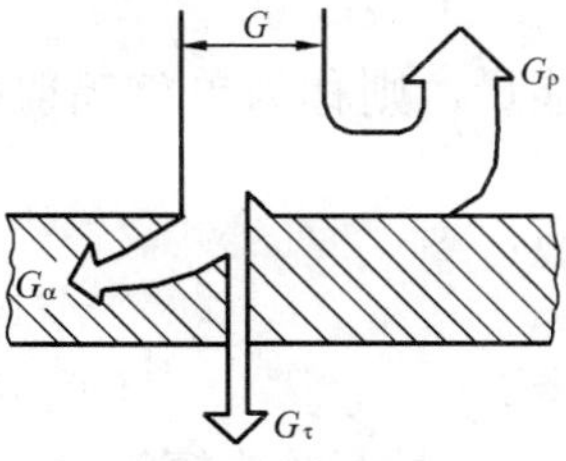

图 4-2 物体对热辐射的吸收、反射和穿透

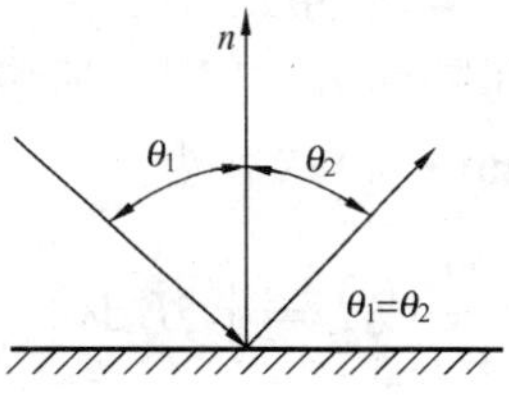

图 4-3 镜面反射

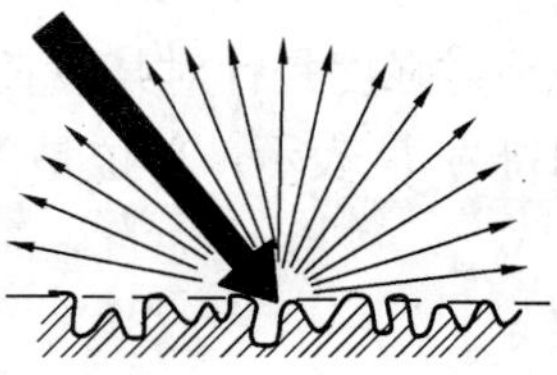

图 4-4 漫反射

如果投射能量是某一波长下的单色辐射，上述关系也同样适用，即

$$\alpha_\lambda+\rho_\lambda+\tau_\lambda=1 \tag{4-4}$$

式中：α_λ、ρ_λ、τ_λ 分别为单色吸收率、单色反射率和单色透过率。

α、ρ、τ 和 α_λ、ρ_λ、τ_λ 是物体表面的辐射特性，它们和物体的性质、温度及表面状况有关。对全波长的特性 α、ρ、τ 还和投射能量的波长分布情况有关。

如物体能全部吸收外来射线，即 $\alpha=1$，则这种物体被定义为黑体。如物体全部反射外来射线，即 $\rho=1$，不论是镜反射或漫反射，均称为白体。如物体能被外来射线所全部透射，则称为透明体，$\tau=1$。

自然界中并不存在黑体、白体与透明体，它们只是实际物体热辐射性能的理想模型。例如煤烟的 $\alpha=0.96$，高度磨光的纯金 $\rho=0.98$。必须指出，这里的黑体、白体、透明体都是对全波长射线而言的，在一般温度条件下，由于可见光只占全波长射线中一小部分，所以物体对外来射线吸收能力的高低，不能凭物体的颜色来判断，白颜色的物体不一定是白体，例如雪对可见光是良好的反射体，对肉眼来说是白色的，但对红外线却几乎能全部吸收，非常接近黑体。白布和黑布对可见光的吸收率不同，但对红外线的吸收率却基本相同。普通玻璃对波长 $\lambda<2\mu m$ 射线的吸收率很小，从而可以把照射到它上面的大部分太阳能透射过去。但对 $\lambda>2\mu m$ 的红外线几乎是不透明体。对多数液体和固体，只要稍具厚度，它们对红外线总是不透明的，即 $\tau=0$。

三、辐射强度和辐射力

物体表面在一定温度下，会朝表面上方半球空间的各不同方向发射包括各种不同波长的能量。辐射能是按空间方向分布的，往往不同方向有不同的数值；辐射能也是按波长分布的，不同波长具有不同的能量。在热辐射中，为了描述辐射能的这些性质，引用了辐射强度和辐射力这两个基本概念。

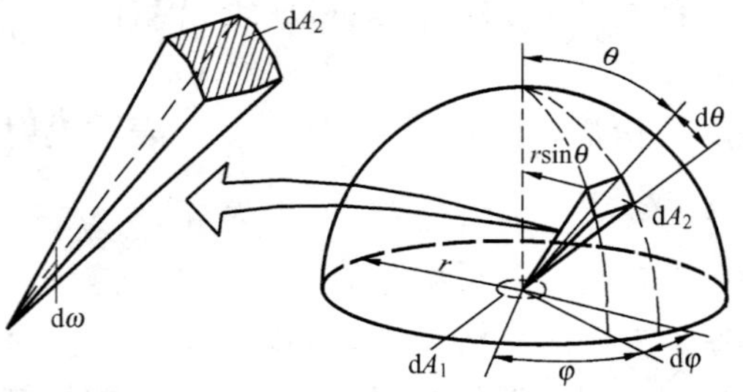

图 4-5 立体角定义图

辐射强度 物体表面朝着某给定方向，对垂直于该方向的单位投影面积而言，在单位时间、单位立体角内所发射全波长的能量，用符号 I 表示，单位是 $W/(m^2\cdot sr)$这里的 sr 为立体角，可用给定方向上半球面被立体角所切割的面积 dA_2 除以半径的平方计算，如图 4-5 所示，即 $d\omega=\dfrac{dA_2}{r^2}=\sin\theta d\theta d\varphi$。因此，环绕发射辐射能的表面 dA_1 的半球空间立体角是 2π。

若辐射强度是针对某波长 λ、波长间隔为 $d\lambda$ 范围内所发射的能量，则称为单色辐射强度，用符号 I_λ 表示，单位是 $W/(m^2\cdot\mu m\cdot sr)$。显然

$$I_\lambda=\frac{dI}{d\lambda}\text{或}I=\int_0^\infty I_\lambda d\lambda \tag{4-5}$$

辐射力 单位时间内，物体的每单位面积向半球空间所发射全波长的总能量称为辐射力，用符号 E 表示，单位是 W/m^2。根据定义，辐射力和辐射强度之间的关系为

$$E = \int_{\omega=2\pi} I\cos\theta \mathrm{d}\omega \tag{4-6}$$

辐射力和单色辐射强度之间的关系为

$$E = \int_{\omega=2\pi}\int_0^\infty I_\lambda \cos\theta \mathrm{d}\omega \mathrm{d}\lambda \tag{4-7}$$

若辐射力是针对某波长 λ、波长间隔为 $\mathrm{d}\lambda$ 范围内所发射的能量，则称单色辐射力，用符号 E_λ 表示，单位是 $\mathrm{W/(m^2 \cdot \mu m)}$。显然

$$E_\lambda = \frac{\mathrm{d}E}{\mathrm{d}\lambda} \text{或} E = \int_0^\infty E_\lambda \mathrm{d}\lambda \tag{4-8}$$

若辐射力是针对某方向在单位立体角内所发射的能量，则称定向辐射力，用符号 E_θ 表示，单位是 $\mathrm{W/(m^2 \cdot sr)}$。因为辐射力是以发射物体的单位面积作为计算依据，而辐射强度是以垂直于发射方向的单位投影面积作为依据，所以

$$E_\theta = I_\theta \cos\theta \tag{4-9}$$

不难看出，在法线方向 $\theta=0°$，故有

$$E_\theta = I_\theta \tag{4-10}$$

第二节 热辐射的基本定律

前已述及，黑体是一个理想的吸收体，它能够吸收来自各个方向、各种波长的全部投射能量。尽管在自然界并不存在黑体，但用人工的方法可以制造出十分接近于黑体的模型，以此作为比较的标准，它对研究实际物体的热辐射特性具有重要的意义。图 4-6 所示等温空腔壁上的小孔，如果空腔直径和小孔直径之比足够大，则此小孔就是人工黑体。因为射进小孔的放射线，在空腔内壁经过多次吸收和反射后，可认为被全部吸收。白天从远处看房屋的窗孔有黑洞洞的感觉，就是由于可见光进入窗孔后很少有光线反射到肉眼的缘故。今后将经常用到黑体的辐射特性，故凡与黑体辐射有关的物理量，均在右下角标以“b”（Black body）。

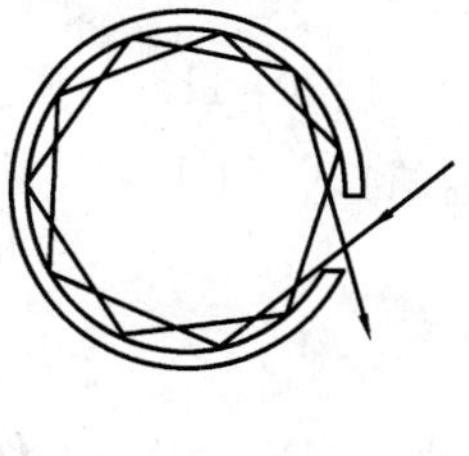

图 4-6 黑体模型

一、黑体辐射的基本定律

黑体辐射可归纳为四个基本定律：普朗克定律、维恩定律、斯蒂芬—波尔兹曼定律和兰贝特定律。

（一）普朗克定律

1900 年，普朗克从量子理论出发，揭示了黑体辐射光谱的变化规律。或者说他给出了黑体单色辐射力 $E_{b\lambda}$ 和波长 λ、热力学温度 T 之间的函数关系，它可表达为

$$E_{b\lambda} = e^{\frac{c_1\lambda^{-5}}{c_2/(\lambda T)}} - 1 \quad \mathrm{W/(m^2 \cdot \mu m)} \tag{4-11a}$$

式中 λ——波长，μm；

T——热力学温度，K；

e——自然对数的底；

c_1——普朗克第一常数，$c_1 = 3.743 \times 10^8 \mathrm{W \cdot \mu m^4/m^2}$；

c_2——普朗克第二常数，$c_2=1.439\times10^4\mu m\cdot K$。

普朗克定律的黑体光谱分布如图 4-7（a）所示。由图可知：黑体的单色辐射力 $E_{b\lambda}$ 随温度升高而增大。曲线下的面积表示辐射力 E_b。温度升高，辐射力 E_b 迅速增大，且短波区增大速度比长波区大。在一定温度下，黑体的单色辐射力随波长的增加，先是增大，然后又减小。

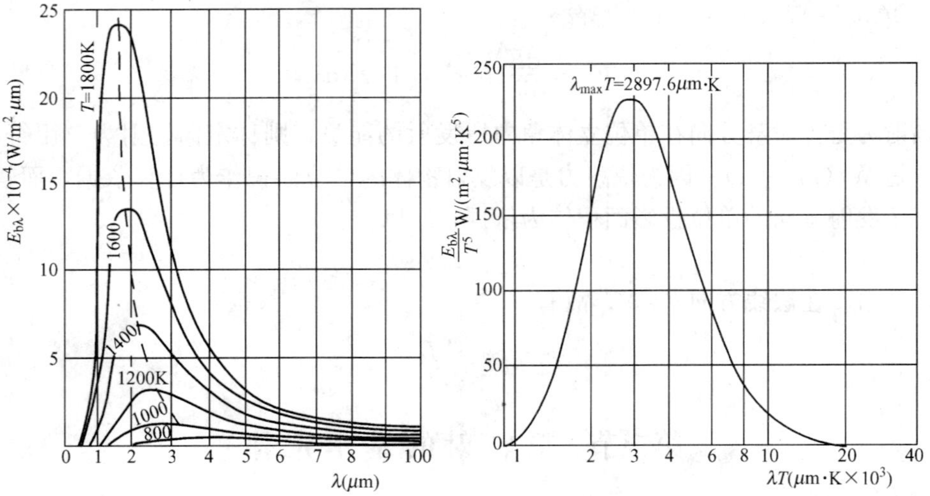

(a) (b)

图 4-7 普朗克定律的黑体光谱分布图

（a）普朗克定律揭示的关系 $E_{b\lambda}=f(\lambda, T)$；（b）$E_{b\lambda}$ 与 λT 的函数关系

式（4-11a）还可以写成更方便的通用形式。它不需要对每一温度值都提供一根单独曲线。将式（4-11a）两边除以 T^5，可得

$$\frac{E_{b\lambda}}{T^5}=\frac{c_1}{(\lambda T)^5(e^{c_2/(\lambda T)}-1)}=f(\lambda T) \tag{4-11b}$$

此式给出的是以 λT 作为变量的 $\frac{E_{b\lambda}}{T^5}$ 值。根据这一关系绘出的曲线表示在图 4-7（b）上。

（二）维恩定律

由图 4-7（a）可知，当 $\lambda=0$ 和 $\lambda=\infty$ 时 $E_{b\lambda}$ 都等于 0。其间某波长处必存在一最大值 $E_{b\lambda}^{max}$（曲线的峰值）。并且随着温度的增高，曲线的峰值向左移动，即移向波长较短方向。对应于 $E_{b\lambda}^{max}$ 的波长 λ_{max} 与黑体的绝对温度（T）之间的关系，可如下求得。

对式（4-11b）求导找最大值

$$\frac{d}{d(\lambda T)}\left(\frac{E_{b\lambda}}{T^5}\right)=0$$

最后得到

$$\lambda_{max}T=2897.6\quad \mu m\cdot K \tag{4-12}$$

式（4-12）称为维恩（Wien）位移定律。该式表明黑体携带辐射能量最多的射线波长 λ_{max}，随绝对温度 T 的升高而移向波长较短的方向。

【例 4-1】 试分别计算温度为 2000K 和 5800K 的黑体的最大光谱辐射力所对应的波长 λ_{max}。

解 可直接应用式（4-12）计算

$$T=2000\text{K 时},\lambda_{\max}=\frac{2.9\times10^{-9}\text{m}\cdot\text{K}}{2000\text{K}}=1.45\times10^{-6}\text{m}=1.45\mu\text{m}$$

$$T=5800\text{K 时},\lambda_{\max}=\frac{2.9\times10^{-9}\text{m}\cdot\text{K}}{5800\text{K}}=0.50\times10^{-6}\text{m}=0.50\mu\text{m}$$

（三）斯蒂芬—玻尔兹曼定律

在计算辐射换热时，需要建立物体的辐射力 E 与温度 T 的关系。图 4-7（a）中曲线 $E_{b\lambda}$（λ，T）下面的面积就是该温度下黑体的辐射力 E_b，即

$$E_b=\int_0^\infty E_{b\lambda}\mathrm{d}\lambda=\int_0^\infty\frac{c_1\lambda^{-5}}{e^{c_2/(\lambda T)}-1}\mathrm{d}\lambda$$

积分后可得 $E_b=\sigma_b T^4$ W/m² （4-13）

或 $E_b=C_b\left(\frac{T}{100}\right)^4$ W/m² （4-14）

式中 $\sigma_b=5.67\times10^{-8}\text{W}/(\text{m}^2\cdot\text{K}^4)$称为黑体辐射常数。

$C_b=5.67\text{W}/(\text{m}^2\cdot\text{K}^4)$称为黑体辐射系数。

式（4-13）和式（4-14）均是斯蒂芬—玻尔兹曼定律的表达式，它说明黑体的辐射力和热力学温度四次方成正比，故又称四次方定律。

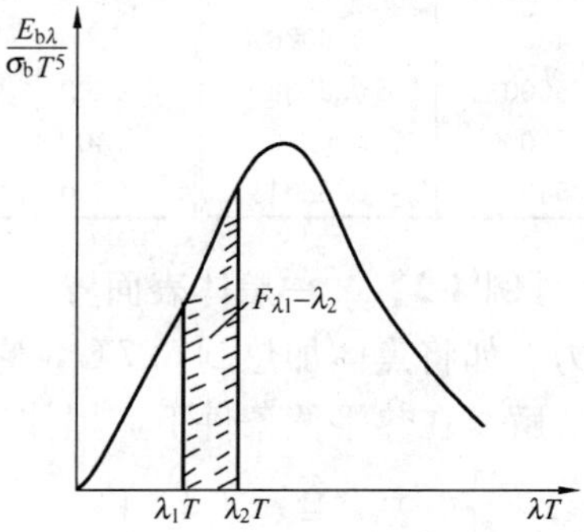

图 4-8 黑体在某一波段内的辐射能

工程上有时需要计算某一波段范围内黑体的辐射能量及其在辐射力中所占的百分数，如图 4-8 所示。若要计算波长 λ_1 到 λ_2 波段内的黑体辐射力 $E_{b(\lambda_1-\lambda_2)}$，参考式（4-8）可得

$$E_{b(\lambda_1-\lambda_2)}=\int_{\lambda_1}^{\lambda_2}E_{b\lambda}\mathrm{d}\lambda=\int_0^{\lambda_2}E_{b\lambda}\mathrm{d}\lambda-\int_0^{\lambda_1}E_{b\lambda}\mathrm{d}\lambda=E_{b(0-\lambda_2)}-E_{b(0-\lambda_1)}$$

式中：$E_{b(0-\lambda_2)}$、$E_{b(0-\lambda_1)}$分别表示波长从 0～λ_2 和 0～λ_1 黑体的波段辐射力。通常，将黑体的波段辐射力表示成同温度下黑体辐射力 E_b 的百分数（份额），记为 $F_{b(0-\lambda T)}$。于是

$$F_{b(0-\lambda T)}=\frac{E_{b(0-\lambda)}}{E_b}=\frac{\int_0^\lambda E_{b\lambda}\mathrm{d}\lambda}{\sigma T^4}$$

将式（4-11a）代入上式得

$$F_{b(0-\lambda T)}=\int_0^{\lambda T}\frac{c_1}{\sigma_b(\lambda T)^5(e^{c_2/\lambda T}-1)}\mathrm{d}(\lambda T)=\int_0^{\lambda T}\frac{E_{b\lambda}}{\sigma T^5}\mathrm{d}(\lambda T)=f(\lambda T) \qquad (4\text{-}15)$$

f（λT）称为黑体辐射函数。为计算方便，已制成表格（见表 4-1）。$F_{b(0-\lambda T)}$可直接由表 4-1查出。根据黑体辐射函数，可以计算出给定温度下（$\lambda_1-\lambda_2$）波段内的黑体辐射力 $E_{b(\lambda_1-\lambda_2)}$，即

$$E_{b(\lambda_1-\lambda_2)}=E_b[(F_{b(0-\lambda_2 T)}-F_{b(0-\lambda_1 T)})] \qquad (4\text{-}16)$$

表 4-1 黑 体 辐 射 函 数

λT (μm·K)	$F_{b(0-\lambda T)}$	λT (μm·K)	$F_{b(0-\lambda T)}$	λT (μm·K)	$F_{b(0-\lambda T)}$	λT (μm·K)	$F_{b(0-\lambda T)}$
200	0	1000	0.0003	1800	0.0394	2600	0.1831
400	0	1200	0.0021	2000	0.0667	2800	0.2279
600	0	1400	0.0078	2200	0.1009	3000	0.2733
800	0	1600	0.0197	2400	0.1403	3200	0.3181

续表

λT ($\mu m \cdot K$)	$F_{b(0-\lambda T)}$	λT ($\mu m \cdot K$)	$F_{b(0-\lambda T)}$	λT ($\mu m \cdot K$)	$F_{b(0-\lambda T)}$	λT ($\mu m \cdot K$)	$F_{b(0-\lambda T)}$
3400	0.3618	5600	0.7011	7800	0.8481	14000	0.9630
3600	0.4036	5800	0.7202	8000	0.8563	15000	0.9690
3800	0.4434	6000	0.7379	8500	0.8747	16000	0.9739
4000	0.4809	6200	0.7542	9000	0.8901	18000	0.9809
4200	0.5161	6400	0.7693	9500	0.9032	20000	0.9857
4400	0.5488	6600	0.7833	10000	0.9143	40000	0.9981
4600	0.5793	6800	0.7962	10500	0.9238	50000	0.9991
4800	0.6076	7000	0.8082	11000	0.9320	75000	0.9998
5000	0.6338	7200	0.8193	11500	0.9390	100000	1.0000
5200	0.6580	7400	0.8296	12000	0.9452		
5400	0.6804	7600	0.8392	13000	0.9552		

【例 4-2】 一黑体表面置于室温为 27℃的厂房中。试求在热平衡条件下黑体表面的辐射力。如将黑体加热到 327℃，它的辐射力又是多少？

解 在热平衡条件下，黑体温度与室温相同，即等于 27℃。按式（4-14），辐射力为

$$E_{b1}=C_b\left(\frac{T_1}{100}\right)^4=5.67\text{W}/(\text{m}^2\cdot\text{K}^4)\times\left(\frac{27+273}{100}\right)^4\text{K}^4=459\text{W}/\text{m}^2$$

327℃黑体的辐射力为

$$E_{b2}=C_b\left(\frac{T_1}{100}\right)^4=5.67\text{W}/(\text{m}^2\cdot\text{K}^4)\times\left(\frac{327+273}{100}\right)^4\text{K}^4=7350\text{W}/\text{m}^2$$

【例 4-3】 已知某太阳能集热器的透光玻璃在波长从 $\lambda_1=0.35\mu m$ 至 $\lambda_2=2.7\mu m$ 范围内的透过率为 85%，在此范围以外是不透过的。试计算太阳辐射对该玻璃的透射率。把太阳辐射作黑体看待，它的表面温度为 5762K。

解 利用黑体辐射函数表，计算

$$\lambda_1 T=0.35\times5762=2017\quad \mu m\cdot K$$

查表 4-1，可得 $F_{b(0-\lambda_1 T)}=0.0696=6.96\%$

计算 $\lambda_2 T=2.7\times5762=15557\quad \mu m\cdot K$

查表 4-1，可得 $F_{b(0-\lambda_2 T)}=0.9717=97.17\%$

因此，投射在玻璃上的太阳辐射在波长从 0.35～2.7μm 范围内的能量，占总能量的百分数为 97.17－6.96＝90.21%。

太阳辐射透过该玻璃的百分数为

$$90.21\%\times0.85=76.68\%$$

由于集热器表面的温度较低，一般不超过 373K，它的长波辐射对玻璃是不透过的。因此该透光玻璃的这种对短波透射和对长波阻挡的性质，减少了集热表面透过玻璃向外的辐射热损失，有利于提高集热器的效率。请设想若采用此种玻璃作为房屋的窗子又会如何？

（四）兰贝特定律

朝半球空间各个方向辐射强度相等的表面，即各朝向辐射同性的表面称为漫辐射表面，对漫辐射表面应有

$$I_{\theta1}=I_{\theta2}=\cdots=I_{\theta n}\qquad(4\text{-}17a)$$

根据式（4-9）和式（4-10），它的定向辐射力

$$E_\theta = I_\theta \cos\theta = I_n \cos\theta = E_n \cos\theta \quad \mathrm{W/(m^2 \cdot sr)} \tag{4-17b}$$

以上是兰贝特定律的两种表达式，式（4-17b）说明漫辐射表面在与法线成 θ 角方向的定向辐射力按余弦规律变化，法线方向的定向辐射力最大，故兰贝特定律亦称余弦定律。除黑体以外只有漫辐射表面才遵守兰贝特定律。

对于漫辐射表面，根据式（4-6），辐射力为

$$E = \int_{\omega=2\pi} I\cos\theta \mathrm{d}\omega$$

由于 $\mathrm{d}\omega = \dfrac{\mathrm{d}A_2}{r^2} = \sin\theta \mathrm{d}\theta \mathrm{d}\varphi$，把它代入上式，积分后可得

$$E = I\int_{\theta=0}^{\pi/2}\int_{\varphi=0}^{2\pi} \cos\theta\sin\theta \mathrm{d}\theta \mathrm{d}\varphi = \pi I \tag{4-18}$$

因此，对于漫辐射表面，辐射力是任意方向辐射强度的 π 倍。

综上所述，黑体辐射的规律：黑体的辐射力由斯蒂芬—波尔兹曼定律确定，它正比于其绝对温度的四次方；T 温度的黑体辐射能量按波长的分布服从普朗克定律；而在空间方向的分布服从于兰贝特定律；黑体的单色辐射力有个峰值，峰值对应的波长 λ_{max}，由维恩定律确定，随着温度的升高，λ_{max}，值向波长较短的方向移。

二、实际物体的辐射、吸收特性与基尔霍夫定律

（一）实际物体的辐射与吸收特性

首先指出实际物体的单色辐射力，在规定温度下按波长的分布并不服从普朗克定律，见图 4-9，图中示出了同温度下某实际物体和黑体的 $E_\lambda = f(\lambda T)$ 的代表性曲线。图上曲线下的面积分别表示各自的辐射力。把实际物体的辐射力与同温度下黑体的辐射力的比值称为实际物体的发射率（亦称黑度）记为 ε

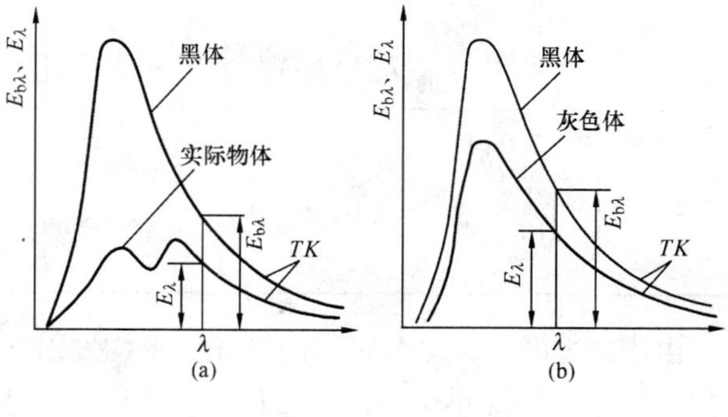

图 4-9 $E_\lambda = f(\lambda T)$

$$\varepsilon = \frac{E}{E_b} = \frac{\int_0^\infty \varepsilon_\lambda E_{b\lambda} \mathrm{d}\lambda}{\sigma_b T^4} \tag{4-19}$$

式中：$\varepsilon_\lambda = \dfrac{E_\lambda}{E_{b\lambda}}$ 为实际物体的单色辐射力 E_λ 与同温度下黑体的单色辐射力 $E_{b\lambda}$ 比值，称为实际物体的单色发射率（又称单色黑度）。

从该式可见，若实际物体的发射率 ε 已知，则其辐射力 E 可应用四次方定律确定

$$E = \varepsilon E_b = \varepsilon\sigma_b T^4 = \varepsilon c_b \left(\frac{T}{100}\right)^4 \mathrm{W/m^2} \tag{4-20}$$

实验结果发现，实际物体的辐射力并不严格地同热力学温度的四次方成正比，但在工程计算中，为了计算方便，仍认为一切实际物体的辐射力都与热力学温度的四次方成正比，而把由此引起的修正，包括到用实验方法确定的发射率中去。由于这个原因，发射率还与温度

有关。在选用实际材料的发射率时，要注意它适用的温度范围。

事实证明，实际物体的辐射能在空间的分布也并不遵守兰贝特定律。在实际物体表面上，半球空间各个方向上的辐射强度，并非完全相等。把实际物体表面的定向辐射力与同温度条件下黑体定向辐射力之比，称为该表面的定向发射率，即

$$\varepsilon_\theta = \frac{E_\theta}{E_{b\theta}} = \frac{I_\theta}{I_{b\theta}} \tag{4-21}$$

对于单色射线而言，单色定向发射率为

$$\varepsilon_{\lambda\theta} = \frac{I_{\lambda\theta}}{I_{b\lambda}} \tag{4-22}$$

式中 I_θ、$I_{\lambda\theta}$——与辐射面法向成θ角的方向上，定向全波长的辐射强度和单色定向辐射强度；

I_b、$I_{b\lambda}$——同温度下黑体的全波长辐射强度与单色辐射强度。

现把一些金属材料和非金属材料，在半球空间的平均发射率 ε 与法向发射率 ε_n 之比列于表 4-2 中。

表 4-2 **材料表面的 $\varepsilon/\varepsilon_n$**

	材料的类别和表面状况	温度（℃）	$\varepsilon/\varepsilon_n$
金 属	铝，轧制光泽的	170	1.25
	铬，抛光的	150	1.22
	铁，浸蚀光泽的	150	1.23
	锰铜，锰镍铜合金，轧制光泽的	119	1.19
	镍，抛光的	100	1.18
非金属	氧化铜	149	0.96
	耐火黏土	84	0.99
	玻璃	94	0.93
	冰	0	0.95
	纸	94	0.97

由表 4-2 可以看出金属表面半球的平均发射率大于其法向发射率。而非金属材料表面半球的平均发射率要小于其法向发射率。实际物体表面状况对发射率也有影响，表面光洁的材料有较小的发射率，而表面粗糙和沾污的同种材料有较大的发射率。金属表面有氧化膜时，会使发射率大为增加。所有这些表面状况很难确切的描述。因此，在工程计算中，对于一般材料，可将法向发射率近似的作为半球的平均发射率 ε，对于高度磨光的金属表面，可将法向发射率乘以 1.2，而得出半球的平均发射率。材料的法向发射率由实验测定。

物体对投射辐射所吸收的份额称为物体的吸收率。实际物体的吸收率 α，取决于吸收物体本身的情况和投射辐射的特性。所谓物体本身的情况，是指物体的种类、表面温度和表面状况。所谓投射辐射的特性，是指投射物体辐射与波长的分布有关。因此，实际物体的吸收率，要根据吸收的一方和投射的一方，双方物体的种类、表面温度、表面状况来确定，可见确定实际物体的吸收率的复杂性和困难程度。若投射辐射能来自黑体，实际物体的吸收率表示成

$$\alpha = \frac{\int_0^\infty \alpha_\lambda(T_1)E_{b\lambda}(T_2)\mathrm{d}\lambda}{\int_0^\infty E_{b\lambda}(T_2)\mathrm{d}\lambda} = \frac{\int_0^\infty \alpha_\lambda(T_1)E_{b\lambda}(T_2)\mathrm{d}\lambda}{\sigma_b T^4} \tag{4-23}$$

式中：α_λ 为物体对某一特定波长的黑体辐射能所吸收的百分数，被定义为单色吸收率。若物体的单色吸收率 α_λ 和黑体的温度 T_2 均为已知时，则用上式可算出实际物体的吸收率 α。

（二）基尔霍夫定律

基尔霍夫定律揭示了物体的辐射力（E）与吸收率（α）之间的关系。该定律可由研究两个表面的辐射换热中导出。假定两块不透热（$\tau=0$）的平板，面积很大，又靠得很近，忽略端部散热的影响，使一板面辐射的能量能全部落在另一板面上。见图 4-10 所示。

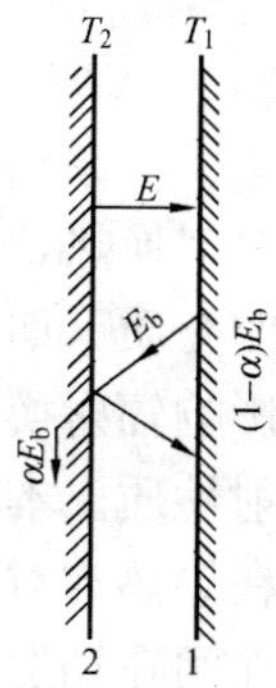

图 4-10　基尔霍夫定律推导用图

若板 1 为黑体面，其辐射力、吸收率和表面温度分别为 E_b、$\alpha_b=1$ 和 T_1。板 2 为任意物体表面，其辐射力、吸收率和表面温度分别为 E、α 和 T_2。对于板 2 而言，单位时间单位面积的辐射换热量为

$$\varphi = E - \alpha E_b \tag{1}$$

式中：E 为板 2 的辐射力，它投射到板 1 黑体面上被全部吸收。而 αE_b 为板 1 黑体面的辐射力，投射到板 2 物体面上，被板 2 吸收的能量。式（1）正好表示板 2 辐射和吸收的辐射能的差额。

若辐射体系处于温度平衡（$T_1=T_2$）的状态，则 $\varphi=0$，于是式（1）变为

$$\frac{E}{\alpha} = E_b \tag{2}$$

这种关系，对于任意物体都是成立的，故可写成

$$\frac{E_1}{\alpha_1} = \frac{E_2}{\alpha_2} = \cdots\cdots = \frac{E}{\alpha} = E_b \tag{4-24}$$

式（4-24）就是基尔霍夫定律的表达式，可以表述为：在热平衡条件下，任何物体的辐射力和它对来自黑体辐射的吸收率的比值，恒等于同温度下黑体的辐射力。这个比值与物性无关，仅取决于温度。值得注意的是该定律是在温度平衡条件下导得的，式（4-24）的关系，只有在温度平衡条件下才能成立。从基尔霍夫定律可得如下结论：

（1）在相同温度下，辐射力大的物体，其吸收率也大，亦即善于辐射的物体，也善于吸收。

（2）实际物体的吸收率都是小于 1（$\alpha<1$）的，所以在相同温度下黑体的辐射力为最大。

（3）将式（4-24）与发射率的定义式［式（4-19）］相对照，得

$$\varepsilon = \alpha \tag{4-25}$$

式（4-25）为基尔霍夫定律的另一表达式。该式表示，在温度平衡条件下，实际物体对来自黑体辐射的吸收率，等于该物体的发射率。

对于单色辐射发射率 $\varepsilon_\lambda=\dfrac{E_\lambda}{E_{b\lambda}}$ 和 α_λ 之间的关系，下式是成立的，即

$$\varepsilon_\lambda = \alpha_\lambda \tag{3}$$

式（4-25）对漫发射表面，不受投射能按波长分布的限制，是更基本的基尔霍夫定律的表达式。

基尔霍夫定律的以上论述，对于任何物体都是适用的。

第三节 物体间辐射换热的计算

辐射换热，是一物体在同一时间内辐射和吸收的总效果。温度不同的诸表面，当表面间被透明介质（如真空、空气等）或半透明介质（如烟气等）所分离，此时表面间会有辐射换热。影响辐射换热的因素，除物体的表面温度外，还有物体大小、形状、相互位置以及表面的辐射性质。本节仅对黑表面和漫射灰表面作分析。

在导热和对流换热计算中，均曾用欧姆定律的形式来分析导热热阻和对流换热热阻。物体表面间在辐射换热时也同样可用辐射热阻来分析。本节将在分析辐射热阻的基础上计算辐射换热，这是辐射换热计算中比较方便的一种方法。

一、辐射角系数的确定方法

在一般情况下，一物体发射的辐射能，只有一部分投射到另一指定的物体表面上，其余部分则由指定物体的周边落到其他诸表面上。为了计算方便，引出“辐射角系数”这一物理概念，由下式表示

$$X_{i,j}=\frac{\text{物体 } i \text{ 发射的总辐射能量中落到物体 } j \text{ 上的辐射能}}{\text{物体 } i \text{ 发射的总辐射能}}=\frac{\Phi_{i\to j}}{\Phi_{i\to}}$$

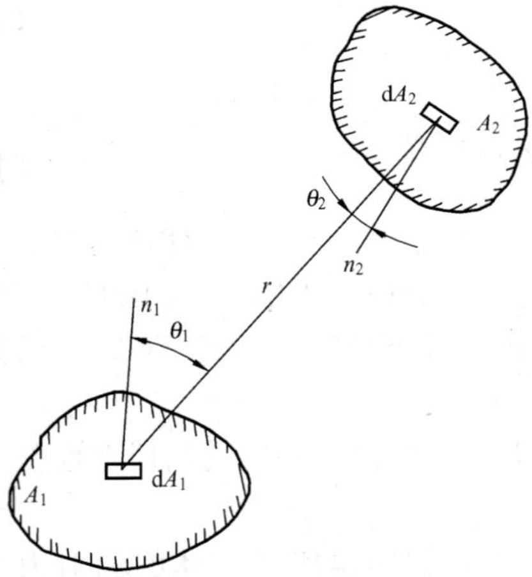

图 4-11 任意位置两非凹黑表面的辐射换热

$X_{i,j}$称为i物体对j物体的辐射角系数。$X_{i,j}$中的i、j前者表示发射体i，后者表示接受体j。

在辐射换热计算中，确定辐射角系数十分重要。确定角系数的方法很多，这里主要介绍积分法和代数法。

（一）积分法确定角系数

现以空间任意放置的两黑体表面A_1、A_2间的辐射换热为例，它们的温度各为T_1、T_2，从表面上分别取微面积dA_1、dA_2，两者的距离为r，两表面的法线与连线r间的夹角分别为θ_1、θ_2（如图 4-11 所示），从本章第一节可知dA_1射向dA_2每单位立体角中的辐射能是$I_1 dA_1\cos\theta_1$，由于微面积dA_2对dA_1中心所张的立体角为$\frac{dA_2\cos\theta_2}{r^2}$，故从黑体$dA_1$投射到黑体$dA_2$上的辐射能为

$$d\Phi_{1\to2}=I_1 dA_1\cos\theta_1\frac{\cos\theta_2 dA_2}{r^2}=E_{b1}\frac{\cos\theta_1\cos\theta_2}{\pi r^2}dA_1 dA_2$$

A_1面发射的总辐射能量中，投射到A_2面上的辐射能为

$$\Phi_{1\to2}=\int_{A_1}\int_{A_2}d\Phi_{1\to2}=E_{b1}\int_{A_1}\int_{A_2}\frac{\cos\theta_1\cos\theta_2}{\pi r^2}dA_1 dA_2 \tag{1}$$

而A_1黑体面发射的总辐射能为

$$\Phi_{1\to}=E_{b1}A_1 \tag{2}$$

则A_1面对A_2面的平均辐射角系数为式（1），式（2）两式相除，得

$$X_{1,2}=\frac{\Phi_{1\to2}}{\Phi_{1\to}}=\frac{1}{A_1}\int_{A_1}\int_{A_2}\frac{\cos\theta_1\cos\theta_2}{\pi r^2}\mathrm{d}A_1\mathrm{d}A_2 \tag{4-26a}$$

同理，A_2 面对 A_1 面的平均辐射角系数为

$$X_{2,1}=\frac{\Phi_{2\to1}}{\Phi_{2\to}}=\frac{1}{A_2}\int_{A_1}\int_{A_2}\frac{\cos\theta_1\cos\theta_2}{\pi r^2}\mathrm{d}A_1\mathrm{d}A_2 \tag{4-26b}$$

在式（4-26）中

$$\frac{\cos\theta_1\cos\theta_2}{\pi r^2}\mathrm{d}A_2=X_{\mathrm{d}A_1,\mathrm{d}A_2}$$

$$\frac{\cos\theta_1\cos\theta_2}{\pi r^2}\mathrm{d}A_1=X_{\mathrm{d}A_2,\mathrm{d}A_1}$$

式中　$X_{\mathrm{d}A_1,\mathrm{d}A_2}$——表示微面积 $\mathrm{d}A_1$ 对微面积 $\mathrm{d}A_2$ 的角系数；

$X_{\mathrm{d}A_2,\mathrm{d}A_1}$——表示微面积 $\mathrm{d}A_2$ 对微面积 $\mathrm{d}A_1$ 的角系数。

$$\int_{A_2}\frac{\cos\theta_1\cos\theta_2}{\pi r^2}\mathrm{d}A_2=X_{\mathrm{d}A_1,A_2} \tag{4-27a}$$

$$\int_{A_1}\frac{\cos\theta_1\cos\theta_2}{\pi r^2}\mathrm{d}A_1=X_{\mathrm{d}A_2,A_1} \tag{4-27b}$$

式中　$X_{\mathrm{d}A_1,A_2}$——表示微面积 $\mathrm{d}A_1$ 对表面积 A_2 的角系数；

$X_{\mathrm{d}A_2,A_1}$——表示微面积 $\mathrm{d}A_2$ 对表面积 A_1 的角系数。

例如微面积 $\mathrm{d}A_1$ 和与它平行的直径为 D 的圆面积 A_2，微面积处于圆心的法线上两者相距为 R（如图 4-12 所示），需要确定 $X_{\mathrm{d}A_1,A_2}$。在 A_2 上取一距圆心为 x、宽度为 $\mathrm{d}x$ 的环形面积 $\mathrm{d}A_2=2\pi x\mathrm{d}x$，由于对各不同 x，$\theta_1=\theta_2$，$r=\sqrt{R^2+x^2}$，$\cos\theta_1=\cos\theta_2=\dfrac{R}{\sqrt{R^2+x^2}}$。从角系数的表达式（4-27a）可见

$$X_{\mathrm{d}A_1,A_2}=\int_{A_2}\frac{\cos\theta_1\cos\theta_2}{\pi r^2}\mathrm{d}A_2=\int_{A_2}\frac{R^2 2\pi x\mathrm{d}x}{\pi(R^2+x^2)^2}$$

$$=R^2\int_0^{D/2}\frac{\mathrm{d}x^2}{(R^2+x^2)^2}=-R^2\left(\frac{1}{R^2+x^2}\right)_0^{D/2}$$

$$=\frac{D^2}{4R^2+D^2} \tag{4-28}$$

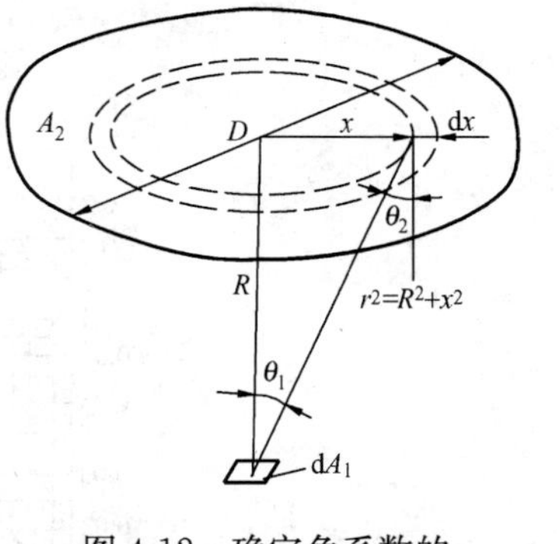

图 4-12　确定角系数的积分方法示例

实用上为了简化运算，对表面间不同相对位置的角系数已从导出计算式画成线图。下面列举几张，如图 4-13、图 4-14、图 4-15 所示。从这些图中可以看出，变量均为无量纲数，因此相似的几何系统中，对应的角系数相等。

（二）代数法确定角系数

代数法可扩大应用前面所介绍的一些线图以计算表面间的角系数。此方法是以角系数的以下两个特性为分析基础的。

1. 角系数的互换性

角系数的互换性原理，已在从式（4-26a）和式（4-26b）中得到 $X_{1,2}A_1=X_{2,1}A_2$ 表明，这说明任意两个表面之间的一对角系数 $X_{1,2}$ 和 $X_{2,1}$ 不是独立的，它们要受到该式的制约。

2. 角系数的完整性

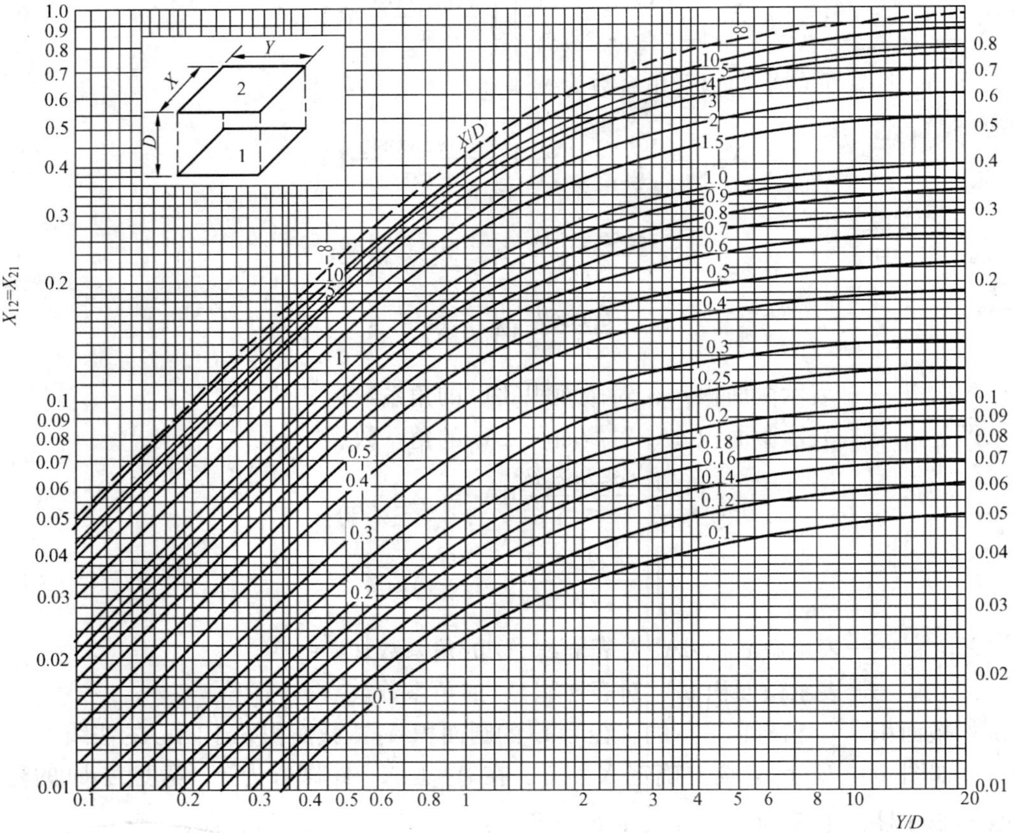

图 4-13 平行长方形表面间的角系数

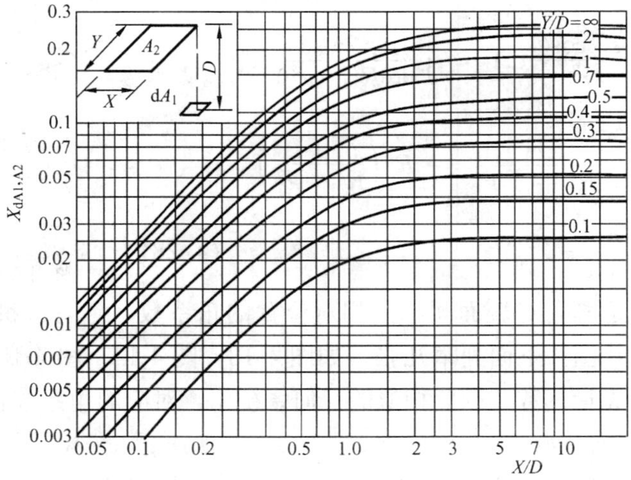

图 4-14 微元面对长方形表面的角系数

对于由几个表面组成的封闭腔，见图 4-16 所示，根据能量守恒原理，从任何一个表面发射出的辐射能，必全部落到其他表面上，因此，任何一个表面对其余各表面的角系数存在下列关系，$X_{i,1}+X_{i,2}+X_{i,3}+\cdots\cdots+X_{i,n}=\sum_{j=1}^{n}X_{i,j}=1$，此式表达角系数的完整性。

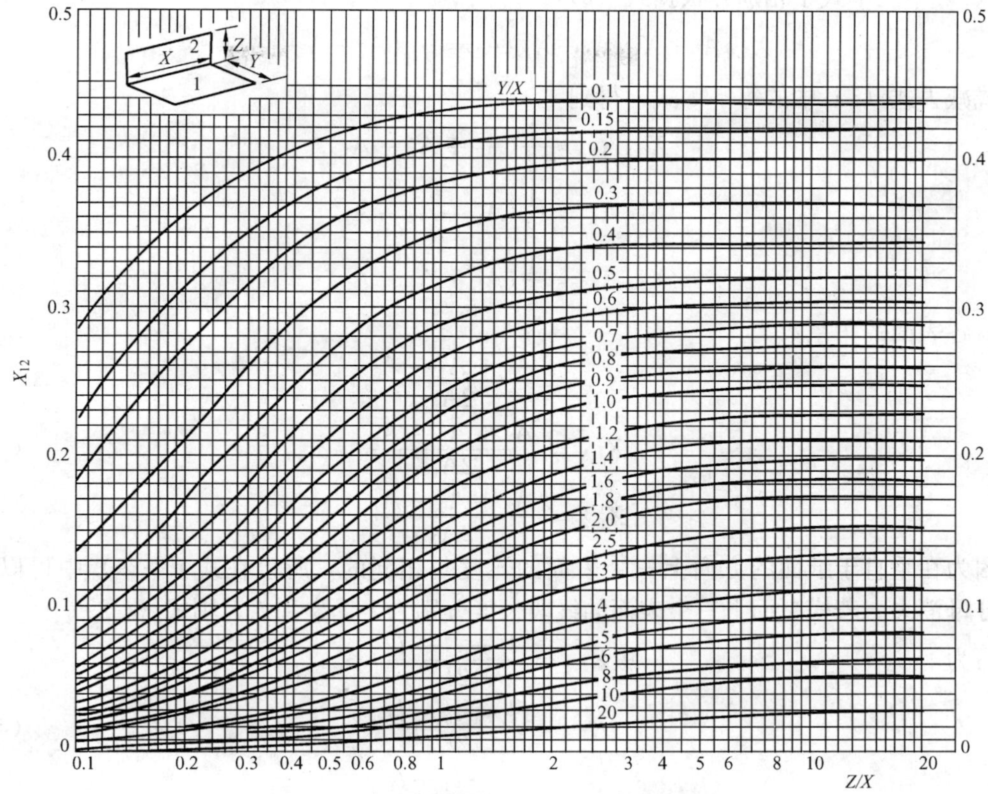

图 4-15　相互垂直两长方形表面间的角系数

表面 i 为平、凸表面时则 $X_{i,j}=0$，若表面 i 为图中虚线所示的凹表面，则 $X_{i,j}\neq 0$。下面以三个平凸形表面（在垂直于纸面方向为无限长）构成的空腔为例来说明本方法，三个表面积各为 A_1、A_2、A_3（图 4-17），根据完整性原理可以写出

$$\left.\begin{aligned} X_{1,2}A_1+X_{1,3}A_1&=A_1\\ X_{2,1}A_2+X_{2,3}A_2&=A_2\\ X_{3,1}A_3+X_{3,2}A_3&=A_3 \end{aligned}\right\} \tag{1}$$

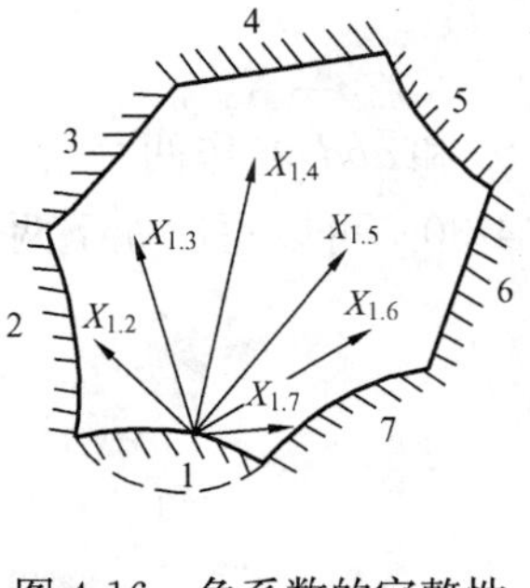

图 4-16　角系数的完整性

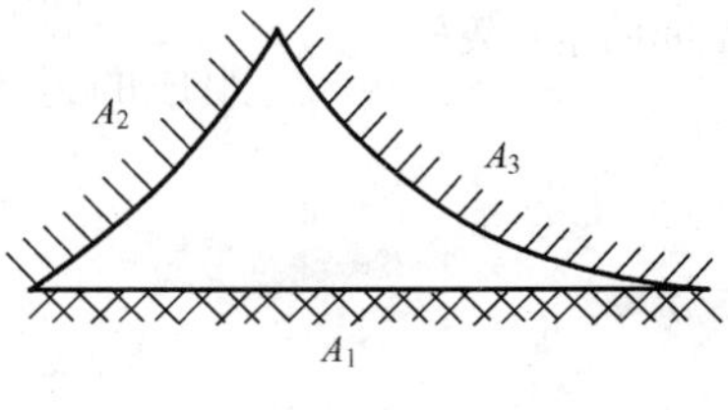

图 4-17　三个非凹表面组成的空腔

根据互换性原理可有

$$\left.\begin{aligned} X_{1,2}A_1&=X_{2,1}A_2\\ X_{1,3}A_1&=X_{3,1}A_3\\ X_{2,3}A_2&=X_{3,2}A_3 \end{aligned}\right\} \tag{2}$$

将式（1）中三个式子相加并根据式（2），可得

$$X_{1,2}A_1+X_{1,3}A_1+X_{2,3}A_2=\frac{1}{2}\ (A_1+A_2+A_3)$$

从此式减去式（1）中的每一等式，得到

$$X_{2,3}A_2=\frac{1}{2}(A_2+A_3-A_1)$$

$$X_{1,3}A_1=\frac{1}{2}(A_1+A_3-A_2)$$

$$X_{1,2}A_1=\frac{1}{2}(A_1+A_2-A_3)$$

因此，各表面的角系数为

$$\begin{aligned}X_{1,2}&=\frac{A_1+A_2-A_3}{2A_1}\\X_{1,3}&=\frac{A_1+A_3-A_2}{2A_1}\\X_{2,3}&=\frac{A_2+A_3-A_1}{2A_2}\end{aligned}\tag{4-29}$$

因为在垂直于纸面的方向上三个表面的长度是相同的，所以在式（4-29）中可以从分子、分母消去。若横断面上三个表面的线段长度分别为 l_1、l_2 和 l_3，则式（4-29）可改写为

$$\begin{aligned}X_{1,2}&=\frac{l_1+l_2-l_3}{2l_1}\\X_{1,3}&=\frac{l_1+l_3-l_2}{2l_1}\\X_{2,3}&=\frac{l_2+l_3-l_1}{2l_2}\end{aligned}\tag{4-30}$$

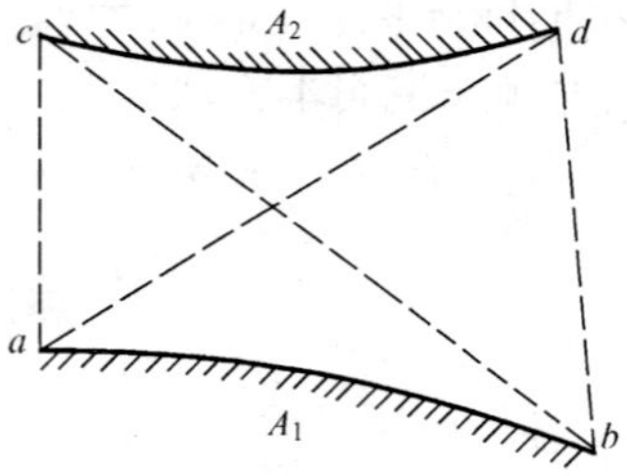

图 4-18 两个无限长相对表面间的角系数

下面应用代数分析法来确定图 4-18 所示的表面 A_1 和 A_2 之间的角系数。

假定在垂直于纸面的方向上表面的长度是无限延伸的。作辅助线 $\overline{ac}$ 和 $\overline{bd}$ 及交叉线 $\overline{ad}$ 和 $\overline{bc}$。它们代表在垂直纸面的方向上无限延伸的四个表面的端线。$\overline{ac}$、$\overline{cd}$、$\overline{db}$、$\overline{ba}$ 组成的封闭辐射空腔，根据角系数的完整性，表面 A_1 对 A_2 的角系数为

$$X_{ab,cd}=1-X_{ab,ac}-X_{ab,bd}\tag{3}$$

同时，也可以把图形 abc 和 abd 看作两个各由三个表面组成的封闭空腔，根据式（4-30）可以写出如下两个角系数

$$\begin{aligned}X_{ab,ac}&=\frac{\overline{ab}+\overline{ac}-\overline{bc}}{2\ \overline{ab}}\\X_{ab,bd}&=\frac{\overline{ab}+\overline{bd}-\overline{ad}}{2\ \overline{ab}}\end{aligned}\tag{4}$$

将式（4）代入式（3），可得

$$X_{ab,cd}=\frac{(\overline{bc}+\overline{ad})-(\overline{ac}+\overline{bd})}{2\ \overline{ab}}\tag{4-31}$$

按照式（4-31），可以归纳成如下的一般关系

$$X_{1,2}=\frac{\text{交叉线之和}-\text{不交叉线之和}}{2\times\text{表面}\ A_1\ \text{的端面长度}}\tag{4-32}$$

对于在一个方向上长度无限延伸的多个表面组成的封闭空腔，任意两个表面之间的角系数的计算式可以参照式（4-32）的结构关系写出。因此又把这种方法称为交叉线法 。

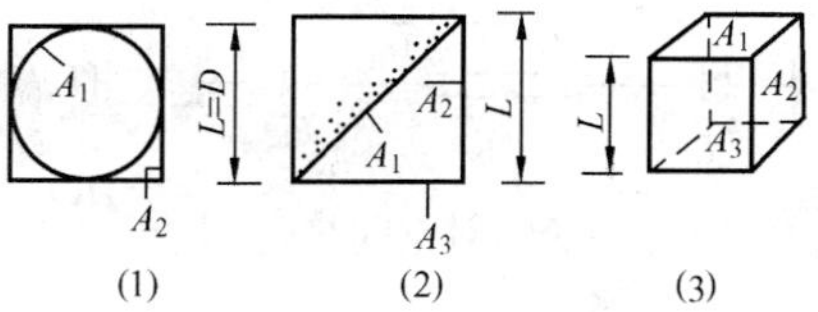

图 4-19 ［例 4-4］附图

【例 4-4】 试求图 4-19 所示的几何形状各面间的角系数 $X_{1,2}$ 和 $X_{2,1}$

（1）直径为 D 的球放于长 $L=D$ 的正方形匣内。

（2）在长的方形截面风道中沿对角线放置的隔板。

（3）正方形顶面和侧面。

解 假设诸表面都为漫射面。应用角系数的互换性和完整性求得角系数 $X_{1,2}$ 和 $X_{2,1}$

（1）方匣中的球。

通过观察，球面为凸面，故 $X_{1,2}=1$ 再据互换性原理 $X_{2,1}=\dfrac{A_1}{A_2}X_{1,2}=\dfrac{\pi D^2}{6L^2}\times 1=\dfrac{\pi}{6}$

（2）方形截面风道中的隔板。

据完整性原理 $X_{1,1}+X_{1,2}+X_{1,3}=1$，因 A_1 面为平面故 $X_{1,1}=0$。又因风道截面是方形的，对 A_1 面，A_2 面和 A_3 面是对称的，则 $X_{1,2}=X_{1,3}=0.5$。根据互换性原理

$$X_{2,1}=\frac{A_1}{A_2}X_{1,2}=\frac{\sqrt{2}L}{L}\times 0.5=0.71$$

（3）正方形顶面和侧面。

据 $Y/X=L/L=1$，$Z/X=L/L=1$，查图 4-15 得 A_1 对 $A_2/4$ 的角系数 $X'_{1,2}=0.2$，故 $X_{1,2}=4X'_{1,2}=4\times 0.2=0.8$。根据互换性 $X_{2,1}=\dfrac{A_1}{A_2}X_{1,2}=\dfrac{L^2}{4L^2}\times 0.8=0.2$

据 $X/D=1$ 和 $Y/D=1$ 查图 4-13 得 $X_{1,3}=0.2$，由于 A_1、A_2、A_3 组成封闭空腔，根据完整性则 $X_{2,1}=1-X_{1,3}-X_{1,1}=1-0.2-0=0.8$。据互换性可得

$$X_{2,1}=\frac{A_1}{A_2}X_{1,2}=\frac{L^2}{4L^2}\times 0.8=0.2$$

二、辐射换热计算

（一）黑表面间的辐射换热

1. 任意位置两非凹黑表面间的辐射换热

如图 4-11 所示两黑表面 A_1、A_2 之间的净辐射换热量为

$$\Phi_{1,2}=\Phi_{1\to 2}-\Phi_{2\to 1}=E_{b1}X_{1,2}A_1-E_{b2}X_{2,1}A_2$$

根据互换性原理有 $X_{1,2}A_1=X_{2,1}A_2$

因此，任意放置两黑表面间的辐射换热计算式就可写为

$$\Phi_{1,2}=(E_{b1}-E_{b2})X_{1,2}A_1 \tag{4-33}$$

式（4-33）亦可写作 $\Phi_{1,2}=\dfrac{E_{b1}-E_{b2}}{\dfrac{1}{X_{1,2}A_1}}$

把它和欧姆定律相比，$E_{b1}-E_{b2}$ 比作电位差，$\dfrac{1}{X_{1,2}A_1}$ 比作电阻，则电流就是辐射换热量

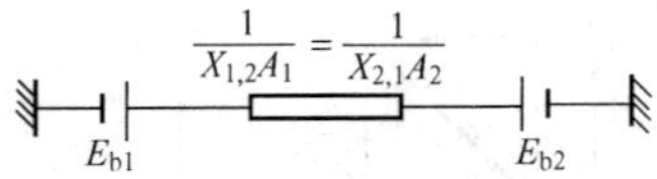

图 4-20 辐射空间热阻

$\Phi_{1,2}$。因此，两黑表面间的辐射换热可以用简单的网络图来模拟，$\frac{1}{X_{1,2}A_1}$称为空间热阻或形状热阻（图 4-20 所示），它取决于表面间的几何关系，当表面间的角系数越小或表面积越小，则能量从表面 1 投射到表面 2 上的空间热阻就越大。

对于两平行的黑体大平壁（$A_1=A_2=A$），若略去周边逸出的辐射热量可以认为 $X_{1,2}=X_{2,1}=1$，此时

$$\Phi_{1,2}=(E_{b1}-E_{b2})A=\sigma_b(T_1^4-T_2^4)A=C_b\left[\left(\frac{T_1}{100}\right)^4-\left(\frac{T_2}{100}\right)^4\right]A \quad \text{W} \tag{4-34}$$

2. 封闭空腔诸黑表面间的辐射换热

参与辐射换热诸黑表面间实际上总是构成一个封闭的空腔，即使有时表面间有开口亦可设定假想面予以封闭。这就是计算物体间辐射换热的基本方法——空腔法。

设有 n 个黑表面 1、2、3……n 组成空腔（图 4-21），每个表面各有温度 T_1、T_2、T_3……T_n，需要计算某一表面与其余表面间的辐射换热。空腔某表面向所有表面投射能量的总和就是它向外辐射的总能量，也就是该表面对所有表面的能量投射百分数（角系数）之和等于 1，如对表面 1 而言，可有

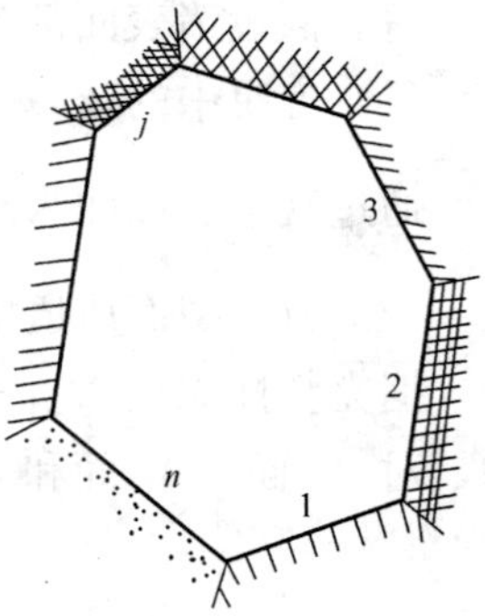

图 4-21 多个黑表面组成的空腔

$$\sum_{j=1}^{n}X_{1,j}=X_{1,1}+X_{1,2}+X_{1,3}+\cdots\cdots+X_{1,n}=1 \tag{4-35}$$

这是封闭空腔中诸表面间辐射换热的完整性。

如要计算黑表面 1 与所有其他黑表面间的辐射换热，应用式（4-33）可以得到

$$\Phi_1=\sum_{j=1}^{n}\Phi_{1,j}=A_1X_{1,2}(E_{b1}-E_{b2})+A_1X_{1,3}(E_{b1}-E_{b3})+\cdots\cdots+A_1X_{1,n}(E_{b1}-E_{bn})$$

即

$$\begin{aligned}\Phi_1&=\Sigma A_1X_{1,j}(E_{b1}-E_{bj})=\Sigma A_1X_{1,j}\sigma_b(T_1^4-T_j^4)\\&=A_1\sigma_bT_1^4-(A_1X_{1,1}\sigma_bT_1^4+A_1X_{1,2}\sigma_bT_2^4+\cdots\cdots+A_1X_{1,n}\sigma_bT_n^4)\end{aligned} \tag{4-36}$$

可以看到，黑表面 1 和周围诸黑表面的总辐射换热量，即是表面 1 发射的能量与诸表面向 1 投射能量的差额，是为了维持 1 表面温度为 T_1 所必需提供的净热量。

对于多个黑表面间的辐射换热网络，可以仿照图 4-20，在任意两个黑表面间均连接一相应的空间热阻即成。图 4-22 表示了由三个黑表面组成的网络，每个黑表面按其温度各有相应的电位节点 E_b。对于 n 个黑表面组成的封闭腔就有 n 个电位节点。

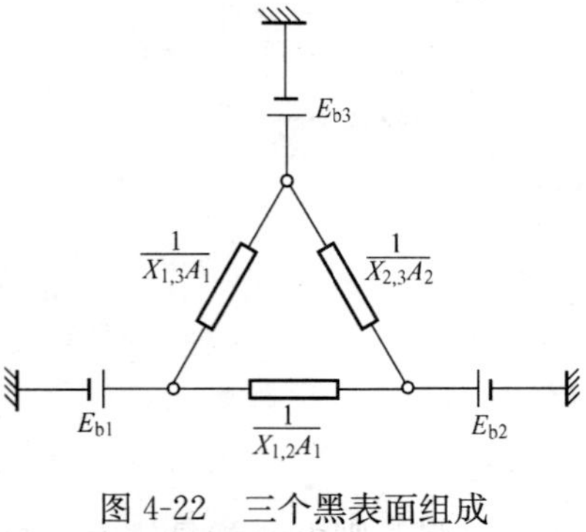

图 4-22 三个黑表面组成空腔的辐射网络

当组成封闭腔诸表面中有某个表面 i 是绝热时，它在参与辐射过程中没有净热量交换，即 $\Phi_i=0$，则该表面所表示的节点不必和外电源相连接，该表面的辐射力或温度相应的电位 E_{bi} 就成为不固定的浮动电位，见［例 4-5］中的表面 3。通常，炉子中的砖墙可作为绝热表面处理，这种表面也称重辐射面，投射到该表面上的辐射能将全部反射出去。

【例 4-5】 有一半球形容器 $r=1\text{m}$，底部的圆形面积上有温度为 200℃的辐射表面 1 和温度为 40℃的吸热表面 2（图 4-23），它们各占圆形面积之半。1、2 表面均系黑表面，容器壁面 3 是绝热表面。试计算表面 1、2 之间的净辐射换热量和容器壁 3 的温度。

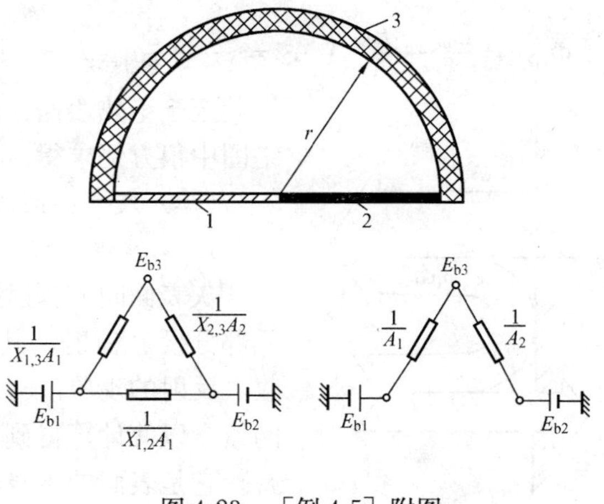

图 4-23 ［例 4-5］附图

解 本题系由三个表面组成的封闭腔，每个表面的辐射净热量按式（4-36），可得

$$\Phi_1=\sum_{j=1}^{3}A_1X_{1,j}\sigma_b(T_1^4-T_j^4) \quad (1)$$

$$\Phi_2=\sum_{j=1}^{3}A_2X_{2,j}\sigma_b(T_2^4-T_j^4) \quad (2)$$

$$\Phi_3=\sum_{j=1}^{3}A_3X_{3,j}\sigma_b(T_3^4-T_j^4)=0 \quad (3)$$

根据已知的几何形状，各表面间的角系数为

$$X_{1,1}=X_{1,2}=X_{2,1}=X_{2,2}=0$$

$$X_{1,3}=X_{2,3}=1$$

由角系数互换性 $A_1X_{1,3}=A_3X_{3,1};A_2X_{2,3}=A_3X_{3,2}$

所以 $X_{3,1}=X_{3,2}=\dfrac{A_1}{A_3}X_{1,3}=\dfrac{\pi r^2/2}{2\pi r^2}=\dfrac{1}{4}$

由角系数完整性 $X_{3,1}+X_{3,2}+X_{3,3}=1$

所以 $X_{3,3}=\dfrac{1}{2}$

从式(3) 可得

$$A_3X_{3,1}(T_3^4-T_1^4)+A_3X_{3,2}(T_3^4-T_2^4)=0$$

或 $A_1X_{1,2}(T_3^4-T_1^4)+A_2X_{2,3}(T_3^4-T_2^4)=0$

解得 $T_3^4=\dfrac{A_1T_1^4+A_2T_2^4}{A_1+A_2}$

按已知条件 $T_1=473\text{K};T_2=313\text{K};A_1=A_2=\dfrac{\pi}{2}\text{m}^2$

可求得绝热表面 3 的表面温度为 $T_3=415\text{K}$ 或 142℃

表面 1、2 的辐射换热，可由式（1）和式（2）计算，因为 3 是绝热表面，故 $\Phi_1=-\Phi_2$，从式（1）

$$\Phi_1=\Phi_{1,2}=A_1X_{1,3}\sigma_b(T_1^4-T_3^4)$$

$$=\frac{\pi}{2}(5.67\times10^{-8})(473^4-415^4)=1800\text{W}$$

本题如用网络法求解可简便直观，由于 $X_{1,2}=0$，把图 4-23 左侧的网络图简化为图中右侧所示，故 $\dfrac{1}{X_{1,2}A_1}=\infty$，即可把 1、2 表面间的连接电阻断开。此时，表面 1、2 间的总辐射热阻由 1、3 和 3、2 表面间的空间热阻之和组成，即 $\dfrac{1}{A_1}+\dfrac{1}{A_2}=\dfrac{A_1+A_2}{A_1A_2}$，故

$$\Phi_{1,2}=\frac{E_{b1}-E_{b2}}{A_1+A_2}A_1A_2=\frac{\frac{\pi}{2}\cdot\frac{\pi}{2}}{\pi}\sigma_b(T_1^4-T_2^4)=\frac{\pi}{4}\times5.67(4.73^4-3.13^4)=1800\text{W}$$

至于绝热表面 3 的温度或相应的浮动节点电位 E_{b3}，也可从网络图中很方便求得。

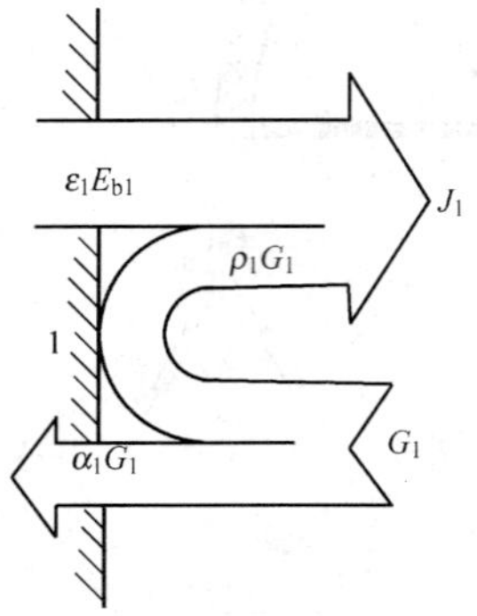

图 4-24 有效辐射示意

（二）灰表面间的辐射换热

1. 有效辐射

灰表面间的辐射换热比黑表面要复杂，这是因为灰表面只吸收一部分投射辐射，其余则反射出去，这样在灰表面间形成多次吸收、反射的现象。对灰表面间的辐射换热计算，通常引用有效辐射的概念以使计算得到简化。图 4-24 表示了灰体表面 1 的有效辐射 J_1。它是表面的本身辐射 ε_1E_{b1} 和反射辐射 ρ_1G_1 之和，即

$$J_1=\varepsilon_1E_{b1}+\rho_1G_1=\varepsilon_1E_{b1}+(1-\alpha_1)G_1\quad \text{W/m}^2 \tag{1}$$

式中：G_1 是外界对表面 1 的投射辐射，W/m^2；ρ_1、α_1，分别为表面 1 的反射率和吸收率。

辐射测量用探测仪能测到灰表面的辐射能，实际上都是有效辐射。

灰表面每单位面积的辐射换热量可以从不同的角度来分析，从表面外部来看，应是该表面的有效辐射与投射辐射之差，从表面内部来看，则应是本身辐射与吸收辐射之差，即

$$\frac{\Phi_1}{A_1}=J_1-G_1=\varepsilon_1E_{b1}-\alpha_1G_1\quad \text{W/m}^2 \tag{2}$$

从式（1）、式（2）两式消去 G_1，对漫—灰表面由于 $\alpha_1=\varepsilon_1$，因此可得

$$\Phi_1=\frac{\varepsilon_1}{1-\varepsilon_1}A_1(E_{b1}-J_1)=\frac{E_{b1}-J_1}{(1-\varepsilon_1)/\varepsilon_1A_1}\quad \text{W} \tag{4-37}$$

式（4-37）给灰表面间辐射换热的网络模拟提供了依据。前节提到黑表面间的辐射换热是以黑表面的辐射力 E_b 比作电位，但对灰表面来说，应把它的有效辐射 J 比作电位，而把 $\dfrac{1-\varepsilon_1}{\varepsilon_1A_1}$ 比作是 E_{b1} 和 J_1 之间的表面辐射热阻或简称表面热阻（图 4-25）。可以看出，当表面的吸收率或发射率越大，即表面越接近黑体，则此阻力就越小。对黑表面来说，表面热阻为零，此时 J_1 就是 E_{b1}。

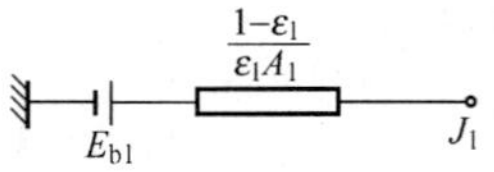

图 4-25 辐射表面热阻

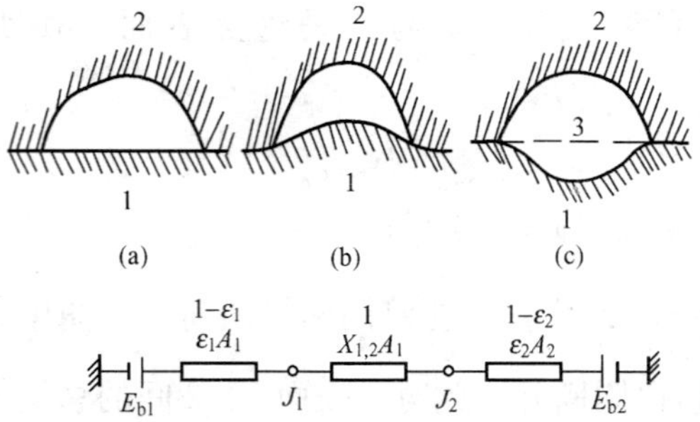

图 4-26 两个灰表面组成封闭腔的辐射换热网络

2. 组成封闭腔的两灰表面间的辐射换热

将前述黑表面间辐射换热网络图应用于灰表面间的辐射换热，只要在每个节点和电源之间加入一个相应的表面热阻 $\dfrac{1-\varepsilon_i}{\varepsilon_iA_i}$ 即可。对于由两个灰表面组成的封闭空腔，表面间的辐射换热网络如图 4-26 所示，它是一串联热阻网络，由此不难得出组成封闭腔的两表面间辐射换热计算式为

$$\Phi_{1,2}=\frac{E_{b1}-E_{b2}}{\dfrac{1-\varepsilon_1}{\varepsilon_1A_1}+\dfrac{1}{X_{1,2}A_1}+\dfrac{1-\varepsilon_2}{\varepsilon_2A_2}}\quad \text{W}$$

如用 A_1 作为计算表面积，上式可写作

$$\Phi_{1,2}=\frac{A_1(E_{b1}-E_{b2})}{\left(\frac{1}{\varepsilon_1}-1\right)+\frac{1}{X_{1,2}}+\frac{A_1}{A_2}\left(\frac{1}{\varepsilon_2}-1\right)}\quad W \tag{4-38}$$

但要注意式（4-38）所表达的两灰表面间由 A_1 辐射给 A_2 的热量 $\Phi_{1,2}$，仅适于图中(a)，(b) 两种情况的计算，即 A_1 为平直面或凸面，对于（c）的情形，则应将式中的 A_1，用虚线所示的 A_3 代替，因为由 A_1 辐射到 A_2 的热量 $\Phi_{1,2}$ 都是通过 A_3 到达 A_2 的。式（4-38）还可针对如下两种常见的辐射问题予以简化：

（1）两无限大平行灰平壁的辐射换热。

由于 $A_1=A_2=A$，且 $X_{1,2}=X_{2,1}=1$，式（4-38）可简化为

$$\Phi_{1,2}=\frac{A(E_{b1}-E_{b2})}{\frac{1}{\varepsilon_1}+\frac{1}{\varepsilon_2}-1}=\varepsilon_{1,2}A\sigma_b(T_1^4-T_2^4)$$

$$=\varepsilon_{1,2}AC_b\left[\left(\frac{T_1}{100}\right)^4-\left(\frac{T_2}{100}\right)^4\right]=C_{1,2}A\left[\left(\frac{T_1}{100}\right)^4-\left(\frac{T_2}{100}\right)^4\right]\quad W \tag{4-39}$$

式中 $C_{1,2}=\varepsilon_{1,2}C_b=\dfrac{C_b}{\frac{1}{\varepsilon_1}+\frac{1}{\varepsilon_2}-1}$，称为平行大平壁的相当辐射系数，其中 $\varepsilon_{1,2}$ 称相当发射率。

（2）空腔与内包壁面之间的辐射换热。

如果内包壁面 1 系凸形壁面，则 $X_{1,2}=1$（图 4-27），此时式（4-38）可简化为

$$\Phi_{1,2}=\frac{A_1(E_{b1}-E_{b2})}{\frac{1}{\varepsilon_1}+\frac{A_1}{A_2}\left(\frac{1}{\varepsilon_2}-1\right)}$$

$$=\varepsilon_{1,2}A_1C_b\left[\left(\frac{T_1}{100}\right)^4-\left(\frac{T_2}{100}\right)^4\right]$$

$$=C_{1,2}A_1\left[\left(\frac{T_1}{100}\right)^4-\left(\frac{T_2}{100}\right)^4\right]\quad W \tag{4-40}$$

式中 $C_{1,2}=\dfrac{C_b}{\frac{1}{\varepsilon_1}+\frac{A_1}{A_2}\left(\frac{1}{\varepsilon_2}-1\right)}$，称为空腔与内包壁面的相当辐射系数。

如果 $A_2\gg A_1$，且 ε_2 的数值较大，如车间内的辐射采暖板、热力管道等，其面积远比周围墙表面积小，此时 A_1/A_2 是一个很小的值，$\left(\frac{1}{\varepsilon_2}-1\right)$也很小，两者的乘积与$\frac{1}{\varepsilon_1}$相比较可以略去不计，则式（4-40）可改写为

$$\Phi_{1,2}=\varepsilon_1A_1(E_{b1}-E_{b2})=\varepsilon_1A_1\sigma_b(T_1^4-T_2^4)$$

$$=C_1A_1\left[\left(\frac{T_1}{100}\right)^4-\left(\frac{T_2}{100}\right)^4\right]\quad W \tag{4-41}$$

式中 $C_1=\varepsilon_1C_b$ 是内包壁面 1 的辐射系数。

（3）封闭空腔中诸灰表面间的辐射换热。

1）封闭空腔中表面的辐射热量。先讨论较简单的多表面间的辐射换热。由 3 个灰表面组成的封闭空腔，各表面间的辐射换热网络可在图 4-22 的基础上增加各节点的表面热阻，如图4-28所示。为计算各表面的净辐射换热量，需先确定各个表面的有效辐射 J_i（相当于网络中的节点电位 J_i），为此可应用电学的基尔霍夫电流定律——流入每个节点的电流（相当于热流）总和为零，从而列出 J_i 的方程组，即

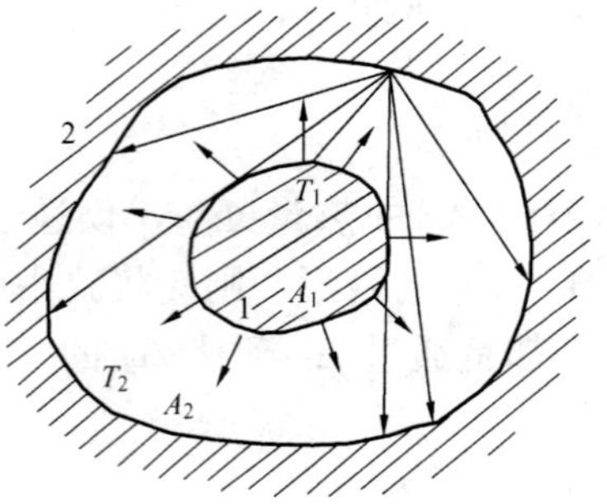

图 4-27 空腔与内包壁面间的辐射换热

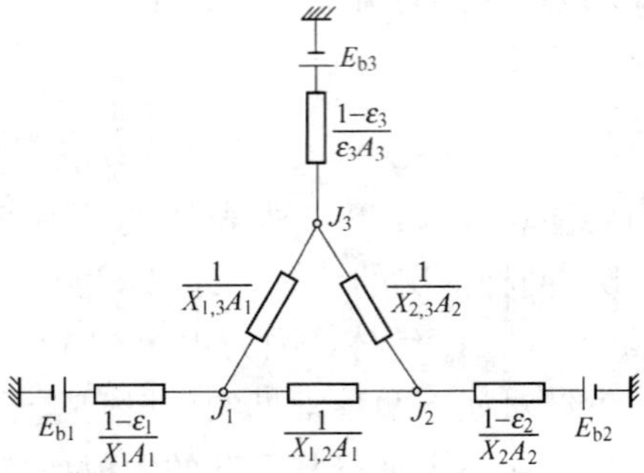

图 4-28 三个灰表面组成封闭腔辐射换热网络

节点 1 $$\frac{E_{b1}-J_1}{(1-\varepsilon_1)\ /\ (\varepsilon_1 A_1)}+\frac{J_2-J_1}{1/\ (A_1 X_{1,2})}+\frac{J_3-J_1}{1/\ (A_1 X_{1,3})}=0$$

节点 2 $$\frac{E_{b2}-J_2}{(1-\varepsilon_2)\ /\ (\varepsilon_2 A_2)}+\frac{J_1-J_2}{1/\ (A_1 X_{1,2})}+\frac{J_3-J_2}{1/\ (A_2 X_{2,3})}=0$$

节点 3 $$\frac{E_{b3}-J_3}{(1-\varepsilon_3)\ /\ (\varepsilon_3 A_2)}+\frac{J_2-J_3}{1/\ (A_2 X_{2,3})}+\frac{J_1-J_3}{1/\ (A_1 X_{1,3})}=0$$

联立求解后，可得出各表面的有效辐射值。

如果诸灰表面中有某表面 i 为绝热面，由于 $\Phi_i=0$，网络中该节点可不与电源相联，其有效辐射 J_i 值是浮动的，这样，即使在节点上加表面热阻 $(1-\varepsilon_i)/(\varepsilon_i A_i)$ 也不会影响节点电位。这表明绝热面的温度与其发射率无关，亦即 $J_i=E_{bi}$。

以上由网络图列出节点方程组的方法，当组成空腔的表面为数不多时，分析计算是十分方便的，但当空腔内参与辐射换热的表面较多时，画网络图就显得麻烦。为此，下面介绍的方法是从分析各表面的有效辐射入手，推导出有效辐射通用表达式以建立节点方程组。

设有 n 个灰表面组成空腔，对其中的 j 表面作分析，它与周围各表面辐射换热时，其有效辐射为本身辐射加反射辐射。有效辐射的表达式（1）中的角码 1 要换为 j，投射辐射 $G_j=\sum_{i=1}^{n} X_{i,j} A_i J_i$ 可得

$$A_j J_j = A_j \varepsilon_j \sigma_b T_j^4 + \rho_j \sum_{i=1}^{n} X_{i,j} A_i J_i \tag{4-42}$$

式中 $X_{i,j} A_i J_i$——i 表面投射到 j 表面的能量。

按互换关系 $$X_{i,j} A_i = X_{j,i} A_j$$

所以 $$\sum_{i=1}^{n} X_{i,j} A_i J_i = A_j \sum_{i=1}^{n} X_{j,i} J_i$$

代入式（4-42），两侧消去 A_j，由于 $\rho_j=1-\varepsilon_j$，故可得 j 表面有效辐射为

$$J_j = \varepsilon_j \sigma_b T_j^4 + (1-\varepsilon_j)\sum_{i=1}^{n} X_{j,i} J_i \tag{4-43}$$

它不仅取决于表面本身的情况，还和周围诸表面的有效辐射值有关。

式（4-38）可写成

$$J_j - (1-\varepsilon_j)\sum_{i=1}^{n} X_{j,i} J_i = \varepsilon_j \sigma_b T_j^4$$

$$或\sum_{i=j}^{n} X_{j,i} J_j - \frac{J_j}{1-\varepsilon_j} = \left(\frac{\varepsilon_j}{\varepsilon_j - 1}\right)\sigma_b T_j^4 \tag{4-44}$$

对于 $j=1$、2、3…n 表面组成的空腔，可以得到 n 个方程，即

$$\left.\begin{aligned}
&J_1\left(X_{1,1} - \frac{1}{1-\varepsilon_1}\right) + X_{1,2}J_2 + X_{1,3}J_3 + \cdots + X_{1,n}J_n = \left(\frac{\varepsilon_1}{\varepsilon_1 - 1}\right)\sigma_b T_1^4 \\
&X_{2,1}J_1 + J_2\left(X_{2,2} - \frac{1}{1-\varepsilon_2}\right) + X_{2,3}J_3 + \cdots + X_{2,n}J_n = \left(\frac{\varepsilon_2}{\varepsilon_2 - 1}\right)\sigma_b T_2^4 \\
&\cdots\cdots\cdots\cdots\cdots\cdots\cdots\cdots\cdots\cdots\cdots\cdots \\
&\cdots\cdots\cdots\cdots\cdots\cdots\cdots\cdots\cdots\cdots\cdots\cdots \\
&X_{n,1}J_1 + X_{n,2}J_2 + X_{n,3}J_3 + \cdots + J_n\left(X_{n,n} - \frac{1}{1-\varepsilon_n}\right) = \left(\frac{\varepsilon_n}{\varepsilon_n - 1}\right)\sigma_b T_n^4
\end{aligned}\right\} \tag{4-45}$$

式（4-45）线性方程组可用迭代法求解，得到各表面的有效辐射 J_1，$J_2 \cdots J_n$，它的计算程序已在导热的数值计算中介绍，在此不再重复。［例 4-8］可作为求解各表面有效辐射的实例。

已知各表面的温度、发射率及几何尺寸，即可由有效辐射求得各表面的净辐射热量 Φ_i，即

$$\Phi_i = \frac{E_{bi} - J_i}{\dfrac{1-\varepsilon_i}{\varepsilon_i A_i}} \quad i = 1,2,\cdots\cdots n \tag{4-46}$$

但必须指出，在上述方法中，用两灰表面有效辐射 J_i、J_j 之差计算的 $(J_i - J_j)\Big/\left(\dfrac{1}{X_{i,j}A_i}\right)$，只能在上述方法中应用，它是辐射换热计算的中间参数，并不等于封闭腔中任意两表面 i、j 的辐射换热量。

2）大空腔内任意位置两灰表面间的辐射换热。在某些情况下，工程中往往需要估算大空腔中两任意位置的灰表面 1、2 间的辐射换热量 $\Phi_{1,2}$。例如计算车间内辐射采暖板 1 与工作台 2 之间的辐射换热量就是一例，因为车间四周的墙壁 3 必然参与采暖板与工作台的辐射换热，并对它们的辐射换热发生影响，故这种情况实际相当于有 3 个灰表面组成空腔的辐射换热。如果两表面（采暖板与工作台）1、2 间的角系数较小，且两表面的发射率或吸收率又都较大，在不计环境辐射时，只需计及一次吸收，即用吸收辐射的差值来替代有效辐射的差值. 此时的近似计算式为

$$\begin{aligned}
\Phi_{1,2} &= \varepsilon_1\varepsilon_2 A_1 X_{1,2}(E_{b1} - E_{b2}) \\
&= \varepsilon_1\varepsilon_2 C_b\left[\left(\frac{T_1}{100}\right)^4 - \left(\frac{T_2}{100}\right)^4\right]A_1 X_{1,2} \quad \text{W}
\end{aligned} \tag{4-47}$$

式（4-47）与式（4-38）两式的导出方法及条件不同，故两式间无直接的推导关系。

【例 4-6】 有一空气间层，热表面温度 $t_1 = 300℃$，冷表面温度 $t_2 = 50℃$，两表面的发射率为 $\varepsilon_1 = \varepsilon_2 = 0.85$。当表面尺寸远大于空气层厚度时，求此间层每单位表面积的辐射换热量。

解 由于表面尺寸远大于间层厚度，故属无限大平行平壁的辐射换热。应用式(4-39)，单位面积的幅射换热量为

$$q_{1,2} = \frac{\Phi_{1,2}}{A} = C_{1,2}\left[\left(\frac{T_1}{100}\right)^4 - \left(\frac{T_2}{100}\right)^4\right] \quad \text{W/m}^2$$

根据已知条件

$$C_{1,2}=\frac{C_b}{\frac{1}{\varepsilon_1}+\frac{1}{\varepsilon_2}-1}=\frac{5.67}{\frac{1}{0.85}+\frac{1}{0.85}-1}=4.19\quad W/(m^2\cdot K^4)$$

$$T_1=t_1+273=573K$$

$$T_2=t_2+273=323K$$

故
$$q_{1,2}=4.19\left[\left(\frac{573}{100}\right)^4-\left(\frac{323}{100}\right)^4\right]=4060\quad W/m^2$$

【例 4-7】 某车间的辐射采暖板尺寸是 1.8m×0.75m，板面的发射率 $\varepsilon_1=0.94$，温度 $t_1=107$℃，如果不计辐射板背面及侧面的辐射作用，求辐射板面与车间墙面间的辐射换热量，已知墙面温度 $t_2=12$℃。

解 辐射板面 A_1 比周围壁面 A_2 小得多（$A_1\ll A_2$），故用式（4-41）来计算

$$\Phi_{1,2}=C_1A_1\left[\left(\frac{T_1}{100}\right)^4-\left(\frac{T_2}{100}\right)^4\right]$$

其中
$$C_1=\varepsilon_1C_b=0.94\times5.67=5.33\ W/(m^2\cdot K^4)$$

$$A_1=1.8\times0.75=1.35m^2$$

$$T_1=t_1+273=380K$$

$$T_2=t_2+273=285K$$

故
$$\Phi_{1,2}=5.33\times1.35(3.80^4-2.85^4)=1025.6\quad W$$

【例 4-8】 某辐射采暖房间尺寸为 4m×5m×3m（图 4-29），在楼板中布置加热盘管，根据实测结果：楼板 1 的内表面温度 $t_1=25$℃，表面发射率 $\varepsilon_1=0.9$；外墙 2 的内表面温度 $t_2=10$℃，其余三面内墙 3 的内表面温度 $t_3=13$℃，墙面的发射率 $\varepsilon_2=\varepsilon_3=0.8$；地面 4 的表面温度 $t_4=11$℃，发射率 $\varepsilon_4=0.6$。试求①各表面间的辐射角系数；②楼板的总辐射换热量；③地面的总吸热量。

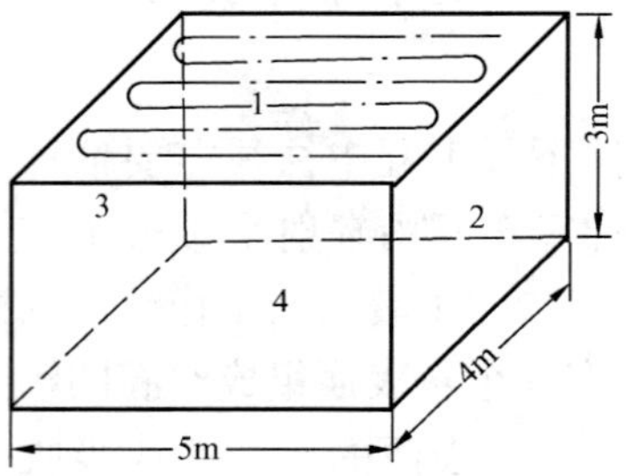

图 4-29 ［例 4-8］附图

解 ①先分析表面 1，由于是平表面，所以 $X_{1,1}=0$

对 1、2 两表面而言，查图 4-15 得

$$\frac{Y}{X}=\frac{5}{4}=1.25;\frac{Z}{X}=\frac{3}{4}=0.75$$

所以
$$X_{1,2}=0.15$$

对 1、4 两表面可查图 4-13，此时 $\frac{Y}{D}=\frac{5}{3}=1.67$；$\frac{Y}{D}=\frac{4}{3}=1.33$

所以
$$X_{1,4}=0.31$$

根据完整性原理，对 1 表面可有 $X_{1,1}+X_{1,2}+X_{1,3}+X_{1,4}=1$

所以
$$X_{1,3}=1-0.15-0.31=0.54$$

这里的表面 3 是几个墙面的组合，集总在一起作为一个表面看待。

再分析表面 2，由于它也是平面，$X_{2,2}=0$。对 2、1 两表面，根据互换性原理

$$X_{2,1}=\frac{A_1}{A_2}X_{1,2}=\frac{20}{12}\times0.15=0.25$$

从表面的对称关系：
$$X_{2,4}=X_{2,1}=0.25$$

根据完整性原理，对表面 2 而言

$$X_{2,3}=1-X_{2,1}-X_{2,2}-X_{2,4}=0.50$$

分析诸内墙集总表面 3，根据互换性原理

$$X_{3,1}=\frac{A_1}{A_3}X_{1,3}=\frac{20}{42}\times 0.54=0.27$$

从表面对称关系：
$$X_{3,4}=X_{3,1}=0.27$$

并有
$$X_{3,2}=\frac{A_2}{A_3}X_{2,3}=\frac{12}{42}\times 0.50=0.14$$

最后，分析表面 4，由于 4 和 1 对称，故

$$X_{4,1}=X_{1,4}=0.531$$
$$X_{4,2}=X_{1,2}=0.15$$
$$X_{4,3}=X_{1,3}=0.54$$

因此各表面间的辐射角系数为

$$X_{1,1}=0;\ X_{1,2}=0.15;\ X_{1,3}=0.54;\ X_{1,4}=0.31$$
$$X_{2,1}=0.25;\ X_{2,2}=0;\ X_{2,3}=0.50;\ X_{2,4}=0.25$$
$$X_{3,1}=0.27;\ X_{3,2}=0.14;\ X_{3,3}=0.32;\ X_{3,4}=0.27$$
$$X_{4,1}=0.31;\ X_{4,2}=0.15;\ X_{4,3}=0.54;\ X_{4,4}=0$$

②用网络法画出四个表面间的辐射网络如图 4-30 所示。

根据辐射换热网络图 4-30，由式（4-45）列出节点方程组为

$$10J_1-0.15J_2-0.54J_3-0.31J_4=9\times 5.67\times 2.98^4$$
$$-0.25J_1+5J_2-0.5J_3-0.25J_4=4\times 5.67\times 2.83^4$$
$$-0.27J_1-0.14J_2+4.68J_3-0.24J_4=4\times 5.67\times 2.86^4$$
$$-0.31J_1-0.15J_2-0.54J_3+2.5J_4=1.5\times 5.67\times 2.84^4$$

联立求解可得

$$J_1=440.45\text{W/m}^2;\ J_2=370.28\text{W/m}^2;\ J_3=382.69\text{W/m}^2;\ J_4=380.80\text{W/m}^2$$

表面 1 和地面 4 的净辐射换热量由式（4-46）计算

$$\Phi_1=\frac{E_{b1}-J_1}{\dfrac{1-\varepsilon_1}{\varepsilon_1 A_1}}=\left[5.67\left(\frac{273+25}{100}\right)^4-440.45\right]\Big/\left(\frac{1-0.5}{0.9\times 20}\right)=1205\text{W}$$

③ $$\Phi_4=\frac{E_{b1}-J_4}{\dfrac{1-\varepsilon_4}{\varepsilon_4 A_4}}=\left[5.67\left(\frac{273+11}{100}\right)^4-380.8\right]\Big/\left(\frac{1-0.6}{0.6\times 20}\right)=-358.3\text{W}$$

通过本例请读者进一步思考：（1）由有效辐射能否算出 $\Phi_{1,4}$？Φ_1 和 Φ_4 与 $\Phi_{1,4}$ 有何区别？（2）本例把内墙 3 作为一整体处理。实际上内墙 3 是由 3 块面积大小不同的墙形成的，因此，楼板 1 与内墙 3 中的每一块墙的角系数是不同的，按此则本例算出的 $X_{1,3}$ 是一个什么值？在什么情况下，楼板 1 与内墙 3 中的每一块墙的角系数将完全相同？

（4）遮热板。减少表面间辐射换热的有效方法是采用高反射率的表面涂层，或在表面间加设遮热板，这类措施称为辐射隔热。例如保温瓶胆的真空夹层就是由于高反射率的涂层而减少辐射热损失的。在有热辐射的场合，用接触式温度计测量气温时，常因不注意辐射隔热而带来测温误差，合理地采用遮热措施就能提高测温的精确度。

遮热板原理如图 4-31 所示，设有两块无限大平行平板 1 和 2，它们的温度、发射率分别为 T_1、ε_1 和 T_2、ε_2，且 $T_1>T_2$。在未加遮热板时的辐射换热量可按式（4-39）计算，对单位表面积

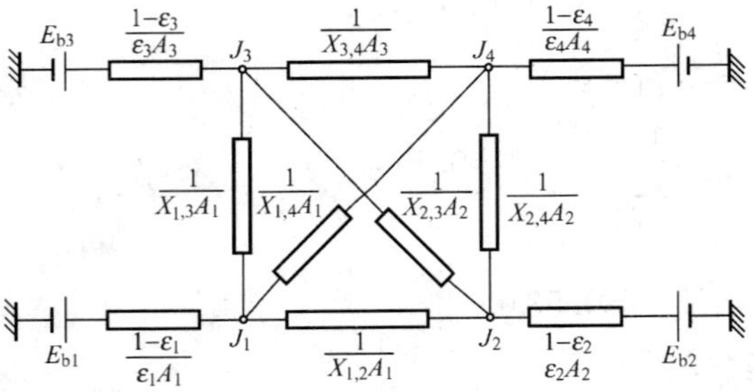

图 4-30 四个灰表面间的辐射换热网络

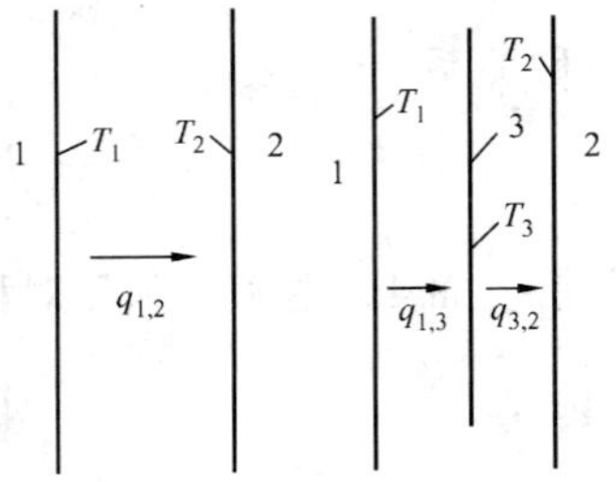

图 4-31 遮热板原理

$$q_{1,2}=\frac{\sigma_b(T_1^4-T_2^4)}{\frac{1}{\varepsilon_1}+\frac{1}{\varepsilon_2}-1} \tag{1}$$

当在板间加入遮热板 3 后，使辐射传热过程中增加了阻力，辐射温差减小。此时，热量不是由壁 l 通过辐射直接给壁 2，而是由壁 1 先辐射给遮热板 3，再由遮热板辐射给壁 2。如板 3 很薄，其导热系数又较大，则板两侧的表面温度可认为相等设此温度为 T_3，可得壁 1、3 和壁 3、2 的单位面积辐射换热量 $q_{1,3}$ 和 $q_{2,3}$ 分别为

$$q_{1,3}=\frac{\sigma_b(T_1^4-T_3^4)}{\frac{1}{\varepsilon_1}+\frac{1}{\varepsilon_3}-1} \tag{2}$$

$$q_{3,2}=\frac{\sigma_b(T_3^4-T_2^4)}{\frac{1}{\varepsilon_3}+\frac{1}{\varepsilon_2}-1} \tag{3}$$

在稳态条件下，$q_{1,3}=q_{3,2}=q_0$ 为便于比较，可假设各表面的发射率均相等，即 $\varepsilon_1=\varepsilon_2=\varepsilon_3=\varepsilon_0$ 因此，从式（2）和式（3）可得 $T_3^4=\frac{1}{2}(T_1^4+T_2^4)$，把 T_3^4 代入式（2）或式（3），得

$$q_{1,3}=\frac{\frac{1}{2}\sigma_b(T_1^4-T_2^4)}{\frac{1}{\varepsilon_1}+\frac{1}{\varepsilon_2}-1} \tag{4}$$

比较式（1）和式（4），可发现在加入一块与壁面发射率相同的遮热薄板后，壁面的辐射换热量将减少为原来的二分之一。可以推论，当加入 n 块与壁面发射率相同的遮热板，则换热量将减少到原来的$\frac{1}{n+1}$。这表明遮热板层数越多，遮热效果越好。以上是按壁面发射率均相同时，所作分析的结论。实际上由于选用反射率较高的材料（如铝箔）作遮热板，ε_3 要远小于 ε_1 和 ε_2，此时的遮热效果比以上分析要显著得多。在一些要求不影响人们视线的地方，可选用能透过可见光而不透过长波热射线的材料如塑料薄膜、玻璃等。有些场合也可利用水幕形成的流动屏障来隔辐射热，由于水对热射线的吸收率较高而且在流动，故在吸收

辐射热后可及时把热量带走，因此能起到良好的隔热作用。

用网络法来分析遮热效果是非常方便的，图 4-32 表示了两平行大平壁或管壁中间有一块遮热板时的辐射网络，它由四个表面热阻和两个空间热阻串联而成。当各表面的发射率不同时，用网络法可以方便地算出辐射换热量和遮热板温度。

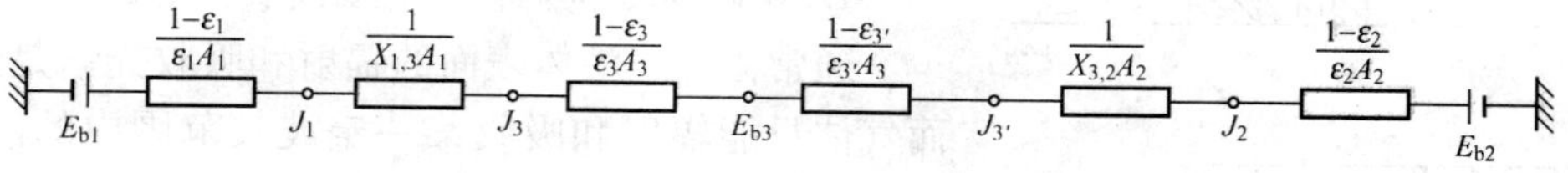

图 4-32　两平行大平壁或管壁中间有一块遮板时的辐射网络

【例 4-9】　两平行大平壁的发射率各为 0.5 和 0.8，如果中间加入一片两面发射率均为 0.05 的铝箔，计算辐射换热减少的百分数。

解　未加铝箔遮热板时，单位面积的辐射换热量为

$$q_{1,2}=\frac{\sigma_b(T_1^4-T_2^4)}{\frac{1}{\varepsilon_1}+\frac{1}{\varepsilon_2}-1}=\frac{\sigma_b(T_1^4-T_2^4)}{2.25}$$

加入遮热板后，按图 4-32 计算辐射热阻，单位面积的表面热阻分别为

$$\frac{1-\varepsilon_1}{\varepsilon_1}=\frac{1-0.5}{0.5}=1$$

$$\frac{1-\varepsilon_2}{\varepsilon_2}=\frac{1-0.8}{0.8}=0.25$$

$$\frac{1-\varepsilon_3}{\varepsilon_3}=\frac{1-0.05}{0.05}=19$$

空间热阻为
$$\frac{1}{X_{1,3}}=\frac{1}{X_{3,2}}=1$$

辐射总热阻为
$$\Sigma R=1+2\times 19+2\times 1+0.25=41.25$$

因此，加入铝箔遮热板后的辐射换热量为

$$q_{1,2}=\frac{\sigma_b(T_1^4-T_2^4)}{41.25}$$

辐射热减少百分数将为

$$\frac{41.25-2.25}{41.25}=94.5\%$$

第四节　气　体　辐　射

一、气体辐射的特点

各种气体在气体层厚度不大和温度不高时的辐射和吸收能力是可以略去不计的，即使在工业上常见的温度范围内，对于单原子气体和某些对称型双原子气体如 O_2、N_2、H_2 等，它们的辐射和吸收能力也很微弱，可以认为是透热体。但对多原子气体，尤其是高温烟气中

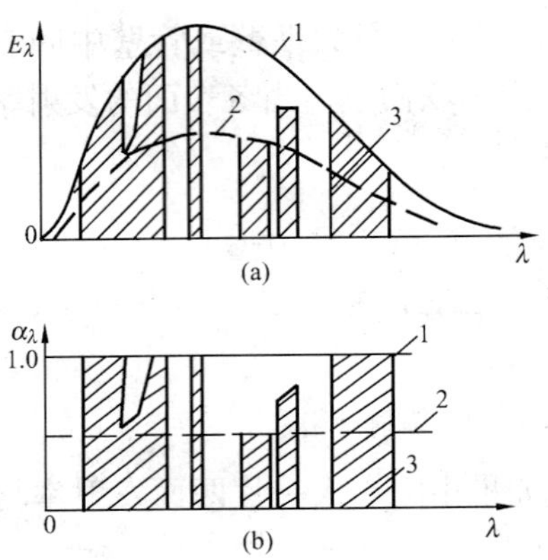

图 4-33 黑体、灰体、气体的辐射光谱和吸收光谱的比较

(a) 辐射光谱；(b) 吸收光谱

1—黑体；2—灰体；3—气体

的二氧化碳（CO_2）、水蒸气（H_2O）二氧化硫（SO_2）等，却有显著的辐射力和吸收能力。本节重点介绍二氧化碳和水蒸气的辐射和吸收。

气体辐射和固体辐射相比，有以下两个特点：

1. 气体辐射和吸收对射线波长具有选择性

通常固体、液体表面的辐射和吸收光谱是连续的，而气体只能辐射和吸收某一定波长范围内的能量，即气体的辐射和吸收具有明显的选择性。气体辐射和吸收的波长范围称为光带，对光带以外的热射线，气体既不辐射也不吸收，气体成为透明体。图4-33是黑体、灰体及气体的辐射光谱和吸收光谱的比较，图中有剖面线的，是气体的辐射和吸收光带。表4-3中列出了二氧化碳和水蒸气辐射和吸收的三个主要光带，可以发现它们有部分光带是重叠的。

表 4-3 水蒸气和二氧化碳的辐射和吸收光带

光带	H_2O		CO_2	
	波长 λ_1～λ_2（μm）	$\Delta\lambda$（μm）	波长 λ_1～λ_2（μm）	$\Delta\lambda$（μm）
第一光带	2.24～3.27	1.03	2.36～3.02	0.66
第二光带	4.8～8.5	3.7	4.01～4.8	0.79
第三光带	12～25	13	12.5～16.5	4.0

2. 气体的辐射和吸收是在整个容积中进行的

固体的辐射和吸收是在很薄的表面层中进行，而气体的辐射和吸收则是在整个气体容积中进行。当光带中的热射线穿过气体层时，沿途被气体吸收而使强度逐渐减弱，这种减弱的程度取决于沿途所遇到的气体分子数目，遇到的分子数越多，被吸收的辐射能也越多。所以射线减弱的程度就直接和穿过气体的路程以及气体的温度和分压有关。射线穿过气体的路程称为射线行程或辐射层厚度。在一定分压条件下，气体温度越高单位容积中的分子数就越少，因此气体的单色吸收率将是气体温度 T、气体分压 p 与辐射层厚度 S 的函数，即

$$\alpha_\lambda = f\ (T,\ p,\ S)$$

二、气体吸收定律

当光带中的热射线穿过气体层时，射线能量沿途不断减弱。参看图 4-34，考察波长为 λ 的单色辐射强度的削弱。设 $x=0$ 处的单色辐射强度为 $I_{\lambda,0}$，经 x 距离后强度减弱为 $I_{\lambda,x}$。在薄层 dx 中的减弱量为 d$I_{\lambda,x}$。故 d$I_{\lambda,x}$ 可表达为

$$dI_{\lambda,x} = -K_\lambda I_{\lambda,x} dx \qquad (1)$$

式中：K_λ 为单位距离单色辐射强度减弱的百分数，称为单色减弱系数，单位是（1/m）。它与气体的性质、压强、温度以及射线波长有关。负号表明辐射强度随着气体层厚度的增加而减弱。

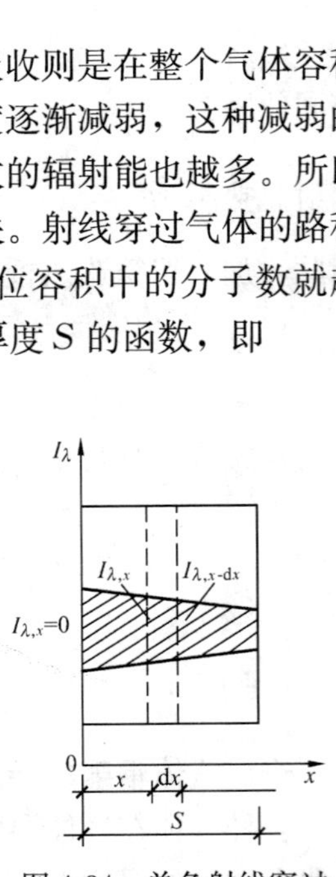

图 4-34 单色射线穿过气体层时的减弱

将式（1）分离变量并积分，如把 K_λ 作为与 x 无关的常数时，

可有

$$\int_{I_{\lambda,o}}^{I_{\lambda,s}} \frac{dI_{\lambda,x}}{I_{\lambda,x}} = -K_\lambda \int_0^s dx$$

积分后得

$$\frac{I_{\lambda,s}}{I_{\lambda,0}} = e^{-K_\lambda s}$$

即

$$I_{\lambda,s} = I_{\lambda,0} e^{-K_\lambda s} \tag{4-48}$$

这就是气体吸收定律，也称布格尔（Bouguer）定律。可以看出，穿过气体层时，单色辐射强度是按指数规律减弱的。

应当指出，气体既有吸收能力也必定有辐射能力，此定律只是从气体吸收这方面来看辐射强度的变化，没有涉及气体本身的辐射能力。

三、气体的发射率和吸收率

发射率和吸收率对固体和气体的含义不同，前者是表面的辐射特性，后者具有容积辐射特性。

1. 气体的单色吸收率和单色发射率

气体的单色吸收率 α_λ 可表达为

$$\alpha_\lambda = \frac{\text{气体所吸收的单色辐射能量}}{\text{投射到气体的单色辐射能量}} = \frac{I_{\lambda,0} - I_{\lambda,s}}{I_{\lambda,0}} = 1 - e^{-K_\lambda s}$$

气体单色发射率和单色吸收率之间的关系，根据基尔霍夫定律，可有

$$\varepsilon_\lambda = \alpha_\lambda = 1 - e^{-K_\lambda s}$$

由于 K_λ 与沿途的气体分子数有关，即在一定的温度条件下与气体的分压有关，故可将上式改写为

$$\varepsilon_\lambda = \alpha_\lambda = 1 - e^{-K_\lambda ps} \tag{4-49}$$

式中 p——气体的分压，Pa；

K_λ——在 1.013×10^5 Pa 气压下单色减弱系数，1/(m·Pa)，它与气体的性质及其温度有关。

2. 气体的发射率

在实际计算中需要把式（4-49）扩大到全波长，气体辐射的全波长能量应为

$$E_g = \int_0^\infty \varepsilon_{\lambda,g} E_{b\lambda} dx = \int_0^\infty (1 - e^{-K_\lambda ps}) E_{b\lambda} d\lambda \tag{4-50}$$

如果用下式来定义气体的发射率 ε_g，即

$$E_g = \varepsilon_g E_b = \varepsilon_g \sigma_b T_g^4$$

比较以上两个式子，可得

$$\varepsilon_g = \frac{\int_0^\infty (1 - e^{-K_\lambda ps}) E_{b\lambda} d\lambda}{\sigma_b T_g^4} \tag{4-51}$$

影响气体的发射率的因素将是：①气体温度 T_g；②射线平均行程 S 与气体分压 p 的乘积；③气体分压和气体所处的总压。在实用上可从霍脱尔（H. C. Hottel）等实验提供的线图图 4-35 和图 4-36 查得，图中虚线系外推而得，未经证实，但多在高温区。

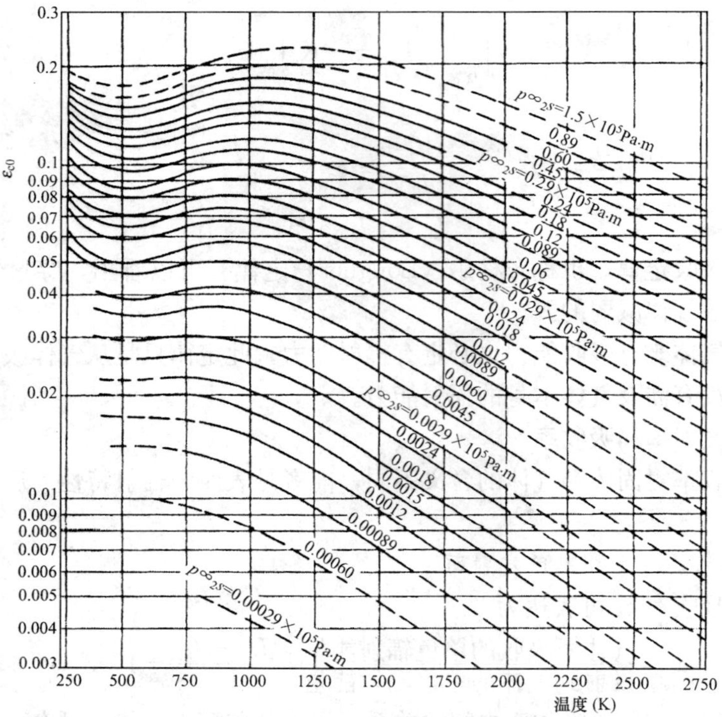

图 4-35 二氧化碳（CO_2）的发射率

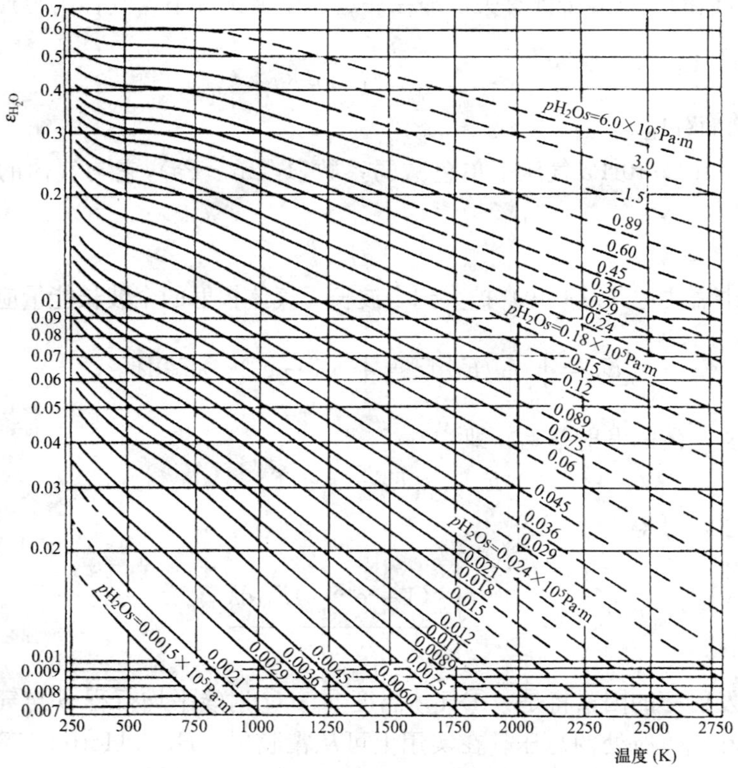

图 4-36 水蒸气（H_2O）的发射率

图 4-35 是由透明性气体与 CO_2 组成的混合气体的发射率，总压为 1.013×10^5 Pa。当混合气体的总压不是 1.013×10^5 Pa 时，压强对 $\varepsilon_{CO_2}^*$ 的修正值 C_{CO_2} 可查图 4-37。对 CO_2 分压的单独影响可以忽略，故

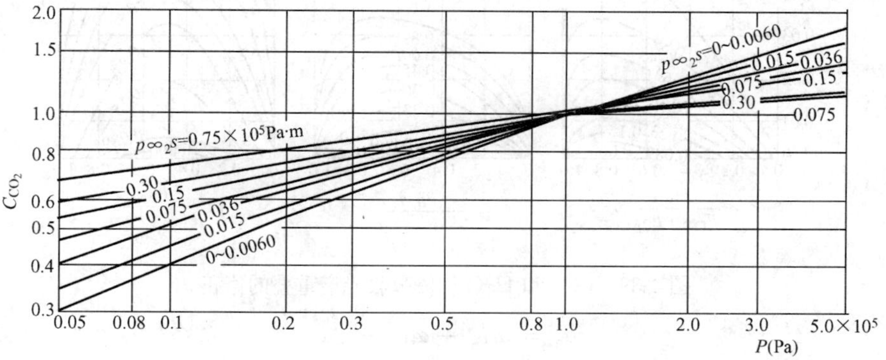

图 4-37 CO_2 的压强修正

$$\varepsilon_{CO_2}^* = f_1(T_g, p_{CO_2}s)$$

$$\varepsilon_{CO_2} = C_{CO_2}\varepsilon_{CO_2}^* \qquad (4\text{-}52)$$

图 4-36 是不同 $p_{H_2O}s$ 及温度 T 下的 H_2O 气体的发射率，由于水蒸气分压 p_{H_2O} 还单独对发射率有影响，所以图中查得的 $\varepsilon_{H_2O}^*$ 相当于在总压力为 1.013×10^5 Pa 而 $p_{H_2O}=0$ 的理想条件下的值。总压与分压对 $\varepsilon_{H_2O}^*$ 影响的修正值 C_{H_2O} 可查图 4-38。故

$$\varepsilon_{H_2O}^* = f_2(T_g, p_{H_2O}s, p_{H_2O})$$

$$\varepsilon_{H_2O} = C_{H_2O}\varepsilon_{H_2O}^*$$

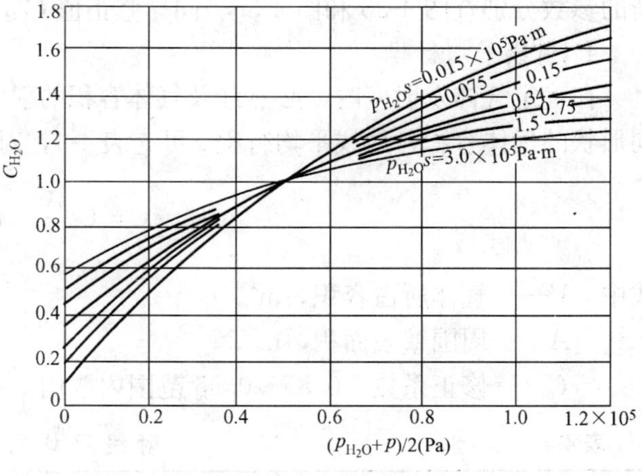

图 4-38 H_2O 的压强修正

考虑到燃烧产生的烟气中，主要的吸收气体是 CO_2 和 H_2O，其他多原子气体含量极少，可略去不计，此时混合气体的发射率为

$$\varepsilon_g = \varepsilon_{CO_2} + \varepsilon_{H_2O} - \Delta\varepsilon \qquad (4\text{-}53)$$

式中，$\Delta\varepsilon$ 是考虑到 CO_2 和 H_2O 的吸收光带有部分重叠的修正值，当两种气体并存时，CO_2 辐射的能量有部分被 H_2O 所吸收，而 H_2O 辐射的能量也有部分被 CO_2 所吸收，这样就使混合气体的辐射能量比单种气体分别辐射的能量总和要少些，因此要减去的 $\Delta\varepsilon$，$\Delta\varepsilon$ 数值可由图 4-39 确定。

3. 气体的吸收率 α_g

气体辐射具有选择性，不能把它作为灰体对待，所以气体的吸收率 α_g 并不等于气体的发射率 ε_g。正如固体吸收率一样，气体的吸收率不仅取决于气体本身的分压力、射线平均行程和温度，而且还取决于外界投射来的辐射的性质。对含有 CO_2 和 H_2O 的烟气，对温度为 T_w 的黑体外壳的辐射的吸收率 α_g，可作如下的近似计算

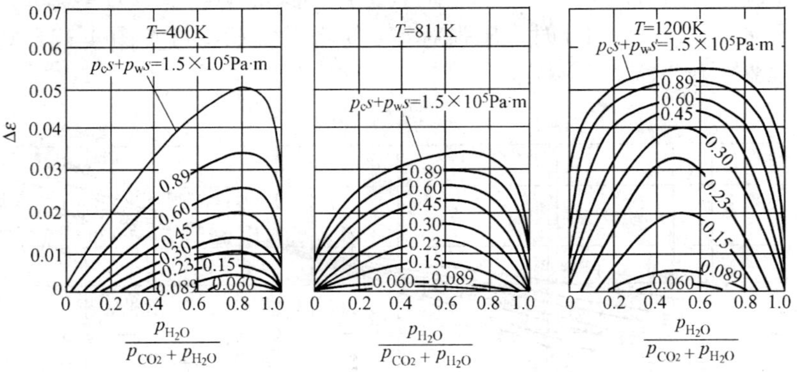

图 4-39　CO_2 和 H_2O 气体吸收光谱重叠的修正

$$\alpha_g = \alpha_{CO_2} + \alpha_{H_2O} - \Delta\alpha \tag{5-54}$$

$$\alpha_{CO_2} = C_{CO_2}\varepsilon^*_{CO_2}\left(\frac{T_g}{T_w}\right)^{0.65}$$

$$\alpha_{H_2O} = C_{H_2O}\varepsilon^*_{H_2O}\left(\frac{T_g}{T_w}\right)^{0.45}$$

$$\Delta\alpha = (\Delta\varepsilon)_{T_w}$$

式中：$\varepsilon^*_{CO_2}$和$\varepsilon^*_{H_2O}$的数值，应按外壳温度 T_w 作为横坐标，以 $p_{CO_2}L\left(\frac{T_w}{T_g}\right)$、$p_{H_2O}L\left(\frac{T_w}{T_g}\right)$作为新的参数分别查图 4-35 和图 4-36。同样修正值 C_{CO_2} 和 C_{H_2O}分别查图 4-37 和图 4-38 。

4. 射线平均行程

在确定气体发射率时，必然涉及气体容积的射线平均行程或辐射层有效厚度，对各种不同形状的气体容积，射线平均行程 s 可查表 4-4，对非正规形状可用下式来计算

$$s = C\frac{4V}{A}\quad \text{m} \tag{4-55}$$

式中　V——气体所占容积，m^3；

A——周围壁表面积，m^2；

C——修正系数，0.85～0.95 范围内取用，一般可用 0.90。

表 4-4　　　　**射 线 平 均 行 程**

空间的形状	s
1. 直径为 D 的球体，对表面的辐射	$0.65D$
2. 直径为 D 的长圆柱，对侧面的辐射	$0.95D$
3. 直径为 D 的长圆柱，对底面中心辐射	$0.90D$
4. 高度与直径均为 D 的圆柱，对全表面积辐射	$0.60D$
5. 高度与直径均为 D 的圆柱，对底面中心的辐射	$0.71D$
6. 厚度为 D 的气体层，对表面或表面上微元面的辐射	$1.8D$
7. 边长为 a 的立方体，对表面的辐射	$0.60a$

【例 4-10】　某锅炉的炉膛容积为 $35m^3$，炉膛面积为 $55m^2$，烟气中水蒸气的容积百分

数为7.6%，二氧化碳的容积百分数为18.6%，烟气的总压为1.013×10^5Pa，炉内平均温度为1200℃，试确定烟气的发射率ε_g。

解　(1) 射线平均行程

$$s = 3.6\frac{V}{A} = 3.6\times\frac{35}{55} = 2.29\text{m}$$

(2) 分压

$$p_{H_2O} = p\frac{V_{H_2O}}{V} = 1.013\times10^5\times0.076 = 0.077\times10^5\text{Pa}$$

$$p_{CO_2} = p\frac{V_{CO_2}}{V} = 1.013\times10^5\times0.186 = 0.188\times10^5\text{Pa}$$

(3)

$$p_{H_2O}s = 0.077\times10^5\times2.29 = 0.176\times10^5\text{Pa}\cdot\text{m}$$
$$p_{CO_2}s = 0.188\times10^5\times2.29 = 0.431\times10^5\text{Pa}\cdot\text{m}$$

(4) 查图4-35得

$$\varepsilon^*_{CO_2} = 0.16$$

查图4-36得

$$\varepsilon^*_{H_2O} = 0.13$$

(5) 查图4-37得

$$C_{CO_2} = 1.0$$

查图4-38得

$$C_{H_2O} = 1.05$$

查图4-39得

$$\Delta\varepsilon = 0.045$$

(6) 烟气的发射率

$$\begin{aligned}\varepsilon_g &= \varepsilon_{CO_2} + \varepsilon_{H_2O} - \Delta\varepsilon = C_{CO_2}\cdot\varepsilon^*_{CO_2} + C_{H_2O}\cdot\varepsilon^*_{H_2O} - \Delta\varepsilon\\ &= 0.16 + 1.05\times0.13 - 0.045 = 0.252\end{aligned}$$

四、气体与外壳间的辐射换热

烟气与炉膛周围受热面之间的辐射换热，就是气体与外壳间辐射换热的一个例子，如把受热面当作黑体，计算就可简化，这对工程上是完全合适的。设外壳温度为T_w，它的辐射力为$\sigma_b T_w^4$，其中被气体所吸收的部分为$\alpha_g\sigma_b T_w^4$；如气体的温度为T_g，它的辐射力为$\varepsilon_g\sigma_b T_g^4$，此辐射能全部被黑外壳所吸收。因此，外壳每单位表面积的辐射换热量为

$$\begin{aligned}q &= \text{气体发射的热量} - \text{气体吸收的热量}\\ &= \varepsilon_g\sigma_b T_g^4 - \alpha_g\sigma_b T_w^4 = \sigma_b(\varepsilon_g T_g^4 - \alpha_g T_w^4)\end{aligned} \tag{4-56}$$

式中　ε_g——温度为T_g时气体的发射率；

α_g——温度为T_g的气体对来自温度为T_w的外壳辐射的吸收率。

如果外壳不是黑体，可当作发射率为ε_w的灰体来考虑。这样，对灰表面可有$\varepsilon_w=\alpha_w$。气体辐射到外壳的能量$\varepsilon_g\sigma_b T_g^4$中，外壳只吸收$\varepsilon_w\varepsilon_g\sigma_b T_g^4$，其余部分$(1-\varepsilon_w)\varepsilon_g\sigma_b T_g^4$反射回气体，其中$\alpha'_g(1-\varepsilon_w)\varepsilon_g\sigma_b T_g^4$被气体自身所吸收，$(1-\alpha'_g)(1-\varepsilon_w)\varepsilon_g\sigma_b T_g^4$则透过气体再投射到外壳，外壳将再次吸收$\varepsilon_w(1-\alpha'_g)(1-\varepsilon_w)\varepsilon_g\sigma_b T_g^4$。如此反复进行吸收和反射，灰外壳从气体辐射中吸收的总热量为

$$\varepsilon_w \varepsilon_g \sigma_b A T_g^4 [1 + (1-\alpha_g')(1-\varepsilon_w) + (1-\alpha_g)^2(1-\varepsilon_w)^2 + \cdots\cdots] \quad (1)$$

同理，气体从灰外壳辐射中吸收的总热量为

$$\varepsilon_w \alpha_g \sigma_b A T_w^4 [1 + (1-\alpha_g')(1-\varepsilon_w) + (1-\alpha_g)^2(1-\varepsilon_w)^2 + \cdots\cdots] \quad (2)$$

式（1）和式（2）中的 α_g' 和 α_g 虽都是气体的吸收率，但它们之间有所区别，前者是对来自气体自身辐射（温度为 T_g）的吸收率，后者是对来自壁面辐射（温度为 T_w）的吸收率。

气体与灰外壳间的辐射换热应当是式（1）和式（2）之差，如各取两式中的第一项，也就是只考虑第一次吸收，则

$$\Phi = \varepsilon_w \varepsilon_g \sigma_b A T_g^4 - \varepsilon_w \alpha_g \sigma_b A T_w^4 = \varepsilon_w \sigma_b A(\varepsilon_g T_g^4 - \alpha_g T_w^4) \quad \text{W} \quad (4\text{-}57\text{a})$$

如壁面的发射率越大，则式（4-57a）的计算越可靠。对黑外壳 $\varepsilon_w = 1$，则此式就成为式(4-55)。为了修正由于略去式（1）、式（2）两式中第二项以后各项所带来的误差，可用外壳有效发射率 ε_w' 来计算辐射换热量，即

$$\Phi = \varepsilon_w' \sigma_b A(\varepsilon_g T_g^4 - \alpha_g T_w^4) \quad \text{W} \quad (4\text{-}57\text{b})$$

ε_w' 是介于 ε_w 和 1 之间，为简化起见可采用 $\varepsilon_w' = \frac{\varepsilon_w + 1}{2}$。对 $\varepsilon_w > 0.8$ 的表面是可以满足工程计算精度要求的。

【例 4-11】 在直径为 1m 的烟道中有温度 $t_g = 1000$℃、总压力为 1.013×10^5 Pa 的气体流过，如果气体中含 CO_2 的容积百分数为 5%，其余为透热体，烟道壁温 $T_w = 500$℃，发射率 $\varepsilon_w = 1$，试计算烟道壁与气体间的辐射换热。

解 （1）射线平均行程 s 可查表 4-4

$$s = 0.95D = 0.95\text{m}$$

（2）$p_{CO_2} s = p\frac{V_{CO_2}}{V} s = 1.013\times10^5\times0.05\times0.95 = 0.048\times10^5 \text{Pa}\cdot\text{m}$

（3）CO_2 发射率，查图 4-35，当 $T_g = 1273$K、$p_{CO_2} s = 0.048\times10^5$ Pa·m 时，得 $\varepsilon_{CO_2}^* = 0.08$。总压力为 1.013×10^5 Pa，由图 4-37，$C_{CO_2} = 1$，故 $\varepsilon_g = C_{CO_2}\varepsilon_{CO_2}^* = 0.08$

（4）CO_2 吸收率，查图 4-35，当 $T_w = 773$K

$p_{CO_2} s\left(\frac{T_w}{T_g}\right) = 0.048\times10^5\times\left(\frac{773}{1273}\right) = 0.029\times10^5$ Pa·m 时，得 $\varepsilon_{CO_2}^* = 0.08$

故 $\alpha_{CO_2} = C_{CO_2}\varepsilon_{CO_2}^*\left(\frac{T_g}{T_w}\right)^{0.65} = 1\times0.08\left(\frac{1273}{773}\right)^{0.65} = 0.10$

$$\alpha_g = \alpha_{CO_2} = 0.10$$

（5）烟道壁与气体间的辐射换热量

$$q = \varepsilon_w \sigma_b(\varepsilon_g T_g^4 - \alpha_g T_w^4) = 5.67(0.08\times12.73^4 - 0.10\times7.73^4)$$
$$= 9.89\times10^3 \text{W/m}^2 = 9.89\text{kW/m}^2$$

第五节 太 阳 辐 射

太阳能是自然界中可供人们利用的一种巨大能源。地球上一切生物的成长都和太阳辐射有关，近年来人们在太阳能利用方面有不少进展。太阳是一个超高温气团，其中心进行着剧烈的热核反应，温度高达数千万度。由于高温的缘故，它向宇宙空间辐射的能量中有 99% 集中在 $0.2\mu\text{m} \leqslant \lambda \leqslant 3\mu\text{m}$ 的短波区，太阳辐射能量中紫外线部分（$\lambda < 0.38\mu\text{m}$）占 8.7%，

可见光部分（$0.38\mu m \leqslant \lambda \leqslant 0.76\mu m$）占 43%，红外线部分（$\lambda > 0.38\mu m$）占 48.3%，从大气层外缘测得的太阳单色辐射力表明它和温度为 5762K 的黑体辐射相当，其最大单色辐射力的波长 $\lambda_m \approx 0.5\mu m$（图 4-40）。

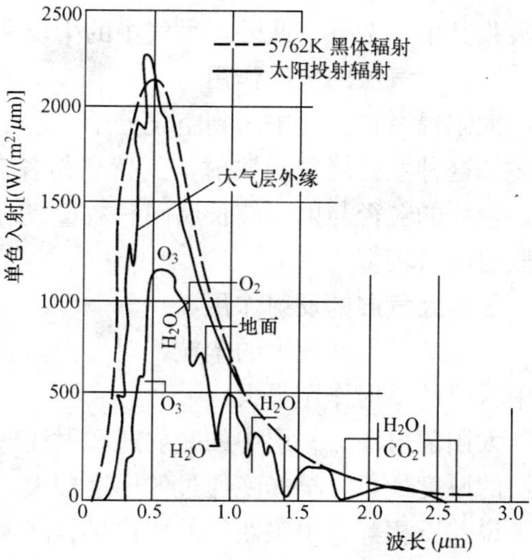

图 4-40　大气层外缘及地面上的太阳辐射光谱

太阳向周围辐射的能量中只有极少部分射向地球，到达地球大气层外缘的能量可作如下的估算：把地球作为半径 $r=6436$km 的圆球，距离太阳为 $R=150.6\times10^6$km，因此太阳向周围辐射的能量中投射到地球大气层外缘的百分数为

$$\frac{\pi r^2}{4\pi R^2}=\frac{\pi\times6436^2}{4\pi(150.6\times10^6)^2}=4.56\times10^{-8}\%$$

如把太阳当作黑体看待，它的直径 $d_s=1.397\times10^5$km，表面积 $A_s=6.131\times10^{18}m^2$，可得太阳向周围辐射的能量为

$$\begin{aligned}\sigma_b A_s T &=5.67\times10^{-8}\times6.131\times10^{18}\times5762^4\\&=3.832\times10^{26}\quad W\end{aligned}$$

到达地球大气层外缘的能量为

$$3.832\times10^{26}\times4.56\times10^{-8}\%=17.48\times10^{16}\quad W$$

此能折算到垂直于射线方向每单位表面积的辐射能为

$$\frac{17.48\times10^{16}}{\pi\times(6.436)^2\times10^{12}}=1343\quad W/m^2$$

经过多年对太阳辐射的实测资料表明，当地球位于和太阳的平均距离上，在大气层外缘并与太阳射线相垂直的单位表面所接受到的太阳辐射能为 1353W/m²，称为太阳常数，用符号 s_c 表示，此值与地理位置或一天中的时间无关。至于某地区在大气层外缘水平面上每单位面积的太阳投射能量应为

$$G_s=fs_c\cos\theta \tag{4-58}$$

式中　f——考虑到地球绕太阳运行轨道非圆形而作的修正，$f=0.97\sim1.03$；

θ——太阳射线与水平面法线的夹角，称天顶角（图 4-41）。

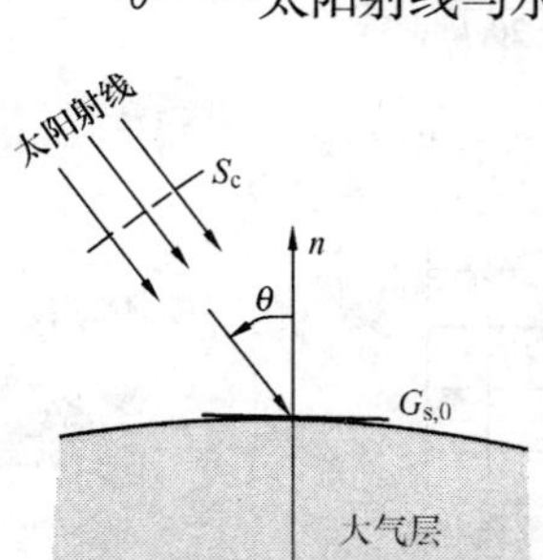

图 4-41　大气层外缘太阳辐射的示意

由于大气中存在 H_2O、CO_2、O_3，以及尘埃等对太阳射线有吸收、散射和反射作用，实际到达地面在与太阳射线垂直的单位面积上的辐射能，将小于太阳常数。即使在比较理想的大气透明度条件下，在中纬度地区，中午前后能到达地面的太阳辐射只是大气层外的70%～80%，在城市中由于大气污染，还将减弱 10%～20%。

大气层对太阳辐射的减弱有以下几方面的原因。

一、大气层的吸收作用

大气中的 H_2O、CO_2、O_3、O_2 对太阳辐射的吸收有明显的选择性。大气中的臭氧主要吸收紫外线，$\lambda<0.3\mu m$ 的短波辐射

几乎全部被臭氧吸收。水蒸气和二氧化碳主要吸收红外区的能量。在可见光区域，氧和臭氧能吸收其中一部分。此外，大气中的尘埃和污染物也对各类射线有吸收作用。

二、大气层的散射作用

太阳辐射在大气中遇到空气分子和微小尘埃就会产生散射。气体分子直径比射线波长小得多，这种散射属瑞利散射，其特点是各向同性且对短波散射占优，这是天空呈蓝色的原因。尘埃的粒径与射线波长属同一数量级时产生米氏散射，这种散射具有方向性，沿射线方向散射能量较多。

三、大气层的反射作用

大气的云层和较大的尘粒，对太阳辐射有反射作用，把部分太阳辐射反射回宇宙空间，其中云层的反射作用最大。

太阳辐射在大气层中的减弱还和射线通过大气层的厚度有关。由于中午时刻射线通过大气层的厚度最小，早、晚通过的厚度较大，故从太阳辐射获得的能量对垂直于射线的单位面积来说并不相等，中午获得的要比早、晚大。

投射到地面的太阳辐射可分为直接辐射和天空散射，在天空晴朗时两者之和称为太阳总辐射密度，或称太阳总辐照度，W/m^2。当天空多云时，总辐射就可能只有散射，它们都有专用的仪器测量。对建筑物各不同朝向的墙面和屋面，它们所受到的太阳总辐照度是不同的，这主要是由于它们受到不同的太阳直接辐照所致。

由于太阳辐射能主要集中在 $0.3 \sim 3\mu m$ 的波长范围内，而实际物体对短波的单色吸收率和对长波的单色吸收率有时会有很大的差别。因此，在太阳能的利用中，作为太阳能吸收器表面材料，要求它对 $0.3 \sim 3\mu m$ 波长范围的单色吸收率尽可能接近 1，而对 $\lambda > 0.3\mu m$ 波长范围的单色吸收率尽可能接近零，这意味着该表面能从太阳辐射中吸收较多的能量，而自身的辐射热损失又极小。对于某些金属材料，经表面镀层处理后可具有这种性能，这种表面称选择性表面。理想的选择性表面特性如图 4-42（a）所示，实用上镍黑镀层的特性如图中

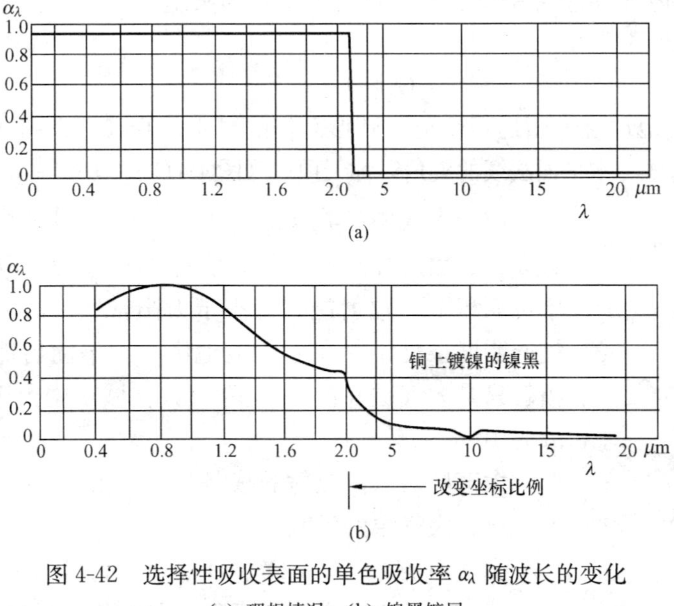

图 4-42 选择性吸收表面的单色吸收率 α_λ 随波长的变化

（a）理想情况；（b）镍黑镀层

（b）所示。可以看出，镍黑镀层对太阳辐射的吸收率较高，在可见光范围内的单色吸收率可达 0.9 左右，而在使用温度下自身的辐射力却很低，$\lambda > 3\mu m$ 的单色发射率还不到 0.1。

大气层外宇宙空间的温度接近绝对零度，是个理想冷源，但大气层阻碍了地面物体直接向太空辐射散热。然而，在 8～13μm 的波段内，大气层中所含 H_2O、CO_2 的吸收率很小，透射率很大，且此波段正处于地面物体本身辐射远红外区，所以通常称此波段为大气的远红外窗口。地面物体通过这个窗口向宇宙空间辐射散热，达到一定冷却效果。窗口的透明度与天气和方向有关。天空有云层时，透明度降低，晴朗无云的夜晚易结霜就是这个道理。垂直于地面的方向上大气层最薄，透明度比其他方向高。为增强冷却效果，可在冷却物体表面涂上选择性涂料，使表面在 8～13μm 的波段内有很高的发射率，而降低其他波段的发射率，让物体的能量尽可能多地变成 8～13μm 的辐射能量，穿过大气窗口散失到宇宙空间中去。

玻璃是太阳能利用中的一种重要材料，普通窗玻璃可以透过 $\lambda > 0.3\mu m$ 以下的射线，所以可把投射在它上面的太阳辐射大部分透射进入室内。然而窗玻璃对 3μm 以上的长波辐射基本上是不透过的，因此室内常温下物体所辐射的长波射线就被阻隔在室内，从而产生了所谓“温室效应”。玻璃中氧化铁含量对透光率有很大影响，氧化铁含量增加则透光率下降，当氧化铁含量超过 0.5%时，可见光和近红外波段的透过率都有明显下降，这种玻璃呈天蓝色，又称吸热玻璃。还有在窗玻璃表面涂膜制成的特殊玻璃，它对太阳光有高的投射率，但对长波辐射则有很高的反射率，这类玻璃成为热镜，在节能建筑中逐步被采用。地球周围的大气层也同样起着对地面的保温作用，大气层能让大部分太阳辐射透过到达地面，而地面辐射中 95%以上的能量分布在 $\lambda = 3 \sim 50\mu m$ 范围内，它不能穿过大气层，这就减少了地面的辐射热损失，其作用与玻璃温室是类似的，即大气层的温室效应。

小　　结

本章从分析热辐射的本质和特点开始，结合表面的辐射性质引出有关热辐射的一系列术语和概念。然后针对辐射的规律引出了热辐射的基本定律，针对漫射灰表面的辐射换热计算进行了讨论。漫射表面可不计方向性、灰表面可不计光谱特性，计算可用半球全波长的特性。参与辐射换热诸表面必须组成封闭腔，否则需加辅助面以构成封闭系统。对比电学中的欧姆定律，引出辐射热阻的单元网络，然后把各类辐射换热问题归纳为不同的网络图，以利于分析计算。学习的基本要求是：理解热辐射的本质和特点。有关黑体、灰体、漫射体、发射率、吸收率、角系数、有效辐射的的概念。理解和熟悉热辐射的基本规律，遮热板工作原理及应用。能用积分法和代数法确定角系数。能计算充满透明介质的由两个和三个表面组成的封闭腔中每个表面的净辐射换热量。了解气体辐射的特点及影响气体发射率的因素。能确定 CO_2 和 H_2O 及其混合气体的发射率、吸收率以及气体与包壳间的辐射换热。

重点掌握的内容有：

一、作为表面的热辐射性质

作为表面的热辐射性质，主要有：对外来投射辐射所表现的吸收率 α、反射率 ρ、透过率 τ，和由自身温度所表现出的发射率 ε。对实际表面，这些性质既有方向性又具有光谱性，即它们既和辐射的方向有关，又和辐射的波长有关。所以实际表面的辐射性质是十分复杂的。工程上为简化计算而提出了“漫”、“灰”模型。前者指各向同性的表面，即辐射与反射性质与方向无关；后者指表面的辐射光谱与同温度黑体的辐射光谱相似，或表面的单色吸收率不随波长而变化是一个常数。如某表面的辐射特性，除了与方向无关外，还与波长无关，则称为"漫—灰"表面，本教材主要针对这类表面作分析计算。

二、有关黑体的概念

黑体既是一个理想的吸收体又是理想的发射体，在热辐射中可把它作为标准物体以衡量实际物体的吸收率和发射率。

三、发射率

全辐射发射率
$$\varepsilon=\frac{E\ (T)}{E_b\ (T)}$$

单色发射率
$$\varepsilon_\lambda=\frac{E_\lambda\ (\lambda_1 T)}{E_{b\lambda}\ (\lambda_2 T)}$$

ε 与 ε_λ 的关系
$$\varepsilon=\frac{E(T)}{E_b(T)}=\frac{\int_0^\infty \varepsilon_\lambda E_{b\lambda}\mathrm{d}\lambda}{\int_0^\infty E_{b\lambda}\mathrm{d}\lambda}$$

对灰表面 $\varepsilon_\lambda\neq f(\lambda)$，可有 $\varepsilon=\varepsilon_\lambda$。

四、辐射力 *E* 和辐射强度 *I*

辐射力 E 和辐射强度 I 均表示物体表面辐射本领。只要表面温度 $T>0$K，就会有辐射能量。前者是每单位表面积朝半球方向（0K 环境）在单位时间内所发射全波长的能量，而后者是某方向上每单位投影面积在单位时间、单位立体角内所发射的全波长能量。它们之间的关系是 $E=\pi I$，对黑体 $E_b=\pi I_b$。

如果是单色辐射能量，相应有单色辐射力 E_λ 和单色辐射强度 I_λ，并有 $E_\lambda=\pi I_\lambda$，对黑体 $E_{b\lambda}=\pi I_{b\lambda}$。

五、热辐射的基本定律

1. 普朗克定律
$$E_{b\lambda}=f\ (\lambda,\ T)$$
$$E_{b\lambda}=\frac{c_1\lambda^{-5}}{e^{c_2/(\lambda T)}-1}$$

2. 维恩定律
$$\lambda_m T=2897.6\mu\text{m}\cdot\text{K}$$

3. 斯蒂芬—波尔兹曼定律
$$E_b=f\ (T)$$
$$E_b=C_b\left(\frac{T}{100}\right)^4=5.67\left(\frac{T}{100}\right)^4$$

对灰表面
$$E=C\left(\frac{T}{100}\right)^4=\varepsilon C_b\left(\frac{T}{100}\right)^4$$

4. 兰贝特定律
$$I_\theta=I_{\theta n}=\cdots\cdots=\text{常数}$$
$$\text{或}\quad E_\theta=E_n\cos\theta$$

5. 基尔霍夫定律
$$\frac{E_1}{\alpha_1}=\frac{E_2}{\alpha_2}=\cdots\cdots=\frac{E}{\alpha}=E_b$$
$$\text{或}\ \varepsilon=\alpha$$

六、漫表面间的辐射换热计算要用角系数 X

角系数 X 取决于物体的几何形状、表面大小与相对位置，是一个几何参数，表示表面间能量投射的百分数。确定角系数的方法有积分法和代数法。

对无限大平行平壁

$$X_{1,2}=X_{2,1}=1$$

对空腔 2 与内包物体 1，$X_{1,2}=1$；$X_{2,1}=A_1/A_2$

七、组成辐射换热网络的热阻

组成辐射换热网络的热阻有两类：表面辐射热阻 $\frac{1-\varepsilon_i}{\varepsilon_i A_i}$ 和空间辐射热阻 $\frac{1}{X_{i,j}A_i}$。当表面 i 是黑体，则该表面的表面热阻为零。

两表面组成封闭腔时的辐射换热为

$$\Phi_{1,2}=\frac{E_{b1}-E_{b2}}{\dfrac{1-\varepsilon_1}{\varepsilon_1 A_1}+\dfrac{1}{X_{1,2}A_1}+\dfrac{1-\varepsilon_2}{\varepsilon_2 A_2}}\quad \text{W}$$

多个表面组成的封闭腔，各表面间的辐射换热可根据表面特点建立节点方程组，联立求解得各表面的有效辐射，进而算出表面的净辐射换热量。对绝热表面则该节点应为浮动点，即该节点不和外电源相连。

八、气体辐射

（1）多原子气体，如 CO_2 和 H_2O 等的辐射和吸收具有明显的选择性，它们只辐射和吸收某些波长范围内的能量，气体对投射能量只有吸收和透过，可不计反射。

（2）吸收和辐射是在整个气体容积中进行的。

（3）气体温度和外壳温度不同时，气体的发射率和吸收率并不相等，虽查的是同样的线图但查图时的参数不同。

习　　题

4-1　某种玻璃对波长 0.4～2.5μm 范围内的射线是透明的，而对此波段外的射线则是不透过的，试计算黑体温度为 1500K、2000K、6000K 时，对该玻璃的透过百分数各为多少？

4-2　某黑体辐射，其对应最大单色辐射力的波长 $\lambda_{max}=2\mu$m，试计算波长 1～4μm 范围内黑体辐射力的份额。

4-3　有一漫射的微面积 $A_1=1\text{cm}^2$，其法向的定向辐射力 $E_n=3500\text{W}/(\text{m}^2\cdot\text{sr})$。在离开 A_1 中心为 0.5m 的圆周上布置有微面积 A_2、A_3、A_4，它们的面积亦均为 1cm^2，相对位置如图 4-43 所示。试计算：（1）A_2、A_3、A_4 表面所接收到的辐射强度；（2）A_1 的中心对 A_2、A_3、A_4 表面所张的立体角；（3）A_1 朝 A_2、A_3、A_4 表面所发射的辐射能。

4-4　有一漫射表面温度 $T=1500$K。已知其单色发射率 ε_λ 随波长的变化如图 4-44 所示，试计算表面的全波长总发射率 ε 和辐射力 E。

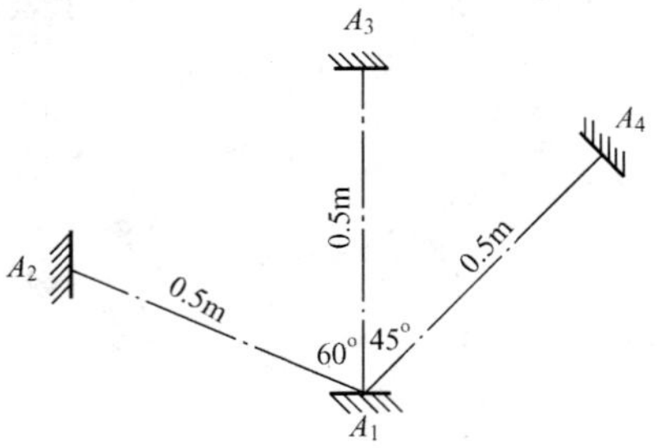

图 4-43　习题 4-3 附图

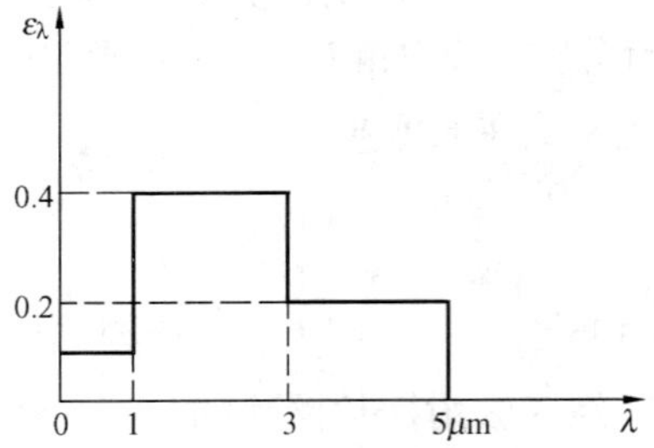

图 4-44　习题 4-4 附图

4-5　已知某表面的单色吸收率 α_λ 随波长的变化如图 4-45（a）所示，该表面的投射单色辐射 G_λ 随波长变化如图 4-45（b）所示，试计算表面的吸收率 α。

4-6　有一温度为 500K 的漫射表面，其单色吸收率为：$\lambda \leqslant 2\mu m$ 时，$\alpha_\lambda = 0.9$；$\lambda > 2\mu m$ 时，$\alpha_\lambda = 0.1$。试求该表面的发射率 ε。当它分别吸收来自 800K 和 5800K 的黑体辐射时，其吸收率 α 各为多少？

4-7　两宽度分别为 a、b，长度为无限的平面相交，夹角为 θ，试求角系数 $X_{a,b} = 0$

4-8　某采暖房间用立式悬挂辐射采暖板，试求此采暖板和房间各表面间的角系数，房间和采暖板的尺寸见图 4-46。

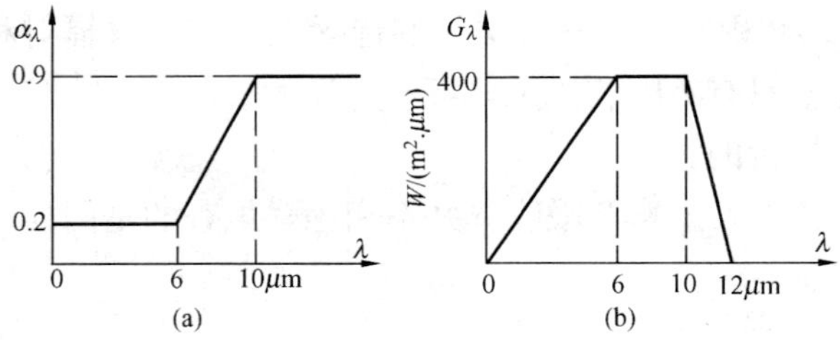

图 4-45　习题 4-5 附图

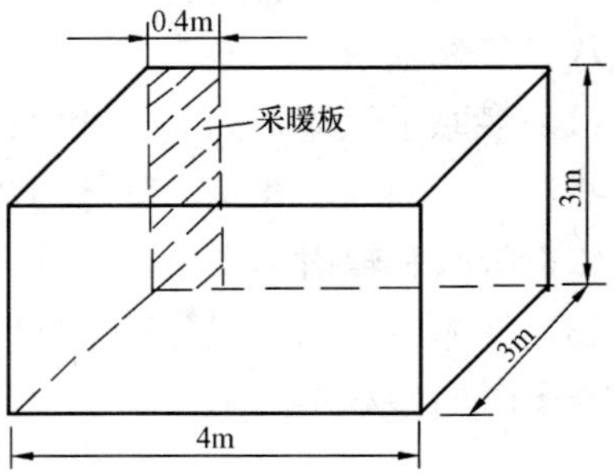

图 4-46　习题 4-8 附图

4-9　两块平行放置平板的表面发射率均为 0.8，温度分别为 $t_1 = 527$℃及 $t_2 = 27$℃，板间距远小于板的宽度和高度。试计算：（1）板 1 的本身辐射；（2）对板 1 的投入辐射；（3）板 1 的反射辐射；（4）板 1 的有效辐射；（5）板 2 的有效辐射；（6）板 1、2 间的辐射换热量。

4-10　一外径为 100mm 的钢管横穿过室温为 27℃的大房间，管外壁温度为 100℃，表面发射率为 0.85。试确定单位管长的辐射散热损失。

4-11　题 4-8 中当辐射采暖板的发射率为 0.9，其余墙面的发射率均为 0.8。采暖板表面温度为 45℃。各墙面温度：左侧墙 $t_1 = 14$℃、右侧墙 $t_2 = 16$℃、前墙表面 $t_3 = 10$℃。顶棚表面为 16℃，地表面为 12 ℃。试计算此采暖板的净辐射换热量。

4-12　有一 3m×4m 的矩形房间，高 2.5m，地表面温度为 27℃。顶表面温度为 12℃。房间四周的墙壁均是绝热的，所有表面的发射率均为 0.8，试用网络法计算地板和顶棚的净辐射换热量和墙表面的温度。

4-13　两平行黑表面尺寸为1m×1m，相距2m，表面温度分别为400℃和123℃，背面绝热。该两表面系放置在一个大房间中，房间的表面为20℃。试分别计算各表面的净辐射换热量。

4-14　有一圆柱形一端开口的空腔体，直径和高度均为100mm，表面温度$t_1=327℃$，发射率$\varepsilon_1=0.75$。将此腔体放置在大房间中，房间表面$t_2=27℃$。试计算通过腔体开口的辐射热损失并画出辐射网络图。

4-15　两平行大平壁的发射率均为$\varepsilon=0.4$，它们中间放置有两面发射率均为0.04的遮热板。当平壁的表面温度分别为250℃和40℃时，试计算辐射换热量和遮热板的表面温度（不计导热和对流换热）。如不用遮热板时，辐射换热量为多少？

4-16　两个同心圆筒壁的温度分别为－196℃和30℃，直径分别为100mm和150mm，表面发射率均为0.8。试计算单位长度圆筒体上的辐射换热量。为减弱辐射换热，在其间同心地置入一遮热罩，直径为125mm，两表面的发射率均为0.05。试画出此时辐射换热的网络图，并计算套筒壁间的辐射换热量。

4-17　热水瓶瓶胆是一个夹层结构，且夹层表面涂有水银，水银层的发射率为0.04。瓶内存放100℃的开水，周围环境温度为20℃。设瓶胆内外层的温度分别与水和周围环境温度大致相同，求瓶胆的散热量。若用导热系数为0.04W/(m·K)的软木代替瓶胆夹层保温，问需要多厚的软木才能达到热水瓶原来的保温效果？

4-18　一矩形断面的长隧道窑，断面宽4m，高3m，底面温度为500K、发射率为0.6，顶面温度为1000K、发射率为0.8，两侧面均为绝热面，试计算表面的净辐射换热量。（提示：顶面与底面的角系数可用代数法确定）

4-19　在表面温度$t_1=280℃$、直径为$d_1=200mm$的蒸汽管外，加设白铁皮做的遮热罩，罩的直径$d_2=300mm$。已知蒸汽管表面的发射率$\varepsilon_1=0.85$，白铁皮表面的发射率$\varepsilon=0.3$，罩外空气温度$t_f=30℃$，罩外表面总表面传热系数$K=25W/(m^2 \cdot K)$。如不计管表面和罩壳间空气的导热和对流，试计算该蒸汽管每单位长度的热损失Φ_l和遮热罩的表面温度t_3。如不加设遮热罩时，则管道的热损失为多大？

4-20　在直径$d=1m$的烟道中，烟气的平均温度为800℃，烟气中CO_2含量为14%，H_2O含量为6%，总压力为2×10^5Pa，求烟气的发射率。当壁面温度为400℃，壁面发射率为0.9，则烟气对壁面的辐射换热为多少？

4-21　锅炉的对流管束由外径$d=51mm$的管子组成，管间距$s_1=120mm$、$s_2=110mm$。流过此管束的烟气中CO_2含量为12%，H_2O的含量为4%，烟气温度从800℃下降到400℃，管壁温度为250℃，表面发射率为0.8。试计算烟气与管壁的辐射换热量（总压力为10^5Pa）。

4-22　总压力为1.2×10^5Pa的燃气，温度900℃，燃气中含有5%的水蒸气，此燃气流过边长为1m的方形长通道，通道内表面温度为723℃，表面发射率为0.9。试计算燃气与壁面的辐射换热量。

第五章　换　热　器

在前几章较详细地讨论了物体的导热、对流换热和辐射换热，掌握了热量传递的机理、理论和规律，为综合解决实际问题奠定了基础。本章将首先介绍几种换热器的构造及工作原理，然后讨论换热器传热计算的基本方法。

第一节　换热器概述

在工业生产中常用换热器传递热量。以在两种流体之间用来传递热量为基本目的的装置统称换热器。换热器可以按不同的方式分类。按换热器工作原理可将其分为间壁式、混合式及蓄热式（或称回热式）三大类。

间壁式换热器——冷热流体由壁面间隔开来而分别位于壁面的两侧，如暖风机、燃气加热器、冷凝器、蒸发器等；混合式换热器——冷热两种流体通过直接接触、互相混合来实现换热，如空调工程中的喷淋室、火力发电厂中的冷却塔、化工厂中的洗涤塔等；蓄热式换热器——冷热两种流体依次交替地流过同一换热表面而实现热量的交换，在这种换热器中，固体壁面除了换热以外还起到蓄热的作用：高温流体流过时，固体壁面吸收并积蓄热量，然后释放给接着流过的低温流体，如锅炉中回热式空气预热器。在三类换热器中以间壁式换热器应用最广，本章将对其结构形式及换热器中冷、热流体间的平均温差的计算方法作比较详细的介绍。

一、间壁式换热器的主要形式

（一）套管式换热器

这是最简单的一种间壁式换热器，依两种流体的流动方向不同而又有顺流布置及逆流布置之别［图 5-1（a）、（b）］。实际使用时，为增加换热面积可采用如图 5-1（c）所示结构。总的来说，这类间壁式换热器适用于传热量不大或流体流量不大的情形。

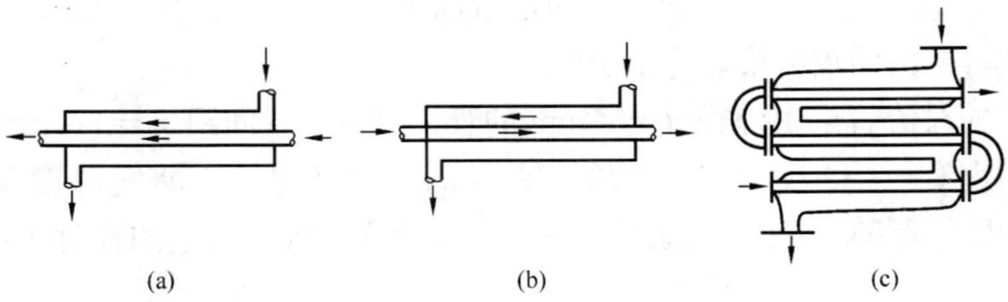

图 5-1　套管式换热器示意图

（二）壳管式换热器

这是间壁式换热器的一种主要形式，又称壳管式换热器。化工厂中的加热器、冷却器，电厂中的冷凝器、冷油器以及压缩机的中间冷却器等都是壳管式换热器的实例。图 5-2 是一种最简单的壳管式换热器的示意图。它的传热面由管束构成，管子的两端固定在管板上，管束与管板再封装在外壳内，外壳两端有封头，一种流体（图中冷流体）从封头进口流进管子里，再经封头流出。这条路径称为管程。另一种流体从外壳上的连接管进入换热器，在壳体与管子之间流动，这条路径称为壳程。管程流体和壳程流体互不掺混，只是通过管壁交换热量。在同样流速下，流体横向掠过管子的换热效果要比顺着管面纵向流过时为好，因此外壳内一般装有折流挡板，来改善壳程的换热。

为了提高管程流体的流速，在图 5-2 所示的换热器中，一端的封头里加了一块隔板，构成了两管程的结构，称为 1-2 型换热器（此处 1 表示壳程数，2 表示管数）。图 5-3 所示是一个 1-2 型换热器的剖面图。图中管束采用 U 形管。这种结构形式的优点是可以避免因管子受热膨胀引起的热应力。在壳体两端封头里加装必要数量的隔板，还可以得到 4、6、8 等多管程的结构。把几个壳程串联起来也能得到多壳程结构。图 5-4 所示是由两个 1-2 型换热器串联组成的一个 2-4 型换热器。

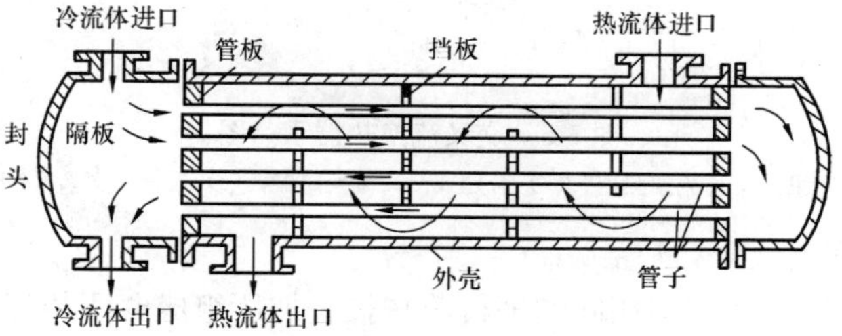

图 5-2 简单的壳管式换热器示意图

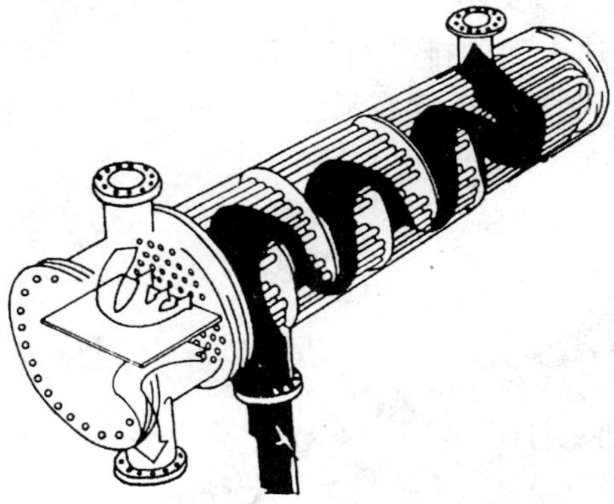

图 5-3 1-2 型换热器剖面示意图

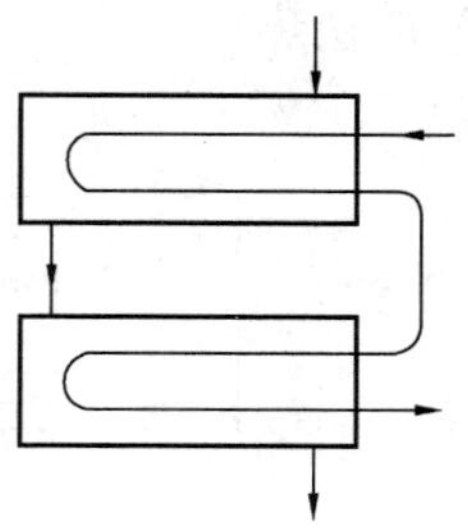

图 5-4 2-4 型换热器示意图

（三）交叉流换热器

它是间壁式换热器的又一种主要形式。根据换热表面结构的不同又可有管束式、管翅式及板翅式等区别，如图 5-5 所示。锅炉装置中的蒸汽过热器、省煤器、空气预热器是管束式交叉流换热器的例子［图 5-5（a）］。汽车发动机的散热器［图 5-5（b）］属于管翅式，其中换热管（一般为椭圆管或扁管）外布置了多层翅片以强化空气侧的换热。板翅式换热器［图 5-5（c）］广泛应用于低温工程中。在管束式及管翅式换热器中，管内流体在各自管子内流动，管与管间不相互渗混。在管束式换热器中管外流体可以自由掺混，而在如图 5-5（b）所示的管翅式换热器中管外流体由于受翅片的分隔也不能自由掺混。在图 5-5（c）所示结构的板翅式换热器中两种流体都不能自由掺混。交叉流换热器中流体各部分是否可以自由掺混，对于计算换热器的平均温差有一定的影响。在工程技术领域中，常以单位体积内所包含的换热面积作为衡量换热器紧凑程度的指标，并把这一指标大于 $700m^2/m^3$ 的换热器称为紧凑式换热器。板翅式换热器多属于紧凑式，由于其单位体积内的换热量很大，近年来应用日益广泛。

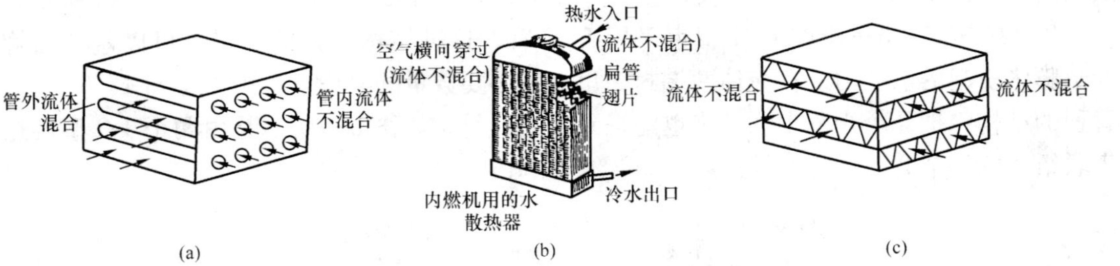

图 5-5 交叉流换热器示意图

(a) 管束式交叉流换热器；(b) 管翅式交叉流换热器；(c) 板翅式交叉流换热器

（四）板式换热器

板式换热器由一组几何结构相同的平行薄平板叠加所组成，两相邻平板之间用特殊设计的密封垫片隔开，形成一个通道，冷、热流体间隔地在每个通道中流动。为强化换热并增加板片的刚度，常在平板上压制出各种波纹。板式换热器中冷、热流体的流动有多种布置方式，图 5-6（a）所示为 1-1 型板式换热器的逆流布置，这里的 1-1 型表示冷、热流体都只流过一个通道。图 5-6（b）所示是板式换热器换热表面的排列情形；图 5-6（c）是这种换热器的一种外形简图。板式换热器拆卸清洗方便，故适合于含有易结垢物的流体（如牛奶等有机流体）的换热。

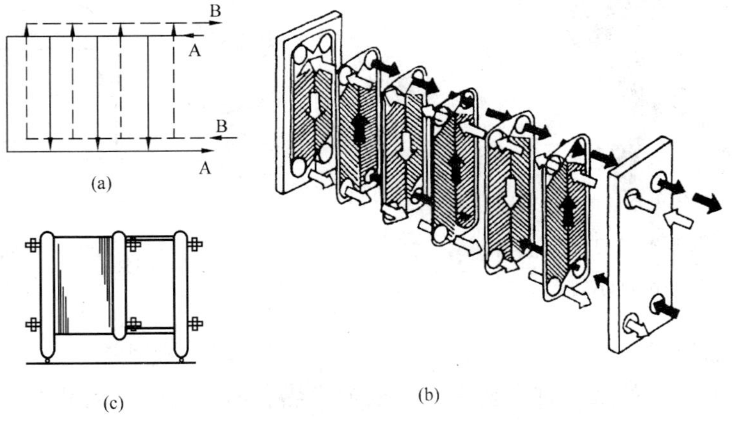

图 5-6 板式换热器示意图

（五）螺旋板式换热器

螺旋板式换热器的换热表面系由两块金属板卷制而成，冷、热流体在螺旋状的通道中流动，图 5-7 所示是其两个方向的截面示意图。这种换热器换热效果较好，缺点是换热器的密封比较困难。

二、平均温度差

换热器传热的基本计算式为 $\Phi = KA\Delta t$，其中 Δt 是冷热两种流体的温度差。在以前的传热计算中，都把 Δt 作为一个定值处理。对于换热器，则情况不同了，冷热两流体沿传热面进行换热，其温度沿流向不断变化，故温度差 Δt 也是不断变化的。图 5-8 为换热器中流体温度沿程变化示意图，图中各项温度的角标意义如下："1" 指热流体，"2" 指冷流体；"$'$" 指进口端温度，"$''$" 指出口端温度。由于热流体沿程放出热量温度不断下降，冷流体沿程吸热而温度上升，且冷、热流体间的温差沿程是不断变化的，因此，当利用传热方程式来计算整个传热面上的热流量时，必须使用整个传热面积上的平均温差（又称平均温压），记为 Δt_m。据此，传热方程式的一般形式应为

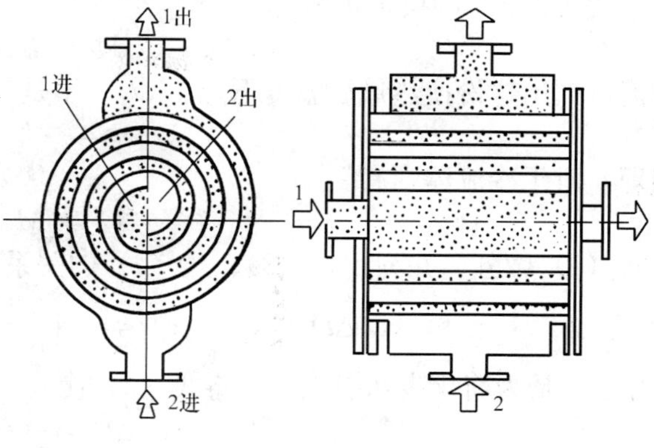

图 5-7　螺旋板式换热器

$$\Phi = KA\Delta t_m \tag{5-1}$$

现在来导出这种简单顺流及逆流换热器的平均温差计算式。图 5-9 示出了顺流换热器中冷、热流体的温度沿换热面 A 的变化情况：热流体从进口处的 t_1'，下降到出口处的 t_1''；而冷流体则从进口处的 t_2'，上升到出口处的 t_2''。

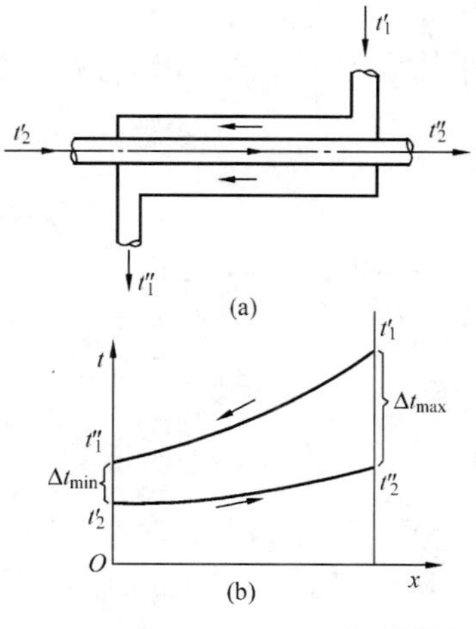

图 5-8　换热器中流体温度沿程变化示意图

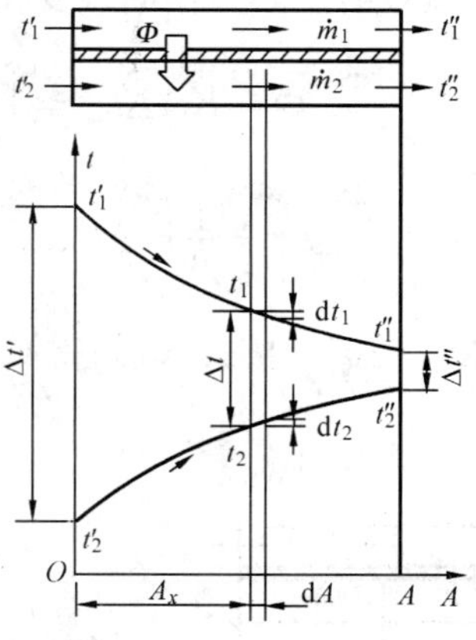

图 5-9　顺流时平均温差的推导

为了分析这一实际问题。我们需要对传热过程作以下假设：①冷、热流体的质量流量 M_2、M_1 及比热容 c_2、c_1 在整个换热面上都是常量；②传热系数 K 值在换热器整个换热面上保持不变；③换热器与外界完全热绝缘，无散热损失；④换热面沿流动方向的导热量可以忽略不计；⑤在换热器中任一流体都不能既有相变换热，又有单相介质换热。

现在来研究通过图 5-9 中微元换热面 dA 一段的传热。在 dA 两侧，冷、热流体的温度分别为 t_2 及 t_1。温差为 Δt，即

$$\Delta t = t_1 - t_2 \tag{1}$$

通过微元面 dA 的换热量为

$$d\Phi = K\Delta t dA \tag{2}$$

热流体放出这份换热量后温度下降了 dt_1。于是

$$d\Phi = -M_1 c_1 dt_1 \tag{3}$$

同理，对于冷流体则有

$$d\Phi = M_2 c_2 dt_2 \tag{4}$$

将式（1）微分，并利用式（3）、式（4）的关系，可得

$$d(\Delta t) = dt_1 - dt_2 = -\left(\frac{1}{M_1 c_1} + \frac{1}{M_2 c_2}\right)d\Phi = -\mu d\Phi \tag{5}$$

式中：μ 是为简化表达引入的。将式（2）代入式（5）得

$$d(\Delta t) = -\mu K \Delta t dA$$

分离变量得

$$\frac{d(\Delta t)}{\Delta t} = -\mu K dA \tag{6}$$

积分得

$$\int_{\Delta t'}^{\Delta t_x} \frac{d(\Delta t)}{\Delta t} = -\mu K \int_0^{A_x} dA$$

式中：$\Delta t'$和 Δt_x 分别表示 $A=0$ 处和 $A=A_x$ 处的温差。积分结果为

$$\ln\frac{\Delta t_x}{\Delta t'} = -\mu K A_x \tag{7}$$

即

$$\Delta t_x = \Delta t' e^{-\mu K A_x} \tag{8}$$

由此可见，温差沿换热面作曲线变化。整个换热面的平均温差可由式（8）导得，为

$$\Phi = KA\Delta t_m = \int_0^A K\Delta t_x dA$$

$$\Delta t_m = \frac{1}{A}\int_0^A \Delta t_x dA = \frac{\Delta t'}{A}\int_0^A e^{-\mu K A_x} dA = -\frac{\Delta t'}{\mu K A}(e^{-\mu K A} - 1) \tag{9}$$

$A_x=A$ 和 $\Delta t_x=\Delta t''$。按式（7）得

$$\ln\frac{\Delta t''}{\Delta t'} = -\mu K A \tag{10}$$

$$\frac{\Delta t''}{\Delta t'} = e^{-\mu K A} \tag{11}$$

将式（10）、式（11）代入式（9）得

$$\Delta t_m = \frac{\Delta t'}{\ln\frac{\Delta t''}{\Delta t'}}\left(\frac{\Delta t''}{\Delta t'} - 1\right) = \frac{\Delta t'' - \Delta t'}{\ln\frac{\Delta t'}{\Delta t''}} \tag{12}$$

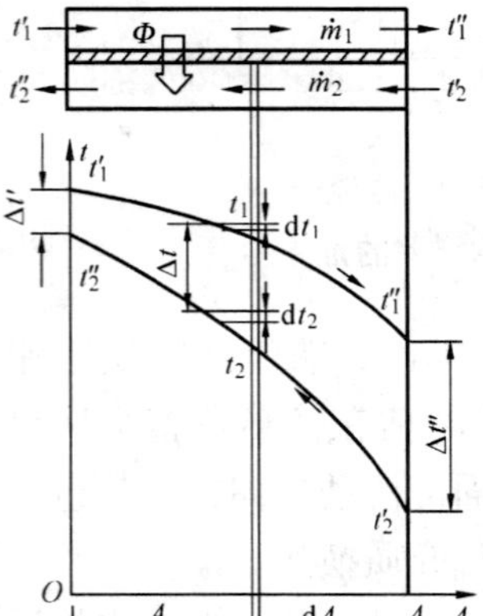

图 5-10 逆流时平均温差的推导

由于计算式中出现了对数，故常把 Δt_m 称为对数平均温差。

简单逆流换热器中冷、热流体温度的沿程变化示于图 5-10 中。对于 Δt_m，推导得到的结果与式（12）相同。由于逆流时式（4）右边出现负号。故 μ 的形式为

$$\mu = \frac{1}{M_1 c_1} - \frac{1}{M_2 c_2}$$

式（6）至式（12）均不变。不论顺流、逆流，对数平均温差可统一用以下计算式表示

$$\Delta t_m = \frac{\Delta t_{max} - \Delta t_{min}}{\ln \frac{\Delta t_{max}}{\Delta t_{min}}} \tag{5-2}$$

式中：Δt_{max}代表$\Delta t'$和$\Delta t''$两者中之大者，而Δt_{min}代表两者中之小者。式（5-2）为确定平均温差Δt_m的基本计算式。

所谓算术平均温差是指$(\Delta t_{max}+\Delta t_{min})/2$，它相当于假定冷、热流体的温度都是按直线变化时的平均温差。显然，其值总是大于相同进出口温度下的对数平均温差。只有当$\Delta t_{max}/\Delta t_{min}$之值趋近于1时，两者的差别才不断缩小。例如，当$\Delta t_{max}/\Delta t_{min} \leqslant 2$时，两者的差别小于4%；而当$\Delta t_{max}/\Delta t_{min} \leqslant 1.7$时，两者的差别即小于2.3%。

顺流及逆流时平均温差计算式的导出，为我们提供了利用传热学及高等数学的基础知识分析实际工程传热问题的又一个例子。对其他复杂布置时的平均温差，也可以采用类似方法来分析，只是数学推导更加复杂。下面摘要介绍几种复杂布置的平均温差计算方法。

3. 其他复杂布置时换热器平均温差的计算

在上面所介绍的间壁式换热器的四种主要形式中，套管式换热器及螺旋板式换热器的平均温差可以方便地按逆流或顺流布置的公式来计算，以下着重讨论壳管式换热器及交叉流式换热器的平均温差的计算方法。分析表明，对各种布置的壳管式及交叉流式换热器，其平均温差都可以采用以下公式来计算

$$\Delta t_m = \varepsilon_{\Delta t}(\Delta t_m)_{ctf} \tag{5-3}$$

式中：$(\Delta t_m)_{ctf}$是将给定的冷、热流体的进出口温度布置成逆流时的对数平均温差；$\varepsilon_{\Delta t}$是小于1的修正系数。这样，复杂布置时平均温差的计算就归结为获得修正系数$\varepsilon_{\Delta t}$。工程上为应用方便，已将它们绘制成图线。以下着重说明利用这些曲线时的注意事项。

（1）$\varepsilon_{\Delta t}$值取决于两个无量纲参数P及R，其定义为

$$P = \frac{t''_2 - t'_2}{t'_1 - t'_2}, R = \frac{t'_1 - t''_1}{t''_2 - t'_2} \tag{5-4}$$

式中，下标1、2分别表示两种流体，上角标“′”及“″”则表示出口与进口。为记忆及教

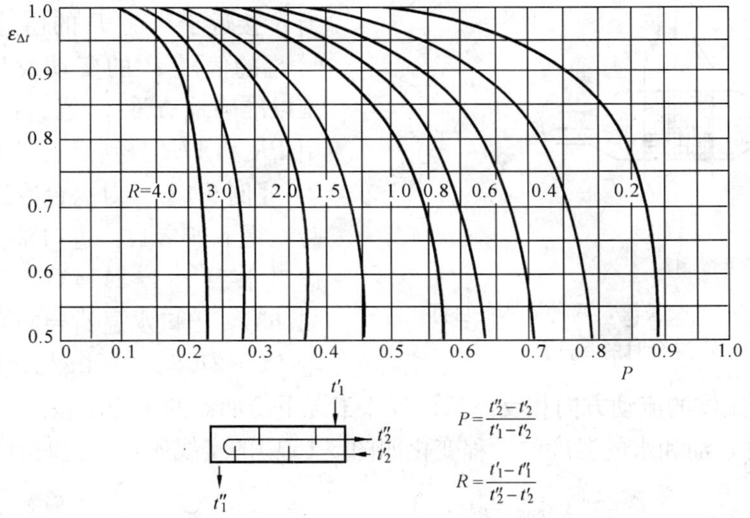

图5-11　壳侧1程，管侧2、4、6、8…程的$\varepsilon_{\Delta t}$值

学的方便，对壳管式换热器下标 1、2 可分别看成为壳侧与管侧（图 5-11、图 5-12），而对交叉流换热器则可分别看成是热流体与冷流体或流体混合与不混合（图 5-13、图 5-14）。

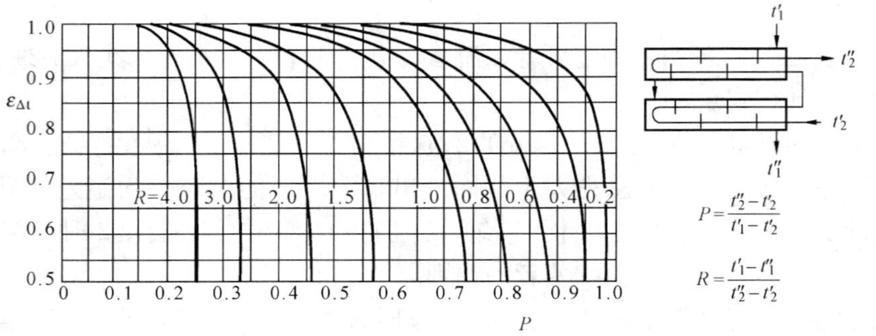

图 5-12 壳侧 2 程，管侧 4、8、12、16…程的 $\varepsilon_{\Delta t}$ 值

（2）参数 R 具有两种流体热容量之比的物理意义 $\frac{t_1'-t_1''}{t_2''-t_2'}=\frac{M_2c_2}{M_1c_1}$。参数 P 的分母表示换热器中流体 2 理论上所能达到的最大温升，因而 P 的值代表该换热器中流体 2 的实际温升与理论上所能达到的最大温升之比。所以，R 的值可以大于或小于 1，但 P 的值必小于 1。

（3）对于壳管式换热器，查图时应注意流动的“程”数。所谓“程”，对壳侧流体是指所流经的壳体的个数；对管侧流体，“程”数减 1 是其流动的总体方向改变的次数。例如壳侧 2 程、管侧 4 程（简记为 2-4 型）表示壳侧流体流过 2 个壳体，而管侧流体 3 次改变其总体的流动方向。对于交叉流换热器要注意冷、热流体各自的混合情况。

（4）由图 5-11～图 5-14 可以看出，当 R 接近于 4 时 P 的值趋近于 $1/R$。此时 $\varepsilon_{\Delta t}$ 的值随 P 的变动发生剧烈的变化，难以准确地查取 $\varepsilon_{\Delta t}$ 值。在这种情况下可用 PR 和 $1/R$ 分别代表 P 及 R 查图。

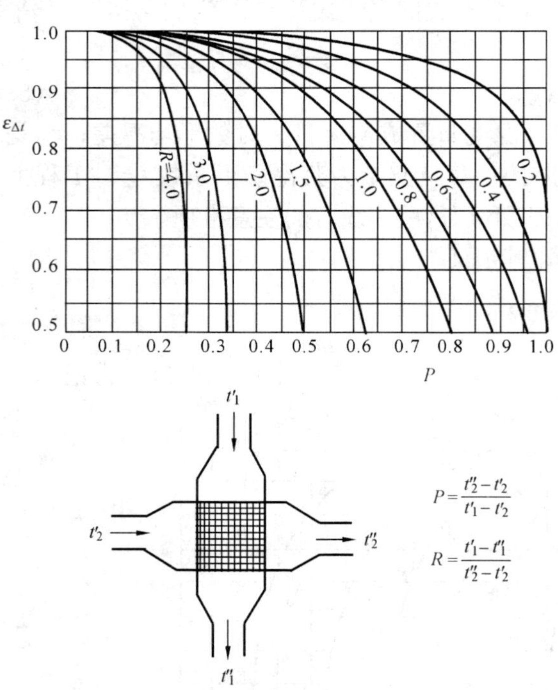

图 5-13 一次交叉流，两种流体各自都不混合时的 $\varepsilon_{\Delta t}$ 值

【例 5-1】 对一台冷油器进行传热试验测得下列参数：进口油温 $t_1'=49.9$℃，进口水温 $t_2'=21.4$℃，出口油温 $t_1''=44.6$℃，出口水温 $t_1''=24$℃；水的质量流量 $M=21.5\times10^3$kg/h；传热面积 $A=285$m^2，冷、热流体的流动方向相反。试计算该工况下冷油器的平均温差。

解 据题意，油和水的温度的沿程变化如图 5-15 中的实线所示。此时有

$$\Delta t_{max}=49.9℃-24℃=25.9℃$$

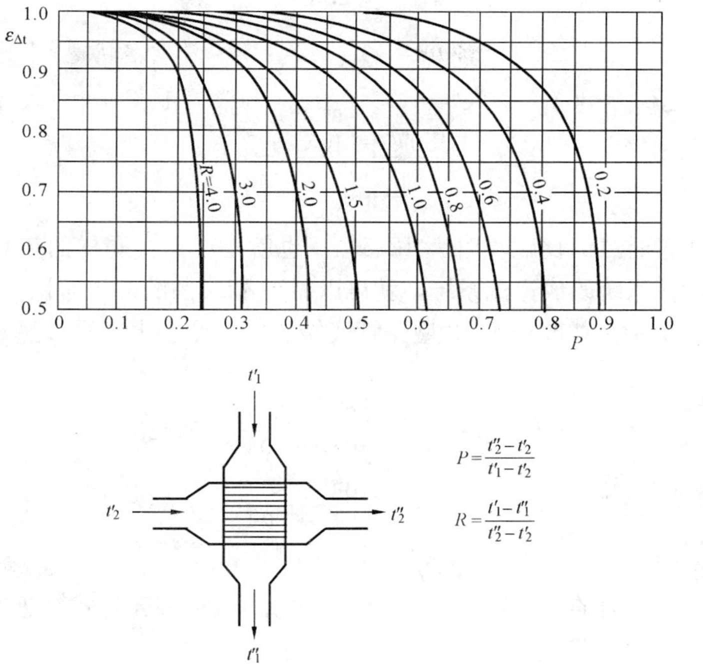

图 5-14　一次交叉流，一种流体混合（流体 1）、另一种流体不混合（流体 2）时的 $\varepsilon_{\Delta t}$ 值

$$\Delta t_{\min}=44.6℃-21.4℃=23.2℃$$

$$\frac{\Delta t_{\max}}{\Delta t_{\min}}=\frac{25.9℃}{23.2℃}=1.116<2$$

所以可以采用算术平均温差。其值为

$$\Delta t_{m}=\frac{\Delta t_{\max}+\Delta t_{\min}}{2}=\frac{25.9℃+23.2℃}{2}=24.6℃$$

讨论　图 5-15 中用实线示出了本题冷、热流体的温度变化曲线 。试问，本题中的温度曲线可否画成如图中虚线所示？为什么图 5-10 中逆流的温度分布曲线画成了向上凸的形式？

【例 5-2】　在一台螺旋板式换热器中，热水流量为 2000kg/h，冷水流量为 3000kg/h；热水进口温度 $t'_1=80℃$，冷水进口温度 $t'_2=10℃$。如果要求将冷水加热到 $t''_2=30℃$，试求顺流和逆流时的平均温差。

解　$M_1c_1(t'_1-t''_1)=M_2c_2(t''_2-t'_2)$

在题给温度范围内，水的比热容 $c_1=c_2=4200\text{J}/(\text{kg}\cdot℃)$。代入上式得

$$(2000/3600)\text{kg/s}\times(80℃-t''_1)$$
$$=(3000/3600)\text{kg/s}\times(30℃-10℃)$$

得　$t''_1=50℃$

（1）顺流时，$\Delta t_{\max}=80℃-10℃=70℃$，$\Delta t_{\min}=50℃-30℃=20℃$，代入式（5-2）得

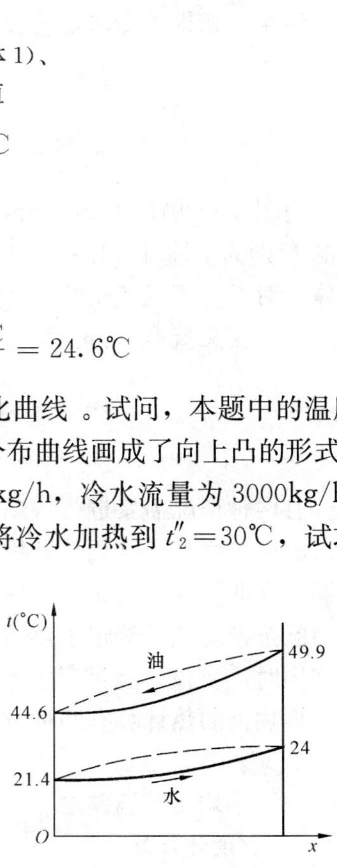

图 5-15　流体温度变化的示意性曲线

$$\Delta t_m = \frac{70℃ - 20℃}{\ln\dfrac{70℃}{20℃}} = 39.9℃$$

（2）逆流时，$\Delta t_{max}=80℃-30℃=50℃$，$\Delta t_{min}=50℃-10℃=40℃$，代入式（5-2）得

$$\Delta t_m = \frac{50℃ - 40℃}{\ln\dfrac{50℃}{40℃}} = 44.8℃$$

讨论 逆流布置时 Δt_m 比顺流时大 12.3%。也就是说，在同样的传热量和同样的传热系数下，只要将顺流系统改成逆流系统，就可以减少 12.3%的换热面积。

【例 5-3】 上例中，如改用 1—2 型壳管式换热器，冷水走壳程，热水走管程，求平均温差。

解

$$P = \frac{t''_2 - t'_2}{t'_1 - t'_2} = \frac{50℃-80℃}{10℃-80℃} = 0.428$$

$$R = \frac{t'_1 - t''_1}{t''_2 - t'_2} = \frac{10℃-30℃}{50℃-80℃} = 0.667$$

由图 5-11 查得 $\varepsilon_{\Delta t}=0.95$。

上例中已求得逆流时的平均温差为 44.8℃。于是，1-2 型壳管式换热器中的平均温差为 $\Delta t_m=0.95\times44.8℃=42.6℃$

讨论 如果让冷水走管程、热水走壳程，则有

$$P = \frac{30℃ - 10℃}{80℃ - 10℃} = 0.286$$

$$R = \frac{80℃ - 50℃}{30℃ - 10℃} = 1.49$$

由图 5-11 仍得 $\varepsilon_{\Delta t}=0.95$。而且还可以发现，这里的 P 值即为上述计算中的 PR，而此处的 R 则为上述计算中的 $1/R$。可见，在 P、R 的定义式（5-4）中，下标 1、2 仅是指两种流体，对于管壳式换热器没有必要一定要把 1、2 与壳侧、管侧（或热流体、冷流体）对应起来，对交叉流换热器也没有必要把 1、2 与流体的冷、热或混合与不混合联系起来。

第二节 换热器的热计算

有两种情况需要进行换热器的热计算。一种情况是设计一个新的换热器，以确定换热器所需的换热面积。这类计算称为设计计算。另一种情况是对已有的或已选定了换热面积的换热器，在非设计工况条件下核算它能否胜任规定的换热任务。例如：在锅炉设计中，一个换热器已按额定负荷选定了换热面积，需要核算部分负荷时的换热性能；一台现成的换热器移作它用时，要核算能否完成新的换热任务。这些计算都属于这种类型，称为校核计算。

换热器的热计算有两种方法：①平均传热温差法（LMTD 法）；②效能—传热单元数法（ε-NTU 法）。

一、平均传热温差法

（一）设计计算

平均温差法的基本依据是传热方程式 $\Phi=KA\Delta t_m$ 及热平衡方程式 $\Phi=M_1c_1(t'_1-t''_1)=M_2c_2(t''_2-t'_2)$。在设计计算时，根据要求先确定换热器的形式，由给定的换热量和冷热流

体进出口温度中的三个温度，按热平衡方程式求出冷流体或热流体的出口温度，再算出平均传热温差 Δt_m（对于单流程顺流或逆流时的对数平均传热温差，可据式（5-2）直接求得。对于其他流动形式的换热器，可先求得假定换热器为逆流时的对数平均传热温差，再乘以修正系数 $\varepsilon_{\Delta t}$），然后由传热方程求出换热器面积 A，并据此确定换热器的主要结构参数。所以平均温差法设计计算的思路是 $\Phi \rightarrow \Delta t_m \rightarrow K \rightarrow A$。值得注意的是，一般情况下设计前的已知数是换热量和进出口温度，而传热系数 K 是未知数，这样就需要利用前面各章的知识逐项计算对流换热表面传热系数，再算出传热系数 K，但计算表面传热系数时又必须知道流速等基本数据，而流速又须涉及换热器的主要结构参数（如流道截面、管径、管数、长度等），困难就在于设计前结构参数也是未知的，这是一个矛盾，解决的办法就是试算。即在设计前，根据经验或资料假定一些换热器的主要结构参数，以便能计算表面传热系数，并进行设计计算，待设计结束后，再与原先假定的结构参数进行核对，要求基本相符，如不相符，则需重新再算，直至达到设计要求。现通过一具体例子阐明换热器设计计算的一般步骤与方法。

【例 5-4】 设计一卧式管壳式蒸汽—水加热器，水在管内，蒸汽在管外冷凝。水的质量流量为 3.5kg/s，要求从 60℃加热到 90℃，加热蒸汽是绝对压强为 1.6×10^5Pa 的干饱和蒸汽，凝结水为饱和水。换热器管为外径 19mm，厚 1mm 的黄铜管，水侧污垢热阻为 $1.7\times10^{-4}\,m^2\cdot K/W$，水侧阻力损失要求小于 0.3×10^5Pa。求换热器所需换热面积及主要结构参数（管长、管程、每管程管数、传热面积等）。

解 按本题给出的数据，确定 Φ 及 Δt_m 已无困难。问题主要是传热系数 k 涉及水在管内的对流换热表面传热系数 α_2 及蒸汽冷凝表面传热系数 α_1，而这些又要求已知管内流速、管壁温度、管子在垂直列上的根数，即给出管子的总数，管程数等。因此，本题的设计计算需反复进行试算，即设定结构参数→计算→校算，才能获得前后一致的计算结果。

在设定换热器的部分结构参数后，按传热公式分项计算，先计算 Φ、Δt_m 再计算 K 和 A，主要步骤如下。

1. 设定换热器的部分结构参数

现设换热器为 4 管程，每管程 16 根管，共 64 根管，在垂直列上管子数平均为 8 根。

2. 对数平均温度差 Δt_m

查水蒸气物性参数表，1.6×10^5Pa 绝对压强时，饱和蒸汽温度 $t_s=113.3$℃，故

$$\Delta t' = t_s - t'_2 = 113.3 - 60 = 53.3℃$$

$$\Delta t'' = t_s - t''_2 = 113.3 - 90 = 23.3℃$$

$$\Delta t_m = \frac{\Delta t' - \Delta t''}{\ln\dfrac{\Delta t'}{\Delta t''}} = \frac{53.3 - 23.3}{\ln\dfrac{53.3}{23.3}} = 36.3℃$$

3. 换热量

饱和蒸汽的平均温度 $t_2=t_s-\Delta t_m=113.3-36.3=77$℃，则水的比热容 $c=4.193$kJ(kg·K)，故

$$\Phi = Mc(t''_2 - t'_2) = 3.5\times4.193\times10^3\times(90-60) = 4.4\times10^5\,W$$

4. 蒸汽侧冷凝换热表面传热系数 α_1

(1) 定性温度为冷凝液膜平均温度 $t_{m1}=(t_s-t_w)/2$，但因 t_w 为未知，故需试算，先设

定一个壁温，待设计计算结束时再校核。在设定壁温时，不妨应用所学传热知识先分析一下壁温所处的范围，避免出现过大偏差。根据对流换热的分析，水蒸气凝结时的表面传热系数 α_1 将比水的表面传热系数 α_2 大得多，故壁温 t_w 应该较接近蒸汽温度。现已知蒸汽温度是 113.3℃，而水的算术平均温度是 75℃，两者的中间值是 94℃，可见 t_w 一定高于此中间值而低于 113.3℃，现假定 $t_w=103.2$℃。则

$$t_{m1} = (t_s - t'_w)/2 = (113.3 + 103.2)/2 = 108.3℃$$

由 t_{m1} 查水的物性数据：

$\lambda_1 = 0.685\text{W}/(\text{m}\cdot℃)$；$\mu_1 = 2.63\times10^{-4}\text{N}\cdot\text{s/m}^2$；$\rho_1 = 952.3\text{kg/m}^3$，又有 $1.6\times10^5\text{Pa}$，查得蒸汽潜热 $r = 2221\times10^3\text{J/kg}$。

（2）定型尺寸：水平管束取 nd_1，n 为垂直列上的管数，选定值 $n=8$，由题管外径 $d_1=0.019\text{m}$。

（3）表面传热系数由第三章计算式得

$$\begin{aligned}\alpha_1 &= 0.725\left[\frac{\rho_1^2\lambda_1^3 gr}{nd_1\mu(t_s - t_w)}\right]^{1/4}\\ &= 0.725\left[\frac{952.3^2\times0.685^3\times9.81\times2221\times10^3}{8\times0.019\times2.63\times10^{-4}(113.3-103.2)}\right]^{1/4}\\ &= 8119\text{W}/(\text{m}^2\cdot℃)\end{aligned}$$

5. 水侧表面传热系数 α_2

（1）由水的定性温度查水的物性数据

$\lambda_2 = 0.672\text{W}/(\text{m}\cdot℃)$；$\nu_2 = 0.38\times10^{-6}\text{m}^2/\text{s}$；$\rho_2 = 973.6\text{kg/m}^3$；$Pr = 2.31$

（2）流速 u：因蒸汽凝结换热表面传热系数比水高，因此热阻主要在水侧，水侧的流速高，对传热有利，但设计要求阻力不超过 $0.3\times10^5\text{Pa}$，它是对水侧流速的制约，这样就只能在阻力不超过的前提下尽量提高流速。当设计开始前在选定换热器主要结构参数时，就应考虑流速的问题，因为设定了结构参数，流速也就设定，余下的问题是待传热计算后，再对管内流动阻力进行校核。现水的质量流量及每管程数已设定，则管内流速为

$$u = \frac{M_2}{\rho_2 f} = \frac{3.5}{973.6\times16\times\frac{\pi}{4}\times0.017^2} = 0.99\text{m/s}$$

则 Re 为

$$Re = \frac{u\times d_2}{\nu_2} = \frac{0.99\times0.017}{0.38\times10^{-6}} = 4.43\times10^4 \text{ 为紊流}$$

（3）水侧换热表面传热系数 α_2：由于 $t_w=103.2$℃，则水与壁面之间的对数平均温差为 25.3℃，故可视为中等温差换热，则

$$Nu = 0.023Re^{0.8}Pr^{0.4} = 0.023\times(4.43\times10^4)^{0.8}\times2.31^{0.4} = 167.6$$

$$\alpha_2 = Nu\cdot\frac{\lambda_2}{d_2} = 167.6\times\frac{0.672}{0.017} = 6625\text{W}/(\text{m}^2\cdot℃)$$

6. 传热系数 K

忽略管壁热阻，因管壁很薄可按平壁计算传热系数

$$K = \frac{1}{\frac{1}{\alpha_1}+R_f+\frac{1}{\alpha_2}} = \frac{1}{\frac{1}{8119}+1.7\times10^{-4}+\frac{1}{6625}} = 2252\text{W}/(\text{m}^2\cdot℃)$$

根据 K 校核原设定的 t_w：

由传热公式 $q = K\Delta t_m = 2252 \times 36.3 = 8.17 \times 10^4 W/m^2$

由蒸汽侧换热 $q_1 = \alpha_1(t_s - t_w) = 8119 \times (113.3 - 103.2) = 8.20 \times 10^4 W/m^2$

两者相差 0.3%，设定壁温合理，达到计算要求。

7. 换热面积及管长

$$A = \frac{\Phi}{K\Delta t_m} = \frac{4.4 \times 10^5}{2252 \times 36.3} = 5.38m^2$$

按平壁考虑，管面积应为按平均直径 $d_m=(d_1+d_2)/2$ 计算的面积。因总管数 $N=64$，故管长 $l = \frac{A}{\pi d_m N} = \frac{5.38}{\pi \times 0.018 \times 64} = 1.49m$。

最后取管长 $l=1.5m$；总管数 $N=64$；管程 $z=4$；则实际传热面积为 $A=\pi d_m Nl=\pi\times 0.018\times 64\times 1.5=5.42m^2$，比计算值略大。上述传热试算结果表明，最初设定的结构参数合理。

（二）校核计算

对已有的换热器进行校核计算，看是否满足生产工艺的要求。即已知 M_1c_1、M_2c_2、KA、t'_1 和 t'_2，求流体的出口温度 t''_1 和 t''_2 及传热量 Φ。由于热、冷流体的出口温度 t''_1 和 t''_2 都为未知，无法利用平均传热温差法直接进行校核计算，需要利用试算法进行计算。计算步骤如下例。

【例 5-5】 有一双层套管冷却器，该冷却器长 $L=5m$，单位管长的传热系数 $K_l=296.565W/(m\cdot℃)$。在冷却器中二流体逆流流动。高温流体为质量流量 $M_1=0.555kg/s$ 的水，进口温度 $t'_1=50℃$；低温流体为质量流量 $M_2=1.111kg/s$ 的水，进口温度 $t'_2=10℃$ 时，热、冷流体的出口温度 t''_1 和 t''_2 各为多少？

解 用试算法进行试算，最后求出结果。现假定 $t''_1=32℃$，则

$$t_{1m} = \frac{50+32}{2} = 41℃, c_1 = 4.174kJ/(kg\cdot℃)$$

热流量 $\Phi = M_1c_1(t'_1 - t''_1) = 0.555 \times 4.174 \times 10^3 \times (50-32) = 41698.26W$

冷流体的出口温度 $t''_2 = t'_2 + \frac{\Phi}{M_2c_2} = 10 + \frac{41698.26}{1.111 \times 4.174 \times 10^3} = 18.99℃$

对数平均温差 $\Delta t_m = \frac{(t'_1 - t''_2) - (t''_1 - t'_2)}{\ln\frac{t'_1 - t''_2}{t''_1 - t'_2}} = \frac{(50-18.99)-(32-10)}{\ln\frac{50-18.99}{32-10}} = 26.25℃$

依 $\Phi = K_l l\Delta t_m = 296.565 \times 5 \times 26.25 = 38924.16W$

校核热流体的出口温度 $t''_1=t'_1-\frac{\Phi}{M_1c_1}=50-\frac{38924.16}{0.555\times 4.174\times 10^3}=33.2℃$，和假定的 t''_1 值相差 $33.2-32=1.2℃$，误差较大，必须重新假定 t''_1 值，再进行试算，直达到满意为止。最后得到 $t''_1=32.29℃$，$t''_2=18.6℃$。

二、换热器热计算的效能—传热单元数法

1. 流体出口温度的计算式

据热平衡式 $$M_1c_1(t'_1 - t''_1) = M_2c_2(t''_2 - t'_2) \quad (1)$$

和确定换热器进、出口处温差之比得式子

$$\Delta t''=\Delta t' e^{-\mu KA} \tag{2}$$

联解式（1）、式（2）求 t''_1 和 t''_2

对于单流程顺流式换热器

$\Delta t''=t''_1-t''_2$，$\Delta t'=t'_1-t'_2$，可由式（1）、式（2）解得

$$t''_2=t'_2+(t'_1-t'_2)\frac{1-e^{-\mu KA}}{1+\dfrac{M_2c_2}{M_1c_1}}=t'_2+(t'_1-t'_2)\varepsilon_2 \tag{5-5}$$

$$t''_1=t'_1+(t'_1-t'_2)\frac{1-e^{-\mu KA}}{1+\dfrac{M_1c_1}{M_2c_2}}=t'_1-(t'_1-t'_2)\varepsilon_1 \tag{5-6}$$

其中

$$\varepsilon_2=\frac{1-e^{-\mu KA}}{1+\dfrac{M_2c_2}{M_1c_1}} \tag{3}$$

$$\varepsilon_1=\frac{1-e^{-\mu KA}}{1+\dfrac{M_1c_1}{M_2c_2}} \tag{4}$$

$$\mu=\frac{1}{M_1c_1}+\frac{1}{M_2c_2}$$

对于单流程逆流式换热器

$$\Delta t''=t''_1-t'_2,\Delta t'=t'_1-t''_2$$

$$t''_1=t'_1-(t'_1-t'_2)\frac{1-e^{-\mu KA}}{1-\dfrac{M_1c_1}{M_2c_2}e^{-\mu KA}}=t'_1+(t'_1-t'_2)\varepsilon_1 \tag{5-7}$$

$$t''_2=t'_2+(t'_1-t'_2)\frac{\dfrac{M_1c_1}{M_2c_2}(1-e^{-\mu KA})}{1-\dfrac{M_1c_1}{M_2c_2}e^{-\mu KA}}=t'_2+(t'_1-t'_2)\varepsilon_2 \tag{5-8}$$

$$\varepsilon_1=\frac{1-e^{-\mu KA}}{1-\dfrac{M_1c_1}{M_2c_2}e^{-\mu KA}} \tag{5}$$

$$\varepsilon_2=\frac{\dfrac{M_1c_1}{M_2c_2}(1-e^{-\mu KA})}{1-\dfrac{M_1c_1}{M_2c_2}e^{-\mu KA}} \tag{6}$$

$$\mu=\frac{1}{M_1c_1}-\frac{1}{M_2c_2}$$

2. 换热器效能 ε

从式（5-5）、式（5-6）、式（5-7）、式（5-8）中可导出

$$\varepsilon_1=\frac{t'_1-t''_1}{t'_1-t'_2}=\frac{M_1c_1(t'_1-t''_1)}{M_1c_1(t'_1-t'_2)}=\frac{\text{换热器的实际传热量}}{\text{换热器最大可能传热量}} \tag{7}$$

$$\varepsilon_2=\frac{t''_2-t'_2}{t'_1-t'_2}=\frac{M_2c_2(t''_2-t'_2)}{M_2c_2(t'_1-t'_2)}=\frac{\text{换热器的实际传热量}}{\text{换热器最大可能传热量}} \tag{8}$$

式（7）和式（8）中的 ε_1 和 ε_2 称为换热器的效能，它表示换热器的实际传热量与最大

可能传热量的比值。在实际应用中，只需给出 ε_1 和 ε_2 中的一个就行。根据其中的一个计算出一种流体的出口温度后，按热平衡式就可计算出另一流体的出口温度。在 ε_1、ε_2 的表达式中，其分母 $t'_1-t'_2$ 为在换热器中热流体或冷流体可能达到的最大进、出口温度差。该温度差只有热容量小的（$(Mc)_{min}$）流体才有可能达到。基于上述理由，供实际应用的换热器效能图线 ε，是按两种流体中热容量小（$(Mc)_{min}$）的一种绘制的。

根据换热器效能的定义式

$$\varepsilon=\frac{\Phi}{(Mc)_{min}(t'_1-t'_2)}$$

当效能已知后，则换热器的实际传热量可用下式求得

$$\Phi=\varepsilon(Mc)_{min}(t'_1-t'_2) \tag{5-9}$$

对于顺流式换热器，据式（3）或式（4）可改写为

$$\begin{aligned}\varepsilon&=\frac{1-\exp\left[-\dfrac{KA}{(Mc)_{min}}\left(1+\dfrac{(Mc)_{min}}{(Mc)_{max}}\right)\right]}{1+\dfrac{(Mc)_{min}}{(Mc)_{max}}}\\&=\frac{1-\exp\left[-\mathrm{NTU}\left(1+\dfrac{(Mc)_{min}}{(Mc)_{max}}\right)\right]}{1+\dfrac{(Mc)_{min}}{(Mc)_{max}}}\end{aligned} \tag{5-10}$$

对于逆流式换热器，据式（5）或式（6），可改写为

$$\begin{aligned}\varepsilon&=\frac{1-\exp\left[-\dfrac{KA}{(Mc)_{min}}\left(1-\dfrac{(Mc)_{min}}{(Mc)_{max}}\right)\right]}{1-\dfrac{(Mc)_{min}}{(Mc)_{max}}\exp\left[-\dfrac{KA}{(Mc)_{min}}\left(1-\dfrac{(Mc)_{min}}{(Mc)_{max}}\right)\right]}\\&=\frac{1-\exp\left[-\mathrm{NTU}\left(1-\dfrac{(Mc)_{min}}{(Mc)_{max}}\right)\right]}{1-\dfrac{(Mc)_{min}}{(Mc)_{max}}\exp\left[-\mathrm{NTU}\left(1-\dfrac{(Mc)_{min}}{(Mc)_{max}}\right)\right]}\end{aligned} \tag{5-11}$$

式(5-10)和式(5-11)已标绘在以 ε(%)为纵坐标，NTU 为横坐标，并以 $(Mc)_{min}/(Mc)_{max}$[在图 5-21 中参变量为 $(Mc)_{混合}/(Mc)_{不混合}$]为参变量的图上，如图 5-16～图 5-21 所示。

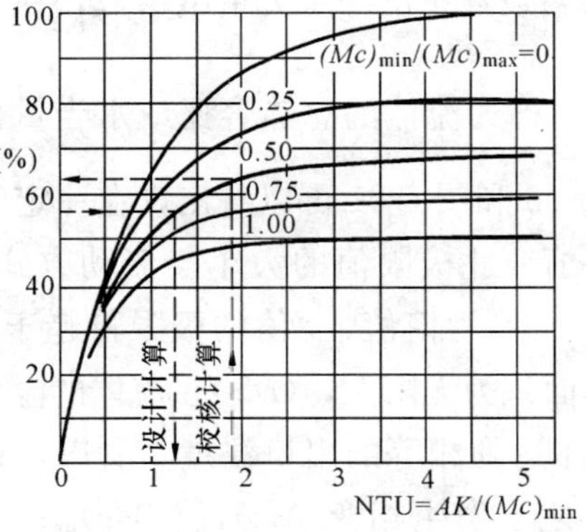

图 5-16 顺流换热器的 ε-NTU 关系图

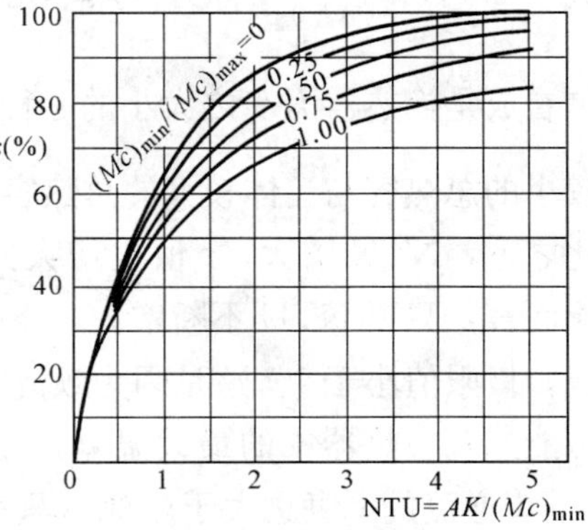

图 5-17 逆流换热器的 ε-NTU 关系图

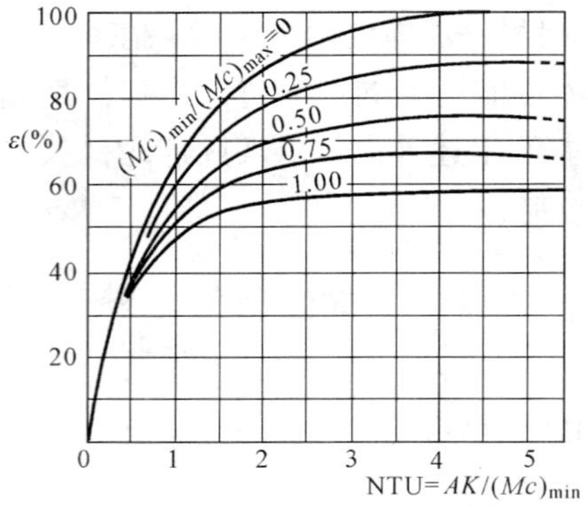

图 5-18　单壳程，2、4、6 等管程换热器的 ε-NTU 关系图

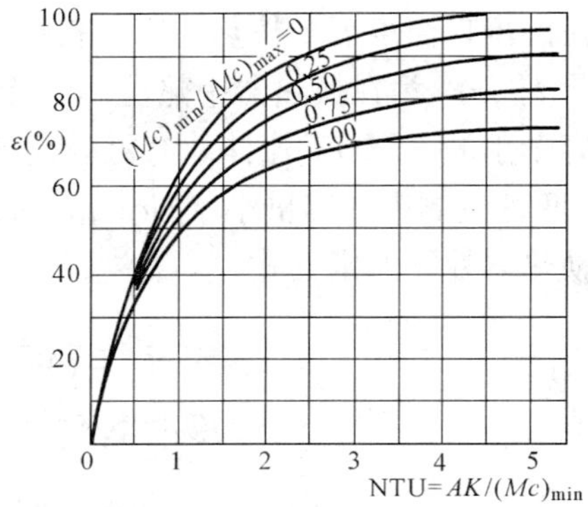

图 5-19　双壳程，4、8、12 等管程换热器的 ε-NTU 关系图

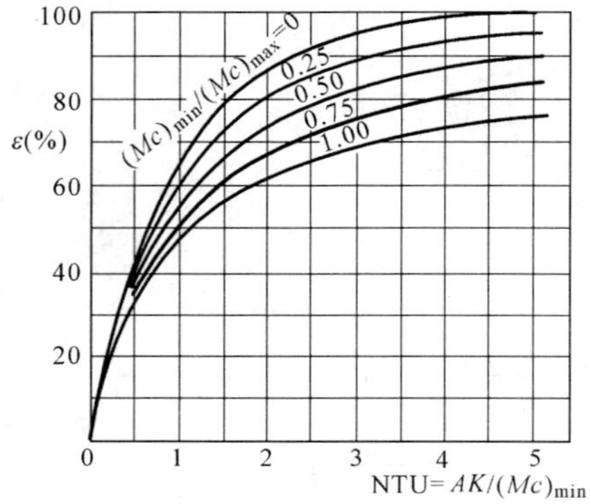

图 5-20　流体不混合的一次交叉流换热器的 ε-NTU 关系图

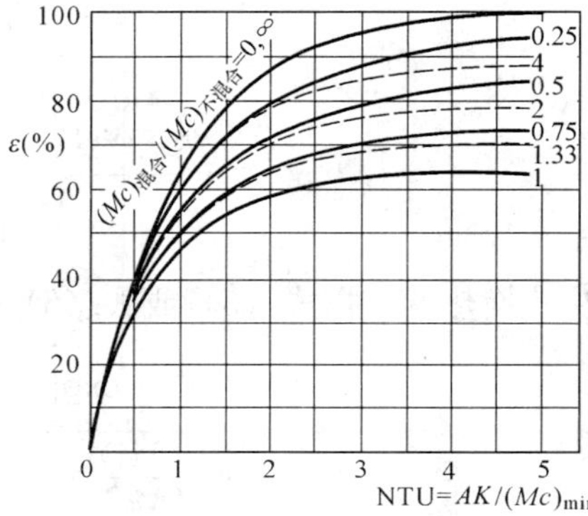

图 5-21　一种流体混合的一次交叉流换热器的 ε-NTU 关系图

根据 ε 与 NTU 的关系，在设计计算时，由已知的流体进、出口温度求出 ε 值，由公式或线图求出 NTU 值，从而可求出所需换热面积。在校核计算时，由已知的面积和传热系数得出 NTU 值，再由公式或线图求出 ε 值，从而求出所需要的流体出口温度。

式中 $NTU=\frac{KA}{(Mc)_{min}}$ 称为传热单元数。它是换热器设计中的一个无量纲参数，在一定意义上可看成是换热器 KA 之大小的一种度量。$\frac{(Mc)_{min}}{(Mc)_{max}}$ 称为流体的总热容比或水当量比，是流体较小的总热容与流体较大的总热容之比。从图 5-16 和图 5-21 可以看出，在一定的总热容量比之下，NTU 增大，ε 值也增大并趋于一极限值，此极限值的大小与流动方式有关。对逆流而言，只要 NTU 不断增大，不论 $(Mc)_{min}/(Mc)_{max}$ 为何值，ε 值的极限将趋于 1；而对顺流，极限值小于 1。这是因为顺流时，即使换热面积为无限大，$(Mc)_{min}$ 流体的温度变化也不可能达到换热器中的最大温差，充其量是两流体达到相等的出口温度。所以，在一定 NTU 下，逆流的 ε 值总大于顺流。只有当热冷流体之一发生相变 $(Mc)_{min}/(Mc)_{max}=0$，顺流、逆流以及其他所有流动方式 ε 值都相同，从式(5-10)和式(5-11)也可看出，当 $(Mc)_{min}/$

$(Mc)_{max}=0$ 时，两式都变为

$$\varepsilon = 1 - \exp(-\mathrm{NTU}) \tag{5-12}$$

当热、冷流体的热容量相等$[(Mc)_{min}/(Mc)_{max}=1]$时，则由式(5-10)和式(5-11)可分别化简为

顺流
$$\varepsilon = \frac{1-\exp(-2\mathrm{NTU})}{2} \tag{5-13}$$

逆流
$$\varepsilon = \frac{\mathrm{NTU}}{1+\mathrm{NTU}} \tag{5-14}$$

【例 5-6】 利用式(5-7)和式(5-8)，解[例 5-5]就很方便，在该例题中：

$$\mu = \frac{1}{M_1c_1} - \frac{1}{M_2c_2} = \frac{1}{0.555\times4.174\times10^3} - \frac{1}{1.111\times4.174\times10^3} = 0.000216$$

$$\frac{M_1c_1}{M_2c_2} = \frac{0.555\times4174}{1.111\times4174} = 0.5$$

$$e^{-\mu KA} = e^{-\mu KL} = e^{-0.000216\times296.565\times5} = 0.726$$

代入式（5-7）可得

$$t''_1 = 50-(50-10)\times\frac{1-0.726}{1-0.5\times0.726} = 32.29℃$$

代入式（5-8）可得

$$t''_2 = 10+(50-10)\times\frac{0.5\times(1-0.726)}{1-0.5\times0.726} = 18.6℃$$

【例 5-7】 流量为 $39\mathrm{m^3/h}$ 的 30 号透平油。在冷油器中从 $t'_1=56.9℃$冷却到 $t''_1=45℃$。冷油器采用 1-2 型壳管式结构，管子为铜管，外径为 15mm，壁厚 1mm。每小时 47.7t 的河水作为冷却水在管侧流过，进口温度为 $t'_2=33℃$。油安排在壳侧。油侧的表面传热系数 $\alpha_o=450\mathrm{W/(m^2\cdot℃)}$，水侧的表面传热系数 $\alpha_i=5850\ \mathrm{W/(m^2\cdot℃)}$。已知 30 号透平油在运行温度下的物性为 $\rho_1=879\mathrm{kg/m^3}$，$c_1=1.95\mathrm{kJ/(kg\cdot℃)}$。试求所需传热面积。

解 油侧的体积流量

$$q_{V1} = \frac{39\mathrm{m^3}}{3600\mathrm{s}} = 1.083\times10^{-2}\mathrm{m^3/s}$$

油侧的换热量为

$$\begin{aligned}\Phi &= M_1c_1(t'_1-t''_1) = q_{V1}\rho_1c_1(t'_1-t''_1)\\ &= 1.083\times10^{-2}\mathrm{m^3/s}\times879\mathrm{kg/m^3}\times1.95\times10^3\mathrm{J/(kg\cdot℃)}\times(56.9℃-45℃)\\ &= 2.21\times10^5\mathrm{W}\end{aligned}$$

水侧的质量流量为

$$M_2 = \frac{47.7\times10^3\mathrm{kg}}{3600\mathrm{s}} = 13.25\mathrm{kg/s}$$

冷却水的温升

$$t''_2 - t'_2 = \frac{\Phi}{M_2c_2} = \frac{2.21\times10^5\mathrm{W}}{13.25\mathrm{kg/s}\times4.19\times10^3\mathrm{J/(kg\cdot℃)}} = 4℃$$

于是冷却水的温度为

$$t''_2 = 33℃ + 4℃ = 37℃$$

参量 P 和 R 为

$$P = \frac{t''_2 - t'_2}{t'_1 - t'_2} = \frac{37℃ - 33℃}{56.9℃ - 33℃} = 0.17$$

$$R = \frac{t'_1 - t''_1}{t''_2 - t'_2} = \frac{56℃ - 45℃}{37℃ - 33℃} = 3$$

查图 5-11 得 $\varepsilon_{\Delta t}=0.97$。对数平均温差为

$$\Delta t_m = \frac{(56.9℃ - 37℃) - (45℃ - 33℃)}{\ln \dfrac{56.9℃ - 37℃}{45℃ - 33℃}} = 15.1℃$$

按表 5-1 分别取管内、外侧污垢热阻为 $0.0005m^2 \cdot ℃/W$ 和 $0.0002m^2 \cdot ℃/W$，于是传热系数为（略去管壁导热阻力）

$$K = \frac{1}{\alpha_o} + R_o + \left(\frac{1}{\alpha_1} + R_i\right)\frac{A_o}{A_i}$$

$$= 1\Big/\left[\frac{1}{450W/(m^2 \cdot ℃)} + 0.0002m^2 \cdot ℃/W + \left(\frac{1}{5850W/(m^2 \cdot ℃)} + 0.0005m^2 \cdot ℃/W\right) \times \frac{15}{13}\right]$$

$$= 313W/(m^2 \cdot ℃)$$

冷油器的计算面积为

$$A = \frac{\Phi}{K\Delta t_m} = \frac{2.21 \times 10^5 W}{313W/(m^2 \cdot ℃) \times 15.1℃} = 46.8m^2$$

实际设计面积可留 10%裕度，取为 $46.8 \times 1.1m^2 = 51.5m^2$。

【例 5-8】 有一一次交叉流肋管式换热器，热流体从 320℃冷却到 150℃。冷流体由 22℃被加热到 125℃，其热容量为 4187W/℃。换热器的传热系数 $K=120W/(m^2 \cdot ℃)$。假设换热器与外界无热损失，两个流体均不混合，试求肋管的传热面积。

解法 1 用 ε-NTU 法求解。

已知 $M_2c_2=4187W/℃$，$t'_1=320℃$，$t''_1=150℃$，$t'_2=22℃$，$t''_2=125℃$

因此换热器的传热量为

$$\Phi = M_2c_2(t''_2 - t'_2) = 4187 \times (125 - 22) = 431261 \quad W$$

$$M_1c_1 = \frac{\Phi}{(t'_1 - t''_1)} = \frac{431261}{320 - 150} = 2536.83 \qquad W/℃$$

所以 M_1c_1 为 $(Mc)_{min}$，而最大可能传热量为

$$\Phi_{max} = (Mc)_{min}(t'_1 - t'_2) = 2536.83 \times (320 - 22) = 812343.7 \quad W$$

因而

$$\varepsilon = \frac{\Phi}{\Phi_{max}} = 0.53, \frac{(Mc)_{min}}{(Mc)_{max}} = \frac{2536.83}{4187} = 0.605$$

查图 5-20 得 $\mathrm{NTU} = \dfrac{KA}{(Mc)_{min}} = 1.2$

于是　$$A=1.2\times\frac{(Mc)_{\min}}{K}=1.2\times\frac{2536.83}{120}=25.37\quad m^2$$

解法 2　用 LMTD 法求解。

首先计算假定为逆流时的平均温差

$$\Delta t'_m=\frac{(t'_1-t''_2)-(t''_1-t'_2)}{\ln\frac{t'_1-t''_2}{t''_1-t'_2}}=\frac{(320-125)-(150-22)}{\ln\frac{320-125}{150-22}}=159.16℃$$

再据图 5-13 辅助量

$$P=\frac{t''_2-t'_2}{t'_1-t'_2}=\frac{125-22}{320-22}=0.346$$

$$R=\frac{t'_1-t''_1}{t''_2-t'_2}=\frac{320-150}{125-22}=1.65$$

查图 5-13 得 $\varepsilon_{\Delta t}=0.93$，则该换热器实际的对数平均温差

$$\Delta t_m=\varepsilon_{\Delta t}t'_m=0.93\times159.16=148.02℃$$

因此传热面积　$$A=\frac{\Phi}{K\Delta t_m}=\frac{431261}{120\times148.02}=24.28m^2$$

【例 5-9】　有一逆流式换热器，传热面积 $A=2.8m^2$，传热系数 $K=980$ W/(m²·℃)，热流体在单位时间内流过换热器的 $M_1c_1=2000$J/(s·℃)，其进口温度为 $t'_1=250℃$。冷流体在单位时间内流过换热器的 $M_2c_2=1500$J/(s·℃)，其进口温度为 $t'_2=-18℃$。试用 ε-NTU 法计算传热量 Φ 以及热、冷流体的出口温度 t''_1 和 t''_2。

解　按题意 $(Mc)_{\max}=2000$J/（s·℃），$(Mc)_{\min}=1500$J/（s·℃）

所以　$$\text{NTU}=\frac{KA}{(Mc)_{\min}}=\frac{980\times2.8}{1500}=1.829$$

$$\frac{(Mc)_{\min}}{(Mc)_{\max}}=\frac{1500}{2000}=0.75$$

代入式（5-11）得

$$\varepsilon=\frac{1-\exp\left[-\text{NTU}\left(1-\frac{(Mc)_{\min}}{(Mc)_{\max}}\right)\right]}{1-\frac{(Mc)_{\min}}{(Mc)_{\max}}\exp\left[-\text{NTU}\left(1-\frac{(Mc)_{\min}}{(Mc)_{\max}}\right)\right]}$$

$$=\frac{1-\exp[-1.829(1-0.75)]}{1-0.75\exp[-1.829(1-0.75)]}=0.699$$

代入式（5-9）可求得实际传热量

$$\Phi=\varepsilon(Mc)_{\min}(t'_1-t'_2)=0.699\times1500\times[250-(-18)]=280998\quad W$$

带入式 $\Phi=M_1c_1\ (t'_1-t''_1)\ =M_2c_2\ (t'_2-t''_2)$ 可求得两流体的出口温度。

$$t''_1=t'_1-\frac{\Phi}{M_1c_1}=250-\frac{280998}{2000}=108.45℃$$

$$t''_2 = t'_2 + \frac{\Phi}{M_2 c_2} = -18 + \frac{280998}{1500} = 170.73℃$$

如果按 NTU＝1.829$(Mc)_{min}/(Mc)_{max}$＝0.95；查图 5-17 可得 ε＝0.7。则实际散热量

$$\Phi = \varepsilon(Mc)_{min}(t'_1 - t'_2) = 0.7\times1500\times[250-(-18)] = 281400$$

$$t''_1 = t'_1 - \frac{\Phi}{M_1 c_1} = 250 - \frac{281400}{2000} = 109.3℃$$

$$t''_2 = t'_2 + \frac{\Phi}{M_2 c_2} = -18 + \frac{281400}{1500} = 169.6℃$$

综上所述，LMTD 法和 ε-NTU 法，均可用于换热器的设计计算或校核计算。设计计算通常给定的量是 M_1c_1、M_2c_2 以及 4 个进、出口温度中的 3 个，求传热面 A；校核计算通常给定的量是 A，M_1c_1、M_2c_2、t'_1及 t'_2，求出传热量 Φ 和出口温度 t''_1及 t''_2。这两种计算繁琐程度差不多。但采用 LMTD 法，可从求出的温差修正系数 $\varepsilon_{\Delta t}$值的大小看出选用的流动形式与逆流相比的差距，有助于流动形式的改进选择，这是 ε-NTU 法做不到的。对于校核计算，虽然两法皆需试算传热系数 K，但由于 LMTD 法需反复进行对数计算，比 ε-NTU 法稍繁一些。但当传热系数已知时，由 ε-NTU 法，可直接求得结果，要比 LMTD 法方便得多。

三、换热器设计时的综合考虑

换热器设计是个综合性的课题，必须考虑初投资、运行费用、安全可靠等因素，而以达到最佳的综合技术经济指标为目标。换热器的热计算仅是这个综合性课题的一个局部组成，其他计算还有流动阻力计算、材料强度计算及必要的技术经济分析与比较等。

设计换热器时要对影响传热效果的一些主要因素作全面的考虑。例如，提高流速固然可以增强传热，节省一些初投资，但是往往使压降增加，从而运行费用上升。流速还受到以下两个因素的制约。一方面，为了保证在换热面上不过分快地积垢，流速不能过低；另一方面，为避免引起水蚀或振动不能采用过高流速。在设计能达到最佳综合技术经济指标的具体方案中，选用恰当的传热方案，使之既能较经济、安全地完成换热任务、又能把压降保持在合理的范围，这就需要通晓和灵活应用传热学的原理。重要的是要注意避免片面性。

此外，运行中的一些实际问题在换热器设计中亦应考虑。例如，应当根据换热介质及运行条件合理地选取污垢热阻，并且应当把积垢严重的流体安排在壳管式换热器的管程，这样就可以用机械清洗法来除垢，否则就不能用简便的机械清洗法，而只能用比较麻烦的化学清洗法，对维护保养不利。又如，管径和节距选得小，固然有利于缩小外形尺寸和传热，但在运行中容易发生堵塞，并且不容易清洗，所以也要根据经验作恰当的选择。

还应该指出，随着计算机应用的扩大，换热器的设计计算，包括热计算、压降计算和综合技术经济指标比较计算，都有可能算得更准确，并在广阔的参数变动范围内进行多种方案的比较和筛选，从而大大提高了进行优化设计的能力。

四、换热器的结垢及污垢热阻

换热器运行一段时间后，换热面上常会积起水垢、污泥、油污、烟灰之类的覆盖物垢层，有时还由于换热面与流体的相互作用发生腐蚀而引起覆盖物垢层。所有这些覆盖物垢层都表现为附加的热阻，使传热系数减小，换热器性能下降。由于垢层厚度及其导热系数难以确知，通常采用它所表现出来的热阻值来作计算。这种热阻称为污垢热阻，记为 R_f，并有

$$R_f = \frac{1}{K} - \frac{1}{K_0} \tag{5-15}$$

式中：K_0 为洁净换热面的传热系数；K 为有污垢的换热面的传热系数。污垢的产生增加了换热器设备的冗余面积，对使用中的换热器则增加了其运行费用，因此污垢的抑制、监测及清除的问题一直是传热学界与工业界所关心的课题。由于污垢产生的机理复杂，目前尚未找出在换热设备中消除污垢的良策。工程界的一种实用做法是，一方面在设计时适当考虑污垢热阻，同时对运行中的换热器实行定期清洗，以保证污垢热阻不超过设计时的选定值。污垢热阻的值只能通过实验测定。表 5-1 列出了一些单侧污垢热阻的值，下面对有关问题作进一步的说明。

(1) 表 5-1 所示是适用于管壳式换热器单侧污垢的面积热阻之值。对于一台管壁两侧均已结垢的换热器，以管子外表面积为计算依据的传热系数可表示式为

$$K = \frac{1}{\left(\frac{1}{\alpha_o} + R_o\right)\frac{1}{\eta_0} + R_w + R_i\left(\frac{A_o}{A_i}\right) + \frac{1}{\alpha_i}\left(\frac{A_o}{A_i}\right)} \tag{5-16}$$

式中　α_i、α_o——管子内、外侧的表面传热系数；

R_i、R_o——管于内、外侧的污垢热阻（面积热阻）；

R_w——管壁导热热阻；

A_o/A_i——换热管的外表面积与内表面积之比；

η_0——肋面总效率（如果外表面未肋化，则 $\eta_0=1$）。

(2) 在工程设计中，除了采用污垢热阻来考虑结垢对壳管式换热器传热过程的影响外，还有采用换热面的清洁系数或富裕面积的百分数来考虑结垢影响的。先按干净的换热面计算出传热系数，再对这一传热系数打一个折扣。此折扣值（一般为 80%～90%）称为清洁系数（或类似的名称），这种做法在动力工程中应用较多。或者，按清洁表面的传热系数值计算出所需的传热面积，然后再增加一定百分数的富裕面积（一般为 20%～25%），这就是富裕面积百分数的方法。但这两种方法不能揭示出管内与管外污垢热阻各自的影响，因此其在工程中的应用不如污垢热阻法广泛。

(3) 表 5-1 中河水之类的污垢热阻仅与各个国家、地区的水文地质条件有关。我国学者虽已在污垢热阻的研究方面开展了有效的工作，但尚未积累起足够多的运行资料以对我国主要江河的河水污垢热阻提出一些推荐值。在设计这一类换热器时，如无相关的实验资料可作依据，附录 2 中的污垢热阻值可供参考。

小　　结

学习本章的基本要求是：了解常见间壁式换热器的类型、特点及工作原理；掌握对数平均温度差、换热器效能、传热单元数的概念；会应用平均温差法及效能—传热单元法进行换热器的设计计算和校核计算。

主要内容如下：

1. 换热器结构。本章扼要介绍了几种换热器的结构及工作原理。一个良好的换热器应具备传热系数高、结构可靠紧凑、满足承压的要求以及便于清理检修等。了解每种换热器，应着重其主要优点和缺点。

2. 换热器的传热计算是在传热公式和热平衡方程基础上进行的。有两种方法：LMTD法和 ε-NTU 法，对数平均温差法的基本公式是传热公式 $\Phi=KA\Delta t_m$，传热单元法则基于 $\varepsilon=f\left(\text{NTU}, \frac{(Mc)_{\min}}{(Mc)_{\max}}, \text{流动方程}\right)$ 的函数关系。换热器计算有两种类型：设计与校核。在校核计算中一般都用 ε-NTU 法。不论是校核计算或设计计算，通常需要采用试算法，比较繁琐，重要的是要对计算过程有一个清楚的思路。

习 题

5-1 已知 $t_1'=300℃$，$t_1''=210℃$，$t_2'=100℃$，$t_2''=200℃$，试计算下列流动布置时换热器的对数平均温差：

(1) 逆流布置；

(2) 一次交叉，两种流体均不混合；

(3) 1-2 型壳管式，热流体在壳侧；

(4) 2-4 型壳管式，热流体在壳侧；

(5) 顺流布置。

5-2 一台 1-2 型壳管式换热器用来冷却 11 号润滑油。冷却水在管内流动，$t_2'=20℃$，$t_2''=50℃$，流量为 3kg/s；热油入口温度为 100℃，出口温度为 60℃，$K=350\text{W}/(\text{m}^2\cdot℃)$。试计算：

(1) 油的流量；

(2) 所传递的热量；

(3) 所需的传热面积。

5-3 一个壳侧为一程的壳管式换热器用来冷凝 7335Pa 的饱和水蒸气，要求每小时内凝结 18kg 蒸汽。进入换热器的冷却水的温度为 25℃，离开时为 35℃。设传热系数 $K=1800\text{W}/(\text{m}^2\cdot℃)$。试计算所需的传热面积是多少？

5-4 在一台 1-2 型壳管式冷却器中，管内冷却水从 16℃ 升高到 35℃，管外空气从 119℃下降到 45℃，空气流量为 19.6kg/min。换热器的总传热系数 $K=84\text{W}/(\text{m}^2\cdot℃)$。试计算所需的传热面积。

5-5 在一逆流式水—水换热器中，管内为热水，进口温度为 $t_1'=100℃$，出口温度 $t_1''=80℃$；管外流过冷水，进口温度 $t_2'=20℃$，出口温度 $t_2''=70℃$。总换热量 $\Phi=350\text{kW}$，共有 53 根内径为 16mm、厚度为 1mm 的管子。管壁导热系数 $\lambda=40\text{W}/(\text{m}\cdot℃)$，管外流体的表面传热系数 $\alpha_o=1500\text{W}/(\text{m}^2\cdot℃)$，管内流体为一个流程。假设管子内、外表面都是洁净的，试确定所需的管子长度。

5-6 压力为 $1.5\times10^5\text{Pa}$ 的无油饱和水蒸气在卧式壳管式冷凝器的壳侧凝结。经过处理的循环水在外径为 20mm、厚度为 1mm 的黄铜管内流过，流速为 1.4m/s，其温度由进口处的 56℃升高到出口处的 94℃。黄铜管成叉排布置，在每一竖直排上平均布置 9 根。冷却水在管内的流动为两个流程，管内已积水垢。试确定所需的管长、管子数及冷却水量。传热量 $\Phi=1.2\times10^7\text{W}$。

5-7 一台 1-2 型壳管式换热器用 30℃的水来冷却 120℃的热油$[c_p=2100\text{J}/(\text{kg}\cdot℃)]$，

冷却水流量为1.2kg/s，油流量为2kg/s。设总传热系数$K=275W/(m^2·℃)$，传热面积$A=20m^2$，试确定水与油各自的出口温度。

5-8 在一台逆流式的水—水换热器中，$t_1'=87.5℃$，流量为9000kg/h，$t_2'=32℃$，流量为13500kg/h，总传热系数$K=1740W/(m^2·℃)$，传热面积$A=3.75m^2$，试确定热水的出口温度。

5-9 欲采用套管式换热器使热水与冷水进行热交换，并给出$t_1'=200℃$，$M_1=0.0144kg/s$，$t_2'=35℃$，$M_2=0.0233kg/s$。取总传热系数$K=980W/(m^2·℃)$，$A=0.25m^2$，试确定采用顺流与逆流两种布置时换热器所交换的热量、冷却水出口温度及换热器的效能。

5-10 为利用燃气轮机的排气来加热高压水，采用1-2型肋片管换热器。在一次测定中得出：燃气的质量流量为2kg/s，进口温度$t_1'=325℃$；冷却水质量流量为0.5kg/s，$t_2'=25℃$，$t_2''=150℃$。按气体侧基管直径计算的换热面积为$3.8m^2$。试计算该条件下的总传热系数。燃气物性可近似地按附录中标准烟气的值查取。

附　　录

附录 1　单位换算表

附表 1-1　　**力单位换算**

牛顿 (N)	公斤力 (kgf)	达因 (dyn)
1	0.102	10^5
9.80665	1	9.80665×10^5
10^{-5}	1.02×10^{-6}	1

附表 1-2　　**压力单位换算**

帕 (Pa)	巴 (bar)	兆帕 (MPa)	物理大气压 (atm)	工程大气压 (at)	毫米水柱 (mmH_2O)	毫米汞柱 (mmHg)
1	10^{-5}	10^{-6}	9.86923×10^{-6}	1.01972×10^{-5}	0.101972	7.50062×10^{-5}

续表

帕 (Pa)	巴 (bar)	兆帕 (MPa)	物理大气压 (atm)	工程大气压 (at)	毫米水柱 (mmH_2O)	毫米汞柱 (mmHg)
10^5	1	0.1	0.986923	1.01972	10197.2	750.062
10^6	10	1	9.86923	10.1972	101972	7500.62
101325	1.01325	0.101325	1	1.03323	10332.3	760
98066.5	0.980665	0.0980665	0.967841	1	10^4	735.559
9.80665	9.80665×10^{-5}	9.80665×10^{-6}	9.67841×10^{-5}	10^4	1	735.559×10^{-4}
133.3224	1.333224×10^{-3}	1.33322×10^{-4}	1.31579×10^{-3}	1.35791×10^{-3}	13.5951	1

附表 1-3　　功、能和热量单位换算

尔　格 (erg)	焦　耳 (J)	公斤力·米 (kgf·m)	千瓦·时 (kW·h)	千　卡 (kcal)	注
1	10^{-7}	0.102×10^{-7}	27.78×10^{-15}	23.9×10^{-12}	1erg=1dyn·cm
10^7	1	0.102	277.8×10^{-9}	239×10^{-6}	1J=1N·m
9.807×10^7	9.807	1	2.724×10^{-6}	2.342×10^{-8}	1J=W·s
36×10^{12}	3.6×10^6	367.1×10^3	1	859.845	
41.87×10^9	4186.8	426.935	1.163×10^{-3}	1	

附表 1-4　　功 率 单 位 换 算

尔格/秒 (erg/s)	瓦 (W)	公斤力·米/秒 (kgf·m/s)	千　瓦 (kW)
1	10^{-7}	0.102×10^{-7}	10^{-10}
10^7	1	0.102	10^{-3}
9.807×10^7	9.807	1	9.807×10^{-3}
10^{10}	1000	102	1

附表 1-5　　运 动 黏 度 单 位 换 算

米²/秒 (m^2/s)	厘米²/秒（沲） (st)	毫米²/秒（厘沲） (cst)	米²/时 (m^2/h)	注
1	10^4	10^6	3600	“沲”是“斯托克斯”(cm^2/s) 的习惯称呼
10^{-4}	1	100	0.36	
10^{-6}	0.01	1	3.6×10^{-3}	
277.8×10^{-6}	2.778	277.8	1	

附表 1-6　　动 力 黏 度 单 位 换 算

公斤力·秒/米² ($kgf\cdot s/m^2$)	牛顿·秒/米² ($N\cdot s/m^2$)	达因·秒/厘米² （泊）(P)	公斤力·时/米² ($kgf\cdot h/m^2$)	注
1	9.81	98.1	278×10^{-6}	$\mu=\nu\cdot\rho$
0.102	1	10	28.3×10^{-6}	μ——动力黏度
10.2×10^{-3}	0.1	1	2.83×10^{-6}	ν——运动黏度
3600	35.3×10^3	353×10^3	1	ρ——密度

附表 1-7 传热学主要参数换算

单位制		国际单位制	工程单位制	单位制		国际单位制	工程单位制
参数名称	焓 熵 比热容	kJ/kg kJ/(kg·℃) kJ/(kg·℃)	kcal/kg kcal/(kg·℃) kcal/(kg·℃)	参数名称	热流量 导热系数 换热系数 传热系数	W W/(m·℃) W/(m²·℃) W/(m²·℃)	kcal/h kcal/(m·h·℃) kcal/(m²·h·℃) kcal/(m²·h·℃)
换　算		1	0.238846	换　算		1	0.859845
		4.1868	1			1.163	1

附录 2　饱和水与饱和蒸汽表（按温度排列）

温度	饱和压力	饱和水比容	饱和蒸汽比容	饱和水焓	饱和蒸汽焓	汽化潜热	饱和水熵	饱和蒸汽熵
t (℃)	p (MPa)	v' (m^3/kg)	v'' (m^3/kg)	h' (kJ/kg)	h'' (kJ/kg)	r (kJ/kg)	s' [kJ/(kg·℃)]	s'' [kJ/(kg·℃)]
0	0.0006112	0.00100022	206.154	−0.05	2500.51	2500.6	−0.0002	9.1544
0.01	0.0006117	0.00100021	206.012	0.00	2500.53	2500.5	0.0000	9.1541
1	0.0006571	0.00100018	192.464	4.18	2502.35	2498.2	0.0153	9.1278
2	0.0007059	0.00100013	179.787	8.39	2504.19	2495.8	0.0306	9.1014
4	0.0008135	0.00100008	157.151	16.82	2507.87	2491.1	0.0611	9.0493
6	0.0009352	0.00100010	137.670	25.22	2511.55	2486.3	0.0913	8.9982
8	0.0010728	0.00100019	120.868	33.62	2515.23	2481.6	0.1213	8.9480
10	0.0012279	0.00100034	106.341	42.00	2518.90	2476.9	0.1510	8.8988
12	0.0014025	0.00100054	93.756	50.38	2522.57	2472.2	0.1805	8.8504
14	0.0015985	0.00100080	82.828	58.76	2526.24	2467.5	0.2098	8.8029
16	0.0018183	0.00100110	73.320	67.13	2529.90	2462.8	0.2388	8.7562
18	0.0020640	0.00100145	65.029	75.50	2533.55	2458.1	0.2677	8.7103
20	0.0023385	0.00100185	57.786	83.86	2537.20	2537.20	0.2963	8.6652
22	0.0026444	0.00100229	51.445	92.23	2540.84	2540.84	0.3247	8.6210
24	0.0029846	0.00100276	45.884	100.59	2544.47	2544.47	0.3530	8.5774
26	0.0033625	0.00100328	40.997	108.95	2548.10	2548.10	0.3810	8.5347
28	0.0037814	0.00100383	36.694	117.32	2551.73	2551.73	0.4089	8.4927
30	0.0042451	0.00100442	32.899	125.68	2555.35	2555.35	0.4366	8.4514
35	0.0056263	0.00100605	25.222	146.59	2564.38	2564.38	0.5050	8.3511
40	0.0073811	0.00100789	19.529	167.50	2573.36	2573.36	0.5723	8.2551
45	0.0095897	0.00100993	15.2636	188.42	2582.30	2582.30	0.6386	8.1630
50	0.0123446	0.00101216	12.0365	209.33	2591.19	2591.19	0.7038	8.0745
55	0.015752	0.00101455	9.5723	230.24	2600.02	2600.02	0.7680	7.9896
60	0.019933	0.00101713	7.6740	251.15	2608.79	2608.79	0.8312	7.9080
65	0.025024	0.00101986	6.1992	272.08	2617.48	2617.48	0.8935	7.8295

续表

温度	饱和压力	饱和水比容	饱和蒸汽比容	饱和水焓	饱和蒸汽焓	汽化潜热	饱和水熵	饱和蒸汽熵
t (℃)	p (MPa)	v' (m^3/kg)	v'' (m^3/kg)	h' (kJ/kg)	h'' (kJ/kg)	r (kJ/kg)	s' [kJ/(kg·℃)]	s'' [kJ/(kg·℃)]
70	0.031178	0.00102276	5.0443	293.01	2626.10	2626.10	0.9550	7.7540
75	0.038565	0.00102582	4.1330	313.96	2634.63	2634.63	1.0156	7.6812
80	0.047376	0.00102903	3.4086	334.93	2643.06	2643.06	1.0753	7.6112
85	0.057818	0.00103240	2.8288	355.92	2651.40	2651.40	1.1343	7.5436
90	0.070121	0.00103593	2.3616	376.94	2659.63	2659.63	1.1926	7.4783
95	0.084533	0.00103961	1.9827	397.98	2667.73	2269.7	1.2501	7.4154
100	0.101325	0.00104344	1.6736	419.06	2675.71	2256.6	1.3069	7.3545
110	0.143243	0.00105156	1.2106	461.33	2691.26	2229.9	1.4186	7.2386
120	0.198483	0.00106031	0.89219	503.76	2706.18	2202.4	1.5277	7.1297
130	0.270018	0.00106968	0.66873	546.38	2720.39	2174.0	1.6346	7.0272
140	0.361190	0.00107972	0.50900	589.21	2733.81	2144.6	1.7393	6.9302
150	0.47571	0.00109046	0.39286	632.28	2746.35	2114.1	1.8420	6.8381
160	0.61766	0.00110193	0.30709	675.62	2757.92	2082.3	1.9429	6.7502
170	0.79147	0.00111420	0.24283	719.25	2768.42	2049.2	2.0420	6.6661
180	1.00193	0.00112732	0.19403	763.22	2777.74	2014.5	2.1396	6.5852
190	1.25417	0.00114136	0.15650	807.56	2785.80	1978.2	2.2358	6.5071
200	1.55366	0.00115641	0.12732	852.34	2792.47	1940.1	2.3307	6.4312
210	1.90617	0.00117258	0.10438	897.62	2797.65	1900.0	2.4245	6.3571
220	2.31783	0.00119000	0.086157	943.46	2801.20	857.7	2.5175	6.2846
230	2.79505	0.00120882	0.071553	989.95	2803.00	813.0	2.6096	6.2130
240	3.34459	0.00122922	0.058743	1037.2	2802.88	765.7	2.7013	6.1422
250	3.97351	0.00125145	0.050112	1085.3	2800.66	715.4	2.7926	6.0716
260	4.68923	0.00127579	0.042195	1134.3	2796.14	661.8	2.8837	6.0007
270	5.49956	0.00130262	0.035637	1184.5	2789.05	604.5	2.9751	5.9292
280	6.41273	0.00133242	0.030165	1236.0	2779.08	1543.1	3.0668	5.8564
290	7.43746	0.00136582	0.025565	1289.1	2765.81	1476.7	3.1594	5.7817
300	8.58308	0.00140369	0.021669	1344.0	2748.71	1404.7	3.2533	5.7042
310	9.8597	0.00144728	0.018343	1401.2	2727.01	1325.9	3.3490	5.6226
320	11.278	0.00149844	0.015479	1461.2	2699.72	1238.5	3.4475	5.5356
330	12.851	0.00156008	0.012987	1524.9	2665.30	1140.4	3.5500	5.4408
340	14.593	0.00163728	0.010790	1593.7	2621.32	1027.6	3.6586	5.3345
350	16.521	0.00174008	0.008812	1670.3	2563.39	893.0	3.7773	5.2104
360	18.657	0.00189423	0.006958	1761.1	2481.68	720.6	3.9155	5.0536
370	21.033	0.00221480	0.004982	1891.7	2338.79	447.1	4.1125	4.8076
374.12	22.064	0.003106	0.003106	2085.9	2085.9	0.0	4.4092	4.4092

附录3　饱和水与饱和蒸汽表（按压力排列）

饱和压力	温度	饱和水比容	饱和蒸汽比容	饱和水焓	饱和蒸汽焓	汽化潜热	饱和水熵	饱和蒸汽熵
p (MPa)	t (℃)	v' (m^3/kg)	v'' (m^3/kg)	h' (kJ/kg)	h'' (kJ/kg)	r (kJ/kg)	s' [kJ/(kg·℃)]	s'' [kJ/(kg·℃)]
0.0010	6.9491	0.0010001	129.185	29.21	2513.29	2484.1	0.1056	8.9735
0.0020	17.5403	0.0010014	67.008	73.58	2532.71	2459.1	0.2611	8.7220
0.0030	24.1142	0.0010028	45.666	101.07	2544.68	2443.6	0.3546	8.5758
0.0040	28.9533	0.0010041	34.796	121.30	2553.45	2432.2	0.4221	8.4725
0.0050	32.8793	0.0010053	28.101	137.72	2560.55	2422.8	0.4761	8.3930
0.0060	36.1663	0.0010065	23.738	151.47	2566.48	2415.0	0.5208	8.3283
0.0070	38.9967	0.0010075	20.528	163.31	2571.56	2408.3	0.5589	8.2737
0.0080	41.5075	0.0010085	18.102	173.81	2576.06	2402.3	0.5924	8.2266
0.0090	43.7901	0.0010094	16.204	183.36	2580.15	2396.8	0.6226	8.1854
0.010	45.7988	0.0010103	14.673	191.76	2583.72	2392.0	0.6490	8.1481
0.015	53.9705	0.0010140	10.022	225.93	2598.21	2372.3	0.7548	8.0065
0.020	60.0650	0.0010172	7.6497	251.43	2608.90	2357.5	0.8320	7.9068
0.025	64.9726	0.0010198	6.2047	271.96	2617.43	2345.5	0.8932	7.8298
0.030	69.1041	0.0010222	5.2296	289.26	2624.56	2335.3	0.9440	7.7671
0.040	75.8720	0.0010264	3.9939	317.61	2636.10	2318.5	1.0260	7.6688
0.050	81.3388	0.0010299	3.2409	340.55	2645.31	2304.8	1.0912	7.5928
0.060	85.9496	0.0010331	2.7324	359.91	2652.97	2293.1	1.1454	7.5310
0.070	89.9556	0.0010359	2.3654	376.75	2659.55	2282.8	1.1921	7.4789
0.080	93.5107	0.0010385	2.0876	391.71	2665.33	2273.6	1.2330	7.4339
0.090	96.7121	0.0010409	1.8698	405.20	2670.48	2265.3	1.2696	7.3943
0.10	99.634	0.0010432	1.6943	417.52	2675.14	2257.6	1.3028	7.3589
0.12	104.810	0.0010473	1.4287	439.37	2683.26	2243.9	1.3609	7.2978
0.14	109.318	0.0010510	1.2368	458.44	2690.22	2231.8	1.4110	7.2462
0.16	113.326	0.0010544	1.09159	475.42	2696.29	2220.9	1.4552	7.2016
0.18	116.9413	0.0010576	0.97767	490.76	2701.69	2210.9	1.4946	7.1623
0.20	120.240	0.0010605	0.88585	504.78	2706.53	2201.7	1.5303	7.1272
0.25	127.444	0.0010672	0.71879	535.47	2716.83	2181.4	1.6075	7.0528
0.30	133.556	0.0010732	0.60587	561.58	2725.26	2163.7	1.6721	6.9921
0.35	138.891	0.0010786	0.52427	584.45	2732.37	2147.9	1.7278	6.9407
0.40	143.642	0.0010835	0.46246	604.87	2738.49	2133.6	1.7769	6.8961
0.45	147.939	0.0010882	0.41396	623.38	2743.85	2120.5	1.8210	6.8567
0.50	151.867	0.0010925	0.37486	640.35	2748.59	2108.2	1.8610	6.8214
0.60	158.863	0.0011006	0.31563	670.67	2756.66	2086.0	1.9315	6.7600
0.70	164.983	0.0011079	0.27281	697.32	2763.29	2066.0	1.9925	6.7079
0.80	170.444	0.0011148	0.24037	721.20	2768.86	2047.7	2.0464	6.6625

续表

饱和压力	温度	饱和水比容	饱和蒸汽比容	饱和水焓	饱和蒸汽焓	汽化潜热	饱和水熵	饱和蒸汽熵
p (MPa)	t (℃)	v' (m^3/kg)	v'' (m^3/kg)	h' (kJ/kg)	h'' (kJ/kg)	r (kJ/kg)	s' [kJ/(kg·℃)]	s'' [kJ/(kg·℃)]
0.90	175.389	0.0011212	0.21491	742.90	2773.59	2030.7	2.0948	6.6222
1.0	179.916	0.0011272	0.19438	762.84	2777.67	2014.8	2.1388	6.5859
1.1	184.100	0.00113300	0.17747	781.35	2781.21	999.9	2.1792	6.5529
1.2	187.995	0.0011385	0.16328	798.64	2784.29	985.7	2.2166	6.5225
1.3	191.644	0.0011438	0.15120	814.89	2786.99	972.1	2.2515	6.4944
1.4	195.078	0.0011489	0.14079	830.24	2789.37	959.1	2.2841	6.4683
1.5	198.327	0.0011538	0.13172	844.82	2791.46	946.6	2.3149	6.4437
1.6	201.410	0.0011586	0.12375	858.69	2793.29	934.6	2.3440	6.4206
1.7	204.346	0.0011633	0.11668	871.96	2794.91	923.0	2.3716	6.3988
1.8	207.151	0.0011679	0.11037	884.67	2796.33	911.7	2.3979	6.3781
1.9	209.838	0.0011723	0.104707	896.88	2797.58	900.7	2.4230	6.3583
2.0	212.417	0.0011767	0.099588	908.64	2798.66	890.0	2.4471	6.3395
2.2	217.289	0.0011851	0.090700	930.97	2800.41	1869.4	2.4924	6.3041
2.4	221.829	0.0011933	0.083244	951.91	2801.67	1849.8	2.5344	6.2714
2.6	226.085	0.0012013	0.076898	971.67	2802.51	1830.8	2.5736	6.2409
2.8	230.096	0.0012090	0.071427	990.41	2803.01	1812.6	2.6105	6.2123
3.0	233.893	0.0012166	0.066662	1008.2	2803.19	1794.9	2.6454	6.1854
3.5	242.597	0.0012348	0.057054	1049.6	2802.51	1752.9	2.7250	6.1238
4.0	250.394	0.0012524	0.049771	1087.2	2800.53	1713.4	2.7962	6.0688
4.5	257.477	0.0012694	0.044052	1121.8	2797.51	1675.7	2.8607	6.0187
5.0	263.980	0.0012862	0.039439	1154.2	2793.64	1639.5	2.9201	5.9724
6.0	275.625	0.0013190	0.032440	1213.3	2783.82	1570.5	3.0266	5.8885
7.0	285.869	0.0013515	0.027371	1266.9	2771.72	1504.8	3.1210	5.8129
8.0	295.048	0.0013843	0.023520	1316.5	2757.70	1441.2	3.2066	5.7430
9.0	303.385	0.0014177	0.020485	1363.1	2741.92	1378.9	3.2854	5.6771
10.0	311.037	0.0014522	0.018026	1407.2	2724.46	1317.2	3.3591	5.6139
11.0	318.118	0.0014881	0.015987	1449.6	2705.34	1255.7	3.4287	5.5525
12.0	324.715	0.0015260	0.014263	1490.7	2684.50	1193.8	3.4952	5.4920
13.0	330.894	0.0015662	0.012780	1530.8	2661.80	1131.0	3.5594	5.4318
14.0	336.707	0.0016097	0.011486	1570.4	2637.07	1066.7	3.6220	5.3711
15.0	342.196	0.0016571	0.010340	1609.8	2610.01	1000.2	3.6836	5.3091
16.0	347.396	0.0017099	0.009311	1649.4	2580.21	930.8	3.7451	5.2450
17.0	252.334	0.0017701	0.008373	1690.0	2547.01	857.1	3.8073	5.1776
18.0	357.034	0.0018402	0.007503	1732.0	2509.45	777.4	3.8715	5.1051
19.0	361.514	0.0019258	0.006679	1776.9	2465.87	688.9	3.9395	5.0250
20.0	365.789	0.0020379	0.005870	1827.2	2413.05	585.9	4.0153	4.9322
21.0	369.868	0.0022073	0.005012	1889.2	2341.67	452.4	4.1088	4.8124
22.0	373.752	0.0027040	0.003684	2013.0	2084.02	71.0	4.2969	4.4066
22.064	373.99	0.003106	0.003106	2085.9	2085.87	0.0	4.4092	4.4092

附录 4　未饱和水与过热水蒸气热力性质表

p	0.001MPa			0.005MPa			0.01MPa			0.04MPa		
饱和参数	t_s=6.982 v''=129.208 h''=2513.8 s''=8.9756			t_s=32.90 v''=28.196 h''=2561.2 s''=8.3952			t_s=45.83 v''=14.676 h''=2584.4 s''=8.1505			t_s=75.89 v''=3.9949 h''=2636.8 s''=7.6711		
t (℃)	v (m^3/kg)	h (kJ/kg)	s [kJ/(kg·℃)]	v (m^3/kg)	h (kJ/kg)	s [kJ/(kg·℃)]	v (m^3/kg)	h (kJ/kg)	s [kJ/(kg·℃)]	v (m^3/kg)	h (kJ/kg)	s [kJ/(kg·℃)]
0	0.0010002	−0.0412	−0.0001	0.0010002	0.0	−0.0001	0.0010002	+0.0	−0.0001	0.0010002	0.0	−0.0001
10	130.60	2519.5	8.9956	0.0010002	42.0	0.1510	0.0010002	42.0	0.1510	0.0010002	42.0	0.1510
20	135.23	2538.1	9.0604	0.0010017	83.9	0.2963	0.0010017	83.9	0.2963	0.0010017	83.9	0.2963
30	139.85	2556.8	9.1230	0.0010043	125.7	0.4365	0.0010043	125.7	0.4365	0.0010043	125.7	0.4365
40	144.47	2575.5	9.1837	28.86	2574.6	8.4385	0.0010078	167.4	0.5721	0.0010078	167.5	0.5721
50	149.09	2594.2	9.2426	29.78	2593.4	8.4977	14.87	2592.3	8.1752	0.0010121	209.3	0.7035
60	153.71	2613.0	9.2997	30.71	2612.3	8.5552	15.34	2611.3	8.2331	0.0010171	251.1	0.8310
70	158.33	2631.8	9.3552	31.64	2631.1	8.6110	15.80	2630.3	8.2892	0.0010228	293.0	0.9548
80	162.95	2650.6	9.4093	32.57	2650.0	8.6652	16.27	2649.3	8.3437	4.044	2644.9	7.6940
90	167.57	2669.4	9.4619	33.49	2668.9	8.7180	16.73	2668.3	8.3968	4.162	2664.4	7.7485
100	172.19	2688.3	9.5132	34.42	2687.9	8.7695	17.20	2687.2	8.4484	4.280	2683.8	7.8013
120	181.42	2726.2	9.6122	36.27	2725.9	8.8687	18.12	2725.4	8.5479	4.515	2722.6	7.9025
140	190.66	2764.3	9.7066	38.12	2764.0	8.9633	19.05	2763.6	8.6427	4.749	2761.3	7.9986
160	199.89	2802.6	9.7971	39.97	2802.3	9.0539	19.98	2802.0	8.7334	4.983	2800.1	8.0903
180	209.12	2841.0	9.8839	41.81	2840.8	9.1408	20.90	2840.6	8.8204	5.216	2838.9	8.1780
200	218.35	2879.6	9.9672	43.66	2879.5	9.2244	21.82	2879.3	8.9041	5.448	2877.9	8.2621
220	227.58	2918.6	10.0480	45.51	2918.5	9.3049	22.75	2918.3	8.9848	5.680	2917.1	8.3432
240	236.82	2957.7	10.1257	47.36	2957.6	9.3828	23.67	2957.4	9.0626	5.912	2956.4	8.4213
260	246.05	2997.1	10.2010	49.20	2997.0	9.4580	24.60	2996.8	9.1379	6.144	2995.9	8.4969
280	255.28	3036.7	10.2739	51.05	3036.6	9.5310	25.52	3036.5	9.2109	6.375	3035.6	8.5700
300	264.51	3076.5	10.3446	52.90	3076.4	9.6017	26.44	3076.3	9.2817	6.606	3075.6	8.6409
400	310.66	3279.5	10.6709	62.13	3279.4	9.9280	31.06	3279.4	9.6081	7.763	3278.9	8.9678
500	356.81	3489.0	10.960	71.36	3489.0	10.218	35.68	3488.9	9.8982	8.918	3488.6	9.2581
600	402.96	3705.3	11.224	80.59	3705.3	10.481	40.29	3705.2	10.161	10.07	3705.0	9.5212

续表

p	0.08MPa			0.1MPa			0.5MPa			1MPa		
饱和参数	t_s=93.51 v''=2.0879 h''=2666.0 s''=7.4360			t_s=99.63 v''=1.6946 h''=2675.7 s''=7.3608			t_s=151.85 v''=0.37481 h''=2748.5 s''=6.8215			t_s=179.88 v''=0.19430 h''=2777.0 s''=6.5847		
t (℃)	v (m³/kg)	h (kJ/kg)	s [kJ/(kg·℃)]	v (m³/kg)	h (kJ/kg)	s [kJ/(kg·℃)]	v (m³/kg)	h (kJ/kg)	s [kJ/(kg·℃)]	v (m³/kg)	h (kJ/kg)	s [kJ/(kg·℃)]
0	0.0010002	0.0	−0.0001	0.0010002	0.1	−0.0001	0.0010000	0.5	−0.0001	0.0009997	1.0	−0.0001
10	0.0010002	42.1	0.1510	0.0010002	42.1	0.1510	0.0010000	42.5	0.1509	0.0009998	43.0	0.1509
20	0.0010017	83.9	0.2963	0.0010017	84.0	0.2963	0.0010015	84.3	0.2962	0.0010013	84.8	0.2961
30	0.0010043	125.7	0.4365	0.0010043	125.8	0.4365	0.0010041	126.1	0.4364	0.0010039	126.6	0.4362
40	0.0010078	167.5	0.5721	0.0010078	167.5	0.5721	0.0010076	167.9	0.5719	0.0010074	168.3	0.5717
50	0.0010121	209.3	0.7035	0.0010121	209.3	0.7035	0.0010119	209.7	0.7033	0.0010117	210.1	0.7030
60	0.0010171	251.1	0.8310	0.0010171	251.2	0.8309	0.0010169	251.5	0.8307	0.0010167	251.9	0.8305
70	0.0010228	293.0	0.9548	0.0010228	293.0	0.9548	0.0010226	293.4	0.9545	0.0010224	293.8	0.9452
80	0.0010292	334.9	1.0752	0.0010292	335.0	1.0752	0.0010290	335.3	1.0750	0.0010287	335.7	1.0746
90	0.0010361	376.9	1.1925	0.0010361	377.0	1.1925	0.0010359	377.3	1.1922	0.0010357	377.7	1.1918
100	2.127	2679.0	7.4712	1.696	2676.5	7.3628	0.0010435	419.4	1.3066	0.0010432	419.7	1.3062
120	2.247	2718.8	7.5750	1.793	2716.8	7.4681	0.0010605	503.9	1.5273	0.0010602	504.3	1.5269
140	2.366	2758.2	7.6729	1.889	2756.6	7.5669	0.0010800	589.2	1.7388	0.0010796	589.5	1.7383
160	2.484	2797.5	7.7658	1.984	2796.2	7.6605	0.3836	2767.4	6.8653	0.0011019	675.7	1.9420
180	2.601	2836.8	7.8544	2.078	2835.7	7.7496	0.4046	2812.1	6.9664	0.1944	2777.3	6.5854
200	2.718	2876.1	7.9393	2.172	2875.2	7.8348	0.4249	2855.4	7.0603	0.2059	2827.5	6.6940
220	2.835	2915.5	8.0208	2.266	2914.7	7.9166	0.4449	2897.9	7.1481	0.2169	2874.9	6.7921
240	2.952	2955.0	8.0994	2.359	2954.3	7.9954	0.4646	2939.9	7.2314	0.2275	2920.5	6.8826
260	3.068	2994.7	8.1753	2.453	2994.1	8.0714	0.4841	2981.4	7.3109	0.2378	2964.8	6.9674
280	3.184	3034.6	8.2486	2.546	3034.0	8.1449	0.5034	3022.8	7.3871	0.2480	3008.3	7.0475
300	3.300	3074.6	8.3198	2.639	3074.1	8.2162	0.5226	3064.2	7.4605	0.2580	3051.3	7.1239
400	3.879	3278.3	8.6472	3.103	3278.0	8.5439	0.6172	3271.8	7.7944	0.3066	3264.0	7.4606
500	4.457	3488.2	8.9378	3.565	3487.9	8.8346	0.7109	3483.6	8.0877	0.3540	3478.3	7.7627
600	5.035	3704.7	9.2011	4.028	3704.5	9.0979	0.8040	3701.4	8.3525	0.4010	3697.4	8.0292

续表

p	2MPa			3MPa			4MPa			5MPa		
饱和参数	t_s=212.37 v''=0.09953 h''=2797.4 s''=6.3373			t_s=233.84 v''=0.06662 h''=2801.9 s''=6.1832			t_s=250.33 v''=0.04974 h''=2799.4 s''=6.0670			t_s=263.92 v''=0.03941 h''=2792.8 s''=5.9712		
t (℃)	v (m^3/kg)	h (kJ/kg)	s [kJ/(kg·℃)]	v (m^3/kg)	h (kJ/kg)	s [kJ/(kg·℃)]	v (m^3/kg)	h (kJ/kg)	s [kJ/(kg·℃)]	v (m^3/kg)	h (kJ/kg)	s [kJ/(kg·℃)]
0	0.0009992	2.0	0.0000	0.0009987	3.0	0.0001	0.0009982	4.0	0.0002	0.0009977	5.1	0.0002
10	0.0009993	43.9	0.1508	0.0009988	44.9	0.1507	0.0009984	45.9	0.1506	0.0009979	46.9	0.1505
20	0.0010008	85.7	0.2959	0.0010004	86.7	0.2957	0.0009999	87.6	0.2955	0.0009995	88.6	0.2952
30	0.0010034	127.5	0.4359	0.0010030	128.4	0.4356	0.0010025	129.3	0.4353	0.0010021	130.2	0.4350
40	0.0010069	169.2	0.5713	0.0010065	170.1	0.5709	0.0010060	171.0	0.5706	0.0010056	171.9	0.5702
50	0.0010112	211.0	0.7026	0.0010108	211.8	0.7021	0.0010103	212.7	0.7016	0.0010099	213.6	0.7012
60	0.0010162	252.7	0.8299	0.0010158	253.6	0.8294	0.0010153	254.4	0.8288	0.0010149	255.3	0.8283
70	0.0010219	294.6	0.9536	0.0010215	295.4	0.9530	0.0010210	296.2	0.9524	0.0010205	297.0	0.9518
80	0.0010282	336.5	1.0740	0.0010278	337.3	1.0733	0.0010273	338.1	1.0726	0.0010268	338.8	1.0720
90	0.0010352	378.4	1.1911	0.0010347	379.3	1.1904	0.0010342	380.0	1.1897	0.0010337	380.7	1.1890
100	0.0010427	420.5	1.3054	0.0010422	421.2	1.3046	0.0010417	422.0	1.3038	0.0010412	422.7	1.3030
120	0.0010596	505.0	1.5260	0.0010590	505.7	1.5250	0.0010584	506.4	1.5242	0.0010579	507.1	1.5232
140	0.0010790	590.2	1.7373	0.0010783	590.8	1.7362	0.0010777	591.5	1.7352	0.0010771	592.1	1.7342
160	0.0010012	676.3	1.9408	0.0011005	676.9	1.9396	0.0010997	677.5	1.9385	0.0010990	678.0	1.9373
180	0.0011266	763.6	2.1379	0.0011258	764.1	2.1366	0.0011249	764.8	2.1352	0.0011241	765.2	2.1339
200	0.0011560	852.6	2.3300	0.0011550	853.0	2.3284	0.0011540	853.4	2.3268	0.0011530	853.8	2.3253
220	0.1021	2820.4	6.3842	0.0011891	943.9	2.5166	0.0011878	944.2	2.5147	0.0011866	944.4	2.5129
240	0.1084	2876.3	6.4953	0.06818	2823.0	6.2245	0.0012280	1037.7	2.7007	0.0012264	1037.8	2.6985
260	0.1144	2927.9	6.5941	0.07286	2885.5	6.3440	0.05174	2835.6	6.1355	0.0012750	1135.0	2.8842
280	0.1200	2976.9	6.6842	0.07714	2941.8	6.4477	0.05547	2903.2	6.2581	0.04224	2857.0	6.0889
300	0.1255	3024.0	6.7679	0.08116	2994.2	6.5408	0.05885	2961.5	6.3634	0.04532	2925.4	6.2104
400	0.1512	3248.1	7.1285	0.09933	3231.6	6.9231	0.07339	3214.5	6.7713	0.05780	3196.9	6.6486
500	0.1756	3467.4	7.4323	0.1161	3456.4	7.2345	0.08638	3445.2	7.0909	0.06853	3433.8	6.9768
600	0.1995	3689.5	7.7024	0.1324	3681.5	7.5084	0.09879	3673.4	7.3686	0.07864	3665.4	7.2586

续表

p	6MPa			7MPa			8MPa			9MPa		
饱和参数	t_s=275.56 v''=0.03241 h''=2783.3 s''=5.8878			t_s=285.80 v''=0.02734 h''=2771.4 s''=5.8126			t_s=294.98 v''=0.02349 h''=2757.5 s''=5.7430			t_s=303.31 v''=0.02046 h''=2741.8 s''=5.6773		
t (℃)	v (m^3/kg)	h (kJ/kg)	s [kJ/(kg·℃)]	v (m^3/kg)	h (kJ/kg)	s [kJ/(kg·℃)]	v (m^3/kg)	h (kJ/kg)	s [kJ/(kg·℃)]	v (m^3/kg)	h (kJ/kg)	s [kJ/(kg·℃)]
0	0.0009972	6.1	0.0003	0.0009967	7.1	0.0004	0.0009962	8.1	0.0004	0.0009958	9.1	0.0005
10	0.0009974	47.8	0.1505	0.0009970	48.8	0.1504	0.0009965	49.8	0.1503	0.0009960	50.7	0.1502
20	0.0009990	89.5	0.2951	0.0009986	90.4	0.2948	0.0009981	91.4	0.2946	0.0009977	92.3	0.2944
30	0.0010016	131.1	0.4347	0.0010012	132.0	0.4344	0.0010008	132.9	0.4340	0.0010003	183.8	0.4337
40	0.0010051	172.7	0.5698	0.0010047	173.6	0.5694	0.0010043	174.5	0.5690	0.0010038	175.4	0.5686
50	0.0010094	214.4	0.7007	0.0010090	215.3	0.7003	0.0010086	216.1	0.6998	0.0010081	217.0	0.6993
60	0.0010144	256.1	0.8278	0.0010140	256.9	0.8273	0.0010135	257.8	0.8267	0.0010131	258.6	0.8262
70	0.0010201	297.8	0.9512	0.0010196	298.7	0.9506	0.0010192	299.5	0.9500	0.0010187	300.3	0.9494
80	0.0010263	339.6	1.0713	0.0010259	340.4	1.0707	0.0010254	341.2	1.0700	0.0010249	342.0	1.0694
90	0.0010332	381.5	1.1882	0.0010327	382.3	1.1875	0.0010322	383.1	1.1868	0.0010317	383.8	1.1861
100	0.0010406	423.5	1.3023	0.0010401	424.2	1.3015	0.0010396	425.0	1.3007	0.0010391	425.8	1.3000
120	0.0010573	507.8	1.5224	0.0010567	508.5	1.5215	0.0010562	509.2	1.5206	0.0010556	509.9	1.5197
140	0.0010764	592.8	1.7332	0.0010758	593.4	1.7321	0.0010752	594.1	1.7311	0.0010745	594.7	1.7301
160	0.0010983	678.6	1.9361	0.0010976	679.2	1.9350	0.0010968	679.8	1.9338	0.0010961	680.4	1.9326
180	0.0011232	765.7	2.1325	0.0011224	766.2	2.1312	0.0011216	766.7	2.1299	0.0011207	767.2	2.1286
200	0.0011519	854.2	2.3237	0.0011510	854.6	2.3222	0.0011500	855.1	2.3207	0.0011490	855.5	2.3191
220	0.0011853	944.7	2.5111	0.0011841	945.0	2.5093	0.0011829	945.3	2.5075	0.0011817	945.6	2.5057
240	0.0012249	1037.9	2.6963	0.0012233	1038.0	2.6941	0.0012218	1038.2	2.6920	0.0012202	1038.3	2.6899
260	0.0012729	1134.8	2.8815	0.0012708	1134.7	2.8789	0.0012687	1134.6	2.8762	0.0012667	1134.4	2.8737
280	0.03317	2804.0	5.9253	0.0013307	1236.7	3.0667	0.0013277	1236.2	3.0633	0.0013249	1235.6	3.0600
300	0.03616	2885.0	6.0693	0.02946	2839.2	5.9322	0.02425	2785.4	5.7918	0.0014022	1344.9	3.2539
400	0.04738	3178.6	6.5438	0.03992	3159.7	6.4511	0.03431	3140.1	6.3670	0.02993	3119.7	6.2891
500	0.05662	3422.2	6.8814	0.04810	3410.5	6.7988	0.04172	3398.5	6.7254	0.03675	3386.4	6.6592
600	0.06521	3657.2	7.1673	0.05561	3649.0	7.0890	0.04841	3640.7	7.0201	0.04281	3632.4	6.9585

续表

p	10MPa			12MPa			14MPa			16MPa		
饱和参数	t_s=310.96 v''=0.01800 h''=2724.7 s''=5.6143			t_s=324.64 v''=0.01425 h''=2684.8 s''=5.4930			t_s=336.63 v''=0.01149 h''=2638.3 s''=5.3737			t_s=347.32 v''=0.009330 h''=2582.7 s''=5.2496		
t (℃)	v (m^3/kg)	h (kJ/kg)	s [kJ/(kg·℃)]	v (m^3/kg)	h (kJ/kg)	s [kJ/(kg·℃)]	v (m^3/kg)	h (kJ/kg)	s [kJ/(kg·℃)]	v (m^3/kg)	h (kJ/kg)	s [kJ/(kg·℃)]
0	0.0009953	10.1	0.0005	0.0009943	12.1	0.0006	0.0009933	14.1	0.0007	0.0009924	16.1	0.0008
10	0.0009956	51.7	0.1500	0.0009947	53.6	0.1498	0.0009938	55.6	0.1496	0.0009928	57.5	0.1494
20	0.0009972	93.2	0.2942	0.0009964	95.1	0.2937	0.0009955	97.0	0.9233	0.0009946	98.8	0.2928
30	0.0009999	134.7	0.4334	0.0009991	136.6	0.4328	0.0009982	138.4	0.4322	0.0009973	140.2	0.4315
40	0.0010034	176.3	0.5682	0.0010026	178.1	0.5674	0.0010017	179.8	0.5666	0.0010008	181.6	0.5659
50	0.0010077	217.8	0.6989	0.0010068	219.6	0.6979	0.0010060	221.3	0.6970	0.0010051	223.0	0.6961
60	0.0010126	259.4	0.8257	0.0010118	261.1	0.8246	0.0010109	262.8	0.8236	0.0010100	264.5	0.8225
70	0.0010182	301.1	0.9489	0.0010174	302.7	0.9477	0.0010164	304.4	0.9465	0.0010156	306.0	0.9453
80	0.0010244	342.8	1.0687	0.0010235	344.4	1.0674	0.0010226	346.0	1.0661	0.0010217	347.6	1.0648
90	0.0010312	384.6	1.1854	0.0010303	386.2	1.1840	0.0010293	387.7	1.1826	0.0010284	389.3	1.1812
100	0.0010386	426.5	1.2992	0.0010376	428.0	1.2977	0.0010366	429.5	1.2961	0.0010356	431.0	1.2946
120	0.0010551	510.6	1.5188	0.0010540	512.0	1.5170	0.0010529	513.5	1.5153	0.0010518	514.9	1.5136
140	0.0010739	595.4	1.7291	0.0010727	596.7	1.7271	0.0010715	598.0	1.7251	0.0010703	599.4	1.7231
160	0.0010954	681.0	1.9315	0.0010940	682.2	1.9292	0.0010926	683.4	1.9269	0.0010912	684.6	1.9247
180	0.0011199	767.8	2.1272	0.0011183	768.8	2.1246	0.0011167	769.9	2.1220	0.0011151	771.0	2.1195
200	0.0011480	855.9	2.3176	0.0011461	856.8	2.3146	0.0011442	857.7	2.3117	0.0011423	858.6	2.3087
220	0.0011805	946.0	2.5040	0.0011782	946.6	2.5005	0.0011759	947.2	2.4970	0.0011736	947.9	2.4936
240	0.0012188	1038.4	2.6878	0.0012158	1038.8	2.6837	0.0012129	1039.1	2.6796	0.0012101	1039.5	2.6756
260	0.0012648	1134.3	2.8711	0.0012609	1134.2	2.8661	0.0012572	1134.1	2.8612	0.0012535	1134.0	2.8563
280	0.0013221	1235.2	3.0567	0.0013167	1234.3	3.0503	0.0013115	1233.5	3.0441	0.0013065	1232.8	3.0381
300	0.0013978	1343.7	3.2494	0.0013895	1341.5	3.2407	0.0013816	1339.5	3.2324	0.0013742	1337.7	3.2245
400	0.02641	3098.5	6.2158	0.02108	3053.3	6.0787	0.01726	3004.0	5.9488	0.01427	2949.7	5.8215
500	0.03277	3374.1	6.5984	0.02679	3349.0	6.4893	0.02251	3323.0	6.3922	0.01929	3296.3	6.3038
600	0.03833	3624.0	6.9025	0.03161	3607.0	6.8034	0.02681	3589.8	6.7172	0.02321	3572.4	6.6401

续表

p	18MPa			20MPa			25MPa			30MPa		
饱和参数	t_s=356.96 v''=0.007534 h''=2514.4 s''=5.1135			t_s=365.71 v''=0.005873 h''=2413.8 s''=4.9338								
t (℃)	v (m³/kg)	h (kJ/kg)	s [kJ/(kg·℃)]	v (m³/kg)	h (kJ/kg)	s [kJ/(kg·℃)]	v (m³/kg)	h (kJ/kg)	s [kJ/(kg·℃)]	v (m³/kg)	h (kJ/kg)	s [kJ/(kg·℃)]
0	0.0009914	18.1	0.0008	0.0009904	20.1	0.0008	0.0009881	25.1	0.0009	0.0009857	30.0	0.0008
10	0.0009919	59.4	0.1491	0.0009910	61.3	0.1489	0.0009888	66.1	0.1482	0.0009866	70.8	0.1475
20	0.0009937	100.7	0.2924	0.0009929	102.5	0.2919	0.0009907	107.1	0.2907	0.0009886	111.7	0.2895
30	0.0009965	142.0	0.4309	0.0009956	143.8	0.4303	0.0009935	148.2	0.4287	0.0009915	152.7	0.4271
40	0.0010000	183.3	0.5651	0.0009992	185.1	0.5643	0.0009971	189.4	0.5623	0.009950	193.8	0.5604
50	0.0010043	224.7	0.6952	0.0010034	226.4	0.6943	0.0010013	230.7	0.6920	0.0009993	235.0	0.6897
60	0.0010092	266.1	0.8215	0.0010083	267.8	0.8204	0.0010062	272.0	0.8178	0.0010041	276.1	0.8153
70	0.0010147	307.6	0.9442	0.0010138	309.3	0.9430	0.0010116	313.3	0.9401	0.0010095	317.4	0.9373
80	0.0010208	349.2	1.0636	0.0010199	350.8	1.0623	0.0010177	354.8	1.0591	0.0010155	358.7	1.0560
90	0.0010274	390.8	1.1798	0.0010265	392.4	1.1784	0.0010242	396.2	1.1750	0.0010219	400.1	1.1716
100	0.0010346	432.5	1.2931	0.0010337	434.0	1.2916	0.0010313	437.8	1.2879	0.0010289	441.6	1.2843
120	0.0010507	516.3	1.5118	0.0010496	517.7	1.5101	0.0010470	521.3	1.5059	0.0010445	524.9	1.5017
140	0.0010691	600.7	1.7212	0.0010679	602.0	1.7192	0.0010650	605.4	1.7144	0.0010621	608.7	1.7096
160	0.0010899	685.9	1.9225	0.0010886	687.1	1.9203	0.0010853	690.2	1.9148	0.0010821	693.3	1.9095
180	0.0011136	772.0	2.1170	0.0011120	773.1	2.1145	0.0011082	775.9	2.1083	0.0011046	778.7	2.1022
200	0.0011405	859.5	2.3058	0.0011387	860.4	2.3030	0.0011343	862.8	2.2960	0.0011300	865.2	2.2891
220	0.0011714	948.6	2.4903	0.0011693	949.3	2.4870	0.0011640	951.2	2.4789	0.0011590	953.1	2.4711
240	0.0012074	1039.9	2.6717	0.0012047	1040.3	2.6678	0.0011983	1041.5	2.6584	0.0011922	1042.8	2.6493
260	0.0012500	1134.0	2.8516	0.0012466	1134.1	2.8470	0.0012384	1134.3	2.8359	0.0012307	1134.8	2.8252
280	0.0013017	1232.1	3.0323	0.0012971	1231.6	3.0266	0.0012863	1230.5	3.0130	0.0012762	1229.9	3.0002
300	0.0013672	1336.1	3.2168	0.0013606	1334.6	3.2095	0.0013453	1331.5	3.1922	0.0013315	1329.0	3.1763
400	0.01191	2889.0	5.6926	0.009952	2820.1	5.5578	0.006009	2583.2	5.1472	0.002806	2159.1	4.4854
500	0.01678	3268.7	6.2215	0.01477	3240.2	6.1440	0.01113	3165.0	5.9639	0.008679	3083.9	5.7954
600	0.02041	3554.8	6.5701	0.01816	3536.9	6.5055	0.01413	3491.2	6.3616	0.01144	3444.2	6.2351

注　粗水平线之上为未饱和水状态，粗水平线之下为过热蒸汽状态。

附录 5 干空气的热物理性质（$p=1.013\times10^5$ Pa）

t (℃)	ρ (kg/m³)	c_p [kJ/(kg·℃)]	$\lambda\times10^2$ [W/(m·℃)]	$\alpha\times10^6$ (m²/s)	$\mu\times10^6$ (N·s/m²)	$\nu\times10^6$ (m²/s)	Pr
−50	1.584	1.013	2.04	12.7	14.6	9.23	0.728
−40	1.515	1.013	2.12	13.8	15.2	10.04	0.728
−30	1.453	1.013	2.20	14.9	15.7	10.80	0.723
−20	1.395	1.009	2.28	16.2	16.2	11.61	0.716
−10	1.342	1.009	2.36	17.4	16.7	12.43	0.712
0	1.293	1.005	2.44	18.8	17.2	13.28	0.707
10	1.247	1.005	2.51	20.0	17.6	14.16	0.705
20	1.205	1.005	2.59	21.4	18.1	15.06	0.703
30	1.165	1.005	2.67	22.9	18.6	16.00	0.701
40	1.128	1.005	2.76	24.3	19.1	16.96	0.699
50	1.093	1.005	2.83	25.7	19.6	17.95	0.698
60	1.060	1.005	2.90	27.2	20.1	18.97	0.696
70	1.029	1.009	2.96	28.6	20.6	20.02	0.694
80	1.000	1.009	3.05	30.2	21.1	21.09	0.692
90	0.972	1.009	3.13	31.9	21.5	22.10	0.690
100	0.946	1.009	3.21	33.6	21.9	23.13	0.688
120	0.898	1.009	3.34	36.8	22.8	25.45	0.686
140	0.854	1.013	3.49	40.3	23.7	27.80	0.684
160	0.815	1.017	3.64	43.9	24.5	30.09	0.682
180	0.779	1.022	3.78	47.5	25.3	32.49	0.681
200	0.746	1.026	3.93	51.4	26.0	34.85	0.680
250	0.674	1.038	4.27	61.0	27.4	40.61	0.677
300	0.615	1.047	4.60	71.6	29.7	48.33	0.674
350	0.566	1.059	4.91	81.9	31.4	55.46	0.676
400	0.524	1.068	5.21	93.1	33.0	63.09	0.678
500	0.456	1.093	5.74	115.3	36.2	79.38	0.687

附录 6 饱和水的热物理性质

t (℃)	$p\times10^{-5}$ (Pa)	ρ (kg/m³)	h' (kJ/kg)	c_p [kJ/(kg·℃)]	$\lambda\times10^2$ [W/(m·℃)]	$\alpha\times10^8$ (m²/s)	$\mu\times10^6$ (N·s/m²)	$\nu\times10^6$ (m²/s)	$\beta\times10^4$ (℃⁻¹)	$\sigma\times10^4$ (N/m)	Pr
0	0.00611	999.9	0	4.212	55.1	13.1	1788	1.789	−0.81	756.4	13.67
10	0.01227	999.7	42.04	4.191	57.4	13.7	1306	1.306	+0.87	7416	9.52
20	0.02338	998.2	83.91	4.183	59.9	14.3	1004	1.006	2.09	726.9	7.02
30	0.04241	995.7	125.7	4.174	61.8	14.9	801.5	0.805	3.05	712.2	5.42
40	0.07375	992.2	167.5	4.174	63.5	15.3	653.3	0.659	3.86	696.5	4.31
50	0.12335	988.1	209.3	4.174	64.8	15.7	549.4	0.556	4.57	676.9	3.54
60	0.19920	983.1	251.1	4.179	65.9	16.0	469.9	0.478	5.22	662.2	2.99
70	0.3116	977.8	293.0	4.187	66.8	16.3	406.1	0.415	5.83	643.5	2.55
80	0.4736	971.8	355.0	4.195	67.4	16.6	355.1	0.365	6.40	625.9	2.21

续表

t (℃)	$p\times10^{-5}$ (Pa)	ρ (kg/m^3)	h' (kJ/kg)	c_p [kJ/(kg·℃)]	$\lambda\times10^2$ [W/(m·℃)]	$\alpha\times10^8$ (m^2/s)	$\mu\times10^6$ ($N\cdot s/m^2$)	$\nu\times10^6$ (m^2/s)	$\beta\times10^4$ ($℃^{-1}$)	$\sigma\times10^4$ (N/m)	Pr
90	0.7011	965.3	377.0	4.208	68.0	16.8	314.9	0.326	6.96	607.2	1.95
100	1.013	958.4	419.1	4.220	68.3	16.9	282.5	0.295	7.50	588.6	1.75
110	1.43	951.0	461.4	4.233	68.5	17.0	259.0	0.272	8.04	569.0	1.60
120	1.98	943.1	503.7	4.250	68.6	17.1	237.4	0.252	8.58	548.4	1.47
130	2.70	934.8	546.4	4.266	68.6	17.2	217.8	0.233	9.12	528.8	1.36
140	3.61	926.1	589.1	4.287	68.5	17.2	201.1	0.217	9.68	507.2	1.26
150	4.76	917.0	632.2	4.313	68.4	17.3	186.4	0.203	10.26	486.6	1.17
160	6.18	907.0	675.4	4.346	68.3	17.3	173.6	0.191	10.87	466.0	1.10
170	7.92	897.3	719.3	4.380	67.9	17.3	162.8	0.181	11.52	443.4	1.05
180	10.03	886.9	763.3	4.417	67.4	17.2	153.0	0.173	12.21	422.8	1.00
190	12.55	876.0	807.8	4.459	67.0	17.1	144.2	0.165	12.96	400.2	0.96
200	15.55	863.0	852.8	4.505	66.3	17.0	136.4	0.158	13.77	376.7	0.93
210	19.08	852.3	897.7	4.555	65.5	16.9	130.5	0.153	14.67	354.1	0.91
220	23.20	840.3	943.7	4.614	64.5	16.6	124.6	0.148	15.67	331.6	0.89
230	27.98	827.3	990.2	4.681	63.7	16.4	119.7	0.145	16.80	310.0	0.88
240	33.48	813.6	1037.5	4.756	62.8	16.2	114.8	0.141	18.08	285.5	0.87
250	39.78	799.0	1085.7	4.844	61.8	15.9	109.9	0.137	19.55	261.9	0.86
260	46.94	784.0	1135.7	4.949	60.5	15.6	105.9	0.135	21.27	237.4	0.87
270	55.05	767.9	1185.7	5.070	59.0	15.1	102.0	0.133	23.31	214.8	0.88
280	64.19	750.7	1236.8	5.230	57.4	14.6	98.1	0.131	25.79	191.3	0.90
290	74.45	732.3	1290.0	5.485	55.8	13.9	94.2	0.129	28.84	168.7	0.93
300	85.92	712.5	1344.9	5.736	54.0	13.2	91.2	0.128	32.73	144.2	0.97
310	98.70	691.1	1402.2	6.071	52.3	12.5	88.3	0.128	37.85	120.7	1.03
320	112.90	667.1	1462.1	6.574	50.6	11.5	85.3	0.128	44.91	98.10	1.11
330	128.65	640.2	1526.2	7.244	48.4	10.4	81.4	0.127	55.31	76.71	1.22
340	146.08	610.1	1594.8	8.165	45.7	9.17	77.5	0.127	72.10	56.70	1.39
350	165.37	574.4	1671.4	9.504	43.0	7.88	72.6	0.126	103.7	38.16	1.60
360	186.74	528.0	1761.5	13.984	39.5	5.36	66.7	0.126	182.9	20.21	2.35
370	210.53	450.5	1892.5	40.321	33.7	1.86	56.9	0.126	676.7	4.709	6.79

注　表中β值选自 Steam Tables in SI Units，2nd Ed.，Ed. by Grigull，U. et. al.，Springer-Ve-rlag，1984。

附录 7　干饱和水蒸气的热物理性质

t (℃)	$p\times10^{-5}$ (Pa)	ρ'' (kg/m^3)	h'' (kJ/kg)	r [kJ/kg]	c_p [kJ/(kg·℃)]	$\lambda\times10^2$ [W/(m·℃)]	$\alpha\times10^3$ (m^2/h)	$\mu\times10^6$ ($N\cdot s/m^2$)	$\nu\times10^6$ (m^2/s)	Pr
0	0.00611	0.004847	2501.6	2501.6	1.8543	1.83	7313.0	8.022	1655.01	0.815
10	0.01227	0.009396	2520.0	2477.7	1.8594	1.88	3881.3	8.424	896.54	0.831
20	0.02338	0.01729	2538.0	2454.3	1.8661	1.94	2167.2	8.84	509.90	0.847
30	0.04241	0.03037	2556.5	2430.9	1.8744	2.00	1265.1	9.218	303.53	0.863
40	0.07375	0.05116	2574.5	2407.0	1.8853	2.06	768.45	9.620	188.04	0.883
50	0.12335	0.08302	2592.0	2382.7	1.8987	2.12	483.59	10.022	120.72	0.896
60	0.19920	0.1302	2609.6	2358.4	1.9155	2.19	315.55	10.424	80.07	0.913
70	0.3116	0.1982	2626.8	2334.1	1.9364	2.25	210.57	10.817	54.57	0.930

续表

t (℃)	$p\times10^{-5}$ (Pa)	ρ'' (kg/m³)	h'' (kJ/kg)	r [kJ/kg]	c_p [kJ/(kg·℃)]	$\lambda\times10^2$ [W/(m·℃)]	$\alpha\times10^3$ (m²/h)	$\mu\times10^6$ (N·s/m²)	$\nu\times10^6$ (m²/s)	Pr
80	0.4736	0.2933	2643.5	2309.0	1.9615	2.33	145.53	11.219	38.25	0.947
90	0.7011	0.4235	2660.3	2283.1	1.9921	2.40	102.22	11.621	27.44	0.966
100	1.0130	0.5977	2676.2	2257.1	2.0281	2.48	73.57	12.023	20.12	0.984
110	1.4327	0.8265	2691.3	2229.9	2.0704	2.56	53.83	12.425	15.03	1.00
120	1.9854	1.122	2705.9	2202.3	2.1198	2.65	40.15	12.798	11.41	1.02
130	2.7013	1.497	2719.7	2173.8	2.1763	2.76	30.46	13.170	8.80	1.04
140	3.614	1.967	2733.1	2144.1	2.2408	2.85	23.28	13.543	6.89	1.06
150	4.760	2.548	2745.3	2113.1	2.3145	2.97	18.10	13.896	5.45	1.08
160	6.181	3.260	2756.6	2081.3	2.3974	3.08	14.20	14.249	4.37	1.11
170	7.920	4.123	2767.1	2047.8	2.4911	3.21	11.25	14.612	3.54	1.13
180	10.027	5.160	2776.3	2013.0	2.5958	3.36	9.03	14.965	2.90	1.15
190	12.551	6.397	2784.2	1976.6	2.7126	3.51	7.29	15.298	2.39	1.18
200	15.549	7.864	2790.9	1938.5	2.8428	3.68	5.92	15.651	1.99	1.21
210	19.077	9.593	2796.4	1898.3	2.9877	3.87	4.86	15.995	1.67	1.24
220	23.198	11.62	2799.7	1856.4	3.1497	4.07	4.00	16.338	1.41	1.26
230	27.976	14.00	2801.8	1811.6	3.3310	4.30	3.32	16.701	1.19	1.29
240	33.478	16.76	2802.2	1764.7	3.5366	4.54	2.76	17.073	1.02	1.33
250	39.776	19.99	2800.6	1714.4	3.7723	4.84	2.31	17.446	0.873	1.36
260	46.943	23.73	2796.4	1661.3	4.0470	5.18	1.94	17.848	0.752	1.40
270	55.058	28.10	2789.7	1604.8	4.3735	5.55	1.63	18.280	0.651	1.44
280	64.202	33.19	2780.5	1543.7	4.7675	6.00	1.37	18.750	0.565	1.49
290	74.461	39.16	2767.5	1477.5	5.2528	6.55	1.15	19.270	0.492	1.54
300	85.927	46.19	2751.1	1405.9	5.8632	7.22	0.96	19.839	0.430	1.61
310	98.700	54.54	2730.2	1327.6	6.6503	8.06	0.80	20.691	0.380	1.71
320	112.89	64.60	2703.8	1241.0	7.7217	8.65	0.62	21.691	0.336	1.94
330	128.63	76.99	2670.3	1143.8	9.3613	9.61	0.48	23.093	0.300	2.24
340	146.05	92.76	2626.0	1030.8	12.2108	10.70	0.34	24.692	0.266	2.82
350	165.35	113.6	2567.8	895.6	17.1504	11.90	0.22	26.594	0.234	3.83
360	186.75	144.1	2485.3	721.4	25.1162	13.70	0.14	29.193	0.203	5.34
370	210.54	201.1	2342.9	452.6	76.9157	16.60	0.04	33.989	0.169	15.7
374.15	221.20	315.5	2107.2	0.0	—	23.79	0.0	44.992	0.143	—

附录 8 几种饱和液体的热物理性质

	t (℃)	$p\times10^{-5}$ (Pa)	ρ (kg/m³)	r (kJ/kg)	c_p [kJ/(kg·℃)]	λ [W/(m·℃)]	$\alpha\times10^7$ (m²/s)	$\nu\times10^6$ (m²/s)	$\beta\times10^4$ (℃⁻¹)	Pr
	−40	0.6424	1517	170.9	0.8834	0.10	0.747	0.28	19.76	3.79
	−30	1.0047	1487	167.3	0.8960	0.0953	0.717	0.254	20.86	3.55
氟利昂−12	−20	1.5069	1456	163.5	0.9085	0.0910	0.686	0.236	21.90	3.44
	−10	2.1911	1425	159.4	0.9211	0.0860	0.656	0.220	20.0	3.36
(CF_2Cl_2)	0	3.0858	1394	154.9	0.9337	0.0814	0.625	0.211	23.75	3.38
	30	7.4347	1293	138.6	0.9839	0.0674	0.531	0.194	27.2	3.66
	60	15.1822	1167	116.9	1.1179	0.0535	0.411	0.184	37.70	4.49

续表

	t (℃)	$p\times10^{-5}$ (Pa)	ρ (kg/m³)	r (kJ/kg)	c_p [kJ/(kg·℃)]	λ [W/(m·℃)]	$\alpha\times10^7$ (m²/s)	$\nu\times10^6$ (m²/s)	$\beta\times10^4$ (℃⁻¹)	Pr
氟利昂－22 (CHF_2Cl)	－70	0.2048	1489	250.6	0.9504	0.1244	0.878	0.434	15.69	3.94
	－60	0.3746	1465	245.1	0.9839	0.1198	0.833	0.323	16.91	3.88
	－50	0.6473	1439	239.5	1.0174	0.1163	0.794	0.275	19.50	3.46
	－40	1.0552	1411	233.8	1.0467	0.1116	9.753	0.249	19.84	3.31
	－30	1.6466	1382	227.6	1.0802	0.1081	0.722	9.232	20.82	3.20
	－20	2.4616	1350	220.9	1.1137	0.1035	0.689	0.218	23.74	3.17
	－10	3.5599	1318	214.4	1.1472	0.10	0.661	0.210	24.52	3.18
	0	5.0016	1285	207.0	1.1807	0.0953	0.628	0.204	29.72	3.25
	10	6.8551	1249	198.3	1.2142	0.0907	0.608	0.199	29.53	3.32
	20	9.1695	1213	188.4	1.2477	0.0872	0.578	0.197	30.51	3.41
	30	12.0233	1176	177.3	1.2770	0.0826	0.550	0.196	33.70	3.55
	40	15.4852	1132	164.8	1.3105	0.0791	0.531	0.196	39.95	3.67
	50	19.6434	1084	155.3	1.3440	0.0744	0.511	0.196	45.50	3.78
	60		1032	141.9	1.3733	0.0709	0.50	0.202	54.60	3.92
	70		969	125.6	1.4068	0.0733	0.492	0.208	68.83	4.11
	80		895	104.7	1.4403	0.0628	0.486	0.219	95.71	4.41
R152a	－50	0.2808	1063.3	351.69	1.560			0.3822	16.25	
	－40	0.4798	1043.5	343.54	1.590			0.3374	17.18	
	－30	0.7799	1023.3	335.01	1.617			0.3007	18.30	
	－20	1.214	1002.5	326.06	1.645	0.1272	0.771	0.2703	19.64	3.506
	－10	1.821	981.1	316.63	1.674	0.1213	0.739	0.2449	21.23	3.314
	0	2.642	958.9	306.66	1.707	0.1155	0.706	0.2235	23.17	3.166
	10	3.726	935.9	296.04	1.743	0.1097	0.673	0.2052	25.50	3.049
	20	5.124	911.7	284.67	1.785	0.1039	0.638	0.1893	28.38	2.967
	30	6.890	886.3	272.77	1.834	0.0982	0.604	0.1756	31.94	2.907
	40	9.085	859.4	259.15	1.891	0.0926	0.570	0.1635	36.41	2.868
	50	11.770	830.6	244.58	1.963	0.0872	0.535	0.1528	42.21	2.856
R134a	－50	0.2990	1443.1	231.62	1.229	0.1165	0.657	0.4118	18.81	6.268
	－40	0.5164	1414.8	225.59	1.243	0.1119	0.636	0.3550	19.77	5.582
	－30	0.8474	1385.9	219.35	1.260	0.1073	0.164	0.3106	20.94	5.059
	－20	1.3299	1356.2	212.84	1.282	0.1026	0.590	0.2751	22.37	4.663
	－10	2.0073	1325.6	205.97	1.306	0.0980	0.566	0.2462	24.14	4.350
	0	2.9282	1293.7	198.68	1.335	0.0934	0.541	0.2222	26.33	4.107
	10	4.1455	1260.2	190.87	1.367	0.0888	0.515	0.2018	29.05	3.918
	20	5.7160	1224.9	182.44	1.404	0.0842	0.490	0.1843	32.52	3.761
	30	7.7006	1187.2	173.29	1.447	0.0796	0.463	0.1691	36.98	3.652
	40	10.164	1146.2	163.23	1.500	0.0750	0.436	0.1554	42.86	3.564
	50	13.176	1102.0	152.04	1.569	0.0704	0.407	0.1431	50.93	3.516

附录 9 几种油的热物理性质

油类名称	温度 (℃)	ρ (kg/m³)	c [kJ/(kg·℃)]	λ [W/(m·℃)]	$\alpha\times10^7$ (m²/s)	$\nu\times10^6$ (m²/s)	Pr
汽油	0	900	1.80	0.145	0.897		
	50		1.842	0.137	0.667		
柴油	20	908.4	1.838	0.128	0.947	620	8000
	40	895.5	1.909	0.126	1.094	135	1840
	60	882.4	1.980	0.124	1.236	45	630
	80	870.0	2.052	0.123	1.367	20	290
	100	857.0	2.123	0.122	1.506	10.8	162
润滑油	0	899	1.796	0.148	0.894	4280	47100
	40	876	1.955	0.144	0.861	242	2870
	80	852	2.131	0.138	0.806	37.5	490
	120	829	2.307	0.135	0.750	12.4	175
锭子油	20	871	1.851	0.144	0.894	15.0	168
	40	858	1.934	0.143	0.861	7.93	92.0
	80	832	2.102	0.141	0.806	3.40	42.1
	120	807	2.269	0.138	0.750	1.91	25.5
变压器油	20	866	1.892	0.124	0.758	36.5	481
	40	852	1.993	0.123	0.725	16.7	230
	60	842	2.093	0.122	0.692	8.7	126
	80	830	2.198	0.120	0.656	5.2	79.4
	100	818	2.294	0.119	0.633	3.8	60.3

附录 10 各种材料的密度、导热系数、比热容及蓄热系数

材料名称	温度 t (℃)	密度 ρ (kg/m³)	导热系数 λ [J/m·s·℃]	比热容 c [kJ/(kg·℃)]	蓄热系数 s (24h) [J/(m²·s·℃)]
钢 0.5%C	20	7833	54	0.465	—
1.5%C	20	7753	36	0.486	—
铸钢	20	7830	50.7	0.469	—
镍铬钢 18%Cr8%Ni	20	7817	16.3	0.46	—
铸铁 0.4%C	20	7272	52	0.420	—
纯铜	20	8954	398	0.384	—
黄铜 30%Zn	20	8522	109	0.385	—
青铜 25%Sn	20	8666	26	0.343	—
康铜 40%Ni	20	8922	22	0.410	—
纯铝	27	2702	237	0.903	—
铸铝 4.5%Cu	27	2790	168	0.883	—

续表

材料名称	温度 t (℃)	密度 ρ (kg/m^3)	导热系数 λ [J/m·s·℃]	比热容 c [kJ/(kg·℃)]	蓄热系数 s (24h) [$J/(m^2·s·℃)$]
硬铝 4.5%Cu,1.5%Mg,0.6%Mn	27	2770	177	0.875	—
硅	27	2330	148	0.712	—
金	20	19320	315	0.129	—
银 99.9%	20	10524	411	0.236	—
泡沫混凝土	20	232	0.077	0.88	1.07
泡沫混凝土	20	627	0.29	1.59	4.59
钢筋混凝土	20	2400	1.54	0.84	14.95
碎石混凝土	20	2344	1.84	0.75	15.33
普通黏土砖墙	20	1800	0.81	0.88	9.65
红黏土砖	20	1668	0.43	0.75	6.26
铬砖	900	3000	1.99	0.84	19.1
耐火黏土砖	800	2000	1.07	0.96	12.2
水泥砂浆	20	1800	0.93	0.84	10.1
石灰砂浆	20	1600	0.81	0.84	8.90
黄土	20	880	0.94	1.17	8.39
菱苦土	20	1374	0.63	1.38	9.32
砂土	12	1420	0.59	1.51	9.59
黏土	9.4	1850	1.41	1.84	18.7
微孔硅酸钙	50	182	0.049	0.867	0.169
次超轻微孔硅酸钙	25	158	0.0465	—	—
岩棉板	50	118	0.0355	0.787	0.155
珍珠岩粉料	20	44	0.042	1.59	0.46
珍珠岩粉料	20	288	0.078	1.17	1.38
水玻璃珍珠岩制品	20	200	0.058	0.92	0.88
防水珍珠岩制品	25	229	0.0639	—	—
水泥珍珠岩制品	20	1023	0.35	1.38	6.0
玻璃棉	20	100	0.058	0.75	0.56
石棉水泥板	20	300	0.093	0.34	1.31
石膏板	20	1100	0.41	0.84	5.25
有机玻璃	20	1188	0.20	—	—
玻璃钢	20	1780	0.50	—	—
平板玻璃	20	2500	0.76	0.84	10.8
聚苯乙烯塑料	20	30	0.027	2.0	0.34
聚苯乙烯硬脂塑料	20	50	0.031	2.1	0.49
脲醛泡沫塑料	20	20	0.047	1.47	0.32
聚异氰脲酸脂泡沫塑料	20	41	0.033	1.72	0.41
聚四氟乙烯	20	2190	0.29	1.47	8.24
红松(热流垂直木纹)	20	377	0.11	1.93	2.41
刨花(压实的)	20	300	0.12	2.5	2.56
软木	20	230	0.057	1.84	1.32
陶粒	20	500	0.21	0.84	2.53
棉花	20	50	0.027～0.064	0.88～1.84	0.29～0.6
松散稻壳	—	127	0.12	0.75	0.91
松散锯末	—	304	0.148	0.75	1.57
松散蛭石	—	130	0.058	0.75	0.56
冰	—	920	2.26	2.26	18.5
新降雪	—	200	0.11	2.10	1.83
厚纸板	—	700	0.17	1.47	3.57
油毛毡	20	600	0.17	1.47	3.30

附录 11 几种保温、耐火材料的导热系数与温度的关系

材料名称	材料最高允许温度 (℃)	密度 ρ (kg/m^3)	导热系数 λ [W/(m·℃)]
超细玻璃棉毡、管	400	18～20	0.033+0.00023t①
矿渣棉	550～600	350	0.0674+0.000215t
水泥蛭石制品	800	420～450	0.103+0.000198t
水泥珍珠岩制品	600	300～400	0.0651+0.000105t
膨胀珍珠岩	1000	55	0.0424+0.000137t
岩棉保温板②	560	118	0.027+0.00017t
岩棉玻璃布缝板	600	100	0.0314+0.000198t
A级硅藻土制品	900	500	0.0395+0.00019t
B级硅藻土制品	900	550	0.0477+0.0002t
粉煤灰泡沫砖	300	300	0.099+0.0002t
微孔硅酸钙②	560	182	0.044+0.0001t
微孔硅酸钙制品	650	≯250	0.041+0.0002t
耐火黏土砖	1350～1450	1800～2040	(0.7～0.84)+0.00058t
轻质耐火黏土砖	1250～1300	800～1300	(0.29～0.41)+0.00026t
超轻质耐火黏土砖	1150～1300	540～610	0.093+0.00016t
超轻质耐火黏土砖	1100	270～330	0.058+0.00017t
硅砖	1700	1900～1950	0.93+0.0007t
镁砖	1600～1700	2300～2600	2.1+0.00019t
铬砖	1600～1700	2600～2800	4.7+0.00017t

①t 表示材料的平均温度。②引自<工程热物理学报>1984. No. 4，其余均引自<传热学>(第二版)杨世铭编。

附录 12 常用材料表面的法向发射率 ε_n

材料名称及表面状况	温度 (℃)	ε_n	材料名称及表面状况	温度 (℃)	ε_n
铝：高度抛光，纯度 98%	50～500	0.04～0.06	钢板，严重氧化的	40	0.80
工业用铝板	100	0.09	铸铁，抛光的	200	0.21
严重氧化的	100～150	0.2～0.31	铸铁，新车削的	40	0.44
黄铜：高度抛光的	260	0.03	铸铁，氧化的	40～260	0.57～0.68
无光泽的	40～260	0.22	不锈钢，抛光的	40	0.07～0.17
氧化的	40～260	0.46～0.56	银：抛光的或蒸镀的	40～540	0.01～0.03
铬：抛光板	40～550	0.08～0.27	锡：光亮的镀锡铁皮	40	0.04～0.06
铜：高度抛光的电解铜	100	0.02	锌：镀锌，灰色的	40	0.28
轻微抛光的	40	0.12	铂：抛光的	230～600	0.05～0.1
氧化变黑的	40	0.76	铂带	950～1600	0.12～0.17
金：高度抛光的纯金	100～600	0.02～0.035	铂丝	30～1200	0.036～0.19
钢铁：铜，抛光的	40～260	0.07～0.1	水银：	0～100	0.09～0.12
钢板，轧制的	40	0.65			

续表

材料名称及表面状况	温　度（℃）	ε_n	材料名称及表面状况	温　度（℃）	ε_n
砖：粗糙红砖	40	0.88～0.93	派力克斯铅玻璃	260～540	0.95～0.85
耐火黏土砖	500～1000	0.80～0.90	瓷：上釉的	40	0.93
木材：	40	0.80～0.90	石膏：	40	0.80～0.90
石棉：板	40	0.96	大理石：浅色，磨光的	40	0.93
石棉水泥	40	0.96	油漆：各种油漆	40	0.92～0.96
石棉瓦	40	0.97	白色喷漆	40	0.80～0.95
碳：灯黑	40	0.95～0.97	光亮黑漆	40	0.90
石灰砂浆：白色、粗糙	40～260	0.87～0.92	纸：白纸	40	0.95
粘土：耐火黏土	100	0.91	粗糙屋面焦油纸毡	40	0.90
土壤（干）	20	0.92	橡胶：硬质的	40	0.94
土壤（湿）	20	0.95	雪	−12～−7	0.82
混凝土：粗糙表面	40	0.94	水：厚度 0.1mm 以上	0～100	0.96
玻璃：平板玻璃	40	0.94	人体皮肤	32	0.98

附录 13　不同材料表面的绝对粗糙度 k_s

材　料	管子内壁状态	k_s（mm）	材　料	管子内壁状态	k_s（mm）
黄铜、铜、铝、塑料、玻璃	新的、光滑的	0.0015～0.01	钢	严重起皮的	>2
钢	新的冷拔无缝钢管	0.01～0.03	钢	新的涂沥青的	0.03～0.05
钢	新的热拉无缝钢管	0.05～0.10	钢	一般的涂沥青的	0.10～0.20
钢	新的轧制无缝钢管	0.05～0.10	钢	镀锌的	0.12～0.15
钢	新的纵缝焊接钢管	0.05～0.10	铸铁	新的	0.25
钢	新的螺旋焊接钢管	0.10	铸铁	锈蚀的	1.0～1.5
钢	轻微锈蚀的	0.10～0.20	铸铁	起皮的	1.5～3.0
钢	锈蚀的	0.20～0.30	铸铁	新的涂沥青的	0.10～0.15
钢	长硬皮的	0.50～2.0	木　材	光　滑	0.2～1.0
			混凝土	新的抹光的	<0.15
			混凝土	新的不抹光的	0.2～0.8

附录 14　换热设备的 α 及 K 概略值

（a）对流换热表面传热系数 α[W/(m^2·℃)]

（1）加热和冷却空气时　　1～60

（2）加热和冷却过热蒸汽时　　20～120

（3）加热和冷却油类时　　60～1800

（4）加热和冷却水时　　200～12000

（5）水沸腾时　　600～50000

（6）蒸汽膜状凝结时　　4500～18000

（7）蒸汽珠状凝结时　45000～140000
（8）有机物的蒸汽凝结时　600～2300
（b）传热系数 K[W/(m^2·℃)]
（1）气体—气体　30
（2）气体—水（肋管热交换器，水在管内）　30～60
（3）气体—蒸汽（肋管热交换器，蒸汽在管内）　30～300
（4）水—水　900～1800
（5）水—蒸汽凝结　3000
（6）水—油类　100～350
（7）水—煤油　350
（8）蒸汽凝结—煤油、汽油　300～1200
（9）水—氟利昂 12　280～850
（10）水—氨　850～1400

附录 15　污垢热阻 R_f 的参考值（单位为 m^2·℃/W）

1. 水的污垢热阻

热流体温度（℃）	<115		115～205	
水温（℃）	<52		>52	
水速（m/s）	<1	>1	<1	>1
海水	0.0001	0.0001	0.0002	0.0002
含盐的水	0.0004	0.0002	0.0005	0.0004
经处理的冷却塔或喷水池中的水	0.0002	0.0002	0.0004	0.0004
未经处理的冷却塔或喷水池中的水	0.0005	0.0005	0.0001	0.0007
自来水或池水	0.0002	0.0002	0.0004	0.0004
河水	0.0004～0.0005	0.0002～0.0004	0.0005～0.0007	0.0004～0.0005
含淤泥的水	0.0005	0.0004	0.0007	0.0005
硬水（>256.8g/m^3）	0.0005	0.0005	0.001	0.001
发动机冷却套用水	0.0002	0.0002	0.0002	0.0002
蒸馏水与闭式循环冷凝水	0.0001	0.0001	0.0001	0.0001
经处理的锅炉给水	0.0002	0.0001	0.0002	0.0002
锅炉排污水	0.0004	0.0004	0.0004	0.0004

2. 几种工业流体的污垢热阻

油		其他液体		蒸汽与气体	
一般燃料油	0.001	制冷剂	0.0002	发动机排气	0.0002
变压器油	0.0002	氨	0.0002	蒸汽（无油润滑）	0.0001
发动机润滑油	0.0002	氨（油润滑）	0.0005	排出的蒸汽（油润滑）	0.0003～0.0004
淬火油	0.0007	甲醇溶液	0.0004	制冷剂（油润滑）气体	0.0004
		乙醇溶液	0.0004	压缩空气	0.0002
		乙二醇溶液	0.0004	氨气	0.0002
		工业有机传热流体	0.0002～0.0004	二氧化碳	0.0002
		液压流体	0.0002	燃煤烟气	0.002
				燃天然气的烟气	0.001

参 考 文 献

1. 邱信立. 工程热力学（第三版）. 北京：中国建筑工业出版社，1992
2. 曾丹苓. 工程热力学. 北京：人民教育出版社，1980
3. 沈维道. 工程热力学（第三版）. 北京：高等教育出版社，2001
4. 王补宣. 热工基础. 北京：人民教育出版社，1981
5. 朱明善. 工程热力学. 北京：清华大学出版社，1995
6. 刘桂玉. 工程热力学. 北京：高等教育出版社，1989
7. 庞麓鸣. 工程热力学（第二版）. 北京：高等教育出版社，1986
8. 苏长荪. 工程热力学. 北京：高等教育出版社，1988
9. 华自强. 工程热力学（第二版）. 北京：人民教育出版社，1979
10. 黄方谷. 工程热力学和传热学. 北京：北京航空航天大学出版社，1993
11. 刘芙蓉. 热工理论基础. 北京：中国建筑工业出版社，1997
12. [美] K. 沃克. 热力学. 马元等译. 北京：人民教育出版社，1981
13. [西德] H. D贝尔. 工程热力学理论基础及工程应用. 杨东华等译. 北京：科学出版社，1986
14. 张熙民. 传热学（新四版）. 北京：中国建筑工业出版社，2001
15. 杨世铭. 传热学（第二版）. 北京：高等教育出版社，1987
16. 刘谦. 传递过程原理. 北京：高等教育出版社，1990
17. 姚仲鹏. 传热学. 北京：北京理工大学出版社，1995
18. 俞佐平. 传热学. 北京：高等教育出版社，1979
19. 王补宣. 工程传热传质学. 北京：科学出版社，1982
20. [美] 杰姆斯，苏赛克. 传热学（上下册）. 俞佐平等编译. 北京：人民教育出版社，1980
21. [美] J. P. 霍尔曼. 传热学. 马庆芳等译. 北京：人民教育出版社，1979
22. [苏] M. A. 米海耶夫. 传热学基础. 王补宣译. 北京：高等教育出版社，1954